U0159409

内 容 提 要

要做好燃煤机组的节能工作，必须对每一台机组的能效水平进行正确统计，对机组的整体能效进行准确评价、深入诊断，再进行性能优化的调整工作和技术改进工作，这样才能收到良好的节能效果。

为帮助广大火电厂节能工作者更好地理解节能工作中这些疑惑，真正地做好节能工作，本书编者基于主持或参与的三个节能核心标准（DL/T 904—2015、DL/T 1929—2018、DL/T 1755），尝试对节能工作中的理论体系进行全方位的阐述，帮助火电厂节能工作做到正确统计、正确评价、正确分析、正确改进，使火电厂的节能工作更加规范。

全书共五章。第一章对我国的节能理论体系架构进行初步介绍；第二章介绍燃煤电厂的能效指标及其计算方法，对节能统计相关的理论体系进行深入解读，是整个节能工作的基础；第三章介绍能效评价理论，目的是为了排除机组外部不可调条件而进行效果评价；第四章介绍机组的能耗诊断方法与思路，主要针对机组内部可调因素进行深入研究，探索全面提升机组能效的方法与路径；第五章介绍各类技改项目的节能量预测和验收，完成整个节能工作的闭环工作。

图书在版编目（CIP）数据

燃煤发电机组节能计算、评价及诊断/赵振宁等编著 . —北京：中国电力出版社，2021.8
ISBN 978-7-5198-5510-9

Ⅰ.①燃…　Ⅱ.①赵…　Ⅲ.①火力发电—发电机组—能量消耗—研究　Ⅳ.①TM621.3

中国版本图书馆 CIP 数据核字（2021）第 054535 号

出版发行：中国电力出版社
地　　　址：北京市东城区北京站西街 19 号（邮政编码 100005）
网　　　址：http：//www.cepp.sgcc.com.cn
责任编辑：赵鸣志
责任校对：黄　蓓　李　楠　郝军燕
装帧设计：王红柳
责任印制：吴　迪
印　　　刷：三河市万龙印装有限公司
版　　　次：2021 年 8 月第一版
印　　　次：2021 年 8 月北京第一次印刷
开　　　本：787 毫米×1092 毫米　16 开本
印　　　张：25.25
字　　　数：621 千字
印　　　数：0001—1000 册
定　　　价：128.00 元

ENERGY EFFICIENCY FOR COAL FIRED GENERATION
FROM STASTICS TO EVALUATION AND DIAGNOSTICS

燃煤发电机组
节能计算、评价及诊断

赵振宁　张清峰　李媛园
樊印龙　李金晶　潘　荔　编著

中国电力出版社
CHINA ELECTRIC POWER PRESS

序

经历数年时间，由华北电力科学研究院赵振宁教授级高级工程师、张清峰教授级高级工程师等同志合作完成的《燃煤发电机组节能计算、评价及诊断》出版了。赵振宁等同志多年来根植基层一线从事燃煤机组的节能工作，积累了丰富的工作经验。特别是 2009 年赵振宁同志成为第一届节能标准化委员会委员以来，主持编写了多部关键性电力行业标准，参与了节能标准化委员会范围内大部分行业标准的讨论，理论水平得到了很大的提升，提出了把机组整体看作一个研究对象，进行多目标、系统优化的思想和方法，并对燃煤机组的能效统计、能效评价、能耗诊断、优化调整和节能改造具体工作过程中的各个技术细节进行了系统的总结和规范，使其成为一整套完整、系统、适用的节能理论体系。本书即为赵振宁等同志基于其参与的 DL/T 904—2015《火电厂经济技术指标计算方法》、DL/T 1929—2018《燃煤机组能效评价方法》、DL/T 1755—2016《燃煤机组节能量计算方法》三个电力行业标准，系统地阐述燃煤机组节能工作中的能效统计、能效评价、能耗诊断及节能改造前后的能效计算、复核等实践工作应用方法的著作，是作者所获工作成果和工作经验的系统总结与凝练。本书的出版，对于提升我国生产一线节能减排工作的整体水平具有重要意义。

2020 年是我国"十三五"收官之年，我国面临能源转型与改革发展的新形势——燃煤发电持续收紧，可再生能源装机持续增长、电网转型增速、分布式电网、综合能源服务等新型市场形态异军突起。2021 年我国就将进入"十四五"转型升级的关键阶段，我国电力转型如何顺应形势、科学发展，我国的能源结构如何变化，以及能源安全如何保证等问题，是每一个电力工作者都需要深入思考的问题。在我国多年来大力推选煤炭清洁集中利用、大力发展新能源及可再生能源、利用电价和节能标准大力淘汰落后产能等多项系统工程，效果逐步明显显现，我国的燃煤发电机组整体水平已具有世界领先水平，我国电力系统整体也必然进入"系统优化"的新阶段。我国的煤电机组以其巨大的存量占比与相应灵活可靠的特性，在电力供应中已具有能源稳定器、平衡器的核心作用，无可质疑地将仍在我国能源中长期占有举足轻重的地位，其节能减排工作必将对我国的绿色发展具有重要意义。赵振宁等同志这本著作恰好可以帮助我国一线的节能工作者提高工作质量，并在提升工作效率方面提供系统的指导作用，是一本不可多得的好作品。

作为电力行业节能工作的一名老兵，我非常欣赏节能标准化委员会和赵振宁等同志为我国节能工作所做的努力和奉献，谨此向各位读者隆重推荐本书，期待本书的出版可以在具体的工作中帮助大家共同努力进步，为我国的绿水青山事业做出贡献。

王志轩
2020 年 11 月

前言

近年来，随着我国经济的快速发展，我国的能源需求在持续增长，但供应形势日益紧张。我国虽然地大物博，能源总储备丰富，位于世界前列，但煤多、油少、气贫，且人口众多，所以人均占有量仍相对偏低，且我国的环境污染也日益严峻。基于这种特有的国情，我国形成了以燃煤发电为主、其他各种形式发电为辅的能源格局，且这种格局在很长期限内无法从根本上改变。为控制环境污染问题，我国绝大多数火力发电机组都进行了低 NO_x 燃烧技术改造，改造机组均投运了齐全的脱硫脱硝系统，污染物排放问题基本得到解决，但节能问题日益严重。由于我国燃煤机组巨大的存量，其能源效率对于我国节能减排整体战略的推进具有举足轻重的影响。

要做好燃煤机组的节能工作，必须先对每一台机组的能效水平进行正确统计，对机组的整体能效进行准确评价、深入诊断，再进行性能优化的调整工作和技术改进工作，才能收到良好的节能效果。实际情况是我国长期以来都主要把精力关注在汽轮机、锅炉等主设备上，缺乏以机组为整体研究对象的思想和方法；大量节能工作者在统计、评价、诊断及优化过程中均还存在疑问；不少技改项目在涉及边界划分、结果修正等问题时，错误地运用节能理论而造成项目实际节能效果与预想相差较远；这些情况白白浪费了大量的精力和资源，严重影响了我国电力行业节能减排战略的推进。迫切需要一整套完整的理论体系来支撑燃煤机组的节能工作。

笔者长期从事节能理论体系的研究和发电机组的技术服务，对节能理论体系的正确应用有着深刻的理解。为解决上述问题，笔者基于主持或参与的三项电力行业标准（DL/T 904、DL/T 1929 和 DL/T 1755），尝试对节能工作中的理论体系进行全方位的阐述，以期帮助火电厂节能工作者做到正确统计、正确评价、正确分析、正确改进，使火电厂的节能工作更加规范，真正为我国的绿水青山事业做出贡献。

本书在编写过程中得到了中国电力企业联合会常务副理事长王志轩同志的悉心指导，也得到了电力行业节能标准化委员会和华北电力科学研究院有限责任公司的大力支持，冀能电力科学院郭江龙、西安热工研究院黄嘉驷同志也给予了帮助，在此表示衷心的感谢！

本书由清华大学吕俊复教授和神华国华电力公司白翎教授级高级工程师审阅，对于两位教授的指导和宝贵意见同样表示衷心的感谢！

由于时间短暂，加之本人学识有限，疏漏之处在所难免，恳请读者批评指正。

赵振宁

2020 年 11 月于北京

目录

第一章
概述

第一节　我国煤电行业的节能减排现状

我国的能源禀赋特点是富煤、贫油、少天然气，煤炭资源是保证我国能源安全的重要基础。尽管近些年来风、水、太阳能、核能等新能源有了长足的发展，但是燃煤机组作为我国能源供应的基础地位依然无法取代。鉴于燃煤机组在我国的巨大存量占比，其节能减排工作依然具有非常重要的意义。

一、我国的能源禀赋及分布特点

随着我国经济的快速发展，对石油和天然气的需求大幅度增加。但我国总体能源分布中（见图 1-1），石油和天然气占比非常小，自产的石油、天然气早已无法满足自给要求，主要依赖进口，目前对外依存度已高达 60% 以上。我国的煤炭资源储量丰富，预测地质储量超过 4.5 万亿 t，2016 年探明储量为 1.6 亿 t，占全球总量达到 21.4%，全年煤炭产量 34.4 亿 t，占全世界产量的 46.1%，具有可获取性强、利用的经济性好、保障性强等特点，可以满足国民经济的发展需求。

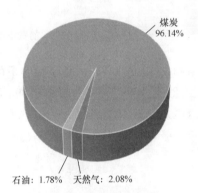

图 1-1　我国能源分布情况

我国各地区的经济发展与能源分步极不匹配。东南沿海地区经济快速发展但能源匮乏；中西部地区经济水平落后，但煤炭资源丰富。煤炭需经长途运输才能达到终端消费地，很多能源浪费在运输能源中，并造成运力紧张、能源供应不易保证等现实问题。出于增加供给和保护国内资源等方面考虑，国家不断通过宏观调控手段鼓励煤炭进口；国家电网也大力推进特高压输电，减少运输成本，也取得了一些进展。但总体来说，我国的电能要送到用户手中，仍非常不易。

与石油、天然气的便携、大能量密度和清洁性能相比，煤的运输过程和使用过程不可避免地较为脏乱，以煤为动力的机车基本上在 20 世纪中后期就停运了。现在煤一般为固定点使用，大规模的应用如燃煤发电、钢铁、化工，小规模的应用有供暖、小工厂、窑炉及农村做饭等。随着近年来我国环境大力治理和产业升级，小规模的应用基本上实现清洁的天然气替代和电能替代，大规模应用的钢铁、化工也正在转型为电能替代，移动动力也通过电动汽车实现部分电能替代。根据最新统计，我国煤的集中利用度已经达到 90% 以上，煤作为基础能源，只有转化为电才能在特定的领域内取代石油和天然气。

这种能源禀赋特点决定了我国煤炭为主的能源结构，特别是在发电领域，煤电的重要性依然具有举足轻重的地位。尽管为了应对气候变化，全世界范围内都在大力发展低碳能源，能源结构已经发生了很大的变化，尽可能减少煤炭使用已成为共识，"去煤化"甚至成了一些发达国家的能源发展政策。但相比那些具有明显优越性的发达国家，我国的实际情况有很大的不同，不应盲目随发达国家的改变而改变。因为：

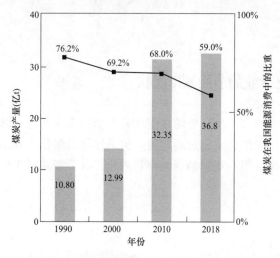

图 1-2　煤炭在能源消费中的比重

（1）我国新能源发展速度是世界上最快的，煤电容量比例已有了明显下降，如图 1-2 所示。但我国煤电仍然无可替代，根据《中国能源发展报告 2018》，2018 年我国能源消费总量高达 46.4 亿 t 标煤，其中原煤产量 36.8 达到亿 t，用于满足 74% 的电力、8 亿多 t 粗钢、24 亿 t 水泥、7000 万 t 合成氨，以及煤制油、烯烃、乙二醇、甲醇等现代煤化工产业发展的需要，煤炭在我国能源消费中的比重为 59%。煤炭及其相关工业为我国 GDP 的贡献超过 15%。

2018 年我国电力的总装机容量为 19 亿 kW（189 967 万 kW）。其中煤电装机容量超过 10 亿 kW，占总装机容量的 57.8%；水电 3.8 亿 kW；核电 3799 万 kW；并网风电 1.729 亿 kW，并网太阳能 0.893 亿 kW（见图 1-3）。全国总发电量为 69 947 亿 kWh，其中煤电发电量 49 246 亿 kWh，占总发电量的 65.2%，见图 1-4。

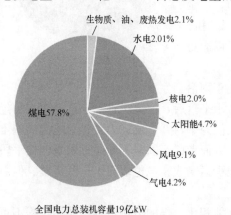

图 1-3　2018 年全国电力装机容量分布图

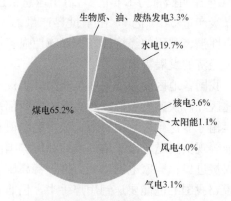

图 1-4　2018 年全国发电量分布图

（2）《能源发展战略行动计划（2014—2020 年）》提出，到 2020 年，要把国内一次能源消费总量控制在 48 亿 t 标准煤左右，把煤炭消费比重控制在 62% 以内。到了 2019 年第四季度，我国燃煤发电量的占比才首次下降到 60%。由于煤炭中有一半左右用于火力发电（石化、钢铁、有色金属、建材、化工等行业加起来消耗 20%），可见控制煤炭消费的任务艰巨。

（3）中国工程院预测 2050 年我国的能源消费量将达到 60 亿 t 标准煤，如图 1-5 所示。虽然在我国的能源消费结构中，煤炭消费的比重在下降，但我国煤炭消费量的绝对值和所占比重，与其他能源相比仍然是最大的，我国以煤炭为主要能源的格局长期无法改变，近期煤炭仍是我国的主体能源。我国的煤炭，特别是燃煤发电、热电联产等工作仍然有很大潜力，而且必须做好这篇文章，做到集中、高效、清洁、低碳地发展。

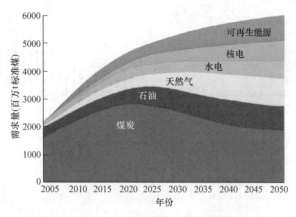

图 1-5　我国的能源消费需求量

二、我国燃煤发电技术的飞速发展

作为承担煤炭资源集中、高效、清洁利用的主力军，我国的燃煤发电技术在改革开放以来，特别是 21 世纪以来的近 20 年，无论是装机容量、发电量还是总体技术水平，得到了高速、充分地发展，极大地支持了我国经济的发展。

1. 装机容量与发电量地位

我国电力行业近 40 年来发生了飞速的发展，装机容量与发电量的变化如图 1-6 所示，尤其是燃煤机组装机容量发展最为迅猛，占据重要地位。

2. 总体技术水平

机组的经济性水平通常以供电煤耗大小来衡量，供电煤耗是指单元机组每向电网供 1kWh 的电能所消耗的标准煤的质量。据统计，2018 年全国 6000kW 及以上燃煤机组供电煤耗为 308g/kWh，比 1978 年的 471g/kWh 下降了 163g/kWh。与世界主要煤电国家相比，在不考虑负荷因素的影响下，我国煤电效率与日本基本持平，总体上优于德国、美国。2015 年，我国燃煤发电量是美国的 2.4 倍，火电发电量是美国的 1.5 倍。

至 2018 年底，60 万 kW 以上机组持续增加至 700 台以上，其中百万级超超临界机组超过 100 台，60 万 kW 以上大机组的总容量已经超过 50%，高效大机组的比重已占统治地位，如图 1-7 所示。

3. 燃煤机组的清洁化

为迎接 2008 年北京奥运会，我国的绝大多数电厂在两三年内完成了加装石灰石湿法脱硫系统（FGD）的工作；随后伴随着非常严格的 GB 13223—2011《火电厂大气污染物排放标准》的发布，我国又从 2010 年左右开始，在三四年内快速完成了绝大多数锅炉的炉内超低 NO_x 燃烧技术升级改造和加装 SCR 脱硝系统的工作，使 SO_2 和 NO_x 的排放浓度从 GB 13223—2003 的 400mg/m³ 左右下降到 100mg/m³ 以下。2014 年 9 月，距 GB 13223—2011 的发布刚两年、实施刚 3 个月，国务院又发布了《煤电节能减排升级与改造行动计划》，把

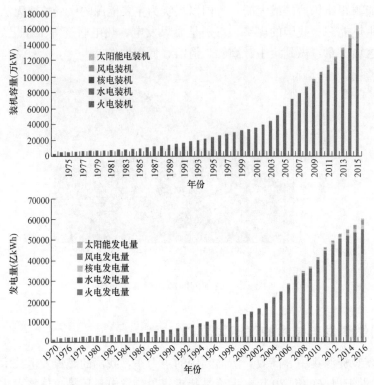

图 1-6　我国装机容量与发电量变化图

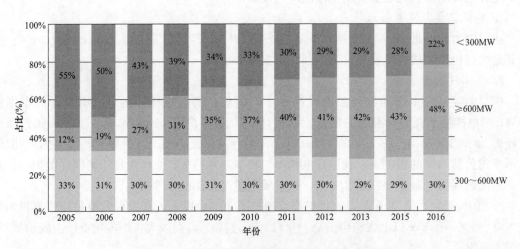

图 1-7　2005—2016 年煤电装机结构逐年变化趋势

GB 13223—2011 的排放要求再提升，燃煤锅炉烟气中尘、SO_2 和 NO_x 的排放浓度按燃气轮机的标准控制，分别为 5、35、$50mg/m^3$ 来控制。不少比较富裕的集团公司实施"超净排放"、"近零排放"等项目，使得三者的控制标准甚至变为了 1、1、$1mg/m^3$，几乎达到仪器也检测不出的水平，如图 1-8 所示。燃气轮机的排放标准是在烟气中含氧量为 15% 的条件下测得的，而煤电是在烟气含氧量为 6% 的条件下测得的，即使两者在相同数值的条件下（5、35、$50mg/m^3$），煤电实际排放浓度已经达到了燃气轮机的三分之一～四分之一。由于煤电

的 NO_x 比燃气轮机的 NO_x 更不稳定，为了把 NO_x 排放长期控制在这一水平，大部分煤电机组往往实际运行时需要控制在更低的水平（如 $30mg/m^3$）。在其他污染源还大量存在的条件下，过分苛刻地追求超净排放已经只是数据上的变化了，还带来了普遍存在较大氨逃逸的后果。

GB 13223—2011 的发布大大促进了我国环保产业的发展，我国火电烟尘、SO_2 和 NO_x 的排放峰值分别为 1979 年 600 万 t、2006 年 1350 万 t、2011 年 1000 万 t，到 2016 年三者下降到了 36 万 t、175 万 t 和 150 万 t，三者的年排放总量于 2015 年就低于美国的 437 万 t（我国排放总量为 420 万 t）。可以说，我国的煤电目前已经是世界上最清洁的发电技术。

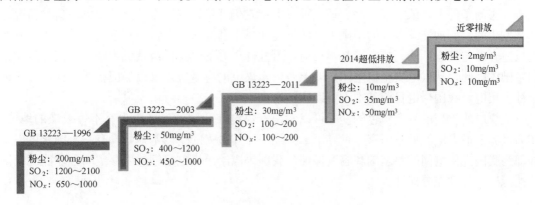

图 1-8　我国防治污染物排放标准的变化

4. 电量保证到容量保证

随着我国燃煤机组的不断扩容，燃煤机组已经呈较为严重的过剩，同时，我国可再生新能源发电技术在行业内高速发展，容量占比越来越大，发电量也已经成为不可忽视的份额。为了优先保证可再生新能源的发电，燃煤发电机组的利用小时逐年下降（见图 1-9），从最初的 5991h 左右已经下降到目前的 4000h 以下。尽管煤电的发电量占比还是最主要的，但对于具体的单个机组来说，除远离东部大城市的煤电基地、坑口电厂外，大部分中东部的燃煤机组已经逐渐从原来的发电量主体地位变为动态调控调整基础和容量保证地位，燃煤机组在国民经济中的地位发生了根本性的变化。

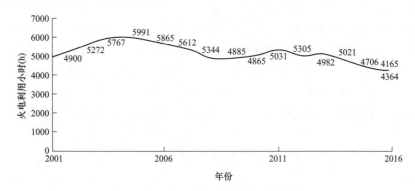

图 1-9　我国燃煤机组的利用小时数变化

建成后的新能源机组虽然是绿色发电，不耗费资源，但其发电过程具有靠天吃饭、随机性强的问题，一阵风、一朵云都有可能大幅度影响发电的稳定性，而可控性好的燃煤机组就成为整个电网稳定的基础。可通过对燃煤机组的负荷升降来匹配新能源机组的负荷降升的动态过程，实现电网的供电安全稳定。因此，所谓动态调控基础通常指调峰和灵活性两个方面。其中，调峰以天为时间尺度考虑机组对电网的动态负荷响应，用机组负荷变化的深度来主要标志；灵活性指机组以瞬态时间尺度来考虑对电网负荷动态响应，从专业控制的角度可能是以毫秒计，从机组运行的角度以秒到分钟的尺度计，标志是负荷变化速度，但两者从本质上并无太大区别。

如果在更大时间尺度上考虑新能源机组的不稳定性和电网的安全性，如在所有新能源发电都失去的条件下，依靠煤、水、核三种发电型式仍然可以保证全社会的用电。这种情况是经常发生的，例如连续多天的小雨天气就可能使风电和光伏发电量小到忽略不计。考虑到水电只适合参与动态调峰、核电带基本负荷，可控性更好的燃煤机组就成为整个电网容量稳定的基础。因此，从供电安全稳定的角度上考虑，煤电的容量应当可以保证在水、核以外保证全社会用电，我国煤电目前基本上可以达到这个水平。

从煤电所承担的社会角色的变化可以看出，煤电在我国的发展中也有不可或缺的地位。作为世界上最大的发展中国家、世界第二大经济体和最大的生产基地，没有一个国家可以从外部为我国提供电网调整基础和容量保证，我国仍应给予煤电足够的生存空间，才能使我国的能源安全得到充分保证。

三、燃煤机组节能的重要意义

从宏观上说，我国的煤电虽然得到了清洁化的发展，但是清洁化的过程本身耗费了不少的能量，且煤电效率比使用天然气、油等清洁燃料的效率还是低不少（我国正在建设的华润平山高低位布置的超超临界机组，最终的净效率可达48.9%，而使用燃气-蒸汽联合循环的机组效率可以达到60%左右），我国燃煤机组的节能工作仍大有可为。

从微观上说，我国燃煤机组长期在低负荷条件下运行，效率明显降低，使得我国煤电装备整体处于世界领先水平的优势无法显现出来。在社会运行机制上我国发电行业是市场煤、计划电，让整个发电行业独自承担煤炭价格的变化，已经使煤电的发展处于生存的边缘。考虑到我国巨大的能源消耗总量、火力发电厂是能源转换行业的中心和我国的煤电生产现状，燃煤机组的能效水平对于每一台机组都至关重要。

国际能源署在《能源效率2018——分析和展望至2040》指出，"自2000年以来，世界主要经济体能源效率的提高抵消了能源消费活动增加的三分之一以上。"《世界能源展望》中的"高效世界的情景"（Efficient World Scenario，EWS）描绘了提高能源效率所带来的巨大潜力。世界各国对于燃煤机组的节能工作高度重视，我们作为煤电大国，更应该加强生产设备维护、加大节能技术改造，提高技术管理水平，进而提高总的能源利用效率。

第二节　燃煤机组节能主要理论基础

燃煤机组把燃料的化学能（热能）通过汽轮机转化为机械能，然后再由发电机转化为电能，转化过程中遵循热力学第一、第二定律。节能工作的主要目的是基于当前的发电流程，尽可能基于热力学定律和设备即有条件，采取技术手段提升机组整体效率。本节介绍节能主要理论基础，以帮助节能工作者更好地理解节能技术手段。

一、机组的效率

（一）机组效率的内涵

根据热力学第一定律（能量守恒定律），发电机组输入总能量等于输出总能量，但是在机组的输出能量中，除了有用的电能外，还包含向环境输出很多废热（尽管我们可能没有意识到）。从这个角度而言，发电机组输入的热能和输出的机械能（电能）并不守恒，输出的机械能明显少于输入的热能，两者之比就是发电机组的整体效率。

发电机组的效率总体上由热力学第二定律决定。热力学第一定律认为各种能量的总和是相等的。但各种能之间的转化具有一定的方向性，并不能自由自在地转化。如煤炭中的化学能很容易转化为热能，反过来把热能转化为化学能的过程则相当困难；机械能、电能也可以完全转化为热能，而热能转化为机械能、电能则无论如何都不可能达到100%。如果一种能可以更多量地转化为另一种能，则认为该能比另外一种能具有更高的品质。相比较于热能，电能、机械能属于品位比较高的能量，很容易转变为其他能量，热能在转变为品位比较高的机械能时必须要牺牲一部分能量，不能实现全部转化。可见，热能的品位本质上代表热能向机械能转化的效率，高品位热能就是向机械能转化效率高，低品位热能是向机械能转化效率低。废热就是当前工艺无法利用的热量，如发电流程中由循环水带走的热量。节能工作实际上就是基于热力学第二定律约束，尽可能降低各个环节、细节中的损耗，减少废热，从而提升发电机组的整体效率。

（二）机组效率影响因素

热机本质上依靠自发热力过程工作。自发过程即不需要任何附件条件就可以自然进行的过程，如：热量自高温物体传递给低温物体；机械运行摩擦生热，由机械能转化为热能；高压气体膨胀为低压气体；两种不同种类或不同状态的气体放在一起相互扩散混合；电流通过导线时的发热；燃料燃烧时放出热量等。对于热机而言，无论是蒸汽机、内燃机还是外燃机，之所以能够把热能转化为机械能，依靠的都是先使气体受热膨胀、产生压力，并且依靠某种装置在释放压力的自发过程，让装置在释放的压力推动下运行，从而达到热能转化为机械能的目的。

推动装置工作的气体即为热机的工作介质，简称工质。要想使热机连续不断地工作，工质单有一个膨胀过程是不可能持续的，因为工质的压力释放完毕后（与环境压力达到平衡时），便不能再继续膨胀做功了。要想使工质能周而复始地工作，就必须使膨胀后的工质回到初始状态，然后再对其加热产生压力，再依靠装置完成机械能转化，循环反复地工作，才能实现工质连续不断地做功。这样，工质从某一初态开始，经过一系列的状态变化，最后又回到初始状态的全部过程称为热力循环，简称循环。

发电机组的效率主要取决于发电机组采用的循环方式（如卡诺循环、朗肯循环、燃气-蒸汽联合循环等）和发电机组实现循环热能向机械能转化的核心设备。不同的循环方式有各自不同的循环效率，不同核心设备也有自己的效率，发电机组的实际效率是两部分效率的综合体现。但在研究过程中，通常以把两者先分开、再综合的方式进行，研究循环方式时，先不考虑核心转化设备的效率；研究核心设备时，则专注于研究自身转化效率。最后再把两者综合起来，就获得节能过程的全面理解。

（三）卡诺循环

最基本的热力循环方式为 1824 年法国工程师卡诺提出的卡诺循环，如图 1-10 所示。图中左侧为卡诺循环的构成，分别由热源、冷源和核心热机组成。工件从热源中吸热后，经热机把一部分热量转化为机械能，以 W 形式输出，余下的废热由热机出口传递给冷源；右侧为热机中的工质所完成的循环过程，分别由两个等温过程和两个绝热过程组成。d 点为工质循环的开始点，d-a 为工质的绝热可逆压缩过程（可逆过程表示在压缩中没有摩擦阻力），工质与外界没有热量交换，热机对工质压缩过程所有的做功都转化为工质的温度，使工质的温度由 T_2 升到 T_1；a-b 为工质等温吸热过程，工质在温度 T_1 下从同温度热源吸收热量；b-c 为工质可逆的绝热膨胀过程，过程中工质膨胀，过程中也没有任何阻力，工质受热后产生的压力全部转化为推动热机工质的动力，并对外释放出功 W，膨胀过程中工质的温度由 T_1 降到 T_2；c-d 为工质的等温放热过程，工质在温度 T_2 下向等温度冷源放出热量，同时工质恢复到其初始状态 d，并开始下一个循环。由于绝热压缩过程 d-a 和绝热膨胀过程 b-c 均为可逆过程，所以 d-a 消耗的功与 b-c 放出的功相等，所以整个卡诺循环机的净输出功 W_0 为循环过程所围成的面积。

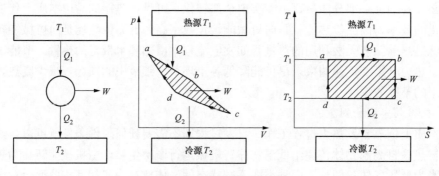

图 1-10　卡诺循环示意图

根据热力学第一定律，热机的热和功关系为

$$Q_1 = Q_2 + W \tag{1-1}$$

式中　Q_1、Q_2——吸收、放出热量，kJ；

$\quad\quad\quad W$——输出的功，kJ。

完成一个循环后，卡诺循环的效率为

$$\eta = \frac{W}{Q_1} = \frac{Q_1 - Q_2}{Q_1} = 1 - \frac{Q_2}{Q_1} \tag{1-2}$$

a-b、c-d 过程为理想气体可逆定温过程，根据理想气体状态方程可得

$$pV = R_g T = 定值 \tag{1-3}$$

式中　R_g——气体常数，J/(mol·K)。

可逆定温过程热量计算式可得

$$Q_1 = \int_a^b p \, dV = \int_a^b R_g T \frac{dV}{T} = R_g T_1 \ln \frac{V_b}{V_a} \tag{1-4}$$

$$Q_2 = \int_d^c p \, dV = \int_d^c R_g T \frac{dV}{T} = R_g T_1 \ln \frac{V_c}{V_d} \tag{1-5}$$

b-c、d-a 为绝热过程，即定熵过程，对于理想气体，可逆过程的热力学第一定律的解析式的两种形式为

$$\delta Q = c_{\mathrm{v}} \mathrm{d}T + p \, \mathrm{d}V, \delta Q = c_{\mathrm{p}} \mathrm{d}T - V \mathrm{d}p \tag{1-6}$$

因绝热过程 $\delta Q = 0$，分别将两式移项后相除，得

$$\frac{\mathrm{d}p}{p} = -\frac{c_{\mathrm{p}}}{c_{\mathrm{v}}} \frac{\mathrm{d}V}{V} \tag{1-7}$$

式中 $\dfrac{c_{\mathrm{p}}}{c_{\mathrm{v}}}$ 为比热容比，即

$$\frac{c_{\mathrm{p}}}{c_{\mathrm{v}}} = \gamma = 1 + \frac{R_{\mathrm{g}}}{c_{\mathrm{v}}} \tag{1-8}$$

因为 c_{v} 是温度的复杂函数，所以式（1-7）的积分解十分复杂，不便于工程计算，因此通常设比热容为定值，比热容比 γ 也是定值。则式（1-7）的积分可得

$$\frac{\mathrm{d}p}{p} + \gamma \frac{\mathrm{d}V}{V} = 0 \tag{1-9}$$

$$\ln p + \gamma \ln V = 定值 \tag{1-10}$$

因此可得

$$pV^{\gamma} = 定值 \tag{1-11}$$

定熵指数用 k 表示，对于理想气体，定熵指数等于比热容比，因此有

$$pV^{k} = 定值 \tag{1-12}$$

根据绝热过程状态和参数间的关系可得

$$\frac{T_1}{T_2} = \frac{T_{\mathrm{b}}}{T_{\mathrm{c}}} = \left(\frac{V_{\mathrm{c}}}{V_{\mathrm{b}}}\right)^{k-1}, \frac{T_1}{T_2} = \frac{T_{\mathrm{a}}}{T_{\mathrm{d}}} = \left(\frac{V_{\mathrm{d}}}{V_{\mathrm{a}}}\right)^{k-1} \tag{1-13}$$

因此可得

$$\frac{V_{\mathrm{c}}}{V_{\mathrm{b}}} = \frac{V_{\mathrm{d}}}{V_{\mathrm{a}}} \tag{1-14}$$

因此可得卡诺循环效率为

$$\eta = 1 - \frac{T_2}{T_1} \tag{1-15}$$

从卡诺循环效率的计算过程中可见：

（1）T_1 和 T_2 均指热源参数，也指工质能达到的参数。正常情况下，传热必须是有温差的（即使是蒸发过程中，在管子外面的温度也应大于管子蒸发的温度），也就是说有温差的条件下，工质温度 T_1 永远达不到热源的温度，工质温度 T_2 也永远达不到冷源的温度。卡诺循环是依靠等温吸热和等温放热，也就是说是依靠传热过程不消耗温差，才达到了工质温度与冷、热源温度相同。卡诺循环中 T_1 和 T_2 的温差范围最大，因而相同的热源温度和冷源温度下，卡诺循环的效率最高。工质吸热后的温度越接近热源温度 T_1，工质放热后的温度越接近冷源温度 T_2，循环越接近卡诺循环，效率越高。

（2）在卡诺循环过程中，d-a 为工质的绝热压缩过程和 b-c 为工质的绝热膨胀过程均为等熵过程，也就是假定没有摩擦的可逆过程。实际工作中在热功转换过程中，达不到这样的理想过程，也就是说实际过程中的热功转换量要小于卡诺循环的热功转换量；膨胀和压缩过程中保温越好，摩擦阻力越小，越接近卡诺循环，效率越高。如内燃机的工作需要对气缸进

行冷却，降低了效率。

（3）理想气体的可逆绝热过程比热容为定值。对于具体的循环，除了温度、摩擦因素之外，要使某一个循环的效率尽可能接近卡诺循环，还必须有的条件是工质比热容相差不大。通常只有无相变的气体如烟气、空气等且 T_1、T_2 差别不大时，这个条件才能满足。在实际的生活中，只有以空气为工质的斯特林发动机的效率最接近卡诺循环的效率。

在实际的热机过程中，无论是内燃机、外燃机还是蒸汽轮机，冷源温度 T_2 受环境等条件限制而无法逾越，主要的手段是尽可能提高工质吸热温度 T_1。但受金属材料限制，大多数热机循环，工质最高温度远低于热源能够提供的温度。如对燃煤机组而言，热源的温度理论上说可以达到燃料燃烧的理论温度（通常在 1800℃ 以上），而实践中的工质最高温度只能达到 540～630℃。因此，实际中的热力循环效率远远低于卡诺循环的最大效率，主要制约因素为材料的许用温度。

当 $T_1 = T_2$ 时 $\eta = 0$，表明系统没有温差存在时（即只有一个恒温热源），利用单一热源循环做功是不可能的，这是热力学第二定律的一种表达方式。

卡诺循环是一种为人类追求的理想循环，但受制于材料、实际热机的不可逆因素等种种限制，到现在还无法实现。尽管斯特林发动机效率最接近卡诺循环效率，但是由于斯特林发动机的工质没有相变，其膨胀做功能力很弱，需要尺寸庞大的压缩机。热机的尺寸也很大，两者的尺寸基本相同，压缩过程所需要的压缩功相对又较大，因而外燃机虽然效率较高，但是功率密度却相对很小，并不适合电力生产过程。

（四）朗肯循环

1. 工作原理

电力生产对功率需求非常之大，因而火力发电机组往往采用功率密度很大的朗肯蒸汽循环。朗肯蒸汽循环以水和水蒸气为工质，如图 1-11 所示。与卡诺循环为理想热机不同，朗肯循环是基本接近真实存在的循环。图 1-11 中，左侧即为最简单的朗肯循环四大主要组成部件，包括锅炉、汽轮机、凝汽器、给水泵及连接的管道等。右侧为朗肯循环的动力过程：循环由 3′（锅炉入口）开始，在给水泵的作用下，锅炉给水进入锅炉，沿 3′-4-1 的路径在锅炉内定压吸热，先后完成给水的预热（3′-4，主要在省煤器和上升管的底部完成）、蒸发汽化（4-5，在上升管的上部完成）和过热过程（5-1，在过热器中完成），最后在过热器出口

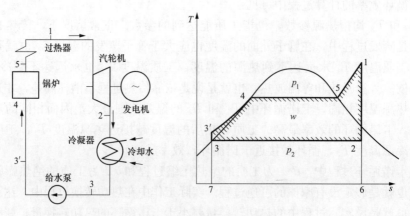

图 1-11　朗肯循环示意图

形成高温、高压的过热蒸汽。过热蒸汽被送至汽轮机，沿 1-2 的路径在汽轮机中完成绝热膨胀做功，汽轮机中做出轴功后，水蒸气在汽轮机出口达到低压湿蒸汽状态（称为排汽），在凝汽器内沿 2-3 的路径完成定压冷却后蒸汽重新凝结成水。蒸汽凝结成水后，体积缩小到蒸汽的 1/600 左右，在汽轮机出口（位置 2）处形成巨大的真空空穴，与汽轮机首的高温高压蒸汽形成巨大的压差，成为推动汽轮机做功的直接动力。蒸汽凝结放出的汽化潜热由凝汽器带出到大气中成为废热。最后，凝结水由给水泵加压后送回锅炉加热而完成一个循环。

由于水的体积远远小于蒸汽的体积，且其压缩性很小，在加压过程中总体体积基本不变，温度的升高也很小，因而给水泵的尺寸和功耗都远远小于膨胀做功的热机汽轮机，具有很大的能量密度，因而是火力发电的主要形式。

2. 水与水蒸气的特性

水与水蒸气具有非常易获得、无任何毒性、大热容量、良好的膨胀性、良好的流动性等特点，功率密度很大，可以把热机做得较小，使热机具有工作安全、稳定、对环境友好、成本低等优点。因此朗肯循环采用水蒸气作为驱动汽轮机的工质。

水和水蒸气的特性如图 1-12 所示。

水和水蒸气特点可以用一点、两线、三区、五态来表示：

（1）一点即图 1-12 中的 C 点，该点称为临界点，压力为 22.115MPa，温度为 374.15℃。压力低于此点时，水要变成水蒸气，必须先经过汽水共存的蒸发区段才能完全变成蒸汽；而压力高于临界点，水变成蒸汽就没有了汽水共存的蒸发区段，一下子全部变为蒸汽。由于压力高于此点和低于此点，水与水蒸气有完全不同的行为特征，所以称为临界点。

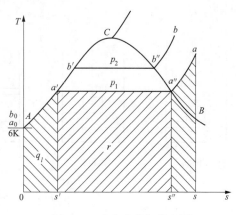

图 1-12 水和水蒸气状态图

（2）两线即图 1-12 中 A 点到 C 点为饱和水线，C 到 B 为饱和蒸汽线。压力为 p_s 的饱和水的温度称为饱和温度 t_s，水将开始沸腾，两者一一对应；饱和汽线的蒸汽称为干饱和蒸汽，这时的蒸汽不含任何水，压力、温度也为 p_s 和 t_s。

（3）三区为过冷水区、过热蒸汽区和湿蒸汽区。未饱和水也称过冷水，位于饱和水线的左侧，其特征为水温低于饱和温度；过热蒸汽区位于饱和汽线的右侧，其特征为汽温高于饱和温度；位于两条饱和线下面称为湿蒸汽区。湿蒸汽区是由一系列平行线构成，如图中的 a'-a''（p_1）和 b'-b''（p_2）所示，起点为左侧的饱和水线，终点为右侧的饱和汽线，在任何一条这样的线上都是汽水共存，压力均为饱和压力 p_s，温度均为饱和温度 t_s。从左到右是定压定温的沸腾过程，直到所有饱和水都变成饱和蒸汽。

（4）过热蒸汽高于饱和温度的值称为蒸汽的过热度，饱和汽加热到过热蒸汽过程中吸收的热量称为过热热；未饱和水低于饱和温度的值称为水的过冷度，未饱和水加热到饱和水吸收的热量称为预热热。湿蒸汽区饱和蒸汽占全部工质的比例称为干度，水定压蒸发过程吸收的热量称为蒸发热，饱和水全部变成饱和汽吸收的热量称为汽化潜热（由于整个蒸发过程中对工质加热但温度却没有明显的变化，所以称为"潜热"，加热时具有明显的外部温升特征称为物理"显热")。

干度的计算式为

$$x = \frac{m_s}{m_s + m_w} \tag{1-16}$$

式中　x——蒸汽干度，无量纲；

　　　m_s——湿蒸汽区饱和蒸汽质量，kg；

　　　m_w——湿蒸汽区饱和水质量，kg。

"两线＋三区"将汽水系统分隔出五种状态，即未饱和水、饱和水、湿饱和蒸汽、干饱和蒸汽、过热蒸汽，分别位于未饱和区、饱和水线、湿蒸汽区、干蒸汽区和过热蒸汽区。

在锅炉中，给水从省煤器开始受热，经过水冷壁、过热汽，整个过程压力的损耗相对于锅炉给水的压力很小，可以认为锅炉是预热、蒸发和过热是定压过程，即完成定压预热过程、定压蒸发过程、定压过热过程（再热汽从入口开始就是过热蒸汽），各个过程体积越来越大，如图 1-13 所示。

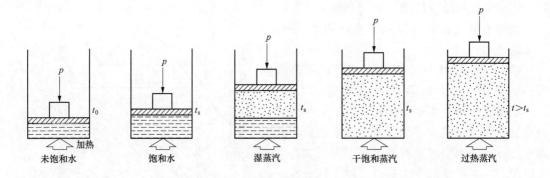

图 1-13　水蒸气定压发生过程示意图

水和水蒸气特性中还有一个比较重要的概念是零点。1963 年国际水蒸气会议决定，以水物质在三相（纯水的冰、水和汽）平衡共存状态下的饱和水作为基准点，此时水的温度为 0.01℃，压力为 0.01MPa，三相态时饱和水的内能和熵为零。

最后一个值得注意的特点是低压时水蒸气的汽化潜热很大，例如一般亚临界参数机组的过热蒸汽焓值约为 3500kJ/kg，但其中的汽化潜热约为 750～2400kJ/kg。汽化潜热与压力相关，压力越高、汽化潜热越小，在锅炉中 18～19MPa 的高压条件下吸热时汽化潜热为小值，在凝汽器中定压凝结时为大值。不同压力的汽化潜热决定了锅炉需要的炉膛受热面积和省煤器面积，压力越高，炉膛中蒸发受热面相对越小，同时低压条件下巨大的汽化潜热大大限制了以蒸汽为循环工质热机的整体效率。

3. 朗肯循环的效率

在图 1-11 所示的朗肯循环中，蒸汽在锅炉内定压加热所吸收的热量为 $q_1 = h_1 - h_3$（kJ/kg），在汽轮机做功为 $W_{1-2} = h_1 - h_2$（kJ/kg），在凝汽器中的最终放热量为 $q_2 = h_2 - h_3$（kJ/kg），水泵中消耗的外功为 $W_{3-3'} = h_{3'} - h_3$（kJ/kg），整个循环对外所做的有用功为汽轮机所做的功减去水泵所消耗的功，即

$$W = W_{1-2} - W_{3'-3} = (h_1 - h_2) - (h_{3'} - h_3) \tag{1-17}$$

式中　h_1——过热蒸汽的焓，kJ/kg；

　　　h_2——汽轮机出口排汽的焓，kJ/kg；

　　　h_3——p_2 压力下饱和水的焓，kJ/kg；

　　　$h_{3'}$——经过给水泵后的水焓，kJ/kg。

循环的热效率为

$$\eta = \frac{w}{q_1} \times 100 = \frac{(h_1 - h_2) - (h_{3'} - h_3)}{h_1 - h_{3'}} \times 100 \qquad (1-18)$$

给水泵将凝结水压力提高的过程中消耗外功 W_{3-3} 相比于汽轮机所做的功 W_{1-2} 而言很小（3 与 $3'$ 在 T-s 图和 h-s 图上几乎重合，图上是夸大了的画法），在近似计算中泵功可忽略不计，这样，朗肯循环的 T-s 图可简化为图 1-14。

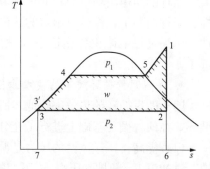

图 1-14　忽略给水泵功耗的简化朗肯循环

效率为

$$\eta = \frac{h_1 - h_2}{h_1 - h_3} \times 100 \qquad (1-19)$$

h_3 为 p_2 压力下饱和水的焓，为了规范式中符号，可用 h_2' 表示，h_2 为做功后的排气焓，把 h_2 用饱和汽焓 h_2'' 代替，有

$$\eta = \frac{(h_1 - h_2') - (h_2'' - h_2')}{h_1 - h_2'} = 1 - \frac{h_2'' - h_2'}{h_1 - h_2'} \qquad (1-20)$$

式中　h_2''——汽轮机出口排汽的焓，kJ/kg；

　　　h_2'——排汽压力下饱和水的焓，kJ/kg。

$h_2'' - h_2'$ 为低压下饱和蒸汽与饱和水的焓值之差，也就是水蒸气的汽化潜热。假定进入汽轮机的主汽温度为 540℃，主汽压力为 16.4MPa，离开凝汽器的工作背压为 20kPa（饱和汽温度为 60℃），则饱和汽焓为 2609kJ/kg，饱和水焓为 251kJ/kg，汽化潜热为 2358kJ/kg，而主汽焓仅为 3575kg/kg，此时朗肯循环效率为 34%，而循环水带走的汽化潜热高达 66%。从中可知，相对于卡诺循环效率推导过程中各温度段工质比热相差可忽略的前提条件，郎肯循环效率低的主要原因是汽化潜热太高。

与卡诺循环相比较时，更多的方法是忽略汽化潜热的差异来折算成等效卡诺循环来比较，如图 1-15 所示。朗肯循环中从 3-4-5-1 的吸热过程等效为 9-8 的等温吸热过程，1-2 的绝热膨胀过程等效为 8-2 的绝热膨胀过程，2-3 过程相同，原来忽略掉的 3-3′等效为 3-9 的绝热压缩过程。四个过程中最大的变化是吸热过

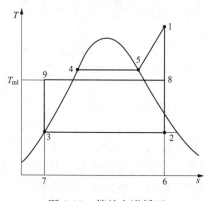

图 1-15　等效卡诺循环

程中的平均吸热温度与朗肯循环中的高温点差别巨大，平均吸热温度计算方法为

$$\overline{T}_b = \frac{Q_1}{\Delta S_1} = \frac{\sum D_i h_i}{\sum D_1 s_i} \qquad (1-21)$$

式中 ΔS_1——工质在锅炉吸收过程中的熵增，kJ/K；

        D_i——锅炉各部位蒸汽量，kg/h；

        h_i——锅炉各部位蒸汽比焓，kJ/kg；

        s_i——锅炉各部位给水比熵，kJ/(kg·K)。

对于现在最先进的超超临界机组，其等效平均吸热温度也仅在 325℃左右，而亚临界机组的等效平均吸热温度仅为 295℃左右；而在同温度区间（主汽温度为 T_1），卡诺循环效率可达 65%，所以需要采用各种技术大幅提高动力循环效率。

循环的净输出功量与汽轮机做功量之比值称为功比，是反映动力循环经济性的另一指标。朗肯循环中，汽轮机出口的蒸汽凝结为水以后体积缩小 600 倍以上，且水具有不可压缩性（压缩过程中体积变化很小），故泵功与汽轮机输出相差很大可以忽略不计，其功比接近 1。

4. 提高朗肯循环效率的技术途径

因为朗肯循环的热效率较低，所以现代大、中型蒸汽动力装置中所实际应用的蒸汽动力循环，在朗肯循环基础上进行了充分的改进，主要技术手段如下：

（1）提高初压。蒸汽的压力是循环的原始动力，因而首先要做的是提高蒸汽初压。在保持蒸汽初温 T_1 和排汽压力 p_2 不变的条件下，蒸汽的初压 p_1 提高至 $p_{1'}$，如图 1-16 和图 1-17 所示。假定原循环平均吸热温度为 $\overline{T}_1$，初压提高后循环的平均吸热温度为 $\overline{T}_{1'}$，显然有 $\overline{T}_{1'} > \overline{T}_1$，故初压提高后的循环热效率必大于原循环的热效率，即

$$\eta' = 1 - \frac{T_2}{T_{1'}} > \eta = 1 - \frac{T_2}{T_1} \tag{1-22}$$

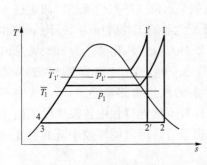

图 1-16   蒸汽初压对循环的影响

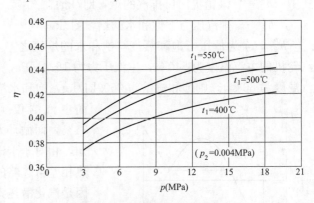

图 1-17   热效率与初压的关系

从图 1-16 中还可以看出，随着初压的升高，排汽的干度也将迅速降低。当排汽干度低于安全值时，蒸汽的凝结过程将提前到汽轮机的最后几级中。高速的液滴使最后几级叶片处于危险工况，并且蒸汽凝结后体积缩小到忽略不计时，其对外膨胀的做功能力也失去了，工作效果会受到影响。因此，初压的提高受到排气干度的限制，所以，工程上常采用初压、初温同时升高的办法，以此能使排汽干度的增减互补，达到较为理想的效果。按汽轮机的设计要求，排汽干度应不低于 88%。

（2）提高蒸汽初温。因为初压提高后会引起排汽干度降低的问题，自然会想到提高初温

的问题。在保持蒸汽初压 p_1 和排汽压力 p_2 不变的情况下，提高蒸汽初温可以使循环的热效率提高。因为将初温从 T_1 升高到 T_2 后，吸热过程的平均温度总是升高的，循环的热效率必然提高，如图 1-18 和图 1-19 所示。同时，初温提高后，循环中单位工质所做的功增大，可以减少循环工质的量，增大排汽的干度，会有更多的蒸汽最终保持气态的形式离开汽轮机末级叶片，从而减轻汽轮机未几级叶片的水冲击、汽蚀问题，都有利于汽轮机的安全运行。

虽然提高初温总是有利的，但采用较高的初温后，锅炉的过热器和汽轮机的高压部分要使用较昂贵的金属材料，这将引起设备投资的增加。此外，提高初温也受到金属耐热性能和高温下各种性能的限制，目前初温的高限在 600℃ 左右。

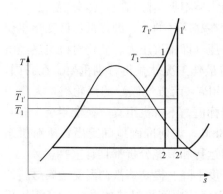

图 1-18 蒸汽初温对循环的影响

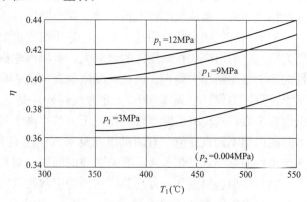

图 1-19 热效率与初温的关系

（3）降低排汽压力。由于排汽是湿蒸汽，其温度为对应的排汽压力所对应的饱和温度，也是循环的平均放热温度。随着 p_2 的降低，排汽压力所对应的饱和温度，即放热过程的平均温度将明显降低。因此根据卡诺循环的原理，在保持蒸汽初温和初压都不变的情况下，降低排汽压力 p_2 也可以使循环热效率提高，如图 1-20 和图 1-21 所示。

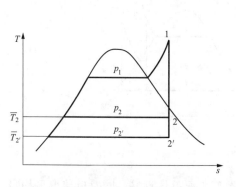

图 1-20 蒸汽终参数对循环的影响

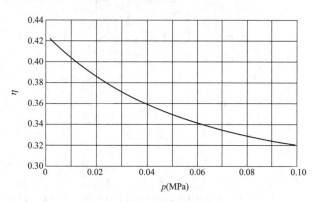

图 1-21 热效率与终参数的关系

由于排汽 p_2 是领先凝汽器排汽的冷却产生的真空维持的，降低 p_2 就意味着降低放热温度 t_2。t_2 必须保证高于凝汽器中冷却水的温度才能保证凝汽器换热的成功，所以最终受到环境温度的限制而不能无限降低。火电厂中常用的排汽压力在 $0.004 \sim 0.005$MPa 左右，其对应的排汽温度为 28.98～32.90℃，在运行中其排汽压力（即排气温度）将随着环境季节性气温的变化而变化。

设计时排汽压力降低后蒸汽的比体积增加很快，导致汽轮机尾部尺寸加大，叶片更长，这对叶片的材料、设计和制造能力提出了新的要求。对于已经定型的机组，过分降低 p_2 还会引起排汽干度降低，使蒸汽在凝结前推向叶片，也是不利的。且在一定的进汽流量下，过低的排汽压力可使汽轮机末级叶片出口处的蒸汽流速接近该处的音速水平（马赫数约为0.95），而达到阻塞背压（汽轮机的阻塞背压是指汽轮机末级叶片出口处的蒸汽流速接近该处音速水平时的背压，在通常情况下，它与汽轮机进汽量相关，不同的进汽量有不同的阻塞背压值。为了规范汽轮机的技术条件，这里特指 TMCR 流量条件下的阻塞背压值）。此时再降低排汽压力，循环效率将不再增加反而会降低，因而需要根据实际情况具体分析。

根据水蒸气热力特性曲线，低压区等压线密度要比在高压区的小，即在低压区变化单位压力所对应的焓降比在高压区的焓降大，所以汽轮机背压（即排汽压力）变化对机组热经济性的影响要比初压大得多。因此，凝汽器真空能否保持最佳工况就显得特别重要。在我国，不管排汽压力设计值为 4.9kPa（北方气候）还是 5.39kPa（南方气候）的汽轮机，无论单机容量多大，汽轮机实际运行的排汽压力基本高于其目标值，不少机组真空在全年至少有一半时间内达不到设计值，有的机组在夏季真空度只有 88%。如何准确地确定出背压对机组热经济性的影响，是相关人员普遍关注的问题，对机组运行和节能分析都具有重要意义。

（4）增加再热循环。提高蒸汽初压将引起排汽的干度下降、提高蒸汽初温受金属材料的限制，是限制朗肯循环的关键因素。实际工作中常采用蒸汽中间再过热的办法，将汽轮机（高压部分）内膨胀至某一中间压力的蒸汽全部引出，进入到锅炉的再热器中再次加热后，再回到汽轮机（低压部分）内继续做功。该方法可降低低压缸末级排汽湿度，减轻末级叶片水蚀程度，为提高蒸汽初压创造了条件，从而可提高机组内效率、热效率和运行可取性，很好地解决这个矛盾，如图 1-22 所示。

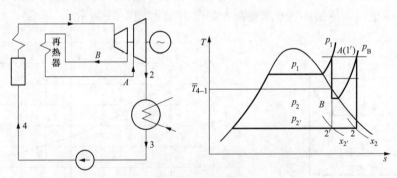

图 1-22　再热循环

再热蒸汽最终膨胀干度明显地提高，使得汽轮机尾部工况整体良好，同时也使得平均吸热温度增加，可以明显提高朗肯循环的效率。可将再热循环 1-B-A-2-3-4-1 看作由原来的基本循环 1-2'-3-4-1 和附加循环 B-A-2-2'-B 两个循环所组成，两个循环的吸热平均温度分别为 $\overline{T}_{B-A}$ 和 $\overline{T}_{4-1}$。通常再热温度高于主汽温度，显然只要再热压力选择得不太低，就有 $\overline{T}_{B-A}>\overline{T}_{4-1}$，因此整个再热循环的热效率将高于原基本循环的热效率。我国从超高压参数往上的机组采用再热循环。

忽略水泵消耗功，再热循环所做功量为

$$w = (h_1 - h_B) + (h_A - h_2) \tag{1-23}$$

循环吸热量为

$$q_1 = (h_1 - h_3) + (h_A - h_B) \tag{1-24}$$

循环热效率为

$$\eta = \frac{w_0}{q} = \frac{(h_1 - h_B) + (h_A - h_2)}{(h_1 - h_3) + (h_A - h_B)} = \frac{(h_1 - h_B) + (h_{1'} - h_{2'})}{(h_1 - h_3) + (h_{1'} - h_B)} \tag{1-25}$$

如果再热压力选择过高，将使附加循环的吸热量减少，从而使其对整个再热循环热效率的影响减弱，同时也不利于排汽干度问题的解决。综合考虑再热压力对热效率和干度的影响，存在一个最佳的再热压力，一般为蒸汽初压的 20%～30%，在允许的排汽干度下使热效率达到最大值。

通常一次再热可使循环热效率提高 2%～4%，若增加再热次数，虽然循环效率会有所提高，但管道系统复杂，投资增加，运行不便，因此传统机组通常采用一次再热。当前随着技术的发展，1000MW 以上超超临界机组和少数 660MW 超超临界机组开始采用二次再热，国内二次再热机组总参数已经超过全世界其他国家的总和，图 1-23 所示为典型的一次再热与二次再热系统及其循环 T-s 图。

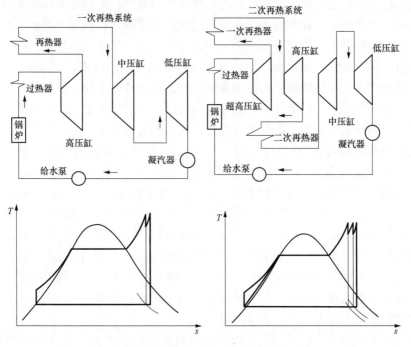

图 1-23 典型的一次再热与二次再热系统及其循环 T-s 图

（5）回热循环。前文对朗肯循环的分析中已知其热效率低的主要原因是工质的吸热平均温度不高或汽化潜力太大而导致的冷源损失占比过高。回热循环是在朗肯循环的基础上，对吸热过程进行改进而得到的，可以大幅度提升平均吸热温度并减少冷源损失，所以使朗肯循环的效率得到明显的提升，与再热循环共同成为现代大型机组普遍采用的循环方式。

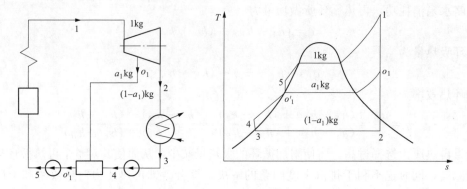

图 1-24　回热循环

回热即利用在汽轮机内做过功的蒸汽来加热锅炉给水的技术，因为其热流方向是从汽轮机返回锅炉，故称为回热。我们把朗肯循环图中吸热过程的部分夸大后画在图 1-24 中，整个蒸汽吸热过程为 4-5-1。其中，4-5 是水的预热段，开始于凝汽器热井出口，终止于锅炉上升管的饱和点，经过给水泵后，进入锅炉省煤器。锅炉省煤器处的烟温高达 400~600℃，但是水温只有 20~30℃左右，因而该阶段的换热温差很大，是整个吸热过程中温度最低的部分。如果能将这一低温的吸热段加以改进，减少吸热温差，则整个循环的吸热平均温度将有较大的提高。考虑到蒸汽在汽轮机中从主汽温度降低到凝汽器温度，因而沿汽轮机身抽汽可以得到不同温度级别的完成部分做功任务的蒸汽完成这一任务。回热循环就是这样通过与汽轮机流动方向逆向抽汽、通过回热加热器逐级对给水加热的技术，逐渐提升给水的温度，从而达到使给水在锅炉中的吸热平均温度得到提升、使循环效率提升的目的。

回热加热器回热循环的关键技术，通常分为表面式加热器和混合式加热器两种。表面式加热器中的抽汽与给水不混合；混合式加热器则将抽汽加热给水后的冷凝水直接混合，回热系统通常由两种加热器搭配使用。以只有一级混合式加热器的回热系统为例，其工作过程为：锅炉生产出 1kg 压力为 p_1、温度为 t_1 的新蒸汽进入汽轮机绝热膨胀做功，压力降到 p_0 时抽出 αkg 蒸汽，将其引入回热加热器中进行定压凝结放热，成为 αkg 的饱和水。汽轮机中剩下的 $(1-\alpha)$ kg 蒸汽继续绝热膨胀做功至压力为 p_2，然后进入凝汽器凝结成压力为 p_2 的 $(1-\alpha)$ kg 饱和水；凝结水泵将 $(1-\alpha)$ kg 水升压后打入回热加热器，接受 αkg 抽汽凝结时所放出的热量，温度升高后成为 p_0 压力下的饱和水，并与 αkg 抽汽凝结成的水混合重新成为 1kg 给水，由给水泵升压到锅炉压力 p_1 进入锅炉。这样，没有回热时，1kg 蒸汽做完功进入凝汽器，全部汽化潜热被当作废热散到空气中，有回热时只有 $(1-\alpha)$ kg 的汽化潜热被当作废热散到空气，就大大减少了冷源损失。

现在的大容量机组中，通常设计八级回热加热器，把给水加热到 250~300℃，使炉水预热段温度由原来的 20~30℃显著提升，可以明显提升机组的循环效率。

5. 真实的朗肯循环

前文中考虑的朗肯循环中都是假定汽轮机中的膨胀做功是等熵可逆的过程，即汽轮机组没有摩擦阻力的理想情况。真实的汽轮机组实际的循环如图 1-25 所示，它与理念情况的差别在于：

（1）蒸汽在锅炉的产出后输运到汽轮机中会有一定的做功能力损失，即状态 1 会在没有做任何外功的情况变到 $1'$，相当于汽轮机组的管道损失。

（2）蒸汽进汽轮机第一级叶片前有经过汽门装置，经历明显的节流，也会有一定的做功能力损失，即状态 $1'$ 会在没有做任何外功的情况变到 $1''$。

（3）蒸汽在汽轮机状态 $1''$ 开始有摩擦阻力的不可逆绝热膨胀到状态 $2'$，汽轮机的实际做功量将小于无摩擦时的理想做功量，即

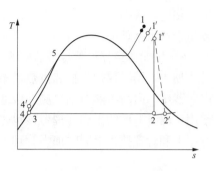

图 1-25 考虑汽轮机内摩擦时的简单蒸汽动力循环

$$w'_T = h_1 - h_{2'} < w_T = h_1 - h_2 \tag{1-26}$$

常用汽轮机相对内效率来表示汽轮机内膨胀过程的理想程度，其定义为

$$\eta_T = \frac{w'_T}{w_T} = \frac{h_1 - h_{2'}}{h_1 - h_2} \tag{1-27}$$

数值一般在 $85\% \sim 95\%$ 之间。

二、节能方向

针对上述蒸汽循环系统及其在现实环境中存在的问题，可以得到提高机组性能的主要方向包括：提高循环的效率、减少蒸汽泄漏/蒸汽短路、减少蒸汽循环中的节流、提高核心机效率等四大方向。其中提高循环的效率包括提高参数、回热、再热等手段，已经上文中充分讨论，本部分重点讨论后三个问题。

1. 减少泄漏/短路

蒸汽的泄漏是指高温高压的蒸汽直接漏到系统外，或漏到低压的部分。前者称为外漏，典型的如事故状态下的管壁爆破和正常工作状态下的各种疏水、排污等，吹灰本质上也类似，多发生在锅炉侧；后者称为内漏，典型的如管道中阀门的内漏、高中压缸之间轴封漏汽量、旁路内漏、叶顶汽封不严、内外缸的漏汽等问题。锅炉侧的蒸汽外漏除会把其所携带的所有做功能力都损失掉以外，为了维持工质平衡，还需从汽轮机侧进行补充水，补充水在循环过程中会先抽汽加热而进一步损失机组的做功能力。汽轮机侧的蒸汽内漏或短路一方面通过全部或部分地失去做功能力使汽轮机效率降低；另一方面内漏大部分都回到凝汽器，提高了凝汽器的热功率，通过提升冷端的温度而使机组做功能力下降（或者仅是为了带走这部分热量损失大量的循环水泵功耗）。总之，无论内漏还是外漏，均会使机组做功能力下降，使机组能效下降。

机组蒸汽短路还有一个重要的案例是再热器减温水。再热汽温度通常采用烟气侧手段调整，再热器的受热面通常采用"负裕量"的设计思想。即受热面积设置并不是很充足，只有在中间负荷时才不动用烟气侧调整手段；高负荷时需要烟气侧调温手段强化再热器吸热；低负荷时需要烟气侧调温强化再热器吸热，从而在正常运行不投再热蒸汽减温水的条件下，锅炉的再热汽温应满足再热器出口蒸汽温度达到设计值的要求。原因是再热器喷水进入锅炉以后，沿再热压力（p_z）线定压吸热蒸发并过热，直接经旁路高压缸进入汽轮机中、低压缸膨胀做功。再热汽喷水系统如图 1-26 所示，其完成的循环如图 1-27 中虚线所示，是一个非再热的中参数循环或者比中参数还低的循环，与主循环（亚临界、超临界或超超临界的再热循

环）相比，效率显然要低很多。由于该参数不高、热效率很低的非再热循环的加入，必然导致整个机组循环的效率降低。通常再热器喷水每增加锅炉额定负荷的1%，机组效率降低0.2%。因此再热器虽然也设置喷水减温器，但只是作为事故减温水，在再热汽温异常升高时才喷入，用以保护汽缸和再热器不发生超温问题，再热器管子不发生爆破泄漏事故。在生产实践中，因为再热器烟气侧手段通常不好用，滞后性大且不灵敏，所以不少运行人员不愿使用。同时电厂的生产管理考核也过于严苛，导致不少机组的再热器喷水长期投入，需要从意识上和管理技术上同时加强管理。

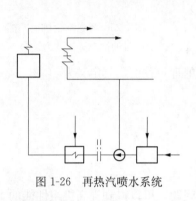

图 1-26　再热汽喷水系统

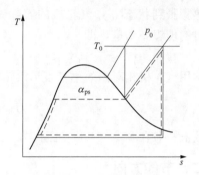

图 1-27　再热器喷水 T-s 图

2. 减少节流

节流是阻力的另外一种称法，是机组效率降低的最主要原因之一。蒸汽循环的整个过程中均存在阻力，从对蒸汽的作用来看，阻力使蒸汽流动减慢，所以称为节流。但阻力影响最为明显的过程是 1-1′ 的管道阻力过程和 1′-1″ 汽轮机主调节阀（中压调节阀通常处于全开状态，节能效果较差）之间的两个区段，因为它们发生在高压力区，为克服阻力而损失的蒸汽压力做功能力强，对机组做功能力的影响很大。主汽管道节流用管道效率来度量，主汽门节流并没有单独的度量变量，但其作用包含在高压缸效率、汽轮机组效率或热耗率中，是汽轮机优化调整的重要方向（如单阀/顺阀切换、滑压优化等工作）。

除蒸汽主要循环过程以外，还有很多的局部流动与阻力有关，如锅炉烟风侧、给水/凝水段等，均存在节流现象。其作用是增加厂用电率或厂用汽率，解决的方法通常有增加导流、合理优化运行参数等工作，也是节能的重要考虑方向。

3. 提高汽轮机的转化效率

整个朗肯蒸汽循环的核心机器是汽轮机，只有这一环节才实现了把蒸汽中所蕴含的热能转化为机械能。理想的过程是 1″-2，但实际上的过程为 1″-2′，两者焓降比值即为汽轮机的能量转化效率，也就是汽轮机热耗。显然，汽轮机转化效率越高，两条线的差别越小，机组整体效率就越高。

当前汽轮机的发展已经到了很高的水平。1883年由瑞典工程师拉瓦尔发明了冲动式汽轮机，1884年英国工程师帕森斯发明了反动式汽轮机，成为汽轮机的两种主要类型，发展到今天已经有150年左右的历史。汽轮机核心部件均为喷嘴和相应的动叶片一对一组成，其中喷嘴固定在汽缸上不动，蒸汽在喷嘴中膨胀加速，后进入固定在转子上的动叶片，由动叶片推动汽轮机轴转动。冲动式汽轮机动叶片中蒸汽不膨胀而只是改变流动方向，通过汽流改变方向对动叶片产生推力；反动式汽轮机中蒸汽在动叶片中也进行膨胀，通过汽流改变方向产生的冲击作用和膨胀加速作用共同产生作用力。相比之下，反动式汽轮机负荷分配更加均匀，因而通常效率更高一些，但技术要求更高，轴系安全组织更难。现代汽轮机把两者的技术优点融合在一起，所有的动叶片中都存在膨胀，只是把动叶中膨胀比例超过50%的汽轮机才称为反动式汽轮机。此外，机组的效率还与配套的配汽、汽封等部件有非常密切的关系。人们总是用先进的技术更新或改造已经投产的旧式汽轮机，以达到更加高效的目的，通常这一过程称为通流改造技术。

三、节能相关术语

机组定型后的节能工作都在为改进机组的效率而进行，所以效率是节能工作的核心。但在实际工作中不光讲效率，根据使用习惯还有能效、性能、能耗等多种相近的词语，都是通俗而模糊的近义概念，既有相关性，也在语义方面有一些差别，适合在不同语境下根据需要使用。

1. 节能

"节能"包括"能源节约"和"科学用能"两个层面。在我们的日常工作中，节能的含义比这两个层面意思更广泛，大家根据语境会对节能有约定俗成的说法，有多重含义，有时当名词用，有时当动词用，甚至还可以当形容词用，如节能改造方案。为了更科学地表达节能的概念，需要使用"性能""能源效率""能耗"等概念。

2. 能效

能效即"能源的效率"，指能源服务过程的利用效率或能源使用者利用能源的效率。

能源服务大多数指能源类企业向客户提供某种特定能源的服务，如电力企业提供的电，石化企业提供的成品油、天然气，供热公司提供的热能等。显然能源效率与具体的服务流程相关，不同的能源服务过程中，其能源效率有所不同。

本书提到的能效主要针对发电企业而言，其提供能源服务的过程中先购入原始或低级的能源（如煤），通过转化、升级后变成电力以电能的形式提供电网。虽然这个过程中能量是守恒的（无法节约），但是能源的转化过程是有成本的，在转化过程中部分能源以热的形式散发到了大气中，转化的结果是电能小于输入的能量，这样就有了效率的问题。

世界能源署在2006年的报告中，对"能源效率"提出了明确的定义为：能源效率是能源服务的产出量与能源使用量（或投入量）的比值，即

$$能源效率 = \frac{能源服务产出量}{能源投入量} \tag{1-28}$$

需要注意的是，式（1-28）所述的能源效率不仅适用于能源企业，而且适用于任何企业，因而根据式中分子和分母度量方式的不同，能效指标可以有多种定义，如热力学指标、经济热力学指标和纯经济指标等：

（1）热力学指标。依据能源守恒定义效率（锅炉效率、泵效率），分子分母都是能量，与我们常用的效率是一样的。

（2）经济热力学指标。如单位GDP能耗，分子能源服务产出量用GDP来表示，分母能源投入量就用标准煤的能量单位来表示，在国家层面上比较能耗水平的高低时经常使用。

（3）纯经济指标。分子分母都用货币价值表示，企业财务系统经常使用。

本书中"能源效率"基本上等同于"节能"当名词使用的含义，但是在很多语境中，两

者并不能通用，例如"提高能源效率"就不能称为"提升节能"。

很多时候能效简称为效率。

3. 能耗

能效、效率都是从输出与输入的角度来论述的，分析的思路与生产流程总的顺序相同。而能耗则是着重于生产流程中能量损耗的角度来分析问题的，分析的思路与生产流程的方向相反。由于能耗聚集于生产流程中的能量损耗环节，所以适合在寻找问题的原因时使用，这样的过程即为能耗诊断。能耗诊断是节能工作中最有用的工作。

4. 性能

性能指物质的性质与效能，含义比较广泛，在本书中特指生产流程在实现预想能效方面的性能，性能的高低可以用能效的值来表示，因而相同于能效水平。如"提升性能"是最常见的说法，改成"提升能效"勉强可以，但改成"提升能效水平"就没有问题。

尽管有这些差异，但这些词的用义在本质上都是相同的，目的都是提高生产流程的最终能源效率。本书中尽可能使用"节能"这一通俗易懂的词，但是为了更清晰地表达，在不同的语境也使用了其他词语，特别是能效评价和能耗诊断，还作为单独的章节，需要读者对此有一定的理解。

第三节　煤电企业节能工作步骤

考虑到煤电企业越来越低的负荷率及煤炭市场的不稳定性，要想做好节能工作很不容易，需要从设备的选型、设计、匹配、制造、安装及生产中的各个环节，以及最后的改进、改造和升级过程全面考虑。机组选型、设计、匹配、制造、安装的水平影响到设备的基本性能，决定了机组能效水平的最高可能性；生产中各环节的技术管理是日积月累的长期过程，因而对于机组基本性能的发挥至关重要。如果机组的基本性能中存在某些缺陷，则需要进行改进、改造和升级以提升机组的基本性能。这样，基于最佳的设计选型，在生产过程中强化能效管理四项工作（统计核算、能效评价、能耗诊断与设备消缺/改造），最大程度地把机组性能发挥出来，称为节能工作"四步曲"。

一、日常能效统计

要想做好节能工作，必须做好能效水平统计工作，即实时地对燃煤机组生产过程的效率进行准确的计算，这是做好节能工作的物质基础。

当前我国发电企业的单元机组控制水平是世界一流的，并且绝大多数都装备了 SIS 系统，控制系统中通常都设置了非常齐全的测点，可以按每秒一个点的分辨率，把机组运行过程中的数据传输到 SIS 系统存下来，时间跨度可达若干年。不少集团公司甚至把全集团下所有机组的信息都通过远程网络集中到公司总部，更先进的集团公司甚至可以通过公共网络传递到手机客户端上，以便于相关人员时刻对机组进行远端监控。这些网络、系统与数据为生产过程的能效统计提供了坚实的基础。

我国的电厂在运行过程中，通常有节能工程师或设计有专门的软件系统，基于这些数据对机组的日常状态进行正确记录，对机组的能耗水平进行在线计算与统计。在统计计算的过程中，可以了解机组的真实状态及在具有节能潜力的环节，找出机组可以提升效率的方案加以改进并实施，可以从根本上提高机组的能效水平。基于机组的实时性能评价，根据评价找出不足和原因，或指导技改做好升级工作，或指导运行人员进行优化调整工作，达到最终的性能提升。

但是准确有效的机组的能效在线实时统计工作并不容易，需要正确理解性能计算的原理，也存在一些关键的技术难点需要克服。实际工作中往往由于部分参数不好测、测点没有代表性、计算方法不正确等多种原因导致很多机组的能效状态计算不准确，使后续的评价、诊断和技改工作失去基础而效果不佳。测量是大家研究的一个方向，行业中想了很多办法，到目前基本上初步有了解决方案，但是计算方法不太正确的问题在实际中更为普遍，造成的后果不比测量造成的问题少，是迫切需要解决的问题。

不仅是性能分析，我国目前发电企业中的其他数据应用平均水平也不高。大部分数据都记录并储存在 SIS 系统的数据库中，但不知道怎么用。这些数据目前至多是用于事故分析做趋势图，或找相关联系。如何更好地应用这些数据对机组性能进行正确评价，是智慧电厂的热门课题。

二、根据能效统计做好能效评价

假定我们可以正确地对机组能效进行统计，则可以得到机组供电煤耗或整体效率的数值。我们得到这个数值后必然想要知道下列一系列问题：这样一个数字代表的机组性能水平到底处于什么位置？是不是已经是最佳水平？有没有提升空间？怎样才能提升机组的性能？因为机组的能效会受到各种因素的影响，每台机组的能效数值也在不停发生变化，到底什么样的能效值表示能效水平高、什么能效结果是低水平？这些大家关心的问题并不容易得到答案。如果不能完成对能效的评价工作，节能统计工作做得再好，对于能效的提升也没有多少帮助。

如果能够根据燃煤机组能量的转化过程，排除一些客观、外部因素对机组性能造成的影响，把各种不同条件下机组的能效水平放在同一个平台下再进行比较，就可以得知机组运行水平的高低。这种把影响机组能效水平的客观、外部因素排除后，确定机组效率达到理想水平程度的工作称为能效评价，是节能工作的第二个部分。

能效评价是基于能效的统计基础进行的，通过能效评价可以在整体上掌握机组的性能水平、提升潜力和提升目标，能效评价工作非常重要，是节能工作第二个重要步骤。

三、机组的能耗诊断工作

机组能效评价排除了机组外部因素造成的影响后，如果发现机组的能效水平不高，要查找提升机组能效的方法，就必然要考虑下列问题：机组性能不足的原因是什么？如何做工作才能克服这些不足？做这些工作到底有多大的性能提升空间等。只有找到，并采取相应的措施解决了这些问题，机组的能效水平才有可能进一步提升。

沿机组能效统计的路径，对各影响因素进行适当的分解、分析，找出对机组能效影响的原因并寻找解决问题的可行技术，评估每一项技术、每一个因素对机组能效水平的提升空间等工作，称为能耗诊断。之所以称为"能耗诊断"而不是"能效诊断"，是因为诊断过程中无论是查找原因、评估影响、寻找技术措施等各方面，大多针对各个对效率的损耗项完成，因此"能耗诊断"可比"能效诊断"更精确地描述工作的特性。

机组的能效统计只是整个节能管理的基础，机组能效评价和能耗诊断才是整个机组节能管理的中心工作。得到能耗诊断工作的结果后，可通过运行改进、设备改进和管理引导三个方面来完成生产过程的优化。运行模式改进由运行人员完成，设备改进由设备管理人员完成，技术管理人员根据机组实际性能和优化空间，制定相应管理政策，引导相关人员朝一个方向努力，也非常关键。只有高水平的能效评价和能耗诊断工作，才能真正使生产效率得到提升，因而非常重要，是节能工作的第三步。

四、设备消缺与改造

机组的高性能建立在健康的设备条件基础上，发电机组连续工作与恶劣条件会使设备的健康水平下降，不适应机组高效运行的需求，因而发电企业会花大精力对设备进行测试、校验、解体、更换、紧固、焊接、润滑等工作，把不满足机组高效运行需求的设备恢复正常健康水平或设计水平，这称为设备消缺工作。设备改造则是针对那些从买来就不符合机组高效运行的需求或为追求更高水平而进行的改进工作。本书中"不满足需求"所包含的含义比日常工作中大家常用的、主要是针对设备异常或各种缺陷而做工作的定义略为宽泛一些。

设备消缺与改造是落实机组能耗诊断结果、帮助机组实现更加安全高效和环保的有效手段。具体工作时需要在机组能耗诊断的基础上，进一步充分论证确认后进行，确保其可以解决评价或诊断中发现的问题。如果机组改造主要是为了提升经济性能，则需要对技术方案可以预设的效果进行充分论证，以保证改造后预想的效果确实能够达到。否则很容易使改造无效果甚至失败，造成巨大的浪费。

设备消缺与改造是节能工作最为重要的第四步，本书中不涉及具体改造方案，主要是针对改造提升方案进行效果评价与验证方面的理论知识。

五、我国节能管理工作现状简述

我国的电力装备水平、控制系统技术水平总体上已经达到世界领先水平，测点安装最齐全的，SIS 系统数据库配置是世界上最大的。大部分电厂也都认识到该工作的重要性，设置了专门的节能专业工程师来完成该工作，但我国的节能工作总体上还处于比较粗放的水平，具体表现如下：

（1）日常能效统计准确度不够。能够较为准确地对机组的能效进行统计对大部分电厂都存在一定的难度，特别是能效水平与各厂的业绩、考核挂钩后，往往还有人为的因素（如开始时有了偏差，即使在其后的生产过程找出了问题的原因，也往往不得不延续开头的失误以防止对能效水平的突变进行解释；为适应某种需要，对能效的数据进行"合理"的调整等工作也较为常见）。

（2）能效评价、能耗诊断尚无成熟章法，是本书主要需解决的问题。

（3）能效统计与运行优化、性能提升和设备改进方面基本脱节，没有形成系统的、统一的行为。

国内目前大部分电厂在运行监视和节能考核时主要使用小指标法。小指标法形成于 20 世纪 80 年代末、90 年代初，主要是凭经验确定一部分与性能相关的小指标来指导和考核运行人员，以促进性能提升。小指标由一部分原始参数（如排烟温度、炉膛出口氧量等）和一些容易由原始参数直接计算的二次指标（如风机的单耗、水泵的单耗）构成。由于控制目标都是基于生产实际和经验总结出来的，指标定值随意性很大，所以不能追求绝对准确，只是希望按这些考核指标所指导的方向进行操作，可以"相对准确"地指导运行人员把机组运行在"最优"工况下。显然，小指标法是一种定性的、粗放式的指导方向，很容易导致机组大幅度、长周期运行在距最优工况相差较远的水平下而毫无察觉。常见的有：为强调节省厂用电，不少电厂的锅炉出口氧量长期处于接近为 0 的水平上，不但使锅炉效率大幅度下降，还存在很大的锅炉炉膛爆炸风险。

不少电厂采用了耗差分析系统代替小指标法来进行节能管理，把各个因素对供电煤耗的影响计算出来，并通过这些因素的优化来降低机组的供电煤耗。耗差分析法相比小指标法有明显进步性，但应用效果好的案例也不太多。主要原因是大部分耗差分析系统开发人员为单独的计算软件开发人员，对于处理性能影响因素的关系不太明白（如空气预热器漏风率增加使得排烟氧量变化时，会影响到排烟温度、厂用电率等多个方面，但不会影响锅炉效率，大部分耗差分析显示会影响锅炉效率），大部分耗差分析结果加总后与总耗差相差甚远，从而使耗差分析系统指导的准确性变差。

在设备改造方面，目前国内的改造工作主要依靠厂家的产品介绍和已改造厂的经验，很少有电厂对自己的设备进行深入的诊断后再开展相关工作，因此不少电厂存在效果误判、改造效果不明显或改造失败的现象。

总之，我国发电机组目前无论是能效统计、节能评价、能耗诊断还是节能改造，总体上在节能管理各环节都没有实现根据相关标准和自身特点，做到有章可循、定量有据，整体上还具有较大的提升空间。

第四节　我国节能管理相对不足的原因

节能是一项在细微之处见功夫的工作，对节能管理人员有很高的要求，需要其对节能理论、标准有深刻的理解，在日常工作过程中对各个细节清楚明白，在技术改造时对每一种技术路线的真伪鉴别可以胸有成竹。但事实上，在我国的实际生产中，大多数节能专业工程师都是运行人员由于年龄较大不适应倒班的工作换岗而来，经过多年简单重复的工作后，专业知识体系很不全面，因而大部分节能工程师是难以满足工作要求的。除此之外，我国在节能技术研究、评估和教育方面的生态也有很大的不足。

一、机组设计选型的能效限定相对简单

我国在机组设计选型阶段对机组能效主要采用政策导向判断法，即根据国家的节能规划和当地的自然条件判断用能方案是否合理。判断的标准包括清洁生产标准体系、能耗限额标准等，这些都是强制性国家标准（如设备的能耗限额标准），但是标准中往往采用很简单的指标对比的方法（参见第三章）。

例如，表 1-1 所示 GB 21258—2017《常规燃煤发电机组单位产品能源消耗限额》规定了供电煤耗作为限定条件，为机组的能效水平提出理想目标，对应用条件并不做考虑。

再如，国家节能中心也对火电项目能效水平进行判断，其方法为考虑火电项目投产后的负荷率、厂内损失等影响因素，按不同的年利用小时数计算项目估算运行供电煤耗，并以此预测评价项目投产后的能效水平。具体判断依据见表 1-2。

表 1-1   常规燃煤发电机组单位产品能耗限额等级

压力参数	容量级别（MW）	供电煤耗 [g/(kWh)]		
		1 级	2 级	3 级
超超临界	1000	≤273	≤279	≤285
	600	≤276	≤283	≤293
超临界	600	≤288		≤300
亚临界	300	≤290		≤308
超高压	600	≤303		≤314
	300	≤310		≤323
	200 125	—		≤352

表 1-2   火电项目能效水平判断表

能效水平	判断条件
国内领先	$b_g \leqslant P_{lx}$
国内先进	$P_{lx} < b_g \leqslant P_{xj}$
国内一般	$P_{xj} < b_g \leqslant P_{yb}$
国内落后	$b_g > P_{yb}$

注　b_g——项目估算运行供电煤耗，对标时宜采用与对比机组相同的年利用小时数来计算此项；

　　P_{lx}——火电企业最新能效对标竞赛资料中同规模、同类型机组（简称统计机组）供电煤耗过程指标前 5% 水平；

　　P_{xj}——统计机组供电煤耗过程指标前 20% 水平；

　　P_{yb}——统计机组供电煤耗过程指标平均水平。

理论上这种比较简单的能效限定方法对于设计选型阶段是正确的。但是由于我国电力行业长期以来设计选型都由电力设计院完成，设计院实际上只完成主设备的选型与匹配工作，具体各种类型的设备实际上由其他相关厂家设计并且制造。这些设备厂家很难从机组全局的角度去考虑节能的问题，用户也主要是与这些设备厂家来进行性能验收相关程序，就会导致机组设计的性能与设备的实际性能脱钩，不利于机组实际性能的提升。

在机组投产以后，这种简单对机组的能效水平进行评价的方式就更不合适，因为机组自身的性能及机组所处环境，都对机组的实际性能有重要影响，不能简单地一概而论。

二、主设备性能考核与整体机组考核之间的差异长期被忽略

针对如锅炉、汽轮机这样的主设备，国内外都高度重视，且有很长的研究历史。美国机械工程师协会（ASME）在 20 世纪 40 年代左右就发布了一系列性能考核标准，对单体设备的性能考核指标、性能试验过程和性能结果修正进行了较为规范的研究。经过此后七八十年的持续改进，目前已经非常完善。我国也在这些标准的基础上，于 20 世纪七八十年代发布了自己的标准，并且在近期完成了大幅度的改进升级，技术上基本上达到了可以与 ASME 媲美的水平。

对锅炉、汽轮机等单体设备进行性能分析时，往往需要把正常生产中影响其性能发挥的

一些因素进行隔离或者进行修正，尽可能把设备置于设计时理想的运行条件下，以得到这些单体设备在设计条件下的性能，以便与设备设计时的假想性能进行比较。这个比较结果往往涉及合同的罚则条款，因此无论是业主还是设备提供商都非常谨慎，因而这些单位设备的性能试验一般由专业的电力试验单位进行严格测试和分析，并且由多方相关单位共同审查。因此，从具体工作的角度来看，我国针对设备的试验、分析工作也已达到世界一流水平。

相对于单体设备性能的成熟，机组整体的性能就明显滞后了。由于机组是由锅炉、汽轮机等单体主设备组合而成，国内普遍采用锅炉效率、汽轮机组发电效率等串联设备乘积作为机组整体效率，但不同的边界划分、不同的系统隔离条件下，锅炉效率、汽轮机组发电效率会有不同的计算结果，甚至有不同的物理意义。针对单体设备分析时，由于每一个单体设备的能效水平都是局部参数，所以无论采用什么样的锅炉效率、什么样的汽轮机组发电效率等，选取数据不同，只要符合单体设备的性能验收标准即为可行，允许有不同的结果（标准中规定了不同的含义）。对于机组整体如果直接套用不同的锅炉效率、汽轮机组发电效率计算出不同的结果，就明显不对。因为机组的运行条件比主设备简单，就是输入燃料发出电能的简单关系，其能效应当是唯一的。这种不同经常给现场的节能专业人员带来很多困惑。

不同条件下锅炉效率、汽轮机组发电效率计算出不同的结果的示例如下：

（1）电厂锅炉性能试验标准中有燃料效率与毛效率（国际上称为热效率）两种锅炉效率，还有正平衡效率、反平衡效率、高/低位发热量效率，那么计算机组发电煤耗到底用哪一个效率？计算锅炉效率时是选空气预热器出口的烟气温度还是低温省煤器出口的烟气温度？汽轮机高压加热器不投用时，给水温度变化很大，是否进行修正？

上述不同的选择都会得出不同的计算结果。

（2）计算汽轮机组效率时有很多修正计算，如主汽温度、再热汽温、加热器端差等，是否需要计算？电科院出具的试验报告中有的进行了修正计算，有的则没有修正，计算到什么程度合适却没有定论。

（3）为什么性能试验时机组的能效能达标，而实际运行时效率却差别很多？

以第（1）个问题燃料效率与毛效率的差别为例。燃料效率是指计算锅炉效率时其原始能源输入唯一的只有燃料所包含的热量；而毛效率是指计算锅炉效率时锅炉的输入，除了燃料热量外，还有雾化蒸汽带入热量、暖风器带入热量等由汽轮机系统回送来的热量等。这就使得两者的含义与计算结果完全不同。从锅炉性能的验收来看，使用毛效率更为简洁；但从机组发电效率来看，锅炉作为机组发电流程的最前端部件，其输入能源应当与机组的输入能量完全一致。如果锅炉效率的计算还包含了燃料热量之外的能量，则锅炉的输入热量就与发电流程的输入能量不完全重合，显然利用锅炉毛效率来计算机组的效率，从物理意义上就不准确了。但我国标准在 GB 10184—2015 版本才出现了燃料效率，以前只使用锅炉毛效率（还有锅炉净效率，其含义差别更大，已经在 GB 10184—2015 中弃用），多年来学术界、教育系统和产业界都错误地沿用锅炉毛效率来计算机组效率。

再以第（3）个性能试验时机组效率与实际运行中的差异为例。在机组进行性能试验时，通常的做法是：锅炉、汽轮机等关键设备都会根据外界条件的不同而修正到自己的设计条件下，因而判定这些关键设备的性能符合双方的合同。两者修正后的效率相乘运算后，再乘以其他单元的效率（如管道效率）得到的数据作为机组的效率。显然，这是一个机组生产中得不到的理想效率。如锅炉的主汽温度有偏差不符合汽轮机的设计时，汽轮机侧的效率修正设计状态下，再进行机组的效率计算。虽然修正后结果使机组效率上升了，但锅炉的主汽温度偏差还是存在的，真实的效率是不会高的。这就是性能试验与运行实际存在明显差异的问题所在。换言之，单体设备性能试验代替机组性能试验时会掩盖很多信息。

ASME PTC-46《全厂性能试验规范》提供了针对整台机组进行性能试验的方法，但由于生产实践中，各主要设备只对自己提供的设备负责，不会对机组整体负责，因而在大多数情况下还是根据单体设备进行试验，使得这些问题持续存在。

作为生产者，需要全面对照自身生产流程与考核指标所对应的关系，找到真正可以体现发电效率的指标，以便更好地进行生产活动。

三、技术改造效果评价存在漏洞

进入 21 世纪以来，我国加大了对于节能工作的重视程度，大力推进节能工作，涌现了很多新的节能技术。大量技改工作需要准确的评价、验证工作以更好地用好这样的技术，使其真正发挥效果。这些技改项目中有不少涉及了机、炉之间相互配合工作的流程，需要建立正确的评价方法。但实际中有不少厂家主导的评价方法给出了错误的信息，给技术推广应用带来很大的迷惑甚至误导，典型的错误如下：

（1）加装低压省煤器实现锅炉的烟气余热利用。不少厂家主导的节能评价中往往把低压省煤器出口的烟气温度当作锅炉的排烟温度，并以此为基准计算锅炉效率的变化。这是完全错误的，因为低压省煤器回收的热量只是回送到了汽轮机的抽汽口，品质低，回收后的热量大部分从凝汽器损失了。把它当作锅炉效率的提升实际上相当于把这部分低品质热量与以主汽和再热汽为代表的高品质热量混为一谈，是偷梁换柱的做法。

（2）在锅炉侧、汽轮机侧的某些设备进行的改造，如降低排烟温度提高了效率后，往往按最大负荷来计算效益，实际上是较为粗放的。现在的条件完全可以按照机组的负荷率来加权平均，至少也可以把机组正常工作划分为常用负荷，如 100％额定负荷、75％额定负荷、50％额定负荷的条件下，计算收益后再加权平均。

（3）风机、水泵的变频改造或提效改造，往往也按照额定负荷工况计算节能量，应按照机组 100％额定负荷、75％额定负荷、50％额定负荷分别来计算；降低耗电量的效益按照上网电价来计算机组经济效益是虚高的，应按照发电成本计算经济效益。

（4）在进行机组经济效益计算时，所使用的机组利用小时往往远远超出所在地区电网机组平均利用小时，应按照所在地区的平均利用小时来计算等。

这些错误节能评价夸大了某些技术的效益，使不少技术得到了盲目的快速推广，不但效果不好，有些还会起负作用。如不少机组锅炉本身存在问题排烟温度降不下来时，不是在主设备上想办法，而是加装低压省煤器；有的机组已经选用了高效的动叶可调式风机，仍然要加装变频器等。不少项目执行者明知故犯以推广技术，不少节能工作者对节能技术的理解不够深刻。可见，制定严格而有效的节能评价方法，也是非常有意义的。

四、标准体系的建设相对落后

我国电力行业的节能工作虽然起步很早，但一直缺乏有效的标准对工作进行规范和指导。2009 年我国电力行业节能标准化委员会正式成立后，开始对我国的节能标准体系进行全面规范，加快了节能相关标准的制修订工作，在短短十年内就发布了数十项与节能技术管理相关的标准，初步形成了比较完善的标准体系，可以满足节能"四步曲"各个环节的要求。但是相对于节能管理技术的实际需求，我国标准建设的实际水平还有很大差距，主要因素如下：

（1）建设滞后于生产实际的要求。我国电力行业标准的制修订由中国电力企业联合会标准化中心负责管理，主要流程包括：标准化中心每年一次面向社会征集标准制修订立项（标准修订需要前版发布满5年）、标准制修订单位申请、标准化中心汇集择优向国家能源局上报立项、能源局批复、标准申请单位立项、开始制修订工作、征求意见、标委会评审、标准化中心报批能源局、能源局发布、出版社编审印刷出版等环节。整个申请批复的流程往往就需要一两年时间，一项标准从申请到最后的面世通常需要3~4年的时间，且很多现场急需的申请也不一定能及时审批。另一方面，这十年来我国的电力生产技术得到了飞速发展，与节能环保相关的不少大型设备和复杂的系统设计快速涌现，导致很多相关的标准难以有效覆盖。经常是制定标准时这些技术还没有出现，但等到标准发布且纸质版面世，该技术却已经普及了。尽管节能标准近年来发展很快，但总体上还是滞后于生产实际的需求。预计再过3~5年的时间，节能体系内的标准才能实现对生产实际的全覆盖。

（2）标准可读性有待提高。与国外篇幅浩繁的标准不同，我国的技术标准以简洁为美，要做到条目化、可定位，且每条目只能有"如何做"的要求，严格控制解释性语言，以保证实现标准化作业。标准报批时还有一个标准编制说明，在编制说明中会详细地对标准中具体方法所采用的原理、依据，以及应用时如何根据应用条件的变化做适当调整等内容进行解释说明，但编制说明只是提供给能源局审批使用的，读者并不能看到。考虑到节能工作的工作对象、技术流派和运行条件均较为多变，这种只是要求简单执行的标准条目的可读性、可理解性不强，导致绝大多数现场工作者无法充分理解标准条目的确切含义而只能机械执行。

（3）小篇幅标准多而内容分散、简单。为了解决技术发展、技术需求快于我国标准体系建设过程带来的问题，我国采用快速制定大量小篇幅新标准的弥补性策略，使得每一个专业方向的标准越加繁多，部分标准甚至就是解释一两个概念、规定一两个数据，内容简单，指导性、权威性均有所不足，加大了实际工作者的应用难度。

（4）标准技术水平参差不齐，标准间存在矛盾的现象。我国的标准编制虽然有编制单位、编制组、标准化委员会、国家能源局、出版社等单位层层负责，但实际上除了中电联标准化中心之外，大部分相关编制人员都是业余工作的，这就使得标准的技术水平严重受制于主要负责人的技术水平。此外，标准的编制、评审过程中不少技术人员有相互矛盾的观点，新标准与旧标准内容上有重叠的过程，数据规定上也存在自相矛盾的地方，有时还与教学体系、常识冲突，都使得现场实际使用工作者难以抉择。

节能领域内最为典型的令人模糊的例子是标准煤发热量问题。传统上，热能的单位为卡路里（cal），表示1g纯水温度升高1℃需要的热量；电能的单位是焦耳（J），为1N的力作用于1m的行程内所做的功，是国际单位。能源行业大多用发热量为7000cal/kg标准煤的质量来衡量能量的大小，则把标准煤的发热量转化为以焦耳表示的结果时，需要用到热功当量值，即1卡路里等于多少焦耳。由于水在不同温度条件下的比热容存在微小差异，所以在不同的测定条件下，当量值有所不同，进而标准煤的发热量也有不同时，由此计算的供电煤耗也不同。例如测量时水温在15℃条件下（即水由14.5℃上升到15.5℃），1cal＝4.1868J，对应的标煤热值为29 308kJ/kg，该值在1957年由国际水蒸气协会确定，称为"国际水蒸气卡"或"15℃卡";20℃条件下，1cal＝4.181 68J，对应的标煤热值则为 29 271kJ/kg，称为"20℃卡"，该值为苏联及我国教育系统长期采用，有深厚的应用基础；科学家焦耳最早认识到热功当量的本质，并用机械法和热电法两种方法进行了测定，保留一位小数后值为 1cal＝4.2J，则对应的标煤热值为 29 400kJ/kg，在化工系统中广泛使用，所以称为"热化学卡"。

同等条件下，选用的热功当量值越大，折算出来的标准煤量就越小，因此采用什么样的热功当量值，还受到行业的影响。如煤炭行业作为燃料的卖方，就喜欢使用 20℃卡，这样计算出的标准煤量最大，所以 20℃卡也称为"煤卡"；而发电行业中，燃料部负责购入煤炭，喜欢使用煤卡，其他部门则喜欢使用 15℃卡，因为计算出的煤耗数值小。对于热化学行业，燃料的消耗是作为辅助的成本，取 4.2J 计算最为方便，所以才喜欢使用热化学卡。

目前国际上的先进技术通常在以美国和英国为代表的西方，主要使用 15℃卡。为方便机组间的横向比较，考虑到国际上通用的热功当量特指在 15℃ 条件下，计算煤耗时建议统一采用的标煤热值为 29 308kJ/kg。即使我国国家标准 GB/T 2589—2008《综合能耗计算通则》中规定了节能计算时标准煤热值取 29 308kJ/kg，但实际上很多应用场合，各种背景的人员在这一观点上还是很难达成一致。

可见标准可读性存在很大的问题。本书的目标就是在解决可读性问题方面做一定的工作，以助力节能工作的开展。

第五节　本书内容及编排

为了解决火力发电厂在节能工作中所遇到的能效统计、节能评价、能耗诊断及技术改进评估等技术题，包括笔者在内的大量科技工作者从实践出发，国内很多研究单位做了大量的研究工作，取得了丰硕的成果，具体包括以下方面：

（1）提出把机组整体作为研究对象进行考虑，提出了符合实际情况的机组煤耗计算模型，对其所使用的锅炉效率、汽轮机热耗率、锅炉与汽轮机不同连接方式等分情况进行了详细的规定，修正了行业中传统计算锅炉效率与煤耗物理意义不符合的问题和汽轮机能耗计算多种模型并用但结果有偏差的问题。

（2）基于机组整体能效，建立全厂、流程、设备级指标的节能指标体系，既兼顾过程，又兼顾结果，实现机组能效指标全过程、全流程的管理和控制。建立供电煤耗变化量与能量转化和输送各环节效率变化量之间的关系，进一步明确耗差分析的基础，为机组运行优化和分析，以及准确地分析和计算，提供理论依据。

（3）基于供电煤耗单一指标开发出一套富含指导意义的经济性指标系统，并提出排除环境温度、出力系数、设备本身性能、少量供热等因素的影响，用应达值和实际值表示管理技术水平，用最优值和应达值来表示设备管理潜力，建立以技术管理水平和机组设备改进为目标的组能效评价模型。

（4）根据设备能耗指标，编制技术改造节能评估标准，规范技术改造节能量计算原则和方法，纠正错误的计算方法，为技术改造节能和投资回报提供有价值的、准确的节能量计算标准。

这些技术成果系统地解决了节能"四步曲"所需要的理论支持，并形成 DL/T 904、DL/T 1929、DL/T1755 等系列标准，但因为前文所述各种限制，我国节能工作者在实际工作中还存在着很多的疑问。

　　为帮助电厂节能相关工作人员更好地理解节能工作中的各类问题，做好节能工作。本书基于笔者亲身主持或参与的三个节能相关核心行业标准，尝试对节能工作中的理论体系进行全方位的阐述，帮助火电厂节能工作人员做到正确统计、正确评价、正确分析、正确改进，使火电厂的节能工作更加规范，真正为我国的节能减排工作做出贡献。

　　本书共分五章，全书的编排如下：

　　（1）第一章为绪论，主要向读者解释本书编写的背景、目的。

　　（2）第二章为燃煤机组能效指标及其计算方法，以 DL/T 904—2015《火力发电厂技术经济指标计算方法》为基础，对能效指标计算方法的原理、标准的编制思路及具体方法进行详细的介绍。DL/T 904—2015 虽然名称为技术经济指标，但其核心的内容主要是围绕机组的能效指标进行工作的，解决了燃煤机组如何在现有的基础上，在线计算出机组的能效指标的问题，因而是整个机组能效指标统计和评价的基础。该标准已经实施十余年，并经历了一次修订工作，但由于标准本身内容庞杂导致可读性不强，因此是本书需要详细阐述的重点之一，也方便读者能够更好地理解。

　　（3）第三章为燃煤机组能效评价方法。该章基于 DL/T 1929—2018《燃煤机组能产评价方法》进行编写，主要针对能效统计结果（供电煤耗），根据机组的实际运行条件对机组能效结果进行合理的分析和分解，以判定机组的性能是否发挥到了最佳、机组是否还有改造潜力、有多大潜力等问题，为机组的节能工作设定可行的目的。

　　（4）第四章为燃煤机组能耗诊断方法。基于能效统计和能效评价的结果，对机组性能发挥不足等问题查找原因，并且进行相应的治理方法研究，该工作称为能耗诊断。本书针对能耗诊断的思路进行了高度总结，为节能工作者提供全景式的工作指导。

　　（5）第五章内容为燃煤机组节能量计算方法。该章基于 DL/T 1755《燃煤量计算方法》进行编写，主要解决了目前常见各种节能升级改造工作的节能量评估、验收两个环节的规范性问题，对应于节能工作四步曲第四步性能提升的环节。读者可以根据自己要进行的改造工作，查找相应的改造项目进行应用。相比较前几个章节，该章的内容相对简单，但非常实用。

第二章
燃煤电厂的能效指标及其计算

正常生产中准确地对机组的能效水平进行评估，是强化技术管理、进而提升机组效能水平的基础。在我国，指导能效水平的标准是 DL/T 904《火力发电厂技术经济指标计算方法》，2004 年首次发布，并于 2015 年修订更新。本章基于该标准，对机组节能评估的思想和方法进行细致的分析，以求帮助电力相关生产人员更好地解决能效指标如何计算、如何统计等问题。

第一节　能效指标的标准、设计思路与层次

标准 DL/T 904 是目前国际上唯一针对运行设备进行能效统计的标准，在我国广泛应用，节能相关工作人员基本上人手一册。本节对两版标准的制定背景、制定思想、标准规定的相关内容、更新和增补等情况进行介绍，以便大家更好地利用该标准，做好节能统计工作。

一、机组能效统计的标准

1. DL/T 904—2004

20 世纪 90 年代末期，我国电力装备总体技术有了长足的进步，电力生产从单纯的保安全、保连续运行逐渐转变为安全和经济并重的格局。经过几十年的积累，关于燃煤机组安全的标准、文件、知识已有很多，但是有关于经济性的标准却是空白。多年来相关人员都根据自己在学校里学习的理论，按自己的理解进行经济指标的统计计算，计算过程中对统计口径、计算方法均不统一，与我国火电厂技术管理的精细化要求不相匹配，急需一个科学合理的标准对相关工作进行规范。在这种情况下，国家经贸委通过电力〔1999〕40 号文委托华北电力集团公司来编制，2000 年厂网分开后改为北京大唐发电公司（后更名为大唐国际发电股份有限公司）牵头，由华北电力科学研究院等单位组成了编写小组，历时三年认真讨论、总结和精简、提炼，按火电厂的生产流程，共分燃料、锅炉、锅炉附属设备、汽轮机、汽轮机附属设备、综合、其他等 8 个方面，总结了 150 多个技术经济指标，编制完成了 DL/T 904《火力发电厂技术经济指标计算方法》，2004 年发布。

2. DL/T 904—2015

在我国以厂网分开为主要标志的电力体制改革实施后，我国的发电市场快速完成了计划体制向市场体制的变革，五大发电集团的竞争使得电力事业飞速发展，燃料市场发生变化、价格飞涨，电厂经济性严重下滑，大面积亏损；同时我国的环境恶化日渐严重，燃煤机组脱硫、脱硝设备在短短几年内迅速完成装备，但国内大面积雾霾的问题仍时有发生，节能环保的要求从未有如此重要的地位。DL/T 904—2004《火力发电厂技术经济指标计算方法》却因为编制时间过早，无论是制度、技术还是对新设备〔如循环流化床（CFB）、主汽供热、

低压省煤器等〕的覆盖范围，都明显不能满足生产的需求。

在这种情况下，根据国家能源局国能科技〔2013〕235 号发文，中国大唐集团公司、大唐国际发电股份有限公司、华北电力科学研究院有限责任公司、国网河北电力公司电力科学研究院、中国国际工程咨询公司等单位组成技术组，于 2013 年开始了对 DL/T 904—2004 的修订工作。主要目的是根据近十余年来电力装备技术的发展对经济指标进行调整，同时根据锅炉性能试验的最新研究（如干湿基氧量、锅炉效率的应用原理等）、汽轮机性能试验标准的更新，修正 DL/T 904—2004 中部分不太规范的指标计算方法，使机组的能效计算更加准确。

二、DL/T 904 标准的特点

1. 指标多、覆盖范围广

DL/T 904 的目标是运用日常运行中的数据，对机组整个生产过程中的性能进行统计和评估，并在此基础上引导管理和运行人员对机组进行优化，起到提升技术水平的目的。为此，从 DL/T 904—2004 开始，标准就总结了 150 多个指标，各部分指标既包括经济计算指标，还包括过程控制指标和部分关键参数；DL/T 904—2015 在修订时又针对循环流化床锅炉、脱硫系统、脱硝系统增加了相应的经济技术指标及控制指标，指标总数接近 200 个，基本上覆盖了生产过程的各个环节。标准希望相关人员能按标准中的指标统计，继而重视这些指标的控制，就可以最大可能使机组发挥技术水平。

2. 计算过程复杂

为了做到生产流程全覆盖，DL/T 904—2004 中有 156 条计算式。DL/T 904—2015 基本沿用 DL/T 904—2004 的编排格式和指标，计算式扩展到 188 条。尽管不少指标只是分散控制系统（DCS）来的监视数据，没有计算式，但大多数指标仍需要通过计算得到。不少指标需要一到两个计算式才能计算出来，还有一些指标需要其他指标的结果才能计算，而且不少指标还需要根据各种不同的设置情况、不同的机型、不同测点设置及不同的生产环节来调整计算方法，使得 DL/T 904 中的计算式数量大增，基本接近指标的数量，计算过程非常复杂。

3. 标准层次与生产流程一致

DL/T 904 的两个版本中，都是沿着发电厂的生产流程来进行编排的，从燃料开始，按锅炉、锅炉附属设备、汽轮机、汽轮机附属设备、综合、其他等 8 个方面进行编写，编排结构总体呈平面化（或称流水账式），非常不利于应用者理解。如在众多指标中，哪个指标是核心指标？如果要提高机组性，应当如何控制这些指标？如果没有丰富的现场经验和深厚的理论功底，是很难理解的。

此外，按照我国标准编写中要尽可能精简以避免歧义的原则要求，DL/T 904—2004 中的指标计算都只给出了算法，而算法的来源、应用了什么原理和假定条件，甚至有时根据自身客观条件进行一些调整的方法，读者均无法获取。而采用拟合计算方法修订后的 DL/T 904—2015 则根据近年对性能试验标准研究的进展更新了不少新的概念和理论（如干基氧量的计算和锅炉效率的新算法），以使标准计算结果更加符合生产实践，相比于主设备性能试验标准更加先进。但由于 DL/T 904—2004 中的一些落后观点已经应用二十多年，深入人心，所以这些新成果并不容易被接受，而把这些成果用好就更难了。

4. 标准的应用情况

DL/T 904—2004 提出了使用 DCS 提供的在线数据来实时计算燃煤机组性能的完整方案，完成燃煤机组经济性实时评估工作，为机组的优化运行提供了指导方向，作为相关领域内世界上第一份标准，填补了相关领域的空白。DL/T 904—2015 则修正了 DL/T 904—2004 中部分不太规范的指标计算方法，使火电厂的节能降耗工作更加科学、规范、客观和严谨。它们的发布受到了广大电力行业的节能工作者的欢迎，几乎达到人手一册，是发行量最大的电力行业标准，为我国电力行业的节能工作做出了很大的贡献。

但另一方面，由于标准中指标多、计算式多、条件复杂、且没有任何解释，大多数使用者无法做到根据自身设备情况分辨出自己的应用条件，仅仅使用了标准中比较简单的部分，与标准编制发行的目标有一定出入，迫切需要一份深入详细的解读来帮助使用者更好地应用标准，提升技术管理的水平。也就是说，开展节能工作需要比 DL/T 9104 更多的知识。

三、能效指标的设计

（一）设计原则

发电厂的能效指标基于发电厂生产流程设计，典型发电厂生产流程如图 2-1 所示。

如果是一个不熟悉生产过程的人观察发电厂的生产流程，就会把图 2-1 浓缩成图 2-2 所示的简单环节，即火力发电厂的生产过程就是基于锅炉、汽轮机、发电机为中心组成的单元机组（图 2-2 中圆圈）。买来煤、完成煤炭向电能的转换、并把电能卖出去的单位。在转化的过程中也可能同时提供供热、供汽等副产品或副服务，同时把生产中的废物（废水、废气、废热）排放到周围环境中去。为方便理解和记忆，可以说发电企业的生产过程就是烧煤发电、附带供热、并且排出 n 种废物过程，也可以进一步总结为"一进两出、n 废"模型（空气不计）。

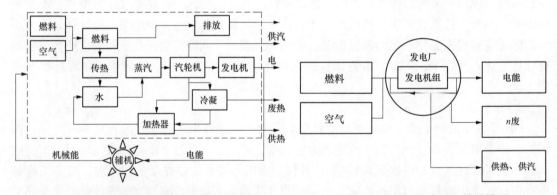

图 2-1　发电厂生流程示意图　　　　图 2-2　发电厂生产过程简单模型

发电企业的生产过程涉及买卖、生产、过程优化、成本控制等多个复杂的环节，各个环节都可涉及全厂的能源生产效益。要设计出既能准确评估生产能效，又能通过过程控制参数优化生产体系的能源指标体系并不简单，至少要满足如下几个方面：

（1）要有全局观点。可以全面、正确地评估整个生产过程的经济性，而不仅仅关注某一个局部片段生产过程的经济性。即对于发电厂来说，应当可以涵盖从入厂煤到供电（热）关口表的全过程，要从整个生产流程的角度来评估生产过程的经济性，并根据该评估结果来指导生产，以做到全局最优，避免虽然某个局部最优但全局性能反而下降的现象。

（2）满足同步性要求。通常对某个生产过程的经济性进行评估可用其产出与投入比来衡量，同步性要求是指对生产流程的评价要符合"该流程的产出消耗的恰恰是该流程的投入"。满足同步性要求的评价指标实际上既可以对生产流程的宏观效能（如某一段较长时期内的总体效益）进行评价考核，还可以实时对生产流程的任一时刻效能进行评价考核，达到指导生产的目的。

（3）要实现在线评估。随着机组生存环境的日趋恶劣，生产过程尽可能快地了解机组的实时能效变得非常重要。当前我国发电机组的自动化水平很高，提供了大量在线监视数据，为机组性能的评估提供了基础。利用在线性能指标在线实时计算，可以比传统离线性能试验的方法更有意义。

（4）提供与性能优化相关的监视方案。最终目的是实现对这些过程进行控制：日常运行中同时计量与供电（热）煤耗密切相关的经济技术指标。

（5）适用范围要广。要适应各种各样的生产流程。

在 DL/T 904 中设计能效指标时，并不是完全按照这五个原则进行的，但最终的结果基本上满足了上述要求。因此，本节介绍的内容可以全部覆盖 DL/T 904 的内容，也有一些新思想。只有充分掌握这些思想，才能更好地做好节能工作。

（二）指标分类

1. 经济性指标

经济性指标就是以金钱作为单位来衡量生产过程经济性的指标，除与生产过程相关外，通常还与价格有密切的关系。

根据图 2-2 所示，全厂的输入只有燃料和燃烧用的空气。空气不收费，因而从成本上看，其经济性体现为卖电产生的收益扣除买煤的花费及生产过程中其他物质的花费。假定忽略生产中的其他方面如人员工资等纯经济性因素，只考虑生产过程的毛收益，则电厂经济性最核心的指标即为其盈利，即

$$发电厂盈利 = 供电量 \times 上网电价 + 供热量 \times 供热价 - 买煤量 \times 煤价 \tag{2-1}$$

上网电价、供热价都相对固定，因此发电厂是否可以盈利，关键的经济性指标包括供电量、供热量及买煤量、煤价等。煤价通常不受电厂控制。

经济性指标的数量并不多，DL/T 904 所列近 200 个指标中，纯经济技术指标只有不到十个，但这些指标却是企业生产过程中最终追求的目标。

2. 能效指标

下列式（2-2）的分子中有电能，分母中有煤炭（热能），无论是热能还是电能，本质上都是能，其转化过程遵守能量守恒定理，因此其分子分母去掉价格因素符合效率的定义。由于价格是纯经济性指标，与发电厂的技术本身没有关系，所以如果单纯从技术先进性角度来衡量生产过程的话，可以在不考虑进出口能源价格差异的条件下，将电厂的经济性用转化过程前后的能量之比来表示，并定义为发电厂生产效率，即

$$发电厂生产效率 = \frac{供出电能 + 供出热能}{买入煤炭所含热能} \times 100 \tag{2-2}$$

式（2-2）是典型的能源效率表达式，其计算结果发电厂生产效率是典型的能源效率指标。由于发电厂主要成本是买入煤炭，所以它虽然是纯技术指标，却对机组经济性能起决定性作用，是火电厂的核心能效指标。

买入煤炭与生产过程的同步性差别较大，误差也较大，所以经营者往往需要更简洁、更快捷的指标。考虑到火电厂中把燃料转化为电能或热能向外界提供能源服务的核心部件为单元机组，单元机组以入炉煤为起点，以上网卖电为终点，整个电力生产以其为核心，任何时候可以基本满足过程"输入热量即为输出能量的转化源"这一条件，且进出系统的测量都相对准确。因而生产过程中通常仅考虑该部分，用单元机组的生产效率来表示整个发电厂的效率。即最为核心的能效指标是单元机组的生产效率，计算式为

$$机组生产效率 = \frac{输出电能 + 供出热能}{送入机组煤炭所含热能} \times 100 \qquad (2\text{-}3)$$

DL/T 904 针对机组生产效率的计算和统计方法提供了相对成熟的方案，近 200 个指标中绝大多数指标实际上都是围绕单元机组生产效率为中心的计算和统计进行总结的，即用能效相关指标代替经济指标。

为了解决单元机组的生产效率不能反映发电厂经济性全貌的缺点，DL/T 904 根据 DL/T 606.2《火力发电厂能量平衡导则 第 2 部分：燃料平衡》和实际生产中的一些经验，总结了燃料管理相关的技术经济指标，并最终通过入厂煤与入炉煤热值差把机组生产效率扩展到了全厂生产效率，覆盖了全厂的生产流程，并规范了燃料预备性管理的各个环节。

3. 过程控制性指标

除能效指标外，还有很多其他指标，其表现形式不是效率，但与效率关系密切，计算能效指标时会用到它们或控制它们可以维持较好的能效，该类指标可以称为过程控制性指标。

显然，过程控制性指标从属于能效指标，因此通常可以把两者合在一起称为能效指标。

4. 其他指标

针对其他资源的消耗也设置了对应的统计和管理指标。在 DL/T 904 设计之初，我国的节能工作刚刚起步，为了促进管理，采取了大而全的编制思路，把这些与能效无关但与经济性有一定关系的指标纳入标准。典型的如单位发电量取水量（简称发电水耗），即火力发电企业生产每单位发电量需要从各种常规水资源提取的水量。随着我国节能管理的全面深入，逐步有新的更加系统的标准和方案发布，DL/T 904 中的这些指标就显得无足轻重，但是基于传统还是保留了下来，在实际使用时需要读者识别一下，选择更有针对性的标准。

（三）能效指标的层次

1. 分层的优点

能源转化过程和设备都具有明显的层次特性，因而能效指标系统也要有相应的层次性，以更好地服务对应层次的系统或设备，实现分层管理、分类管理，以更好地进行能效的统计与管理工作。

2. 经济指标

企业追求的最重要的指标是经济指标，所以经济指标是最高层次的指标，包含供电量、供热量、耗煤量、上网电价、供热价、煤价及其综合的毛盈利等。

3. 机组能效指标

经济指标的下层是表征机组能源效率的指标。由于发电厂的主营业务是发电并供给电网公司，而完成主营业务的核心设备是单元机组，所以可以将燃煤机组视为一个整体，把入炉燃料作为投入，对外供电作为产出，把单位热量输入中最终转化为电能输出的百分比称为供电效率。供电效率越高，表明机组的能源转化效率也越高。供电效率反映了燃煤机组整体的能

效水平，因此在本书中将其称为机组级能效指标，也有其他一些专著将供电效率称为能效对标一级指标，它发电机组最为核心的指标。其计算式为

$$\eta_g = \frac{机组输出能量}{机组输入能量} \times 100 \tag{2-4}$$

供电效率与经济性指标的关系为：当电厂的生产设备确定后，经济性指标基本上是供电效率的结果，供电效率越高，盈利率也越高，两者是本质相同且同向的，通常把能效指标和经济性指标合称为技术经济指标，也就是 DL/T 904 的命名原则。能效指标除可以间接表示经济性外，还具有衡量生产过程技术先进性的能力，因而是工作技术人员关注、工作的重点（对应的商务人员工作重点是价格）。

4. 主设备级能效指标（主流程级能效指标）

对于企业内部整个生产流程的管理而言，日常关心的问题还包括：生产各个环节的能效水平如何？影响整体能效的主要环节在哪里？通过技术进步提高特定环节能效的潜力如何？技术进步对机组整体能效的影响有多大？要回答这些问题，就需要设置更加细化的能效指标，来反映生产流程中每个环节的能效。

单元机组通常由锅炉、汽轮发电机组与辅机等设备组成。锅炉生产蒸汽后经管道送入汽轮机变成机械能，再带动发电机组完成发电过程。锅炉、汽轮机、发电机是整个燃煤发电机组发电流程中的核心设备，称为三大主机。锅炉完成燃料的燃烧，把化学能转化为烟气热能，再通过受热面传热把给水变成高温高压蒸汽的功能；汽轮机通过锅炉与汽轮机间的主汽、再热器管道接收锅炉产生的高温高压蒸汽，把蒸汽中所蕴含的热能转化为高速转动的机械能；发电机把机械能转化为电能。

为了维持主发电流程的进展，还需要大量的辅助设备。三大主机均有能量损失，用锅炉热效率、管道效率、汽轮机组热效率三个参数表征环节能量转化（或传输）效率。辅机设备多使用厂用电驱动，设备耗用的电也来自机组发电机的产出，从外界的角度来看，也相当于损失。单元机组的最终产出为发电机产出与厂用电之差的部分。辅机的耗电量与发电量之比称为厂用电率，在本书中，其与锅炉效率、管道效率、汽轮机组热效率并称为主设备级能效指标或主流程级能效指标，其他学术著作中则将其称为二级能效指标。

5. 设备级和过程控制级指标的层次

在主设备级或主流程级指标之下对应的是设备级指标或过程控制级指标，包含下列各种各样的性能：

（1）对应某具体设备或分系统的能量转化（或传输）效率，例如空气预热器、抽汽加热器、暖风器等换热器的传热效率，锅炉燃烧器的燃烧效率等。

（2）对应于某设备或分系统工作过程中的控制参数，可以是直接测量出来的参数，如主汽温度、主汽压力、再热器减温水量等；也可能是通过其他参数计算出来的参数，如空气预热器漏风率。

（3）完成某项工作或功能所付出的代价，如风机、水泵、磨煤机等辅助设备的辅机单耗等。

过程级能效指标无法直接对机组的供电效率产生影响，其变化必须通过其上级指标，如主设备级指标的变化反映出来。如空气预热器漏风率的变化会影响到三大风机的耗电率，三大风机的耗电率会影响到厂用电率，厂用电率的变化再影响到供电效率；再如锅炉主汽温度

的变化会通过汽轮发电机组的效率影响到供电效率。

不少学术著作中把本书所说的设备级/过程控制级指标又分成很多个层级，称为三级指标、四级指标、五级指标等。

6. 机组能效指标总体结构

燃煤发电机组能效指标的层级关系如图 2-3 所示。机组级能效指标有且只有 1 个，即供电效率。主设备级能效指标（主流程级能效指标）共 4 个，即锅炉热效率、管道效率、汽轮机热耗率和厂用电率。设备和过程控制级指标没有固定的数量，需要依据具体的设备配置情况确定。

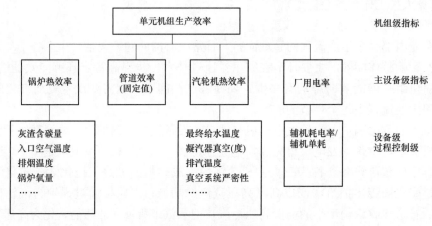

图 2-3　燃煤发电机组的能效指标层级

无论是主设备级能效指标、设备级指标还是设备本身性能的主要指标，如空气预热器漏风率、磨煤机电耗，是设备本身性能验收、考核和评估的重要依据，通过这些指标的变化可以辅助判断特定设备的亚健康状态。

燃煤发电厂的专业设置多与主设备级或是设备级指标相对应（如锅炉专业、汽轮机专业、磨煤机专业等），也就是说每个级别指标都有与之相对应的专业技术管理人员。当某一环节的能效出现异常时，可以针对性地开展专业技术分析。

在电力生产过程中，所有效率基本上都是基于燃料输入的热量考虑的，所以该生产效率在 DL/T 904 中称为综合热效率。

第二节　简单纯凝机组的供电煤耗

简单纯凝机组的能流关系最为简单明了，非常方便理解和掌握，是其他一切复杂生产工艺的基石。本节基于简单的纯凝机组，介绍各能效指标的计算原理，再在其他章节根据其与简单纯凝机组的不同来介绍复杂工艺条件下的计算方法。

一、简单纯凝单元机组的"两进两出"模型

所谓简单纯凝机组是指只有一台锅炉、一台汽轮发电机组构成的单元发电机组，没有蒸汽暖风器、抽汽供热、低压省煤器、零号高压加热器等复杂的设备。无论是从锅炉角度还是

从汽轮机角度，都有两个汽水输入、两个汽水输出。锅炉的输入为给水与再热蒸汽冷端，汽轮机为主蒸汽与再热蒸汽热端，锅炉与汽轮机互为输入输出，为单纯的串联关系，因而称为"两进两出"系统。锅炉与汽轮发电机组是简单的串联关系。简单纯凝机组的生产流程和能流图如图2-4所示。

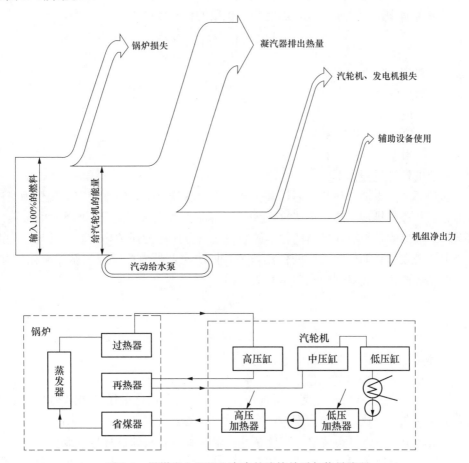

图 2-4　燃煤发电机组生产中的连接关系与能量流程

简单纯凝机组在十年前还比较普遍（暖风器只在温度下降以后投入），因而研究纯凝机组还是非常有意义的，更是其他复杂设备或系统的机组性能计算的基础。

二、能效指标

（一）供电效率

供电效率指在将燃煤机组视为一个整体的基础上，把入炉燃料作为投入，把对外供电作为产出，机组输出、输入的百分比，是机组能效的根指标。我国高校教材中通常把这一指标称为全厂效率，是忽略了煤场燃料管理的条件下，把单元机组作为整个发电厂而命名的。在生产实践中，整个电厂中机组前端的煤场燃料管理部分是不能忽略的，所以将供电效率称为全厂效率显然是不合适的。DL/T 904 中所针对的机组，假设包含了供热的情况，因而该效率称为综合热效率。

1. 供电效率计算式

整个机组的能量流程如图 2-4 所示。由于无暖风器投入也无低压省煤器，汽轮机没有为锅炉回送除给水以外的任何热量，所以送入锅炉的化学能只有燃料本身。机组入炉燃料的化学能总量为 100%，经过锅炉、管道、汽轮发电机组，最后向电网输出电力，共有四大环节，每个环节都有一部分能量损失。因此整个机组的供电效率为

$$\eta_0 = \frac{\eta_g}{100} \times \frac{\eta_{gd}}{100} \times \frac{\eta_q}{100} \times \left(1 - \frac{L_{cy}}{100}\right) \times 100 \qquad (2\text{-}5)$$

式中　η_0——机组的供电效率，%；

　　　η_g——锅炉效率，%；

　　　η_{gd}——管道效率，%；

　　　η_q——汽轮发电机组效率，%；

　　　L_{cy}——厂用电率，%。

各个环节的计算过程如下：

(1) 锅炉环节。入炉燃料燃烧后，其化学能得以释放出来，但不能完全转化为蒸汽所含热能，部分以灰渣和排烟余热的形式排入大气（参见本章第五节）。锅炉环节由主蒸汽和再热蒸汽携带的输出能量与输入燃料的化学能总量之百分比称为锅炉热效率。常规燃烧锅炉的热效率要由燃烧效率和烟气向工质的传热效率共同决定，炉内有脱硫的循环流化床（CFB）锅炉，锅炉热效率还与脱硫剂的利用率有关，即

$$\eta_g = \frac{Q_1}{B \cdot Q_{ar,net}} \times 100 \qquad (2\text{-}6)$$

式中　Q_1——单位时间内由锅炉主蒸汽与再热蒸汽带出的有效输出热量，kJ；

　　　B——单位时间内锅炉入炉煤总流量，kg；

　　$Q_{ar,net}$——锅炉入炉燃料的低位发热量，kJ/kg。

更多情况下，Q_1 表示每千克蒸汽所携带的热量，本书在这里用其表示锅炉的总体输入主要是为了与标准中一致。我国大型电厂锅炉效率一般数值在 93%～95%左右。

(2) 管道环节。蒸汽管道将蒸汽热能从锅炉输送到汽轮机的过程也有能量损失，这一过程中进入汽轮机的热能占锅炉输出热能的百分比称为管道效率。管道效率主要取决于管道的结构设置、长短和外表面保温状况（参见本章第六节），即

$$\eta_{gd} = \frac{\sum Q_{sr}}{\sum Q_1} \times 100 \qquad (2\text{-}7)$$

式中　Q_{sr}——汽轮机入口处主、再热蒸汽所具有的热量，kJ；

　　　$\sum$——主要适用于母管制机组，单元制机组可不用。

一般情况下，管道效率可视为定值（98%～99%）。

(3) 汽轮机组环节。汽轮机与发电机的转动轴刚性连接在一起，因此两者通常称为汽轮发电机组。其将蒸汽热能转化为电能的损失是整个发电过程中损失最大的环节，该过程中电能占输入蒸汽热能的比例称为汽轮发电机组的效率，简称汽轮机组效率。我国目前发电机组效率一般在 40%～50%之间（参见本章第七节），即

$$\eta_q = \frac{3600 W_f}{Q_{st}} \times 100 \qquad (2\text{-}8)$$

式中　W_f——单位时间内发电机组发电量，由发电机端部的电能表读出，kWh。

我国电力行业更多使用汽轮发电机组的热耗率来表示汽轮发电机组的能效，其定义为汽轮发电机组每生产 1kWh 电能消耗的蒸汽，即

$$q_q = \frac{Q_{st}}{W_f} \tag{2-9}$$

式中　q_q——汽轮发电机组的热耗率，kJ/kWh，我国大型机组热耗率约为 7500～8200kJ/kWh。

对比热耗率的定义式与汽轮机的效率计算式可见，两者完全是同一本质物理量的不同表述方法（如果热耗率中的电量也采用 kJ 来表示，则两者互为倒数）。把汽轮机组效率变成更为流行的汽轮机组热耗率，如果用热耗率来表示机组的供电效率，则有

$$\eta_0 = \frac{\eta_g}{100} \times \frac{\eta_{gd}}{100} \times \frac{3600}{q_q} \times \left(1 - \frac{L_{cy}}{100}\right) \times 100 \tag{2-10}$$

（4）从机组向电网的最后过渡环节（厂用电环节）。发电机输出电能中有一小部分被机组自身的各种辅机设备（如风机、水泵等）消耗掉，其余大部分供给电网，机组自身消耗的电能占发电机输出电能的百分比称为厂用电率，所以最后的过渡环节也可以称为厂用电环节。厂用电率一般在 4%～9% 之间，既与辅机设备本身的能效特性有关，也受辅机设备的运行数量、出力水平、调节方式等影响。

厂用电率的计算式为

$$L_{cy} = \frac{W_{cy}}{W_f} \times 100 = \frac{W_h - W_{kc}}{W_f} \times 100 \tag{2-11}$$

式中　W_{cy}——单位时间内厂用电量，kWh；
　　　W_h——单位时间内总耗用电量，kWh；
　　　W_{kc}——单位时间内按规定应扣除的电量，kWh。

$$L_{cy} = \frac{\sum W_{cy,i}}{W_f} \times 100 \tag{2-12}$$

由（2-11）可计算供电量为

$$W_g = W_f \left(1 - \frac{L_{cy}}{100}\right) \tag{2-13}$$

式中　W_g——单位时间内机组向电网的供电量，由上网关口表读取，也可以由发电量与厂用电量的差值计算，kWh。

把各个效率和厂用电率的定义式代入式（2-5）进一步简化可得到

$$\eta_0 = \frac{3600 W_g}{7000 R_h \times B_b} \times 100 \tag{2-14}$$

式中　7000——标准煤热量，kcal/kg；
　　　R_h——热功当量值，取 4.1868，kJ/kcal；
　　　3600——电能以千瓦时为单位时与热能的等量转化系数（热电当量值），kJ/kWh；
　　　B_b——单位时间内送入锅炉的燃料量按照发热量折算成标准煤量，kg。

标准煤量由自然煤和发热量折算而来，计算方法为

$$B_b = B \frac{Q_{ar,net}}{7000 R_h} \tag{2-15}$$

式（2-5）或式（2-10）称为机组供电效率的反平衡计算式，式（2-14）称为机组的正平衡计算式。

2. 正反平衡效率的异同

两者本质是相同的，但在生产实践中，由于仪表、计量的精度及测点的代表性，使两者计算出来的结果往往不同，有时差别还很大。

（1）在某一特定的运行条件下，反平衡中的锅炉效率、汽轮机组效率的测量精度远高于正平衡测量精度，但其缺点是计算复杂，受运行负荷率、是否对外供热、环境温度等条件的影响较为显著。因此反平衡效率最好是在确定的工况下（最好是稳定工况）测定并计算，整个统计期机组供电效率需要根据其间各个工况下用负荷加权平均计算，这对电厂而言是一个比较困难的工作。实际工作中，不少电厂把整个负荷折算成最大负荷（电网负荷高峰段）、常用负荷、最小负荷（夜间负荷）三个负荷段，再进行加权计算。正平衡恰恰相反，计算过程简单，对于外界环境的影响反应不敏感，但是精度较低。

（2）从计算的结果来看，反平衡计算过程中要求详细考虑到生产过程的各个环节，除管道效率通常取经验定值外，其余三个指标要求严格按照标准规定的方法来计算，过程中可以做很多工作，如绘制出燃煤发电机组的能流分布图、分析清楚生产过程中各环节的能量损耗情况、指明挖掘机组节能潜力的方向等，是机组能耗诊断分析的重要基础工作。而正平衡的计算结果只能用于简单衡量机组能效水平的高低。

鉴于以上特点，生产实践中往往把两者结合使用，使用正平衡进行统计，使用反平衡来进行校核。如果两者的值差别异常，则需要仔细检查计算过程中的各个环节。在锅炉与汽轮机边界的选择上要保证锅炉、汽轮机的串联关系是否成立，应满足如下两个原则：

（1）正、反平衡中锅炉的输出是一致的。

（2）锅炉输出要等于汽轮机输入。

在不违反上述两个原则的条件下，要找出引起差别的因素，并对相关因素进行校准或排除，保证两者的差别控制在小范围之内。特别要避免因违反上述两个原则而引起计算过程错误造成的错误结果。

（二）供电煤耗

除供电效率外，供电煤耗是我国电力行业另一个常用的指标，其流行性远远大于供电效率。供电煤耗指每 1kWh 的供电量所耗用的标准煤的消耗量，所以直接统计一段时期内燃煤发电机组的输入和输出，即送入锅炉的燃料量和上网的供电量，二者直接相除即可获得单位时间内的平均供电煤耗，即

$$b_{g} = \frac{B_{b} \times 10^{3}}{W_{g}} \tag{2-16}$$

式中　b_{g}——供电煤耗，g/kWh。

实际工作中通常给煤量的单位为 t/h，供电量通常用 MW/h 为单位，也有用其他单位的，需要注意单位转换过程中的系数有可能与式（2-16）不同。供电量可以通过统计关口电能表示数获取（单位为 kWh），也可以用发电机发电量减去厂用电量计算得到，统计计算工作都比直接用 B_{b} 和 W_{g} 来计算方便一些。

这种计算供电煤耗的方法称为正平衡供电煤耗，与上文中的正平衡供电效率一样，缺点是误差较大。由于锅炉给煤量只是一个过程控制用的量，精度能保持在 1% 左右就很难了，

即使经过长时间的积累也不能达到要求的准确性（要么一直大，要么一直小）。而且这种计算方法考察的过程只考虑生产的首、尾，无法对生产过程进行任何关注，不利于节能工作的深入开展。但该方法也有一个最大的优点是计算过程简单，计算过程中无需考虑负荷和机组运行条件等，只统计机组输入和输出的数据即可。所计算的结果实际上是统计期间机组各负荷、各时刻供电煤耗的加权平均值，而且可以与经营管理直接接轨，因而在现场普遍使用。

（三）供电煤耗与供电效率的关系

把式（2-16）中的 B_b 用供电煤耗 b_g 和供电量 W_g 表示，并代入式（2-14），并化简可得供电煤耗与供电效率的关系为

$$\eta_0 = 100\frac{3600}{7000R_h b_g \times 10^{-3}} \tag{2-17}$$

R_h 取 4.1868，则考虑到单位转化后有

$$b_g = \frac{12\,284}{\eta_0} \tag{2-18}$$

R_h 如取 4.181\,68，则考虑到单位转化后有

$$b_g = \frac{12\,300}{\eta_0} \tag{2-19}$$

这个关系式经常用于供电效率与供电煤耗间的快速换算，如为了简化计算，可取热功当量数值为 4.1868，则供电效率与供电煤耗的单位转换系数为 122.84。当供电煤耗 b_g＝335g/kWh 时，机组供电效率为 η_0＝122.84/335×100＝36.65%；反之如机组效率为 η_0＝40% 时，机组供电煤耗为 b_g＝122.84/40×100＝307.10（g/kWh）。

供电煤耗与供电效率完全是同一个本质的不同表述，只是我国电力行业内习惯用供电煤耗来表示发电厂的经济性表述，而国家标准、教学系统则更习惯用供电效率来表示，都反映了燃煤机组生产的能效水平。

相比较而言，采用供电煤耗表征火力发电厂能效至少有以下几方面的优点：

（1）供电煤耗的命名更直观、更清晰地揭示了发电流程从煤到电的能量转化过程，反映了其能源转化效率，容易与生产单位的经济效益（即投入产出情况）联系起来。

（2）供电煤耗的数值相对较大，火力发电企业无论是在自身与往年同期能效的纵向比较，还是与其他同类企业能效的横向比较，比较的结果更加细微明显。如供电煤耗为 330g/kWh，采取节能措施供电煤耗下降 0.1g/kWh，效率变化则仅有 0.03%。更大的数值更加便于开展相关工作查缺补漏。

（3）我国的能源统计中，习惯将能源消费量折算成标准煤消耗量（单位为吨），通过供电煤耗指标更加便于统计电力工业一次能源的消费量。如某年某厂全年生产电量 20 亿 kWh，供电煤耗为 300g/kWh，可以方便由两者相乘得到标准煤的总克数（300×20×10⁸），然后再进行单位转化即可计算出该厂全年耗标准煤量为 300×20×10⁸÷10⁶÷10⁴＝60 万（t）。假定节能措施使得每千瓦时供电煤耗下降 1g/kWh，同样可以方便计算出该厂年节约标准煤量为 1×20×10⁸÷10⁶÷10⁴＝0.1 万（t）；如果用供电效率计算，280g/kWh 按式（2-18）折算后供电效率为 43.87%，计算该厂全年耗煤量需要用 20 亿 kWh 电能除以效率得到耗费的能量总量（20×10⁸×3600÷0.4387），再通过该能量总量除以标准煤的热值 29\,307kJ/kg 得到相应的标准煤千克数，再折算到常用的万 t 单位，计算过程明显不如供电

煤耗简洁。

无论是 DL/T 904—2015，还是本书中，都把供电煤耗作为最基本的指标，而把供电效率用于分析、推导过程。

按照式（2-18）或式（2-19）计算的供电煤耗称为反平衡供电煤耗。

三、设备运行条件指标

设备的运行条件指标是指可以描述生产中机组运行背景情况的指标，这些指标对于机组的性能往往有明显的影响，且很难人为调整改变，也称为外部条件（参见第三章）。

1. 运行负荷率

运行负荷率是指单位时间内机组运行的平均负荷与额定容量的百分比。除管道效率外，运行负荷率对锅炉热效率、汽轮机组热耗率和厂用电率的影响都很明显，运行负荷率按式（2-20）计算，即

$$r = \frac{P_{pj}}{P_e} \tag{2-20}$$

式中　r——运行负荷率，%；

　　P_e——机组额定容量，MW；

　　P_{pj}——机组平均负荷，是指统计期间汽轮发电机组的发电量与运行小时的比值，MW。

$$P_{pj} = \frac{W_f}{h} \tag{2-21}$$

式中　h——单位时间内机组运行小时，h。

负荷率是纯凝机组中最重要的运行条件之一。

2. 环境温度

在锅炉侧由风机出口风温表征，是燃烧空气进入锅炉的最低温度点；在汽轮机侧由循环水进口温度或空冷风机入口风温来表征，是汽轮机侧冷端温度相关的最低点，同时对锅炉效率和汽轮机组效率有巨大影响。

环境温度在 DL/T 904 中没有直接涉及，但是在 DL/T 1929—2018 中是重要考虑因素，参见第三章。

3. 煤种条件

煤种条件是机组的重要外部条件，煤种条件是否与锅炉相匹配，是影响到锅炉正常运行与否、性能如何，以及锅炉所属环保设施性能的重要因素，主要由发热量、挥发分、水分等参数表征。

四、其他指标

（一）发电煤耗

发电煤耗是指单位时间内机组（或电厂）每发出 1kWh 电能平均耗用的标准煤量，也就是不考虑机组发电流程中对电能的消耗情况，只反映热力系统（锅炉、蒸汽管道和汽轮机组）的热—电转化效率，是供电煤耗计算式（2-15）中只到发电机出口的部分，常用于局部分析。

与供电煤耗计算类似，发电煤耗也有正平衡计算和反平衡计算两种方法。

（1）正平衡计算。计算式为

$$b_f = \frac{B_b \times 10^3}{W_f} \tag{2-22}$$

式中　b_f——发电煤耗，g/kWh；

　　W_f——发电量，kWh。

（2）反平衡计算方法。计算式为

$$b_f = \frac{122.84 \times 10^6}{\eta_g \eta_{gd} \eta_q} \text{ 或 } b_f = \frac{122.84 \times 10^6}{\eta_g \eta_{gd}} \frac{q_q}{3600} \tag{2-23}$$

如果先计算出发电煤耗，供电煤耗也可以用发电煤耗和厂用电率来计算，这也是 DL/T 904 所采用的计算方法，即

$$b_g = \frac{b_f}{1 - \dfrac{L_{cy}}{100}} \tag{2-24}$$

（二）综合供电煤耗

DL/T 904—2015 中综合供电煤耗也称上网煤耗，是指单位时间内电厂每向电网提供 1kWh 电能平均耗用的标准煤量，用 b_{zh} 表示，即

$$b_{zh} = \frac{b_f}{1 - \dfrac{L_{zh}}{100}} \tag{2-25}$$

式中　b_{zh}——综合供电煤耗，g/kWh；

　　L_{zh}——综合厂用电率，%。

综合厂用电率是 DL/T 904 的特有指标，指单位时间内考虑有外购电情况下全厂发电量和上网电量的差值与全厂发电量的百分比，计算式为

$$L_{zh} = \frac{W_f - W_{gk} + W_{wg}}{W_f} \times 100 \tag{2-26}$$

式中　W_{wg}——全厂的外购电量，kWh；

　　W_{gk}——全厂的关口电量，kWh。

因为燃煤发电厂既是电能的生产单位，又是电能的重要用户，所以为了进行区别，DL/T 904 根据电能的具体用途规定了发电生产用电、供热生产用电、非生产用电等相关指标。除此之外，还有公用电、生活用电等也是维持生产所必需的消耗（其用电也源自厂用电）。DL/T 904 规定综合厂用电率为全厂发电量和上网电量的差值与全厂发电量的百分比，表示全厂所有电气设备总耗电量占总发电量的比例。

为与综合供电煤耗区别，先把前文所述的供电煤耗 b_g 称为常规供电煤耗。在 DL/T 904 中，综合供电煤耗 b_{zh} 与常规供电煤耗 b_g 的差别是：常规供电煤耗 b_g 的厂用电中只包含用于生产的厂用电量（如磨煤机、风机的用电量），而综合供电煤耗 b_{zh} 中的厂用电还包括了办公用电等非生产环节的用电，因此综合供电煤耗 b_{zh} 的结果比常规供电煤耗 b_g 大一些。如果从外界考察或者是考察者从自身的经营水平来衡量，常规供电煤耗 b_g 更应当是综合供电煤耗 b_{zh}，但如果参加机组间的评比活动，大家都会采用数据更小的常规供电煤耗 b_g，读者可根据自身需要选取。

本书提到的厂用电率为综合厂用电率。

（三）各重大辅助设备的厂用电率或耗电率

1. 厂用电率或耗电率

燃煤发电机组有着庞大而复杂的辅机系统，正常生产过程中有可能是厂用电驱动，也可能是给水泵汽轮机驱动，其所消耗能量最终是源自燃料的化学能。大型的辅助设备，如磨煤机、风机、水泵等，都有单独的电量计算系统，可以方便地统计其电量消耗，并把该电量消耗与发电量的百分比称为该辅机的厂用电率或耗电率。

2. 单耗

虽然各辅机的厂用电率单独统计、单独分析，但由于其耗电量与发电量之比还是相差太远，所得到的耗电率数值太小，不利于节能分析，所以又开发了辅机单耗指标。单耗指标的表达思路类似于供电煤耗的表达思路，是用辅助设备的能量投入与产品产出的比例关系来表征其能效。例如磨煤机单耗可用"kWh/吨煤"、风机单耗可用"kWh/吨空气"、水泵单耗可用"kWh/吨水"表示等。在实践应用中，"/"后的单位取决于是否方便计算。如磨煤机及相应的一次风机耗电量主要取决于磨煤量的多少，所以磨煤机单耗使用"kWh/吨煤"表示（磨煤机性能重要指标）。风机和水泵的功耗除与它们工质的量有关之外，还与其压升有很大的关系，因而单用工质量无法准确表达其能耗水平的高低，一律用"kWh/吨蒸汽"来表示，蒸汽是指主蒸汽量。

3. 生产厂用电率的统计

DL/T 904—2015 的主要目的是考察正常运行工况中的能效水平，除此之外，还有很多非正常生产过程，如调试试运期间或需要用其他机组所发的电或外购电时，厂用电的统计应当做适当的扣除，即

$$L_{cy} = \frac{W_{cy}}{W_f} \times 100 = \frac{W_h - W_{kc}}{W_f} \times 100 \tag{2-27}$$

式中　L_{cy}——生产厂用电率，%；

　　　W_{cy}——单位时间内厂用电量，kWh；

　　　W_h——单位时间内总耗用电量，kWh；

　　　W_{kc}——单位时间内按规定应扣除的电量，kWh。

不计入厂用电 W_{cy} 的计算主要有：①新设备或大修后设备的烘炉、暖机、空载运行的电量。②新设备在未正式移交生产前的带负荷试运行期间耗用的电量。③计划大修以及基建、更改工程施工用的电量。④发电机作调相机运行时耗用的电量。⑤厂外运输用自备机车、船舶等耗用的电量。⑥输配电用的升、降压变压器（不包括厂用变压器）、变波机、调相机等消耗的电量。⑦非生产用（修配车间、副业、综合利用等）的电量。

（四）性能指标的获取

1. 根据设计参数计算

根据制造厂提供的设计数据，很容易得到机组的整体能效水平。但存在的问题是我国国产 300MW 及以上容量发电机组多为引进技术制造，存在技术消化不彻底、加工制造工艺赶不上国外先进水平、国内针对机组性能保证值的商业罚款条例执行不到位等因素的影响，大多数设备制造厂商提供的机组能耗保证值达不到要求，特别是汽轮机的热耗率。此外，机组安装调试阶段质量控制存在差异、设备运行可靠性不同、各发电企业运行管理水平相差较大，造成即使对于同一制造厂制造的同类型机组，其实际运行能耗水平也有较大差别；近年

来，机组的负荷率一路走低，使得机组真实水平与设计水平相差更远，因此虽然根据设计参数可以得到性能指标，但无法直接指导生产实践。

2. 由性能试验获取

严格的性能试验是获取机组内在性能水平的最佳方式，可以通过同时测试汽轮机热耗率、锅炉效率及厂用电率，用反平衡的计算方法得到特定工作条件下机组的供电煤耗。最新电厂锅炉性能试验规程为 GB/T 10184—2015，最新汽轮机热力性能验收试验规程为 GB/T 8117 标准族（分三个部分，分别为 GB/T 8117.1—2008《方法 A—大型凝汽式汽轮机高准确度试验》、GB/T 8117.2—2008《方法 B—各种类型和容量的汽轮机宽准确度试验》和 GB/T 8117.3—2014《方法 C—改造汽轮机的热力性能验证试验》）。有时，性能试验也采用美国标准，锅炉采用 ASME PTC 4—2013，汽轮机采用 ASME PTC 6—2004，燃气/蒸汽联合循环机组通常采用 ASME PTC 46。锅炉行业内通常认为 ASME PTC 4—2013 过于复杂，而最认可其以前一个重要的版本 ASME PTC 4.1—1964；汽轮机行业通常最认可 ASME PTC 6—2004。

根据锅炉、汽轮机性能试验规程，机组在性能试验时需要把一些排污、吹灰或其他用能的影响因素与系统隔离，使汽轮机成为锅炉唯一的用户，以排除这些用能对机组能效水平的影响，使锅炉的输出与汽轮机的输入等同起来。

对于热耗率的测试通常在阀全开工况下进行，以避免高压缸效率受调节汽门节流损失的影响，使高压缸效率及热耗率的测试结果具有可比性。阀全开工况通常为：四个高压调节阀的机组四阀全开或三阀全开（四阀关闭）；六个高压调节阀的机组六阀全开或五阀全开（六阀关闭）。试验应持续至少 2～4h，试验期间机组参数的波动范围要控制在一定的区间，否则应相应延长试验持续时间。

为了在某种条件下对比，无论是锅炉效率还是汽轮机效率（热耗），均要以锅炉、汽轮机的输入为基准，对输入参数和设计条件不一致产生的影响进行修正计算，以达到锅炉、汽轮机在设计条件下的效率水平。以汽轮机热耗率为例，通常的修正包括一类修正（系统修正）和二类修正（参数修正）。一类修正包括回热系统中各储水容器的水位变化、各加热器端差、抽汽管道压损、再热减温水流量、过热减温水流量、凝结水泵和给水泵焓升、凝结水过冷度等参数与设计条件不一致引起的修正，修正完成后得到机组工作在与回热系统完全一致时引起的机组性能变化；二类修正项目包括主蒸汽压力、主汽温度、再热蒸汽温度、再热器压降、机组背压与设计条件不一致时引起的能效变化，修正完成后表示汽轮机工作在完全设计外部条件下时机组的最佳性能。经过层层修正后，计算所得的机组效率早已偏离了机组实际性能，是一个虚拟的理想水平，不能与实际性能进行直接比较。

性能试验所得供电煤耗仅注重对机组某一特定工况点的性能状态，但机组的性能体现为长周期多工况类型下的综合结果，仅依靠有限的性能考核试验的测试结果无法反映机组在整个服役期间不同时期的实际能耗水平。

3. 由大小修前后的性能监督试验获取

修前试验的目的是确定机组拟大修项目以及制订技改方案提供依据，修后试验验证大修效果、总结大修经验。该类试验的测试结果精度和可信度低于严格的性能试验结果，但仍是节能工作中非常宝贵的财富，如能好好组织并认真分析，可以作为定期体检数据长期跟踪对比，也可以对电厂统计结果及时校对。由于采用省煤器入口给水流量为基准流量，因此对于以机组效率核实为目的的热耗率试验通常不需要按照考核试验的要求对系统进行全面的隔离。试验时为了减小无法测量的流量对计算结果带来的影响，试验期间仅需对进出系统的流量进行隔离，即停止锅炉排污、吹灰，辅助蒸汽供汽等操作。对于再热机组最多仅需保证压力最高的两级加热器不发生泄漏即可，系统内其他的漏量造成的热耗率上升均会准确反映到实测的热耗率上。

4. 电厂在线性能统计监测

现在电厂基本上都安装了"火电厂厂级信息监控系统（SIS）"，可以把长达若干年的实时数据保存起来，为机组的性能统计提供了有力的工具。大多数发电厂通常采用正平衡来统计机组的供电煤耗（即通过当期消耗的煤量与电量直接计算煤耗），用基于 SIS 系统数据的反平衡数据作为校核。仪表的测量精度并不低，但普遍存在的问题是测点的代表性不足，系统不进行任何隔离，现场人员缺乏机组性能评价的专业背景及经验，对数据处理（如区分动态和稳态）等方面经验不足等因素，因此应用效果不佳。但它是实实在在的机组性能，如何提高可信度是需要共同研究的问题。

（五）能效对比与使用

费大力气对能效进行实测或统计，目的是希望其能够指导生产活动，如对其能效的水平进行评价、对原因进行分析、对改进进行预测等。但是三种不同来源的能效往往不一致，且有时会有相互碰撞的问题。因此，不同来源的能效（如试验结果和统计结果）对比时要放在统一的使用条件下，并且采用成体系的评价对比方法（如本书第三章）等。日常的统计数据用处是最大的，但最好可以用大小修试验数据，或是定期的性能试验数据来验证校准，对于做好性能试验工作是非常有益的。

五、全厂宏观经济指标

简单纯凝机组的生产关系比较简单，其输出只有供电，输入为煤，因而其经济性指标最主要的是供电量、买煤量、上网电价、煤价。上网电价与机组技术管理水平无关，且以机组代替全厂进行研究（燃料单独研究）时，则经济性指标范围缩小为供电量、入炉标准煤量、煤价三个变量。

1. 供电量

供电量在统计和计算上非常简单，因此 DL/T 904 中并没有明确把供电量（及其部分环节的发电量）作为单独的指标，但在计算式中实际多次用到。该指标大家都很熟悉，本书为了使指标体系更加全面，因此将其明确。

2. 标准煤量

标准煤量是指单位时间内用于生产所耗用的燃料折算至标准煤的燃料量，是对于生产、管理的总体安排非常重要的一个变量，默认是指机组的入炉煤折算到标准煤的量，所以该指标全称为"入炉标准煤耗量"更为合适。

标准煤量有正平衡法和反平衡法两种计算方法：

（1）正平衡法。计算式为

$$B_b = B_h - B_{kc} \tag{2-28}$$

式中　B_b——标准煤量，kg；

B_h——单位时间内耗用总标准煤量，kg；

B_{kc}——单位时间内应扣除的非生产用标准煤量，kg。

与厂用电率的统计相同，标准煤量是为考察发电机组正常运行时的能源消耗情况而设置的指标，对应的下列非生产用标准煤量应扣除（比厂用电率统计扣除少了 1 项）：

1）新设备或大修后设备的烘炉、暖机、空载运行的燃料。

2）新设备在未移交生产前的带负荷试运行期间耗用的燃料。

3）计划大修以及基建、更改工程施工用的燃料。

4）发电机做调相运行时耗用的燃料。

5）厂外运输用自备机车、船舶等耗用的燃料。

6）非生产用燃料。

（2）反平衡法。计算式为

$$B_b = \frac{100 \times \sum Q_1}{\eta_g \times 7000 \times R_h} \tag{2-29}$$

3. 煤价

煤价代表电厂运行的成本，是重要指标。DL/T 904 把煤价安排在燃料技术经济指标（见第三章）中，本书沿用 DL/T 904 的思路把燃料相关指标放在一起论述，参见第八节。

六 "一耗三率" 及其微增应用

机组供电效率计算的"一耗三率"中的四个因素是串联的四个环节的性能水平，相互之间为线性无关的项目，将式（2-5）代入式（2-19）中建立各环节效率与供电煤耗的关系为

$$b_g = \frac{12\,284}{\frac{\eta_g}{100} \times \frac{\eta_{gd}}{100} \times \frac{\eta_q}{100} \times \left(1 - \frac{L_{cy}}{100}\right) \times 100} \tag{2-30}$$

式（2-30）中，管道效率本身的变化比较小（计算中经常取定值），供电煤耗随锅炉效率、汽轮机组热效率和厂用电率的变化而变化。为方便记忆，可称为"一耗三率"，"一耗"即式（2-30）左边的供电煤耗，"三率"是式（2-30）右边的两个效率和厂用电率（不含管道效率）。

对式（2-30）求导，并用差分代替微分，可求得这"三率"在小范围内变化时引起供电煤耗的变化规律，即

$$\Delta b_g = b_g \cdot \left| -\frac{\Delta \eta_g}{\eta_g} - \frac{\Delta \eta_{gd}}{\eta_{gd}} - \frac{\Delta \eta_q}{\eta_q} + \frac{\Delta L_{cy}}{100 - L_{cy}} \right| \tag{2-31}$$

如果用热耗率代替汽轮机组效率，则"一耗三率"微增应用的规律变为

$$\Delta b_g = b_g \cdot \left| -\frac{\Delta \eta_g}{\eta_g} - \frac{\Delta \eta_{gd}}{\eta_{gd}} + \frac{\Delta q_g}{q_q} + \frac{\Delta L_{cy}}{100 - L_{cy}} \right| \tag{2-32}$$

如果其他因素引起三率的变化，可根据其对这三个因素的变化做进一步微分计算，然后通过式（2-31）传导到供电煤耗，也可以直接用式（2-31）计算供电煤耗率的变化。

第三节　供热条件的供电煤耗

对于纯凝机组，燃料发出的热量中 60% 左右散发到环境中，机组整体效率很低。同时

我国大部分地区位于温带气候，有长达 3～4 个月的冬天需要供热，因而近年来大多数电厂采用热电联产来提高热量利用率。机组供热以后给生产过程的工艺带来一些复杂性，因此需要增加新的指标来描述，需要新的计算方法来反映这种条件下的效率。

一、机组供热工况

机组运行时有一些低品位的能量是必须要抛弃的。汽轮机蒸汽排汽在凝汽器中通过冷凝得到冷源温度，并维持与机组热端之间的能量位差。冷凝过程中，蒸汽放出大量汽化潜热径由冷却塔释放到自然环境中，使汽轮发电机组的能效水平维持在一个较低的水平。多年来科学家们一直研究通过大量的技术手段，如提升蒸汽温度和压力、再热、蒸汽回热等技术来提升机组的能效水平，其中热电联产是一个非常重要的技术手段。

热电联产（Cogeneration，combined heat and power，CHP）是汽轮发电机组在发电的同时提供供热服务的工作模式，且机组提供供热服务的热源必须源自汽轮机中间抽汽（称为抽汽式机组热电联产）或者是汽轮机的排汽（称为背压式机组热电联产），如果锅炉主汽经减温减压后直接提供供热服务则不能称为热电联产。

热电联产的本质是能源的分级利用。发电流程需要高温高压的蒸汽，而终端用户供热则只需要 60～80℃ 左右的温度水平即可满足要求，压力可以驱动热网水循环流动的要求即可。如果通过汽轮机抽汽为热网水加热热源，抽汽温度一般维持为 130～160℃，把热网回水加热到 100～130℃ 左右，而回水温度可以低到 50～60℃ 左右。抽汽在加热热网水时会低于100℃，大量汽化潜热随加热蒸汽的凝结而放出并被全部利用（利用率达到为 100%）。抽汽在汽轮机中做功的效率很低，如不供热，则大部分汽化潜热在凝汽器抛弃出去，因而供热提高了整个生产过程的效率。热电联产中供热量越大，总体效率越高，采用背压式热电联产机组，总体效率可接近 90%。

与直接烧煤供热的模式相比，大型电厂锅炉的效率和环保性能远高于一般的小型供热锅炉，锅炉所生产的热能一部分转化为高品位电能，一部分转化为低品位但能满足供热需求的热能，提升了整个能量利用的品位。

二、供热后带来的变化

（一）流程变化

与简单的纯凝工况不同的是，供热工况下机组流程的变化。汽轮发电机组的输出不只是供电量输出，还有并行的供热量输出，使得机组的能效指标有了明显的变化，复杂性大为提升。以抽汽供热为例，其能流如图 2-5 所示。

根据图 2-5，假定供热部分的蒸汽（基于汽轮机组抽汽计）与发电部分蒸汽（基于汽轮机组排汽计）并行进入汽轮机组，供热部分从汽轮机中部抽出，从回热系统某处返回系统。这部分蒸汽的高品质能量部分转化为电能，低品质能量完成供热，没有冷源损失。发电用蒸汽则与原来的纯凝过程一样，锅炉送来的热量一部分变为电能，一部分变为汽化潜热损失由凝汽器的循环水（或冷却空气）带出系统。锅炉总输出为两部分之和。

从供热端看，供热量虽然来自发电机中部，但与直接烧煤供热所得到的效果并无不同，而且整个供热部分的蒸汽没有了排汽损失，因而效率必然是提高的。假定汽化潜热按2300kJ/kg 计，供热抽汽总量为 D_h，则机组冷源损失减少了 $2300D_h$，供电煤耗下降最大约

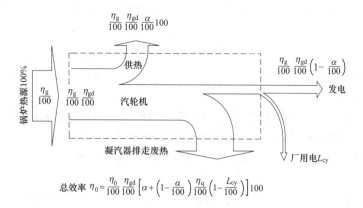

图 2-5　机组供热条件下的能量流程

为 $2300D_h/BQ_{ar,net}$。

（二）机组的运行条件

对于纯凝机组而言，最主要的运行条件指标是负荷率，供热机组的运行条件指标除了负荷率外，还必须要表示电与热之间的比例关系。由于生产中供热量的大小对总体能效影响很大，因而 DL/T 904—2015 还从供电、发电及汽轮机三个不同的层次，分别采用热电比、供热发电比及供热比三个指标来表示，分别如下。

1. 热电比

定义由 2011 年 6 月 30 日国家发展和改革委员会发文《关于发展热电联产的规定》（计基础〔2000〕1268 号）规定，是指单位时间内电厂向外供出的热量与供电量的当量热量的百分比。热电比是将燃煤发电厂视为一个整体，考察它向外供出的两种主要产品（热和电）之间的比例关系，计算式为

$$R = \frac{\sum Q_{wgr}}{3600 W_g \times 10^{-6}} \times 100 \qquad (2\text{-}33)$$

式中　R——热电比，%；

$\sum Q_{wgr}$——电厂对外供出的热量（实际工作中对外供热量数值较大，通常以 GJ 为单位，计算过程注意单位转换），kJ；

W_g——供电量，kWh。

通常认为

$$W_g = W_f - W_{cy} \qquad (2\text{-}34)$$

对电厂而言，热电比是该电厂是否能享受热电联产机组政策优惠的关键指标。计基础〔2000〕1268 号规定：单机容量为 200MW 及以上抽汽凝汽两用供热机组，采暖期热电比应大于 50%，各容量等级燃气-蒸汽联合循环热电联产的热电比年平均应大于 30%。2016 年 3 月 22 日，国家发展改革委、国家能源局、财政部、住房城乡建设部、环境保护部又联合发文《热电联产管理办法》（发改能源〔2016〕617 号），把常规供热机组采暖期热电比的要求提高到 80%。

2. 供热发电比

指单位时间内汽轮机组向外供出的热量与发电量的比值。供热发电比是将锅炉视为一个

整体，考察它生产的两种主要产品（热和电）之间的比例关系。计算式为

$$I = \frac{\sum Q_{wgr}}{W_f \times 10^{-9}} \tag{2-35}$$

式中　I——供热发电比，GJ/MWh；

　　　W_f——发电量，kWh。

该式为 DL/T 904—2004 中的热电比计算式，DL/T 904—2015 中沿用了该式，并改名为"供热发电比"，以区别发展改革委文件中的"热电比"。

理论上该指标可用于机组级的分析，但是在实践中很少用到。

3. 供热比

将站在汽轮机的角度上，把单位时间内汽轮机组向外供出的热量与汽轮机组用于发电耗热量的百分比称为供热比。热电联产的 DL/T 904—2015 明确指出供热比不适用于锅炉向外直供蒸汽的情况。供热比直接决定了汽轮机组的热耗率。一般供热比越大，汽轮机组热耗率也越低，但供热相关设备的耗电率也会有所提高。

供热比计算方法为

$$\alpha = \frac{\sum Q_{wgr}}{\sum Q_{sr}} \tag{2-36}$$

式中　α——供热比，%；

　　$\sum Q_{sr}$——单位时间内汽轮机入口处主、再热蒸汽所具有的热量，kJ。

（三）机组能效指标的变化

1. 综合热效率

由于发电流程中增加了供热流程，所以机组的整体效率不宜再称为纯凝条件下的"供电效率"，原标准中的"电厂效率"、教学系统中的"全厂效率"均无法精确覆盖供热条件下热电联产的特性。因而 DL/T 904—2015 命名了"全厂综合热效率"的新名称，指单位时间内供热量和供电量的当量热量之和与总标准煤耗量对应热量的百分比，作为机组供热条件下的核心能效指标。

2. 综合热效率计算方法

3 根据图 2-5 所示的"一进两出"模型，DL/T 904—2015 中正平衡计算式为

$$\eta_0 = \frac{\sum Q_{wgr} + 3600 W_g}{7000 R_h \times B_b} \times 100 \tag{2-37}$$

反平衡计算式为

$$\eta_0 = \frac{\eta_g}{100} \frac{\eta_{gd}}{100} \frac{\alpha}{100} + \left(1 - \frac{\alpha}{100}\right) \frac{\eta_q}{100} \times 100 \tag{2-38}$$

如果把式（2-38）括号展开可得两个连续的乘积，第一项 $\frac{\eta_g}{100} \frac{\eta_{gd}}{100} \frac{\alpha}{100} 100$ 表示机组输入热量经过供热部分的百分比（热热转移），其利用率为 100%；第二项 $\frac{\eta_g}{100} \frac{\eta_{gd}}{100} \left(1 - \frac{\alpha}{100}\right)$ 表示机组输入热量经过锅炉、管道、汽轮机后并分流到供热以后剩下的部分，再乘以汽轮机发电效率 $\frac{\eta_q}{100}$，得到了供热条件下汽轮机组的发电效率。显然，当式（2-37）中的供热量为 0

或式（2-38）中的 α 为 0 时，即为纯凝工况计算式。

式（2-38）只计算到发电机出口，所以并不能与式（2-37）对应，是 DL/T 904—2015 中的一个笔误。考虑到厂用电率的定义，厂用电的源头为发电机输出，因而最终的供电减少在发电机的输出上，所以正确的综合热效率反平衡计算式应为

$$\eta_0 = \frac{\eta_g}{100}\frac{\eta_{gd}}{100}\frac{\alpha}{100} + \left(1 - \frac{\alpha}{100}\right)\frac{\eta_q}{100}\left(1 - \frac{L_{cy}}{100}\right) \times 100 \qquad (2\text{-}39)$$

3. 发电煤耗的变化

发电煤耗还是指单位时间内机组（或电厂）每发出 1kWh 电能平均耗用的标准煤量。该定义比较模糊，如果"发出 1kWh 电能平均耗用的标准煤量"是指发电部分耗用的标煤量（不包含供热），而不是指当前发电机组耗用的总标煤量（包含供热），则正平衡计算发电煤耗计算式为

$$b_f = \frac{B_b\left(1 - \frac{\alpha}{100}\right) \times 10^3}{W_f} \qquad (2\text{-}40)$$

汽轮发电机组热耗率还是生产 1kWh 电能所消耗的标准煤量，计算方法由式（2-9）变为

$$q_q = \frac{(Q_{sr} - Q_{war}) \times 10^6}{W_f} \qquad (2\text{-}41)$$

汽轮机组效率与热耗率的关系没有变化，但计算式变为

$$\eta_q = \frac{3600W_f}{(Q_{sr} - Q_{wgr}) \times 10^6} \times 100 \qquad (2\text{-}42)$$

4. 增加供热煤耗

供热煤耗指单位时间内机组每对外供热 1GJ 热量所消耗的标准煤量。为了与供电煤耗单位统一，我们取供热煤耗为单位时间内机组每对外供热 1kJ 的热量所消耗的标准煤量，即单位为克/千焦（g/kJ）。计算式为

$$b_r = \frac{10^3 \times B_b}{\sum Q_{wgr}} \times \frac{\alpha}{100} \qquad (2\text{-}43)$$

式中 b_r——供热煤耗，g/kJ。

供热煤耗是将供热系统视为一个整体，假设进入汽轮机组的热能全部用于供热时的能效情况，把热电比定义式代入式（2-43）可得到

$$b_r = \frac{B_b \times 10^3}{\sum Q_{sr}} \qquad (2\text{-}44)$$

由于供热蒸汽并不能反映能级，主汽供热和抽汽供热对于热用而言没有任何区别，因而供热煤耗实际上是反应锅炉产汽与管道输汽的综合效率，计算的结果接近一个定值。生产实际中发现对它的统计并没有太大的意义。

生产实际中往往使用 g/GJ，需要除以 10^6 转换。

5. 供电煤耗的变化

如果先计算出发电煤耗，则供电煤耗也可以用发电煤耗和厂用电率来计算（这也是 DL/T 904 中所采用的计算方法），即

$$b_g = \frac{b_f}{1 - \dfrac{L_{cy}}{100}} b_g = \frac{b_f}{1 - \dfrac{L_{cy}}{100}} \tag{2-45}$$

式 (2-23) 代入式 (2-46) 并化简有

$$b_g = \frac{341.22 q_q}{\eta_g \cdot \eta_{gd} \left(1 - \dfrac{L_{cy}}{100}\right)} \tag{2-46}$$

需要注意以下方面：

(1) 标准中使用的 $b_g = \dfrac{b_f}{1 - \dfrac{L_{fcy}}{100}}$ 是笔误，应为 L_{cy}，不过两者引起的误差并不大。

(2) 在供热条件下，供电煤耗与综合热效率不再是完全的等价关系，而是

$$\eta_0 = \frac{\eta_g}{100} \frac{\eta_{gd}}{100} \frac{\alpha}{100} \times 100 + \left(1 - \frac{\alpha}{100}\right) \frac{12\,284}{b_g} \tag{2-47}$$

6. 厂用电率的变化

对于对外供热的电厂，生产厂用电率可以再细分为供热厂用电率和发电厂用电率两部分，即

$$L_{cy} = L_{fcy} + L_{rcy} \tag{2-48}$$

式中 L_{fcy}——发电厂用电率，%；

L_{rcy}——供热厂用电率，%。

(1) 发电厂用电率（对应 DL/T 904—2015 中第 9.2.2.2 条款）指单位时间内发电环节用的厂用电量与发电量的百分比，按照式 (2-49) 计算，即

$$L_{fcy} = \frac{W_d}{W_f} \times 100 \tag{2-49}$$

$$W_d = W_{cy} - W_r$$

式中 W_d——发电用的厂用电量，kWh；

W_r——供热耗用的厂用电量，kWh。

(2) 供热厂用电率指单位时间内供热环节用的厂用电量与发电量的百分率，计算式为

$$L_{fcy} = \frac{W_r}{W_f} \times 100 \tag{2-50}$$

$$W_r = \frac{\alpha}{100}(W_{cy} - W_{cr}) + W_{cy} \tag{2-51}$$

式中 W_r——供热耗用的厂用电量；

W_{cr}——热网循环泵等只与供热有关设备的用电量，kWh。

（四）供热耗电率

供热耗电率是指单位时间内机组每对外供热 1GJ 的热量所消耗的电量，它实际上是供热厂用电率的另一种表达方式，只是基准值由机组发电量变为供热量，对机组能效的影响类似于供热厂用电率。供热耗电率的计算式为

$$L_{rhd} = \frac{W_f}{\sum Q_{wgr}} \times 10^{-6} \tag{2-52}$$

式中 L_{rhd}——供热耗电率，kWh/GJ。

单位时间内供热耗电率主要用于设计阶段确定厂用电量。标准的制定过程中，部分出身于设计部分的人员非常希望按照热电机组"一进两出（电热）"模型，提供一个类似于式（2-53）的计算式，在最初设阶段就可以计算厂用电的用量，进而确定厂用变的容量。计算式为

$$W_{cy} = \frac{L_{fcy}W_g}{100} + \frac{L_{rhd}\sum Q_{gr}}{100}$$ (2-53)

很显然要满足式（2-53）的计算需要，必须把 L_{fcy} 的计算基准由发电量 W_f 变为供电量 W_g。标准制定者们为此进行了充分的讨论，后来大家还是确定用发电机的发电量作为基准进行厂用电率的计算，原因如下：

（1）源头为母原则。从电量的角度看，发电机的发电量是所有厂用电的最终源头，因而用这一最终源头作为分母进行归一化最符合人的一般常识。

（2）传统原则。多少年来大家都以发电机发电量作为基准，如果改变为供电量 W_g 亦可，但需要向传统应用者说明情况，改变思维，需要付出很多成本，收益却不大。

（3）使用方便原则。机组发电量 W_f 和机组供电量 W_g 都是精确测量的，特别是 W_g 还是厂、网两方共同确定的，所以如果机组的范围是划分到上网关口表，则用 W_g 作为基准也很方便，但是很多时候机组统计供电煤耗、厂用电率还要进行评比，这时大家把发电量扣除生产中的用电量后作为供电量计算（实际与真实的供电量有一定的差距），这样供电量 W_g' 的计算非常麻烦，使用极不方便。

（4）发电与供热是一个统一的生产流程，两者结合起来才能有利于对于生产的统一调度优化。

在基于机组发电量确定的厂用电率条件下，式（2-53）是不可以使用的，因为其前半部分物理意义不对，可改为式（2-54），即

$$W_{cy} = \frac{100 - L_{cy}}{100 - L_{fcy}}W_g + \frac{L_{rhd}\sum Q_{gr}}{100}$$ (2-54)

三、供热比对"一耗三率"的影响

由式（2-39）可知，供热条件下机组的工艺分为两部分，效率不变的供热部分与效率随供热比变化的发电工况部分，两者由供热比加权平均后得到机组的综合热效率。表达发电子流程部分的"一耗三率"已在本章第二节给出，现对供热工况下的效率进行讨论。

以综合热效率为研究对象，当供热比发生变化时，汽轮机的热耗率和厂用电率都会发生变化，但热耗率变化是主要的，其变化来源于下列两个方面：

（1）由于供热时机组回热系统发生变化，减少了凝汽器外排热损失，使汽轮机组的循环效率增加。

（2）由于对外供热抽汽后改变了汽轮机各段在缸内的汽流分布，使得汽轮机在抽汽点后蒸汽分子之间的拥挤程度发生了变化，从而使得汽轮机的缸效和做功能分配发生变化，引起效率的变化。

供热比少量变化时，可忽略因素（2）和厂用电率的变化以简化研究，则供热比对于机

组整体流程的效率可由式（2-39）微分得出，即

$$\frac{\partial(\eta_0)}{(\alpha)} = \frac{\eta_{\mathrm{g}}}{100}\frac{\eta_{\mathrm{gd}}}{100} - \frac{\eta_{\mathrm{g}}}{100}\frac{\eta_{\mathrm{gd}}}{100}\frac{\eta_q}{100}\left(1 - \frac{L_{\mathrm{cy}}}{100}\right) + \frac{\eta_{\mathrm{g}}}{100}\frac{\eta_{\mathrm{gd}}}{100}\left(1 - \frac{\alpha}{100}\right)\left(1 - \frac{L_{\mathrm{cy}}}{100}\right) \times \frac{\partial(\eta_q)}{(\alpha)}$$

(2-55)

把式（2-42）写作

$$\eta_q = \frac{100W_{\mathrm{f}}}{Q_{\mathrm{sr}}(100-\alpha)} \times 100$$

(2-56)

有

$$\frac{\partial(\eta_q)}{\partial(\alpha)} = \frac{3600W_{\mathrm{f}}}{Q_{\mathrm{sr}}(100-\alpha)^2} \times 10^4 = \eta_q\frac{1}{100-\alpha}$$

(2-57)

代入式（2-55）得到

$$\frac{\partial(\eta_0)}{\partial(\alpha)} = \frac{\eta_{\mathrm{g}}}{100}\frac{\eta_{\mathrm{gd}}}{100}$$

(2-58)

用差分代替微分得到供热比小辐变化时对综合热效率的影响规率为

$$\Delta\eta_{\mathrm{q}} = \frac{\eta_{\mathrm{g}}}{100}\frac{\eta_{\mathrm{gd}}}{100}\frac{\Delta\alpha}{100}$$

(2-59)

由式（2-59）可见，供热比增加时，汽轮机本身的效率是不会变化的，但是增加了整体供热效率为 $\frac{\eta_{\mathrm{g}}}{100}\frac{\eta_{\mathrm{gd}}}{100}\frac{\Delta\alpha}{100}$ 的供热工艺，使得整体效率增加与供热比增加量基本成正比关系；但是实际生产中由于汽轮机抽汽后，使汽轮机抽汽后面的部分流场发生很大的变化，不能简单认为效率还不变。实际工作中可多按两个工况点的效率差进行计算，考虑的方法参见第三章第三节。

第四节　其他复杂条件下的供电煤耗

随着国家节能减排力度的加大，在火力发电厂中，除主要设备外，为提高综合热效率，降低污染物排放，往往还会加装蒸汽暖风器、抽汽供热、低压省煤器、零号高压加热器等复杂的设备。这些设备的加装使锅炉、汽轮机的串联关系变得复杂，对机组能效计算方法产生了影响。本节针对这些复杂的工艺进行分类，提出针对性的处理原则和相应的计算方法。

一、复杂条件分类

（一）投运暖风器

锅炉暖风器有多种形式，最常用的是安装送风机（或一次风机）出口与空气预热器入口之间、利用汽轮机低压抽汽来加热预热器进口空气的热交换器，加热的温度不太高（仅相当于"温暖"的级别），故称锅炉暖风器，又称前置式空气预热器。主要目的是使进入空气预热器的空气温度升高以提升空气预热器壁温，从而防止空气预热器换热元件的低温腐蚀。近年来随着锅炉脱硝系统的投入，空气预热器因脱硝系统生成的硫酸氢铵导致的堵塞、腐蚀等问题日益突出，而提高进入空气预热器的冷风温度是减轻这一问题的重要可行性措施。因此暖风器的重要性更加突出，甚至在国内南方地区有的火力发电厂也专门增加了暖风器来提高风温。

一般暖风器的热源来自汽轮机侧的辅助蒸汽，如图 2-6 所示，而辅助蒸汽来自于汽轮机的抽汽，因此暖风器的投入意味着大量辅助蒸汽即汽轮机抽汽的使用，这样会提高汽轮机的热耗率，近而提高机组的供电煤耗。此外，还有一种比较少见的暖风器热源是锅炉侧的抽汽热量，如前屏入口汽或再热器入口蒸汽，系统如图 2-7 所示。

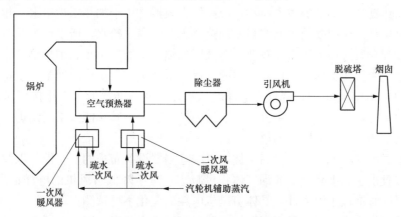

图 2-6　辅助蒸汽作为热源的暖风器系统

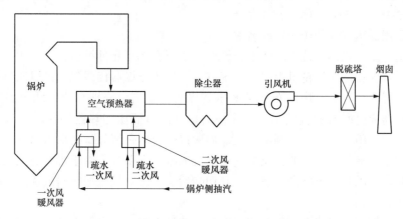

图 2-7　利用锅炉侧抽汽作为热源的暖风器系统

利用锅炉侧抽汽作为热源的暖风器系统，此时暖风器完全在锅炉系统边界内部，只有暖风器凝结水离开锅炉时会带走一部分热量。因此在锅炉效率计算时需要计算这一部分损失，该损失为暖风器凝结水焓与锅炉给水焓之差与暖风器凝结水流量的乘积，即

$$Q_{r,LAC} = q_{stAC}(h_{WFW} - h_{WAC}) \tag{2-60}$$

式中　$Q_{r,LAC}$——暖风器凝结水离开锅炉时带走的热量，kJ/s；

　　　q_{stAC}——暖风器蒸汽流量，kg/s；

　　　h_{WFW}——炉给水焓，kJ/kg；

　　　h_{WAC}——暖风器凝结水焓，kJ/kg。

采用暖风器后，空气预热器的传热温差减小，锅炉排烟温度也就升高了，耗用的汽轮机低压抽汽减少了蒸汽在汽轮机里的做功，使汽轮机组的整体做功能力下降。传统理论认为暖风器投运后使排烟温度升高造成锅炉热效率下降，抽汽增加使汽轮机组效率提高。两者对机组能效的最终影响要看具体的应用情况，没有统一规律，但通常是汽轮机组效率的升高抵消不了锅炉热效率的降低，机组能效会有所下降。

（二）加装低压省煤器

锅炉低压省煤器主要是指安装在锅炉空气预热器出口的尾部烟道上、用于回热系统中加热凝结水的加热器。与锅炉的主省煤器（或高压省煤器，用于加热锅炉给水）相比，其最大的不同加热对象是低压的凝结水而非高压加热器出口的高压给水，所以称为低压省煤器。低压省煤器的冷却介质总体上压力比较低，有低压加热器来的凝结水、加热热网循环水等，可以减少回热系统中低压加热器或供暖使用的抽汽，增加蒸汽做功（即通常所说排挤低加抽汽回汽轮机做功），增大发电量，降低发电煤耗，从而起到节能的效果。排挤低压加热器抽汽回汽轮机做功能力已经大大低于主汽、再热汽的做功能力，其节能效果与锅炉高系统中进行技改所产生的节能效果不能同日而语。

由于排烟温度的降低，可以提高布袋、电袋除尘器设备布袋的安全性，以及电除尘器的除尘效率，并且由于温度降低引起烟气体积量减小，对于降低引风机的电耗也是有帮助的，但低压省煤器同时增加了阻力件，具体引风机电耗的变化不可预测。

由于凝结水的温度也明显低于高压加热器出口的给水温度，因此在国内更多数情况下被称为低温省煤器。但这个名称是有一定的歧义的，因为锅炉主省煤器也有分两级布置的情况，传统上第一级省煤器也称低温省煤器。

本书中采用低压省煤器作为标准名称。

国内应用低压省煤器的技术路线十分繁杂，主要有如下几种类型：

（1）低压省煤器接回汽轮机组回热系统方式。低压省煤器接回汽轮机组回热系统有串联布置、并联布置两种方式。串联布置是低压省煤器进、出口分别与两级低压加热器相接串联，低压加热器通过所有的凝结水，其代替的是其出口低压加热器的抽汽，节能效果差一些，目前已经很少用；并联布置则从某级低加入口分流出一部分凝结水送出低压省煤器，加热后再从与其出口参数差不多的低压加热器处接入凝结水系统，由于排挤的抽汽参数比串联的排汽参数高，所以具有更好的经济性，其切除后也不影响低压加热器系统的工作，是目前比较普遍的布置方式。

（2）低压省煤器布置位置。可安装在空气预热器出口（除尘器入口）、除尘后引风机前，甚至还有引风机后脱硫塔前等处，见图 2-8。在除尘器入口安装主要是在节能的基础上降低除尘器入口的烟温和烟尘比电阻，提高除尘器收尘效率，当烟气温度降到酸露点时析出 SO_3 会被足够的粉尘吸收，但缺点是低压省煤器的扩展受热面非常容易堵灰。在除尘器出口引风机入口位置的好处是粉尘已经被除掉，不再会堵灰，但是提升除尘器收尘效率的功能没有了，析出 SO_3 无粉尘吸收，会引起后续引风机的腐蚀；布置在引风机后脱硫塔前，引风机会引起烟气温度升温 5℃ 左右也可以回收，且烟气降温后可直接进入脱硫系统脱硫，较为安全，缺点也是提升除尘器收尘效率的功能没有了。所以不少项目经常取两者的优点，把低压省煤器分为两段。一段放置在除尘器之前，材质通常是不防腐蚀材料（如 20G），烟温通常大于 110℃；另外一段布置在除尘器后，采用耐腐蚀的材料（如搪瓷、ND 钢、氟塑料、不锈钢等），烟气可降温至 85～90℃。

（3）低压省煤器的冷却介质。低压省煤器的冷却介质可以是凝结水或加热热网循环水。加热凝结水回水时，可以减少用于低压加热器的抽汽，增加蒸汽做功能力（即通常所说排挤

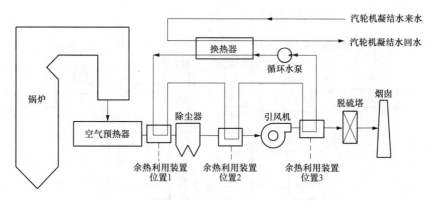

图 2-8　加热凝结水的烟气余热利用装置示意图

低加抽汽回汽轮机做功），增大发电量，降低发电煤耗，节能效果有限；加热热网循环水是烟气余热的直接利用，增加供热量，节省品质较高的用于供热的除氧器抽汽，收益最大，所以在供暖期应尽可能投入低压省煤器式热网加热器；还有部分低压省煤器用凝结水作为中间介质，将回收烟气的余热加热锅炉一、二次风，本质上不是低压省煤器，而是凝水介质锅炉暖风器。由于空气预热器的换热温差所限制，入口风温的升高通常会引起排烟温度升高，即冷风吸收的热量并不能完全被锅炉吸收。凝水介质锅炉暖风器虽然不能大幅度提高锅炉效率，但提高了回转式空气预热器蓄热元件整体温度（不少项目这个暖风器出口风温可以达到70～90℃），在燃煤硫分较高时，可以缓解空气预热器硫酸氢铵堵塞。同时，在需要长期投运暖风器时，还可以替代原有暖风器消耗的蒸汽，节能效果还是比较明显的。

因为有如上特点，低压省煤器虽可以单独使用，但大多数是配合暖风器、烟气再热器综合使用，主要利用特点如下：

（1）单独使用。低压省煤器布置在除尘器前管道，如图 2-9 所示，该类系统简单、技术成熟、应用案例多、节能量少，对空气预热器无影响。

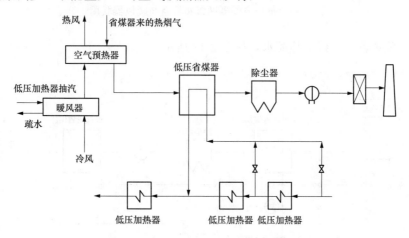

图 2-9　低压省煤器单独使用并联布置

（2）低压省煤器并联布置并代替供暖风器，如图 2-10 所示。

（3）两级低压省煤器并附带暖风器，如图 2-11 所示。

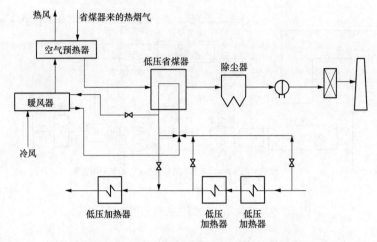

图 2-10　低压省煤器与凝水介质暖风器联用

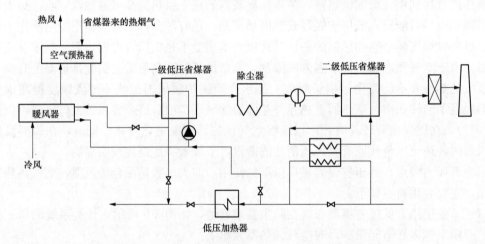

图 2-11　低压省煤器两级布置且与暖风器联用

二级作为暖风器，高级加热凝水，如图 2-12 所示。

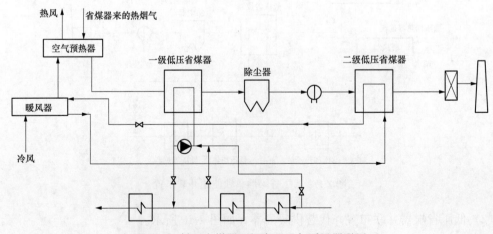

图 2-12　低压省煤器两级布置且与暖风器联用

（4）烟气旁路与低压省煤器/给水加热器配合使用，如图 2-13 所示。

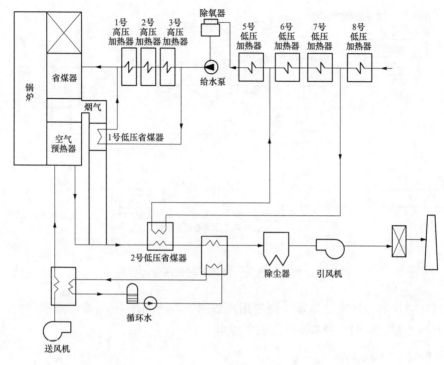

图 2-13　空气预热器并列式低压省煤器且与暖风器联用

这种方案最先由德国提出。德国高水分褐煤很多，褐煤锅炉烟气量显著地大于空气量，因而排烟温度高于一般煤种，且空气预热器体型过大。为充分利用这一特点，最佳的方式是采用旁路烟道将一部分高温烟气抽出，旁路的烟气用于加热锅炉给水（此时省煤器中水的压力比主省煤器压力还高，但是其排挤的仍然是低压力等级的抽汽），可以解决褐煤锅炉烟气流量过大使排烟温度过高的问题。一般新建机组空气预热器烟气旁路分流量为总烟气量的 20%～30%，在役机组改造空气预热器烟气旁路分流量为总烟气量的 5%～15%。

（5）低压省煤器作为加热凝结水、烟气再热器使用，主要用于"消白"，是发电厂的"美容术"，没有节能效果，如图 2-14 所示。

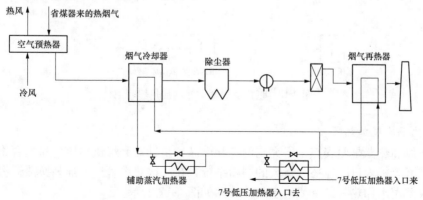

图 2-14　烟气加热器与低压省煤器联用

（6）低压省煤器作为烟气再热器使用及暖风器如图 2-15 所示。

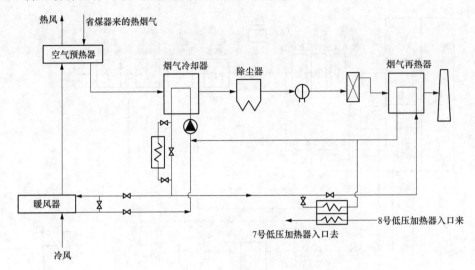

图 2-15　烟气加热器、暖风器与低压省煤器联用

（7）低压省煤器与热网加热器并列使用，如图 2-16 所示，节能效果是最佳的，但是受制于供热时间的投运时间，只有半年左右的受益。

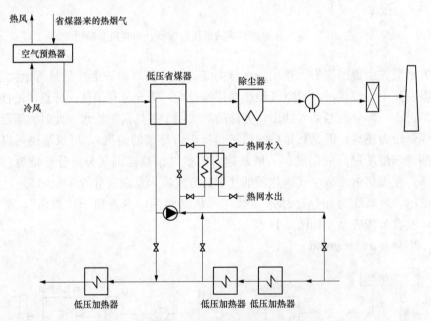

图 2-16　低压省煤器与热网加热器联用

（三）热一次风加热器

热一次风加热器是西安热工研究院的专利产品，指针对磨煤机出口风粉混合物温度无法提高而导致磨煤机入口冷风掺入量大的制粉系统，在一次热风管道上加装换热器将热一次风的余热吸收并用来加热凝结水或给水的技术，如图 2-17 所示。

一次风加热技术本质上是低压省煤器，但是对锅炉效率而言，热一次风加热器安装在排

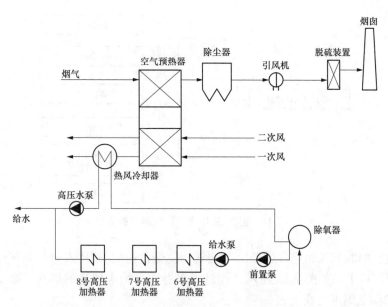

图 2-17　热一次风余热利用原理示意（本质是低压省煤器联用）

烟温度测点前，通过增加的一次风量降低了锅炉的排烟温度，使锅炉效率增加。但是增加锅炉效率所多吸收的热量却并没有随主汽/再热汽送入汽轮机，因此需要特殊处理。

（四）零号高压加热器

零号高压加热器也是近年来兴起的一种技术，主要是在原有高压加热器的出口再增加一级给水加热器。但不同于常规高压加热器，零号高压加热器使用的蒸汽抽汽不是在传统的抽汽口更靠近机头的部分增加一个抽汽点，而是利用除氧器前抽汽的过热段蒸汽作为热源。传统的高压给水加热器从汽轮机机头开始排序，标号越高者压力越低，所加热的给水温度也越低，这样抽汽与给水之间的传热温差越来越大，到了除氧器处（通常是 4 号抽汽），抽汽温度往往采用高压排汽还具有 300℃ 以上的温度（高于 1 号高压 40℃ 以上），而水侧只有不到170～180℃。这样直接加热除氧器中的给水有些浪费，因此就有人设计出了零号高压加热器，让该抽汽先到零号高压加热器再一步加热主给水，降低 40～50℃ 的过热度后再去加热除氧器，通过提升汽轮机组的回热程度而进一步提升汽轮机组的效率。

也有学者把原高压加热器出口再增设一级给水加热器称为零号高压加热器。此时加热器抽汽压力及抽汽温度是所有高压加热器中最高的，目的是通过提高给水温度、减少省煤器的吸热量而提升 SCR 脱硝系统进口的烟气温度，以实现锅炉低负荷条件下烟气温度仍能满足催化剂所需最低温度要求，但本质上与其他高压加热器没有区别。

（五）宽负荷脱硝

我国目前燃煤机组已经都加装了脱硝系统，大部分采用选择性催化还原法（Selective-CatalyticReduction，SCR），使用催化剂工作温度通常要求为 320～400℃。为满足低负荷或冬天时 SCR 入口烟气温度的要求，避免 SCR 退出运行，造成 NO_x 超标排放，国内实施的宽负荷脱硝改造，通常采用提高 SCR 入口烟气温度的方法，方法分类如图 2-18 所示。

（1）省煤器入口加装旁路烟道。省煤器进口位置的烟道上开孔增加省煤器烟气旁路并设置烟气挡板，在省煤器进口的烟道上加装旁路烟道，把一部分烟气直接送到 SCR 入口处，

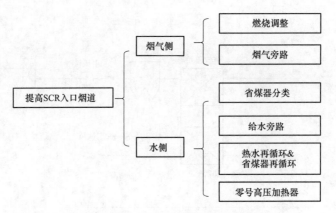

图 2-18　提高 SCR 入口烟气温度的方法

在低负荷时通过抽取烟气加热省煤器出口烟气，使低负荷时 SCR 入口处烟气温度达到脱硝反应温度下限值以上，如图 2-19 所示。经过省煤器用于给水加热的烟气要减少，可把进入 SCR 反应区的烟气温度提高上去。

对已投运机组改造，其烟道、省煤器、锅炉钢结构改造工程量大，同时受炉后空间限制，该方案仅提高 SCR 入口烟温，不能降低 SCR 入口 NO_x 值，工程改造难度较大。

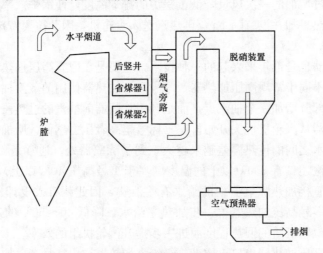

图 2-19　省煤器旁路系统

（2）增加省煤器工质旁路。在省煤器进口集箱前设置调节阀和连接管道，将部分给水短路直接从省煤器进口集箱前引到下降管，减少给水在省煤器中的吸热量，通过调节阀在低负荷时调节旁路给水流量，在省煤器的吸热量和主流水量减少后，SCR 入口烟温提高的目的可以达到，如图 2-20 所示。给水旁路调节烟温有时调节效果不太明显，虽然省煤器的换热取决于烟气的换热系数，冷却流量小了，给水温升会加大，吸热能力与冷却流量不完全成正比。

对已投运机组改造，其省煤器、锅炉钢结构改造工程量大，同时受炉后空间限制。另外，该方案仅提高 SCR 入口烟温，不能降低 SCR 入口 NO_x 值。

（3）分级省煤器。顾名思义就是将省煤器受热面分为两部分，一部分安装在 SCR 系统

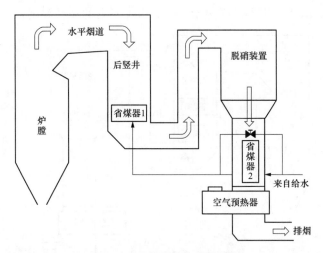

图 2-20　省煤器给水旁路系统

前，一部分安装在 SCR 反应器后，给水先进入 SCR 反应器后面的省煤器温度升高后再进入位于 SCR 反应器前面的省煤器。这样在 SCR 之前，通过烟气传热面的减少使烟温提高的目的可以实现。优点：与改造前相比锅炉的排烟温度及总的热量分配基本没有变化，保证不影响到锅炉热效率；SCR 入口烟温的提升范围不是很大。

省煤器旁路的目的也是一样的，通过旁路烟道将一部分省煤器前的高温烟气引至脱硝装置入口提高脱硝入口烟气温度。通过减少 SCR 反应器前省煤器的吸热量，达到提高 SCR 反应器入口温度的目的。分级省煤器和省煤器旁路装置的位置可见系统示意图 2-21。

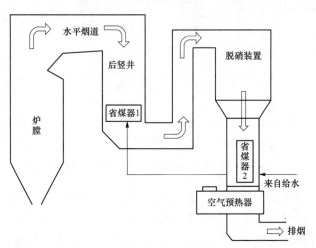

图 2-21　分级省煤器系统

从分级省煤器和省煤器旁路系统示意图可以看出，这两个系统都处于锅炉系统边界内部，而且没有形成额外的锅炉系统输入热量或热量损失，锅炉效率的计算仍然按照标准计算即可。

（4）省煤器热水再循环系统。亚临界机组还可以在锅炉水循环系统加泵，提升省煤器入口水温，如图 2-22 所示。从原有的省煤器出口引出部分热水到省煤器入口，把省煤器入口给水温度提高上去，减少省煤器的吸热量，提高省煤器后的烟气温度。

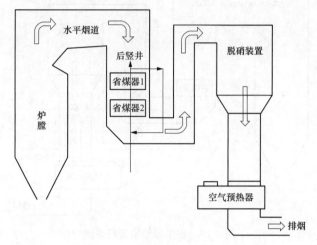

图 2-22 省煤器热水再循环系统

（5）分级省煤器与低压省煤器联合使用，如图 2-23 所示。

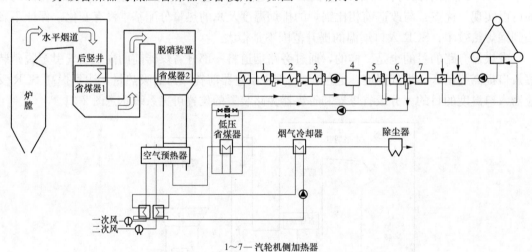

1～7— 汽轮机侧加热器

图 2-23 分级省煤器与低压省煤器系统联用

烟气里含有的二氧化硫、三氧化硫等酸性气体，三氧化硫与空气或者烟气中的水蒸气形成硫酸，它能在较高的温度下凝结，形成酸性腐蚀，危及机组的安全运行；同时，燃烧过程中生成的二氧化硫在催化剂的作用下进一步氧化生成三氧化硫，与逃逸的氨生成硫酸氢铵（ABS）。ABS 具有较强的腐蚀性，并且具有较强的黏性，黏附在受热面表面，影响设备的换热效率。因此，高温段低压省煤器和低温段低压省煤器（空气预热器烟气旁路系统设置两个换热器，分别称为高温段低压省煤器和低温段低压省煤器）入口烟温、出口烟温等应根据运行情况进行选取，综合考虑换热器面积、烟气与介质换热温差、主烟道和旁路烟道出口烟气温度、锅炉效率等问题，特别是换热器酸腐蚀和 ABS 腐蚀。为了避免酸腐蚀，低温省煤器出口烟温控制在不低于 85～90℃；其中，高温段低压省煤器出口温度的选取应在机组

50%～100%负荷范围内，避开硫酸氢铵形成区域的145～205℃，故一般选取235～260℃；低温段低压省煤器温度处于硫酸氢铵形成区域，无法避开，必须考虑硫酸氢铵腐蚀问题，从特殊材料、双介质吹灰器等采取措施。

二、复杂工况下的能效计算方法变化

（一）复杂情况的分类

这几种复杂的系统或工况无疑都增加了系统的复杂性，对于能效计算的影响有本质的区别，关键在于是否增加了锅炉与汽轮机间的能量联系回路，分为下列几类：

（1）零号高压加热器只改变了汽轮机回热系统，提升了锅炉给水温度，锅炉与汽轮机之间仍为"二进二出"系统。

（2）分级省煤器等只改变了锅炉侧的设备，对汽轮机侧的影响几乎没有，锅炉与汽轮机之间仍为"二进二出"系统。

（3）暖风器、低压省煤器与一次风加热器则由于通过凝结水系统增加了锅炉与汽轮机间的连接，使能效的确定变化复杂，如图2-24所示。

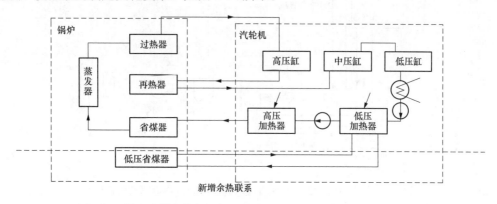

图2-24　低压省煤器使锅炉与汽轮机间的联系成为"三进三出"系统

（二）不同的处理方法

不管系统多复杂，如果锅炉、汽轮机间的能量联系仍然是主蒸汽、再热蒸汽与给水，则机组的效率可以应用本书第三节、第四节的计算方法通过锅炉与汽轮机的效率计算出来。如果锅炉、汽轮机间的能量联系新增加了余热能量联系，需要按如下三种方式进行处理：

（1）低压省煤器为锅炉设备处理方式。如果把低压省煤器（热一次风加热器同理）看作是锅炉的设备，则锅炉的输出热中增加低压省煤器的输出，汽轮机的输入中也对应增加低压省煤器的输出，机组的效率仍为锅炉、汽轮机组效率之积。

由于低压省煤器实体的确安装在锅炉侧，这种处理方式概念清楚，符合人们的思维，但存在的问题是：传统性能试验时锅炉排烟温度一般确定为空气预热器出口温度，锅炉的出口由传统空气预热器出口变为低压省煤器出口，排烟温度降低，锅炉效率是增加的；汽轮机热耗率传统输入热量仅计主汽、再热汽的热量，此时汽轮机的输入热量由于增加了低压省煤器的热量而明显增加，做功能力增加却相对较少，汽轮机组的热耗率明显上升。如果按这种模式处理与传统的性能试验标准是违背的，且汽轮机组热耗率明显上升的结果无法让人们接受，所以这种处理方式目前很少。

（2）低压省煤器作为余热利用模式。把低压省煤器（一次风加热器同理）看作是锅炉之外的设备，锅炉与汽轮机的处理原则与传统处理方式完全一致：锅炉的输出热中还仅仅有主、再热汽的能量，低压省煤器回收的热量当作是废热或余热（这就是余热利用的名称的来源）送入汽轮机，但是汽轮机的输入热量也仅仅是主、再热蒸汽的能量，余热好像不存在（但是效果体现为做功量的增加）。

这种处理方式中，锅炉排烟温度为各出口排烟温度按流量的加权平均值，如图 2-25 所示。锅炉效率基本没有变化，但是汽轮机的效率变化问题比较模糊，有定功率法、定热量法等诸多以汽轮机为中心的处理方法，结果也有所差异，但是目前应用最多的方法。

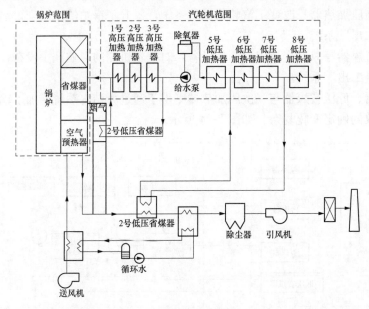

图 2-25　余热利用模式中低压省煤器既非锅炉设备也非汽轮机设备

在所有这些技术中，热一次风加热器是一个特例。热一次风加热器是变相的低压省煤器，但采用空气预热器加热完的热风作为热源，相当于该低压省煤器安装在锅炉的主设备（空气预热器）之前，其换热量会影响到锅炉空气预热器出口烟气温度的变化，与其他低压省煤器不改变空气预热器出口烟气温度有本质的区别。由于锅炉排烟温度降低，表面上锅炉效率增加了，但是该锅炉效率增加使锅炉多得到的热值包含热一次风加热器的热量，它不是送往锅炉主蒸汽或再热蒸汽的，因此要在锅炉效率计算中扣除这一部分，以保证汽轮机的输入仍限定在主蒸汽和再热蒸汽。

锅炉效率扣除热一次风加热器使锅炉效率增加的计算方法为

$$\eta'_g = \eta_g - \frac{\Delta h_{sw} D_{sw}}{B Q_{ar,net}} \times 100 \tag{2-61}$$

式中　η_g——由空气预热器出口烟气温度直接计算的锅炉效率，%；

η'_g——投一次风加热器时折算到只有主汽、再热汽输出的锅炉效率，%；

Δh_{sw}——投一次风加热器凝结水焓增，kJ/kg；

D_{sw}——投一次风加热器凝结水流量，kg/s；

B——投一次风加热器锅炉给煤量，折算到 kg/s。

然后再代入式（2-6）计算，汽轮机的热耗率计算方法不变。

暖风器是另外一个特例。低压省煤器是把锅炉的余热搬运到汽轮机组回热系统中去，排挤了汽轮机抽汽；而暖风器正好相反，把汽轮机抽汽搬运到锅炉余热利用的位置去，所以如果把暖风器划在锅炉之外，汽轮机组输入只考虑主汽、再热汽，输出只考虑电功率，则采用式（2-6）完全可以正确确定暖风器投与不投的影响。

（3）重复计算模式。上述两种方法相结合的方法，即把低压省煤器当作锅炉的设备。但是汽轮机组还按接收余热来计算，相当于一股热量计算两次，会大幅度提升机组的效率，是设备厂家喜欢应用的方法，但却是错误的方法（不是精度低）。

（三）本书推荐的算法

本书中以第 2 种方法为基础，以机组为整体来理解而非汽轮机为主解决其影响，并进而确定能效率计算方法，具体思路如下：

（1）以机组整体为研究对象，其输入为锅炉的燃料，输出为汽轮机组的供（发）电量。

（2）机组输入一定时（锅炉输入燃料量一定），投入低压省煤器后，机组的功率增加，反之则机组的功率减少，所以投退低压省煤器、统计机组的功率即可以确定机组的能效。

（3）沿着机组的发电流程看，把低压省煤器划在锅炉设备外，锅炉的效率和锅炉输出/汽轮机输入也不变，但最后汽轮机组输出功率变化而导致热耗率变化，相当于汽轮机采用汽轮机组定热量法分析低压省煤器的对汽轮机组热耗率。

总体上说，这些复杂条件的变化，基本上为了利用余热，在原以主汽为输入始端的"锅炉-汽轮机-再热/回热"主循环中附加了从汽轮机抽汽作为入口、输出与主循环相同的附加循环。由于余热属于低能级热量，它替代的抽汽返回汽轮机后，可转变为功的部分不大，大部分又被凝汽器冷却后带走变成冷源损失，其做功能力远比主循环小。如果从主设备为汽轮机的动力循环范围内考虑的话，把它们和主循环共同计算，所得的结果是冷源损失相对增大，循环效率降低。如果考虑按整个机组考虑，则这些附加的小循环是内部循环，它们的输入是循环中的输出，因而可以只计它的做功输出（机组的出口端），而不用计循环热量增加的影响，此时整个机组的循环效率就表现为效率的增加。林万超认为这是只计做功收益而不计热量支出的缘故，已不是热力学所讨论的循环效率。本书认为这样的循环效率仍然是热力学循环效率的一部分，但是循环的范围扩大到了整个机组，且这样的角度来处理，更加符合生产实践中事物的本质。

三、厂用电率的变化

在锅炉烟风道增设换热器，会增加换热器带来的局部阻力，也会因为烟气温度的降低而降低烟道的沿程阻力，具体如何变化，需要核算风机的压头是否能满足系统阻力。统计方法没有变化，已有的统计就可以反应换热器带来的厂用电率变化。

第五节 锅炉效率的计算

锅炉效率的计算主要用于反平衡法计算机组的效率，锅炉效率计算过程要满足前文所阐明的"锅炉输入必须与机组输入完全重合"的要求。在 DL/T 904—2015 修订时，我国锅炉效率适用标准还是 GB/T 10184—1988《电站锅炉性能试验规程》。该规程规定的锅炉效率是以锅炉的验收为中心工作的，锅炉的范围包含了暖风器、送风机、一次风机等设备，计算的输入热量包含了燃料热量和其他输入热量（如暖风器抽汽由汽轮机回送的热量），与计算机组效率的要求有矛盾。因此在 DL/T 904—2015 编制的过程中，需要解决使用什么样的锅炉效率、如何确保计算出锅炉效率满足这一要求、不使用煤元素分析来尽可能准确地估算锅炉效率及如何处理循环流化床锅炉投石灰石时锅炉效率的计算等问题。

一、锅炉效率的不同概念

（一）正/反平衡锅炉效率

锅炉效率表示的是锅炉的输出能量占输入能量的比例，因而各个标准中的锅炉效率都是按照式（2-62）定义的（通常简称为锅炉效率）。式（2-62）中锅炉效率的计算过程符合沿能量转化的路径，因而也称为正平衡效率或输入-输出效率。计算式为

$$\eta_g = \frac{Q_{out}}{Q_{in}} \times 100 \tag{2-62}$$

式中 Q_{in}——输入锅炉系统边界的热量总和，kJ/kg 或 kJ/m³；

Q_{out}——输出锅炉系统边界的热量总和，kJ/kg 或 kJ/m³；

η_g—— 锅炉效率，%。

根据热力学第一定律，在稳定工况下，锅炉系统边界的热量增量为零，即进入、离开锅炉系统的热量平衡。即

$$Q_{in} = Q_{out} + Q_{loss} \tag{2-63}$$

式中 Q_{loss}—— 损失的热量，kJ/kg。

稳定运行状态下，输入锅炉系统但没有被利用的那部分热量，最终以某种形式（如灰渣显热、排烟带走的热量等）进入大气环境而损失掉。因而，锅炉输入热量与输出热量及各项热损失之间建立了热量平衡。这样锅炉效率也可以通过测量热量损失来计算，即

$$\eta_0 = \left(1 - \frac{\sum Q_i}{Q_{in}}\right) \times 100 \tag{2-64}$$

因为它与锅炉中进行的能量转化过程相反，所以式（2-64）定义的锅炉效率称为反平衡效率或热损失效率。我国标准和教学体系习惯称为正平衡效率和反平衡效率，而国外则习惯称为输入－输出效率和热损失效率。

正反平衡效率虽表示同样的事物，但有不同的数学表达式，更有两种不同的测量方法，测量精度也有很大差别。

两种测量方法的优缺点见表 2-1。

表 2-1 不同锅炉热效率测定方法的比较

方法	优点	缺点
正平衡法	（1）直接测量确定效率的主要参数（输入、输出）； （2）需较少的测量； （3）无需对无法测量的损失进行估计	（1）需要精确测量燃料量和蒸汽流量，这两个量的测量精度很低，对试验结果影响很大； （2）不能分析效率低的原因； （3）不能将试验结果修正到标准或保证条件

续表

方法	优点	缺点
反平衡法	(1) 能很精确地测量主要的量（烟气分析和烟气温度）； (2) 可根据运行条件的变化将试验结果修正到标准或保证条件； (3) 由于被测量（各项损失）只占总能量的很小份额，因此其测量精度对试验整体精度的影响较小； (4) 可确认较大损失的来源； (5) 可以找到两次结果不同的原因	(1) 需要较多的测量； (2) 不能直接得到蒸发量和输出热量数据； (3) 某些损失实际上无法测量，其值必须估计

如果全部损失与外来热量是总输入热量的10%，则其1%的测量误差将仅对效率值造成0.1%的误差，而测量燃料流量、蒸汽流量时1%的误差就会对效率造成1%的误差。正是由于避免了精度很低、对试验结果影响很大的给煤流量和蒸汽流量的直接测量，而只测量占总能量份额很小、测量精度对试验整体精度的影响较小的各项损失值，反平衡法比正平衡法精确，故性能验收试验必须以反平衡法为主。ASME委员会通过大量的试验分析得到的两种方法测得的锅炉效率精度的差别见表2-2。

表2-2　　　　　　　　　　　两种方法测得的锅炉效率的精度差别

锅炉形式		反平衡法（%）	正平衡法（%）
电厂/大型工业锅炉	燃煤锅炉	0.4～0.8	3.0～6.0
	燃油锅炉	0.2～0.4	1.0
	燃气锅炉	0.2～0.4	1.0
	流化床锅炉	0.9～1.3	3.0～6.0
带尾部受热面的小型工业锅炉	燃油锅炉	0.3～0.6	1.2
	燃气锅炉	0.2～0.5	1.2
无尾部受热面的小型工业锅炉	燃油锅炉	0.5～0.9	1.2
	燃气锅炉	0.4～0.8	1.2

（二）毛效率与燃料效率

根据锅炉效率输入热量和输出热量的不同选择，定义出若干不同的效率，如高位发热量效率、低位发热量效率、燃料效率、毛效率等多种分类。毛效率和燃料效率就是其中一类，两者的分别主要如下：

（1）锅炉毛效率。ASME PTC4-1998/2008/2013中将输入到锅炉系统边界内的所有热量作为输入能量计算时定义为锅炉毛效率（gross efficiency），旧版标准GB/T 10184—1988和ASME PTC 4.1—1964都以此来计算锅炉效率，GB/T 10184—2015中将其定义为锅炉热效率。

20世纪以前，锅炉效率主要考察传热效率的大小。包括ASME在内的所有国家的性能试验标准（ASME PTC4.1-1964及之前版本、GB/T 10184—1988）都将毛效率作为锅炉效率，即输入热量Q_r不仅包含燃料的发热量，还有随燃料一起带入炉膛的很多其他热量。这种把燃料外所有的小股输入热量，等同于相同数量燃料的发热量而定义的热效率称为毛效率。毛效率很容易理解，非常符合锅炉传热的物理意义，因而是考察锅炉设计是否达标（锅炉厂金属受热面是否给足、安排是否合理）的最佳方式。

很明显，锅炉毛效率比下述的燃料效率更容易理解，但由于它仅查用来验收锅炉本身的效率，不可以用来计算发电机组的效率，因而事实上它已经渐渐被淡忘。

（2）燃料效率（fuel efficiency）。仅将燃料的化学能作为输入热量计算时的锅炉热效率称为燃料效率（的确燃料效率本身就是热效率），使用燃料效率时，锅炉的输入与机组供电煤耗计算时的输入重合，即可以用来进行机组性能验收，也可以进行煤耗计算。本书如无特别指明，锅炉效率均指燃料效率。

毛效率与燃料效率的差别在于除煤的发热量外如雾化蒸汽带入的热量、暖风器带入热量等小股外来热量的处理。毛效率把它加入锅炉输入热量上（计算效率时的分母），而燃料效率把这些热量当作锅炉输出的减少。从测量的数值上来说，燃料效率一般高于或等于毛效率，但因外来热量份额很小，故燃料效率高于毛效率的部分很小。但站在全厂发电流程角度上看，燃料效率更符合物理规律，因为这些热量本质上来源于锅炉输入燃料的热量，把它们当作输入热量就是自己输入自己了，如图 2-26 所示。

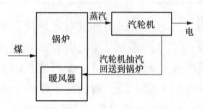

图 2-26　暖风器热量本质上也来源于锅炉输入燃料

锅炉作为发电流程中的第一个环节，其真正的能量输入其实只有燃料的发热量。采用仅以燃料发热量为基础的锅炉效率的测量与计算方法，从而将锅炉效率与煤耗计算统一起来。而采用毛效率在物理意义上是不对的。

（三）高位发热量效率与低位发热量效率

GB/T 10184 和 ASME PTC4 对锅炉效率的定义相同，但两者使用不同的发热量基准。ASME PTC-4 使用高位发热量，发热量包括了煤燃烧产生的水蒸气凝结释放出的汽化潜热。GB/T 10184 使用低位发热量，发热量不包括水蒸气凝结释放出的汽化潜热。

为了防止锅炉尾部受热面低温腐蚀，除少数燃气锅炉或燃气-蒸汽联合循环锅炉的排烟温度一般为 80℃ 以下外，燃煤电厂锅炉的排烟温度一般控制在 120℃ 以上，不让烟气中的水蒸气凝结，汽化潜热就没有机会释放。从这个角度，低位发热量来衡量锅炉效率更符合其物理意义。包括我国和欧洲各国在内的许多国家，在锅炉的有关计算中均采用低位发热量。

ASME 以高位发热量作为基准是他们认为低位发热量难以测量准确。ASME 标准中高位发热量 $Q_{\mathrm{gr,ad}}$（kJ/kg）与低位发热量 $Q_{\mathrm{ar,net}}$（kJ/kg）之间的关系为

$$Q_{\mathrm{ar,net}} = Q_{\mathrm{gr,ad}} - 216.45H_{\mathrm{ar}} - 22.42M_{\mathrm{ar}} \tag{2-65}$$

式中　H_{ar}——收到基氢元素含量，%；

　　　M_{ar}——收到基水分，%。

尽管燃料中水分、氢元素比例都较小，但由于汽化潜热量非常大，1kg 的水蒸气在常压下的汽化潜热约为 2500kJ/kg。因此，如果用高位发热量来计算锅炉效率，会造成高位发热量效率明显低于低位发热量效率。高位发热量效率可以更为敏感地反映水分变化对锅炉效率的影响。

（四）锅炉净效率

GB/T 10184—1988 规定锅炉岛的经济性是在热效率基础上扣除辅机消耗的功耗得到的

净效率，因而锅炉净效率也称锅炉岛效率。由于厂用电的消耗能量虽然可折算为锅炉输入热量的比例，但能级差别很大。如 1kWh 的电能量级相当于 122.8g 标准煤热值，但得到时可能需要 300g 标准煤，折算到锅炉输出损失时是按 122.8g 标准煤还是按 300g 计算，争议很大。此外，位于锅炉的前端辅机耗电会在生产中被利用一部分，如磨煤机、风机，而位于生产流程后端的辅机耗电基本上没有利用，两者如何区别，也难以精确界定。因而，锅炉净效率虽然理论上很明晰，但是应用很复杂。无论是 GB/T 10184—2015 还是 ASME 标准，均不再涉及锅炉岛效率（或锅炉净效率）。

（五）能效计算中应用的锅炉效率

在计算机组效率的过程中，只能采用其于低位热量的燃料效率。GB/T 10184—2015 在制定时，也参考了国内外一致认同的准则，采用了低于低位发热量的锅炉燃料效率而抛弃了毛效率。GB/T 10184—2015 中把毛效率称为热效率，而把燃料效率和 ASME PTC-4 一样，称为燃料效率。事实上，燃料效率也是热效率，是基于燃料低位发热量的热效率。DL/T 904—2015 修订时 GB/T 10184—2015 还没有发布，笔者参考 ASME PTC-4，并通过与大量标准提意见者和标委会成员的大量沟通，取得了一致意见，超前采用了燃料效率。本书中如无特殊说明，锅炉效率均指燃料效率。

二、如何保证所计算的反平衡锅炉效率是燃料效率，且锅炉输出与汽轮机输入一致

（一）锅炉边界定于末级空气预热器出口

把锅炉边界定于末级空气预热器出口，锅炉空气进口边界也确定为空气预热器进风处（暖风器出口），暖风器、低压省煤器等设备就不是锅炉的设备，因而其带入锅炉的热量自然不用考虑。锅炉暖风器使锅炉进风量温度升高，虽然提高了锅炉排烟温度，但是锅炉排烟温度和进口风温之间的差值并没有明显变化，锅炉效率保持相对稳定。

空气进口边界有两种典型的划定方式：ASME 标准（ASME PTC 4）将该边界划在空气预热器的入口处，GB/T 10184 将该边界划在送风机的入口处。GB 10184—88 发布时我国多为中储式制粉系统，送风机温升一般只有 2℃左右，因而用送风温度代替空气预热器入口温度完成锅炉效率计算误差不大。随着机组容量的不断扩大和中速磨煤机直吹系统的大量应用，一次风机、送风机的温升平均高达 6～10℃，循环流化床（CFB）锅炉的温升最高可达 20～30℃，此时把空气预热器进口温度定在送风机入口，冬天、夏天所得的锅炉效率会明显不同。ASME 标准把锅炉入口空气温度定义为空气预热器入口处。

如果忽略锅炉其他地方的漏风，空气预热器入口的空气温度是锅炉空气流中温度最低的地方，因而它是锅炉热损失计算的基准温度。以该值作为锅炉效率计算基准温度，还可以精确地计量风机和暖风器对空气的回收情况（体现为相对于环境温度的温升），如图 2-27 所示。

DL/T 904—2015 修订时 GB/T 10184—1988 还有效，为避免与 GB/T 10184—1988 冲突，把原标准中锅炉部分的"送风温度"改为"锅炉入口空气温度"，并

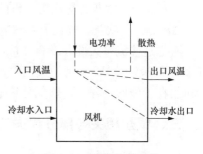

图 2-27 风机出口温升
是厂用电的回用

明确指出为空气预热器入口处的空气温度，用该值来计算锅炉效率。

把锅炉边界定于末级空气预热器出口，锅炉主蒸汽出口边界就定义为末级过热器出口，再热蒸汽系统出口边界就定义为末级再热器出口；工质边界划定后，汽轮机热耗率（量）的计算边界也就基本确定了。

典型的电厂锅炉热效率计算边界如图 2-28 所示。

（二）锅炉燃料低位发热量为锅炉唯一热源输入

为了更准确地计算锅炉热效率，DL/T 904—2015 采用热损失法（也称反平衡方法）计算效率，计及的热损失包括：排烟热损失（q_2）、可燃气体未完全燃烧热损失（q_3）、固体未完全燃烧热损失（q_4）、锅炉散热损失（q_5）、灰渣物理显热损失（q_6）和炉内脱硫热损失（q_7）。计算式为

$$\eta_g = \left(1 - \frac{Q_2 + Q_3 + Q_4 + Q_5 + Q_6 + Q_7}{Q_{ar,net}}\right) \times 100 \tag{2-66}$$

$$= 100 - (q_2 + q_3 + q_4 + q_5 + q_6 + q_7)$$

式中　Q_2——每千克燃料的排烟损失热量，kJ/kg；

　　　Q_3——每千克燃料的可燃气体未完全燃烧损失热量，kJ/kg；

　　　Q_4——每千克燃料的固体未完全燃烧损失热量，kJ/kg；

　　　Q_5——每千克燃料的锅炉散热损失热量，kJ/kg；

　　　Q_6——每千克燃料的灰渣物理显热损失热量，kJ/kg；

　　　Q_7——每千克燃料由于石灰石热解反应和脱硫反应而损失的热量，仅炉内脱硫的锅炉存在，kJ/kg；

　　　q_2——排烟热损失，%；

　　　q_3——可燃气体未完全燃烧热损失，%；

　　　q_4——固体未完全燃烧热损失，%；

　　　q_5——锅炉散热热损失，%；

　　　q_6——灰渣物理显热热损失，%；

　　　q_7——每千克燃料由于石灰石热解反应和脱硫反应而产生的热损失，仅炉内脱硫的锅炉存在，%。

如果机组还有吹灰、雾化蒸汽等热量输入，应在锅炉效率中予以扣除，计算式为

$$\eta_g = \left(1 - \sum q_i + \sum \frac{D_{goi} \Delta H_{goi}}{BQ_{ar,net}}\right) \times 100 \tag{2-67}$$

式中　D_{goi}——吹灰、雾化等蒸汽的流量，t/h；

　　　ΔH_{goi}——吹灰、雾化等蒸汽的焓增（从其入口算起），kJ/kg。

考虑这些流量大部分没有计量，且这些水和蒸汽的流量测量锅炉专业一般不太熟悉，后在 DL/T 904—2015 编制的过程中，把 D_{goi} 和 ΔH_{goi} 计入锅炉输出的一部分。实际上，大部分机组在工作的过程中，这部分热量一般都不统计（参见本章第七节）。

三、锅炉相关各部分损失的计算

（一）排烟热损失

排烟热损失（q_2）是指末级空气预热器后排出烟气带走的物理显热占输入燃料低位发热

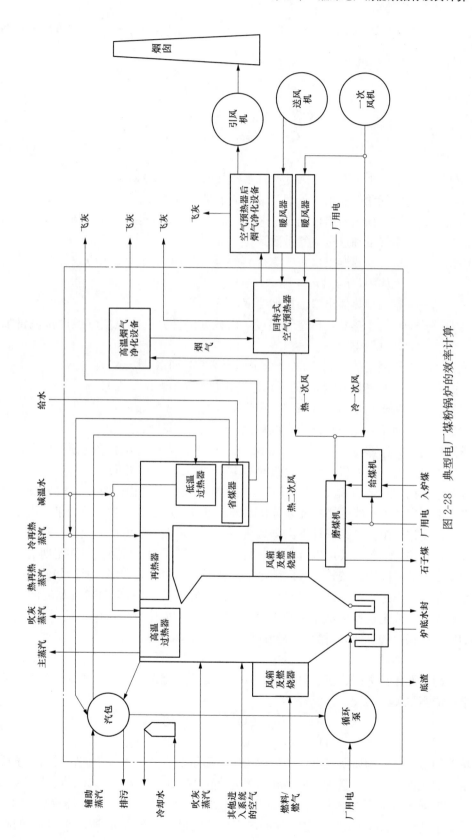

图 2-28 典型电厂煤粉锅炉的效率计算

量的百分比。在锅炉各项热损失中，排烟热损失占比通常最大，计算过程也最为复杂。

$$q_2 = \frac{Q_2}{Q_{ar,net}} \times 100 \tag{2-68}$$

$$Q_2 = Q_2^{gr} + Q_2^{H_2O} \tag{2-69}$$

$$Q_2^{H_2O} = V_{H_2O} c_{p,H_2O} (\theta_{pr} - t_0) \tag{2-70}$$

$$Q_2^{gy} = V_{gy} c_{p,py} (\theta_{py} - t_0) \tag{2-71}$$

$$V_{gy} = V_{gy}^0 + (\alpha_{py} - 1) V_{gk}^0 \tag{2-72}$$

式中 $Q_2^{H_2O}$——空气预热器出口烟气所含水蒸气的显热，kJ/kg；

     Q_2^{gy}——空气预热器出口干烟气带走的热量，kJ/kg；

     V_{gy}——空气预热器出口基于每 kg 燃料燃烧生成的实际干烟气体积，可以通过理论空气量和过量空气系数计算，m^3/kg；

     V_{H_2O}——空气预热器出口每千克燃料燃烧产生的水蒸气及相应空气湿分带入的水蒸气体积，m^3/kg；

     θ_{py}——空气预热器出口的排烟温度，℃；

     t_0——空气预热器入口空气温度，由该处的一、二次风空气温度按流量加权平均计算而得，℃；

     $c_{p,py}$——干烟气从 t_0 到 θ_{py} 的平均定压比热容，$kJ/(m^3 \cdot K)$；

     c_{p,H_2O}——水蒸气从 t_0 到 θ_{py} 的平均定压比热容，$kJ/(m^3 \cdot K)$；

     V_{gk}^0——每千克燃料燃烧所需的理论干空气量，m^3/kg；

     V_{gy}^0——每千克燃料燃烧产生的理论干烟气量，m^3/kg。

排烟热损失的计算与 GB 10184—1988 唯一不同的是 t_0 选取了空气预热器入口风温，而不是风机入口风温，该方法与后来发布的 GB/T 10184—2015 相同。

计算 q_2 所需的 V_{gk}^0、V_{gy}^0、$c_{p,py}$ 和 V_{H_2O} 在性能试验中通常由燃料的元素分析成分计算得到。如果电厂安装了在线的燃料元素分析系统，可以采用在线元素分析结果，由化学反应的当量关系确定这四个值，精确计算出排烟热损失。但是大多数电厂的化验室只能开展入炉煤的工业分析化验，一般当天可以取得化验结果。入炉煤元素分析数据只能定期送专业机构化验，数据取得的时间周期较长，难以满足生产管理数据的时效需求，所以如何在缺少煤元素分析数据条件下满足生产统计中对锅炉烟气量估算的需求，是 DL/T 904 研究的主要内容。

与性能试验确定这些参数的顺序相同，DL/T 904 也按 V_{gk}^0、V_{gy}^0、V_{H_2O} 和 $c_{p,py}$ 的顺序，说明如何用根据煤的工业分析数据得到这些变量的计算方法。

1. 理论干空气量

煤中的可燃元素为碳、氢、氮和硫，其中主要发热元素为碳元素和氢元素，其完全燃烧时化学反应当量关系为

$$C + O_2 \rightarrow CO_2 + 33\ 727kJ/kg \tag{2-73}$$

$$2H_2 + O_2 \rightarrow 2H_2O + 14\ 2900kJ/kg \tag{2-74}$$

单位物质的量的物质所具有的质量称为摩尔质量，在数值上等于该物质的原子质量或分子质量，碳元素的摩尔质量为 $12g/mol$，氢元素的摩尔质量为 $1g/mol$。每 $1kg$ 碳元素燃烧放热 $33\ 727kJ$ 热量，需要消耗 $1/11kmol$ 氧气；相应的每 $1kg$ 氢元素燃烧放热 $14\ 2900kJ$ 热量，需要消耗 $0.25kmol$ 氧气。氢元素的热值是碳元素的 4.23 倍，所以 $4.23kg$ 的碳元素燃

烧时放的热量与 1kg 氢气燃烧所放的热量相同，其消耗的氧气量为 4.23/12＝0.353（kmol）。两者相除可得，放出相同热量时碳元素消耗的氧气是氢元素的 1.4 倍。对大部分煤种中的可燃部分，碳元素含量往往是氢元素含量的 30 倍左右，碳元素消耗氧气量约占80％以上，氢元素消耗氧气量 10％～20％。因此，煤的燃烧可以认为是以碳为主、以氢为辅，以碳氢摩尔比例相对固定的方式下进行的两种物质的并行燃烧，每产生 1kJ 热量，消耗的氧气量（干空气量）基本相近（即可认为是全折算成碳的燃烧或认为是两者按摩尔比加权）。

基于这种认识，国内很多学者进行了理论干空气量与煤低位发热量及元素分析成分之间关系的研究。华北电科院从近十年来数百个典型煤质数据拟合，发现煤的理论干烟气量与低位发热量基本成正比例关系，并根据煤种的种类略有差别，所得的关系如式（2-75）所示，所得的分煤种提出了对应的煤质修正系数，如表 2-3 所示。

$$V_{\text{kg}}^0 = \frac{KQ_{\text{ar,net}}}{1000} \tag{2-75}$$

式中 K——煤质修正系数，无量纲。

表 2-3 理论干空气量计算的煤质修正系数

燃料种类	无烟煤	贫煤	烟煤	烟煤	长焰煤	褐煤
燃料无灰干燥基挥发分 V_{daf}（％）	5～10	10～20	20～30	30～40	＞37	＞37
K	0.2659	0.2608	0.2620	0.2570	0.2595	0.2620

工程实践表明，绝大多数煤种条件下，采用该近似方法导致的锅炉热效率计算误差在0.5 个百分点以内。电厂也可以结合运行实际，另行确定更适合本厂入炉煤种的煤质修正系数。

在炉内，由于灰渣中存在未燃尽碳，所有只有部分热量能释放出来，因而理论干空气量计算方法应扣除这一部分未燃尽碳的发热量后再计算，有

$$V_{\text{gk}}^0 = \frac{K(Q_{\text{ar,net}} - 3.3727A_{\text{ar}}\overline{C})}{1000} \tag{2-76}$$

$$\overline{C} = \frac{\alpha_{\text{lz}} \times C_{\text{lz}}}{100 - C_{\text{lz}}} + \frac{\alpha_{\text{fh}} \times C_{\text{fh}}}{100 - C_{\text{fh}}} \tag{2-77}$$

式中 A_{ar}——燃料收到基灰分含量，％；

$\overline{C}$——灰渣中平均含碳量与燃煤灰量之百分比，计算时忽略炉内脱硫的影响，％；

C_{lz}、C_{fh}——炉渣和飞灰中碳的质量百分比，％；

α_{lz}、α_{fh}——炉渣和飞灰占燃煤总灰量的质量含量百分比，％。

α_{lz}、α_{fh} 的数值可根据近期的灰平衡试验或锅炉性能试验来选取。对于固态排渣煤粉锅炉，$\alpha_{\text{lz}}=10$、$\alpha_{\text{fh}}=90$；对于液态排渣煤粉锅炉，$\alpha_{\text{lz}}=30\sim90$，$\alpha_{\text{fh}}=100-\alpha_{\text{lz}}$。

国外也有学者直接给出根据工业分析结果计算元素分析的方法称为 Gebhardt 方法，分别为

对无烟煤：$C_{\text{daf}} = FC_{\text{daf}} + 0.02V_{\text{daf}}^2$ （2-78）

半无烟煤（贫煤）：$C_{\text{daf}} = FC_{\text{daf}} + 0.9(V_{\text{daf}} - 10)$ （2-79）

烟煤：$C_{\text{daf}} = FC_{\text{daf}} + 0.9(V_{\text{daf}} - 14)$ （2-80）

褐煤：$C_{daf} = FC_{daf} + 0.9(V_{daf} - 18)$ (2-81)

$H_{daf} = V_{daf}[(7.35/V_{daf} + 10) - 0.013]$ (2-82)

半无烟煤以下：$N_{daf} = 0.07V_{daf}$ (2-83)

烟煤以上：$N_{daf} = 2.1 - 0.012V_{daf}$ (2-84)

最后计算氧含量：$O_{daf} = 100 - C_{daf} - H_{daf} - N_{daf}$ (2-85)

2. 理论干烟气量 V_{gy}^0

煤中主要燃烧产物碳元素消耗的氧气与其生成的二氧化碳是一一对应的关系，大量的计算结果也表明，理论干烟气量与理论干空气量非常接近。对于没有炉内石灰石脱硫的常规煤粉锅炉而言，理论干烟气量计算式为

$$V_{gy}^0 = 0.98V_{gk}^0 \tag{2-86}$$

循环流化床锅炉的燃烧温度通常在 800～950℃，接近石灰石干法脱硫的最佳温度区间。可直接向锅炉炉膛内投入粒度适宜的石灰石颗粒，达到在燃烧中同时脱除烟气中二氧化硫的目的，称为炉内脱硫。石灰石投入炉膛后的反应大致分为两个阶段：第一阶段是石灰石的热解，即在高温条件下石灰石分解成为氧化钙（干石灰）和二氧化碳气体，同时会吸收炉膛内的热量；第二阶段是二氧化硫的脱除，即在氧化性气氛下，干石灰与二氧化硫气体化合成较为稳定的固态硫酸钙，并消耗掉一定的氧气，同时会向炉膛内放热。这两个反应过程为

$$CaCO_3 \longrightarrow CaO + CO_2 - 183kJ/mol \tag{2-87}$$

$$CaO + \frac{1}{2}O_2 + SO_2 \longrightarrow CaSO_4 + 486kJ/mol \tag{2-88}$$

对锅炉效率的影响如下：

（1）热解吸热和二氧化硫置换反应的热量体现为锅炉损失量 q_7。

（2）热解反应和二氧硫置换反应会改变烟气量，对 q_2 有影响。

（3）脱硫反应带入额外的灰渣，对于 q_6 有影响。

脱硫反应投入多少石灰石取决于烟气中的 SO_2 含量和石灰石的热解率。在循环流化床锅炉的床温范围内，石灰石热解率一般视为定值，因此石灰石投入量与 SO_2 脱除的要求相关，实际中用钙硫摩尔比来表征控制净烟气中的 SO_2 残留量。

钙硫摩尔比为入炉石灰石中钙元素与入炉煤中硫元素摩尔数和比值，由石灰石量、给煤量、石灰石纯度及煤中的硫分计算，计算式为

$$K_{glb} = \frac{Ca \text{ 摩尔数}}{S \text{ 摩尔数}} = \frac{\dfrac{CaCO_3}{100}B_{shs}}{\dfrac{S_{t,ar}}{32}B} = \frac{CaCO_3}{100}\frac{32B_{shs}}{S_{t,ar}B} \tag{2-89}$$

式中　K_{glb}——炉内脱硫钙硫比；

　　　B_{shs}——给石灰石量，kg/s；

　　$CaCO_3$——石灰石中碳酸钙的含量，%；

　　$S_{t,ar}$——煤收到基全硫分，采用煤质化验数据。

计算理论干烟气量时，如果有循环流化床锅炉炉内脱硫，在还需要考虑石灰石热解时产生的二氧化碳气体为

$$V_{gr}^0 = 0.98V_{gk}^0 + 0.7\frac{S_{t,ar}}{100}\left(\frac{0.98K_{glb} - \eta_{tl}}{100}\right) \tag{2-90}$$

式中　$S_{t,ar}$——煤收到基全硫分，采用煤质化验数据；

　　　η_{tl}——炉内脱硫的效率，%。

　　烟气中的 SO_2 来源于燃料中的硫燃烧，即

$$S + O_2 \longrightarrow SO_2 \tag{2-91}$$

炉内脱硫效率是指通过炉内投石灰石脱去的 SO_2 占理论生成 SO_2 总量的百分比，即

$$\eta_{tl} = \frac{SO_2' - SO_2''}{SO_2'} \times 100 \tag{2-92}$$

$$SO_2' = 2\frac{S_{t,ar}}{V_{gy,1.4}} \times 10^4 \tag{2-93}$$

式中　SO_2''——入炉燃料中的硫元素燃料产生的二氧化硫气体理论浓度，通过计算得到并折
　　　　　算到过量空气系数为 1.4；

　　　$V_{gy,1.4}$——过量空气系数为 1.4 时，干烟气的体积；

　　　SO_2'——折算到过量空气系数为 1.4 时，锅炉空气预热器出口二氧化硫气体浓度。

　　3. 过量空气系数

　　过量空气系数表示燃烧时供给的空气量和理论空气量的比值，可由干基氧量按计算而得，即

$$\alpha_A = \frac{21}{21 - O_{2d}} \tag{2-94}$$

式中　α_A——过量空气系数；

　　　O_{2d}——烟气的锅炉干基氧量。

　　以前的锅炉氧量定义较为笼统，经常把干湿基氧量混用，导致计算锅炉效率偏大。DL/T 904—2015 修订时明确该要求，并指明测点的位置（即锅炉效率计算所使用的氧量是指空气预热器出口氧量）。

　　锅炉氧量是指烟气中氧气体积占烟气总体积的百分比（%）。烟气中不包含烟气水蒸气时测得的氧量称为干基氧量，烟气中包含水蒸气时所测得的氧量称为湿基氧量。采用氧化锆在线测量的氧量为湿基氧量，而烟气通过抽气、冷凝（或干燥）后测得的氧量为干基氧量。干、湿基氧量的关系为

$$O_{2d} = O_2 \frac{V_{gy} + V_{H2O}}{V_{gy}} \tag{2-95}$$

式中　O_{2d}——干基氧量，%；

　　　O_2——湿基氧量，%；

　　　V_{gy}——烟气中干烟气体积，m^3；

　　　V_{H2O}——烟气中水蒸气体积，m^3。

　　燃用无烟煤、贫煤、烟煤时，烟气中水分通常较少可忽略干湿基氧量差别，直接用现场测得的湿基氧量近似为干基氧量计算过量空气系数；燃用高水分的褐煤时，烟气中水蒸气较大，不能忽略干基氧量与湿基氧量的区别。如果测量的氧量为湿基氧量，应当先把湿基氧量换算为干基氧量后再计算过量空气系数。

　　部分电厂可能没有空气预热器出口氧量，只有装在空气预热器入口的氧量测点，因而增加了由空气预热器入口氧量和空预器漏风率估算出口氧量的计算式。如果空气预热器出口没

有氧量测点，可以先根据空气预热器入口氧量计算出空气预热器入口的过量空气系数，然后由空气预热器漏风率近似计算出空气预热器出口过量空气系数。计算方法为

$$\alpha_{py} = \left(\frac{A_L + 90}{90}\right)\alpha' \tag{2-96}$$

式中　α'——空气预热器入口过量空气系数；

　　　α_{py}——空气预热器出口烟气过量空气系数，由空气预热器出口氧量计算；

　　　A_L——空气预热器漏风率，满负荷的漏风率可取最近一次试验的值，部分负荷的漏风率可以取满负荷漏风率除以负荷率后得到的值，%；

　　　90——计算空气预热器漏风率时用的系数，根据 ASME PTC 4.3-2017，如果空气预热器漏风率是用湿基氧量直接计算的，可用 98.5 的系数。

漏风率过大使烟气温度水平降低，烟气与受热面间热交换变差，排烟温度升高；漏风还增大了烟气容积，其结果造成锅炉排烟热损失和引风机电耗都增大，降低锅炉运行的经济性。根据统计和计算，对于电厂煤粉炉，一般炉膛漏风系数每增加 0.1～0.2，排烟温度将升高 3～8℃，锅炉效率降低 0.2%～0.5%；漏风系数每增加 0.1，将使送、引风机电耗增加 2kW/MW 电功率。

4. 烟气中水蒸气体积 V_{H_2O} 的计算方法

石灰石中含水很少，因而 DL/T 904 只考虑燃料和空气中的水蒸气，烟气中所含水蒸气体积可用式（2-97）计算，即

$$V_{H_2O} = 1.24\left(\frac{9H_{ar} + M_{ar}}{100} + 1.293\alpha_{py}V_{gk}^0 d_k\right) \tag{2-97}$$

式中　H_{ar}——燃料收到基氢含量，%；

　　　M_{ar}——燃料收到基水分含量，%；

　　　d_k——环境空气绝对湿度，一般情况下可以取 0.01，kg/kg。

燃料可燃部分中的氢元素相对固定，大部分都分布在 3%～6% 之间。可燃部分中的氢元素和挥发分与矿化年代有较好的对应关系，矿化年代越久，氢元素和挥发分就越小。因而可以利用 V_{daf} 来估算干燥无灰基氢元素 H_{daf}，或选取近期的煤质元素分析数值中的 H_{daf}，然后根据每天化验的收到基灰分和水分可计算出收到基 H_{ar}，计算式为

$$H_{ar} = \frac{100}{100 - M_{ar} - A_{ar}}H_{daf} \tag{2-98}$$

$$H_{daf} = 2.1236V_{daf}^{0.2319} \tag{2-99}$$

式中　H_{daf}——干燥无灰基的氢元素，选取近期值或由式（2-99）估算。

5. 烟气定压比热容

在过量空气系数 α_{py} 不超过 3 的情况下，干烟气的定压比热容 $c_{p,py}$ 可以按式（2-100）由 CO_2、O_2 和 N_2 三种气体的定压比热容加权平均计算，即

$$c_{p,py} = 0.154c_{p,CO_2} + 0.035c_{p,O_2} + 0.811c_{p,N_2} \tag{2-100}$$

以上三种单一气体从 0℃ 到 θ_{py} 的平均定压比热可以由表 2-3 中所列值按温度插值计算，也可以按下列 3 个计算式进行拟合计算，即

$$c_{p,N_2} = 1.294\,65 + 7.318\,52 \times 10^{-6}\theta + 1.795\,23 \times 10^{-7}\theta^2 - 6.388\,90 \times 10^{-10}\theta^3 \tag{2-101}$$

$$c_{p,O_2} = 1.305\,86 + 8.224\,34 \times 10^{-5}\theta + 4.001\,58 \times 10^{-7}\theta^2 - 3.925\,92 \times 10^{-10}\theta^3 \tag{2-102}$$

$$c_{p,CO_2} = 1.599\,81 + 1.077\,32 \times 10^{-3}\theta - 1.706\,75 \times 10^{-7}\theta^2 + 3.435\,19 \times 10^{-10}\theta^3 \quad (2\text{-}103)$$

水蒸气从 0℃到 θ_{py} 的平均定压比热可以由表 2-4 中所列值按温度插值计算。

表 2-4　　　　　　　烟气各种成分 0～200℃平均比定压热容　　　　单位：kJ/(m³·K)

$\theta(℃)$	c_{p,CO_2}	c_{p,N_2}	c_{p,O_2}	c_{p,H_2O}
0	1.5998	1.2946	1.3059	1.4943
100	1.7003	1.2958	1.3176	1.5052
200	1.7873	1.2996	3.3352	1.5223

（二）气体未完全燃烧热损失（q_3）的计算方法

可燃气体未完全燃烧热损失是指排烟中可燃气体成分未完全燃烧而造成的热量损失占输入燃料低位发热量的百分比，与排烟中的 CO、H_2、CH_4 等气体的浓度相关。由于烟气中 H_2、CH_4 等可燃气体含量很低，所以气体未完全燃烧损失中删除了影响极小的 H_2、CH_4 等气体，简化了计算式。

未燃尽气体主要是 CO，因而直接用空气预热器出口干烟气中的 CO 浓度来计算气体未完全燃烧热损失，即

$$q_3 = \frac{126.36 CO \times V_{gy}}{Q_{ar,net}} \times 100 \quad (2\text{-}104)$$

式中　CO——空气预热器出口干烟气中一氧化碳的容积含量百分比，%。

（三）固体未完全燃烧热损失（q_4）的计算方法

固体未完全燃烧热损失是指锅炉灰渣可燃物造成的热量损失和中速磨煤机排出石子煤的热量损失占输入燃料低位发热量的百分比，应根据灰渣含碳量和石子煤发热量化验结果来计算，即

$$q_4 = \frac{337.27 A_{ar}\overline{C}}{Q_{ar,net}} + q_4^{sz} \quad (2\text{-}105)$$

$$q_4^{sz} = \frac{B_{sz}Q_{ar,net}^{sz}}{B_L Q_{ar,net}} \times 100 \quad (2\text{-}106)$$

式中　q_4^{sz}——中速磨煤机排出石子煤的热量损失率；

$Q_{ar,net}^{sz}$——中速磨煤机排出石子煤的收到基低位发热量，kJ/kg；

B_{sz}——石子煤排放量，t。

（四）散热损失（q_5）的计算方法

锅炉散热损失是指锅炉炉墙、金属结构及锅炉范围内管道（烟风道及汽、水管道集箱等）向四周环境中散失的热量占锅炉出力的百分比。散热损失的大小主要由炉墙、金属结构和管道的保温性能决定，还与锅炉的出力有关，锅炉的出力越大，散热损失相应会越小。锅炉散热损失计算中，通常用蒸发量来代表锅炉的出力，即

$$q_5 = q_5^e \frac{D^e}{D} \quad (2\text{-}107)$$

式中　q_5——散热损失，%；

q_5^e——额定蒸发量下的散热损失，%；

D^e——锅炉的额定蒸发量，t/h；

D——锅炉实际蒸发量，t/h。

对 DL/T 904—2015 进行修订时，GB 10184—1988 还有效，但是其使用的散热损失计算式计算结果 q_5^c 比设计值通常大一倍左右，因而 DL/T 904—2015 回避了引用 GB 10184—1988 的散热计算式。当前 GB/T 10184—2015 中提供了新的计算式计算 q_5^c，读者可以采用，也可以直接采用设计值。这些计算式都是拟合式，并非实测值，散热主要取决于保温的工艺，且除了 GB 10184—1988 以外，其他所有计算式的计算结果并没有大的差异，也没有哪一个精确度更高。

（五）灰渣物理热损失（q_6）的计算方法

灰渣物理热损失是指炉渣、飞灰排出锅炉设备时所带走的显热占输入燃料低位发热量的百分比。灰渣物理热损失的大小主要取决于两方面的因素：灰渣量的大小和灰渣排出时的温度。具体的计算方法为

$$q_6 = \frac{1}{Q_{ar,net}}(A_{ar} + A_{shs})\left[\frac{\alpha_{lz}(t_{lz} - t_0)c_{lz}}{100 - C_{lz}} + \frac{\alpha_{fh}(\theta_{py} - t_0)c_{fh}}{100 - c_{fh}}\right] \qquad (2\text{-}108)$$

式中　t_{lz}——炉膛排出的炉渣温度，℃；

　　　c_{lz}——炉渣的比热，固态排渣煤粉锅炉，炉渣温度可以取 800℃，炉渣的比热可以取 0.96kJ/(kg·K)；液态排渣煤粉锅炉，炉渣温度往往达到或超过 1300℃，比热可以取 1.10kJ/(kg·K)，kJ/(kg·K)；

　　　c_{fh}——飞灰的比热，100～200℃之间飞灰比热变化不大，可以取 0.82kJ/(kg·K)，kJ/(kg·K)。

A_{shs}——炉内脱硫时由于加入石灰石而带入的灰分，煤粉锅炉该项为 0，%。

当循环流化床锅炉的入炉煤含硫量超过 2% 时，A_{shs} 不可以忽略，计算式为

$$A_{shs} = \frac{80 S_{t,ar}\eta_{tl}}{3200} + 56\frac{B_{shs}}{B_L}\gamma_{shs} + 100\frac{B_{shs}}{B_L}(1 - \gamma_{shs}) \qquad (2\text{-}109)$$

式中　B_{shs}——炉内脱硫时加入的石灰石流量，t/h；

　　　γ_{shs}——石灰石分解率，根据锅炉实际情况选取，一般可取 0.98。

该式的来源见图 2-29。

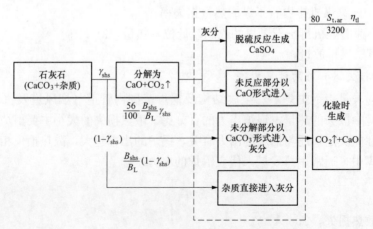

图 2-29　炉内有脱硫时的灰渣流

硫酸钙的分子量为 136，所以 1mol 的 S 变成 1mol $CaSO_4$ 后，已知烟气中脱硫效率，可根据煤中最初的硫含量来计算脱硫后生成 $CaSO_4$ 的质量为 $\dfrac{136S_{t,ar}\eta_{tl}}{3200}$，其中所用掉 CaO 的质量为 $\dfrac{56S_{t,ar}\eta_{tl}}{3200}$。假定石灰石给量为 B_{cc}，分解率为 γ_{shs}，则这些石灰石变为 CaO 质量流量为 $\dfrac{56}{100}B_{cc}\gamma_{shs}$，与给煤量相比得到其基于入炉煤量的百分比为 $56\dfrac{B_{cc}\gamma_{shs}}{B}$。生成的 CaO 不会全部反应生成 $CaSO_4$，所以有一部分 CaO 会以灰分的形式进入灰分，其所占比例为 $56\dfrac{B_{cc}\gamma_{shs}}{B}$ $-\dfrac{56S_{s,ar}\eta_{tl}}{3200}$。最终灰分增加量为氧化钙的剩余量、脱硫后生成 $CaSO_4$ 的质量及未分解的石灰石量三部分：$\dfrac{136S_{t,ar}\eta_{tl}}{3200}+56\left(\dfrac{B_{cc}}{B_L}\gamma_{shs}-\dfrac{S_{t,ar}\eta_{tl}}{3200}\right)+100\dfrac{B_{cc}}{B_L}(1-\gamma_{shs})$，最后化简即得到式（2-109）。

（六）炉内脱硫热损失（q_7）的计算方法

炉内脱硫热损失（q_7）指锅炉炉内脱硫时，石灰石脱硫反应的总吸热量（或放热量）占锅炉输入燃料低位发热量的百分比。该项热损失热量由石灰石热解反应吸热和二氧化硫脱除反应放热两部分构成，计算式为

$$q_7=\frac{S_{t,ar}(56.04K_{glb}-152\eta_{tl})}{Q_{ar,net}} \tag{2-110}$$

式中　K_{glb}——炉内脱硫钙硫比，是指石灰石中的钙元素和入炉煤中的硫元素的摩尔比；

　　　η_{tl}——脱硫效率，是指通过炉内投石灰石脱去的 SO_2 占理论生成 SO_2 总量的百分比，具体计算方法参见本章第五节设备级能效指标中的详细介绍，%。

四、各部分损失的偏差分析

尽管在 DL/T 904 中尽最大可能使锅炉效率的计算偏差最小，但由于应用了大量的经验式，与性能试验结果还有可能有较大的偏差，主要产生于下列情况：

（1）利用经验式确定理论空气量的过程（如果有性能试验时需要校核模型）。

（2）给煤量化验的滞后性（工业分析结果常常要一天后才能拿到结果）。

（3）燃料中氢分、水分、空气湿度的确定通常都会带来一定的误差。

（4）干湿基氧量的转化过程。

尽管如此，锅炉效率的统计计算过程中使用了可以理解的理论模型，效果要远好于无理论模型的一些纯经验算法。此外，如果需要编制在线计算程序，除 DL/T 904 以外，具体的测点布置还可以参考行业标准 DL/T 262—2012《火力发电机组煤耗在线计算导则》。

五、空气预热器旁路烟道的处理

为提高余热利用的能级，特别是在烟气量比较大的褐煤机组上，通常把一部分余热利用换热器布置在空气预热器旁路烟道，利用烟气的热量来加热给水或凝结水。空气预热器旁路烟道与空气预热器是并列布置的，在空气预热器旁路烟道进口或出口可以布置调节挡板以调节通过该烟道的烟气量，从而实现对空气预热器和空气预热器旁路的烟气量的分配。

按照余热利用受热面既非锅炉也非汽轮机设备的处理原则，因而旁路烟道的入口即为锅炉的出口之一。空气预热器出口也是锅炉出口，所以锅炉排烟损失应当是两部分烟气的损失之和，可以分别测量旁路烟道入口的烟气成分、烟气温度、烟气流量分别计算，也可以把排烟温度、烟气成分按两者的流量加权平均。

大烟道中的烟气流量并不好测量，误差也很大，所以实际工作中通常不测量烟气流量，而是按照热平衡的方法计算烟气流量。方法如下：

（1）先通过测量旁路烟道中水侧的流量、进口压力和温度、出口压力和温度，通过这些参数计算出旁路烟道的换热量。

（2）该换热量等于烟气的放热量，用它除以旁路烟道出入口焓值差就计算出烟气的流量。

（3）用总烟气流量减去旁路烟道的流量即为空气预热器的烟气流量。

（4）再按流量加权平均即可求得最终的排烟温度和排烟成分。

由于进水管道直径小且分布均匀，显然用水侧的吸热量来计算误差明显要好于烟气流量的测量。这种方法思路清楚，但仍需要很多的计算，比较繁琐。还有一种更为简单的处理方法，可以不用计算主烟道与旁路烟道的流量比，主要方法如下：

（1）进口烟道选主烟道与旁路烟道的共同入口。

（2）出口烟道选主烟道与旁路烟道混合后的烟道。

（3）分别测量进、出口烟气氧量、成分与温度，不考虑旁路烟道来计算锅炉效率。

（4）计算所得的锅炉效率比实际锅炉效率高，原因是中间有一部分热量被安装在旁路烟道中非锅炉的余热利用装置"帮忙"冷却了一下，所以把这部分帮忙冷却的热量对锅炉效率的影响补回来即可，即

$$\eta_g = \eta'_g - \frac{100 Q_w}{B Q_{ar,net}} \tag{2-111}$$

式中　Q_w——旁路烟道中低压省煤器的吸热量；

　　　η'_g——不计算主烟道与旁路烟道的流量比得到的锅炉效率，%。

上述方法的不足之处是均要用到锅炉燃料量，如果需要精确量，则可以迭代。

六、性能试验

锅炉性能试验方法与本节描述的原理是相同的，只是理论空气量是通过煤的元素分析成分根据煤燃烧时的化学当量关系得到。同时测量空气预热器旁路进、出口烟气成分，烟气温度要采用网格法同点测量，入口可用 K 型热电偶，出口通常用 T 型热电偶，要求严格，不像现场统计所用的测点只能为少数几个且不同点，精度更高。

性能试验、大修前后试验可以作为现场统计很好的比对基准，需要对这些试验同期的统计结果进行认真分析，确定测点的代表性、计算方案的准确性，以便更好地使用这些数据。

第六节　管　道　效　率

机、炉间的连接管道有主蒸汽管道、再热蒸汽管道、高压给水管道，工质流经这些管道会产生散热损失和节流损失（也称压力损失），这部分损失使汽轮机输入的焓值减少，汽轮

机输入能量占锅炉输出的热能的百分比称为管道效率。

部分文献将锅炉自用蒸汽、排污、吹灰、取样和其他泄漏等造成的热能损失也计入管道效率中，由此统计得出的管道效率会随锅炉负荷的减小而降低。DL/T 904 中，在计算汽轮机组热耗量时再考虑锅炉自用蒸汽、排污、吹灰、取样和其他泄漏等造成的热能损失。这样做的好处是，热力主管道运行中产生的节流和散热损失与锅炉负荷呈线性变化关系。因此管道效率基本不随锅炉负荷变化，可以视为一个定值，通常取 98%～99%。

管道效率取定值以后，锅炉自用蒸汽、排污、吹灰、取样和其他泄漏等造成的热能损失严格来说，应当在锅炉效率的计算式中扣除。

第七节　汽轮发电机组的热耗率

相对于锅炉效率的复杂计算及过程处理，汽轮机组的热耗率计算则相对明晰很多，但其中最重要的关键点是主汽流量的确定方法。考虑了正常机组运行时提供的辅助服务也在耗能，且这些流量、热量的计量工作主要由汽轮机专业的人员负责。为工作方便，DL/T 904 中新的热耗量计算式中包括了对应锅炉侧排出或漏出介质的热量项，以更好地适应机组进入口间与工作介质间的质量平衡，可得到更准确的煤耗率计算结果。

一、汽轮机的热耗率

汽轮机组热耗率是指汽轮机组每产生 1kWh 的电能所消耗的热量，主要采用正平衡统计，即有

$$q_{TB} = \frac{Q_{sr} - Q_{gr}}{P_{qj}} \tag{2-112}$$

式中　q_{TB}——热耗率，kJ/kWh；

　　　Q_{sr}——汽轮机热耗量，kJ/h；

　　　Q_{gr}——机组供热量，kJ/h；

　　　P_{qj}——发电机出线端电功率，kW。

其中，发电机出线端电功率的测量相对比较简单，因此正确计算汽轮机组热耗量和供热量的大小是汽轮机热耗率统计的关键。

汽轮机组热耗量是指单位时间内汽轮机组从外部热源所取得的热量，也就是从锅炉中获得的热量，计算方法为

$$Q_{sr} = \sum D_i \Delta h_i \tag{2-113}$$

式中　Q_{sr}——汽轮机热耗量，kJ/h；

　　　D_i——被外界加热的工质质量流量，t/h；

　　　Δh_i——汽轮机组最终得到的焓升，kJ/t。

不同的机组及不同的工作状态下热耗量有不同的算法，需要看自身设备状态分别采用。

二、再热机组热耗量

1. 计算方法

以锅炉整体为对象，进口、出口分别加总的方法计算式为

$$Q_{sr} = (D_{zq}h_{zq} - D_{gs}h_{gs} + D_{zr}h_{zr} - D_{lzr}h_{lzr} - D_{gj}h_{gj} - D_{zj}h_{zj} + \sum_{i=1}^{m} D_{go_i}h_{go_i}) \times 1000$$

$$(2\text{-}114)$$

以锅炉整体为对象，对于每投工质流分别计算热量增加值后再加总，计算式为

$$Q_{sr} = \{(D_{zq} - D_{gj})(h_{zq} - h_{hs}) + D_{gj}(h_{zq} - h_{gj}) + (D_{zr} - D_{zj})(h_{zr} - h_{lzr})$$

$$+ D_{zj}(h_{zr} - h_{zj}) + \sum^{m} [D_{go_i}(h_{go_i} - h_{gs})]\} \times 1000 \qquad (2\text{-}115)$$

式中　Q_{sr}——汽轮机热耗量，kJ/h；

$\quad D_{zq}$—— 汽轮机主蒸汽流量，t/h；

$\quad h_{zq}$——汽轮机主蒸汽焓值，kJ/kg；

$\quad D_{gs}$——最终给水流量，t/h；

$\quad h_{gs}$——最终给水焓值，kJ/kg；

$\quad D_{zr}$——汽轮机再热蒸汽流量，t/h；

$\quad h_{zr}$——汽轮机再热蒸汽焓值，kJ/kg；

$\quad D_{lzr}$——冷再热蒸汽流量，t/h；

$\quad h_{lzr}$——冷再热蒸汽焓值，kJ/kg；

$\quad D_{gj}$——过热器减温水流量，t/h；

$\quad h_{gj}$——过热器减温水焓值，kJ/kg；

$\quad D_{zj}$——再热器减温水流量，t/h；

$\quad h_{zj}$——再热器减温水焓值，kJ/kg；

$\quad D_{go_i}$——锅炉侧排出（或漏出）的第 i 股蒸汽（或水）的流量，如锅炉排污、吹灰或其他泄漏，t/h；

$\quad h_{go_i}$——锅炉侧排出（或漏出）的第 i 股蒸汽（或水）的焓值，如锅炉排污、吹灰或其他泄漏，kJ/kg。

2. 锅炉侧汽水损失

由第六节可知，采用以燃料为唯一输入、主蒸汽和再热蒸汽为锅炉输出进行机组的效率计算过程中，有一部分锅炉排出的热量如排污、吹来蒸汽所带的热量，应当在锅炉效率的反平衡计算中扣除。但负责这些汽水流量的人员大部分在汽轮机专业，因此放在汽轮机的输入中，其热量总和即为 $\sum D_{go_i} \Delta h_{go_i}$，与主汽、再热蒸汽所含热量共同组成到汽轮机的输入热量（$B\eta_g\eta_{gd}Q_{ar,net}$）。这种做法只是为了工作方便，但带来的问题是统计的汽轮机热耗率与性能试验规程中的汽轮机热耗率有了一定的偏差。实际工作中大部分电厂 D_{go_i} 都没有计量，其量也很小，所以也不统计，这样就没有任何问题了。

3. 汽轮机主蒸汽流量的确定

主蒸汽流量的确定是热耗率计算的重点：性能试验时一般采用高精度凝结水喷嘴进行汽水流量测量基础，然后用每一级加热器的热平衡来计算得到最终的主蒸汽流量。正常运行时，绝大部分机组的汽轮机主蒸汽流量都没有测量值，DCS上显示的值大部分都是用汽轮机第一级的压降计算出来的，误差通常在3%以上。同时机组为了调整负荷，给水、减温水都安装有流量孔板，精度也不太高（高温介质特性不好标定）。

考虑到上述原因，DL/T 904 还是采用了实测出来的给水、减温水作为主汽流量进行热

耗率计算的基础汽轮机主蒸汽流量可由式（2-116）确定。但考虑到其精度特性，读者在应用过程中应当经常对照性能试验结果来验证主汽流量的准确度，即

$$D_{zq} = D_{gs} + D_{gj} - \sum_{i=1}^{m} D_{goi} \qquad (2\text{-}116)$$

4. 再热蒸汽流量的确定

再热蒸汽流量（D_{zr}）由式（2-117）确定，即

$$D_{zr} = D_{lzr} + D_{zj} \qquad (2\text{-}117)$$

冷再热蒸汽流量（D_{lzr}）由式（2-118）确定，即

$$D_{lzr} = D_{zq} - D_{gl} - D_{gn} - D_{he} - D_x - D_{zqt} \qquad (2\text{-}118)$$

式中　D_{gl}——高压门杆漏汽量，t/h；

　　　D_{gn}——高压缸前后轴封漏汽量，t/h；

　　　D_{he}——高压缸抽汽至高压加热器汽量，t/h；

　　　D_x——高压缸漏至中压缸漏汽量（适用于高中压合缸结构的再热机组），t/h；

　　　D_{zqt}——冷段再热蒸汽供厂用抽汽等其他用汽量，t/h。

三、非再热机组热耗量

可由式（2-119）计算，即

$$Q_{sr} = \left[(D_{zq} - D_{gj})(h_{zq} - h_{gs}) + D_{gj}(h_{zq} - h_{gj}) + \sum_{i=1}^{m} D_{goi}(h_{goi} - h_{gs}) \right] \times 1000 \qquad (2\text{-}119)$$

或由其等价形式计算，即

$$Q_{sr} = \left(D_{zq}h_{zq} - D_{gs}h_{gs} - D_{gj}h_{gj} + \sum_{i=1}^{m} D_{goi}h_{goi} \right) \times 1000 \qquad (2\text{-}120)$$

热耗量计算中，汽轮机主蒸汽流量可由式（2-121）确定，即

$$D_{zq} = D_{gs} + D_{gj} - \sum_{i=1}^{m} D_{goi} \qquad (2\text{-}121)$$

如果锅炉吹灰汽源采用再热蒸汽，则应在再热蒸汽流量的计算中考虑这部分工质损失，而不计入主蒸汽流量的损失。

四、汽轮机组供热量的计算

汽轮机组供热分为两种形式：直接供热和间接供热。直接供热指由汽轮机直接或经减温减压后向热用户提供热量的供热方式。间接供热指通过热网加热器等设备加热供热介质后间接向用户提供热量的供热方式。汽轮机组供热量是这两种供热之和，即

$$Q_{gr} = Q_{zg} + Q_{jg} \qquad (2\text{-}122)$$

式中　Q_{zg}——直接供热量，kJ/h；

　　　Q_{jg}——间接供热量，kJ/h。

（1）直接供热量由式（2-123）计算，即

$$Q_{zg} = (D_i h_i - D_j h_j - D_k h_k) \times 1000 \qquad (2\text{-}123)$$

式中　D_i——机组的直接供汽流量，t/h；

h_i——机组直接供汽的供汽焓值，kJ/kg；

D_j——机组直接供汽的凝结水回水量，t/h；

h_j——机组直接供汽的凝结水回水焓值，kJ/kg；

D_k——机组用于直接供热的补充水量，t/h；

h_k——机组用于直接供热的补充水的焓值，kJ/kg。

（2）间接供热量采用下述方法计算。

1）当机组具有蒸汽流量计量装置时，采用式（2-124）计算，即

$$Q_{jg} = D_{qs}(h_q - h_{qs}) \times 1000 \tag{2-124}$$

式中　D_{qs}——间接供热时蒸汽的疏水流量，t/h；

h_q——间接供热时采用蒸汽的供汽焓值，kJ/kg；

h_{qs}——间接供热时蒸汽的疏水焓值，kJ/kg。

2）当机组无蒸汽流量计量装置时，采用式（2-125）计算，即

$$Q_{jg} = \frac{D_{rgs}h_{rgs} - D_{rhs}h_{rhs} - D_k h_k}{\eta_{rw}} \times 1000 \tag{2-125}$$

式中　D_{rgs}——机组热网循环水供水流量，当一台机组带多台热网加热器时，取循环水总供水流量，t/h；

h_{rgs}——机组热网循环水供水焓值，当一台机组带多台热网加热器时，取多台热网加热器出口混合后循环水供水焓值，kJ/kg；

D_{rhs}——机组热网循环水回水流量，当一台机组带多台热网加热器时，取热网循环水总回水流量，t/h；

h_{rhs}——机组热网循环水回水焓值，kJ/kg；

D_k——机组热网循环水的补充水量，kg；

h_k——机组热网循环水的补充水焓值，kJ/kg；

η_{rw}——热网加热器效率，%。

3）当机组采用低真空循环水供热、热泵回收热量等特殊间接供热方式时，该部分间接供热量采用式（2-126）计算，即

$$Q_{jg} = \frac{D_{rgs}(h_{rgs} - h_{rhs})}{\eta_{hr}} \times 1000 \tag{2-126}$$

式中　D_{rgs}——机组热网循环水流量，当采用低真空循环水供热时，取进入凝汽器的循环水流量；当采用热泵回收热量供热时，取进入热泵的热网循环水总流量，t/h；

h_{rgs}——机组热网循环水供水焓值，当采用低真空循环水供热时，取凝汽器出口的循环水焓值；当采用热泵回收热量供热时，取热泵出口混合后的热网循环水焓值，kJ/kg；

h_{rhs}——机组热网循环水回水焓值，当采用低真空循环水供热时，取凝汽器进口的循环水焓值；当采用热泵回收热量供热时，取热泵进口的热网循环水焓值，kJ/kg；

η_{hr}——换热器效率，对于热泵取100%，%。

五、汽轮机热耗率的测试

相对于锅炉效率，准确地获得汽轮机热耗率的难度更大，主要原因是其排汽状态和流量

难以确定，其精度对供电煤耗精度的影响更大，因而汽轮机热耗率的获得是节能重点工作之一。按汽轮机热耗率的获得方式上，有试验法和本书所述的统计法，两者原理相同，应用条件不一样，前者是后者的基础。

（一）性能试验方法

最精确的汽轮机热耗率是按美国 ASME 标准 ASME PTC 6-2014《汽轮机性能试验规程》进行试验，这是由美国机械工程师协会颁布、国际上公认的最严格、可操作性最强、规定最为详细的标准，我国最新汽轮机性能规程 GB/T 8117 标准族已经非常接近该标准。

按照性能试验标准进行试验时，排汽流量有下列两种处理方式：

（1）以除氧器入口凝结水流量作为基准流量，这也是 ASME PTC 6 最早提出的方案，我国性能试验也普遍采用该方案，缺点是过于复杂且费用昂贵。

（2）以给水流量为基准进行试验，在不确定度增加很小的情况下大幅简化了试验难度及费用，并可获得与凝结水流量作为基准流量全面性试验精度近似的试验结果。

国外机组在建设安装阶段也均能按照设计规划及要求单独设置性能试验专用测点，因此为机组投产后的各项试验提供了极大方便，不但提高了测试的可信度，而且极大地节省了费用。我国机组建设期间往往为了降低造价而删除了这一部件，使得我国企业在机组后续性能测试方面所投入的费用和精力很多，且精度有限。但我国企业基建与生产是两个部门单独作业，某种程度上还有竞争关系，因而尽管同属一个厂，但往往做不到目标统一，之前粗放地制造安装好，之后则花大力气改造优化是常态。

性能试验中，不少细小而无法测量的流量对计算结果有影响，通常试验期间要求停止锅炉排污、吹灰、向辅助蒸汽系统供汽等操作，并且通过大量的阀门把这些位置与系统隔离，而正常工作中却是必需的；此外，为了便于对试验结果进行比较，还将试验结果修正到设计条件，因此机组性能试验最终结果仅反映了汽轮机本体及系统在能力上有无提升。由于试验状态与机组实际运行状态有较大区别，管理水平也有差别，通常都不能把这种能力充分发挥出来，反应在数据上就是试验状态下的热耗率要优于机组实际运行状态下的热耗率，机组供电煤耗同样如此。

（二）生产统计方法

发电企业通过正平衡方法统计的发（供）电煤耗反映日常机组运行的能耗水平，但由于入炉煤计量、煤质取样误差较大，需要定期参照性能试验，通过本书所述的反平衡方法校准正平衡得到的结果。

1. 测点

随着技术的快速发展，当前仪表的精度、可靠性、稳定性已大幅提高，同时价格下降幅度也较大，现场所使用的压力及差压变送器的精度等级基本上与试验专用仪表相一致。如果测点的一次元件、代表性有很好保证，利用现场已有测点作为机组性能试验专用测点，可以得到更加真实的性能结果。

（1）现场满足性能测试的测点较多，从现场大量运行测点中筛选出与性能试验相关的测点，安装要规范，保证结果满足要求。

（2）对机组性能结果影响较大的关键测点，应尽可能严格按照相关试验规程要求。测点确定后，性能试验网格法测量时要对此进行比对校准。对于压力的测量，传压管内水柱高度也应以正式文件的形式记录在案并对测量结果进行修正。

　　新建机组在设计时就应统筹考虑机组性能考核试验、大修前后性能试验、机组在线性能监测系统等需求制订完善的测点及仪表计划，包括仪表的具体安装位置、安装要求、安装数量等，以保证在机组整个寿命期间的性能结果均具有良好的重复性。投运后如果测点情况不能真实反映机组状态，应当对不符合位置要求、温度套管内部锈蚀严重，或其他导致对测量精度产生严重影响的测点及时更换，保证结果有效性。

　　（3）根据测试统计模型，以给水流量作为基准流量时，需对表 2-5 中所列关键测点进行规范，尽可能提高对汽轮机热耗率及高、中压缸效率统计的精度要求。

表 2-5　　　　　　　　　　汽轮机及其系统性能监测中关键测点列表

测点名称	单位	说　　明
发电机功率	kW	发电机出口最近处测量
最终给水流量	t/h	最好永久性安装经校验过的 ASME 低 β 值喉部取压喷嘴
过热减温水流量	t/h	过热器减温水管道上
再热减温水流量	t/h	再热器减温水管道上
主蒸汽压力	MPa	主汽门前
主蒸汽温度	℃	主汽门前，最好采用双重测点
高压缸排汽压力	MPa	高压排汽止回门前
高压缸排汽温度	℃	高压排汽止回门前，最好采用双重测点
再热蒸汽压力	MPa	中压主汽门前
再热蒸汽温度	℃	中压主汽门前，最好采用双重测点
中压缸进气压力	MPa	位于中低压连通管上 2/3 处
中压缸排汽温度	℃	位于中低压连通管上 2/3 处，采用双重测点
低压缸排汽压力	kPa	在低压排汽口喉部安装网络探头
最终给水温度	℃	省煤器入口，最好采用双重测点
过热减温水压力	MPa	过热器减温水管道上
再热减温水压力	MPa	再热器减温水管道上
过热减温水温度	℃	过热器减温水管道上
再热减温水温度	℃	再热器减温水管道上
1 号高压加热器进水温度	℃	1 号高压加热器进口给水管道上
1 号高压加热器进汽温度	℃	1 号高压加热器抽汽止回门后
1 号高压加热器进汽压力	MPa	1 号高压加热器抽汽止回门后
1 号高压加热器疏水温度	℃	1 号高压加热器疏水调节阀前
2、3 号高压加热器相关参数	—	参见 1 号高压加热器位置

　　（4）给水流量。精确测量给水流量是任何汽轮机性能试验的核心。性能试验多采用凝结水流量作为基准流量的主要原因是安装在低压凝结水管道上的测量元件可采用法兰连接，因此能够在试验前和试验后取下并进行检查，且凝结水温度相对较低，校准方便，可减少流量喷嘴变形引起的误差。而高温度运行的给水孔板流量系数的精度低于 ASME 低 β 值喉部取压喷嘴的测量结果。

采用凝结水流量作为基准流量，需要通过对各级加热器进行热平衡计算，经过多次迭代才能得到省煤器入口的给水流量。过程中需要高压加热器管束、高压加热器危急疏水阀、除氧器溢放水阀、高压加热器旁路、给水泵最小流量阀不泄漏，要保证除氧器水位保持水位不能出现大幅度的波动，还要考虑给水泵轴段密封水的影响（当给水泵轴端密封采用迷宫式水封时），生产实际中无法通过隔离解决。因此，采用省煤器入口给水流量作为基准流量难以实现。

为解决这一问题，生产实际中通常采用给水流作为基准流量，也就是本节中的方法。直接测量进入省煤器的给水流量可避免加热器管束可能发生的泄漏，以及给水泵密封水、除氧器水位变化等因素的影响，同时也能大量减少高精度仪表的使用。可以将核验过的喷嘴安装于省煤器入口的给水管道上，该管道很长，有充足的地方满足前 20D、后 10D 的水平直管段，在工厂内完成组装和安装。如果能水平安装，则需要有足够的精度。焊接式给水流量喷嘴如图 2-30 所示。

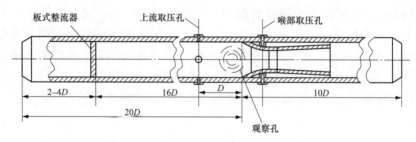

图 2-30　焊接式给水流量喷嘴结构示意图

如给水流量垂直安装，上、下取压孔将不在同一水平面上，因此应对给水管道内和传压管内由于水的密度差所造成的附加测量误差进行修正，如图 2-31 所示。

向上流动时有

$$\Delta p_{\text{T}} = \Delta p_{\text{M}} + (\rho_{\text{out}} - \rho_{\text{m}})gh \tag{2-127}$$

向下流动时有

$$\Delta p_{\text{T}} = \Delta p_{\text{M}} - (\rho_{\text{out}} - \rho_{\text{m}})gh \tag{2-128}$$

式中　Δp_{T}——真实差压，Pa；

　　　Δp_{M}——差压实际测量值，Pa；

　　　ρ_{out}——主管道外传压管内水柱密度，kg/m³；

　　　ρ_{m}——主管道内水的密度，kg/m；

　　　h——水柱高差，m。

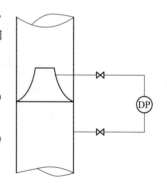

图 2-31　差压修正

如果没有这样的高精度喷嘴，则可以利用每次性能试验时的数据对孔板的结果进行校核，也是保证效率的一种可靠方法。

给水流量测量元件的差压变送器必须处于取压点之下，且传压管应朝着差压变送器的方向向下倾斜，传压管内径至少为 9mm，两根压管应尽可能互相靠近以减少管内水柱的温度差。差压变送器应定期校验。

（5）温度测点。包括主蒸汽温度、高压缸排汽温度、再热蒸汽温度、中压缸排汽温度、最终给水温度、1、2号高压加热器进出水温度测点，最好采用双重布置。汽缸排汽温度测点应位于弯头或三通的下游，以使处于分层状态的蒸汽离开汽轮机通流部分时得到混合；高压缸排汽温度应安装在高压缸排汽口后的垂直管道上或水平管道上（但应处于高压排汽止回门前）。中压缸排汽则应安装在中、低压连通管的 2/3 处。

采用双重测点测量时两个测点应当在大致相同的位置，但不能在同一温度套管里。两个温度可以相互校对，读数偏差不应大于 0.5℃，其平均值作为工质测量结果，采用热电偶时型号和量程要用对，补偿导线质量不能用错。温度补偿由温度变送器自动或 DCS 数据采集卡完成，可以有效减少温度测量的测量不确定度。

（6）压力测点。压力测点包括主蒸汽压力、高压缸排汽压力、再热蒸汽压力、中压缸排汽压力、低压缸排汽压力，每个压力测点最好安装在相应的温度测点上游的 1 倍管径处，中压缸排汽压力应安装在中、低压连通管的 2/3 处（即相应的温度测点处，温度测点前 1 倍管径处）；汽轮机排汽压力测量截面上的静压力分布是极不均匀的，且最难测量，可采用如图 2-32 所示的网笼探头。网笼探头测量截面的四周壁面有取压孔，取压孔垂直于周壁的内表面，孔径为 10mm 左右。在以孔口为中心、边长为 300mm 的正方形区域内，内壁表面要平整光洁，与流向呈 45°角安装在汽轮机轴的中心线位置及排汽环面下游的排汽连接的凝汽器喉部。每个排汽口同一水平面上安装 2 个，并对称布置（等面积上同心布置）。汽轮机末级排汽能冲刷在网笼探头上，保证其测量到凝汽器具有代表性的平均排汽压力。

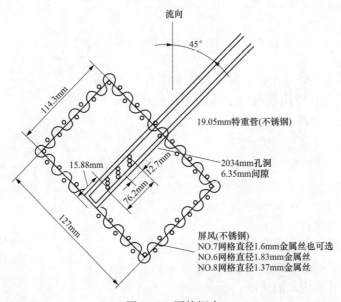

图 2-32　网笼探头

压力较低的正压测点，如中压缸排汽压力，五、六段抽汽压力等，必须考虑到引压管中水柱产生的静压的影响。压力测量通常为表压，应考虑当地大气压力及测量高差的修正。对于负压（尤其是低压缸排汽压力）则建议采用绝压变送器测量。

（7）试验基准与平均值。一般主蒸汽参数均选择在高压调节汽门前测量，当高压调节汽门开度不同时，会产生不同的节流损失，同时对于采用喷嘴配汽的汽轮机还会影响到调节级的效率。因此，如果各次性能试验高压调节汽门处于不同位置，则所测量的高压缸效率和热耗率将有较大的差别，使试验结果失去比较的基础，导致无法判断机组性能的变化是由于机组本身性能变化所致还是由于调节汽门的节流损失所致。

机组日常性能测试将以周或月为周期，由相关技术支持单位根据机组的实际状况，按照简单、实用但能够保证试验结果具有高可信度和良好重复性的原则制订相应的试验规程，并提供相关计算和分析软件，由发电企业自主完成。短周期的机组日常性能测试可以弥补大修前后试验周期过长的缺陷，能够及时反映机组性能的异常变化。该项工作不会显著增加发电企业的工作量，因此可纳入日常工作范围。

（8）绝对压力值的确定。热力试验中，很多工测量的压力是绝对压力值，如凝汽器排汽压力，但实际上用的仪器是相对压力变送器，则所测量的压力应作对仪表、实测当地大气压力和水柱进行修正。

（三）热耗率结果

对于汽轮机及其系统，除了热耗率外，通常还要得到高压缸效率和中压缸效率。

高、中压缸效率对汽轮机本体性能的直接描述，其高低与热耗率有直接的对应关系，且高、中压缸效率的测试较为简单，容易控制其测试精度。因此，通过对高、中、低压缸效率及热耗率测试结果的一致性判断，可从侧面反映热耗率测试的可信度。

低压缸处于湿蒸汽区，其排汽焓值难以确定，测试难度大且测试精度一般很难控制。

第八节　燃　料　指　标

本章从第三节开始，所讨论的内容都基于机组的角度来考虑，但从广义的角度看，燃煤发电厂能不能节能，还需要把入口前移到入厂煤。对于自行管理入厂煤运输的燃煤发电厂，它的能量入口还需要前延至收入燃料，DL/T 904 的第 3 章燃料管理客观上就起到了这样的作用，本节将对这些指标进行简单的分类介绍。

一、燃料管理指标的分类与层次

除了极少数坑口电厂可以直接把煤从矿中直接输入到发电机组可以认为两者是同步的以外，大部分电厂从买煤到输入机组发电还要经过图 2-33 所示的几个环境，每一个环节都会有巨大的中间缓冲，也会有一部分损失，很难做到入炉煤到收入燃料的热量正好相等，两者在能量上必有差

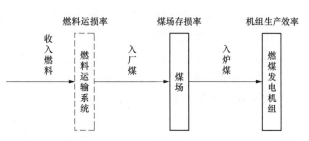

图 2-33　机组前端的煤炭管理

异。所以用供电煤耗来衡量电厂的能耗指标还有一定的欠缺。

以通常使用的供电煤耗指标为例，其入口为折算成标准煤的入炉煤，出口为上网供电量，从能量的角度看，与全厂的差别就在于入厂煤与入炉煤的能量差。该能量差在 DL/T 904 中称为入厂煤与入炉煤的热值差，是整个燃料管理部分的核心指标。

电厂作为一个经营单位，燃料是最主要的成本源，因而买煤的费用，也就是从经济性而言最重要的关注点。燃煤发电厂通常采用标煤单价来表示实际的燃料成本，其单位为

"元/t",但本质"29 308kJ/t"的热源价,是燃料管理部分经济学的核心指标。

除这两个核心指标外,燃料管理部分还有 22 个指标,其可分为关于数量平衡的指标、关于质量保证的指标等几类,燃料管理的想法是通过对这些指标的控制,本着有记录就会有复核、有记录就会有监控,有监控就能把损失降下来的想法,通过燃料管理环节的精细化管理;对一些不方便测量环节的损失也根据行业的实际情况,给出了估算值,帮助电厂客观燃料管理的水平进行评价和提升,最终提升全厂的经济性。

燃料管理部分的很多内容已经在 DL/T 606.2—2014《火力发电厂能量平衡导则 第 2 部分:燃料平衡》有所包含,但考虑到与能效管理的方便性,DL/T 904—2015 还是保留了燃料管理相关的大部分指标,如图 2-34 所示。考虑到现场人员的传统,DL/T 904—2015 燃料管理中很多专业词汇还用的是比较口语化的语句,如果同时使用两个标准,需要进行相应的对比和转换。

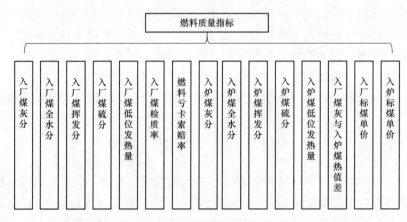

图 2-34 燃料指标的分类

二、燃料管理的核心指标

(1) 入厂煤与入炉煤热值差,是指入厂煤收到基低位发热量(加权平均值)与入炉煤收到基低位发热量(加权平均值)之差。

通过入厂煤与入炉煤差值,可以通过供电煤耗折算出全厂为单位的供电煤耗,如式(2-118)所示,就可以通过每台机组的标煤热值差计算出其基于入厂煤的供电煤耗后,再按供电量加权平均计算出全厂为单位的供电煤耗,即

$$b_{g,qc} = \frac{\sum\left(b_{g,i} + \dfrac{\delta Q_i}{29\,308}\right) W_{g,i}}{\sum W_{g,i}} \qquad (2\text{-}129)$$

式中 $b_{g,qc}$——以全厂为单位的供电煤耗,g/kWh;

W_g——机组向电网的供电量,kWh。

计算入厂煤与入炉煤热值差应考虑燃料收到基水分变化的影响,并修正到同一收到基水分的状态下进行计算,即

$$\delta Q = Q_{ar,net}^{rc} - Q_{ar,net}^{rl} \qquad (2\text{-}130)$$

式中 δQ——入厂煤与入炉煤热值差,kJ/kg;

$Q_{ar,net}^{rc}$——入厂煤收到基低位发热量，kJ/kg；

$Q_{ar,net}^{rl}$——入炉煤收到基低位发热量，kJ/kg。

相关指标：入厂煤与入炉煤水分差是指入厂煤收到基水分（加权平均值）与入炉煤收到基水分（加权平均值）之差，该值可以衡量标煤热值差是否合理。计算式为

$$\delta M = M_{ar}^{rc} - M_{ar}^{rl} \tag{2-131}$$

式中　M_{ar}^{rc}——入厂煤收到基水分，%；

　　　M_{ar}^{rl}——入炉煤收到基水分，%；

　　　δM——入厂煤与入炉煤水分差，%。

（2）入厂标煤单价指燃料到厂总费用（煤价、运费及各种运杂费总和）与对应的标准煤量的比值。入厂标煤单价包括含税和不含税两种。

入厂标煤单价计算方法为

$$R_{rc} = \frac{K_{rc}}{B_b} = \frac{K_m + K_y + K_z}{B_b} \tag{2-132}$$

式中　R_{rc}——入厂标煤单价，元/吨；

　　　K_{rc}——燃料到厂总费用，元；

　　　K_m——燃料费用，元；

　　　K_y——燃料运输费用，元；

　　　K_z——燃料运杂费，元；

　　　B_b——入厂标准煤量，t。

相关指标包括：

1）入炉标煤单价指入炉消耗燃料的总费用与对应的入炉标准煤总量的比值。入炉标煤单价一般指不含税价，主要用于分析用。计算方法为

$$R_{rl} = \frac{K_{rl}}{B_{lb}} = \frac{K_{lm} + K_{ly} + K_{lq} + K_{lz}}{B_{lb}} \tag{2-133}$$

式中　R_{rl}——入炉标煤单价，元/吨；

　　　K_{rl}——入炉燃料总费用，元；

　　　K_{lm}——入炉燃煤费用，元；

　　　K_{ly}——入炉燃油费用，元；

　　　K_{lq}——入炉燃气费用，元；

　　　K_{lz}——炉前燃料杂费，元；

　　　B_{lb}——入炉标准煤总量，t。

2）入厂煤与入炉煤标煤单价差是指不含税入厂标煤单价与入炉标煤单价之差，计算方法为

$$\delta R = R_{rl} - R_{rc} \tag{2-134}$$

式中　δR——入厂煤与入炉煤标煤单价差，元/吨；

　　　R_{rl}——入炉标煤单价，元/吨；

　　　R_{rc}——入厂标煤单价，元/吨。

入炉标煤单价和入厂与入炉标煤单价差两项指标在火电厂实际成本核算及统计分析中都是实际存在的指标，且在火电厂的应用中比较普遍。

三、燃料管理的收支平衡类指标

该类指标主要是通过强化控制保证收支平衡、质量平衡，主要有以下方面：

（1）收入燃料量是指火力发电厂在单位时间内实际收到供方所供应的燃料（燃煤、燃油、燃气等）数量。计算式为

$$B_{sr} = \sum B_i \tag{2-135}$$

式中　B_{sr}——收入燃料量，t；

　　　B_i——各种采购方式收入的燃料量，t。

统计计算方法如下：

1）货票统计法。用货票数量相加所得；统计时按规定计算运损和盈亏吨。

2）实际计量法。用轨道衡、皮带秤等计量设备实际计量的燃料，按计量的结果进账。使用计量法时应按式（2-136）折算成含规定水分的到入厂燃料质量，即

$$B_{gd} = B_{gh} \times \frac{100 - M_{ar}^{sj}}{100 - M_{ar}^{gd}} \tag{2-136}$$

式中　B_{gd}——燃料含规定水分的到厂质量，t；

　　　B_{gh}——燃料过衡质量，t；

　　　M_{ar}^{sj}——到厂实际燃料收到基水分，%；

　　　M_{ar}^{gd}——规定燃料收到基水分上限，%。

与收入燃料相关的还有一个检斤量指标，是指对收入燃料量进行过衡和检尺验收的数量。计算式为

$$B_{jj} = B_{gh} + B_{jc} \tag{2-137}$$

式中　B_{jj}——燃料检斤量，t；

　　　B_{jc}——燃料检尺量，t。

（2）燃料耗用量是指火力发电厂在单位时间内生产和非生产实际消耗的燃料（燃煤、燃油、燃气等）量。计算式为

$$B_{hy} = B_{fd} + B_{gr} + B_{fs} + B_{th} \tag{2-138}$$

式中　B_{hy}——燃料耗用量，t；

　　　B_{fd}——发电燃料耗用量，t；

　　　B_{gr}——供热燃料耗用量，t；

　　　B_{fs}——非生产燃料耗用量，t；

　　　B_{th}——其他燃料耗用量，t。

（3）燃料库存量。燃料库存量指火力发电厂在统计期初或期末实际结存的燃料（燃煤、燃油、燃气等）数量。计算式为

$$B_{kc} = B_{sr} - B_{hy} - B_{ys} - B_{cs} - B_{tc} + B_{qc} \tag{2-139}$$

式中　B_{kc}——燃料库存量，t；

　　　B_{cs}——燃料存损量，t；

　　　B_{tc}——燃料调出量，t；

　　　B_{ys}——燃料运损量，t；

B_{qc}——期初存煤量，t。

（4）表示收支平衡各个环节相关的指标。

1）燃料运损率指燃料在运输过程中实际损失数量与燃料货票量的百分比。计算式为

$$L_{ys} = \frac{B_{ys}}{B_{hp}} \times 100 \tag{2-140}$$

式中　L_{ys}——燃料运损率，%；

B_{hp}——燃料货票量，t。

传统上运损率是不测量的，但近年来为提升管理水平，不少火力发电厂也可根据燃料品种、运输距离、运输方式、中转情况，以及季节的不同。实际测定各种燃料的运损率，因此如果有测量的，采用实际测量值。

如果没有测量条件，则一般情况下运损按如下定额值选取：

铁路运输为 1.2%；

水路运输为 1.5%；

公路运输为 1%；

水陆联合运输为 1.5%；

中转换装一次增加 1%。

2）煤场存损率。指单位时间内燃煤储存损失的数量与实际日平均库存燃煤量的百分比，计算方法为

$$L_{cs} = \frac{B_{cs}}{B'_{kc}} \times 100 \tag{2-141}$$

式中　L_{cs}——煤场存损率，%；

B'_{kc}——实际日平均库存燃煤量，t。

燃煤的存放过程中产生一定的损耗是合理的。但存损率不大于每月的日平均存煤量的 0.5%，火力发电厂也可根据具体情况实际测定煤场存损率。

3）检斤率、过衡率。对入厂煤收入时的质量测量要求。

燃料检斤率是指燃料检斤量与收入燃料量的百分比，即

$$L_{jj} = \frac{B_{jj}}{B_{sr}} \times 100 \tag{2-142}$$

式中　L_{jj}——燃料检斤率，%。

燃料过衡率是指燃料过衡量与收入燃料量的百分比，即

$$L_{gh} = \frac{B_{gh}}{B_{sr}} \times 100 \tag{2-143}$$

式中　L_{gh}——燃料过衡率，%。

（5）燃料盘点库存量。是指对燃料库存进行实际测量盘点的量，可通过人工盘点或通过仪器检测得出。盘点包括测量体积、测定堆积密度、计算收入量、计算库存量、调整水分差等工作。

（6）燃料盘点盈亏量。是指燃料实际盘点库存量与账面库存量之差。当燃料实际盘点库存量大于账面燃料库存量时即为盈；当燃料实际盘点库存量小于账面燃料库存量时为亏。计算式为

$$B_{yk} = B_{pd} - B_{zkc} \tag{2-144}$$

式中　B_{yk}——燃料盘点盈亏量，t；

　　　B_{pd}——燃料盘点库存量，t；

　　　B_{zkc}——盘点帐面燃料库存量，t。

（7）燃料盈吨量、盈吨率。燃料检斤量大于货票记载数量的部分即为盈吨，即

$$B_{yd} = B_{jj} - B_{jc} \tag{2-145}$$

式中　B_{yd}——燃料盈吨量，t；

　　　B_{jj}——燃料检斤量，t；

　　　B_{jc}——燃料检尺量，t。

燃料盈吨率是指燃料盈吨量与实际燃料检斤量的百分比，即

$$L_{yd} = \frac{B_{yd}}{B_{jj} \times 100} \tag{2-146}$$

式中　L_{yd}——燃料盈吨率，%。

（8）燃料亏吨量、亏吨率。燃料检斤量小于货票记载的数量，且超过运损量的部分，即

$$B_{kd} = B_{jj} - B_{hp}(1 - L_{ys}) \tag{2-147}$$

式中　B_{kd}——燃料亏吨量，t。

燃料亏吨率是指燃料亏吨量与实际燃料检斤量的百分比，即

$$L_{kd} = \frac{B_{kd}}{B_{jj}} \times 100 \tag{2-148}$$

式中　L_{kd}——燃料亏吨率，%。

四、质量控制类指标

1. 皮带秤校验合格率

皮带秤校验合格率是指皮带秤校验合格次数与皮带秤校验总次数的百分比，即

$$L_{xy} = 100 \times \frac{皮带秤校验合格次数}{皮带秤校验总次数} \tag{2-149}$$

2. 燃料检质率

是指对收到的燃料进行质量检验的数量与收入燃料量的百分比，即

$$L_{jz} = \frac{B_{jz}}{B_{sr}} \times 100 \tag{2-150}$$

式中　L_{jz}——燃料检质率，%；

　　　B_{jz}——燃料检质量，t。

燃料的质量检验按现行有效的国家、行业标准执行。

3. 煤炭质级不符率

到厂煤检质质级不符部分的煤量与燃料检质量的百分比，即

$$L_{bf} = \frac{B_{bf}}{B_{jz}} \times 100 \tag{2-151}$$

式中　L_{bf}——煤炭质级不符率，%；

　　　B_{bf}——质级不符部分的煤量，t。

4. 煤质合格率

到厂煤检质煤质合格部分的煤量与燃料检质量的百分比，即

$$L_{hg} = \frac{B_{hg}}{B_{jz}} \times 100 \qquad (2\text{-}152)$$

式中　L_{hg}——煤质合格率，%；

　　　B_{hg}——煤质合格煤量，t。

5. 入炉煤配煤合格率

指通过配煤使入炉煤质达到要求的煤量与入炉煤总量的百分比，即

$$L_{pm} = \frac{B_{pm}}{\sum B_{rl}} \times 100 \qquad (2\text{-}153)$$

式中　L_{pm}——入炉煤配煤合格率，%；

　　　B_{pm}——配煤合格煤量，t；

　　　B_{rl}——入炉煤量，t。

燃煤机械采样装置投入率是指在单位时间内燃煤机械采样装置投入的时间与含故障时间在内的机械采样装置运行小时的百分比。计算式为

$$L_{jct} = 100 \times \frac{机械采样投入时间}{含故障时间在内的机械采样装置运行小时} \qquad (2\text{-}154)$$

五、经济保障类指标

1. 燃料亏吨索赔率

指火力发电厂向供方实际索回的亏吨数量与燃料亏吨量的百分比。计算式为

$$L_{ds} = \frac{B_{ds}}{B_{kd}} \times 100 \qquad (2\text{-}155)$$

式中　L_{ds}——燃料亏吨索赔率，%；

　　　B_{ds}——燃料亏吨索赔煤量，t。

2. 燃料亏卡索赔率

指火力发电厂向供货方实际索回的质价不符金额与应索回的质价不符金额的百分比。计算式为

$$L_{ks} = 100 \times \frac{实际索回的质价不符金额}{应索回的质价不符金额} \qquad (2\text{-}156)$$

第九节　过程控制指标

过程控制指标可能是一个参数，也可能是表征机组一个简单性能的计算值，在机组运行管理中被广泛应用，目的是通过监视或控制这些指标在合理空间内，以评估机组的运行水平、保证机组运行水平。同时过程控制指标还是能效核心指标的背景，也是节能统计工作中的一项重要内容，所以这些指标也可称为设备级指标。

每个设备级指标变化时均可能影响到机组的总体能效，但其效果总是通过锅炉效率、汽

轮机热耗率或是厂用电率三条路径来实现的。DL/T 904 中按照专业将设备级指标划分成了锅炉、汽轮机、锅炉辅机和汽轮机辅机等，感觉上它们只是影响到自己所属的设备性能，其实不然，例如锅炉蒸汽温度的变化主要影响的不是锅炉效率而是汽轮机的热耗率。某些指标变化还可能导致并行设备的性能变化，如一次风压的变化可能影响到空预器漏风率的变化。

本节将基本上按 DL/T 904 的编排先后顺序，对各个指标进行解析说明。原标准中有部分指标的位置不太合适，本节中进行了相应的调整。

一、锅炉指标

(一) 主汽指标

1. 锅炉主蒸汽流量

指锅炉末级过热器出口的蒸汽流量值（t/h）。锅炉主汽流量主要用于表征锅炉的出力大小，在节能领域内还用做监视参数和计算锅炉效率中的散热损失（散热损失与锅炉散热损失成反比）。

汽水工质的流量一般用长径喷嘴、孔板等阻力件测量，测量中会产生一定的做功能损失，且要求阻力明显以便于一次元件捕获，同时还要求方便校验。这三个特点使得机组直接测量蒸汽流量很困难且不经济，所以现在 DCS 中锅炉主蒸汽流量大多是根据费留格尔式、由汽轮机第一级前后的压力计算而来的。用费留格尔式计算本质上是把汽轮机的第一级当作阻力件，其精度是有限的，此时一般锅炉侧主蒸汽流量与汽轮机值主蒸汽流量的值相同，且在汽轮机热耗率计算时不采用 DCS 上的主蒸汽流量。

稳态过程中，理论上该流量应等于给水流量与减温水流量之和（动态过程中两者有差异），也有的系统中可能是汽轮机侧流量。锅炉侧主蒸汽流量与汽轮机值主蒸汽流量数值不同，此时生产中可以将两者对比以相互印证。

性能试验时应该经常对比试验结果进行验证，以确定该值可能的波动范围。

2. 锅炉主蒸汽压力

指锅炉末级过热器出口的蒸汽压力值（MPa）。如锅炉末级过热器出口有多路主蒸汽管，取其平均值。

在定压模式运行条件下，锅炉主蒸汽压力由汽轮机调节阀来维持；滑压模式下，锅炉主蒸汽压力由汽轮机各级阻力维持，因而主蒸汽压力主要影响汽轮机组热耗率、给水泵耗电率等性能指标，对锅炉热效率影响可忽略不计。

主蒸汽压力升高超过允许范围，将引起调节级叶片过负荷，造成主蒸汽压力管道、蒸汽室、主汽门、汽缸法兰及螺栓等部件的应力增加，对管道和汽阀的安全不利，湿气损失增加，并影响叶片寿命。所以主蒸汽压力不能无限升高。如果主蒸汽压力降低，不但引起煤耗增加，而且使汽轮机的最大出力受到限制。

3. 锅炉主蒸汽温度

指锅炉末级过热器出口的蒸汽温度值（℃）。如果锅炉末级过热器出口有多路主蒸汽管，取其平均值。

与锅炉主蒸汽压力类似，它的影响主要体现汽轮机组热耗率上。国内不少学者在评估其影响时，往往采用变化 1℃ 发电煤耗有 0.01g/kWh 或类似的数量关系。应当注意的是，该值只能用于简单评估，精确评估时最好有一定的试验或热平衡计算作为基础来验证，且不同负荷率条件下，该值也会有明显的不同。

运行中应当尽可能按照设计要求保持主汽温度及再热汽温。如果主蒸汽温度升高超过允许范围，将引起调节级叶片过负荷，造成汽轮机主汽阀、调节汽阀、蒸汽室、动叶和高压轴封等部件的机械强度降低或变形，导致设备损坏，因此汽温不能无限升高。如果主蒸汽温度降低，不但会引起煤耗增加，而且使汽轮机的湿汽损失增加，效率降低。GB/T 51106—2015《火力发电厂节能设计规范》中对温度的运行限制提出了明确的规定。对于超临界及以上参数的锅炉，要在35%～100%锅炉最大连续蒸发量区间内，锅炉出口过热蒸汽温度不应低于额定温度；在50%～100%锅炉最大连续蒸发量区间内，锅炉出口再热蒸汽温度不应低于额定温度。对于亚临界参数的锅炉，在45%～100%锅炉最大连续蒸发量区间内，锅炉出口过热蒸汽温度不应低于额定温度；在60%～100%锅炉最大连续蒸发量区间内，锅炉出口一次再热蒸汽温度不应低于额定温度。

过热汽温通常由减温水来调整，但减温水也可能会影响到机组经济性，所以要尽可能通过燃料调整的方法来维持减温水量。

（二）再热汽

1. 锅炉再热蒸汽压力

指锅炉末级再热器出口的再热蒸汽压力值（MPa）。如果锅炉末级再热器出口有多路再热蒸汽管，取其平均值。

用法和影响参见锅炉主蒸汽压力，是锅炉指标，作用体现在汽轮机组热耗率的变化上。

2. 锅炉再热蒸汽温度

指锅炉末级再热器出口的再热蒸汽温度值（℃）。如果锅炉末级再热器出口有多路再热蒸汽管，取其平均值。

再热汽的比热容比较小，部分工况下无冷却介质，因而再热器工作状态在承压部件中最为恶劣。当再热汽温升高超过允许范围时，不但会影响到锅炉再热器、汽轮机中压缸前几级金属材料的强度，而且因超温有明显的下降趋势，还会缩短设备的使用寿命。如果再热汽温过高，则会引起再热器管子爆破泄漏事故导致机组无法继续运行，将使发电量受到损失和机组检修启停费用增加等；同时，还会使汽轮机中压缸末级叶片的应力增大，末级叶片的蒸汽湿度增加，湿汽损失增大，热效率降低，若长期在低温下运行，则末级叶片会受到严重的侵蚀而缩短检修周期。更重要的是末级叶片因受到侵蚀通流面积改变，级效率降低，经济性下降。再热汽温发生变化的速度也高于过热汽温的变化速度，其快速变化速度会引起中压缸金属部件的热应力、热变形大幅度变化，导致机组轴系发生物理变形，机组的动平衡受到破坏，极易诱发机组支撑点轴承、轴瓦振动事故。针对这种情况，就需要适当的减温喷水来稳定再热后的主汽温度值。

锅炉再热蒸汽温度对机组能效的影响类似于主蒸汽温度，但与过热汽系统不同，再热汽的减温水汇入再热蒸汽后，会同再热汽参加汽轮机的循环做功，是旁路了整个高压缸。因而再热汽在设计时通常采用烟气侧调温手段，如摆动燃烧器改变火焰中心、烟气挡板改变流量或两者兼而有之。正因为如此，再热器通常采用"负裕量"的设计思想，即再热器受热面设置并不是很充足，只有在中间负荷时烟气侧等调整手段位于中间位置，其他高负荷和低负荷时都需要进行相应调整，才能在正常运行不投再热蒸汽减温水的条件下，满足再热器出口蒸汽温度达到设计值的要求。这种思路很容易导致锅炉的再热汽温不足，所以 GB/T 51106—

2015 推荐再热器受热面留有 10％的受热面布置空间以备改造之用。实际运行中，由于烟气侧调整的速度慢且操作困难，不少技术管理水平欠佳的电厂锅炉普遍采用再热器事故减温水作为调温减温水，给机组的运行效率带来明显的影响。

粗劣估计时，也可对煤耗的影响量按主蒸汽温度影响量的 70％左右反推导，如主汽温度每变化 1℃发电煤耗有 0.01g/kWh 变化时，再热汽温每变化 1℃发电煤耗变化 0.007g/kWh。

（三）锅炉给水温度

锅炉主省煤器入口的给水温度值（℃）。锅炉给水温度实际上反映了汽轮机抽汽回热系统的性能，同时也对锅炉热效率有一定的影响，对空气预热器入口烟气温度也有重要的影响，生产中需要对给水温度强化监视。

（四）减温水量

1. 过热器减温水流量

是指进入过热器系统的减温水流量（t/h）。对于过热器系统有多级减温器设置的锅炉，过热器减温水流量为各级过热器减温水流量之和。

过热器减温水流量需要明确是源自汽轮机高压加热器出口的给水平台还是源自高压加热器前的给水泵出口。

过热器减温水量的大小反映了锅炉辐射热量与对流热量的比例失衡程度，并不直接影响锅炉热效率。

过热器减温水如果来自汽机高压加热器出口的给水平台，则过热器减温水量的大小仅是锅炉内部的问题，与汽轮机热耗无关；但如果水源来自高压加热器前的给水泵出口，则这部分减温水量的增加会减少通过高压加热器主给水量，减少高压加热器的抽汽量，使汽轮机组热耗率增加。但相比于再热汽减温水量，过热器减温水量的影响要小得多，同等条件下约为再热汽减温水量影响的 1/10。

2. 再热器减温水流量

指进入再热器系统的减温水流量（t/h）。对于再热器系统有多级减温器设置的锅炉，再热器减温水流量为各级再热器减温水流量之和。

再热减温水正式的名称是再热器事故喷水，是事故条件下用来保护再热器的。生产中再热汽温不好控制，通常被当作再热汽减温水，通常源自给水泵中间抽头。再热汽减温水不经过汽轮机的高压缸，做功能力大为减少，因而对机组能效有重大的影响。如 300MW 亚临界机组，大致上 10t/h 的减温水量使发电煤耗上升 1g/kWh 左右的量级。设计时通常采用烟气侧手段，如摆动燃烧器或烟气挡板等来调节再热汽温。

（五）燃烧空气

1. 入口空气温度

指空气预热器入口处的空气温度（℃）。对于有多台空气预热器的机组，锅炉入口空气温度由各台空气预热器入口温度按流量加权平均计算；对于多分仓空气预热器，每台空气预热器入口空气温度由一次风入口温度和二次风入口温度按流量加权平均计算。

DL/T 904—2004 中该指标称为"送风温度"，指送风机入口处的温度。在 DL/T 904—2015 中，改为"锅炉入口空气温度"，并明确指出为空气预热器入口处（暖风器出口）的空气温度，修改的原因参见第五节。

除与锅炉效率有密切的关系外，因为空气温度与风机通过的体积流量成正比，因而不同空气入口温度不同时对一次风机和送风机的耗电率也有一定的影响。

2. 过量空气系数

燃烧时供给的空气量与理论空气量的比值，可由干基氧量按式（2-95）计算而得。

燃用无烟煤、贫煤、烟煤时，烟气中水分通常较少可忽略干湿基氧量差别，直接用现场测得的湿基氧量近似为干基氧量计算过量空气系数；燃用高水分的褐煤时，烟气中水蒸气较大，不能忽略干基氧量与湿基氧量的区别。如果测量的氧量为湿基氧量，应当先把湿基氧量换算为干基氧量后再计算过量空气系数。

过量空气系数的作用对机组能效的影响与氧量相同，参见上一部分。

（六）排烟

1. 排烟温度

锅炉末级空气预热器出口平面的烟气平均温度（℃）。对于空气预热器出口有两个或两个以上烟道，排烟温度取各烟道烟气温度的平均值。

排烟温度是反平衡法锅炉效率计算中的重要指标，通常排烟温度变化 15～20℃左右，锅炉排烟损失会变化 1%，而排烟损失是锅炉热损失中最主要的项目。因此，监视排烟温度相当于监视锅炉效率。

由于空气预热器出口漏风量很不均匀，所以排烟温度分布很不均匀，因此一般空气预热器出口设置 3～4 对测点，以保证排烟温度的正确监视。性能试验时还应当经常对比一下试验网格法测量结果与 DCS 排烟温度的差值，确定排烟温度的代表性。根据排烟温度分布的变化，还可以判定空气预热器堵塞和密封片腐蚀的变化情况。

此外，排烟温度的变化与引风机的耗电率关系密切，排烟温度升高，使得引风机处的体积流量显著变大，从而提高引风机的耗电率。因而实际监视时也可以结合引风机的耗电率来验证排烟温度的变化情况。

2. 烟气含氧量

指烟气中氧气体积占烟气总体积的百分比（%）。烟气中不包含烟气水蒸气时测得的氧量称为干基氧量，烟气中包含水蒸气时所测得的氧量称为湿基氧量。采用氧化锆在线测量的氧量为湿基氧量，而烟气通过抽气、冷凝（或干燥）后测得的氧量为干基氧量。干、湿基氧量的关系为见式（2-95）。

锅炉氧量测点设置在空气预热器入口烟道和空气预热器出口烟道。当锅炉尾部有两个或两个以上烟道时，锅炉氧量取各烟道烟气氧量的平均值。

锅炉中烟气含氧量主要用来计算过量空气系数，性能试验时得到过量空气系数是为了计算烟气量，实际生产中主要用来控制锅炉炉膛的整体送风量。

我国电厂锅炉中大多数采用膜式水冷壁炉膛与膜式包覆烟道，只有传热墙管处有小量的漏风量，因此氧量测点一般安装在空气预热器的入口，其测量值视同为炉膛出口氧量值，用来控制炉膛整体送风量。由于氧化锆氧量计具有可靠性高、便宜、反应迅速等诸多优点，我国电厂锅炉普遍采用氧化锆氧量计作为氧量测点，测量时需要把测量烟气加热到 700℃ 的水平，此时烟气中的水蒸气还是气态。因而测量结果湿基氧量，特别是当煤种水分较大时，如高水分褐煤烟气中水蒸气含量可超过 10%，干、湿基氧量有较大的差别。

DL/T 904—2015 中重要的修订之一是明确了干基氧量。通过与 ASME PTC 4 的比较发现，在我国的标准体系中，绝大多数用到氧量的计算式都是指干基氧量，但没有一个标准明示，导致生产实践中大部分人员分不清干、湿基氧量。性能试验先把烟气抽出来冷却后测量，即使没有冷凝到冰点以下，大多数水蒸气也会凝结吸附，测量结果误差并不大。但是生产中把湿基氧量当作干基氧量使用，用来控制送风量时会使送风量偏大，用来计算锅炉效率时则会使排烟损失计算结果偏小。

同等条件下（煤种、负荷等），锅炉氧量实际上间接表示了烟气流量的大小，因而它不仅影响锅炉热损失，还关系到引风机的耗电率，氧量增加、烟气量增加，耗电率就会增加。

（七）空气预热器漏风率

指漏入空气预热器烟气侧的空气质量流量与进入空气预热器的烟气质量流量之比（％）。计算式为

$$A_L = \frac{G'' - G'}{G'} \times 100 \qquad (2\text{-}157)$$

式中　A_L——空气预热器漏风率，％；

　　　G'——空气预热器入口烟气质量流量，t/h；

　　　G''——空气预热器出口烟气质量流量，t/h。

运行中的空气预热器漏风率可由空气预热器出入口的过量空气系数估算，计算式为

$$A_L = \frac{\alpha'' - \alpha'}{\alpha'} \times 90 \qquad (2\text{-}158)$$

式中　α'——空气预热器入口烟气的过量空气系数，由空气预热器入口干基氧量换算得到；

　　　α''——空气预热器出口烟气的过量空气系数，由空气预热器出口干基氧量换算得到。

ASME PTC 4.3-2017 中规定，当直接用湿基氧量计算漏风率时，可把式（2-158）中的系数 90 改为 98.5。

大多数情况下，空气预热器漏风量对于锅炉效率没有影响，但是对于引风机、送风机和一次风机耗电率有显著的影响，因而空气预热器漏风率是空气预热器最重要的性能指标之一，生产过程中都把空气预热器漏风率当作重要的监视指标。

从氧量指标的说明可以看出，空气预热器出口安装氧量测点的目的就是对空气预热器漏风率进行实时监视。如果没有出口氧量测点，则可以采用离线测量的方法，定期对空气预热器漏风率进行测量，或从三大风机的电流变化找一些线索。但三大风机同时受到流体温度变化的影响，小范围的漏风率变化很难从风机电流分析出来。

（八）灰渣含碳量

灰渣含碳量是指飞灰和大渣中未燃尽碳的质量百分比（％），由飞灰中未燃尽碳与大渣中未燃尽碳按流量加权平均计算而得到。

对于有飞灰含碳量在线测量装置的系统，飞灰含碳量为在线测量装置分析结果的平均值；对于没有在线表计的系统，应对单位时间内的每班飞灰含碳量数值，按各班燃煤消耗量加权计算平均值。大渣含碳量值比较稳定，可采用离线化验值。

煤粉锅炉飞灰份额通常可取为 90％，大渣份额通常可取为 10％。循环流化床（CFB）锅炉飞灰份额和大渣份额应当实测或采用设计飞灰与大渣的份额。

在性能试验标准中，灰渣的含碳量更多称为灰渣可燃物含量，一般用烧失法来离线测

量。对于燃煤锅炉而言，灰渣或是很细的煤粉在超过 1300℃ 以上高温度区域燃烧，或是 800℃ 以上的流化床炉膛内长时间循环燃烧。可燃物含量中绝大多数物质为纯碳，因此本部分把它们称为传统的灰渣含碳量。

灰渣含碳量对机组能效是影响锅炉热效率变化的主要因素之一，可用其来修正煤在炉膛内的放热量，计算锅炉烟气量和排烟损失。

不少电厂安装有在线的飞灰含碳量测量，无论是微波法、观色法还是热天平法，都需要定期与传统离线烧失法进行对比，保证数据的精度。

（九）煤粉细度

常见的"煤粉细度"的定义是试验时留在筛子上的煤粉占试验煤粉的比例，这是以测量方法确定的标准定义，不容易理解，DL/T 904 修订时改写了其物理含义，即不同粒径的煤粉颗粒所占的质量百分比，取样和测定方法按照 DL/T 467 执行。

煤粉细度对锅炉效率不产生直接联系，但它可能决定了灰渣含碳量、CO 气体浓度等与燃烧密切相关的量，与 NO_x 浓度、排烟温度也有一定的关系，从而影响锅炉热效率；此外，煤粉细度与磨煤机耗电率密切相关，具体的细度需要根据煤质情况、厂用电率和锅炉效率的综合影响统一考虑。

（十）循环流化床

1. 床压

循环流化床床压代表炉膛内床料总量的压力测点示数，一般由布风板以上位置最低的压力测点所测得的值来代替。

循环流化床床压是该类型锅炉的重要控制指标，其大小直接关系到循环流化床锅炉一次风机和送风机的耗电率，也影响到密相区厚度和床温的控制，因此对锅炉热效率和汽轮机热耗率也会产生影响。

2. 床温

循环流化床锅炉密相区不同高度温度的平均值。

循环流化床床温是该类型锅炉的重要控制指标。床温的变化深刻影响该类型锅炉的运行稳定性、灰渣含碳量、CO 气体浓度、排烟温度或炉内脱硫效率等的变化，从而影响锅炉热效率和环保性能。

（十一）其他指标

1. CO 气体浓度

该指标在 DL/T 904—2015 中锅炉效率计算中的过程量。

CO 气体浓度是指锅炉排烟中 CO 气体的体积浓度（%）。CO 浓度通常用 10^{-6}（ppm）表示，在线测点比较昂贵，变化过于灵敏，因而大部分机组并没有装设 CO 浓度在线测点来实时监测锅炉的燃烧状况。CO 浓度的数值小于 100×10^{-6} 时基本上对锅炉没有什么影响。与灰渣含碳量类似，CO 气体浓度对机组能效的影响主要表现为锅炉热效率的变化。

2. 炉内脱硫效率

该指标在 DL/T 904—2015 中锅炉效率计算中的过程量。

3. 炉内脱硫钙硫比

该指标在 DL/T 904—2015 中锅炉效率计算中的过程量。

二、汽轮机设备级指标

（一）主汽指标

1. 汽轮机主蒸汽流量

是指汽轮机自动主汽门前的蒸汽流量值（t/h）。如果有多路主蒸汽管道，取多路流量之和。

在锅炉末级过热器后没有其他抽气用户时，汽轮机主蒸汽流量应严格等于锅炉主蒸汽流量，除直接影响锅炉散热损失的大小外，它也同时影响汽轮机组热耗率和给水泵的耗电率。

2. 汽轮机主蒸汽压力

是指汽轮机自动主汽门前的蒸汽压力值（MPa）。如果有多路主蒸汽管道，取算术平均值。

汽轮机主蒸汽压力变化时，对汽轮机组热耗率、给水泵耗电率等均可能产生不同程度的影响。

3. 汽轮机主蒸汽温度

是指汽轮机自动主汽门前的蒸汽温度值（℃）。如果有多路主蒸汽管道，取算术平均值。

当汽轮机主蒸汽温度超出正常运行范围时，它对锅炉热效率的影响主要体现在排烟温度的变化上，对汽轮机组热耗率的影响则主要反映在汽轮机组热耗量和供热量的变化上。

（二）再热汽指标

1. 汽轮机再热蒸汽压力

是指汽轮机再热主汽门前的蒸汽压力值（MPa）。如有多路再热蒸汽管道，取算术平均值。

汽轮机再热蒸汽压力对汽轮机组热耗率的影响，主要体现在汽轮机组热耗量的变化上。

2. 汽轮机再热蒸汽温度

指汽轮机再热主汽门前的蒸汽温度值（℃）。如有多路再热蒸汽管道，取算术平均值。

汽轮机再热蒸汽温度对机组能效的影响同主蒸汽温度。

3. 再热蒸汽压损率

指高压缸排汽压力和汽轮机再热蒸汽压力之差与高压缸排汽压力的百分比，计算式为

$$L_{zys} = \frac{p_{lzr} - p_{zr}}{p_{lzr}} \times 100 \tag{2-159}$$

式中　L_{zys}——再热蒸汽压损率，%；

　　　p_{lzr}——高压缸排汽压力，MPa；

　　　p_{zr}——汽轮机再热蒸汽压力，MPa。

再热蒸汽压损率由锅炉再热器受热面的结构决定，主要影响汽轮机组热耗率。

（三）回热系统

1. 加热器上端差

加热器上端差是指加热器（含混合式加热器）进口蒸汽压力对应的饱和温度与水侧出口温度的差值，即

$$\Delta t = t_{bh} - t_{cs} \tag{2-160}$$

式中　Δt——加热器上端差，℃；

t_{bh}——加热器进口蒸汽压力对应饱和温度,℃;

t_{cs}——加热器的给水(或凝结水)侧出口温度,℃。

正常情况下,抽汽为过热蒸汽,当它们进入加热器后接触内有相对低温凝给水的管子,迅速冷却变为饱和蒸汽、饱和水,并放出热量给需要加热的凝结水或给水。最后抽汽液化的饱和水汇集到加热器底部变为疏水,流到下级加热器或由泵打入凝/给的主路里,疏水会维持一定的水位,防止本级加热器窜到下级。这样,加热器的端差是加热器内部工作状态的主要标志,端差的变化说明加热器传热不良或运行方式不合理。如上端差运行一段时间后通常易增大,可能发生了加热器管子表面结垢、加热器内积聚空气、疏水水位过高淹没了部分管子、抽汽压力及抽汽量不稳定、加热器水侧走旁路、水路泄漏等现象,使蒸汽和钢管的接触面积减少、换热性能变差,从而减少了抽汽量,主要的影响为通过回热量的减少而降低了循环的效率。

2. 加热器下端差

加热器下端差是指加热器疏水出口温度与水侧进口温度的差值,即

$$\Delta t_{xd} = t_{ss} - t_{js} \tag{2-161}$$

式中　Δt_{xd}——加热器下端差,℃;

t_{ss}——加热器疏水出口温度,℃;

t_{js}——加热器水给水(或凝结水)侧进口温度,℃。

下端差过小,可能为抽汽量小,说明抽汽电动门及抽汽止回门未全开;或疏水水位低,部分抽汽未凝结即进入下一级,排挤下一级抽汽,影响机组运行经济性。另一方面部分抽汽直接进入下一级,导致疏水管道振动,影响热效率,严重时会造成汽轮机进水等现象。

3. 加热器给水温升

加热器给水温升是指加热器给水出口处温度与进口处温度之差,即

$$\Delta t_{ns} = t_{cs} - t_{js} \tag{2-162}$$

式中　Δt_{ns}——加热器给水温升,℃;

t_{cs}——加热器的给水(或凝结水)侧出口温度,℃;

t_{js}——加热器水给水(或凝结水)侧进口温度,℃。

4. 高压加热器投入率

高压加热器投入率指单位时间内高压加热器投入运行小时数与机组运行小时数的百分比,即

$$\text{高压加热器投入率} = \left[1 - \frac{\sum \text{单台高压加热器停运小时数}}{\text{高压加热器总台数} \times \text{机组投运小时数}}\right] \times 100 \tag{2-163}$$

5. 最终给水温度

指汽轮机高压给水加热系统大旁路后的给水温度值(℃)。

它反映了汽轮机抽汽回热系统的效率。一般认为最终给水温度等同于或略高于锅炉给水温度,这主要取决于锅炉给水管道的长度和保温情况。当最终给水温度超出正常运行范围时,它对锅炉热效率的影响主要体现在排烟温度的变化上,对汽轮机组热耗率的影响则主要反映在汽轮机组热耗量和供热量的变化上。

6. 最终给水流量

DL/T 904—2015 中最终给水流量是指汽轮机高压给水加热系统大旁路后主给水管道内

的流量（t/h）。如有多路给水管道，取多路流量之和。

最终给水流量主要取决于锅炉主蒸汽流量，还受减温水流量和吹灰、排污等影响。最终给水流量除直接影响锅炉散热损失的大小外，也同时影响汽轮机组热耗率和给水泵的耗电率。

（四）汽轮机冷端

1. 排汽温度

是指通过低压缸排汽端的蒸汽温度值（℃），条件允许时取多点平均值。

汽轮机的排汽处于饱和的汽水共存状态，凝汽器中温度与压力一一对应，因而排汽温度本质上反映了凝汽器压力。在热力学中，分析循环效率时往往把汽轮机的朗肯循环转化为等价的卡诺循环来研究，此时需要计算冷源温度 T_2，用排汽温度更为方便。

汽轮机排汽的温度并不均匀，且排汽温度稍有变化，就标志着排汽压力有较大的变化。因此性能试验规程中需要布置大量的测点来测量排汽平均温度，测量起来比较困难，实践生产中往往采用凝汽器真空来测量并控制。

2. 凝汽器真空

是指汽轮机低压缸排汽端真空（kPa），计算式为

$$p_{zk} = p_{dq} - p_{by} \tag{2-164}$$

式中　p_{zk}——凝汽器真空，kPa；

　　　p_{by}——汽轮机背压（绝对压力），kPa；

　　　p_{dq}——当地大气压，kPa。

凝汽器真空要表达的核心指标实际上是汽轮机背压（排汽压力）。汽轮机背压与主汽压力之间的压力差是维持整个汽轮机转动的直接动力，因而无论是空冷机组还是湿冷机组，凝汽器处的排汽压力都是汽轮机组最为重要的指标之一。只是汽轮机背压的绝对压力值在测量时，需要先选定一个参照物、然后用差压计来测量，所以当地的大气压力无疑是最佳的参照物。所测量的结果就是凝汽器真空，它与主汽、再热汽等的表压力本质是一样的，只是那些压力大多为工质的压力高于大气压力是正压，而凝汽器排汽压力是负压，而且负值还比较大，所以不称为负压而称为真空。

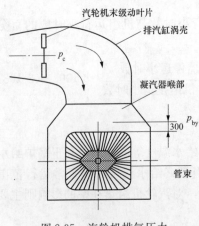

图 2-35　汽轮机排气压力
与凝汽器压力关系

严格来说，汽轮机背压和凝汽器压力（真空）是两个完全不同的压力。汽轮机排汽压力是指低压缸末级动叶片出口截面处的静压力，通常以 p_c 表示；而凝汽器压力是指距冷凝管束最上排管子 300mm 处测得的静压力，以 p_{by} 表示，如图 2-35 所示。大型湿冷凝汽器与汽轮机低压缸之间有较长的距离，其中凝汽器喉部就长 3～4m，在其中还放置低压加热器、抽汽管道、给水泵汽轮机的排汽接口、接收旁路来的蒸汽低压减温减压器，以及其他支撑构件等。汽轮机末级动叶片出口蒸汽流速高达 200m/s，排汽汽流流过排汽缸涡壳，进到凝汽器喉部，最后才到达凝汽器管束顶部。排汽至管束顶部开始凝结，沿程大致有 5～6m，蒸汽沿这样长且不规则的通道流动，有压力损失。同时喉

部管道为渐开形，流经过程也有动能利用和压力恢复，使末级排汽排汽压力与凝汽器压力在数值接近。所以只有排汽经涡壳扩压回收排汽速度为压力能，且压力能可以抵消排汽阻力损失时，两者才具有完全统一的数值。

凝汽器涡壳（扩压器）中静压增加量和汽轮机排汽动压之比称为静压恢复系数，涡壳出口还具有的动压（进口全压与出口静压之差）和进口动能之比称为损失系数。损失系数越小，静压恢复系数越大，涡壳效果越好。损失系数等于 1 时，排汽速度能头全部用于抵消沿程的阻力损失，汽轮机背压等于凝汽器压力。对于已投运的汽轮机，汽轮机排汽装置已固定，汽轮机背压则由凝汽器来保证。所有能影响凝汽器压力的因素（如机组负荷、循环水流量、循环水入口温度、凝汽器清洁度、真空严密性、凝汽器和抽气器的结构特性等）也都会影响到汽轮机背压，大家习惯上用凝汽器压力作为重点指标参数来指代汽轮机背压是完全可以的。如果进行设备改造，则应当明白其中的差异。

凝汽器的真空由凝汽器的循环水或冷却空气（空冷）带走的热量、凝汽器的严密性、真空泵等共同维持。凝汽器的循环水或冷却空气（空冷）带走的热量把足够的汽轮机排汽冷却下来变成凝结水后，体积骤然减少到蒸汽的 1/600 左右，因而它是决定凝汽器真空的最主要因素，受到冷却工质的量、受热面的清洁程度等因素的影响；因为凝汽器是负压工作的，所以如果凝汽器的严密性存在问题，体积不变的外部的空气很快就会漏到凝汽器中，不但会快速抬高凝汽器真空，还会使凝汽器中的凝结换热进程变差，迫使循环泵或冷却风机加载更多的冷却工质来维持真空。凝汽器的真空严密性具有非常重要的作用，实践工作中为了把少量漏入的空气等非凝结气体抽出凝汽器，往往配备大型的真空泵或抽汽器，也要耗用一定的厂用电。日本的一些工作是在一些管道上采用逆止门反装等技术手段来维持凝汽器真空，是非常有益的经验。循环泵与空冷风机是汽轮机侧与电动给水泵、凝结水泵并列的三功率用电设备，其耗电率大，不可忽略，因而这些参数都是运行中监控的重点。

3. 凝汽器真空度

是指汽轮机低压缸排汽端真空占当地大气压的百分比，即

$$\eta_{zk} = \left(1 - \frac{p_{by}}{p_{dq}}\right) \times 100 \qquad (2\text{-}165)$$

式中　η_{zk}——凝汽器真空度，%；

　　　p_{by}——汽轮机背压（绝对压力），kPa；

　　　p_{dq}——当地大气压，kPa。

真空度是凝汽器真空的另一种表达方式，对机组能效的影响同凝汽器真空。

4. 真空系统严密性

真空系统严密性是指机组真空系统的严密程度，真空严密性以凝汽器真空下降速度表示，即

$$凝汽器真空下降速度 = \frac{试验时间内的真空下降值(Pa)}{试验时间(min)} \qquad (2\text{-}166)$$

湿冷机组进行真空严密性试验时，负荷宜稳定在额定负荷的 80% 以上，停真空泵或关闭连接抽气设备的空气阀，30s 后开始每 0.5min 记录一次机组的真空值，共记录 8min，取其中后 5min 的真空下降值。空冷机组的真空严密性试验参照相关电力行业标准进行。

真空系统的严密性是凝汽器的性能指标之一，它虽不直接影响机组能效，但会通过凝汽

器真空的变化严重影响汽轮机组热耗率、真空泵耗电率和循环水泵（或空冷风机）的耗电率，因而是非常重要的指标，需要定期监视。

漏入凝汽器的空气是影响冷端压力的一个重要因素。机组正常运行时，进入凝汽器的空气量不到蒸汽量的万分之一，虽然很少，但危害很大。当含有空气的汽、气混和物遇到低于蒸汽分压力所对应的饱和温度时，紧靠壁面的蒸汽分子开始凝结，并在冷壁面形成一层凝结液膜。这部分蒸汽的凝结使得靠近冷壁面附近的蒸汽分压力减少，并且越靠近壁面处减少得越多，如图 2-37 所示。根据道尔顿分压定律，壁面各处混合物的总压力是不变的，则越靠近壁面处空气分压力越大。所以靠近壁面处空气的浓度比较大，形成一层空气膜，远离壁面处的蒸汽只有穿过这一空气膜才能达到液膜表面处凝结。这样，与纯净饱和蒸汽的凝结换热相比，含空气的蒸汽凝结换热的热阻包括凝结液热阻、汽液相间热阻和气膜热阻，且气膜热阻往往是含空气的蒸汽凝结换热的主要热阻，使凝结率和蒸汽侧换热系数都明显下降。

在蒸汽凝结的开始阶段，空气相对含量还是很小的，在中等严密性的凝汽器中，空气相对含量平均不超过 0.01%，即使在汽轮机低负荷运行下，空气相对含量也才可能增加到 0.05% 左右，对蒸汽的凝结放热过程不产生什么实际影响。但是当蒸汽空气混合物深入管束时，空气相对含量随蒸汽不断凝结而逐渐增大，在凝汽器抽气口处，空气相对含量可达 50%~80%，气膜热阻占蒸汽侧总热阻的比例也越来越大。试验表明，当空气相对含量增大在千分之几时，就可能对蒸汽的凝结放热过程产生明显影响。

此外，空气相对含量对静止含气蒸汽流凝结换热的影响远大于其对蒸汽流动时的影响，如图 2-36 所示。图中横坐标为空气浓度、纵坐标为混合物放热系数与纯净蒸汽放热系数之比。汽流静止时，0.5% 的空气含量就可使蒸汽的凝结放热系数降低 50% 以上；但在受迫流动条件下，1% 的空气含量才使凝结放热系数降低至同一水平。原因是流动蒸汽流可以更有效的破坏气膜并带动远离壁面的蒸汽分子穿透剩余气膜而达到凝结液表面进行凝结。有鉴于此，凝汽器普遍装设抽汽设备，促使实际汽轮机凝汽器工作时尽可能接近纯净蒸汽的凝结放热。

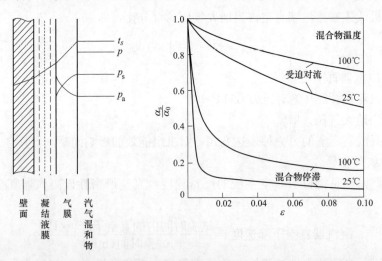

图 2-36 汽气混合物的凝结及空气相对含量对蒸汽凝结放热系数的影响

注：水蒸气-空气混和体与冷却表面间温度不变，为 10℃。

工程设计中，可采用式（2-167）来计算与系统严密性有关的漏入空气量，即

$$G_a = K_1\left(\frac{D_s}{100} + 1\right) \tag{2-167}$$

式中　D_s——进入凝汽器的蒸汽量，t/h；

　　　K_1——考虑严密性的修正系数，按真空系统严密性的优秀、良好和及格而相应取为 1.0、2.0 和 3.0。

在选择抽气设备容量时，常取 $K=5$ 来估计最大漏气量。

美国传热学会（HEI）《表面式蒸汽冷凝器标准》在考虑真空系统的严密程度的同时，还考虑设备的结构、尺寸的影响，推荐按表 2-6 确定漏入的空气量。

表 2-6　　　　　　　　　　　　　　漏入凝汽器的空气量

每个主排汽口的有效蒸汽流量（kg/h）	凝汽器壳体数	总排汽口数						
		1	2	3	4	5	6	7
≤11 340	1	6.12	8.16	10.21	10.21	15.33	15.33	15.33
每个主排汽口的有效蒸汽流量（kg/h）	凝汽器壳体数	总排汽口数						
		8	9	10	11	12	13	14
≤11 340	1	20.41	20.41	—	—	—	—	—
每个主排汽口的有效蒸汽流量（kg/h）	凝汽器壳体数	总排汽口数						
		1	2	3	4	5	6	7
11 340~22 680	1	8.16	10.21	15.33	15.33	20.41	20.41	20.41
每个主排汽口的有效蒸汽流量（kg/h）	凝汽器壳体数	总排汽口数						
		8	9	10	11	12	13	14
11 340~22 680	1	25.49	25.49	—	—	—	—	—
每个主排汽口的有效蒸汽流量（kg/h）	凝汽器壳体数	总排汽口数						
		1	2	3	4	5	6	7
22 680~45 360	1	10.21	15.33	20.41	20.41	25.49	25.49	30.62
每个主排汽口的有效蒸汽流量（kg/h）	凝汽器壳体数	总排汽口数						
		8	9	10	11	12	13	14
22 680~45 360	1	30.62	30.62	—	—	—	—	—
每个主排汽口的有效蒸汽流量（kg/h）	凝汽器壳体数	总排汽口数						
		1	2	3	4	5	6	7
45 360~113 400	1	15.33	25.49	25.49	30.62	35.70	40.82	40.82
每个主排汽口的有效蒸汽流量（kg/h）	凝汽器壳体数	总排汽口数						
		8	9	10	11	12	13	14
45 360~113 400	1	51.03	51.03	—	—	—	—	—
每个主排汽口的有效蒸汽流量（kg/h）	凝汽器壳体数	总排汽口数						
		1	2	3	4	5	6	7
45 360~113 400	2	—	30.62	40.82	40.82	40.82	51.03	51.03
每个主排汽口的有效蒸汽流量（kg/h）	凝汽器壳体数	总排汽口数						
		8	9	10	11	12	13	14

| 45 360~113 400 | 2 | 61.24 | 61.24 | 71.44 | 71.44 | 81.65 | 81.65 | 81.65 |

每个主排汽口的有效蒸汽流量（kg/h）	凝汽器壳体数	总排汽口数						
		1	2	3	4	5	6	7
113 400~226 800	1	20.41	30.62	35.70	40.82	51.03	51.03	61.24

每个主排汽口的有效蒸汽流量（kg/h）	凝汽器壳体数	总排汽口数						
		8	9	10	11	12	13	14
113 400~226 800	1	61.24	71.44	—	—	—	—	—

每个主排汽口的有效蒸汽流量（kg/h）	凝汽器壳体数	总排汽口数						
		1	2	3	4	5	6	7
113 400~226 800	2	—	40.82	40.82	51.03	61.24	61.24	71.44

每个主排汽口的有效蒸汽流量（kg/h）	凝汽器壳体数	总排汽口数						
		8	9	10	11	12	13	14
113 400~226 800	2	81.65	81.65	102.06	102.06	102.06	122.47	122.47

每个主排汽口的有效蒸汽流量（kg/h）	凝汽器壳体数	总排汽口数						
		1	2	3	4	5	6	7
113 400~226 800	3	—	—	—	61.24	61.24	76.56	76.56

每个主排汽口的有效蒸汽流量（kg/h）	凝汽器壳体数	总排汽口数						
		8	9	10	11	12	13	14
113 400~226 800	3	91.85	107.18	107.18	122.47	122.47	153.09	153.09

每个主排汽口的有效蒸汽流量（kg/h）	凝汽器壳体数	总排汽口数						
		1	2	3	4	5	6	7
226 800~453 600	1	25.49	40.82	40.82	51.03	61.24	61.24	71.44

每个主排汽口的有效蒸汽流量（kg/h）	凝汽器壳体数	总排汽口数						
		8	9	10	11	12	13	14
226 800~453 600	1	81.65	81.65	—	—	—	—	—

每个主排汽口的有效蒸汽流量（kg/h）	凝汽器壳体数	总排汽口数						
		1	2	3	4	5	6	7
226 800~453 600	2	—	51.03	51.03	61.24	71.44	81.65	102.06

每个主排汽口的有效蒸汽流量（kg/h）	凝汽器壳体数	总排汽口数						
		8	9	10	11	12	13	14
226 800~453 600	2	102.06	102.06	122.47	122.47	142.88	142.88	142.88

每个主排汽口的有效蒸汽流量（kg/h）	凝汽器壳体数	总排汽口数						
		1	2	3	4	5	6	7
226 800~453 600	3	—	—	61.24	76.56	91.85	91.85	107.18

每个主排汽口的有效蒸汽流量（kg/h）	凝汽器壳体数	总排汽口数						
		8	9	10	11	12	13	14
226 800~453 600	3	107.18	122.47	153.09	153.09	153.09	183.71	183.71

续表

每个主排汽口的有效蒸汽流量（kg/h）	凝汽器壳体数	总排汽口数						
		1	2	3	4	5	6	7
2 453 600～907 200	1	30.62	51.03	51.03	61.24	71.44	81.65	81.65

每个主排汽口的有效蒸汽流量（kg/h）	凝汽器壳体数	总排汽口数						
		8	9	10	11	12	13	14
2 453 600～907 200	1	91.85	102.06	—	—	—	—	—

每个主排汽口的有效蒸汽流量（kg/h）	凝汽器壳体数	总排汽口数						
		1	2	3	4	5	6	7
2 453 600～907 200	2	—	61.24	71.44	81.65	81.65	102.06	102.06

每个主排汽口的有效蒸汽流量（kg/h）	凝汽器壳体数	总排汽口数						
		8	9	10	11	12	13	14
2 453 600～907 200	2	122.47	122.47	142.88	142.88	163.29	163.29	183.71

每个主排汽口的有效蒸汽流量（kg/h）	凝汽器壳体数	总排汽口数						
		1	2	3	4	5	6	7
2 453 600～907 200	3	—	—	76.56	91.85	107.18	107.18	122.47

每个主排汽口的有效蒸汽流量（kg/h）	凝汽器壳体数	总排汽口数						
		8	9	10	11	12	13	14
2 453 600～907 200	3	153.09	153.09	153.09	183.71	183.71	214.33	214.33

每个主排汽口的有效蒸汽流量（kg/h）	凝汽器壳体数	总排汽口数						
		1	2	3	4	5	6	7
907 200～1 360 800	1	35.70	51.03	61.24	71.44	81.65	81.65	102.06

每个主排汽口的有效蒸汽流量（kg/h）	凝汽器壳体数	总排汽口数						
		8	9	10	11	12	13	14
907 200～1 360 800	1	122.27	122.47	—	—	—	—	—

每个主排汽口的有效蒸汽流量（kg/h）	凝汽器壳体数	总排汽口数						
		1	2	3	4	5	6	7
907 200～1 360 800	2	—	71.44	81.65	81.65	102.06	122.47	122.47

每个主排汽口的有效蒸汽流量（kg/h）	凝汽器壳体数	总排汽口数						
		8	9	10	11	12	13	14
907 200～1 360 800	2	142.88	142.88	163.29	163.29	183.71	204.10	204.10

每个主排汽口的有效蒸汽流量（kg/h）	凝汽器壳体数	总排汽口数						
		1	2	3	4	5	6	7
907 200～1 360 800	3	—	—	91.85	107.18	122.47	122.47	153.09

每个主排汽口的有效蒸汽流量（kg/h）	凝汽器壳体数	总排汽口数						
		8	9	10	11	12	13	14
907 200～1 360 800	3	153.09	183.71	183.71	214.33	214.33	244.94	244.94

续表

每个主排汽口的有效蒸汽流量（kg/h）	凝汽器壳体数	总排汽口数						
		1	2	3	4	5	6	7
1 360 800~1 814 400	1	40.82	61.24	71.44	81.65	91.85	102.06	122.27

每个主排汽口的有效蒸汽流量（kg/h）	凝汽器壳体数	总排汽口数						
		8	9	10	11	12	13	14
1 360 800~1 814 400	1	122.47	132.68	—	—	—	—	—

每个主排汽口的有效蒸汽流量（kg/h）	凝汽器壳体数	总排汽口数						
		1	2	3	4	5	6	7
1 360 800~1 814 400	2	—	81.65	102.06	102.06	122.47	142.88	142.88

每个主排汽口的有效蒸汽流量（kg/h）	凝汽器壳体数	总排汽口数						
		8	9	10	11	12	13	14
1 360 800~1 814 400	2	163.29	163.29	183.71	204.10	204.10	224.53	244.94

每个主排汽口的有效蒸汽流量（kg/h）	凝汽器壳体数	总排汽口数						
		1	2	3	4	5	6	7
1 360 800~1 814 400	3	—	—	107.18	122.47	153.09	153.09	183.71

每个主排汽口的有效蒸汽流量（kg/h）	凝汽器壳体数	总排汽口数						
		8	9	10	11	12	13	14
1 360 800~-1 814 400	3	183.71	214.33	214.33	244.94	244.94	275.56	275.56

汽轮机组运行经验表明，当进入凝汽器的蒸汽流量和冷却水温度为常数时，真空下降速度与漏入的空气量呈线性关系。凝汽器投产后，严密性质量通过试验的方法来确定，通过切除抽气设备后测量用真空下降速度来体现真空严密性。对于大型汽轮机组，若真空每分钟下降 0.13~0.26kPa，则认为严密性良好；若真空每分钟下降 0.39~0.52kPa，则认为严密性合格；若真空每分钟下降大于 0.52kPa，则认为严密性不合格。

俄罗斯还直接测量从凝汽器抽出的空气量可定量方面确定气密性。苏联《发电厂和电网运行技术法规》规定，漏入汽轮机组真空系统的空气量不应超过表 2-7 所列数值，而且漏气量的测定应在凝汽器蒸汽负荷为 40%~100%额定负荷的范围内进行。

表 2-7　　　　　　　　　　真空系统漏气量限制值

汽轮机组容量（MW）	漏气量（kg/h）	汽轮机组容量（MW）	漏气量（kg/h）	汽轮机组容量（MW）	漏气量（kg/h）
≤25	5	150	18	300	30
50	10	200	20	500	40
100	15	250	25	800	60

运行时抽气量的确定是通过在抽气器上的专门测量装置来完成的，例如可利用抽气器上的测量孔板测量漏入系统的空气量，这种方法的难度高于我国普遍应用方法的难度。

5. 凝汽器冷却水温升

凝汽器冷却水温升是指凝汽器出口处冷却水温度与入口处冷却水温度之差，计算式为

$$\Delta t_{xhs} = t_{xhc} - t_{xhj} \tag{2-168}$$

式中　Δt_{xhs}——凝汽器冷却水温升,℃;

　　　t_{xhc}——凝汽器出口处冷却水温度,℃;

　　　t_{xhj}——凝汽器进口处冷却水温度,℃。

6. 凝汽器端差

凝汽器端差是指汽轮机排汽压力对应的饱和温度与凝汽器出口冷却水温度的差值。计算式为

$$\Delta t_k = t_{bbh} - t_{xhc} \tag{2-169}$$

式中　Δt_k——凝汽器端差,℃;

　　　t_{xhc}——凝汽器出口处冷却水温度,℃;

　　　t_{bbh}——汽轮机排汽压力对应的饱和温度,℃。

汽轮机的排汽进入凝汽器后,被循环水泵送来的循环水冷却成凝结水,体积大大缩小,压力降低,从而在凝汽器汽侧形成高度真空。真空度是维持汽轮机冷端的直接目标,建立真空和维持真空却是依靠冷却水的冷却,冷却水的入口温度代表了建立真空的极限能力。汽轮机排汽饱和温度最多可以冷却到与入口水温相同,此时循环水流量无限大,汽轮机排汽温度等于凝汽器循环水出口温度,也等于凝汽器循环冷却水入口温度。实际工作中循环水量是一定的,因而这三个温度点有差异。即排汽温度>循环水出口温度>循环水入口温度;排汽释放热量与循环水升温吸收热量相同。设计时通过确定的循环水出/入口温度、循环水流量和排汽流量来确定凝汽器的面积,在投资的运行成本中寻找平衡点。对已投运的凝汽器而言,其传热面积一定,端差的大小与凝汽器冷却水入口温度、蒸汽负荷、凝汽器铜管的表面洁净度、凝汽器内的漏入空气量,以及冷却水在管内的流速有关。清洁的凝汽器,在一定的循环水温度和循环水量及单位蒸汽负荷下就有一定的端差值指标,一般端差值指标是当循环水量增加,冷却水出口温度越低,端差越大,反之亦然;单位蒸汽负荷越大,端差越大,反之亦然。实际运行中,若端差值比端差指标值高得太多,则表明凝汽器冷却表面铜管脏污,致使换热条件恶化。上述情况都反映了凝汽器的换热状态。

7. 凝结水过冷度

凝结水过冷度是指汽轮机排汽压力对应的凝结水饱和温度与凝汽器热井中凝结水温度的差值,即

$$\Delta t_{gl} = t_{bbh} - t_{rj} \tag{2-170}$$

式中　Δt_{gl}——凝结水过冷却度,℃;

　　　t_{bbh}——汽轮机排汽压力对应的饱和温度,℃;

　　　t_{rj}——凝汽器热井中凝结水温度,℃。

机组的冷端系统主要目的是冷却汽轮机的排汽,所以正常情况下凝汽器应当工作在饱和工况下,凝结水温度等于饱和温度。但可由于凝汽器冷却水管布置过密导致蒸汽无法过来、凝汽器水位过高淹没了一部分冷却水管、冷却水温过低或真空系统不严/抽汽器工作不正常导致凝汽器内积存空气等原因,使得本来用于冷却汽轮机排汽的凝汽器冷却水没有很好地冷却蒸汽,而是把冷却下来的凝结水继续冷却,使得凝结水温度低于凝汽器压力所对应的饱和温度。对凝结水的过度冷却后,在机组运行中还要把它们再回热回来,任务落在离凝汽器最近的一个低压加热器身上。低压加热器需要增加该段抽汽以使该级加热器出口与参数与无过

冷度时相同，减少了机组做功能力，就造成了冷源损失增大，降低机组效率，所以在运行中应当监视过冷度。

GB/T 51106《火力发电厂节能设计规范》中规定合适的凝汽器过冷度不得超过 0.5℃，超过这个值时需要进行检查，查明原因。

8. 凝汽器的清洁度

凝汽器换热管束两侧的工作条件差别很大，汽轮机排汽侧相对干净，而循环水侧的水质则差很多。凝汽器长时间运行后，发生积垢或者管内脏污堵塞的情况，将降低凝汽器的换热效率，减弱冷凝效果，显著影响汽轮机排汽压力，导致整个热力循环效率降低，故运行时保持凝汽器清洁度是非常重要的工作。由于无法直接监测凝汽器清洁度，所以 DL/T 904 中并没有清洁度指标。

对换热器的性能评价时通常用实际的传热系数与设计传热系数的比值来表示换热器的清洁程度（总传热系数与清洁度是一一对应的函数关系），因此实际工作中可以通过运行参数和设计数据对此进行大致估算。在确定的冷却水流量前提下，参照凝汽器的出厂数据，假定一个凝汽器压力，然后根据凝汽器传热系数计算式计算得到实际的总传热系数，再根据计算出的实际传热系数与同条件下设计传热条件相除便得到清洁系数。由于凝汽器压力是假定的，需要根据凝汽器热平衡计算出汽轮机排汽温度进行根据水蒸气压力表确定凝汽器压力、求出真空度，进行迭代确定。如果经常对凝汽器性能进行核算，上述方法可以非常快速地得到大致的清洁程度，还可以制出清洁度与凝汽器压力的关系曲线图，实际运行中可根据凝汽器真空数值查曲线图结果，及时应用胶球清洗等装置来保持凝汽器的清洁程度。

运行过程常见的监视指标有胶球清洗装置投入率和胶球清洗装置收球率。

(1) 胶球清洗装置投入率是指单位时间内胶球清洗装置正常投入次数，与该装置应投入次数的百分比。计算式为

$$胶球清洗装置投入率 = (正常投入次数 / 应投入次数) \times 100 \tag{2-171}$$

(2) 胶球清洗装置收球率是指单位时间内，每次胶球投入后实际收回胶球数与投入胶球数的百分比。计算式为

$$收球率 = (收回胶球数 / 投入胶球数) \times 100 \tag{2-172}$$

9. 冷却塔水温降

冷却塔水温降是指循环冷却水在冷却塔内水温降低的值。计算式为

$$\Delta t_t = t_{tj} - t_{tch} \tag{2-173}$$

式中　Δt_t——冷却塔水温降，℃；

t_{tj}——冷却塔入口水温，在塔的进水管或竖井处测取，℃；

t_{tch}——冷却塔出口水温，在塔的回水沟处测取，℃。

10. 湿冷塔冷却幅高

湿冷塔冷却幅高是指湿冷塔出口水温与大气湿球温度 τ_1（理论冷却极限）的差值。计算式为

$$\Delta t_{fg} = t_{tch} - \tau_1 \tag{2-174}$$

式中　Δt_{fg}——湿冷冷却塔冷却幅高，℃；

t_{tch}——冷却塔出口水温，在塔的回水沟处测取，℃；

τ_1——大气湿球温度，℃。

冷却塔的散热是依靠空气绝对湿度差驱动的。图 2-37 所示为冷却塔工艺热平衡，正常情况下，空气中的水蒸气通常是未饱和的，此时如果有细小的水滴通过，水滴依靠其非常大的散热面积在大气与其湿度差的驱动下，其中的一部分迅速气化，吸收热量并随空气一起带走。当冷却水温度接近或达到空气的湿球温度时，空气中的水蒸气处于饱和状态就不再接纳新的水蒸气，冷却水流过时无法再通过气化散热，只依靠微小的温差散热，散热能力

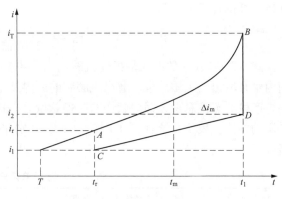

图 2-37　冷却塔工艺热平衡

就很小很慢了，总散热量基本接近为零，冷却塔的出口水温度不再下降。因此可以认为冷却塔出口的极限温度为空气湿球温度，此时冷却塔中空气与冷却水温只差干湿球温度差，但如果要保证冷却塔的散热能力，则塔体的体积将十分庞大。因此从经济角度考虑出发，冷却塔冷却后的出口水温总要比空气的湿球温度高一些，以保证循环冷却水工作是在气化的驱动下进行的。该温差即幅高，如设计条件冷却塔进口水温 37℃，出口水温 32℃，如果室外湿球温度为 28℃，则冷却幅高就是 4℃。

与冷却塔幅高相关的概念是冷却塔效率，可用循环水温升与循环水极限温升之比来简化计算。循环水温度的极限是降低到空气湿球温度（比环境温度还要低一些），所以循环水极限温升为实际温升与幅高之和，冷却塔效率即

$$\eta_{ct} = \frac{\Delta t_t}{\max \Delta t_t} = \frac{\Delta t_t}{\Delta t_t + \Delta t_{fg}} \tag{2-175}$$

当循环水温升一定时，冷却塔幅高就代表了塔效。相比于冷却塔效率在实际工作中不好测量，幅高却是一个容易得到的数据，且精度很高，所以通常用幅高来作为运行监视的指标。

冷却幅高在冷却塔的设计中一般取 3~5℃，需要塔的大小（经济角度）及冷却水量、冷凝器类型、塔型等多种因素。运行中要及时监视冷却幅高的变化，如果幅高过小，需要及时调整，以防冷却塔工作失效。

三、辅机能效指标

发电生产流程中，各类转机设备通常需要消耗一部分汽轮机组的发电量，或是直接消耗一部分汽轮机组的抽汽做功。辅机节能对供电煤耗的影响主要反映为降低厂用电率（或汽轮机组热耗率）。因此统计和分析辅机设备的能效指标，是辅机节能重要的基础工作。对于不采用汽动辅机的燃煤发电厂，其厂用电率分摊到各类辅机设备上，辅机耗电率的计算方法为

$$辅机耗电率 = \frac{某类辅机耗电量之和}{机组发电量} \tag{2-176}$$

相比于机组发电量，辅机耗电率的数值一般在 0.1%~1% 的数量级上，如果直接用于进行横向对比或考察其历史变化趋势，这一数值就显得过小，难以反映出相对差异。为方便重要辅机能效的比较和分析，除辅机耗电率外，还可采用辅机单耗来表征辅机的能效状况。

辅机单耗的计算方法为

$$辅机单耗 = \frac{某类辅机输入能量之和}{某类辅机产品之和} \tag{2-177}$$

式（2-177）中的产品是指辅机的输出，主要分为两类：一类是直接产品，例如单位时间内水泵输出的工质总量、磨煤机磨制的原煤总量等；另一类是间接产品，例如单位时间内锅炉产生的蒸汽总量、锅炉燃烧的原煤总量等，这是锅炉侧在计量辅机直接产品存在困难时采用的办法。表 2-8 统计了 DL/T 904 中分别采用直接产品和间接产品的主要辅机单耗指标。

表 2-8　　　　　　　　　　　　　　　辅机单耗分类

所属专业	按直接产品统计	按间接产品统计
锅炉侧	输煤（油）、磨煤机、给煤机	引风机、送风机、一次风机、密封风机、炉水循环泵、除灰除尘系统
汽轮机侧	给水泵	—

对于主要辅机能耗的统计，目前常用的方法是按照辅机电动机的电压等级来简单划分。大型火力发电机组一般只统计 6kV 以上的辅机耗电情况，这样做的好处是便于系统内同类设备的对比分析，主要的问题在于某些电压等级较低，但数量较多、总功率较大或使用频繁的设备往往会被遗漏。因此从节能管理的视角来看，除了电动机电压等级较高的辅机外，还要根据辅机实际耗电量在厂用电量中的占比，将占比较大的辅机也纳入能耗统计中。

汽轮机组还有一部分辅机是管式换热器或包含换热器，例如加热器、凝汽器、冷却塔等。一方面它们的换热效率直接影响汽轮机组热耗率；另一方面它们的可靠性也会影响汽轮机组的热耗率和相关泵组或风机的耗电率。

主要的辅机单耗与耗电率为：

（一）辅机单耗

1. 引风机单耗

指锅炉产生每吨蒸汽引风机消耗的电量，按照式（2-178）计算，即

$$b_{yf} = \frac{W_{yf}}{D_L} \tag{2-178}$$

式中　b_{yf}——引风机单耗，kWh/t；

　　W_{yf}——单位时间内引风机消耗的电量，kWh；

　　D_L——单位时间内主蒸汽流量累计值，t。

2. 送风机单耗

指锅炉产生每吨蒸汽送风机消耗的电量，按照式（2-179）计算，即

$$b_{sf} = \frac{W_{sf}}{D_L} \tag{2-179}$$

式中　b_{sf}——送风机单耗，kWh/t；

　　W_{sf}——单位时间内送风机消耗的电量，kW·h；

　　D_L——单位时间内主蒸汽流量累计值，t。

3. 一次风机（排粉机）单耗

（1）对于煤粉锅炉，一次风机（排粉机）单耗是指制粉系统每磨制一吨煤一次风机（排

粉机）消耗的电量，按照式（2-180）计算，即

$$b_{pf}=\frac{W_{pf}}{B_m}$$ （2-180）

式中　b_{pf}——一次风机（排粉机）单耗，kWh/t；

　　W_{pf}——单位时间内一次风机（排粉机）消耗的电量，kWh；

　　B_m——单位时间内入炉煤量，t。

（2）对于循环流化床锅炉，一次风大部分不用作燃料输送，一次风机单耗是指锅炉产生每吨蒸汽一次风机消耗的电量，按照式（2-181）计算，即

$$b_{pf}=\frac{W_{pf}}{D_L}$$ （2-181）

式中　b_{pf}——一次风机（排粉机）单耗，kWh/t；

　　W_{pf}——单位时间内一次风机（排粉机）消耗的电量，kWh；

　　D_L——单位时间内主蒸汽流量累计值，t。

4. 密封风机单耗

指制粉系统每磨制一吨煤密封风机消耗的电量。计算式为

$$b_{mf}=\frac{W_{mf}}{B_m}$$ （2-182）

式中　b_{mf}——密封风机单耗，kWh/t；

　　W_{mf}——单位时间内密封风机消耗的电量，kWh；

　　B_m——单位时间内入炉煤量，t。

5. 磨煤机单耗

是指制粉系统每磨制一吨煤磨煤机消耗的电量。计算式为

$$b_{mm}=\frac{W_{mm}}{B_m}$$ （2-183）

式中　b_{mm}——磨煤机单耗，kWh/t；

　　W_{mm}——单位时间内磨煤机消耗的电量，kWh；

　　B_m——单位时间内入炉煤量，t。

6. 给煤机单耗

是指制粉系统每磨制一吨煤给煤机消耗的电量。计算式为

$$b_{gm}=\frac{W_{gm}}{B_m}$$ （2-184）

式中　b_{gm}——给煤机单耗，kWh/t；

　　W_{gm}——单位时间内给煤机消耗的电量，kWh；

　　B_m——单位时间内入炉煤量，t。

7. 制粉系统单耗

为制粉系统所属设备（包括磨煤机、给煤机、一次风机、密封风机等）每磨制一吨煤所消耗的电量。计算式为

$$b_{zf}=b_{mm}+b_{pf}+b_{mf}+b_{gm}$$ （2-185）

式中　b_{zf}——制粉系统单耗，kWh/t；

b_{mm}——磨煤机单耗，kWh/t；

b_{pf}——一次风机（排粉机）单耗，kWh/t；

b_{mf}——密封风机单耗，kWh/t；

b_{gm}——给煤机单耗，kWh/t。

8. 炉水循环泵单耗

是指锅炉每产生一吨蒸汽炉水循环泵消耗的电量。计算式为

$$b_{lx} = \frac{W_{lx}}{D_L} \tag{2-186}$$

式中　b_{lx}——炉水循环泵单耗，kWh/t；

W_{lx}——单位时间内炉水循环泵消耗的电量，kWh；

D_L——单位时间内主蒸汽流量累计值，t。

9. 除灰、除尘系统单耗

除灰、除尘系统单耗是指锅炉每燃烧一吨原煤，除灰、除尘系统消耗的电量。计算式为

$$b_{ch} = \frac{W_{ch}}{B_m} \tag{2-187}$$

式中　b_{ch}——除灰、除尘系统单耗，kWh/t；

W_{ch}——单位时间内除灰系统消耗的电量，kWh；

B_m——单位时间内入炉煤量，t。

10. 电动给水泵单耗

电动给水泵单耗是指每吨给水量消耗的电量。电动给水泵单耗计算时，取单位时间内电动给水泵消耗的电量与电动给水泵出口的流量累计值的比值，即

$$b_{db} = \frac{W_{db}}{\sum D_{gs}^q} \tag{2-188}$$

式中　b_{dq}——电动给水泵单耗，kWh/t；

W_{db}——单位时间内电动给水泵消耗的电量，kWh；

$\sum D_{gs}^q$——单位时间内电动给水泵出口的流量累计值，t。

11. 汽动给水泵组汽耗率

汽动给水泵组汽耗率是指其输出单位功率的耗用的蒸汽量。计算式为

$$d_{qb} = \frac{D_{qb}}{P_{sc}} \tag{2-189}$$

式中　d_{qb}——汽动给水泵组的汽耗率，kg/kWh；

D_{qb}——汽动给水泵组消耗蒸汽流量，kg/h；

P_{sc}——汽动给水泵组输出功率，kW。

12. 汽动给水泵组效率

汽动给水泵组的效率是指汽动给水泵组中供给汽动给水泵汽轮机的能量被泵组有效利用的程度。计算式为

$$\eta_p = \frac{3.6 P_{sc}}{D_{qb}(h_{qb} - h_{qp})} \times 100 \tag{2-190}$$

式中　η_p——汽动给水泵的效率，%；

P_{sc}——汽动给水泵组输出功率，kW；

h_{qb}——汽动给水泵汽轮机进汽焓值，kJ/kg；

h_{qp}——汽动给水泵汽轮机排汽理想焓值，kJ/kg；

D_{qb}——汽动给水泵汽轮机的进汽流量，t/h。

（二）辅机耗电率

1. 引风机耗电率

引风机耗电率是指单位时间内引风机消耗的电量与机组发电量的百分比，按照式（2-191）计算，即

$$L_{cy,IDF} = \frac{W_{cy,IDF}}{W_f} \times 100 \tag{2-191}$$

式中　$L_{cy,IDF}$——引风机耗电率，%；

　　　$W_{cy,IDF}$——单位时间内引风机消耗的电量，kWh；

　　　　W_f——单位时间内机组发电量，kWh。

2. 送风机耗电率

送风机耗电率是指单位时间内送风机消耗的电量与机组发电量的百分比。计算式为

$$L_{cy,SF} = \frac{W_{cy,SF}}{W_f} \times 100 \tag{2-192}$$

式中　$L_{cy,SF}$——送风机耗电率，%；

　　　$W_{cy,SF}$——单位时间内送风机消耗的电量，kWh。

3. 一次风机（排粉机）耗电率

一次风机（排粉机）耗电率是指单位时间内一次风机（排粉机）消耗的电量与机组发电量的百分比，计算式为

$$L_{cy,PF} = \frac{W_{cy,PF}}{W_f} \times 100 \tag{2-193}$$

式中　$L_{cy,PF}$——一次风机（排粉机）耗电率，%；

　　　$W_{cy,PF}$——单位时间内一次风机（排粉机）消耗的电量，kWh。

4. 密封风机耗电率

密封风机耗电率是指密封风机消耗的电量与机组发电量的百分比，计算式为

$$L_{cy,MF} = \frac{W_{cy,MF}}{W_f} \times 100 \tag{2-194}$$

式中　$L_{cy,MF}$——密封风机耗电率，%；

　　　$W_{cy,MF}$——单位时间内密封风机消耗的电量，kWh。

5. 磨煤机耗电率

磨煤机耗电率是指单位时间内磨煤机消耗的电量与机组发电量的百分比。计算式为

$$L_{cy,\Delta B} = \frac{W_{cy,\Delta B}}{W_f} \times 100 \tag{2-195}$$

式中　$L_{cy,\Delta B}$——磨煤机耗电率，%；

　　　$W_{cy,\Delta B}$——单位时间内磨煤机消耗的电量，kWh。

6. 给煤机耗电率

给煤机耗电率是指单位时间内给煤机所耗用的电量与机组发电量的百分比。计算式为

$$L_{cy,gm} = \frac{W_{cy,gm}}{W_f} \times 100 \quad w_{gm} = \frac{W_{gm}}{W_f} \times 100 \tag{2-196}$$

式中　$L_{cy,gm}$——给煤机耗电率,%;

　　$W_{cy,gm}$——单位时间内给煤机消耗的电量,kWh。

7. 制粉系统耗电率

制粉系统耗电率是指单位时间内制粉系统消耗的电量与机组发电量的百分比。计算式为

$$L_{cy,zf} = \frac{W_{cy,zf}}{W_f} \times 100 \quad w_{zf} = \frac{W_{zf}}{W_f} \times 100 \tag{2-197}$$

式中　$L_{cy,zf}$——制粉系统耗电率,%;

　　$W_{cy,zf}$——单位时间内制粉系统消耗的电量,kWh;

　　W_f——单位时间内机组发电量,kWh。

8. 炉水循环泵耗电率

炉水循环泵耗电率是指单位时间内炉水循环泵所耗用的电量与发电量的百分比。计算式为

$$L_{cy,lx} = \frac{W_{cy,lx}}{W_f} \times 100 \quad w_{lx} = \frac{W_{lx}}{W_f} \times 100 \tag{2-198}$$

式中　$L_{cy,lx}$——炉水循环泵耗电率,%;

　　$W_{cy,lx}$——单位时间内炉水循环泵消耗的电量,kWh。

9. 除灰、除尘系统耗电率

除灰、除尘系统耗电率是指单位时间内除灰系统消耗的电量与机组发电量的百分比。计算式为

$$L_{cy,ch} = \frac{W_{cy,ch}}{W_f} \times 100 \quad w_{ch} = \frac{W_{ch}}{W_f} \times 100 \tag{2-199}$$

式中　$L_{cy,ch}$——除灰、除尘系统耗电率,%。

　　$W_{cy,ch}$——单位时间内除灰系统消耗的电量,kWh。

10. 高压流化风机的耗电率

高压流化风机耗电率是指高压流化风机耗电量与相关机组总发电量的百分比。计算式为

$$L_{cy,gl} = \frac{W_{cy,gl}}{W_f} \times 100 \tag{2-200}$$

式中　$L_{cy,gl}$——高压流化风机耗电率,%;

　　$W_{cy,gl}$——单位时间内高压流化风机耗电量,kWh。

11. 脱硫系统浆液循环泵耗电率

浆液循环泵耗电率是指浆液循环泵耗电量与相关机组总发电量的百分比。计算式为

$$L_{cy,jy} = \frac{W_{cy,jy}}{W_f} \times 100 \tag{2-201}$$

式中　$L_{cy,jy}$——浆液循环泵耗电率,%;

　　$W_{cy,jy}$——单位时间内浆液循环泵耗电量,kWh。

12. 脱硫系统湿磨煤机耗电率

湿磨煤机耗电率是指湿磨煤机耗电量与相关机组发电量的百分比。计算式为

$$L_{cy,sm} = \frac{W_{cy,sm}}{W_f} \times 100 \quad w_{sm} = \frac{W_{sm}}{W_f} \times 100 \tag{2-202}$$

式中 $L_{cy,sm}$、w_{sm}——湿磨煤机耗电率,%;

$W_{cy,sm}$、W_{sm}——单位时间内湿磨煤机耗电量,kWh。

13. 脱硫系统耗电率

脱硫系统耗电率是指脱硫设备总耗电量与相关机组总发电量的百分比。计算式为

$$L_{cy,tl} = \frac{W_{cy,tl}}{W_f} \times 100 \tag{2-203}$$

式中 $L_{cy,tl}$——脱硫耗电率,%;

$W_{cy,tl}$——单位时间内脱硫设备总耗电量,kWh。

14. 脱硝系统耗电率

脱硝系统耗电率是指脱硝设备总耗电量与相关机组总发电量的百分比。计算式为

$$L_{cy,SCR} = \frac{W_{cy,SCR}}{W_f} \times 100 \tag{2-204}$$

式中 $L_{cy,SCR}$——脱硝系统耗电率,%;

$W_{cy,SCR}$——单位时间内脱硝设备总耗电量,kWh。

15. 凝结水泵耗电率

凝结水泵耗电率是指单位时间内凝结水泵消耗的电量与机组发电量的百分比。计算式为

$$L_{nb} = \frac{\sum W_{nb}}{W_f} \times 100 \tag{2-205}$$

式中 L_{nb}——凝结水泵耗电率,%;

W_{nb}——凝结水泵消耗的电量,kWh。

16. 电动给水泵耗电率

电动给水泵耗电率是指单位时间内电动给水泵消耗的电量与机组发电量的百分比。

(1) 对于单元制机组,机组发电量为单元机组发电量。计算式为

$$L_{db} = \frac{\sum W_{db}}{W_f} \times 100 \tag{2-206}$$

式中 L_{db}——电动给水泵耗电率,%;

$\sum W_{db}$——单位时间内电动给水泵消耗的电量总和,kWh;

W_f——单位时间内单元机组发电量,kWh。

(2) 对于母管制给水系统的机组,机组发电量为共用该母管制给水系统的机组总发电量。计算式为

$$L_{db} = \frac{\sum W_{db}}{\sum W_f} \times 100 \tag{2-207}$$

式中 L_{db}——电动给水泵耗电率,%;

$\sum W_{db}$——单位时间内电动给水泵消耗的电量总和,kWh;

$\sum W_f$——单位时间内共用该母管制给水系统的机组的发电量总和,kWh。

17. 循环水泵耗电率

循环水泵耗电率是指单位时间内循环水泵耗电量与机组发电量的百分比。

（1）对于单元制循环水系统，机组发电量为单元机组发电量。计算式为

$$L_{xhb} = \frac{\sum W_{xhb}}{W_f} \times 100 \tag{2-208}$$

式中　L_{xhb}——循环水泵耗电率，%；

　　$\sum W_{xhb}$——单位时间内循环水泵耗电量的总和，kWh；

　　　W_f——单位时间内单元机组发电量，kWh。

（2）对于母管制循环水系统，机组发电量为共用该母管制循环水系统的机组总发电量。计算式为

$$L_{xhb} = \frac{\sum W_{xhb}}{W_f} \times 100 \tag{2-209}$$

式中　L_{xhb}——循环水泵耗电率，%；

　　$\sum W_{xhb}$——单位时间内循环水泵耗电量的总和，kWh；

　　$\sum W_f$——单位时间内共用该母管制循环水系统的机组的发电量总和，kWh。

18. 空冷塔耗电率

空冷塔耗电率是指单位时间内单元机组空冷塔（包括空冷系统水泵、空冷风机等）耗电量与机组发电量的百分比。计算式为

$$L_k = \frac{W_{kl}}{W_f} \times 100 \tag{2-210}$$

式中　L_k——空冷塔耗电率，%；

　　W_{kl}——空冷塔耗电量，kWh。

19. 直接空冷凝汽器风机耗电率

直接空冷凝汽器风机耗电率是指单位时间内直接空冷凝汽器风机耗电量与机组发电量的百分比。计算式为

$$L_{kld} = \frac{W_{kld}}{W_f} \times 100 \tag{2-211}$$

式中　L_{kld}——直接空冷凝汽器风机耗电率，%；

　　W_{kld}——直接空冷凝汽器风机耗电量，kWh。

20. 机力塔耗电率

机力塔耗电率是指单位时间内全厂的机力塔耗电量与全厂机组发电量的百分比。计算式为

$$L_{jl} = \frac{\sum W_{jl}}{\sum W_f} \times 100 \tag{2-212}$$

式中　L_{jl}——机力塔耗电率，%；

　　$\sum W_{jl}$——单位时间内全厂机力塔耗电量总和，kWh。

第三章
燃煤机组的能效评价

DL/T 904—2015 解决了机组运行时如何用在线数据尽可能准确地计算和统计机组能效的问题，得到了表示机组能效水平的供电煤耗这一指标。但是如何利用这一个单一的指标对机组的整体能效水平进行评价却给我们带来了新的困难，因为机组之间设计制造水平参差不齐，工艺细节千差万别，实际运行条件也不尽相同，有无供热等因素，会严重影响机组供电煤耗这一指标的大小。如果简单地用供电煤耗的大小作为机组能效评水平的标志就会有失公平。

通过机组性能试验可以得到准确的机组供电煤耗，但在计算锅炉效率、汽轮机组效率时会进行大量的参数修正（有时是机、炉间的参数相互修正，如主汽温度会对汽轮机热耗率进行修正），供电煤耗的计算结果也会受到影响，且性能试验的供电煤耗结果往往远低于实际运行过程统计得到的机组能效，是很多生产中人员觉得奇怪却一直无法得到有效解释的问题。

这些问题长期以来困扰着广大电力员工，甚至让人怀疑花那么大的精力去统计机组的能效到底有什么意义，如何让供电煤耗与机组能效水平的提升、管理水平的提升相互关联，是我们急需解决的问题。笔者为这些问题投入了大量的研究工作，找到了一种可以剔除外在条件的影响、对机组能效进行公平评价的理论与方法体系，并于 2018 年形成电力行业发布标准 DL/T 1929—2018《燃煤机组能效评价方法》。DL/T 1929 特别适合在一个集团公司内，对下属的各台机组进行全面而客观的能效评价工作，确定机组技术改造的性能提升潜力空间和通过提高技术管理水平、运行水平的性能提升空间，使评价对象明确不足之处，找出瓶颈，起到"奖勤罚懒"和"提携落后"的作用。

第一节　目前国内外常见的能效评价方法

节能评价工作不仅仅是电力行业，而是在所有的工业领域广泛存在。通用节能评价方法通常分为法定法和学术法。法定法即法律规定的方法，通常由政府或相关代表性权力部分制定执行，包括随机前沿分析法、简单指标对比法、我国大机组评比法等，主要的特点是适用范围广、模型简单，目标仅满足节能评价、定级的最低要求。学术法是学者们为了更精确地评价能效，并为提升能效水平而研究制定的方法，包括多指标、多环节综合评价方法，如泰勒展开法、综合指标构造法（Composite Indicator Construction）、数据包络 DEA 法、逼近理想值的排序方法（Technique for Order Preference by Similarity to an Ideal Solution，TOPSIS）等，特点是适用范围小、模型复杂，但可以更加深入地与节能提升建立起联系。

一、法定法

（一）随机前沿分析方法

随机前沿分析法（Stochastic Frontier Analysis，SFA）能效评价方法一种基于参数的标准线性回归模型，典型的实施项目是美国的"能源之星（Energy Star Program）"。"能源之星"最早由美国环保署（Environmental Protection Agency，EPA）于 1992 年提出，随后美国能源部（Department of Energy，DOE）也参与其中，是美国政府和工业部门合作的自愿项目。最初，能源之星认证主要在终端用能产品，如电脑显示器，但到 2002 年以后，能源之星认证的领域扩展到了生产过程中。

工业生产中的能效一般用产量与输入能源的比来衡量，在能源输入一定的条件下，产量的大小会受一系列的客观因素的影响，如环境温度、生产规模等具体的生产条件，这些条件往往会显著影响到最终的能效水平（如国内大部分计算中心都建立在张家口地区或贵阳市，这两个地方的春秋两季环境温度非常适合计算机工作，夏天虽需要开空调但时间很短，冬天充分利用计算机工作的放热，虽需要供暖，但时间也很短，能效水平很高）。要想正确评价某一生产过程的能效水平，往往需要根据某种方法排除这些客观因素对于生产过程能效水平的影响。以能源之星为代表的随机前沿分析法排除这些因素的思路包括如下几个过程：

（1）分析找出对生产过程能效水平有影响的全部因素，并选取合适变量来表征，如能源价格、资金、成本等经济因素，以及环境条件、生产规模、生产利用率、产品特性、生产工艺等环境因素。

（2）根据大量的生产实践活动能效统计结果，用线性回归的方法拟合各影响因素对于能效变化影响量的关系。

（3）这些因素对于行业最优实践值、平均值的计算关系都要拟合，拟合计算时还需要针对生产厂在不同条件下的最优值和平均值进行验证。

（4）拟合参比值计算关系式，计算本厂所处客观条件下所能达到的最优能效值和平均能效值。

（5）用本厂的实际能源绩效参比并打分，以得到待评价生产厂的能源绩效指标值，以判断本厂是否能获得能效之星。

前面的三步称为计算参比值过程，后面两步称为能效评价过程。在能效评价过程中，把各个厂各客观因素的影响体现在本厂的实际能效上（即行业最佳厂家在本厂条件下会得到什么样的结果，该结果与本厂实际结果相比较，就得到了本厂实际能效水平与最佳值的差距），即排除了这些客观因素的影响，如图 3-1 和图 3-2 所示。

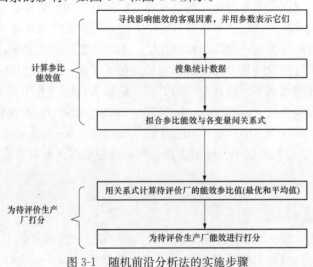

图 3-1　随机前沿分析法的实施步骤

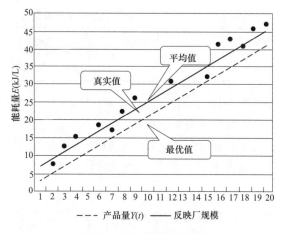

图 3-2 SFA 分析法示意图

在美国，数据收集是由美国统计署完成的，收集对象是全美国范围内的数据统计，并予以保密，除了进行能源之星的评价之外，所收集数据仅允许学术上和政府的研究在承诺保密下获取某个对象的微观数据（针对一个工厂或公司）。

这样根据随机前沿分析法这一统计模型，各厂在排除条件影响后，就把同行业所有的企业放在同一条件下进行能效水平比较，美国环保署则通过能源绩效指标为企业打分，在打分系统中超过 75％或者更高者可以获得能源之星标识。

以汽车装配生产厂为例，汽车装配生产主要包括焊接、涂漆和整装三个工序，基于"单位产品燃料消耗"和"单位产品电耗"两个能效指标可计算该厂的能源绩效指标值，见表3-1。

表 3-1 汽车装配生产厂样例平均值

变 量	单 位	样例平均值
年电耗	1000kWh	156 641
年燃料消耗	1 000 000Btu	1 273 120
年总能源消耗	1 000 000Btu*	1 783 842
年产品产量	辆	227 615
厂生产容量	辆	285 751
降温日数	温度×天数	1501
采暖度日数		4283
统计厂年次	年×个	101

* 1kWh＝3412Btu，1Btu＝1055J。

具体步骤如下：

（1）评价指标为单位产品的能量消耗率。选取影响能效变化的因素及相关变量为：能源价格、厂规模（用汽车年产量表征）、厂利用率（实际产量/厂规模）、环境条件（用加热冷却天数来表示），见表 3-2。

表 3-2   汽车装配生产厂影响能效变化的因素及相关变量

客观因素	产品特性	厂规模	厂利用率	环境条件
参数	轴距	年产量	实际产量/设计产量	加热天数冷却天数

（2）数据搜集。34 个汽车装配厂提供了 3 年共有 101 厂年·次（统计生产厂数和年份的乘积，其中有一个厂一年的数据遗失）的统计数据。

（3）数据拟合。基于统计数据对汽车装配厂能效进行拟合得到式（3-1）和式（3-2）所示的拟合式，其中式（3-1）是用所拟合的各厂能效的计算式，式（3-2）是所拟合的最佳实践值的计算式。即

$$\frac{E}{Y} = f(U_{til}, HDD, CDD, CDD \cdot AT, WB) + u - v \tag{3-1}$$

式中　　E——待评价汽车装配厂统计期内总燃料消耗量或电能消耗量；

　　　　Y——待评价生产厂统计期内所生产的汽车产量；

　　　U_{til}——厂利用率，定义为年产量/厂规模；

　　HDD——采暖度日数，指一年中室外日平均气温低于指定度数的累积度数，它与厂位置和年份有关；

　　CDD——降温度日数，指一年中室外日平均气温高于指定度数的累积度数；

$CDD \cdot AT$——厂内有空调调节（air-tempered）降温度日数；

　　WB——一次产品的轴距，用来反映汽车大小；

　　　u——单边误差，待评价生产厂的无效性（即生产厂实际能效值相比参比值的偏离程度），符合 Gamma 单边分布 $U \sim \theta(0, P)$；

　　　v——随机误差，由统计造成，符合正态分布 $v \sim N(0, v^2)$；

　$u - v$——是实际能耗和最佳实践值之间的偏差。

$$f = A + \beta_2 U_{til} + \beta_3 U_{til}^2 + \beta_4 HDD + \beta_5 CDD + \beta_6 CDD \cdot AT + \beta_7 WB \tag{3-2}$$

当式（3-1）和式（3-2）是用于计算汽车装配厂单位产品总能源消耗量，用统计值算得两式中各变量的待定系数值见表 3-3。

表 3-3   汽车装配厂单位产品总能源消耗量计算式各变量系数值

变量	A	β_2	β_3	β_4	β_5	β_6	β_7	Θ	P	Θ_v
数值	0.597	-17.27	6.982	1.962	1.299	0.723	0.046	0.154	0.527	$4.98 \cdot 10^{-6}$

（4）线性插值法为待评价生产厂能效打分。假设有一待评价厂单位产品总能源消耗量为 6MBtu/1000 辆车，通过步骤（3）所拟合式算得本厂条件下参比值平均值为 6.92MBtu/1000 辆车，高能效值厂（可得能源之星的最大值）为 5.66MBtu/1000 辆车。如果令平均值厂得分 50，高能效值厂得分 75，则本厂电能消耗的能源绩效指标得分即为 67。

同理，假设有一待评价厂单位产品电耗为 0.055kWh/\$，通过步骤（3）所拟合式算得本厂条件下参比值平均值为 0.065kWh/\$，高能效值厂（可得能源之星的最大值）为 0.049kWh/\$。如果令平均值厂得分 50，高能效值厂得分 75，通过线性插值可得本厂电能消耗的能源绩效指标得分为 66。某厂评价结果见表 3-4。

分数项目	平均值	最优值	某厂值
单位产品总能源消耗（万焦/千辆车）	692	566	600
得分	50	75	67

表 3-4　　　　　　　　　　　　某厂评价结果

随机前沿分析通过一种线性回归方法解决了在自己生产条件下比对值的获取问题。但由于不可比因素必须通过参数表示，当影响参数较多或能效与参数间关系复杂时，关系式拟合比较困难。

（二）简单指标比对法

日本、俄罗斯等国多采用简单指标对比法。简单指标进行能效比主要针对终端用能产品。如客车（汽油或柴油驱动）、载货卡车（汽油或柴油驱动）、空调、荧光灯、电视接收器、复印机、冰箱、冷冻库等日常生活中常用的高耗能产品。

日本简单指标对比实施方法如下：

（1）首先设定设备目标能效值，所有设备制造商和进口商都必须在规定目标年份完成这个具有挑战性的目标，对于完成目标的制造商进行奖励，完不成的通报批评并下行政命令。

（2）所用指标均为耗能设备最基本的能效指标，如空调的能效用"性能系数"来衡量。

（3）目标能效值主要选取为各生产厂在自身条件下所能达到的最高能效水平，其具体设置上又有如下特点：

1）基于不可比因素分组设置目标能效值（分组对标）。基于一些不可比因素如设备容量、大小、质量、燃料种类和技术种类等把设备分为不同的组，具有相近因素值的分为一组，每组中的最高能效值被设置为本组的目标能效值。

如对空调能效的目标值设定如图 3-3 所示，能效指标选为"性能系数"，制冷设备目标值依据制冷能力被分为 5 组，能效目标值从制冷系数为 3.1～5.27 不等。

2）目标能效值的设置不是一定要等于每组中的最佳实践值，也可高于或低于此值。考虑到技术的革新和扩散，如果在目标年到来之前能效极有可能超过最优能效实践值，所设定的目标能效值就应高于当前的最佳实践值，如由于 DVD 技术进步较快，对 DVD 播放器的目标能效设置可以比现有的最好能效水平高 5%。如果一个产品达到了同组的最高能效，但其他设备要达到这个能效值必须使用这个设备所具有的特有技术，这时该产品的能效值并不会被设置为标准值，目标值将低于最佳实践值，以防止垄断。

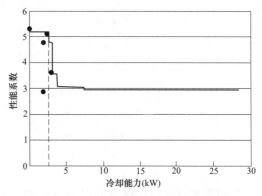

图 3-3　空调简单指标法进行分析

（4）生产多种产品时，厂综合能效的计算方法为：将每个装置能效与其目标能效的偏差值（Y_i）（大于正，小于负）进行加权平均算整个厂的能耗值，以产品数量（X_i）作为权重，如图 3-4 所示。

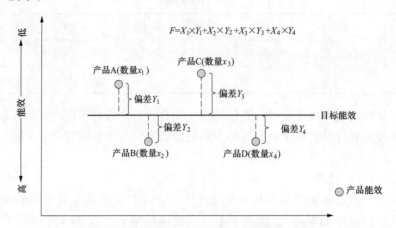

$$F=X_1\times Y_1+X_2\times Y_2+X_3\times Y_3+X_4\times Y_4$$

图 3-4　简单指标法评价多指标时用加权平均法

俄罗斯能效指标比对法如下：俄罗斯能源资源较丰富，节能方面起步较晚。2008 年，俄罗斯 889 号总统令提出 2020 年单位 GDP 能效比 2007 年降低 40％的目标。2009 年，俄罗斯能源部主持成立了俄罗斯能源署进一步推进国家的能源有效利用及节能方面的工作。俄罗斯的工业部门的能效评价基于各层次的能效指标，层次划分及相应的指标如图 3-5 所示。

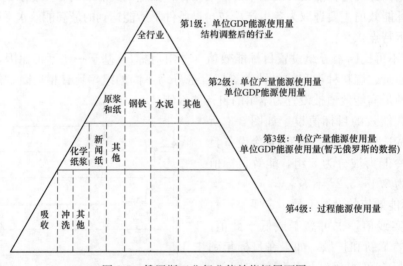

图 3-5　俄罗斯工业行业能效指标层面图

其中工业行业四个层次及其对应的指标从上到下分别为：①工业行业：单位 GDP 能耗，结构调整强度。②二级子行业：单位产品能耗，单位 GDP 能耗。③生产装置：单位产品能耗。④生产工序：过程能耗。

（三）我国大机组评比法

1. 评价方法

我国电力行业大机组排名由中国电力企业联合会主办执行，采用简单指标对照法，以供电煤耗为排名基础，并对油耗与水耗进行比较。

　　供电煤耗排名时，先分空冷机组和湿冷机组两大类，并进而在每种大类下按容量分为12小类，分别为：超临界机组 4 组别，分别为 1000～1050MW 超超临界机组、600～680MW 超超临界湿冷机组和 600～900MW 超临界湿冷机组、600～1000MW 空冷超（超）临界机组；亚临界机组分 8 组别，分别为 600～700MW 亚临界湿冷机组、500～800MW 超临界俄（东欧）制机组、600～700MW 空冷亚临界机组、300～370MW 纯凝湿冷机组、300～370MW 供热湿冷机组、300～330MW 纯凝空冷机组、300～330MW 供热空冷机组、350～370MW 进口纯凝湿冷机组（国产 350MW 超临界机组）。

　　油耗能效分 3 类，分别为机组油耗指标按无油点火、微油点火、常规点火进行。

　　发电综合耗水率分 4 类，分别为空冷机组、湿冷开式循环冷却机组、湿冷闭式循环冷却机组。

　　2. 修正

　　早期排名时辅助以一定的修正量，以排除环境等客观因素的影响。修正量分别为 R_S、R_M、R_L、R_F、R_T，即机组投运时间修正系数、燃煤成分修正系数、冷却方式修正系数、负荷率修正系数、烟气脱硫脱硝修正系数，如表 3-5～表 3-9 所示。

表 3-5　　　　　　　　　　　　机组投运时间修正系数 R_S

序号	机组投运时间	修正系数
1	≤25 年	1
2	>25 年且≤30 年	0.99
3	>30 年	0.98

表 3-6　　　　　　　　　　　　燃煤成分修正系数 R_M

序号	入炉煤成分（质量分数）		修正系数
1	挥发分	>19%	1
		≤19%	1+0.002(100V−19)
2	灰分	≤30%	1
		>30%	1+0.001(30−100A)

注　1. V、A 为入炉煤收到基挥发分、灰分。
　　2. 修正系数 R_M 为挥发分、灰分修正系数的乘积。

表 3-7　　　　　　　　　　　　冷却方式修正系数 R_L

序号	冷却方式		修正系数
1	水冷	开式直流冷却　冷却水提升高度≤10	1
		开式直流冷却　冷却水提升高度>10	1+0.01×(10−H)/H
		闭式循环冷却	0.99
2	空冷	间接	0.97
		直接	0.96

注　H 为开式冷却水提升高度（m）。

表 3-8   负荷率修正系数 R_F

序号	报告期机组负荷率	修正系数
1	86％及以上	1
2	75％（含）～86％	0.995
3	70％（含）～75％	0.99
4	70％以下	0.985

表 3-9   烟气脱硫、脱硝修正系数 R_T

烟气脱硫、脱硝装置		修正系数
脱硫	投入率 $\lambda \geqslant 90\%$ 　　入炉煤硫分 $S \leqslant 1.2\%$	1
	入炉煤硫分 $S > 1.2\%$	$1-\lambda \times (100S-1.2)/100$
	投入率 $\lambda < 90\%$ 　　入炉煤硫分 $S \leqslant 1.2\%$	$1+0.015 \times (1-\lambda)$
	入炉煤硫分 $S > 1.2$	$1+0.015 \times [(1-\lambda)+(100S-1.2)/100]$
脱硝	无烟气脱硝	1.0
	有烟气脱硝	0.995

注　1. λ 为烟气脱硫投入率，投入率小于 90％时进行修正。

　　2. S 为入炉煤硫分（单位：％）。

　　3. 修正系数 R_T 为同时满足表中各项对应数值的乘积。

3. 评价结果

评价结果分为以下三类：

（1）标杆机组。达到该类别机组能效指标前 20％平均值的机组为能效对标标杆机组。

（2）标杆先进机组。达到该类别机组能效指标前 40％平均值的机组为能效对标标杆先进机组。

（3）达标机组。达到该类别全部机组能效指标平均值的机组为能效对标达标机组，若某类别机组统计台数不满 20 台，则只给出达标值。

二、学术法

（一）泰勒展开法

泰勒展开法（Taylor series expansion）是我国台湾地区的一位学者提出的针对工业生产厂的能效评价方法。它基于计算单位产品综合能耗，通过能效坐标图的方式定性地给出能效所处的范围水平，具体实施步骤如下：

1. 选择影响能效的变量

把影响该指标的因素包括过程设备、操作方法、能源种类、原材料、生产管理、节能行为和生产负荷利用率等，分为两大类，其中前六种为内部因素，第七种为外部因素。并用变量 β 来表征内部因素，变量 α 来表征外部因素。外部因素与生产容量利用率有关，可用式（3-3）来表示；内部因素直接影响能源消耗，可用式（3-4）来表示。基于 α、β 两个参数的单位产品综合能耗表达式为式 （3-5）。

$$\alpha = \frac{Q_r}{Q_d} \tag{3-3}$$

$$\beta = \frac{E_d - E_r}{E_d} \tag{3-4}$$

$$ECPU = \frac{E_r}{Q_r} = f(\alpha, \beta) \tag{3-5}$$

式中　$ECPU$——待评价生产厂单位产品综合能耗指标；

　　　Q_r——统计期内待评价生产厂实际产品产量；

　　　Q_d——统计期内待评价生产厂设计产品产量；

　　　E_r——统计期内待评价生产厂实际能源消耗量；

　　　E_d——统计期内待评价生产厂设计能源消耗量。

2. 实施泰勒展开运算

对 $ECPU$ 指标进行泰勒展开，基准值为 $\alpha=1$、$\beta=0$ （与设计值无偏差），并保留二阶精度。可得计算式为

$$ECPU = \frac{E_r}{Q_r} \cong \frac{E_d}{Q_d} + \Delta\alpha \frac{\partial f}{\partial \beta} + \Delta\beta \frac{\partial f}{\partial \beta} \cong \frac{1}{2 - \frac{1}{\alpha}} \frac{E_d}{Q_d} + \frac{-\beta}{2 - \frac{1}{\alpha}} \frac{E_d}{Q_r} \tag{3-6}$$

3. 通过在坐标图中的位置判断待评价生产厂的能效水平

依据待评价生产厂算出的 α、β 两个参
数数值，并描述在坐标图上，如图 3-6 所示。
其中，横坐标为 $\beta=0$ 对应的线，纵坐标为
$\alpha=1$ 对应的线。$\beta=\beta_s=1-\alpha$ 为从左上至右
下的一条斜线，该线把整个区域分为两大部
分。其中右上半部分为实际 $ECPU$ 小于设
计 $ECPU$ 部分，即 $E_r/Q_r < E_d/Q_d$；左下部
分为实际 $ECPU$ 大于设计 $ECPU$ 部分，即
$E_r/Q_r > E_d/Q_d$。从 $ECPU$ 指标来看，处于
右上部分区域的生产厂能效较高，左下部分
能效较低。但在具体划分时有更细致的划分
方法，以下结合图 3-7 做进一步介绍。

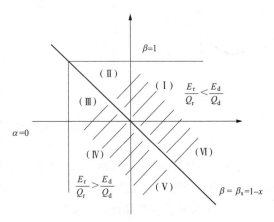

图 3-6　泰勒展开评价法示意

图 3-6 所示区域 I 中 $\alpha>1$，意味着实际产品量多于设计值，$\beta>0$ 意味着实际总能耗小
于设计值，此时又满足实际 $ECPU$ 小于设计 $ECPU$ 值，因此该区域能效水平为优；区域 IV
中 $\alpha<1$ 意味着实际产品量小于设计值，$\beta<0$ 意味着实际总能耗大于设计值，且实际 $ECPU$
大于设计 $ECPU$ 值，该区域能效评比结果为差；区域 II 中 $\alpha<1$ 意味着实际产品量小于设计
值，$\beta>0$ 意味着实际总能耗小于设计值，此时实际 $ECPU$ 小于设计 $ECPU$ 值，因此该区域
为良；区域 III 的实际产品量和生产总能耗量与设计值比有相同的特点，但实际 $ECPU$ 大于
设计 $ECPU$ 值，因此该区域的能效水平为中。其余区域的能效水平评价以此类推。上述分
析结果见表 3-10。

表 3-10 　　　　　　　　　　　　各区域能效评价结果

区域	α	β	能效水平	ECPU
I	$\alpha>1$	$\beta>0$	优	
II	$\alpha<1$	$\beta>0$	良	$\dfrac{E_r}{Q_r}<\dfrac{E_d}{Q_d}$
IV	$\alpha>1$	$\beta<0$	良	
VI	$\alpha<1$	$\beta<0$	差	
III	$\alpha<1$	$\beta>0$	中	$\dfrac{E_r}{Q_r}>\dfrac{E_d}{Q_d}$
V	$\alpha>1$	$\beta<0$	中	

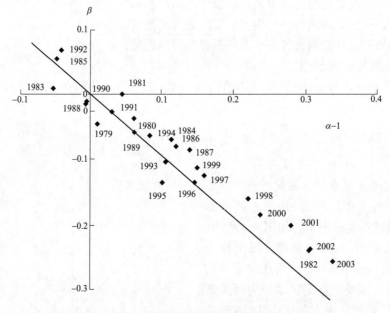

图 3-7　泰勒展开评价法结果示意

设计值与实际运行值比较，因此只能比较本厂在不同条件下的能效变化情况，在进行不同厂之间的能效比较时无优势。

（二）多指标多环节综合评价法

多指标多环节综合评价法通过数学模型把描述被评价对象不同方面信息的多个指标综合起来，得到一个综合指标，由此来反映被评价事物的整体情况称为多指标多环节综合评价方法，常用方法如图 3-8 所示。这里将介绍一些综合评价法中的常用方法，如综合指标构造法、数据包络法、逼近理想值的排序方法在能效评价方面的应用。

1. 综合指标构造法

综合指标构造法（Composite Indicator Construction）是对待评价耗能单元的子单元的能效指标进行综合，在其基础上构造出综合能效指标，以实现对耗能单元的能耗水平进行评价。与图 3-8 所示其他三种方法不同的是，综合指标构造法是在关键耗能环节的基础上构造综合指标的。综合指标构造法实施的主要步骤如下：

（1）选择子指标。

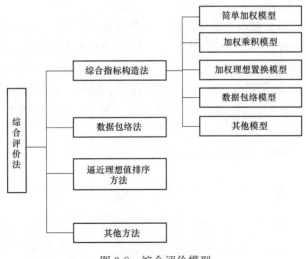

图 3-8 综合评价模型

(2) 数据搜集和预处理（同向化和无量纲化）。

(3) 选取权重系数。

(4) 选取综合模型进行加权运算得出综合指标值。

依据权重系数和综合模型的不同，综合指标构造可分为简单加权模型、加权乘积模型、加权理想置换模型和数据包络模型。其中简单加权模型的计算式为

$$I_i = \sum_{j=1}^{n} \omega_j r_{ij} \qquad i = 1, 2, \cdots, m \tag{3-7}$$

式中　I_i——综合指标值；

ω_j——第 j 个子指标的权重值；

r_{ij}——第 i 个待评价单元第 j 个子指标值；

m——待评价单元总数目；

n——子指标总数目。

例如：

厂 1：　　$a_1 \times A_1 + a_2 \times B_1 + a_3 \times C_1 = SUM_1$

厂 2：　　$a_1 \times A_2 + a_2 \times B_2 + a_3 \times C_2 = SUM_2$

这个方法将不同待评价单元相同变量的权重设为相同，计算简单。我国"清洁生产评价指标体系"对综合指标的构造就是基于该模型。但用该模型对不同的生产厂进行能效评价时，如果它们具体的耗能单元种类不同，就会得出不太合理的评价结果。

2. 数据包络 DEA（Data Envelopment Analysis）法

当被衡量的同类型组织有多项投入和多项产出，且不能折算成统一单位时，就无法算出投入产出比的数值。例如大部分机构的运营单位有多种投入要素，如员工规模、工资数目、运作时间和广告投入，同时也有多种产出要素，如利润、市场份额和成长率。20 世纪 70 年代末产生的数据包络分析（DEA），在应对多输入、多输出问题的能力是具有绝对优势的。

DEA 法是一种基于"输入"和"输出"的线性规划方法。针对耗能单元能效水平进行评价时，DEA 法把多种投入和多种产出转化为效率比率的分子和分母，以反映产出对投入

的比率。与线性回归方法相比，DEA 通过判断耗能单元是否处于生产前沿面上把不符合条件的因素先排除掉，然后在更小的范围之内而不是对整个集合内，比较各耗能单元之间的相对效率（有点似于分类对比），因而在使用给定的同样数据 DEA 比回归方法更有效，结果更有指导性。DEA 法中最广泛应用的是 C^2R 模型，于 1978 年由美国德克萨斯大学教授 A. Charnes 及 W. W. Cooper 和 E. Rhodes 发表的论文《Measuring the efficiency of decision making units（决策单元的有效性度量）》正式提出，其线性数学模型如式（3-8）所示。

$$\max[\theta_{C^2R(k_0)}] = \sum_{j-1}^{n} u_j y_{jk_0}$$

$$\text{s. t. } \sum_{i-1}^{m} v_i x_{jk_0} = 1 - \sum_{i-1}^{m} v_i x_{jk} + \sum_{j-1}^{n} u_j y_{jk_0} \leqslant 1 \quad k = 1, 2, \cdots, k \quad (3\text{-}8)$$

$$v_j \geqslant 0 \qquad\qquad j = 1, 2, \cdots, n$$

$$v_i \geqslant 0 \qquad\qquad j = 1, 2, \cdots, m$$

式中　$C^2R(k_0)$——第 k_0 个待评价单元基于 C^2R 模型的能效评价指标值；

$\quad\quad x_{ik_0}$——第 k_0 个待评价单元的第 i 个输入指标值；

$\quad\quad y_{jk_0}$——第 k_0 个待评价单元的第 j 个输出指标值；

$\quad\quad v_i$——第 k_0 个待评价单元的第 i 个输入指标的权重值；

$\quad\quad u_j$——第 k_0 个待评价单元的第 j 个输出指标的权重值；

$\quad\quad m$——输入指标总数目；

$\quad\quad n$——输出指标总数目；

$\quad\quad k$——待评价耗能单元数目。

式（3-8）是计算全局效率的 DEA 模型，即待评价耗能单元的实际效率与在保证相同产出量条件下最优规模所对应的。因为 DEA 模型的基本思想是每个待评价单元都会选择一组对自己最有利的权重，来计算自己的综合效率值，所以它还能解决简单加权法遇到的问题。不同权重的选择是基于待评价单元实际运行数据的。每个生产厂找到一组使自己整体能效值最大的权重，从一定程度避免了生产工艺差别带来的不可比性。DEA 模型在综合指标构造法中应用的数学模型计算式为

$$gI_i = \max \sum_{j-1}^{n} \omega_{ij} I_{kj}$$

$$\text{s. t. } \sum_{j-1}^{n} \omega_{ij} I_{ij} \leqslant 1 \quad k = 1, 2, \cdots, m \quad (3\text{-}9)$$

$$\omega_{ij} \geqslant 1 \qquad k = 1, 2, \cdots, m$$

式中　gI_i——第 i 个待评价单元基于 DEA 基本模型的综合指标值；

$\quad\quad \omega_{ij}$——第 i 个待评价单元的第 j 个子指标的权重值；

$\quad\quad I_{ij}$——第 i 个待评价单元的第 j 个子指标值；

$\quad\quad m$——待评价单元总数目；

$\quad\quad n$——子指标总数目。

例如：

厂1：　　　$a_1 \times A_1 + a_2 \times B_1 + a_3 \times C_1 = SUM_1$

厂 2： $b_1 \times A_2 + b_2 \times B_2 + b_3 \times C_2 = SUM_2$

式（3-9）的缺点是可能会出现多个耗能单元的能效值相同（如例中的 $SUM_1 = SUM_2$），以至于它们之间能效水平的高低无法比较。因此，一些学者提出了一些修正模型，如某一种方法为：先拓展模型式（3-9），提出一个相似模型见式（3-10），然后在模型式（3-9）和式（3-10）的基础上按简单加权模型构造综合模型见式（3-11），此模型用来比较决策单元的最终综合指标值。

$$bI_i = \min \sum_{j-1}^{n} \omega_{ij}^{b} I_{ij}$$

$$\text{s. t.} \sum_{j-1}^{n} \omega_{ij}^{b} I_{kj} \geqslant 1 \quad k=1,2,\cdots,m \tag{3-10}$$

$$\omega_{ij}^{b} \geqslant 0 \qquad j=1,2,\cdots,n$$

$$CI_i(\lambda) = \lambda \frac{gI_i - gI_{\min}}{gI_{\max} - gI_{\min}} + (1-\lambda) \frac{bI_i - bI_{\min}}{bI_{\max} - bI_{\min}} \tag{3-11}$$

式中　bI_i——第 i 个待评价单元基于 DEA 拓展模型的综合指标值；

　　CI_i——第 i 个待评价单元的最终综合指标值；

　　λ——对两个 DEA 模型进行综合的权重系数；

　　$gI_{\max}$——基于 DEA 基本模型 g 的最大综合指标值；

　　$gI_{\min}$——基于 DEA 基本模型 g 的最小综合指标值；

　　$bI_{\max}$——基于 DEA 拓展模型 b 的最大综合指标值；

　　$bI_{\min}$——基于 DEA 拓展模型 b 的最小综合指标值。

如用这种方法实施能效评价，可以先选取其中的关键耗能环节，计算它们主要的能效指标值，然后利用上述模型进行综合指标构造，实现整体能效评价，步骤非常复杂。

3. 逼近理想值的排序方法

逼近理想值的排序方法（Technique for Order Preference by Similarity to an Ideal Solution，TOPSIS），是 Hwang 和 Yoon 于 1981 年提出的根据多项指标、对多个方案进行比较选择的分析方法。这种方法的中心思想在于首先确定各项指标的最优方案和最劣方案（分别用最优向量和最劣向量表示），然后求出各个方案与最优值、最劣值之间的加权欧氏距离，由此得出各评价对象与最优方案的接近程度，作为评价方案优劣的标准。

最优方案下的各个属性值都达到各候选方案最好的值，而最劣方案恰恰相反。TOPSIS法只是综合模型，在进行能效评价时，还要选择权重模型与其搭配使用，并对原始数据进行同趋势和归一化处理消除了不同指标量纲的影响，以能充分利用原始数据的信息，所以能充分反映各方案之间的差距、客观真实的反映实际情况，具有真实、直观、可靠的优点，而且其对样本资料无特殊要求，故应用日趋广泛。

三、几种评价方法的优缺点

（1）随机前沿分析法是基于单位产品综合能耗的参比值为中心进行的，在求待评价生产厂能效参比值时候消除了气候条件、生产容量、原材料及产品质量等不可比因素的影响，得到了与待评价生产厂处于相似条件生产厂的最佳能效值，因而它是相对公平的。该方法的难点是在拟合能效参比值时所需要的数据、这些数据的代表性，以及气候条件等因素对于能效参比量的影响方式、规律都很难得到，需要大量的统计数据。目前在我国尚无一家权威机构完成该项工作，因而应用难度很大。

（2）简单指标比对法方法简单，通过对设备参比值设定不同的条件来排除不可比因素的影响而增加评价结果的客观性（即分类对比）。尽管这种这种方法无法排除环境等客观条件所产生影响，但总体而言简单易行，特别适合那些比较简单的产品，如空调、加热器等，得到了广泛的应用。

（3）泰勒展开法以设计值为基础，以产量和能量为坐标，把能效水平通过坐标图定性地给出，非常直观，但是只能用于单位企业自己与自己相比较，应用范围小。

（4）综合指标构造法、数据包络 DEA 方法和 TOPSIS 都是把复杂的数据方法应用于能效评价时的应用，目的都是希望把生产过程和能效联系起来并深入分析。这些方法多以加权平均计算为手段，权数的给定基本上是根据评价者经验给定，抽象而且不完全客观，因而尽管有些方法在学术圈中很流行，但是应用在生产实践中应用很少。

（5）数据来源的评价范围不明确。以上方法均为通用的能效评价方向，因而其在能效统计口径不可能一致，边界不可能统一，修正计算时所用的方法互不相同，因而精度是有限的。

（6）上述所有的评价方法均为只重在强调结果的宏观评价方法，意在"奖勤罚懒"，因而适用于国家、行业等宏观层次的考评。由于它们不能为提高生产效率而提供方向，因而对于需要"自上而下"指导下属企业提升能效的发电集团，需要新的、有针对性的专用能效评价方法。

四、新方法基本要求

几种已有方法都是可以适用任何工业过程的普遍评价方法，由于适用性宽，因而精度较低，特别是用在发电机组的生产过程中，不足以指导机组的优化运行。因而需要研究设计新的专用燃煤机组能效评价方法，把燃煤发电机组作为一个整体并明确统计边界，针对燃煤机组固定的研究对象进行准确的能效评价。要以外部人员来看的角度，选取 DL/T 904 统计的供电煤耗为主要指标，并明确供电煤耗的计算起始点为锅炉入炉煤，终结点为机组上网关口表，并以此为基础建立完善的指标体系来进行统计评价，所建能耗指标体系力求可以在线计算、计算准确，可以如实反映电力生产的效率。

新方法充分考虑到燃煤发电机组的设计条件、设计安装后的实际性能及影响待评价生产厂性能外部的客观因素，如气候条件，排除其影响，保证比较的公正性。

新方法在排除不同因素影响时，需要采用客观的修正方法（不是人为打分或给予权重），保证修正计算符合物理特性而不是完全凭借经验，以保证排除外部条件的合理性。

第二节　DL/T 1929—2018 中能效评价的主要思想

DL/T 1929—2018《燃煤机组能效评价方法》的目的是针对本书第二章统计出来的供电煤耗值，把不同的发电机组、不同的工艺流程、不同的外部条件下机组能效水平放置于同一平台下，客观公正地评价各机组的技术管理水平、是否把机组性能发挥到最好。

一、主要思想

为了排除不同的因素对机组能效水平的影响，DL/T 1929 的核心思路如下：

（1）能效评价工作以整个机组为单位进行，对 DL/T 904 的统计结果进行评价。

（2）充分考虑我国广大节能工作者的习惯，采用煤耗偏差的绝对值大小进行能效水平的评价，用以排除各种不同基础条件带来的影响。研究中通常用偏差值除以原始值后得到相对偏差进行比较，实践中大家对于偏差的绝对值（如 2g/kWh 这样的数据）用得更多，也更有直观意义，所以本书中选择偏差的绝对值作为评价依据。用偏差值进行评价和相对偏差一样，可以排除设计水平不同引起的不公平。当然对于学者而言，也可以采用相对变化量来进行相关工作。

（3）明确机组的外部条件（环境温度、煤、出力系数、供热量的大小），并基于各参数对发电机组整体能效的影响关系把机组折算到实际工作条件下的纯凝工况后再进行比较，用以排除外部条件的影响。

（4）适度从严原则。对于部分小影响参数的修正适度从严，从而保持各个评价对象的能耗水平总小于理想值，以便为管理者、运行人员提出更高的要求，让他们永远处在奋斗的过程中。

（5）方便使用原则。评价与修正过程中尽可能用方便获得的变量，尽可能使用对能效的修正精度高的变量。

基于上述思路，DL/T 1929 适用于单元燃煤纯凝发电机组、通过抽汽对外少量供热（汽）的机组，根据机组的设计条件、机组投运后的实际能耗水平及正常运行条件下的能效水平等数据，其能效评价主要步骤如下。

（1）对机组能效进行统计（前提），获得实际值。

（2）根据机组特性确定机组在当前统计能效的运行条件下、且均为纯凝工作条件下的应达值。这是整个能效评价工作的核心，是机组能效提升的目标和评价基点。

（3）获得条件下实际值与应达值之差，得到两者的偏差。

（4）用偏差进行评价。

第（2）步用到了大量的修正计算，计算时假定的前提条件为：外部条件的变化不影响到汽轮机内部的工况变化，因而它可以适用于单元燃煤纯凝发电机组或纯凝发电机组通过抽汽对外少量的供热（汽）的能效评价。当供热机组供热量变化很大时，由于抽汽量的变化可能会显著和改变机组的三缸效率，修正时不仅仅影响到机组系统的变化，还需要对汽轮机本体的能源转化过程进行修正。预计该过程中机组的参数变化需要进行汽轮机的热力计算才能，超出了一般生产或服务用户的能力，因而修正过程的难度较大。该方法应用于供热机组时需要慎重。

二、关键参数及其应用方法

（一）机组的能源效率

1. 可用的能效效率表达方法

第一章第二节已经对能源效率进行了描述，能源效率即生产过程的能源利用效率，有多种表达方法，如最常见的是用有效利用的能量与实际消耗能量的比来表示。由于单元机组是整个发电机组的核心，所以以机组为单位进行能效评价可以满足从纯生产的技术角度来间接表示生产过程的经济效益。

能源效率的大小与度量时所采用的边界有直接的关系，如同样表示发电机组的能源效率，边界不同可以有供电煤耗、上网煤耗、发电煤耗等指标（参见第二章第二节）。根据能效评价核心思想，如果在以机组为单位、并且确定机组边界的条件下，机组的能效可以直接采用第二章给出的综合热效率来进行评价。

2. 本章使用的能源效率

本章假定能效评价工作由集团公司对其下属进行的内部评价，评价工作自上而下进行，不涉及评价结果与其他集团公司间的对比，则可以认为所有的被评价对象数据对于集团公司是透明的。可以把整个机组作为一个整体的生产单位，按最科学的方法把边界确定为从入炉煤开始、到上网关口表、供热（汽）时关口表或抽汽口，即"一进两出"模型的边界确定机组的供电煤耗（或供电效率）作为机组的能源效率。

机组工作在纯凝工况下时，机组的客户为电网，能源效率可用综合热效率或供电煤耗来表示，两者完全等价。

在供热工况（小规模的热量联产条件下），机组的客户为电网或热用户，因而其向外界提供的能源服务有效输出包括向电网的供电能量和向热网的供电量，原则上应当用两者之和与能量使用量（或投入量）的百分比来度量，即综合热效率来表示。但考虑此时电厂的主营业务仍是发电，供热工作是燃煤发电附加流程，因而尽管供电煤耗与综合热效率意义上有一些微小差异，供电煤耗不能完全表达机组的能源有效利用率，但趋势相同、用供电煤耗来直观地表示能源效率，不会影响评价结果。因此大家还是习惯地使用供电煤耗来表示能源效率（参见第二章第三节）。

为方便对比，本章在评价时把供热工况的机组性能折算回机组纯凝工况下比较以排除供热带来的煤耗变化。

（二）机组的设计性能（design performance）

1. 设计性能的含义

以机组为单位进行评价，首先要考虑的是机组的设计性能。机组的设计性能为机组在设计条件（在一定的设计煤种和环境温度条件，机组满负荷）下的理想性能（最佳性能）。机组作为一个整体设备时，设计性能用设计供电煤耗表示。

机组也在设计条件以外的其他条件下工作时，如不同的负荷下（标准中称为出力系数）或提供一些对外供热服务等，因而机组的设计性能不仅是一个值，而且是很多个工况下多个值的集合。通常机组的设计单位会把设计煤种、设计环境条件固定下来，提供不同负荷条件下机组性能的复合结果（锅炉、汽轮机均有）提供给用户放在说明书中，这些结果我们也认为是机组的设计性能，但最为精确的数据为纯凝工况的设计性能。因而本书把机组纯凝工况的设计性能作为能效评价的基点，也符合第一章第二节所述、在简单纯凝条件进行比较，可以降低能效评价工作的难度，提升能效评价比较的准确度。

由于电力行业内长期重视核心设备而忽视整体性能，所以只有少数机组的说明书中通常提供设计值，而且该值通常设计院根据机组设备选型结果大致估算的，通常只有满负荷条件下一个数，误差通常也比较大，并不适合机组能效评价时使用，需要重新确定。

2. 设计性能的计算方法

第二章给出了机组纯凝工况下供电煤耗计算式（2-10）或式（2-30）两种计算方法。为方便使用，本章把它们统一变为由式（3-12）中由锅炉效率、汽轮机热耗率、管道效率和厂用电率的形式，用于确定设计性能、固有性能等多个性能值。即

$$b_g = \frac{q_{TB}}{293.08\eta_B \times \eta_{gd} \times (100 - L_{cy})} \times 10^7 \tag{3-12}$$

式中　b_g——机组的供电煤耗，g/kWh；

　　　q_{TB}——汽轮机组热耗率，在 GB/T 10184 用 q_q 表示，由于本章中对汽轮机热耗率增加很多修正，所以为方便把原来的下标"q"改为本处的"TB"，kJ/kWh；

　　　η_B——锅炉燃料效率，在 GB/T 10184 用 η_b 表示，为了避免与"供电煤耗"中的小写"b"混淆，下标改变为大写的"B"，%；

　　　η_{gd}——管道效率，通常取 99%，%；

　　　L_{cy}——厂用电率，由各辅机耗电率相加而得，%。

计算设计性能确定时，各负荷条件下锅炉效率、汽轮机组热耗率可以由厂家给出的说明书中选取，管道效率可以统一取 99% 或其设计值。但厂用电率不能取设计值，而需要测量原因是其值源于设计院根据机组设备选型结果大致估算结果，往往与实际情况差别很大，也是机组说明书中结果误差较大的原因之一。

考虑到机组性能试验运行工况最接近于设计条件，因而可用性能试验时实测的机组厂用电率、设计锅炉效率、设计汽轮机组热耗率来计算供电煤耗值，并作为机组设计值，这是更加贴近实际情况的科学方法。

设计锅炉效率、设计汽轮机组热耗率由锅炉说明书和汽轮机组说明书给出。锅炉说明书、汽轮机组说明书中给出的锅炉效率、汽轮机组热耗率就比机组说明书详细，通常有最大连续出力（BMCR/BTCR）、100%（BRL/THA）、75%、50%、30% 等工况点的数据，可以方便地计算出各工况下机组的供电煤耗，并将各个负荷点下的供电煤耗可以拟合为一条曲线。为了增加拟合曲线的准确性，根据说明书锅炉、汽轮机性能数据的重合点，性能试验时需补充测量相应的厂用电率。为保证曲线的光滑度，DL/T 1929 规定性能试验的负荷点不宜少于 50%THA、75%THA 和 100%THA 三个工况。

3. 性能试验时厂用电率的考虑

泵、磨煤机的工质是液体或固体，其密度与温度的关系不大，做功耗电与环境温度相关性不强。但风机的工质是气体，其密度与温度密切相关，不同温度下，通过风机的介质容积流量将发生改变，使风机的消耗功率也发生变化。如运行过程中环境温度的改变会直接影响一次风机、送风机的工作温度，导致一次风机、送风机耗电率变化；锅炉排烟温度升高，通过引风机的烟气容积将增大，结果使引功率消耗增加，同时导致排烟温度的变化，还会引起风机耗电率的变化；最恶劣的条件下，假如温度高到一定程度，通过风机的容积流量不能再增加，而质量流量又满足不了需要时，将会限制锅炉的出力。因此性能试验应尽可能选在环境温度与设计条件相接近的条件下进行，但是风机工作温度仍会与设计温度有差异。在厂用电率的确定时，大型风机、泵、磨煤机等主厂用电消耗的主力要单独确定，并对以气体为工质的风机进行性能修正。

风机在电厂的耗电约占厂用电的 30%，如果温度条件的差异大到不可以忽略，则可以

按式（3-13）把风机修正设计环境条件下（推导过程见本章第四节第1部分），即

$$L_{\text{cy,FN,cr}} = \left(\frac{t_{\text{a,FN,ds}} + 273.15}{273.15 + t_{\text{a,FN}}}\right)^3 L_{\text{cy,FN}} \qquad (3\text{-}13)$$

式中　$L_{\text{cy,FN,cr}}$——风机风温修正后耗电率，%；

$t_{\text{a,FN}}$——风机实际进风（烟气）温度，℃；

$t_{\text{a,FN,ds}}$——风机设计进风（烟气）温度，℃；

$L_{\text{cy,FN}}$——实测风机耗电率，%。

由于各风机处的工作温度随工作条件的变化程度也并不相同，因而 DL/T 1929 规定送风机、引风机、一次风机的耗电率单独测试、单独分析、单独拟合曲线。

4. 不同负荷条件下的性能曲线

负荷条件是最影响机组性能因素，因而设计性能需要整理成随负荷变化的曲线。如图 3-9 所示为某机组在设计煤种、设计环境温度和设计供热比条件下机组供电煤耗随负荷变化的曲线，在满足各负荷下都能满足性能偏差的修正外，并可以最大程度减少修正的误差。

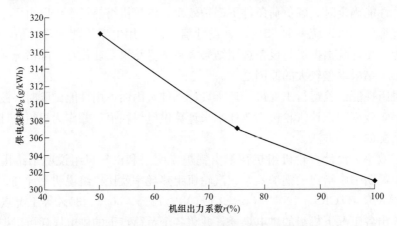

图 3-9　某电厂机组供电煤耗随负荷变化的曲线

如果机组少量对外供热，则供热机组还要加上设计供热比条件。

5. 机组的保证性能

设计性能也就是机组设计的预想性能，从理论上讲是机组的最好性能。但是厂家供货时有可能会在这个性能上留一点裕量作为保证性能，以防被用户扣款。有些机组的说明书中同时提供了设计性能和保证性能，但有些说明书中只提供了保证性能，此时可以把保证性能当作是设计性能。

（三）机组的固有性能（inherent performance）

完成设计后的机组需要进行制造、安装、调试才能投入运行。由于制造、安装、维护等环节很多，通常机组运行时无法达到设计性能，因而特别是用评价结果来衡量管理者的技术管理水平时，需要充分考虑机组自然性能和先天条件的不同，即机组交付给管理者手中时机组本身具有的真实性能，本章中称为机组的固有性能。

机组初次启动后的所有设备，包括锅炉的受热面、汽轮机的叶片、加热器受热面等均为最清洁、最光滑的水平，如果再找有经验的调试单位对机组的运行状态进行优化调整，使设备处于最佳状态，是机组性能最好的时段，是机组性能在真实物质基础上的最佳表现，此时

机组所具有的性能即为机组的固有性能。DL/T 1929 把机组投运后在设计条件下机组具有的实际性能称为机组的固有性能，此时测得的机组能效即为机组的固有性能值，用设计条件下性能试验测得的供电煤耗值来表示，表示机组设计、制造、安装的综合技术水平。

固有性能值可通过性能验收试验获得。虽然性能试验会尽可能选择与设计条件相近的条件进行，但仍会有偏差，包括煤种、环境温度、供热量和出力系数等因素。如果有大的偏差需要通过修正计算把这些条件偏差的影响排除，即通过机组性能试验测试，并经煤种、环境温度、出力系数、供热量修正后到设计条件下，然后再通过式（3-12）确定。性能试验要在机组可靠性运行验证结束后尽快完成，原则上在机组投产半年内要完成首次性能试验。与机组能效相关的设备升级改造，应重新确定设计值和固有性能；机组大修后应重新进行性能试验测定固有性能偏差。

性能评价时，机组往往已经运行了很长时间。因而机组的固有性能值的确定可以通过查阅以前的试验报告方式获得。如果数据来源于早期的性能试验报告（如验收试验报告），则试验报告中的数据也要符合要求，如锅炉效率、汽轮机热耗及辅机的电耗率要同时进行，多个负荷可以覆盖当前运行调整范围等。则查取时至少需要 50%THA、75%THA 和 100%THA 三个工况下机组设计供电煤耗、设计锅炉效率、设计汽轮机组热耗率及各重要辅机的耗电率等参数，然后按出力系数拟合，得到其随机组出力变化的影响规律，作为性能修正计算的基准。在大多数性能试验报告中，锅炉、汽轮机均修正计算包含很多种数据是机组的内部修正，如给水温度变化引起锅炉效率的变化、主汽温度引起的汽轮机组热耗率上升等，需要把这些内部修正的数据从锅炉效率、汽轮机组热耗率的计算中排除后，再应用式（3-12）计算相关负荷下的各个值进行计算供电煤耗。

如果报告的数据不满足机组能效评价的要求，则需要在评价前单独进行性能试验确定机组的固有性能。同样，固有性能测试时锅炉效率、汽轮机组热耗和厂用电率的测试要同时进行。如果需要进行单独的试验，则性能试验最好结合机组的大修，保证机组运行过程中产生的缺陷彻底消除；锅炉效率试验按 GB/T 10184 尽量使试验工况接近锅炉的设计工况，减少参数的修正量（锅炉效率修正到设计煤种和设计进风温度条件下）。汽轮机组的热耗试验按 GB/T 8117.1 在纯凝条件下进行，按 GB/T 8117.1 或厂家提供的背压修正曲线、修正函数将汽轮机热耗率的修正到设计环境温度（空冷机组）或设计凝汽器进口循环水温度的条件下，再通过式（3-12）确定供电煤耗。

试验前最好由专业队伍进行充分的优化调整工作，使试验时机组优化最佳水平，以保证机组性能试验结果真实反映机组固有性能，使结果体现制造、安装、辅机配置水平。

按照第二章的要求，如果机组设置有抽汽暖风器、低压省煤器或有对外抽汽供热（汽）服务时，性能试验中，汽轮机组热耗率计算时输入热量为主汽、再热汽携带的量，不包括低压省煤器吸收的热量；锅炉效率计算时锅炉进风温度为空气预热器进口的一、二次风量加权平均空气温度，排烟温度为空气预热器出口烟气平均温度，锅炉输入热量中不包含暖风器带入的热量。需要根据各出力系数条件下的设计值计算对外抽汽的抽汽效率（efficiency of steam extraction），再按本章第三节中的方法考虑抽汽带来的热耗的影响。

与设计性能相同的原因，固有性能值也是一条随负荷变化的曲线。负荷率最好与说明书给出的说明相对应，以便于对比。根据各个负荷点的供电煤耗进行拟合，如采用多项式拟合，多项式阶数不宜小于 2 以保证可准确性，可加密工况点获得更高精度、更大范围的性能曲线。

（四）固有性能偏差（inherent performance departure）

固有性能偏差规定其为设计条件下机组固有性能与设计性能之间的偏差，这个偏差用固有性能能效偏差值表示。采用设计锅炉效率、设计汽轮发电机组热耗率和实测的厂用电率计算各负荷点设计供电煤耗，采用实测的锅炉效率（修正到设计煤种和设计空气预热器进风温度）、汽轮发电机组热耗率（修正到设计环境温度或循环泵进水温度）、厂用电率（修正到设计环境温度）计算各负荷点供电煤耗，作为固有性能值。机组固有性能偏差值由固有性能值减去设计值后获得，按式（3-14）计算，即

$$\Delta b_{\text{g,n}} = b_{\text{g,pt}} - b_{\text{g,ds}} \tag{3-14}$$

式中　$\Delta b_{\text{g,n}}$——以整个机组为单位，设计条件下的固有性能（供电煤耗）偏差，g/kWh；

　　　$b_{\text{g,pt}}$——以整个机组为单位，修正到设计条件下的性能试验测试供电煤耗值，g/kWh；

　　　$b_{\text{g,ds}}$——以整个机组为单位，基于设计锅炉效率、汽轮机组热耗率及性能试验实测辅机耗电率的供电煤耗值，g/kWh。

设计点的固有性能偏差代表机组制造、安装的水平，也代表了设计的水平（是否达到自己的预想），因此可以评价机组改造潜力的大小。固有性能偏差值越小，说明制造安装水平越高，机组本身固有性能越好，改造潜力越小；反之则固有性能差改造潜力大。

由于大多数情况下，机组的设计性能通常可以认为是机组的最佳性能，所以固有性能偏差通常为正值。但也有可能由于设计时所采用的方法有所保守，导致固有性能有超过设计性能的现象，固有性能偏差显示为负值。

机组的固有偏差是限制机组能效水平的重要原因之一，如果不实施改造，日常运行中的技术管理工作根本无法突破设备性能的偏差。对机组的技术管理水平进行考察时，必须排除固有性能偏差的影响，为了方便在各个负荷下的使用，固有性能偏差也是一条随负荷变化的曲线。

宜找出固有性能不足的原因并进行整改，如制造安装水平差、设备匹配性不强、设计原始参数有偏差等。

（五）机组的实际性能（actual performance）

机组实际性能为机组在实际工作条件下达到的性能，可通过 DL/T 904 统计获得，也可通过试验获得，通常用实际值表示。

在统计实际性能时，除了性能值的本身外，还需要记录统计期间机组的工作背景，如负荷率及实际燃用煤种、环境温度（凝汽器进水温度）、对外供热（汽）量、暖风器投运模式等因素，以便于计算相应的应达值。

考虑到机组的性能主要用于比较正常运行时的性能，因而统计期间如有机组启停操作，实际性能值宜根据 DL/T 904 予以排除启停的影响（即 DL/T 904 中厂用电率中规定以下用电量不计入厂用电的计算：新设备或大修后设备的烘炉、暖机、空载运行的电量；计划大修以及基建、更改工程施工用电量；以及规定非生产用标准煤量应扣除：新设备或大修后设备的烘炉、暖机、空载运行的燃料；计划大修及基建、更改工程施工的燃料）。

（六）外部条件（outside conditions）

评价机组实际工作所处的条件称为机组的外部条件。外部条件又可分为自然因素和市场因素，多为电厂经营管理主体无法通过自身努力而有所改善，主要有四个变量，分别如下：

（1）自然因素。包括环境温度和机组出力系数等，机组出力系数同时受到自然环境或国民经济发展的总体影响而无法改变。

（2）市场因素。包括燃煤煤种、供热量多少两个变量。煤种是可以变回到设计煤种的，但由于煤种作为电厂生产主要成本，其选择往往决定了电厂的经营是否能够得到持续，因而也可以认为是迫不得已而被电厂充分认可的。

外部因素对机组能耗的影响即为外部条件性能偏差（condition based performance departure）。外部条件性能偏差即为机组运行所处的外部条件与设计条件不一致引起的能效偏差，其值即为外部条件能效偏差值。显然，机组应达性能值与固有性能值之间的差值即为外部条件性能偏差值。外部条件性能偏差的影响根据机组的工作机理或者是生产厂家给出的修正曲线来确定，参见本章第三节。

（七）机组的应达性能（desired performance）

在机组实际的工作条件下，假定机组的性能得到了最佳的发挥，则机组应该达到的性能即为应达性能，应达值为此时的预期值，即为"实际可达到的最佳值"，对运行有重要的指导意义。确定机组应达性能的目的是为了与机组的实际性能相比较，以便于对机组的实际性能达到的水平和程度进行评价，节能降耗也应以应达值为目标。

应达性能可以基于固有性能得到，如果机组工作在设计条件下，则机组的应达值就应当是机组的固有性能值。之所以机组的实际性能与评价机组的固有性能有所不同，是因为机组的实际工作条件与设计条件不同，且机组的技术管理不到位，降低了机组的性能。换言之，机组应达性能可以认为是在机组固有性能基础上，排除实际条件与设计条件不一致而对机组能效水平的影响得到的机组的性能，不排除这些影响的性能即为实际性能。

在确定机组固有性能和设计性能时，煤种条件与环境温度是两个固定的条件，这两个条件必然会与实际性能的条件有所不同。为了与机组实际性能相比较，机组应达性能最好与机组实际工作条件相一致，但是如果从应达性能的获致路径（机组固有性能＋机组外部性能偏差）来看，则最好是与机组固有性能偏差确定的外部条件一致。

为了把应达性能和实际性能折算到同一种基准条件下，有下列两种考虑模式：

（1）将固有性能先折算到实际工作条件下，再加上外部条件性能偏差得到应达性能，与实际性能直接比较。

（2）把固有性能加上外部条件性能偏差作为应达性能（此时应达性能值的工作条件即为设计条件），把实际性能折算到设计条件后再进行比较。

两种折算模式的本质是相同的，但考虑到工作过程中的方便性，DL/T 1929 选择第一种方式，规定机组的应达性能为基于被评价机组的固有性能和实际运行条件，被评价机组应达到的性能水平。这样做的考虑主要有以下方面：

（1）在确定机组设计性能、固有性能的过程中，主要根据机组的设计数据和性能试验的数据进行计算，所得到的数据比实际性能统计的数据更为精确。

（2）两种折算模式下的外部性能偏差计算方法略有不同，基于固有性能进行折算计算所得到的外部条件性能偏差是固定的，可以一次性得到并多次应用，在精确度上优于基于实际性能折算到设计条件下时得到的外部性能偏差。

（3）比较时更加简单。

在这种工作设计下，与机组设计性能、固有性能相类似，应达性能也是一条与负荷率相关的曲线。

与外部因素相对应的是机组的内部条件（inside conditions），如主汽温度没达到设计水平、空气预热器堵塞、汽轮机凝汽器端差大等由于技术管理原因造成的因素，也会导致评价机组性能出现性能偏差。这些机组内部条件或因素恰恰反映了机组能效水平提高的方向，是机组能耗诊断过程中主要需要应对的问题，参见第四章。

从设计性能算起到实际性能之间的偏差包括固有性能偏差（即设备性能偏差）和外部条件偏差两大部分。对应于外部条件，其对机组各部分产生的偏差主要包括：

（1）环境温度对锅炉效率、汽机效率和风机耗电率的影响。

（2）煤质对锅炉效率、制粉系统耗电率的影响。

（3）负荷率对锅炉效率、汽轮机组效率和厂用电率的影响。

（4）供热量对煤耗计算结果的影响。

（5）机组老化对于汽轮机组效率的影响。

考虑上述偏差，DL/T 1929 中的应达值以设计值为基准，排除固有性能偏差和外部条件偏差的影响后，把机组修正到实际运行条件。应达值计算式为

$$b_{g,x} = b_{g,ds} + \Delta b_{g,n} + \Delta b_{g,c} \tag{3-15}$$

式中　　$\Delta b_{g,n}$——以整个机组为单位，设计条件下的固有性能（供电煤耗）偏差，g/kWh；

　　　　$b_{g,ds}$——以整个机组为单位，基于设计锅炉效率、汽轮机组热耗率及性能试验实测辅机耗电率的供电煤耗值，g/kWh；

　　　　$b_{g,x}$——机组在当前工作条件下供电煤耗的应达值，g/kWh；

　　　　$\Delta b_{g,c}$——外部条件引起的性能（供电煤耗）偏差，与机组出力系数、外部条件等相关，g/kWh。

（八）最优性能（best performance）

机组最优性能规定为同类机组的最佳性能实达值，其值通常用最优值表示。

最优值为同类燃煤机组的最佳性能实际值，代表了同类型机组设计最佳、制造最佳、安装最佳，且管理水平高把其性能发挥到最好。用最优值与应达值的差值表示设备的升级改造潜力。

最优值可根据行业内机组的评比等结果确定，也可根据实际调研结果确定。行业对标时不少机组会对数据进行某些不正确的修正来获得较好的排名，如利用上网煤耗代替供电煤耗，对某些机组的耗电率进行相对小的折算分摊，存在部分小规模的供热但不排除供热量对供电煤耗的影响等。如汽轮机组抽汽对外供热（供汽）时，供热（供汽）部分能源的效率是按 100% 计算的，有供热的机组能效评仍基于供电煤耗，供电煤耗的数据会明显下降，甚至好于"正常值"。

科学地讲，最优值也应当与应达值的处理过程相同，严格按照运行条件的不同排除外部条件的影响外，然后再与本机组进行对比。但考虑到目前我国电力行业的条块分格，外部条件的偏差处理过程中很多数据无法得到，同时为了保证我们的节能工作永远有工作的目标，对于最优值可以按"适度从严"原则适当保留一点"水分"。

行业对标方法获得的最优值选取时尽可能选择设备和运行条件与参评机组相接近的机组以保证"同类"，同时要选择无供热工况的机组作为对比。例如，某年份 600MW 级亚临界湿冷机组和 660MW 级超临界空冷机组排行如表 3-11 和表 3-12 所示，如本机不供热且为

600MW 亚临界湿冷闭式循环机组，则宜选择不供热且循环冷却方式为闭式的机组供电煤耗小的机组为 6 号机组的 303.8g/kWh 作为最优值；如本机为 660MW 超临界直接空冷机组，宜选用供电煤耗最小的机组为 4 号机组，最优值为 308.24gce/kWh。

表 3-11　　　　　　　　　火电 600MW 级亚临界湿冷机组供电煤耗过程指标

序号	容量 （MW）	供电煤耗 （gce/kWh）	出力系数 （%）	利用小时 （h）	厂用电率 （%）	真空度 （%）	循环冷却 方式	备注
1	600	295.52	63.07	5487.28	4.74	94.66	闭式	供热
2	600	298.88	63.62	3627.00	5.18	95.02	闭式	供热
3	600	298.90	71.48	4899.05	4.48	95.40	开式	
4	600	298.94	61.53	3768.92	5.50	95.11	闭式	供热
5	600	302.02	68.72	5355.38	4.84	95.27	开式	
6	600	303.08	75.69	5515.19	5.47	92.49	闭式	
7	600	303.83	71.58	6287.62	5.12	95.31	闭式	
8	600	304.53	71.72	4280.71	5.61	93.40	闭式	
9	600	304.98	70.28	4149.30	4.91	94.69	闭式	
10	600	305.32	64.12	4542.40	5.15	96.00	闭式	

表 3-12　　　　　　　　　火电 600MW 级超临界空冷机组供电煤耗过程指标

序号	容量 （MW）	供电煤耗 （gce/kWh）	出力系数 （%）	利用小时 （h）	厂用电率 （%）	真空度 （%）	循环冷却 方式	备注
1	660	295.79	70.40	6183.96	6.34	86.70	直接空冷	供热
2	660	296.96	70.39	5263.59	6.31	86.48	直接空冷	供热
3	600	303.29	63.88	4195.48	8.46	91.09	直接空冷	供热
4	660	308.24	70.68	3283.72	9.07	85.36	直接空冷	
5	600	308.25	62.77	4479.82	9.46	85.58	直接空冷	供热
6	660	309.17	71.30	4078.10	8.86	85.29	直接空冷	
7	673	310.59	60.65	4413.31	5.69	92.00	间接空冷	供热
8	600	310.68	66.68	5264.76	5.41	90.15	直接空冷	
9	660	310.68	74.13	5166.74	4.54	86.03	间接空冷	

（九）几个性能的关系

通常，即便是性能非常优异的机组，在实际运行时煤耗一般都会大于设计值，主要经济指标也无法达到设计数据。此时就需要对机组技术管理水平和运行水平进行评价，找出机组各个性能之间存在的差异，分析症结所在并加以改进。机组设计值、固有值、应达值之间的关系如图 3-10 所示。

三、能效评价工作内容

（一）能效评价工作含义

在充分理解以机组为单位进行能效统计及各种条件下机组所具有的性能基础上，我们就

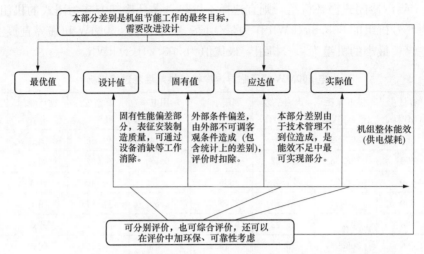

图 3-10　机组设计值、固有值、应达值和实际值之间的关系

可以为能效评价工作进行明确的定义了。能效评价（energy efficiency evaluement）就是根据燃煤机组具体的能量的转化过程，基于机组的最初设计、实际设备及工作条件，确定机组的固有性能和外部条件的影响，进而确定机组在实际运行中能源效率（供电煤耗）达到理想水平的程度。能效评价的目的是帮助分析机组到底有没有把性能发挥出来，在哪一部分存在不足并分析其原因，确定机组通过技术改造的性能提升潜力和通过提高技术管理水平、运行水平的性能提升空间，制定对应的措施，最终实现性能的提升。

（二）能效评价具体工作的思路与原则

1. 能效评价的核心工作

（1）基于设计说明书，利用厂家给定的设计数据和最初的性能试验报告获取设计性能，准备相应的修正式或曲线。

（2）基于机组的设计性能和性能试验数据获取固有性能。根据机组说明书中给出的不同负荷下机组的设计性能和不同负荷下性能实践的测量数据，得到在设计煤种、设计环境温度下机组能效水平，得到机组的固有性能偏差。

（3）基于机组的设计特性确定外部条件修正方法用以确定应达值，基于机组固有性能偏差和外部条件性能偏差，计算当前实际工作条件下机组应当具有的性能水平（应达值）及各个外部条件影响的偏差。外部条件修正方法在第三节全面阐述。

（4）用性能偏差对机组进行评价。

2. 通过固有性能偏差对机组设计、制造、安装的水平进行评价

如果这个固有性能偏差为正，即固有性能落后于设计值，宜找出固有性能不足的原因并进行整改，如制造安装水平差、设备匹配性不强、设计原始参数有偏差等原因，此偏差往往需要对机组进行设备级的消缺和改进才到得以减少。对于偏差值多大时能被接受，各集团公司会选择自己的标准，如一般偏差在 $3\sim5$ g/kWh 的范围都是大家可以接受的。

3. 用应达值与实际值的偏差评价技术管理水平

应达值和实际值的差值表达技术管理水平和运行水平。获得了机组运行性能的应达值和实际值就可以用它们的差值并对机组技术管理水平和运行水平进行评价了。差值越小表明机

组实际性能越接近理想水平，技术管理水平越好；差值越大则表明机组实际性能水平离理想水平越远，机组的技术管理水平和运行水平越差，机组可以通过优化内部的运行方式等工作来提升性能。与固有性能偏差一样，各集团节能工作相关人员非常明白应达值和实际值之间差值的允许范围。

4. 机组整体升级潜力评价

机组升级改造的性能提升潜力用最优值和应达值的差值评价表达：差值小表明机组固有性能好；差值大则机组固有性能差，升级改造潜力大。

机组要达到最优值，往往需要系统级的升级，如实施机组"亚升超"的升参数等改造，工程量往往比较大。考虑到不少的最优值实际上有一定的"水分"，升级潜力的确定需要非常慎重，确定改造方案时一定要通过严格的可行性研究确定，以防整体项目目标过于宏大而最终失败。

5. 机组整体能效评价

机组固有性能、改造潜力和管理水平可单独比较，也可加权平均后对机组总体能效进行评价，三者的权重根据评价目标事先确定，不同的机组进行能效水平比较时宜采用相同的权重。在评价过程中，对机组性能有了深入的了解，以便提出整改建议。

这样，DL/T 1929 通过差值的比较解决了基本面不平衡的问题，根据能效中所包含的设备本身性能、技术管理和整体升级三部分的内涵，通过固有性能、外部条件偏差等概念把供电煤耗一个数据拆分成三个偏差，使其与具体的节能工作相对应，目标明确，方法简单可行。

环境温度是除机组负荷率以外的第二个重要因素，每个月就会有足够的变化量引起机组能效的显著变化，因此建议电厂的节能相关工作人员每月分析一次，以及时排除环境温度变化带来的客观影响。为了及时捕捉到机组整体性能劣化的现象与原因，作为集团级的机组能效监督人员，宜最少一年对机组的整体性能评价一次，评价的过程最好有技术水平优秀的专业人员参加，以及时排查引起性能下降的原因。

第三节 确定机组外部性能偏差所用的修正方法

机组外部性能影响因素主要有煤种、环境温度、负荷率（出力系数）和供热量、汽轮机组老化五个因素。其中，负荷率的影响实际上通过外部性能偏差曲线进行了体现，内容相对简单，在第二节中有了较为充分的阐述，所以本节中主要论述较为复杂的其余四个因素的影响。

一、煤种变化引起性能偏差

（一）煤种改变后对机组性能的影响方式

我国煤炭市场变化很大，每个电厂的实燃煤种都不时地随着市场的变化而频繁变化，且随着电力市场越来越成熟，各电厂往往还需要掺烧一定的劣质煤来降低成本，因而机组入炉煤经常发生变化。不同的煤种煤质相差很大，同煤种也会随产区、矿区、开采年份等因素的不同各成分含量有较大的差异。煤种的不同造成了机组运行参数的变化，对机组的经济性和可靠性造成一定的影响。

煤种的影响主要包括几个方面：

1. 燃烧特性的影响

动力煤种燃烧特性主要由挥发分来决定，挥发分高的煤更容易着火燃尽，挥发分低不易着火，也不容易燃尽。当煤中挥发分发生变化造成锅炉中飞灰可燃物的变化，进而影响到锅炉效率中的固体未完全燃烧损失。

2. 水分的影响

不同煤种的水分含量差别较大，近年来为降低成本，不少电厂掺烧褐煤，使得不少电厂的水分变化很大。水分加大后煤中可燃质含量相对减少，并且在煤粉燃烧过程中水分要吸收一部分热量，造成锅炉有效吸热量降低。此外，煤中水分的增加还会使燃烧产生的水蒸气体积增加，炉膛火焰温度水平降低，燃烧变差，造成包括排烟温度在内的尾部各段烟温升高，增加了排烟损失使锅炉效率下降和引风机耗电量的增加。

3. 灰分的影响

掺煤高灰分煤是入炉煤变化的另一个主要方向。灰分升高，燃烧变差，此外灰分增加会造成锅炉受热面的磨损，也造成效率的下降（通常高水分的褐煤灰分并不是显著的高）。

4. 硫分的影响

锅炉受热面金属温度较低，如果煤中硫分偏高，会造成受热面低温腐蚀，锅炉寿命降低。

总体上讲，假定实燃煤种比设计煤种差（灰分增加、水分增加、燃烧特性变差等），需要对煤种进行修正，其对机组能效方面的影响包含两方面：

（1）对锅炉效率的影响（水分影响烟气量，从而影响排烟损失，挥发分影响燃烧程度，从而影响固体未完全燃烧损失）表现为各个损失的上升，损失上升的总量即为效率的下降总量。

（2）煤种变差后，造成引风机耗电量的增加。

（3）煤种变差后锅炉的给煤量要增加，使得磨煤机耗电率上升。

在燃料变化不影响锅炉各部分受热面的换热系数的条件下，性能试验通常是把实燃煤种与设计煤种的成分进行替换后再求相应的指标以进行修正。本书基本也按同样的思路，研究当锅炉机组更换为现有煤种后机组应当达到什么样的水平，是对设备管理者提出的要求。

（二）实际燃用煤种中挥发分降低后允许的锅炉固体未完全燃烧损失增加量

挥发分 V_{daf} 是煤种分类的主要依据，划分标准见表 3-11，不同煤种的挥发分含量不同，造成煤种的灰渣含碳量的变化，进而通过固体未完全燃烧损失的增加影响到锅炉效率。根据大量的运行结果统计，我国燃用褐煤的锅炉飞灰可燃物含量一般小于 1%，燃用极优质烟煤（如神华煤）锅炉的飞灰可燃物含量在 1% 左右，燃用一般烟煤锅炉的飞灰可燃物含量为 2%～2.5%，燃用贫煤锅炉的飞灰可燃物含量为 3% 左右，燃用无烟煤锅炉的飞灰可燃物含量约为 4%～4.5%。

锅炉固体未完全燃烧损失除了与灰渣可燃物有关外，还与灰渣的总量有关。当煤变差时，往往灰渣的总量与飞灰可燃物同时发生了变化，因此修正时需要按实际的灰渣可燃物重新计算新煤种条件下的固体未完全燃烧损失，然后与设计条件下的固体未完全燃烧损失（包含灰总量与可燃物含量两方面的因素）相减后得到。即实燃煤种变差后可以允许固体未完全燃烧损失 q_4 的增加量为

$$\Delta q_{4,\text{f,cr}} = 337.27 \sum \alpha_{\text{rs},i} \frac{C_{\text{rs},i} A_{\text{ar}}}{Q_{\text{ar,net}}} - q_{4,\text{ds}} \tag{3-16}$$

式中　$\Delta q_{4,\text{f,cr}}$——锅炉煤种变化引起的固体未完全燃烧损失增加值，%；

　　337.27——1kg 碳完全燃烧的放热量，kJ/kg；

　　$q_{4,\text{ds}}$——锅炉固体未完全燃烧损失设计值，根据出力系数确定，%；

　　$C_{\text{rs},i}$——实燃煤灰炉渣的可燃物含量，%；

　　$\alpha_{\text{rs},i}$——灰渣份额，根据 GB/T 10184 或 DL/T 964 选取；

　　A_{ar}——实燃煤的收到基灰分，%；

　　$Q_{\text{ar,net}}$——实燃煤收到基低位发热量，kJ/kg。

我国电力行业标准 DL/T 1052《电力节能技术监督导则》根据大量实际情况，给出了各种煤种下锅炉一般可以达到的灰渣碳含量。煤种变差后允许固体未完全燃烧损失有所增加，但如果灰渣中的可燃物含量 $C_{\text{rs},i}$ 大于表 3-13 所示的限值，说明锅炉的运行水平已经差于通常可见的水平。按适度从严原则，此时要按煤种取表 3-13 所列限值，代替实际的灰渣可燃物计算，表示按常规运行技术水平可以允许固体未完全燃烧损失的最大上升量。

表 3-13　　　　　　　　　各种煤种条件下的飞灰可燃物限值

煤种	无烟煤	贫煤		烟煤	褐煤
	$V_{\text{daf}} < 10$	$10 \leqslant V_{\text{daf}} < 15$	$15 \leqslant V_{\text{daf}} < 20$	$20 \leqslant V_{\text{daf}} \leqslant 37$	$V_{\text{daf}} > 37$
煤粉炉灰渣可燃物限值（%）	5.0	4.0	2.5	2.0	1.2
循环流化床灰渣可燃物限值（%）	10.0	7.0	5.0	3.0	1.5

（三）实际燃用煤种中水分增加后允许的排烟损失增加量

排烟损失是锅炉热损失中最重要的一项，当煤种改变后，排烟损失会发生较为明显的变化。这是因为不同煤种之间水分相差较大，最高可达 50%～60%，在电厂实际工作过程中，往往会进行煤的掺烧，造成煤种水分的变化。

在煤粉燃烧的过程中，水分是不利因素，因为水分汽化时吸热、增加了煤粉着火热、吸收煤粉燃烧释放的热量降低燃烧区温度、不利于煤粉燃尽、增加湿烟气量等因素，使排烟损失 q_2 增加，还增加了引风机电流。

排烟损失 q_2 由空气预热器出口的烟风温差（即空气预热器出口烟气与空气预热器入口空气工质温度的差）和烟气量有关。加入高水分劣质煤后，希望通过燃烧调整工作保持烟风温差不变，则根据 GB/T 10184，用煤中水分变化引起排烟损失增加量为

$$\Delta q_{2,\text{f,cr}} = \frac{1.24 c_{p,\text{wv}} (w_{\text{f,ar}} - w_{\text{f,ar,ds}})(t_{\text{fg,AH,lv,ds}} - t_{\text{a,AH,en,ds}})}{Q_{\text{ar,net}}} \tag{3-17}$$

式中　$\Delta q_{2,\text{f,cr}}$——锅炉煤种变化引起的排烟损失增加值，%；

　　1.24——理论水蒸气比体积，m^3/kg；

　　$c_{p,\text{wv}}$——水蒸气平均定压比热容，$\text{kJ}/(\text{m}^3 \cdot \text{℃})$；

　　$w_{\text{f,ar}}$——实燃煤种的收到基水分，%；

　　$w_{\text{f,ar,ds}}$——设计煤种的收到基水分，%；

　　$t_{\text{fg,AH,lv,ds}}$——设计条件下锅炉排烟温度，℃；

　　$t_{\text{a,AH,en,ds}}$——设计条件下锅炉空气预热器入口进风温度，℃。

因此，$\dfrac{1.24(w_{f,ar} - w_{f,ar,ds})}{100}$ 就表示水分变化引起的水蒸气体积增加量。

（四）实际燃用煤种中水分增加允许的引风机耗电率增加量

煤种中水分变化引起烟气变化，通常水分增加烟气量变大，从而导致引风机耗电率增加从而增加厂用电率。特别说明一点：由于风机的厂用电率的影响中受到多个环节的影响（如排烟温度、大气压力、大气湿度、风机不同工况的效率变化），充分考虑各环节影响比较复杂，且其厂用电率的变化量本身也比较小，因而本书中只考虑最主要的变化因素，即燃料中水分的变化，并假定风机的厂用电率与风机的烟气量成正比的条件下，对引风机的耗电率进行修正。又因风机烟风道有很多挡板，正常运行时均有较大调节裕量，烟风量增加时可通过开大挡板的方式保持压力稳定，因而本书中烟风量变化忽略压力变化影响，仅考虑风量变化因素来修正。煤种中水分变化引起烟气变化从而导致引风机耗电率增加，即

$$\Delta L_{cy,wv} = \frac{0.0124\left(\dfrac{Q_{ar,net,ds}}{Q_{ar,net}} w_{f,ar} - w_{f,ar,ds}\right)}{\alpha_{IDF,ds} K^* Q_{ar,net,ds} + 0.0124 w_{f,ar,ds}} L_{cy,IDF} \tag{3-18}$$

式中 $L_{cy,IDF}$——当前出力系数设计条件下引风机耗电率，%；

$\qquad Q_{ar,net,ds}$——设计煤种的收到基低位发热量，kJ/kg；

$\qquad \alpha_{IDF,ds}$——当前出力系数引风机入口过量空气系数；

$\qquad K^*$——煤种干空气量计算系数，由 DL/T 904 可取 0.000 26，详见表 3-14。

表 3-14 干空气量计算系数表

燃料种类	无烟煤	贫煤	烟煤	烟煤	长焰煤	褐煤
燃料无灰干燥基挥发分（%）	5~10	10~20	20~30	30~40	>37	>37
K^*	0.2659	0.2608	0.2620	0.2570	0.2595	0.2620

式（3-18）的推导过程见本章第四节。

（五）入炉煤总量增加允许的制粉系统耗电量增加

此外，磨煤机和一次风机是制粉系统的主要耗电设备，煤种改变后制粉系统的耗电量将会发生变化，对制粉系统的耗电量进行修正，即

$$\Delta L_{cy,\Delta B} = 100 \frac{b_{zf}}{P}\left(1 - \frac{Q_{ar,net,ds}}{Q_{ar,net}}\right) B_{ds} \tag{3-19}$$

式中 $\Delta L_{cy,\Delta B}$——制粉系统多磨煤后引起的耗电率增加，%；

$\qquad b_{zf}$——制粉系统单耗（包含磨煤机与一次风机或排粉风机），kWh/t；

$\qquad P$——发电机功率，kW；

$\qquad B_{ds}$——锅炉额定负荷下给煤量设计值，t/h。

根据 DL/T 904 计算 b_{zf}，可取统计期的平均值，如果 b_{zf} 含量大于表 3-15 所列的限值，则根据制粉系统形式取表 3-13 所列限值；

表 3-15 各种制粉系统限值

煤种	制粉系统制粉单耗限值（kWh/t）
中储式钢球磨煤机制粉系统	18
直吹式中速磨煤机制粉系统	14

续表

煤种	制粉系统制粉单耗限值（kWh/t）
直吹式双进双出磨煤机制粉系统	25
直吹式高速风扇磨煤机制粉系统	8

计算式的推导过程见本章第四节。

关于煤种修正，大部分情况下，掺煤运行时，水分或挥发分往往只修正一个。煤种差别到底多大时修正由现场工作人员共同确定。

为了简化模型，上述修正过程中忽略了磨煤机台数的影响。

二、环境温度的修正

（一）环境温度的影响方式

环境温度的变化是影响机组性能的最主要因素之一，影响锅炉效率、汽轮机组效率及厂用电率三个方面：

（1）对锅炉效率的影响。环境温度直接影响空气预热器入口温度，而锅炉空气预热器入口空气温度的变化将会直接影响锅炉的排烟温度，进而影响锅炉效率。

（2）对汽轮机组效率的影响。环境温度直接影响凝汽器的真空水平，使汽轮机排汽压力产生很大的影响，进而影响机组的效率，其对机组性能的影响远超锅炉效率，是重点关注对象。环境温度大幅度变化时，还会影响到厂区的供热、暖风器的抽汽量、对外供热等多种因素，进而改变回热系统，也影响汽轮机组的效率。

（3）环境温度变化后，通过风机的烟风体积发生变化，从而对风机的厂用电率发生影响。通过泵的液体体积随温度变化影响较小，可不做修正，因而此项可与锅炉效率影响归为锅炉侧修正。

机组实际运行时，环境温度随季节变化，从而对锅炉排烟温度造成影响，为了评价的准确性，需要对环境温度进行修正，消除环境温度的影响。环境温度与设计条件不一致时，需对锅炉空气预热器入口风温、空冷凝汽器入口空气温度、循环水温度的变化进行修正。

环境温度修正需要同时考虑锅炉效率的修正和汽机效率的修正，无论是锅炉还是汽机均需要修正到设计条件，以便于进行技术比较。

（二）环境温度变化时对锅炉侧的影响

不投暖风器时，环境温度的影响主要体现在锅炉效率和厂用电率的影响，因此需要对这两项进行修正。投暖风器时的修正主要影响到回热系统的变化，因而在本节下文单独阐述。

1. 对锅炉效率的修正

锅炉的修正主要体现为排烟温度的修正。未投入暖风器时，空气温度变化引起锅炉效率下降，根据送风机、一次风机的空气温升和一、二次风流量确定环境温度变化后对空气预热器入口风温的影响，用入口风温对空气预热器出口烟气温度来进行修正，修正方法根据GB/T 10184确定。未投入暖风器时，空气温度变化引起锅炉效率下降，下降量由修正后排烟温度计算，即

$$\Delta q_{2,\mathrm{a,cr}} = q_{2,\mathrm{ds}} \frac{(t_{\mathrm{fg,AH,lv}} - t_{\mathrm{a,AH,en}}) - (t_{\mathrm{fg,AH,lv,cr}} - t_{\mathrm{a,AH,en,ds}})}{t_{\mathrm{fg,AH,lv,ds}} - t_{\mathrm{a,AH,en,ds}}} \tag{3-20}$$

式中 $\Delta q_{2,\mathrm{a,cr}}$——空气温度变化引起锅炉排烟损失增加值,%;

$q_{2,\mathrm{ds}}$——当前出力系数下锅炉的排烟损失,根据出力系数确定,%;

$t_{\mathrm{fg,AH,lv}}$——空气预热器出口烟气温度,℃;

$t_{\mathrm{fg,AH,lv,cr}}$——修正到设计条件下空气预热器出口烟气温度,℃;

$t_{\mathrm{a,AH,en}}$——空气预热器进口空气温度,测量或统计,℃;

$t_{\mathrm{fg,AH,lv,ds}}$、$t_{\mathrm{a,AH,en,ds}}$——空气预热器设计出口、进口空气温度,℃。

排烟温度根据空气预热器进口温度修正,计算方法为

$$t_{\mathrm{fg,AH,Lv,cr}}=\frac{t_{\mathrm{a,AH,en,ds}}(t_{\mathrm{fg,AH,en}}-t_{\mathrm{fg,AH,lv}})+t_{\mathrm{fg,AH,en}}(t_{\mathrm{fg,AH,lv}}-t_{\mathrm{a,AH,en}})}{t_{\mathrm{fg,AH,en}}-t_{\mathrm{a,AH,en}}} \tag{3-21}$$

空气预热器进口空气温度由一、二次风量加权平均,由式(3-22)计算,即

$$t_{\mathrm{a,AH,en}}=\frac{t_{\mathrm{pa,AH,en}}q_{\mathrm{m,pa,AH,en}}+t_{\mathrm{sa,AH,en}}q_{\mathrm{m,sa,AH,en}}}{q_{\mathrm{m,pa,AH,en}}+q_{\mathrm{m,sa,ah,en}}} \tag{3-22}$$

式中 $q_{\mathrm{m,pa,AH,en}}$、$q_{\mathrm{m,sa,AH,en}}$——空气预热器进口一、二次风量,测量或统计,t/h;

$t_{\mathrm{pa,AH,en}}$、$t_{\mathrm{sa,AH,en}}$——空气预热器进口一、二次风温度,测量或统计,℃。

2. 对厂用电率的修正

环境温度增加后一次风机、送风机以环境温度作为基准,用式(3-13)进行修正得当前条件下一次风机和送风机应有的耗电率;引风机以修正后的排烟温度作为基准用式(3-13)修正后得到当前条件下引风机应有的耗电率,按式(3-23)汇总后风机的耗电率增加量。计算式为

$$\Delta L_{\mathrm{cy,FN}}=\sum(L_{\mathrm{cy,FN},i}-L_{\mathrm{cy,FN},i,\mathrm{cr}}) \tag{3-23}$$

式中 $L_{\mathrm{cy,FN},i}$——当前出力与温度条件下的实际风机耗电率,由统计计算,%;

$L_{\mathrm{cy,FN},i,\mathrm{cr}}$——当前出力与温度条件下应有的风机耗电率,通过出力系数确定基准后由式(3-13)修正计算,%;

$\Delta L_{\mathrm{cy,FN}}$——环境温度变化导致风机耗电率增加量,%。

三、汽轮发电机组热耗率的影响

1. 对湿冷机组热耗率的影响

在湿冷机组条件下,环境温度影响体现在对湿冷机组进口水温的变化。严格地说,环境温度变化后,应当以环境温度、冷却塔的幅高等参数确定凝汽器循环水入口温度,进一步对汽轮机组的性能进行修正。这个过程很复杂,而且与实际的设计高度相关,为简化分析过程,可以以凝汽器进口循环水温作为环境温度的定性温度(与锅炉的空气预热器入口温度有所不同)。

对于凝汽器而言,技术管理的高低主要以凝汽器的设计端差为主要考核对象,端差的维持体现了很多内部因素(如凝汽器的清洁程度、真空系统的真空可维持性等)的管理水平。本书中综合考虑技术措施、可实施难度等诸多因素,由排汽温度与循环水入口水温之差把端差与凝汽器入口水温结合起来,并作为凝汽器的维持对象作为考核参数,即体现了不同负荷下凝汽器维持换热能力应该具有的清洁程度、真空维持度、合理的凝结量等因素。排汽温度与循环水入口水温之差可以看作是凝汽器换热工作时需要维持的必需的温差,凝汽器变工况时,汽轮机组排汽温度与凝汽器进口水温之差不变,汽轮机排汽温度随着环境温度的变化而

发生同步变化,并根据该变化的排汽温度确定下一步的优化工作(如环境温度最终导致汽轮机排汽温度过高,可以加大循环水量)。

厂家通常提供汽轮机组背压修正热耗率的曲线(该曲线需要根据厂家设计参数为基础,进行相关数据处理得到),未进行冷端优化试验时,我们可以通过环境温度(循环水入口水温)和相对固定的排汽温度与循环水入口水温之差来计算排汽温度,进一步求得新条件下的背压,并用背压修正得到新的热耗率,把环境温度的影响排除在外。

具体方法如下:

(1)根据设计背压和设计大气压力计算设计排汽压力,按照 IAPWS-IF97 用该压力计算设计排汽温度,该排汽温度与凝汽器进口水温之差即为凝汽器的循环水温升与传热端差之和。如某机组设计排汽压力为 5.88kPa,根据水蒸气压力特性可以计算出该排汽压力下的排汽温度为 31.8℃,设计条件下凝汽器进水温度为 20℃,则按式(3-28)计算循环水入口水温与排汽温度差为 11.8℃。计算式为

$$\Delta t_{CCD} = t_{TB,c,ds} - t_{CD,en,ds} \tag{3-24}$$

式中 Δt_{CCD}——汽轮机组排汽温度与凝汽器进口水温之差,℃;

$t_{TB,c,ds}$——设计排汽温度,℃;

$t_{CD,en,ds}$——设计凝汽器进口水温,℃。

该温差是保证凝汽器传热效果的必需温差,可以随循环水流量的大小发生改变,但是在凝汽器受热面不变的条件下,大幅度减少该温差会付出更高代价。假定为了严格要求,可以以取比该温差略小一点的温差来要求运行单位,如上述事例中可以选择 10℃进行考核;如果为了简单工作,也可以取个整数,如上述事例中可以选择 12℃进行考核。

(2)循环水入口温度改变后,凝汽器排汽温度应达值为凝汽器传热温差与循环水入口水温之和。如上述事例中,假定选定的温差为 10℃,当循环水温上升到 30℃,可确定排汽温度应达值是 40℃,计算式为

$$t_{TB,c} = \Delta t_{CCD} + t_{CD,en} \tag{3-25}$$

式中 $t_{TB,c}$——当前循环水温下汽轮机组应达到的排汽温度,℃;

$t_{CD,en}$——凝汽器实际进口水温,℃。

根据 IAPWS-FC97 确定汽轮机组应达到的排汽压力,并计算其与设计排汽压力的偏差,如上述事例中,进而可确定该条件下排汽压力为 7.38kPa;机组设计排汽压力为 5.88kPa,排汽压力偏差为 1.50kPa。计算式为

$$\Delta p_{TB,n} = p_{TB,c} - p_{TB,ds} \tag{3-26}$$

式中 $\Delta p_{TB,n}$——汽轮发电机组排气压力偏差,Pa;

$p_{TB,ds}$——汽轮发电机组设计排汽压力,Pa;

$p_{TB,c}$——汽轮发电机组排汽压力,由 $t_{th,ex}$ 根据 IAPWS-IF97 确定,Pa。

(3)根据设计排汽压力变化对汽机热耗率的修正曲线,用排汽压力偏差确定热耗率的影响值,即

$$\Delta q_{cw} = q_{TB} - q_{TB,ds} \tag{3-27}$$

式中 Δq_{cw}——循环水入口温度改变造成热耗率的上升值,kJ/kWh;

q_{TB}——当前出力系数条件下的汽机热耗率,kJ/kWh;

$q_{TB,ds}$——当前出力系数条件下热耗率的设计值,由拟合曲线根据出力系数确定,kJ/kWh。

（4）如可通过调节循环水量调整汽轮机组排汽压力，根据循环水泵耗电量增加和排汽压力下降对煤耗的影响，Δq_{cw}基于设计参数，用厂用电率和背压对供电煤耗的影响量随循环水量的变化关系，来确定循环水温升高后循环水泵的最佳运行工况，并计算循环水量增加后汽轮机组热耗率的上升量和厂用电率的增加量$\Delta L_{cy,cw}$。

环境温度对湿冷机组热耗影响总结为：湿冷机组在设计给水量和额定负荷条件下，循环水的入口温度升高，则汽轮机的排汽温度随之升高，导致汽轮机组的热耗增加。如性能验收试验时进行了冷端优化试验，可以根据冷端优化试验结果查询当前环境温度条件下循环泵最佳运行方式条件下的运行背压和耗电率，然后根据背压确定热耗率增加量Δq_{cw}与循环泵耗电率$\Delta L_{cy,cw}$的变化情况。

2. 对空冷汽轮发电机组热耗率的影响

在直接空冷机组的冷却系统中，汽轮机排汽直接进入空冷热交换器中，并与空气进行热交换，环境温度直接影响空冷系统的换热及空冷机组经济运行。环境温度的升高或降低对汽轮机的影响包括两方面：一方面是造成排气温度的变化；另一方面是直接影响机组的背压，进而造成主蒸汽流量热耗的增加或降低。通常情况下，汽轮机组热耗变化量与入口空气的温度呈正比关系。即在相同端差条件下，入口的空气温度越高，机组所产生的热耗越大。空冷汽轮发电机组的修正需要分两步来进行。

首先，根据环境温度修正背压，如图 3-11 所示为空冷机组环境温度对于背压的影响：根据空冷凝汽器性能曲线查询环境温度条件下最优运行方式，确定汽轮机组运行背压和空冷风机的投运模式（台数和转速）；然后再根据汽轮机组的背压确定热耗的增加量Δq_{ACC}和空冷机组厂用电率的变化情况$\Delta L_{cy,ACC}$。

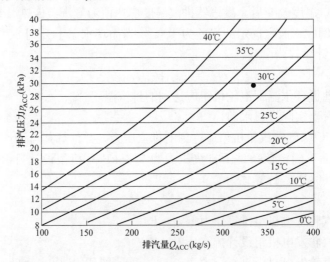

设计点： ●
过热蒸汽流量： 355.525kg/s
过热蒸汽焓： 2507.84kJ/kg
空气进口温度： 32℃
大气压力： 869hPa
风速： ≤5m/s

图 3-11 空冷机组环境温度对于背压的影响

四、供热（汽）量对汽轮机组热耗率影响修正

（一）抽汽用于对外供热/供汽

以往算热耗率时，机组用于对外供热的这部分能量效率被认为是 100%，使得汽轮机组效率上升。但实际上由于对外供热引起机组供电效率上升的原因并非技术管理水平的提升，因而对机组技术管理水平进行评价时，需要把汽轮机组折算到供热量为 0 的效率，再进行比较，即对外供热（汽）量对汽轮机组热耗率影响修正。

汽轮机供热时对效率影响也很大，确定应达值时可以用等效焓降的方法排除其对于煤耗的影响。基于纯凝设计工况的数据，用等效焓降的方法从最后一级加热器根据热平衡方法来计算各级抽汽做功能力和各级抽汽的抽汽效率以及抽汽供热 Q_g（kJ/h）。纯凝机组对外抽汽供热（汽）时，按 DL/T 904 计算的汽轮机组热耗率比纯凝工况的热耗率小，抽汽供热热耗量减少的部分计算式为

$$\Delta q_{hp} = \frac{Q_g(1 - q_{TB}Q_g\eta_{hp}/360\ 000)}{P} \tag{3-28}$$

式中　Δq_{hp}——抽汽供热（汽）时，按 DL/T 904 计算的汽轮机组热耗率比纯凝工况的减少量，kJ/kWh；

　　Q_g——对外供热（汽）时抽汽所包含的热量，供热时取关口表数据，对外供汽时为抽汽焓与抽汽量的积，kJ/h；

　　η_{hp}——供热（汽）抽汽的做功效率，按出力系数根据拟合的曲线确定，%；

　　q_{TB}——汽轮机组热耗量，kJ/kWh。

式（3-28）的推导过程见本章第四节。

（二）抽汽用于厂房供热时对汽轮机组热耗率的修正

如果抽汽热量用于机组自身供热，如在北方寒冷的天气，环境温度明显低于设计温度需大量抽汽对厂房进行供热维持生产时，此时供热是完全损失但是必需的，因而煤耗上升是允许的。对汽轮机组热耗率的影响可按式（3-29）进行修正，即

$$\Delta q_{hs} = \frac{Q_{hs}\eta_{hs}}{360\ 000P} \times q_{TB} \tag{3-29}$$

式中　Δq_{hs}——抽汽用于厂房供热时引起的汽轮机组热耗率增加值，kJ/kWh；

　　Q_{hs}——厂房供热时热量，kJ/h；

　　η_{hs}——厂房供热时热抽汽做功效率，%。

自身供热应维持在最小量（Q_{hs}有最大值限定），以让更多的热量去发电。Q_{hs}的最大值限定由电厂根据需要加热到的温度来折算，要事先确定好。

（三）锅炉暖风器对于汽轮发电机组热耗的影响

暖风器是利用汽轮机低压抽汽加热空气预热器进口空气的热交换器，工作原理如图 3-12 所示。因暖风器是从汽轮机抽汽，所以投暖风器时，锅炉效率不进行修正，对汽轮机组的热耗率进行修正。

此外，暖风器也是抽汽对机组自身供热，暖风器耗用了汽轮机的一部分抽汽，汽轮机由锅炉侧吸收的总热量保持不变，加热暖风器的这部分蒸汽不参与做功，造成汽轮机输出功率减少，这相当于增加了汽轮机的热耗率。

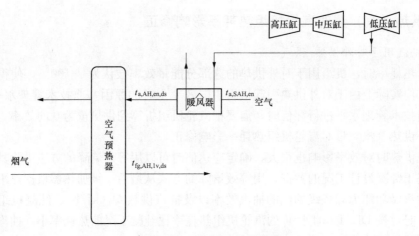

图 3-12 暖风器工作原理图

锅炉投入暖风器，锅炉进口空气温度宜控制在设计温度，暖风器抽汽损失的热量造成汽轮机热耗率上升量的计算方法为

$$\Delta q_{SAH} = \frac{\eta_{SAH}}{100} \times \frac{Q_{SAH}}{3600P} \times q_{TB} \tag{3-30}$$

式中 Δq_{SAH}——暖风器抽汽引起的汽轮机组热耗率增加值，kJ/kWh；

     Q_{SAH}——把空气加热到锅炉设计进风温度所需的暖风器抽汽回热量，kJ/h；

     η_{SAH}——当前出力系数条件下暖风器抽汽的做功效率，由拟合曲线根据出力系数确定，%。

原则上暖风器回热量 Q_{SAH} 只允许把燃烧空气加热到设计的空气预热器进风温度，按式（3-31）计算，即

$$Q_{SAH} = \frac{t_{a,AH,en,ds} - t_{a,SAH,en}}{t_{fg,AH,lv,ds} - t_{a,AH,en,ds}} \times q_{2,ds} \times Q_{ar,net} B_{ds} r \times 0.1 \tag{3-31}$$

式中 $t_{a,AH,en,ds}$——空气预热器进口空气温度设计值，℃；

     $t_{a,SAH,en}$——蒸汽暖风器进口空气温度值，℃；

     $t_{fg,AH,lv,ds}$——空气预热器出口烟气温度设计值，℃；

     B_{ds}——锅炉额定负荷下给煤量设计值，t/h；

     r——机组出力系数，%。

蒸汽暖风器进口空气温度值根据一次风机和送风机出口温度、流量加权平均得到，即

$$t_{a,SAH,en} = \frac{t_{a,PF,lv} q_{m,pa,AH,en} + t_{a,SF,lv} q_{m,sa,AH,en}}{q_{m,pa,AH,en} + q_{m,sa,AH,en}} \tag{3-32}$$

式中 $t_{a,PF,lv}$——一次风机出口空气温度，℃；

     $t_{a,SF,lv}$——送风机出口空气温度，℃。

五、老化对机组热耗的影响

汽轮机设备的老化引起的机组性能下降称为汽轮机性能老化，性能老化的一个重要标志就是热耗率的升高。通常超出 2 个月后机组的性能就会有所体现。

汽轮机老化使汽轮机内效率降低，影响内效率下降的原因是固体颗粒侵蚀和结垢。金属氧化层的剥落是蒸汽中带有固体颗粒的主要原因。这种剥落下来的颗粒的硬度很高，又具有与蒸汽相同的流速，所以对汽轮机阀门、喷嘴、叶片的金属产生侵蚀作用。结垢对汽轮机性能的影响程度取决于它的厚度、位置，以及所导致的表面粗糙度。经验表明，冲动级的结垢主要在静止的喷嘴部分，只有很少一部分在动叶上。结垢减少了级的最大通流能力，影响各级焓降的重新分配，改变速比，造成级效率下降。

此外，部分汽轮机随着运行时间的增加，汽封间隙增加，导致汽封漏汽量增大，汽封间隙的增大部位主要有动叶顶部汽封、叶根汽封和轴端部汽封。汽封间隙增大漏汽量增多，蒸汽做功能力下降，级效率降低。还有部分机组会受到外物冲击通常与固体颗粒侵蚀相似，外物冲击造成损坏的程度比一般颗粒侵蚀要大，同样外物冲击会改变喷嘴、动叶叶型，增加表面粗糙度，严重影响汽轮机效率。

虽然汽轮机效率可以反映机组热力性能水平，但通过试验来确定老化程度是很困难的。国外许多标准都推荐了老化修正的经验式。

1. 德国工业标准（DIN）

DIN 标准规定，在机组交付运行 4 个月以后，就应考虑性能老化问题。从第一次投运起超过 4 个月的月数（不足 1 个月的，按 1 个月计算），每月的老化系数见表 3-16。

表 3-16   DIN 标准老化系数

5～12 个月	13～24 个月
0.1%	0.06%

2. 国际电工委员会（IEC）标准

IEC 标准推荐使用表 3-17 所列出的老化系数。

表 3-17   IEC 标准老化系数（%）

汽轮机额定功率 W_t(MW)	初次启动和试验时的间隔	
	2～12 个月	12～24 个月
≤150	0.1/每月	0.06/每月
≥150	$0.1\sqrt{\dfrac{150}{W_t}}$/每月	$0.06\sqrt{\dfrac{150}{W_t}}$/每月

注   汽轮机汽缸打开的时间不算在内。

3. 美国机械工程师协会（ASME）标准

ASME PTC 6 报告推荐的方法是从许多种类型汽轮机定期进行的焓降效率试验结果得出的，汽轮机老化对热耗的影响按照式（3-33）计算，即

$$\Delta q_q = \frac{BF}{\log P_t}\sqrt{\frac{p_0}{16.55}}\, a q_{TB} \tag{3-33}$$

式中 Δq_q——汽轮机老化引起的汽轮机组热耗率增加值，kJ/kWh；

       BF——汽轮机老化系数，由图 3-13 所示曲线查得，%；

       P_t——汽轮机额定功率，MW；

       p_0——设计主汽压力，MPa；

       a——对燃煤机组取 1.0，对核电机组取 0.7。

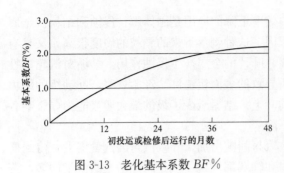

图 3-13 老化基本系数 $BF\%$

机组的老化主要源于叶片光滑度的变差、机组漏汽量的增加等因素。在实际运行中，管理好的机组老化速度可以低于上述系数，甚至长时间维持在几乎没有老化的水平上，但管理差的机组老化速度是惊人的，是否进行老化修正，允许多大的老化修正需要事先确定。

六、外部条件修正总和

外部条件的修正包括三部分：上述所有的修正内容按锅炉效率的修正、厂用电率的修正和汽机热耗的修正三部分整理，老化修正是否修正可以由评价者决定。如果不计老化，三项外部条件修正的总和为

$$\Delta b_{g,e} = b_{g,ds}\left(\frac{\Delta \eta_B}{\eta_B} + \frac{\Delta q_{TB}}{q_{TB}} + \frac{\Delta L_{cy}}{100 - L_{cy}}\right) \tag{3-34}$$

式中　$b_{g,ds}$——当前出力系数下的供电煤耗设计值，由性能曲线计算，g/kWh；

　　　$\Delta \eta_B$——锅炉效率下降总量，%；

　　　Δq_{TB}——汽轮机组的热耗率的上升总量，kJ/kWh；

　　　ΔL_{cy}——厂用电率的上升总量，%。

锅炉效率下降总量、汽轮机热耗率上升总量和厂用电率上升总量分别为

$$\Delta \eta_B = \Delta q_{4,f,cr} + \Delta q_{2,f,cr} + \Delta q_{2,a,cr} \tag{3-35}$$

$$\Delta q_{TB} = \Delta q_{CW} + \Delta q_{ACC} + \Delta q_{SAH} - \Delta q_{hp} + \Delta q_{hs} + \Delta q_q \tag{3-36}$$

$$\Delta L_{cy} = \Delta L_{cy,\Delta B} + \Delta L_{cy,wv} + \Delta L_{cy,FN} + \Delta L_{cy,ACC} + \Delta L_{cy,cw} \tag{3-37}$$

式中　$\Delta L_{cy,cw}$——循环水泵耗电增加量，%。

第四节　能效评价中用到若干公式的推导

一、式（3-13）的来源推导

在设备设计合理的前提下，环境温度对风机电耗的影响主要表现为风速的变化。锅炉侧风机功率 E_f 按式（3-38）计算，即

$$E_f = \frac{V p_f}{\eta_f \eta_m} \tag{3-38}$$

式中　V——空气（或烟气）的体积流量，m³/s；

　　　p_f——风机全压升，Pa；

　　　η_f——风机效率，%；

　　　η_m——电动机效率，%。

假定空气和烟气的质量流量、风机效率和电动机效率等不随环境温度变化，则风机电耗正比于空气（或烟气）的体积流量与全压升的乘积。由理想气体状态方程可知，气体体积与气体绝对温度成正比，近似地认为全压升与气体体积流速的平方成正比，所以风机电耗与气

体绝对温度的三次方成正比关系，即

$$L_f \propto Vp_f \propto T^3 \tag{3-39}$$

式中　L_f——风机厂用电率，%；

　　　T——气体绝对温度，K。

可近似认为 T 即风机进出口温度的算术平均值，环境温度的变化量即风机气体绝对温度的变化量。可以计算出环境温度变化时，对应的风机厂用电率相对变化率为

$$\frac{\Delta L_f}{L_f} = \left(\frac{T+\Delta T}{T}\right)^3 - 1 \tag{3-40}$$

式中　ΔT——环境温度的变化量，K。

据此计算出环境温度变化时，对应的三大风机厂用电率之和厂用电率 L_f 变化情况见表 3-18。

表 3-18　　　　　　　　　三大风机厂用电率随环境温度变化情况算例

环境温度变化量（℃）	一、二次风机（%）	引风机（%）	三大风机（%）
ΔT	$\dfrac{\Delta L_f}{L_f}$	$\dfrac{\Delta L_f}{L_f}$	L_f
−20	−18.8	−14.3	1.00
−15	−14.4	−10.9	1.05
−10	−9.7	−7.3	1.10
−5	−4.9	−3.7	1.15
0	0	0	1.20
5	5.1	3.8	1.25
10	10.4	7.7	1.31
15	15.9	11.7	1.37
20	21.5	15.8	1.42

注　表中假定环境温度变化量为零时，一次风机和送风机对应的气体绝对温度均为 298K（25℃），引风机对应的气体绝对温度为 398K（125℃），一、二次风机厂用电率之和为 0.6%，引风机厂用电率为 0.6%。

二、式（3-18）的来源推导

燃煤中水分增加引起烟气量的增加从而引风机耗电率的增大。通常，在厂家设计资料中没有引风机入口的湿烟气量，因而需要分别计算引风机入口的烟气量。根据 DL/T 904，理论干烟气量计算式为

$$V_{gy}^0 \approx V_{gk}^0 = KQ_{net,ar} \tag{3-41}$$

式中　V_{gy}^0——理论干烟气量，m^3/kg；

　　　V_{gk}^0——理论干空气量，m^3/kg。

引风机入口实际烟气量计算式为

$$V_y = V_{gy}^0 + (\alpha-1)V_{gk}^0 + V_m \tag{3-42}$$

式中　V_y——引风机入口实际烟气量，m^3/kg；

　　　α——过量空气系数（当前出力系数下引风机入口过量空气系数用带角标的 $\alpha_{IDF,ds}$ 表示）；

V_m——烟气中水蒸气的量，由燃烧空气中带入水分、煤种水分、燃料中氢元素燃烧生成的水平构成，m^3/kg。

燃煤中水分变化时，燃煤量通常也发生变化，因而总烟气量应该是烟气量 V_y 与燃料量的乘积。用烟气量来修正煤种中水分变化引起烟气变化从而导致引风机耗电率增加，即

$$\Delta L_{cy,wv} = \frac{V_y B - V_{y,ds} B_{ds}}{V_{y,ds} B_{ds}}$$

$$= \frac{(\alpha_{IDF,ds} K Q_{ar,net} + 0.0124 w_{f,ar})B - (\alpha_{IDF,ds} K Q_{ar,net,ds} + 0.0124 w_{f,ar,ds})B_{ds}}{(\alpha_{IDF,ds} K Q_{ar,net,ds} + 0.0124 w_{f,ar,ds})B_{ds}} L_{cy,IDF} \quad (3\text{-}43)$$

式中　$\Delta L_{cy,wv}$——煤种中水分引起引风机耗电率增加量，%；

$V_{y,ds}$——设计条件下的引风机入口实际烟气量，m^3/kg；

B——实际给煤量，t/h；

B_{ds}——设计条件下的给煤量，t/h。

式中分子是燃煤种水分变化引进烟气量的变化，分母是设计条件下的引风机湿烟气量（忽略了空气湿分和氢燃烧水分）。

设计煤种低位发热量和实际煤种的低位发热量比给煤量更容易获得，也更加准确，因而将燃料量变换为低位发热量。假定锅炉效率不变，给煤量与煤的低位发热量成反比，则有

$$\frac{B}{B_{ds}} = \frac{Q_{ar,net,ds}}{Q_{ar,net}} \quad (3\text{-}44)$$

将式（3-44）代入式（3-43）中即可获得式（3-18）。

三、式（3-19）的来源推导

制粉系统的耗电量进行修正为

$$\Delta L_{cy,\Delta B} = 100 \frac{b_{zf}}{P}(B - B_{ds}) \quad (3\text{-}45)$$

将式（3-44）代入式（3-45）中即可获得式（3-19）。

四、式（3-28）的来源推导

当机组不对外供热时，机组热耗可按式（3-46）计算，即

$$q_{TB} = \frac{Q_1}{P_0} \quad (3\text{-}46)$$

式中　P_0——发电机功率，kW；

Q_1——汽轮机组热量，kJ/h。

当机组对外供热，按照 DL/T 904 计算，机组热耗按式（3-47）计算，即

$$q'_{TB} = \frac{Q_1}{P} - \frac{Q_g}{P} \quad (3\text{-}47)$$

式中　q'_{TB}——对外供热（汽）后汽轮机组热耗量，kJ/kWh。

$$P_0 = P + Q_g \times \eta_{hp}/360\,000 \quad (3\text{-}48)$$

对外供热（汽）量引起汽轮机组热耗变化为

$$\Delta q_{hp} = q_{TB} - q'_{TB} \tag{3-49}$$

将式(3-46)及式(3-47)代入式(3-49)中,并做简化即可得到式(3-28)。

五、凝汽器设备传热修正模型的推导

凝汽器设备在汽轮发电机组中起着冷源的作用,从传热学角度来看,凝汽器是一种管壳式换热器,它以水为冷却工质,将汽轮机排汽气凝结并带走蒸汽凝结时所释放的潜热。目前,大多数凝汽器都采用水平管外凝结的工作方式,为了使凝结过程持续进行,冷却水需要在循环水泵的驱动下连续不间断的流过冷却管,不断地吸收蒸汽凝结时放出的汽化潜热。凝汽器整个换热过程如图 3-14 所示。包括以下几个环节:

(1)蒸汽在冷却管外表面上的凝结放热。

(2)通过管壁金属本身。

(3)管内外表面上的污垢层的导热。

(4)冷却管内壁对冷却水的对流换热。

凝汽器的换热过程是由多个环节串联组成的复杂传热过程,换热过程包括工质的相变,在凝汽器中,体积很大的蒸汽被凝结成体积很小的凝结水,从而形成真空。

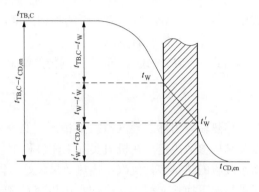

图 3-14　凝汽器的传热过程示意图

图中符号为: $t_{TB,C}$——凝汽器压力下的饱和温度,℃;

$\quad t_{CD,en}$——冷却水温度,℃;

$\quad t_W$——冷却管外壁温度,℃;

$\quad t'_W$——冷却管内壁温度,℃。

根据传热学理论,作为换热器的凝汽器,假定不考虑它与外界的换热,则其热平衡方程式为

$$Q = D_{TB,c}(h_{TB,c} - h_{cw}) = K\Delta T_m A = D_{cw}c_w(t_{CD,lv} - t_{CD,en}) \tag{3-50}$$

式中　Q——凝汽器热负荷,kW;

$\quad D_{TB,c}$——汽轮机排汽量,kg/s;

$\quad h_{TB,c}$——汽轮机排汽焓,kJ/kg;

$\quad h_{cw}$——凝汽器压力下的饱和水焓,kJ/kg;

$\quad K$——总传热系数,kW/(m²·℃);

$\quad \Delta T_m$——对数平均温差,℃;

$\quad A$——换热面积,m²;

$\quad D_{cw}$——冷却水流量,kg/s;

$\quad c_w$——冷却水比热容,kJ/(kg·℃);

$\quad t_{CD,en}$——凝汽器进口水温,℃;

$\quad t_{CD,lv}$——凝汽器出口水温,℃。

在低温范围内,冷却水温升可根据凝汽器热平衡方程式求得,即

$$D_{TB,c}(h_{TB,c} - h_{cw}) = D_{cw}c_w\Delta t_{CD} \tag{3-51}$$

式中　Δt_{CD}——凝汽器进出口水温之差,℃。

根据式（3-51）可得凝汽器进口水温之差为

$$\Delta t_{CD} = \frac{D_{TB,c}(h_{TB,c} - h_{cw})}{D_{cw}c_w} \tag{3-52}$$

对数平均温差代表换热器传热的动力，其大小直接关系到换热器传热难易程度。对数平均温差计算式为

$$\Delta T_m = \frac{t_{CD,lv} - t_{CD,en}}{\ln \dfrac{t_{CD,s} - t_{CD,en}}{t_{CD,s} - t_{CD,lv}}} = \frac{\Delta t_{CD}}{\ln \dfrac{\Delta t_{CD,lv} + \delta_t}{\delta_t}} \tag{3-53}$$

式中　$t_{CD,s}$——凝汽器壳侧蒸汽的凝结温度，℃；

　　　δ_t——传热端差，℃。

由式（3-51）~式（3-53）得到传热端差 δ_t 计算式为

$$\delta_t = \frac{\Delta t_{CD}}{e^{\frac{KA}{4.1816 D_{cw}}} - 1} \tag{3-54}$$

传热端差由标志凝汽器换热情况、真空系统和冷却水工作情况的参数 K、Δt_{CD}、D_{cw}，以及结构参数决定，在机组实际工作过程中，凝汽器端差越小越好。因为端差越小，说明冷却水吸收的热量多，凝汽器传热效果越好，同样的冷却水量可以获得比较高的凝汽器真空，通常情况下换热面积 A、冷却水比热容 C_w 变化很小。运行中如果凝汽器管束表面积垢脏污、真空系统不严密造成漏汽或抽气器故障造成空气积聚，均会引起传热系数 K 下降，端差随之增大。因此机组运行过程中端差常作为监视凝汽器管束清洁程度及漏空气的依据（如果发现端差很快升高，往往是抽气器工作不正常，或真空系统严密性差引起的，如果端差逐渐升高，一般由于凝汽器的铜管表面不清洁所引起的）；如果冷却水系统故障，冷却水温度不变，而冷却水量 D_{cw} 减少，冷却水温度升高，真空下降，也会引起传热端差的增大。可以说凝汽器运行过程中任何原因引起的性能下降均可以传热端差的升高为表征。

如果流过凝汽器的冷却水流量无限大，即冷却水在没有温升的情况下带走热量，同时假定凝汽器的冷却面积无限大，即蒸汽与冷却水之间没有温差的条件下传热，传热端差等于零。

基于设备管理角度，凝汽器不应该漏入空气，所以该标准对凝汽器性能受损漏入空气的影响不予考虑。

在此条件下，凝汽器内的压力应等于冷却水温度相应的饱和蒸汽压力，但是在实际运行中凝汽器的压力总是大于这个理想压力。因为冷却水流量是有限的，即冷却水流过凝汽器后，其温度从 $t_{CD,en}$ 升高到 $t_{CD,lv}$；又因冷却面积也是有限的，蒸汽凝结时释放出的汽化潜热通过管壁传给冷却水，两者必然存在一定的温差 δ_t。在此情况下，蒸汽的凝结温度表示为

$$t_{CD,s} = t_{CD,en} + \Delta t_{CD} + \delta_t \tag{3-55}$$

式（3-55）即为

$$t_{CD,s} - t_{CD,en} = \Delta t_{CD} + \delta_t \tag{3-56}$$

其中，传热端差与凝汽器冷却面积、传热系数、冷却水量及冷却水温度有关，冷却面积不变，在进出口温差不变的条件下求冷却水进口温度 $t_{CD,en}$ 对端差 δ_t 的影响，即针对 $t_{CD,en}$ 对

$\delta_t = \dfrac{\Delta t_{CD}}{e^{\frac{KA}{4.1816 D_{cw}}} - 1}$ 求偏导，根据式（3-56）对 $t_{CD,en}$ 偏微分：

$$\frac{\partial t_{CD,s}}{\partial t_{CD,en}} = 1 + \frac{\partial \delta_t}{\partial t_{CD,en}}$$

$$= 1 - \frac{\Delta t_{CD}}{(e^{\frac{KA}{4.1816D_{cw}}} - 1)^2} \times e^{\frac{KA}{4.1816D_{cw}}} \times \frac{A}{4.1816 \times D_{cw}} \times \frac{\partial K}{\partial t_{CD,en}} \tag{3-57}$$

凝汽器的平均总传热系数 K 采用全苏热工研究院所根据试验和理论分析得到的别尔兹曼式，即

$$K = 4.07 \times \beta_{cm}\beta_d\beta_z\beta_w\beta_t C_s C_a \tag{3-58}$$

式中　β_{cm}——考虑冷却管的内表面清洁度、材料及壁厚的修正系数，按照式（3-59）确定；

　　　β_d——考虑凝汽器蒸汽负荷变化修正系数，当凝汽器在额定蒸汽负荷至 $G_{SC} = \delta_c G_s$ 变工况范围内运行时，$\beta_d = 1.0$，其中 δ_c 按照式（3-60）确定；

　　　β_z——考虑冷却水流程数的修正系数，主要取决于冷却水流程数，但也与冷却水温 $t_{CD,en}$ 有关，按照式（3-61）计算；

　　　β_t——考虑冷却水温的修正系数（凝汽器进口循环水温度修正系数），主要取决于冷却水温，但也与修正系数 β_{cm} 及凝汽器的比蒸汽负荷 G_s 有关，当 $t_{CD,en} \leqslant 35℃$ 时，按照式（3-62）和式（3-63）确定；

　　　β_w——考虑冷却管内流速的修正系数，主要取决于冷却管内循环水流速 V_w，但也与冷却管内径 d_2、修正系数 β_{cm} 以及冷却水温 $t_{CD,en}$ 有关，可按照式（3-64）确定；

　　　C_s——汽侧空气量修正系数，对于凝汽器的结构系数 C_s 而言，不同的机组 C_s 不同，而同一类型的凝汽器 C_s 为一定值，由于 C_s 反映了管束布置对传热效果的影响，所以应在机组刚投运或大修凝汽器清扫后，凝汽器冷却水管足够清洁且真空系统严密性正常的工况下测试 C_s 值，如果凝汽器进行了结构改造使其内部结构发生了变化，则应重新测量 C_s 值；

　　　C_a——冷却管束修正系数，凝汽器内的空气含量取决于漏入空气量和被抽气设备抽出的空气量的差值（假定为），汽侧空气量修正系数 C_a 可由式（3-67）计算得到。

β_{cm} 按照式（3-59）确定，即

$$\beta_{cm} = \beta_c\beta_m \tag{3-59}$$

式中　β_c——冷却管内表面清洁系数，主要取决于循环水供水方式的系数，在直流供水且水中矿物质含量较小时，$\beta_c = 0.85 \sim 0.90$；在循环供水方式中，$\beta_c = 0.75 \sim 0.85$；

　　　β_m——冷却管壁和壁厚修正系数，取决于冷却管的材料与壁厚的系数，对于壁厚 1mm 的黄铜管为 1.0，B_5 管为 0.95，B_{30} 管为 0.92，不锈钢管为 0.85。

$$\delta_c = 0.8 - 0.01t_{CD,en} \tag{3-60}$$

$$\beta_z = 1 + \frac{Z-2}{15}\left(1 - \frac{t_{CD,en}}{35}\right) \tag{3-61}$$

式中　Z——冷却水流程数。

$$\beta_t = 1 - \frac{b\sqrt{\beta_{cm}}(35 - t_{CD,en}^2)}{1000} \tag{3-62}$$

$$b = 0.52 - 0.0072g_s$$

式中 g_s——凝汽器的比蒸汽负荷，kg/(m²·s)。

当 35℃≤$t_{CD,en}$≤45℃时，$β_t$ 按照式（3-63）确定，即

$$β_t = 1 + 0.002(t_{CD,en} - 35)   \tag{3-63}$$

$$β_w = \left(\frac{1.1V_{cw}}{\sqrt[4]{d_2}}\right)^x   \tag{3-64}$$

式中 V_{cw}——冷却管内循环水流速，m²/s；

d_2——冷却管内径，m。

$$V_{cw} = \frac{4D_{cw}Z}{πd_2ρn_s}   \tag{3-65}$$

$$x = 0.12 × β_{cm}(1 + 0.15 × t_{CD,en})   \tag{3-66}$$

式中 $ρ$——冷却水密度，kg/m³；

n_s——冷儿水管数，根；

x——计算指数，按式（3-66）计算。

当冷却水温 $t_{CD,en}$＞26.7℃时，$x = 0.6β_{cm}$。

$$C_a = \frac{K}{K_{CD}C_s}   \tag{3-67}$$

式中 K_{CD}——凝汽器传热系数，kW/(m²,℃)。

凝汽器冷却面积 A 为

$$A = \frac{D_{TB,c}(h_{TB,c} - h_{cw})}{K\Delta T_m}   \tag{3-68}$$

凝汽器冷却管的根数 n_s 为

$$n_s = \frac{4D_{cw}Z}{πρd_2V_{cw}}   \tag{3-69}$$

式中 d_2——冷却管外径，m。

凝汽器冷却管的有效长度为

$$L = \frac{A}{πd_1n_sZ}   \tag{3-70}$$

本部分内容比较复杂，下面根据某 300MW 机组凝汽器的设计参数（详见表 3-19），对上述模型进行验算。

表 3-19   某 300MW 机组凝汽器的设计参数

名称	蒸汽负荷	汽轮机排汽焓	凝结水焓	冷却管内循环水流速	循环冷却水流量	凝汽器冷却面积	凝汽器单位面积蒸汽负荷
符号	$D_{TB,c}$	$h_{TB,c}$	h_{cw}	V_{cw}	D_{cw}	A	g_s
单位	kg/s	kJ/kg	kJ/kg	m/s	kg/s	m²	kg/(m²·s)
数值	165.5	2359.7	143.4	2.0	9000	14 329	0.011 55
名称	冷却管内径	凝汽器冷却管数	循环冷却水流程数	冷却管内表面清洁系数	冷却管壁和壁厚修正系数	汽侧空气量修正系数	冷却管束修正系数
符号	d_2	n_s	Z	$β_c$	$β_m$	C_a	C_s
单位	m	根	—	—	—	—	—
数值	0.026	16 952	2	0.84	0.95	1	0.842

假设冷却水进口温度 $t_{CD,en}=20℃$，出口为 $t_{CD,lv}=30℃$，根据表 3-17 所列设计参数计算各变量的结果如下：

（1）根据式（3-61）有

$$\beta_z = 1 + \frac{Z-2}{15}\left(1 - \frac{t_{CD,en}}{35}\right) = 1$$

（2）根据式（3-62）有

$$b = 0.52 - 0.0072g_s = 0.436\,84$$

$$\beta = 1 - \frac{b\sqrt{\beta_c\beta_m}(35 - t_{CD,en})^2}{1000} = 1 - \frac{0.436\,84 \times \sqrt{0.84 \times 0.95}(35-20)^2}{1000} = 0.9122$$

（3）根据式（3-66）有

$$x = 0.12\beta_{cm}(1 + 0.15t_{CD,en}) = 0.12\beta_c\beta_m(1 + 0.15 \times t_{CD,en}) = 0.383\,04$$

（4）根据式（3-64）有

$$\beta_w = \left(\frac{1.1V_{CW}}{\sqrt[4]{d_2}}\right)^x = \left(\frac{1.1 \times 2}{\sqrt[4]{0.026}}\right)^{0.383\,04} = 1.918$$

（5）根据式（3-58）有

$$K = 4.07\beta_c\beta_m\beta_z\beta_t\beta_w\beta_d\beta_s C_a = 4.785$$

（6）式（3-57）有

$$\frac{KA}{4.1816D_{cw}} = \frac{4.785 \times 14\,329}{4.1816 \times 9000} = 1.822$$

根据上述基本参数，可以计算各个参数变化后对凝汽器排汽压力的影响：

（1）进口水温对于凝结器排汽温度的影响。先根据式（3-57）计算冷却水进口温度 $t_{CD,en}$ 变化对端差 δ_t 的影响，并代入上述数据有

$$\frac{\partial \delta_t}{\partial t_{CD,en}} = -\frac{\Delta t_{CD}}{(e^{\frac{KA}{4.1816D_{cw}}}-1)^2} \times e^{\frac{KA}{4.1816D_{cw}}} \times \frac{A}{4.1816 \times D_{cw}} \times 4.07 \times \beta_{cm}\beta_d\beta_z C_a C_s \times$$

$$\left[\beta_w \times \frac{2b}{1000}(t_{CD,en}-35) + \beta_t \times 0.018 \times \beta_{cm} \times \left(\frac{1.1V_{cw}}{\sqrt[4]{d_2}}\right)^x \times \ln\left(\frac{1.1V_{cw}}{\sqrt[4]{d_2}}\right)\right] = -0.042$$

由此可见，冷却水进口温度 $t_{CD,en}$ 对端差 δ_t 几乎无影响。

蒸汽的凝结温度 $t_{CD,s}$ 随冷却水进口温度 $t_{CD,en}$ 的变化根据式（3-57）可得

$$\frac{\partial t_{CD,s}}{\partial t_{CD,en}} = 1 + \frac{\partial \delta_t}{\partial t_{CD,en}} = 1 - 0.042 = 0.958 \approx 1$$

由此可知，在冷却水进出口温差不变的情况下，蒸汽的凝结温度 $t_{CD,s}$ 的变化应与冷却水进出口温度变化保持一致。排汽温度与凝汽器进口水温之差几乎不随 $t_{CD,en}$ 而发生变化。

（2）冷却水进口温度 $t_{CD,en}$ 对传热系数 K 的影响。根据式（3-58），求 K 对冷却水进口温度 $t_{CD,en}$ 求偏导，并代入上述计算数据可得

$$\frac{\partial K}{\partial t_{CD,en}} = 4.07 \times \beta_{cm}\beta_d\beta_z C_a C_s \times \left[\beta_w \times \frac{2b}{1000}(t_{CD,en}-35) + \beta_t \times 0.018 \times \beta_{cm} \times \left(\frac{1.1V_{cw}}{\sqrt[4]{d_2}}\right)^x \times \ln\left(\frac{1.1V_{cw}}{\sqrt[4]{d_2}}\right)\right]$$

$$= 4.07 \times 0.84 \times 0.95 \times 1 \times 1 \times 0.842 \times \left[1.918 \times \frac{2 \times 0.436\,84}{1000}(20-35) + 0.9122 \times 0.018 \times 0.84 \times 0.95 \times 1.918\right]$$

$$= 0.048$$

由此可见，冷却水进口温度 $t_{CD,en}$ 对传热系数 K 几乎无影响。

（3）冷却水流量的影响。当冷却水进口温度 $t_{CD,en}$ 上升时，可通过增加冷却水流量来降低冷却水进出口温差。根据式（3-52），比热 c_w 变化极小，可认为是一个常数，汽轮机排气量 $D_{TB,c}$ 和排气焓、凝结水焓不变，因此可以得出，冷却水进出口温差 Δt_{CD} 只与冷却水流量 D_{cw} 有关。当冷却水流量不变时，Δt_{CD} 是一个固定值；当冷却水流量变化时，冷却水进出口温差与流量变化成反比。

冷却水量 D_{cw} 对冷却水进出口温差 Δt_{CD} 的影响，根据式（3-52）对冷却水量 D_{cw} 求偏导：

$$\frac{\partial \Delta t_{CD}}{\partial D_{cw}} = -\frac{D_{TB,c}(h_{TB,c}-h_{cw})}{c_w D_{cw}^2} = -\frac{165 \times (2359.7-143.4)}{4.2 \times 9000^2} \approx -0.001$$

根据表 3-17，当冷却水流量为 9000kg/s 时，冷却水进出口温差每升高 1℃，冷却水流量 D_{cw} 降低 1t/s。

冷却水量 D_{cw} 对传热系数 K 的影响可根据式（3-58）对 D_{cw} 求偏导：

$$\frac{\partial K}{\partial D_{cw}} = 4.07 \times \beta_{cm}\beta_d\beta_z\beta_t C_a C_s \times \frac{\partial \beta_w}{\partial D_{cw}}$$

$$= 4.07 \times \beta_{cm}\beta_d\beta_z\beta_t C_a C_s \times x \times \left(\frac{1.1 V_{cw}}{\sqrt[4]{d_2}}\right)^{x-1} \times \frac{1.1}{\sqrt[4]{d_2}} \times \frac{4Z}{\pi \rho d n_s} = 0.000\ 005\ 6$$

由此可见，冷却水量 D_{cw} 对传热系数 K 几乎不造成影响。

冷却水量 D_{cw} 对端差 δ_t 的影响根据式（3-54）对冷却水量 D_{cw} 求偏导：

$$\frac{\partial \delta_t}{\partial D_{cw}} = \frac{\frac{\partial \Delta t_{CD}}{\partial D_{cw}} \times (e^{\frac{KA}{4.1816 D_{cw}}}-1) - \Delta t_{CD} \times e^{\frac{KA}{4.181\ 6 D_{cw}}} \times \frac{A}{4.1816} \times \left(\frac{\frac{\partial K}{\partial D_{cw}} \times D_{cw} - K}{D_{cw}^2}\right)}{(e^{\frac{KA}{4.1816 D_{cw}}}-1)^2}$$

$$= 0.000\ 35$$

由此可见，冷却水量 D_{cw} 对传热系数 K 和端差 δ_t 造成的影响均可以忽略不计，故调节冷却水量不会影响排汽温度与凝汽器出口水温之差。

综上所述，在不考虑凝汽器漏入空气和沾污的情况下，凝汽器变工况时，凝汽器传热系数 K 和端差 δ_t 保持不变。作为对于管理者的要求，我们的目标就是要求通过技术管理保持凝汽器的漏入空气不积集且沾污不恶化，此时可以认为汽轮机组排汽温度与凝汽器出口水温之差不变。

六、最佳循环水量确定的简易模型

凝汽器循环水由多台循环水泵连续供给时，循环水电动机启动时电流成阶梯状曲线，且循环水量大小直接影响循环水泵效率，相对复杂，最佳循环水量的模型通常由厂家提供。如果厂家未提供，则确定最佳循环水量时需要建立相关模型。

如果完整再现循环水总流量与机组热耗间的关系，需要考虑循环泵组的空载电流，循环水流量与温升的关系及其影响汽轮机背压的方式等因素，相对复杂。能效评价主要为了技术管理者提供最优目标（往往优于实际能力），因而在考量循环水最佳运行方式时可忽略影响量较小的空载电流，利用不同循环水量所耗用不同厂用电率，以及因此而产生的不同背压对供电煤耗的影响曲线确定循环水泵最佳运行目标，称为简易模型。

模型获取详细过程如下：

（1）至少取三个工况下循环水流量 D_{cw1}、D_{cw2}、D_{cw3}，根据凝汽器热平衡方程可得

$$Q = D_{cw1} c_w \Delta t_{CD1} = D_{cw2} c_w \Delta t_{CD2} = D_{cw3} c_w \Delta t_{CD3} \qquad (3-71)$$

式中　　　　Q——从汽轮机运行角度看最佳工况的凝汽器换热量，kW；

c_w——循环水比热容，$kJ/(m^3 \cdot {}^\circ\!C)$；

Δt_{CD1}、Δt_{CD2}、Δt_{CD3}——循环水温差，${}^\circ\!C$。

（2）循环水进出口水温之差与循环水流量成反比，因此循环水进出口水温之差随循环水量增大而减小，循环水流量改变后循环水进出口温差为

$$\Delta t_{CD2} = \frac{D_{cw1} \Delta t_{CD1}}{D_{cw2}} \qquad (3-72)$$

$$\Delta t_{CD3} = \frac{D_{cw1} \Delta t_{CD1}}{D_{cw3}} \qquad (3-73)$$

（3）设计汽轮机组排汽温度与凝汽器进口水温之差 Δt_{CCD} 以及端差 δ_t 为固定值，根据式（3-56）可得出 Δt_{CD1} 的值。根据式（3-72）和式（3-73）求得 Δt_{CD2}、Δt_{CD3} 的值。

由循环水进出口温差计算汽轮机组排汽温度为

$$t_{TB,c2} = \Delta t_{CD2} + t_{CD,en} + \delta_{CD} \qquad (3-74)$$

$$t_{TB,c3} = \Delta t_{CD3} + t_{CD,en} + \delta_{CD} \qquad (3-75)$$

式中　δ_{CD}——凝汽器传热端差，${}^\circ\!C$。

（4）根据 IAPWS-IF97 由排汽温度计算得出排汽压力 $p_{TB,c1}$、$p_{TB,c2}$、$p_{TB,c3}$，并根据式（3-76）和式（3-77）计算得出排气压力偏差为

$$p_{TB,n2} = p_{TB,c2} - P_{TB,ds} \qquad (3-76)$$

$$p_{TB,n3} = P_{TB,c3} - P_{TB,ds} \qquad (3-77)$$

（5）计算得出排气压力偏差 $p_{TB,n1}$、$p_{TB,n2}$、$p_{TB,n3}$。根据汽轮机排汽压力对热耗的影响曲线得出排汽压力偏差对热耗的影响值，除以机组热耗即为机组排汽压力对煤耗的影响，即 $\frac{100\Delta q_{TB}}{q_{TB}}$，拟合循环水量增加使供电煤耗降低的关系曲线。

（6）假定循环水泵效率变化不大的情况下，其耗电率与循环水流量的三次方成正比，即

$$\frac{L_{p1}}{L_{p2}} = \frac{D_{cw1}^3}{D_{cw2}^3} \qquad (3-78)$$

$$\frac{L_{p1}}{L_{p3}} = \frac{D_{cw1}^3}{D_{cw3}^3} \qquad (3-79)$$

（7）根据设计工况流量数据可计算得出不同循环水流量下循环水泵厂用电率为

$$L_{p2} = \frac{D_{cw2}^3}{D_{cw1}^3 L_{p1}} \qquad (3-80)$$

$$L_{p3} = \frac{D_{cw3}^3}{D_{cw1}^3 L_{p1}} \qquad (3-81)$$

（8）厂用电率增加量的计算式为

$$\Delta L_{cy,p2} = L_{p2} - L_{p1} \qquad (3-82)$$

$$\Delta L_{cy,p3} = L_{p3} - L_{p1} \qquad (3-83)$$

根据式（3-80）和式（3-81）计算得出循环水流量为 D_{cw2}、D_{cw3} 时循环水泵厂用电率 L_{p2} 和 L_{p3}。厂用电率增加量为 $\Delta L_{cy,p2}$ 和 $\Delta L_{cy,p3}$。根据厂用电率对供电煤耗的影响 $\dfrac{100\Delta L_{cy}}{100-L_{cy}}$，拟合得出循环水流量增加使供电煤耗升高的关系曲线。

（9）以循环水量为横坐标，把厂用电率和背压对供电煤耗的影响量随循环水量的变化关系绘制在同一张图中，两条曲线的交点即为循环水泵最佳运行工况。

七、抽汽效率的求解

抽汽效率（efficiency of steam extraction）即汽轮机组抽汽用于供汽或供热时，导致汽轮机组所损失的做功量与抽汽所含热量的百分比，在考虑机组抽汽影响时，利用抽汽效率把它等价的功和热进行转化，从而排除供热供汽对机组效率的影响。

抽汽效率可采用常规热平衡法、等效焓降法、循环函数法、组合结构法、矩阵分析法等方法进行计算。这些方法针对物理对象是一致的，基本思想都是建立在热力学第一定律基础之上，观察问题的角度和计算的繁简程度存在不同之处，读者可以选择自己熟悉的方法完成相关工作。

常规热平衡法是最基本的热力系统分析方法，是发电厂设计、热力系统分析、汽轮机设计最基本的方法，是一种单纯的汽水流量平衡和能量平衡方法，它通常以单个加热器作为研究对象，通过逐级写出各个加热器的汽水质量平衡和能量平衡计算出各级加热器抽汽系数，并利用系统的功率方程和吸热量方程最终求得系统的热经济指标。该种方法概念清晰，应用广泛，是所有方法中的基础、计算精度也是最高的，只是在定量分析计算中工作量大。特别是当热系统较复杂或者是进行热力系统不同方案比较时，直接计算非常繁琐。

等效焓降法和热平衡法的本质是一样的，等效焓降法是由苏联学者库兹涅佐夫在 20 世纪 60 年代后期提出，并在 70 年代逐步完善、成熟，在 70 年代由林万超教授加以引进完善并推广应用。它是基于热力学的热功转换原理，考虑到设备的质量、热力系统结构和参数的特点，经过严密的数学推导，求出几个热力分析参数，以新蒸汽流量不变、循环的初、终参数不变和汽态线不变为前提，以等效焓降来分析热力系统的热经济性。该方法既可以用于整体的热力系统计算，也可以用于热力系统局部定量分析，计算过程简捷，可以预测局部小范围变化对整个系统的影响。不足主要体现在以下方面：①对于再热机组来说，等效焓降法以汽轮机装置的效率来代替再热器吸热的做功率，由其他热力系统计算方法计算获得，在某种程度上就动摇了等效焓降作为一种独立的热经济性分析方法的基础。②在局部定量分析中，等效焓降法的部分分析模型具有一定的近似性。③对各个变化引起的细节考虑时容易产生偏差，从而导致结果有偏差。

循环函数法是基于"加热单元"的概念根据热力学第二定律建立的一种新型热力系统简化计算方法。该方法用循环不可逆性定性分析和循环函数式定量分析蒸汽循环的经济性，采用串联方法先对整个热力系统进行计算，通过循环函数式计算出回热抽气量和循环效率，然后把热力系统分解成回热循环和辅助循环相互叠加。循环函数法通常通过反平衡计算循环做功量，以 1kg 供热或辅助损失工质为基准，辅助循环所影响到的回热系统看作一个整体单元。该方法的优势在于通用性较好，简化了热力系统整体计算，计算工作量大大减少。但是该方法模型存在一定的近似性，并且要求使用者对概念有很高的理解，推导繁琐，所以应用存在一定的制约性。

矩阵分析法并不是某种具体的分析方法，只是一个泛称。它是 20 世纪 90 年代以后发展起来的一种新方法，最早由陈国年提出，郭民臣等在原有基础上加以改进。该方法联立各级回热加热器的热平衡方程式，通过求解一组包含各级抽汽量的线性方程组完成热力计算，矩阵结构与热力系统结构，矩阵中元素与热力系统中相关参数具有映射关系，当这些结构和参数发生改变时，只需对矩阵结构和元素数值做出相应调整即可。矩阵法的优势在于能够一次性计算几个或几十个未知参数，计算出电厂所有的经济指标，过程简洁，适用于计算机编程，但对于供热机组计算时存在一些不足。另外，热力设备局部变化对热经济性的影响在矩阵方程中的合理表达也要进一步研究。

由于各种方法的结果均是相等的，所以在计算抽汽效率时，各种方法都是可以的。本书以某 660MW 亚临界机组为例，选取两种典型的方法计算抽汽效率。一种是本书基于热平衡法开发的一种简易计算方法，可单独用来计算抽汽效率；另一种为等效焓降法。使用等效焓降法的目的除了完成能效评价工作中的使用要求外，还用于对于机侧一些节能工作进行精确的预测。机组热力系统如图 3-15 所示。为方便实际应用，根据电厂习惯，将抽汽从高到低的加热器分别编号 1~8。各原始参数见表 3-20。

表 3-20 　　　　　　　　　　　　　　　　原始参数汇总表

抽汽焓	单位	数值	抽汽量	单位	数值
h_0	kJ/kg	3396.0	D_0	t/h	1830.67
h_1	kJ/kg	3062.5	D_1	t/h	94.82
h_2	kJ/kg	2989.4	D_2	t/h	152.82
h_{zl}	kJ/kg	2989.4	D_{zl}	t/h	1566.46
h_{zr}	kJ/kg	3595.8	D_{zr}	t/h	1566.46
h_3	kJ/kg	3405.1	D_3	t/h	73.88
h_4	kJ/kg	3194.0	D_4	t/h	85.71
—	—	—	D_x	t/h	84.39
h_5	kJ/kg	2972.4	D_5	t/h	90.53
h_6	kJ/kg	2741.0	D_6	t/h	43.22
h_7	kJ/kg	2630.9	D_7	t/h	58.47
h_8	kJ/kg	2481.0	D_8	t/h	54.31
h_c	kJ/kg	2314.7	D_c	t/h	1077.51
h'_c	kJ/kg	136.3	—	—	—
进口疏水焓	单位	数值	出口水焓	单位	数值
h_{d1}	kJ/kg	1130.8	h_{w1}	kJ/kg	1208.3
h_{d2}	kJ/kg	939.4	h_{w2}	kJ/kg	1104.5
h_{d3}	kJ/kg	810.5	h_{w3}	kJ/kg	923.1
—	—	—	h'_{w4}	kJ/kg	800.7
—	—	—	h_{w4}	kJ/kg	765.5
h_{d5}	kJ/kg	454.3	h_{w5}	kJ/kg	593.6
h_{d6}	kJ/kg	376.6	h_{w6}	kJ/kg	432.0
h_{d7}	kJ/kg	268.2	h_{w7}	kJ/kg	354.6
h_{d8}	kJ/kg	162.9	h_{w8}	kJ/kg	246.4

注　h_0——主汽焓值，kJ/kg；h_c——凝汽器排汽焓值，kJ/kg；h_i——第 i 级抽汽焓值，kJ/kg；h_{di}——进口疏水焓值，kJ/kg；$h_{d(i+1)}$——出口疏水焓值，kJ/kg；h_{wi}——出口水焓值，kJ/kg；$h_{w(i+1)}$——进口水焓值，kJ/kg；h'_c——凝结水焓值，kJ/kg；h_{zl}——再热汽冷段焓值，kJ/kg；h_{zr}——再热汽热段焓值，kJ/kg；h'_{w4}——给水泵出口水焓值，kJ/kg；D——主汽流量，t/h；D_c——乏汽量，t/h；D_x——给水泵汽轮机抽汽量，t/h。

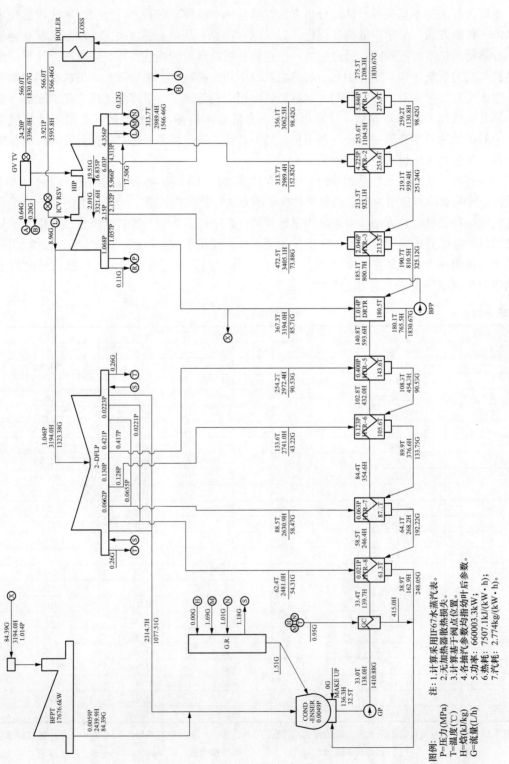

图例：
P=压力(MPa)
T=温度(℃)
H=焓(kJ/kg)
G=流量(t/h)

注：1.计算采用IF67水蒸气表。
2.无加热器散热损失。
3.计算基于阀点位置。
4.各抽汽参数均指动叶后参数。
5.功率：660003.3kW；
6.热耗：7507.1kJ/(kW·h)；
7.汽耗：2.774kg/(kW·h)。

图 3-15　600MW 超临界机组热力系统图

（一）简易热平衡法求解方法

常规的热平衡法基于一个比较精确的流量点（通常为凝结水流量），沿凝结水/给水流经过的各级加热器的路径，基于每一个加热器的热平衡（加热源为抽汽和上级疏水，被加热流量为凝结水/给水），计算出各级抽汽流量占主蒸汽流量的份额。然后按计算式计算某一级抽汽处蒸汽的做功能力，并进而独立地求得抽汽效率，性能试验求解汽轮机热耗的过程就是热平衡法，可以适应任何汽轮机配置，计算结果没有算法导致的误差，其问题在于计算过程较为复杂，但省掉了解方程组的麻烦。

在进行能效评价时，我们面对的抽汽效率是基于各个负荷下汽轮机设计参数完成的，因而实际上整个热平衡计算的重点、也就是各个抽汽份额，我们可以从热平衡图上得到，并不需要再根据热平衡法去计算一遍，因而可以用如下的简易热平衡法方便地完成。

汽轮机做功由多个级组成，其做功总量为各个级的做功与其通过的蒸汽流量之积的累积，即加权累积，因此有如下特点：

（1）把进入汽轮机中的主汽按图 3-16 所示，想象为并列的各股蒸汽，各投蒸汽均沿主汽门进入汽轮机，但出汽轮机的位置不同：每一级抽汽都从其抽汽口离开，在汽轮机中的路径仅为主汽到该抽汽口位置。从未被抽出汽轮机的部分走完汽轮全过程（高压缸-再热器-中压缸-低压缸）。

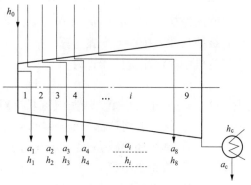

图 3-16　串联计算法原理图

如本台机组汽轮机共 8 级抽汽，加未被抽出汽轮机的部分共 9 股汽，α_i 为抽汽份额，各部分份额加总后为 1，即

$$\alpha_c + \alpha_1 + \alpha_2 + \alpha_3 + \cdots + \alpha_8 = 1$$

（2）各股蒸汽所做的功不同，汽轮机对外做的功为各股蒸汽所做功总和，即

$$H_i = \alpha_i \Delta h_i = \begin{cases} \alpha_i(h_0 - h_i) & \text{不过再热器} \\ \alpha_i(h_0 - h_i + \Delta h_{RH}) & \text{经过再热器} \end{cases} \tag{3-84}$$

$$H_T = \sum H_i \tag{3-85}$$

式中　h_i——抽汽焓值。

如对于本示例汽轮机中，抽汽 2 中一部分蒸汽经过再热器后又回到汽轮机中，各级蒸汽未被抽出前在汽轮机内做的功为：

抽汽 1 做了 $\alpha_1(h_0 - h_1)$ 的功；

抽汽 2 做了 $\alpha_2(h_0 - h_2)$ 的功；

抽汽 3 做了 $\alpha_3(h_0 - h_3)$＋再热器做的功；

抽汽 4 做了 $\alpha_4(h_0 - h_4)$＋再热器做的功；

……

抽汽 8 做了 $\alpha_8(h_0 - h_8)$＋再热器做的功。

（3）转换一下思路，把并列在汽轮机中的各股蒸汽看作是串联的几段汽轮机：第 1 段进口为主汽，出口为第一级抽汽口处位置；从此以后，每一段串联汽轮机的出口便是下一段串联汽轮机的入口，直到蒸汽进入凝汽器。在各段中，汽轮机做功的蒸汽为这一段中还在有的蒸汽份额，做的功为这一段汽轮机出、入口之间的焓降，汽轮机对外做的功为各段蒸汽所做的功的总和，即

$$H_i = \sum \alpha_i \Delta h_i \qquad (3\text{-}86)$$

$$H_T = \sum H_i \qquad (3\text{-}87)$$

例如本机组示例中，8级抽汽将汽轮机分成9个部分，各段汽轮机内蒸汽做功为：

第1段做功：$1 \times (h_0 - h_1)$；

第2段做功：$(1 - \alpha_1) \times (h_1 - h_2)$；

第3段做功：$(1 - \alpha_1 - \alpha_2) \times (h_2 - h_3)$；

……

第9段做功：$(1 - \alpha_1 - \alpha_2 - \cdots - \alpha_8) \times (h_8 - h_c)$。

各级抽汽效率按如下步骤计算：

汽轮机中蒸汽流量计算式为

$$D_i = D_{i-1} - D_{ei} \qquad (3\text{-}88)$$

式中　D_i——汽轮机中第i级蒸汽流量（对于有抽汽用于给水泵汽轮机加热等的抽汽，本级还要将这部分流量减去，如本例中四抽一部分抽汽用于给水泵汽轮机加热，本级还要减去84.39t/h的蒸汽量），t/h；

D_{i-1}——汽轮机中第$i-1$级蒸汽流量，当$i=1$时为主蒸汽流量，t/h；

D_{ei}——汽轮机第i级抽汽量，t/h。

汽轮机中第i级蒸汽焓降按式（3-89）计算，即

$$\Delta h_i = h_i - h_{i+1} \qquad (3\text{-}89)$$

式中　Δh_i——第i级蒸汽焓降，kJ/kg；

h_i——第i级抽汽焓值，kJ/kg；

h_{i+1}——第$i+1$级抽汽焓值，当i为8时，h_{i+1}为凝汽器焓值，kJ/kg。

第i级抽汽效率按照式（3-90）计算，即

$$\eta_i = \frac{\displaystyle\sum_i^n \Delta h_i D_i}{\displaystyle\sum_i^n \Delta h_i D_i + D_n (h_c - h'_c)} \times 100 \qquad (3\text{-}90)$$

主汽：

$$\eta_i = \frac{\displaystyle\sum_i^n \Delta h_i D_i}{\displaystyle\sum_i^n \Delta h_i D_i + D_n (h_c - h'_c) + \Pi} \times 100 \qquad (3\text{-}91)$$

式中　η_i——第i级抽汽效率，%；

h_c——凝汽器排汽焓值，kJ/kg；

Π——给水泵汽轮机供热量，kJ/h；

h'_c——凝结水焓值，kJ/kg。

针对图3-16所示机组，根据式（3-92）和式（3-93）计算汽轮机中蒸汽流量和焓差结果如表3-21所示。

表 3-21　　　　　　　　　　　　汽轮机中蒸汽流量计算结果汇总

蒸汽流量	单位	数值	焓降	单位	数值
D_1	t/h	1732.25	Δh_1	kJ/kg	73.1
D_2	t/h	1579.43	Δh_2	kJ/kg	132.66
D_3	t/h	1505.55	Δh_3	kJ/kg	211.1
D_4	t/h	1335.45	Δh_4	kJ/kg	221.6
D_5	t/h	1244.92	Δh_5	kJ/kg	231.4
D_6	t/h	1201.70	Δh_6	kJ/kg	110.1
D_7	t/h	1143.23	Δh_7	kJ/kg	149.9
D_8	t/h	1088.92	Δh_8	kJ/kg	166.3

各级抽汽效率按照计算式计算结果如表 3-22 所示。

表 3-22　　　　　　　　　　　　各级抽汽效率计算结果汇总

参数	单位	数值
η_0	%	48.51
η_1	%	41.28
η_2	%	39.52
η_3	%	36.37
η_4	%	30.90
η_5	%	24.57
η_6	%	16.97
η_7	%	12.94
η_8	%	7.09

（二）等效焓降法

1. 等效焓降的定义

等效焓降的基础也是汽轮机做功的按流量加权累积特性。考察带回热系统的工作原理可知，主蒸汽是从机头高压缸进入，用于回热的蒸汽从汽轮机中间部位抽取出来实际上是去加热给水或凝水。如果有别的热量 q 代替它完成这一加热功能，则原来用于加热给水的抽汽就不用再抽出来，汽轮机从该抽汽口下游的部分做功蒸汽增加了，就会使机组整体做功增加且可以定量计算出来。用于代替原抽汽来加热给水、凝结水的热量带来宏观的作用相当于在原来汽轮机工作的基础上，有 1 股与该抽汽参数相同的蒸汽从抽汽口位置送入汽轮机，使汽轮机做功增加。在等效焓降理论被称为"排挤抽汽"，形象地表达了该热量 q 代替原抽汽功能且让它返回汽轮机的过程。等效焓降是指该排挤的 1kg 加热器抽汽返回汽轮机后的真实做功大小，也是反映了任意抽汽能级 i 处热变功的程度。

2. 等效焓降研究对象

如果某一级抽汽返回汽轮机后能够直达凝汽器，则该蒸汽所做的功等于它的焓降（$H_i = h_i - h_c$），其中 h_i 为抽汽具备的焓，kJ/kg；h_c 为汽轮机的排汽焓，kJ/kg。但如果抽汽被"排挤"回汽轮机后还有抽汽口，则它并不能直达凝汽器，而是与汽轮机的其他蒸汽一样，会有一部分在后面各抽汽口再被抽出用于加热给水（或凝结水），从而使其做功能力发生变化，情况就复杂起来。

为描述这种变化，引入图 3-17 所示的回热系统。

在上述应用中，有下列两种不同的加热器：

（1）疏水放流式加热器。系统中 1 号加热器、3 号中热器即为疏水放流式加热器，其功能示意如图 3-18 所示，典型特征为：加热器主体部分是表面式加热器，被加热的给水/凝水通常在蛇形管子里与加热器壳内的加热蒸汽相互分隔开来；加热蒸汽冷却后的疏水无法汇入给水，通常通过逐级自流的方式由疏水管送入压力更低的下一级加热器壳内。

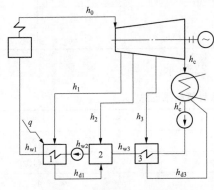

图 3-17　机组热力系统

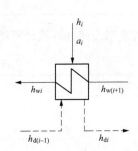

图 3-18　疏水放流式加热器

疏水放流式加热器中，给水焓升、疏水放热量和抽汽放热量分别为

$$\tau_i = h_{wi} - h_{w(i+1)} \tag{3-92}$$

$$q_i = h_i - h_{di} \tag{3-93}$$

$$\gamma_i = h_{d(i-1)} - h_{di} \tag{3-94}$$

式中　τ_i——给水焓升，kJ/kg；

$\quad\quad q_i$——抽汽放热量，kJ/kg；

$\quad\quad \gamma_i$——疏水放热量，kJ/kg。

该疏水在下级加热器中会继续放热，与下级加热器的抽汽共同完成加热下级给水/凝水的任务，因而本级抽汽的变化影响到下级抽汽的变化。

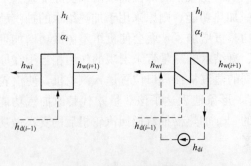

图 3-19　汇集式加热器

（2）汇集式加热器。系统中 2 号加热器为汇集式加热器。典型的汇集式加热器功能如图 3-19 左侧所示。与表面式加热器不同，该类型加热器通过把加热蒸汽和被加热给水/凝水直接混合而完成任务，没有疏水与下级加热器相连。另外一种汇集式加热器如图 3-19 右侧所示，其主体部分是表面式加热器，但是疏水通过疏水泵打入到加热器出口的管道上，与主给水/凝水混合。所以把加热器的出口定义在混合点的后面，则本质与左侧典型汇集式加热器是相同的。

汇集式加热器中，给水焓升、疏水放热量和抽汽放热量与表面式加热器不同，即

$$\tau_i = h_{wi} - h_{w(i+1)} \tag{3-95}$$

$$q_i = h_i - h_{w(i+1)} \tag{3-96}$$

$$\gamma_i = h_{d(i-1)} - h_{w(i+1)} \tag{3-97}$$

（3）加热单元。被加热的给水/凝水量保持不变的一组加热器称为一个加热单元。回热系统中，加热抽汽的疏水先是逐级流向压力低的下级加热器，直到遇到一个汇集式加热器，才能与主给水管路中的给水/凝水混合。因而每一个汇集式加热器向压力高的回热器反溯回去，一直到另外一个汇集式加热器的区间内，被加热的给水/凝水流量是不变的，即构成一个加热单元。

基于抽汽的压力等级，由机头开始向低压部分看，回热系统中通常第一个汇集式加热器是除氧器，第二个汇集式加热器为一个带疏水泵的表面式加热器（通常位于倒数第二个低压加热器），最后一个汇集式加热器是凝汽器。它们把回热系统划分若干三加热单元，三个单元中的流量各不相同。

一个加热单元抽汽量的变化，通过其末尾汇集式加热器疏水量的变化，才能影响本单元内被加热给水/凝水量的变化。由于最终的给水量保持不变，本单元被加热给水/凝水量的变化必然导致下一个加热单元给水/凝水量的变化，即汇集式加热器虽然没有直接的疏水管道与下级加热器联系，但由于下一单元的给水/凝水量变化会把它们联系起来。

3. 等效焓降的含义

假定有一个热量 q 在图中的 1 号加热器进入到回热系统中，且其可以代替热量正好等于 1kg 原用于该加热器的抽汽（即 q 等于抽汽在该加热器中放出的热量）时，则这 1kg 的"排挤"抽汽返回汽轮机后向低压的凝汽器流动的过程中，在其后的各抽汽口上进行再分配的规律为：

（1）由于 1 号加热器的抽汽减少了 1kg，则该加热器疏水也相应减少 1kg。尽管该加热器的加热功能不发生变化，但原来该加热器的疏水逐级自流到 2 号加热器的功能减少了，2 号加热器由于 1 号加热器疏水而带入的热量减少 $\gamma_2 = h_{d1} - h_{w3}$。

（2）为保持 1 号加热器入口水温不变（即 2 号加热器加热功能不变），原 1 号加热器疏水减少的热量应当由 2 号加热器多抽一些蒸汽来补偿，其增加的抽汽份额为 $\alpha_{2-1} = \dfrac{\gamma_2}{q_2}$。其中 $q_2 = h_2 - h_{w3}$ 是 2 号加热器 1kg 抽汽的放热量，α_{2-1} 是从第 1 级加热器返回汽轮机的那 1kg 抽汽中又从第 2 级加热器抽出来的份额。

1kg 排挤抽汽在经过 2 号抽汽点后，流量变为 $(1-\alpha_{2-1})$1kg，该股蒸汽继续向后流动、膨胀做功，到达凝汽器凝结后产生相同数量的凝结水。

（3）凝结水返回加热系统中，3 号加热器给水增加了 $(1-\alpha_{2-1})$1kg，因此需要多抽一些蒸汽来把这部分凝结水温度提升到相同的出口温度，抽汽增加的量为 $\alpha_{3-1} = (1-\alpha_{2-1}) \dfrac{\tau_3}{q_3}$；其中 α_{3-1} 是 1 号加热器返回汽轮机的 1kg 抽汽在 3 号加热器中的份额，τ_3 是 3 号加热器中 1kg 水的比焓升（$\tau_3 = h_{w3} - h'_c$），q_3 是 3 号加热器中 1kg 抽汽的放热量（$q_3 = h_3 - h_{d3}$）。

（4）从 1 号加热器返回汽轮机的蒸汽由于在 2 号和 3 号加热器又使用了一部分，所以产生了做功不足，因此其排挤 1kg 抽汽返回汽轮机的真实做功为

$$H_1 = (h_1 - h_c) - \alpha_{2-1}(h_2 - h_c) - \alpha_{3-1}(h_3 - h_c) \tag{3-98}$$

（5）同理可以得到抽汽从 2、3 号加热器处返回汽轮机时的做功能力为

$$H_2 = (h_2 - h_c) - \alpha_{3-2}(h_3 - h_c) \tag{3-99}$$
$$H_3 = h_3 - h_c$$

由上述过程中所得到的各级抽汽从返回汽轮机中所做的功被称为抽汽的等效热降，通常用 H_i 表示。抽汽等效热降，在抽汽减小时表示 1kg 排挤抽汽做功的增加值，反之则表示做功的减少值。

4. 等效焓降的计算

实际工作过程中并不用式（3-100）和式（3-101）那样计算各级的抽汽份额，而是由低压力等级等效焓降和本级加热器的工作参数计算。如图 3-15 所示系统中求 H_i 时，可把 α_{3-2} 由用其求解式代替有

$$H_2 = (h_2 - h_c) - \alpha_{2-1}(h_3 - h_c) = (h_2 - h_c) - \frac{\gamma_2}{q_3}(h_3 - h_c) = (h_2 - h_c) - \frac{\gamma_2}{q_3}H_3$$

$$\tag{3-100}$$

同理针对第 j 级加热器，把 H_j 计算过程中 α_{j-i} 由最原始的 q_j、τ_j 或 γ_{j-1} 的关系代替，可得等效焓降的计算通式为

$$H_j = (h_j - h_c) - \sum_c^{j+1} \frac{A_k}{q_k} H_k \tag{3-101}$$

式中　k——沿蒸汽流动方向，加热器 j 以后各级加热器的编号；

c——沿蒸汽流动方向，最后一个加热器（也就是最接近凝汽器）的编号，也就是最大的 k 值；

A_k——第 k 级加热器的抽汽份额计算源，α 的大写，实际上代表了求 α 时的分子项，其值为 γ_k 或 τ_k。

传统的等效焓降书籍中，为了方便累加项 $\sum \frac{A_k}{q_k} H_k$ 的求和过程，往往把最靠近凝汽器的加热器重新编号为 1，把最靠近机头的高压加热器编号为最大值［相当于式（3-101）中的 c］，此时累加项写作 $\sum_0^{j-1} \frac{A_k}{q_k} H_k$；这种加热器编号与实际生产过程中完全相反，非常不方便应用。本书中为方便现场工作者阅读，在等效焓降计算中采用了与实际生产过程中完全一致的加热器编号，累加项写作 $\sum_c^{j+1} \frac{A_k}{q_k} H_k$，只是计算时需要倒序累加，即先算最大级（第 c 级加热器），然后算 $c-1$ 级、$c-2$ 级，倒序计算到第 $j+1$ 级加热器为止。

A_k 与第 $k-1$ 级加热器的类型有关：如果第 $k-1$ 级加热器为疏水放流表面式加热器，则从 k 级加热器开始，直到（包括）汇集式加热器，全部都是疏水逐级自流，$A_k = \gamma_k$；如果第 $k-1$ 级加热器为汇集式式加热器，则 k 级加热器位于下一个加热单元，它与 $k-1$ 级加热器之间无疏水联系，而是领先给水/凝结水流量而相互影响，因而此时的 $A_k = \tau_k$。

再热器之前的抽汽的等效热降为

$$H_j = (h_j - h_c) + \sigma - \sum_c^{j+1} \frac{A_k}{q_k} H_k \tag{3-102}$$

显然 1kg 主蒸汽所做的功即为汽轮机的毛输出。扣除附加的各项做功损失成分称为新蒸

汽的净等效焓降，可表示为

$$H_j = (h_j - h_c) + \sigma - \sum_{c}^{j+1} \frac{A_k}{q_k} H_k - \sum \prod_i \tag{3-103}$$

式中　σ——抽汽在再热器中的吸热量，kJ/kg；

　　　$\prod_i$——各种类型蒸汽附件用汽的损失，kJ/kg。

5. 抽汽效率

求得各抽汽的等效焓降后，抽汽效率就很容易计算了。根据做功能力与加热量之比的定义，抽汽效率计算式为

$$\eta_i = \frac{H_i}{q_i} \tag{3-104}$$

显然，主蒸汽的抽汽效率即为汽轮机的汽轮机组的毛效率。

6. 与简易热平衡法等价性

大多数情况下，等效焓降计算的抽汽效率与简易热平衡法是等价的，例如同样针对图3-18所示机组，用等效焓降计算的抽汽效率如表3-23和表3-24所示，两者的差别几乎没有。

表 3-23　　　各级加热器给比焓升、抽汽放热量和疏水放热量汇总表（kJ/kg）

抽汽放热量	数值	疏水放热量	数值	给水比焓升	数值
q_1	2343.0	γ_1	130.2	τ_1	108.4
q_2	2362.7	γ_2	108.4	τ_3	108.2
q_3	2364.4	γ_3	77.7	τ_3	77.4
q_4	2518.1	—	—	τ_4	161.6
q_5	2600.4	γ_5	216.9	τ_5	171.9
q_6	2594.6	γ_6	128.9	τ_6	122.4
q_7	2050.0	γ_7	191.4	τ_7	181.4
q_8	1931.7	—	—	τ_8	103.8

表 3-24　　　　　　　　等效焓降及抽汽效率计算结果

等效焓降	单位	数值	抽汽效率	单位	数值
H_1	kJ/kg	795.37	η_1	%	41.17
H_2	kJ/kg	796.65	η_2	%	38.86
H_3	kJ/kg	948.49	η_3	%	36.56
H_4	kJ/kg	804.49	η_4	%	30.94
H_5	kJ/kg	621.13	η_5	%	24.67
H_6	kJ/kg	402.98	η_6	%	17.04
H_7	kJ/kg	306.96	η_7	%	12.99
H_8	kJ/kg	166.30	η_8	%	7.10

两种方法中，等效焓降法的计算复杂性远大于简易热平衡法，如果是采用本章所述、用固有性能偏差来计算实际能效并用来进行能效评价，设备的基准工况实际就选定为设计工况，用选择简易热平衡法计算时即简化为对汽轮机各个段的流量核算，过程极为简单，建议

采用简易热平衡法方法。等效焓降的用处远远不止是能效评价，如果还要进行能耗诊断，考虑到其在局部参数变化过程中的定量分析中的强大功能，则建议采用等效焓降法。

简易热平衡法是一种对机组工况进行"快照"的方法，原则上抽汽效率只可应用于该"快照"相差不多的条件下；等效焓降法是在主汽流量不变的条件下构建的，只要主汽流量不变，可以认为除级效率外，其他参数的变化引起的变化核算均是精确的，但是实际工作中很难保证这样的对比工况，通常也是应用在工况小偏差（以主汽流量为基准）范围之内。如果偏差较大，则两种方法均不准确，等效焓降法的抽汽效率可能略高于简易热平衡法。

机组出力偏差较大的不同工况下，抽汽效率也有差别，因而可按出力系数拟合为曲线。

第五节　能效评价工作的总体步骤

能效评价工作的落实包括人员组织、工作组织和报告编写等任务，需要紧扣前几节所述能效评价的思想，预先给予对应工作，以保证能效评价的结论整体上公平公正，以便于进一步进行能耗诊断工作或同类型的机组进行评比考核。

一、工作流程

（1）建立评价工作组织。建立健全的评价组织是开展好评价工作的重要保证，主要包括：

1）建立由评价工作委托单位、负责单位和参加单位等各参与单位相关人员组成的工作组，参加人员中应有工作在一线的运行管理人员，熟悉现场工作对象，有一定的事故分析能力与性能分析能力。

2）确定评价工作负责人，负责评价工作的协调与技术争议的解决。

3）确定评价参加单位和各参加人的工作职责。

4）确定评价工作主要目标、工作内容、进度计划和报告交付等事宜。

（2）由评价工作负责人对工作组成员进行技术培训。

（3）为了更加清晰地了解机组设计和运行情况，需要入场收集机组相关资料。主要包括：

1）机组设计资料，如锅炉热力计算书、汽轮机组热平衡图、空冷机组性能曲线、背压修正曲线等与机组性能相关的设备改造设计性能资料。

2）投产后的性能验收试验报告、设备改造后的性能试验报告等。

3）评价周期内机组实际运行值、运行条件，包括煤种、环境温度（凝汽器入口循环水温）、出力系数、供热或供汽量、各负荷段条件下运行的时间与负荷等。

4）机组运行中的性能问题分析、能耗诊断和运行优化报告。

5）行业对标先进机组的相关资料。

（4）确定能效评价目的与方法。包括如下内容：

1）确定能效评价的目的，如用于改造前后对比、同型机组评比等。

2）确定评价基准数据的来源，如固有性能、最优值等。

3）确定能效评价的修正方法和修正范围（如所有参评机组性能相近的因素可以不进行修正），以确定公平合理的目标值和应达值。

4）确定能效评价的内容和方法，如固有性能、技术管理水平和改进潜力三者是综合评价还是单独评价，如果是综合评价，权重是多少。

5）确定能效评价的结果排序方法。

（5）确定机组固有性能。

1）对性能试验报告中的煤耗计算过程进行分析，获取各负荷点下总厂用电率和重要辅机的耗电率，按第三节并修正设计条件下，作为设计厂用电率，与设计锅炉效率、设计汽轮机热耗率按第三节计算设计供电煤耗。

2）锅炉效率的修正中去除空气预热器入口温度变化和煤种变化以外的各种修正，汽轮机组热耗率的修正中去掉除凝汽器入口水温（或空冷凝汽器环境温度）通过背压修正之外的所有修正，重新计算机组的固有性能值。

3）验收性能试验报告中数据不能满足评价需求时，应重新进行性能试验。

4）根据固有性能值和性能验收试验中的数据确定固有性能值、性能试验差值、汽轮机组热耗率、厂用电率等参数随负荷的变化关系，按出力系数进行拟合。

5）根据机组设计资料，采用等效焓降法、热平衡法、循环函数法等计算各出力系数条件下对外供热汽源的抽汽效率，按出力系数进行拟合。

（6）根据统计期内机组的数据，确定机组的出力系数、实际供电煤耗及汽轮机组热耗率、厂用电率、燃用煤质、环境温度等外部条件确定实际值。

（7）确定应达值。应达值的确定是整个工作的核，主要步骤包括如下内容：

1）根据机组实际运行的出力系数，根据事先拟合的曲线确定当前出力系数条件下机组的设计值和与固有性能偏差。

2）根据煤种、环境温度或凝汽器入口水温的变化、供热量等因素的变化，逐项修正热耗率、耗电率及锅炉效率的变化量，计算这些外部因素对锅炉效率、汽轮机热耗率及厂用电率的影响量。

3）基于当前出力系数下的设计值、固有性能偏差及外部条件偏差，确定实际机组运行条件下的供电煤耗应达值。

（8）计算实际值与应达值的差值、应达值与最优值的差值，用事先确定的单独评价方法或综合评价方法，针对固有性能偏差和这两个差值对参评机组进行评价。评价周期以一月为宜，年度评价时可按每月发电量为权重，把每月的评价结果加权平均。

二、评价报告

1. 工作背景

包括评价工作目的、评价范围、评价委托单位、负责单位、参加单位及进行时间等内容。

2. 评价对象

应对评价对象进行简单介绍，包括机组整体、各主要设备的技术参数、设计工作条件、服役期间的性能情况、完成的改造及存在的问题，如燃料特性、设计温度及修正曲线（设计与性能试验）、性能不足的外在表现等。

3. 评价方法

应对能效评价所采用的方法及所采用的关键基准值进行全面的介绍，如基准值的确定、最优值来源、固有性能数据的来源、评价内容与方向、权重的确定、修正范围、排序方法。

4. 实际工作情况

评价对象在评价期内的工作状态应包括机组的实际煤耗及其工作条件，如出力系数、环境温度变化等。

5. 评价过程、数据与结果

对能效评价过程中所收集的数据进行集中整理，计算能效评价的关键参数，并根据事先确定好的方法对能效评价的数据、结果和评价过程中发现的问题进行分析。主要内容包括：机组设计性能和固有性能、机组实际性能、机组在实际条件下的应达值、各项差值及其主要原因、数据汇总、综合评价与改进方向分析。

6. 结论与建议

评价结论中宜针对设备固有性能偏差计算、实际值与应达值的差值及应达值与最优值的差值对参评机组的完成水平给出评价，并针对分析过程中所了解的、产生这些偏差的原因给予明示，给出相应的解决方向。

第六节　机组能效评价案例

本节针对图 3-18 所示的 660MW 亚临界锅炉为例进行能效评价，给出能效评价工作的详细过程，以帮助读者更好地实施能效评价工作。示例中评价周期定为一年。

一、建立评价工作组织

（1）根据能效评价原理，召集评价单位、电厂节能专业工程师、有经验的一线的运行管理人员，组成工作组。

（2）评价工作负责人为电科院技术起居室。

（3）电厂负责提供设计资料和评价年度内的现场数据资料、试验数据等，电科院相关人员负责整理数据、计算、评价等工作。

（4）确定评价工作主要目标、工作内容、进度计划和报告交付等事宜。

二、培训工作

评价工作负责人对工作组成员进行细致的技术培训，此项工作非常重要，对能效评价工作的推进很关键。

三、入场收集资料

收集的资料包括：锅炉热力计算书、汽轮机组热平衡图、汽机热力计算书、汽轮机组热力性能数据、性能试验报告、设备改造设计性能资料、改造后性能试验报告、入炉煤化验统计台账、煤质报告、DCS 画面、表盘记录、能耗诊断报告、火电 600MW 级机组能效对标及竞赛资料等。

四、确定能效评价目的与方法

（1）确定能效评价的目的为同台机组年度自评，以及确定被评价机组升级改造潜力和管理水平，则机组能效评价对供电煤耗的评价以实际值与应达值、应达值与最优值的差值来衡量，两个差值所占的权重定为 0.6:0.4。

（2）确定评价基准数据的来源，见下文。

（3）确定能效评价的内容和方法为固有性能、技术管理水平和改进潜力三者单独评价。

五、评价值的确定

（一）机组基本情况

本台机组锅炉为亚临界中间再热控制循环，单炉膛"п"型布置，全钢结构，平衡通风，固体排渣。锅炉炉膛宽 19 558mm，炉膛深 16 940.5mm，深宽比为 1:1.154，炉顶管中心标高为 73 000mm。水冷壁由炉膛四周、折焰角及延伸水平烟道底部和两侧墙组成。过热器由炉顶管、后烟井包覆、水平烟道侧墙、低温过热器、分隔屏、后屏和末级过热器组成。再热器由墙式再热器、屏式再热器及末级再热器组成。省煤器位于后烟井低温过热器下方，尾部烟道下方设置两台转子直径为 13 240mm 三分仓受热面旋转容克式空气预热器，转子反转。过热器由两级喷水进行汽温调节，再热器的汽温采用摆动燃烧器方式调节，再热器进口设有事故喷水。锅炉采用正压直吹式制粉系统，配六台 ZGM113（MPS225）中速磨煤机，五台磨煤机可带 MCR 负荷，一台备用。燃烧器四角布置，切向燃烧，每台磨煤机出口由四根煤粉管接至一层煤粉喷嘴。烟风系统，一次风一部分经空气预热器加热进入磨煤机，一部分作为调温风与热一次风混合进入磨煤机。二次风由送风机来经空气预热器加热，进入大风箱作为燃烧器助燃风。烟气系统，炉膛中产生的烟气流过后烟井、空气预热器、静电除尘器、引风机排至烟囱。

2013 年对锅炉燃烧器进行了全面的改造。改造后燃烧器共设置六层宽调节比（WR）煤粉喷嘴，七层二次风喷嘴，六层预置水平偏角的辅助风喷嘴（CFS），两层可水平摆动紧凑燃尽风喷嘴（CCOFA），两级高位燃尽风（SOFA），每级高位燃尽风包含三层可水平摆动的高位燃尽风喷嘴。锅炉的主要设计参数及运行参数如表 3-25～表 3-30 所示。

表 3-25 锅炉主要设计参数

名　称	单位	BMCR	ECR
过热蒸汽流量	t/h	2008	1775
过热器出口蒸汽压力	MPa	17.47	17.27
过热器出口蒸汽温度	℃	540	540
汽包压力	MPa	18.84	18.36
再热蒸汽流量	t/h	1662	1482
再热器蒸汽压力（进口/出口）	MPa	3.81/3.61	3.39/3.21
再热器蒸汽温度（进口/出口）	℃	320/540	309/540
省煤器进口给水温度	℃	278	270
过热器减温水水量（一级）	t/h	13.0	64.3
过热器减温水水量（二级）	t/h	0	20
空预器一次风温度（进口/出口）	℃	30/303	30/298
空预器二次风温度（进口/出口）	℃	23/320	23/314

续表

名　　称	单位	BMCR	ECR
过量空气系数		1.2	1.2
排烟温度（未修正/修正）	℃	133/130	130/126
锅炉效率	％	93.53	93.61

表 3-26　　　　　　　　　　　　　　　燃料特性

名称	符号	单位	设计煤种	校核煤种
全水分	M_t	％	14.5	16.0
空气干燥基水分	M_{ad}	％	8.06	9.92
收到基灰分	A_{ar}	％	7.70	11.04
收到基碳	C_{ar}	％	62.58	58.41
收到基氢	H_{ar}	％	3.70	3.79
收到基氧	O_{ar}	％	10.05	9.45
收到基氮	N_{ar}	％	1.07	0.97
收到基全硫	$S_{t,ar}$	％	0.40	0.34
收到基高位发热量	$Q_{gr,ar}$	MJ/kg	25.2	24.12
收到基低位发热量	$Q_{net,ar}$	MJ/kg	24.00	22.86
干燥无灰基挥发分	V_{daf}	％	37.89	30.83

表 3-27　　　　　　　　　　　　　锅炉热损失及热负荷设计值

名称	单位	BMCR	TMCR	ECR	75％ BMCR	50％ BMCR	30％ BMCR
未完全燃烧热损失	％	0.44	0.44	0.44	0.44	1.05	2.10
收到基水分	％	14.5	14.5	14.5	14.5	14.5	14.5
排烟温度	℃	130	127	126	113	98	86
空气预热器进口一次风量	kg/h	486 913	474 933	462 318	403 093	338 435	274 700
空气预热器进口二次风量	kg/h	1 733 224	1 641 592	1 540 924	1 164 468	794 179	577 483
空气预热器进口一次风温	℃	30	30	30	30	30	30
空气预热器进口二次风温	℃	23	23	23	23	23	23
燃料消耗量	t/h	232.6	222.1	210.4	160.3	110.8	79.3
排烟损失	％	4.82	4.78	4.75	4.09	3.41	2.90

表 3-28　　　　　　　　　　　　　机组汽机主要设计值

名称	单位	THA 工况	VWO 工况	75％额定工况	50％额定工况	30％额定工况
汽轮机总进汽量	kg/h	1 774 807	2 008 011	1 300 701	862 209	552 353
主汽温度	℃	537	537	537	537	523.7
主汽压力	MPa	16.67	16.67	12.60	8.58	5.51
设计排气压力	kPa	5.4	5.4	5.4	5.4	5.4

续表

名称	单位	THA工况	VWO工况	75%额定工况	50%额定工况	30%额定工况
设计条件下凝汽器进口水温	℃	21.5	21.5	21.5	21.5	21.5
给水温度	℃	273	281	255.4	233.3	210.3
再热蒸汽流量	kg/h	1 481 987	1 662 197	1 109 532	751 432	489 103
汽轮机热耗率	kJ/kWh	7795.7	7785.8	7961.6	8300.2	9004.0

表 3-29　　　　　　　　　　　机组改造后试验值

名　称	单位	100%	75%	50%
热效率	%	94.36	93.49	93.14
厂用电率	%	4.392	4.862	5.524
汽轮机热耗率	kJ/kWh	7843.2	7929.0	8257.2
修正到设计工况下的性能试验测试供电煤耗值	g/kWh	300.27	306.06	317.73

以 1 月份为例，根据统计数据，本月电厂负荷率为 75.18%，入炉煤各成分及发热量根据入炉煤化验统计台账和煤质分析报告取本月平均值。原始数据见表 3-30。

表 3-30　　　　　　　　　　　原始数据

序号	名　　称	符号	单位	计算式或数据来源	值
1	实际灰渣的可燃物含量	$C_{rs,i}$	%	煤质分析报告	0.49
2	实燃煤的收到基灰分	A_{ar}	%	煤质分析报告	14.28
3	实燃煤收到基低位发热量	$Q_{ar,net}$	kJ/kg	煤质分析报告	22 106
4	实燃煤种的收到基水分	$w_{f,ar}$	%	煤质分析报告	14.23
5	设计煤种的收到基水分	$w_{f,ar,ds}$	%	设计值	14.5
6	设计条件下锅炉排烟温度（℃）	$t_{fg,AH,lv,ds}$	℃	设计值	116.7
7	设计条件下锅炉空气预热器入口进风温度（℃）	$t_{a,AH,en,ds}$	℃	设计值	24.80
8	设计煤种的收到基低位发热量	$Q_{ar,net,ds}$	kJ/kg	设计值	24 000
9	锅炉额定负荷下给煤量设计值	B_{ds}	t/h	设计值	159.1
10	机组出力系数	r	%	统计值	75.18
11	空气预热器进口空气温度设计值	$t_{a,AH,en,ds}$	℃	设计值	24.80
12	空气预热器出口烟气温度设计值	$t_{fg,AH,lv,ds}$	℃	设计值	117.4
13	设计排汽压力	$P_{TB,ds}$	Pa	设计值	5400
14	设计条件下凝汽器进口水温	$t_{CD,en,ds}$	℃	设计值	21.5
15	一次风机进风温度设计值	$t_{a,ds,PF}$	℃	设计值	20
16	送风机进风温度设计值	$t_{a,ds,SF}$	℃	设计值	20
17	发电机组发电功率	P	kW	统计数据	428 504.03
18	空气预热器进口烟气温度	$t_{fg,AH,en}$	℃	统计数据	326.8
19	空气预热器出口烟气温度	$t_{fg,AH,lv}$	℃	统计数据	117.4
20	空气预热器进口一次风量	$q_{m,pa,AH,e}$	t/h	统计数据	545.7

序号	名　　称	符号	单位	计算式或数据来源	值
21	空气预热器进口一次风温度	$t_{pa, AH, en}$	℃	统计数据	12.5
22	空气预热器进口二次风量	$q_{m, sa, AH, e}$	t/h	统计数据	645.1
23	空气预热器进口二次风温度	$t_{sa, AH, en}$	℃	统计数据	11.9
24	凝汽器进口水温	$t_{CD, en}$	℃	统计数据	17.43
25	一次风机出口空气温度	$t_{a, PF, lv}$	℃	统计数据	10.1
26	送风机出口空气温度	$t_{a, SF, lv}$	℃	统计数据	3.0
27	一次风机耗电率	$L_{cy, PF}$	%	统计数据	0.33
28	一次风机入口风温	$t_{a, PF}$	℃	统计数据	2.0
29	送风机耗电率	$L_{cy, SF}$	%	统计数据	0.14
30	送风机入口风温	$t_{a, SF}$	℃	统计数据	2.4
31	引风机耗电率	$L_{cy, IDF}$	%	统计数据	0.40

（二）机组设计性能的确定

机组各负荷点设计供电煤耗采用设计锅炉效率、设计汽轮组热耗率和实测的厂用电率计算。根据100%、75%、50%三个负荷下的设计值可拟合出机组供电煤耗设计值随出力系数的变化曲线，见图 3-20。根据拟合曲线，得到当前出力系数下供电煤耗设计值为 307.50g/kWh。

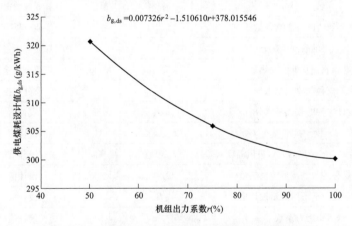

$$b_{g, ds} = 0.007326r^2 - 1.510610r + 378.015546$$

图 3-20　机组设计供电煤耗随出力系数变化曲线示例

固体未完全燃烧热损失 $q_{4, ds}$ 根据热力计算书中 100%、75%、50%、30% 四个负荷下固体未完全燃烧热损失设计值分别为 0.44%、0.44%、1.05%、2.1%，通过拟合得到固体未完全燃烧损失设计值随负荷变化曲线及关系式见图 3-21。

根据设计 100%、75%、50%、30% 四个负荷下引风机入口过量空气系数设计值，拟合引风机入口过量空气系数随出力系数变化的曲线及计算式，如图 3-22 所示。

根据热力计算书中 100%、75%、50%、30% 四个负荷下给煤量（锅炉燃料量）设计值，拟合给煤量设计值随出力系数变化的曲线如图 3-23 所示。

根据热力计算书中 100%、75%、50%、30% 四个负荷下锅炉的排烟损失设计值，拟合锅炉的排烟损失随出力系数变化的曲线及计算式，如图 3-24 所示。

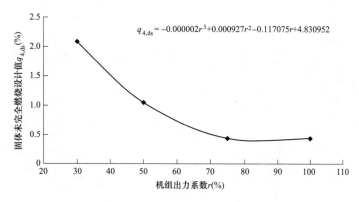

$$q_{4,ds} = -0.000002r^3 + 0.000927r^2 - 0.117075r + 4.830952$$

图 3-21　锅炉固体未完全燃烧热损失随出力系数变化曲线示例

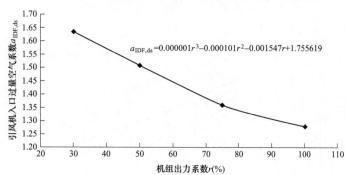

$$a_{IDF,ds} = 0.000001r^3 - 0.000101r^2 - 0.001547r + 1.755619$$

图 3-22　引风机入口出随出力系数变化曲线示例

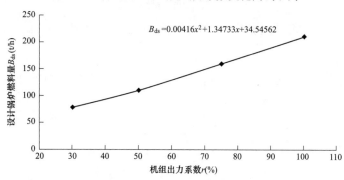

$$B_{ds} = 0.00416x^2 + 1.34733x + 34.54562$$

图 3-23　设计锅炉燃料量随出力系数变化曲线示例

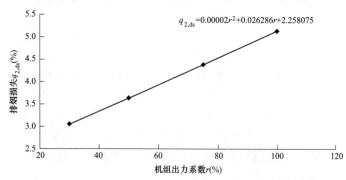

$$q_{2,ds} = 0.00002r^2 + 0.026286r + 2.258075$$

图 3-24　锅炉排烟损失随出力系数变化曲线示例

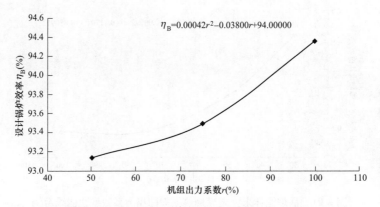

图 3-25　设计锅炉效率随出力系数变化曲线示例

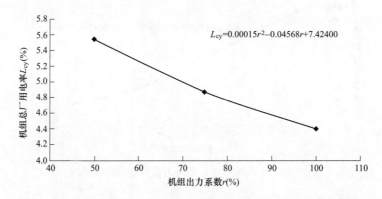

图 3-26　机组固有性能确定试验时机组厂用电率随出力系数变化曲线示例

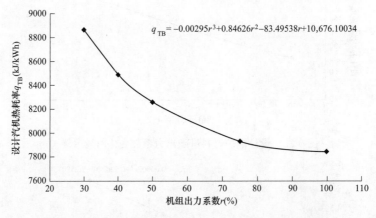

图 3-27　设计汽轮机热耗率随出力系数变化曲线示例

　　锅炉效率和厂用电率分别根据热力计算书中 100％、75％、50％负荷下的设计值进行拟合，拟合曲线和计算式见图 3-25 和图 3-26。汽轮机组的热耗分别根据热力计算书中 100％、75％、50％、30％负荷下的设计值进行拟合，拟合曲线和计算式见图 3-27。

（三）机组固有性能的确定

采用实测的锅炉效率（修正到设计煤种和设计空气预热器进风温度）、汽轮发电机组热耗率（修正到设计环境温度或循环泵进水温度）、厂用电率（修正到设计环境温度）计算各负荷点供电煤耗（并去除空气预热器入口温度/循环水影响背压的温度/煤种之外的所有修正），作为固有性能值。根据该机组改造后的试验报告可得，锅炉在 100％、75％、50％负荷下的锅炉效率、汽轮机组热耗率根据式（3-12）计算三个负荷下供电煤耗固有值，计算结果为 300.27、308.18、317.41g/kWh，再根据结果进行拟合，曲线如图 3-28 所示，求出当前负荷下供电煤耗固有值为 308.11g/kWh。

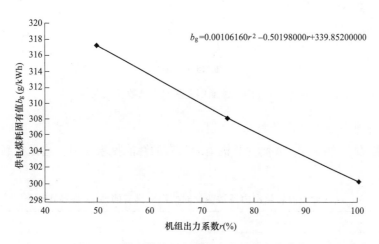

图 3-28 供电煤耗固有值随出力系数变化曲线

根据固有性能试验时 100％、75％、50％负荷下引风机耗电率，拟合耗电率随出力系数变化的曲线及计算式如图 3-29 所示。

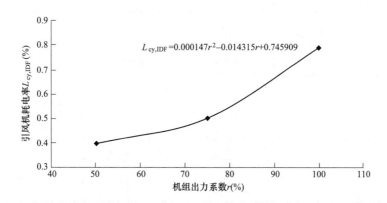

图 3-29 机组固有性能确定试验时引风机耗电率随出力系数变化曲线示例

（四）固有性能偏差的确定

机组固有性能偏差由固有值减去设计值后获得。固有性能偏差随出力系数变化的曲线如图 3-30 所示。

（五）应达值的确定

应达值的确定需要考虑各月机组出力系数、环境温度、供热量、基础性能等因素，下文确定过程以 1 月份为例。

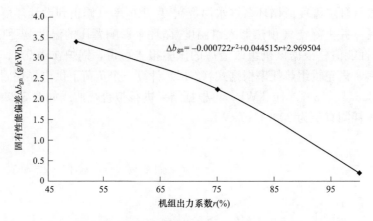

$$\Delta b_{gn} = -0.000722r^2 + 0.044515r + 2.969504$$

图 3-30 固有性能偏差随出力系数变化曲线

1. 机组基础性能和负荷率的影响

从设计角度看，当出力系数变化时机组应具有的性能见表 3-31。这是在当前出力系数下拟合得出的。

表 3-31 从设计角度看当出力系数变化时机组应具有的性能 （g/kWh）

月份	1	2	3	4	5	6
从设计角度看当出力系数变化时机组应具有的性能	305.45	308.79	305.20	305.90	306.21	306.58
月份	7	8	9	10	11	12
从设计角度看当出力系数变化时机组应具有的性能	307.15	309.14	310.03	306.09	307.58	307.29

各月运行条件下机组的固有性能见表 3-32。

表 3-32 各月运行条件下机组的固有性能

月份	1	2	3	4	5	6
各月运行条件下机组的固有性能 （g/kWh）	308.11	310.62	307.90	308.48	308.73	309.02
月份	7	8	9	10	11	12
各月运行条件下机组的固有性能 （g/kW·h）	309.44	310.86	311.45	308.63	309.76	309.55

以 1 月份为例，符合率为 75.18% 时固有性能能偏差值为 2.66g/kWh。

2. 煤种修正

（1）实际燃用煤种挥发分引起锅炉固体未完全燃烧损失。固体未完全燃烧热损失 $q_{4,ds}$ 根据热力计算书中设计值拟合后按出力系数确定，根据图 3-21 所示曲线，1 月电厂负荷率为 75.18%，当前负荷率下锅炉固体未完全燃烧热损失为 0.44%。根据式（3-16），锅炉煤种变化引起的固体未完全燃烧损失增加值为 −0.34%。计算数据见表 3-33。

表 3-33   计算表格

序号	名称	符号	单位	计算式或数据来源	值
1	实际灰渣的可燃物含量	$C_{rs,i}$	%	煤质分析报告	0.49
2	实燃煤的收到基灰分	A_{ar}	%	煤质分析报告	14.28
3	实燃煤收到基低位发热量	$Q_{ar,net}$	kJ/kg	煤质分析报告	22 106
4	飞灰份额	$\alpha_{rs,i}$	—	根据 GB 10184 或 DL/T 964 选取	0.9
5	机组出力系数	r	%	统计值	75.18
6	锅炉固体未完全燃烧损失设计值	$q_{4,ds}$	%	根据设计值拟合后按出力系数确定	0.44
7	实燃煤种挥发分引起锅炉固体未完全燃烧损失	$\Delta q_{4,f,cr}$	%	式（3-16）	−0.34

（2）实际燃用煤种中水分引起排烟损失增加量。根据入炉煤化验统计台账和煤质分析报告得到 1 月内实燃煤种收到基水分平均值为 14.23%，设计条件下锅炉空气预热器入口进风温度按照一、二次风温和风量加权平均得到，为 24.80℃。实际燃用煤种中水分引起排烟损失增加量根据式（3-17）计算，结果为 0.0006%。计算数据见表 3-34。

表 3-34   计算表格

序号	名称	符号	单位	计算式或数据来源	值
1	水蒸气平均定压比热容	$c_{p,wv}$	kJ/(m³·℃)	根据 IAPWS-IF97 水蒸气性质表查取	1.5118
2	实燃煤种的收到基水分	$w_{f,ar}$	%	煤质分析报告	14.23
3	设计煤种的收到基水分	$w_{f,ar,ds}$	%	设计值	14.5
4	设计条件下锅炉排烟温度（℃）	$t_{fg,AH,lv,ds}$	℃	设计值	116.67
5	设计条件下锅炉空气预热器入口进风温度（℃）	$t_{a,AH,en,ds}$	℃	设计值	24.80
6	实际燃用煤种中水分引起排烟损失增加量	$\Delta q_{2,f,cr}$	%	式（3-17）	0.0006

（3）实际燃用煤种中水分引起引风机耗电率增加量。根据图 3-29 曲线得到当前出力系数下引风机耗电率为 0.50%；根据图 3-23 曲线得到当前出力系数下，引风机入口过量空气系数为 1.49。根据式（3-18），计算得出实际燃用煤种中水分引起引风机耗电率增加量为 0.0006。计算数据见表 3-35。

表 3-35   计算表格

序号	名称	符号	单位	计算式或数据来源	数值
1	当前出力系数下引风机耗电率	$I_{cy,IDF}$	%	根据设计值拟合后按出力系数确定	0.501
2	设计煤种的收到基低位发热量	$Q_{ar,net,ds}$	kJ/kg	设计值	24 000
3	当前出力系数下引风机入口过量空气系数	$\alpha_{IDF,ds}$	—	根据设计值拟合后按出力系数确定	1.49
4	煤种干空气量计算系数	K^*	—	根据 DL/T 904 选取	0.000 26
5	煤种中水分引起引风机耗电率增加量	$\Delta L_{cy,wv}$	%	式（3-218）	0.0006

(4) 入炉煤总量变化引起制粉系统耗电量增加。煤种改变后制粉系统的耗电量将会发生变化，该机组 1 月份制粉系统单耗为 20.57kWh/t，制粉系统为直吹式中速磨煤机制粉系统。根据表 3-13，计算时制粉系统单耗 b_{zf} 选取限值为 14kWh/t。根据图 3-23 曲线得到当前出力系数下磨煤机给煤量设计值为 159.1t/h。根据式（3-19），计算得出制粉系统多磨煤后引起的耗电率增加为 0.04。计算数据见表 3-36。

表 3-36 计算表格

序号	名称	符号	单位	计算式或数据来源	数值
1	制粉系统单耗	b_{zf}	kWh/t	根据 DL/T 904 计算，可取统计期的平均值	14
2	锅炉额定负荷下给煤量设计值	B_{ds}	t/h	设计值	159.1
3	发电机组发电功率	W	kW	统计数据	428 504.03
4	制粉系统多磨煤后引起的耗电率增加量	$\Delta L_{cy,\Delta B}$	%	式（3-19）	0.04

3. 环境温度修正

(1) 对锅炉效率的修正。根据图 3-23 曲线得到当前出力系数下锅炉的排烟损失值为 4.37%。空气预热器进口空气温度按照式（3-22）根据空气预热器进口一、二次风温和风量通过加权平均得到，为 12.17℃，排烟温度根据空气预热器进口温度修正，为 125.7℃。未投入暖风器时，根据式（3-20）计算得出环境温度变化造成锅炉的排烟损失变化量为 0.201%。计算数据见表 3-37。

表 3-37 计算表格

序号	名称	符号	单位	计算式或数据来源	数值
1	空气预热器进口烟气温度	$t_{fg,AH,en}$	℃	统计数据	326.8
2	空气预热器出口烟气温度	$t_{fg,AH,lv}$	℃	统计数据	117.4
3	空气预热器进口一次风量	$q_{m,pa,AH,en}$	t/h	统计数据	545.7
4	空气预热器进口一次风温度	$t_{pa,AH,en}$	℃	统计数据	12.5
5	空气预热器进口二次风量	$q_{m,sa,AH,en}$	t/h	统计数据	645.1
6	空气预热器进口二次风温度	$t_{sa,AH,en}$	℃	统计数据	11.9
7	空气预热器进口空气温度	$t_{a,AH,en}$	℃	式（3-22）	12.17
8	修正到设计条件下空气预热器出口烟气温度	$t_{fg,AH,lv,cr}$	℃	式（3-21）	125.78
9	当前出力系数下锅炉的排烟损失	$q_{2,ds}$	%	根据设计值拟合后按出力系数确定	4.37
10	空气温度变化引起锅炉排烟损失增加值	$\Delta q_{2,a,cr}$	%	式（3-20）	0.201

1 号机组 1 月份暖风器投运，因此该部分对锅炉效率的影响不进行修，对汽轮机组的热耗率进行修正。

(2) 对厂用电率的修正。根据式（3-13），风机耗电率与进口介质温度的三次方成正比，根据统计数据 1 月份一次风机、送风机、引风机耗电率分别为 0.33%、0.14% 和 0.4%，三大风机修后耗电率分别为 0.40%、0.17% 和 0.4%；根据式（3-23）环境温度变化导致一次风机、送风机、引风机耗电率增加量分别为 -0.07%、-0.03% 和 0.002%。计算数据见表 3-38。

表 3-38 计算表格

序号	名称	符号	单位	计算式或数据来源	数值
1	一次风机耗电率	$L_{cy,PF}$	%	统计数据	0.33
2	一次风机进风温度设计值	$t_{a,ds,PF}$	℃	设计值	20
3	一次风机入口风温	$t_{a,PF}$	℃	统计数据	2.0
4	一次风机修正后耗电率	$L_{cy,PF,cr}$	%	式（3-13）	0.40
5	环境温度变化导致一次风机耗电率增加量	$\Delta L_{cy,PF}$	%	式（3-23）	−0.07
6	送风机耗电率	$L_{cy,SF}$	%	统计数据	0.14
7	送风机进风温度设计值	$t_{a,ds,SF}$	℃	设计值	20
8	送风机入口风温	$t_{a,SF}$	℃	统计数据	2.4
9	送风机修正后耗电率	$L_{cy,SF,cr}$	%	式（3-13）	0.17
10	环境温度变化导致送风机耗电率增加量	$\Delta L_{cy,SF}$	%	式（3-23）	−0.029
11	引风机耗电率	$L_{cy,IDF}$	%	统计数据	0.40
12	引风机修正后耗电率	$L_{cy,IDF,cr}$	%	式（3-13）	0.4398
13	环境温度变化导致引风机耗电率增加量	$\Delta L_{cy,IDF}$	%	式（3-23）	0.002

（3）对湿冷汽轮发电机组热耗率的影响。该机组为湿冷发电机组，设计排气压力为 5.4kPa，由 IAPWS-IF97 水蒸气性质表得出，排气压力下饱和蒸汽温度为 34.43℃，设计条件下凝汽器进口水温为 21.5℃，根据式（3-24），得出凝汽器的传热温差为 12.93℃。凝汽器进口水温为 17.43℃，故当前循环水温下应达到的排汽温度为 30.36℃，根据 IAPWS-IF97 水蒸气性质表，该温度下饱和蒸汽压力为 4.34kPa，排气压力偏差为 −1.06kPa。通常情况下，电厂会提供排汽压力变化对汽机热耗率的修正曲线，此时可通过该曲线直接查取热耗影响值。该台机组通流改造后的性能试验报告直接给出了背压偏差对热耗的影响百分比修正曲线，见图 3-31。从图中查取该排汽偏差下对热耗的影响值为 −0.18%，背压对热耗的影响值为 −14.67kJ/kWh。计算数据见表 3-39。

表 3-39 计算表格

序号	名称	符号	单位	计算式或数据来源	数值
1	设计排汽压力	$p_{TB,ds}$	Pa	设计值	5400
2	设计条件下排汽温度	$t_{TB,c,ds}$	℃	IAPWS-IF97 水蒸气性质表	34.43
3	设计条件下凝汽器进口水温	$t_{CD,en,ds}$	℃	设计值	21.5
4	凝汽器的传热温差	Δt_{CD}	℃	式（3-24）	12.93
5	凝汽器进口水温	$t_{CD,en}$	℃	统计数据	17.43
6	当前循环水温下应达到的排汽温度	$t_{TB,c}$	℃	式（3-25）	30.36
7	汽轮机组应达到的排汽压力	$p_{TB,c}$	kPa	IAPWS-IF97 水蒸气性质表	4.43
8	排气压力偏差	$\Delta p_{TB,n}$	kPa	式（3-26）	−1.06
9	循环水入口温度改变造成热耗率的上升值	Δq_{cw}	kJ/kWh	式（3-27）	−14.67

（4）该机组无循环水泵流量对煤耗的影响曲线，因此采用确定循环水量最佳目标工况。主要过程如下：

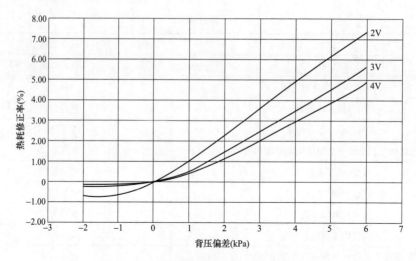

图 3-31　背压偏差对热耗的修正曲线

选取三个循环水流量 D_{cw1}、D_{cw2}、D_{cw3}，其中 D_{cw1} 为设计循环水流量 9000kg/s，D_{cw2} 为两泵运行时最大循环水流量 12 255kg/s，D_{cw3} 为单泵运行时最大循环水流量 7400kg/s，排汽温度为 34.3℃。

根据式（3-56）得出，循环水进出口温差 Δt_{CD} 为 10.8℃，根据式（3-72）和式（3-73）求得 $\Delta t'_{CD}$、$\Delta t''_{CD}$ 分别为 7.9℃和 13.1℃。

循环水进口水温 $t_{CD.en}$ 为 26.5℃，凝汽器传热端差 δ_{CD} 为 2℃，根据式（3-74）和式（3-75）计算的汽轮机排气温度 $t'_{TB.c}$、$t''_{TB.c}$ 分别为 36.4℃和 41.6℃。

根据 IAPWS-IF97 由排汽温度计算得出排汽压力 $p_{TB.c}$、$p'_{TB.c}$、$p''_{TB.c}$ 分别为 6081Pa、7059Pa 和 7855Pa，并根据式（3-76）和式（3-77）计算得出排气压力偏差。

$\Delta p_{TB.n}$、$\Delta p'_{TB.n}$、$\Delta p''_{TB.n}$ 分别为 681Pa、1659Pa 和 2455Pa。根据汽轮机排汽压力对热耗的影响曲线得出排气压力偏差对热耗的影响值，除以机组热耗即为机组排汽压力对煤耗的影响，最终影响值为 0.34%、0.84% 和 1.14%，拟合循环水量增加使供电煤耗降低的关系曲线。见图 3-32 中曲线 2。

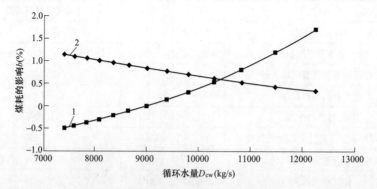

图 3-32　循环水量改变对煤耗的影响曲线

在循环水流量为 9000kg/s 时，循环水泵厂用电率为 1.10%，根据式（3-79）和式（3-80）计算得出循环水流量为 12 255、7400kg/s 时循环水泵厂用电率分别为 2.78% 和

0.61%。厂用电率增加量为 1.68% 和 −0.49%。根据厂用电率对供电煤耗的影响 $\frac{100\Delta L_{cy}}{100-L_{cy}}$，即 1.76%、0、−0.51%，拟合得出循环水流量增加使供电煤耗升高的关系曲线，见图 3-32 中曲线 1。

以循环水量为横坐标，把厂用电率和背压对供电煤耗的影响量随循环水量的变化关系绘制在同一张图中，两条曲线的交点即为循环水泵最佳运行工况。

4. 对外供热（汽）量对汽轮机组热耗率影响修正

该台机组无对外供热，故无需计算对外供热（汽）量对汽轮机组热耗率影响修正。

5. 抽汽用于厂房供热时对汽轮机组热耗率的修正

本电厂无抽汽用于厂房供热。

6. 锅炉暖风器对于汽轮发电机组热耗的影响

蒸汽暖风器进口空气温度值根据一次风机和送风机出口温度、流量加权平均得到，为 6.25℃，根据式（3-31），暖风器回热量计算结果为 30 857 842.34kJ/h。根据图 3-15，暖风器从第四级抽汽，拟合不同出力系数下抽汽效率随出力系数的变化曲线和式，见图 3-33，查取当前负荷条件下四抽抽汽效率为 30.90%，暖风器抽汽损失的热量造成汽轮机热耗率上升量根据式（3-30）计算结果为 49.02kJ/kWh。计算数据见表 3-40。

表 3-40　　　　　　　　　　　　　计算数据

序号	名称	符号	单位	计算式或数据来源	数值
1	空气预热器进口空气温度设计值	$t_{a,AH,en,ds}$	℃	设计值	24.80
2	空气预热器出口烟气温度设计值	$t_{fg,AH,lv,ds}$	℃	设计值	116.67
3	锅炉额定负荷下给煤量设计值	B_{ds}	t/h	设计值	210.4
4	一次风机出口空气温度	$t_{a,PF,lv}$	℃	统计数据	10.1
5	送风机出口空气温度	$t_{a,SF,lv}$	℃	统计数据	3.0
6	蒸汽暖风器进口空气温度值	$t_{a,SAH,en}$	℃	式（3-32）	6.25
7	暖风器抽汽回热量	Q_{SAH}	kJ/h	式（3-31）	30 857 842.34
8	当前出力系数条件下暖风器抽汽的做功效率	η_{SAH}	%	根据设计值计算抽汽效率后按出力系数拟合确定	30.90
9	锅炉暖风器对于汽轮发电机组热耗的影响	Δq_{SAH}	kJ/kWh	式（3-32）	49.02

根据式（3-35）～式（3-37），计算得出厂用电率的增加量 ΔL_{cy} 为 −0.0005%，效率减小量 $\Delta\eta_B$ 为 −0.0037%，汽轮机组的热耗率的上升总量 Δq_{TB} 为 −0.0043%。根据图 3-25～图 3-27 所示拟合曲线，得到当前出力系数下锅炉效率 η_B、汽轮机组的热耗 q_{TB}、厂用电率 L_{cy} 分别为 93.49%、7930.04kJ/kWh 和 4.86%。

根据式（3-34），以及前几步骤的计算结果，外部条件引起的性能偏差 $\Delta b_{g,e}$ 为 0.038g/kWh。根据式（3-12）计算得出以整个机组为单位，修正到设计条件下的性能试验测试供电煤耗值为 308.11g/kWh，根据式（3-15），机组应达值为 308.15g/kWh。计算结果见表 3-41。

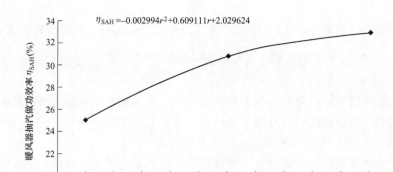

图 3-33 暖风器抽汽做功效率随出力系数变化曲线

表 3-41   计算结果

序号	名称	符号	单位	计算式或数据来源	数值
1	厂用电率的增加量	ΔL_{cy}	%	式（3-37）	−0.05
2	效率下降总量	$\Delta \eta_B$	%	式（3-35）	−0.344
3	汽轮机组的热耗率的上升总量	Δq_{TB}	%	式（3-36）	0.433
4	经温度、燃料修正后的锅炉燃料效率	η_B	%	根据设计值拟合后按出力系数确定	93.49
5	汽轮机组的热耗	q_{TB}	kJ/kWh	根据设计值拟合后按出力系数确定	7930.04
6	厂用电率	L_{cy}	%	根据设计值拟合后按出力系数确定	4.86
7	当前出力系数下的供电煤耗设计值	$b_{g,ds}$	g/kWh	根据设计值拟合后按出力系数确定	305.44
8	外部条件引起的性能偏差	$\Delta b_{g,e}$	g/kWh	式（3-34）	0.038
9	以整个机组为单位修正到设计条件下的性能	$b_{g,pt}$	g/kWh	式（3-12）	308.11
10	机组的应达值	$b_{g,x}$	g/kWh	式（3-15）	308.15

（六）最优值的确定

根据表 3-11，当年行业对标中所有 600MW 级亚临界湿冷机组供电煤耗排行，确定不供热且循环冷却方式为闭式的机组供电煤耗小的机组为最优值，为 303.8gcc/kWh。

（七）实际值、最优值以及机组全年应达值与最优值差值、实际值与应达值差值、固有值与设计值差值的确定

1 月份供电煤耗的实际值为 306.41g/kWh，根据表 3-12 全国火电 600MW 级亚临界湿冷机组供电煤耗过程指标，无对外供热闭式循环湿冷机组供电煤耗最优值为 303.08g/kWh，得出 1 月份应达值与最优值差值为 5.07g/kWh，实际值与应达值差值为 −1.74g/kWh。

按照上述方法，计算该台机组全年 12 个月应达值与最优值差值、实际值与应达值差值、固有值与设计值差值，计算结果见表 3-42。

表 3-42   机组全年固有值与设计值差值、应达值与最优值
差值、实际值与应达值差值计算结果（g/kWh）

月份	1	2	3	4	5	6
实际值	306.41	305.03	308.15	306.37	307.44	308.73
应达值	308.15	309.90	306.30	307.12	307.88	313.80

续表

月份	1	2	3	4	5	6
固有值（设计条件）	308.11	310.62	307.90	308.48	308.73	309.02
设计值	305.45	308.79	305.20	305.90	306.21	306.58
固有值与设计值之差	2.66	1.83	2.71	2.58	2.52	2.43
应达值与最优值差值	5.07	6.82	3.22	4.04	4.80	10.72
实际值与应达值差值	−1.74	−4.87	1.85	−0.75	−0.44	−5.07
月份	7	8	9	10	11	12
实际值	310.73	306.79	305.98	301.27	300.34	278.78
应达值	316.91	316.60	311.32	307.50	308.89	308.98
固有值（设计条件）	309.44	310.86	311.45	308.63	309.76	309.55
设计值	307.15	309.14	310.03	306.09	307.58	307.29
固有值与设计值之差	2.30	1.72	1.42	2.54	2.18	2.26
应达值与最优值差值	13.83	13.52	8.24	4.42	5.80	5.90
实际值与应达值差值	−6.18	−6.10	−5.34	−6.23	−6.18	−3.68

由表 3-42 可以看出，该机组不同负荷率条件下的设计值、固有值和应达值的关系是合理的，但所报的实际值在大部分时间内都优于设计值，显示了当前严格节能条件下现场管理承担的压力。

第四章
燃煤机组的能耗诊断

机组的能耗诊断与分析建立在机组能效的统计与评价基础上，基于锅炉、汽轮机的反平衡影响因素逐个进行分析，目的是找出"耗"的位置、原因和需要改进的地方，准备相应的技术方案及可实现的潜力，供发电机组管理者进行进一步进行细致的工作。该工作是整个节能工作的难点，诊断工作是否找到了关键因素，是决定整个节能工作是否有效的关键。本章将结合笔者多年来对于机组能耗诊断工作的体会，全面阐述能耗诊断的方法与思路，并提供一些专题性研究，以帮助读者对能耗诊断工作有一个全面的了解，更能沿某个专业方向深入，与专业工程师协作做好相关工作。

第一节 能耗诊断的概念与基本方法

机组能耗诊断工作以机组整体为研究对象，在确定的条件下针对机组性能有影响的各因素进行分析，确定其影响量的大小、找出并抑制这种影响，从而提升机组整体能效水平。与机组评价既有联系，又有不同，本节对针对能耗诊断工作的基础概念和基本方法进行介绍。正确了解这些思想和方法是做好诊断工作的基础。

一、能耗诊断的特点

（一）以机组整体能效提升为目的

1. 与能效评价的关系

机组外部条件与内在因素都会对机组的性能有很大的影响。外部条件的影响（如环境温度太高）通常不是通过技术管理或人员更加努力就能得到解决，可认为是无法克服的困难，因此机组能效评价主要关注机组外部条件对能效造成的影响，目的是把外部条件对机组能效的影响排除出去，找出某种受限条件下机组客观上可以得到真实的能效水平，使机组的能效水平得到更为客观的衡量，并找到节能工作的基点（参见第三章）。

排除完受限条件的影响，如果发现能效水平并不理想，想找到问题、原因，并进一步采取措施提升机组能效水平，就必须深入到机组内部，对机组的内部因素进行分析诊断。要对内部因素的整改带来的效果进行评估，需要把研究对象缩小到局部，寻找能耗偏大的原因和降低能耗的手段。即机组能耗诊断在机组能效诊断的基础上继续挖掘，是个先深入内部，然后结果应用于全局的过程，是能效评价工作的自然延伸。

由于能耗诊断工作要深入机组内部，容易停留在局部最优。为防止这种情况，在分析的过程中更要注重以机组整体能效为对象进行诊断分析，以机组整体能效的提升为目的，所有的改变的影响都必须反映到机组整体能效上〔即以入炉煤开始到供热出口、供电出口为止范围内所有的对象为基础，按"一进（燃料）两出（热、电）"的工作模型所得到机组能效〕。也就是在当前的确定输入条件下，找出如何把机组的产量提高到最大的方案。

2. 要基于机组实际边界应用能耗分析理论

对每一项内部因素挖掘、分析和评价时有成熟的理论体系。如采用等效焓降或传统的热力学分析方法，要根据机组自身特殊性能这些理论体系的边界也与机组的实际边界进行一些对比，要基于自身实际边界应用这些理论。例如传统研究方法中的研究对象实际上是带回热、有再热的朗肯循环为核心，所有的热量输入和能量输出实际上针对该循环而言，该循环的边界就与我们强调的以机组为整体研究对象的边界有区别。针

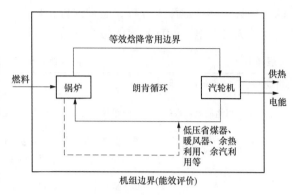

图 4-1　以机组为研究对象时有"毛刺"循环

对该边界，泵、风机温升与低压省煤器余热回收的热量有本质区别，前者必然会使装置的效率得到提高，而后者通常会使装置的效率降低。但若以机组整体对象为边界，低压省煤器中的余热利用也就成为内部热量的利用，整体效率必然提升，如果非要统一，可以认为我们研究的循环存在一些毛刺，如图 4-1 所示。

3. 解决问题前提

找问题原因、解决方案时一定要强调问题在机组的实际运行工况能不能得到解决，在现有条件下机组性能（而不是机组的设计工况或修正工况）能不能提升，能做到真正有效。

（二）重点在于内在因素

影响机组内在因素是指能耗诊断中需要排除的外部条件之外对机组有影响的因素。如主设备的锅炉效率、汽轮机组热耗、厂用电率、汽温汽压等，其问题往往是可以通过技术人员的技术管理（如优化运行等技术手段）得到改观的，有些因素可能解决起来比较困难，如可能需要通流改造等，但从技术角度上来说，仍然是可以做到的，因而机组能耗诊断工作重心在于深入机组的内部，对机组各个设备、各个生产环节的工作情况进行全面、深入的分析掌握，把各个因素找全，找出如何解决这些影响的方法，是整个能耗诊断工作的重点。

对机组的内在因素进行分析重点在"耗"的分析，以反平衡分析方法为主要手段，通常包括"影响因素、影响方式、影响大小和改进方法"四个要素。找出根本原因和有效解决方案，形成比可行性报告粗略一点的科学分析，以便对机组进一步采取措施减少能耗水平，达到提升机组性能水平的最终目的。

内在因素中，锅炉、汽轮机和辅机的运行参数是非常重要的指标，有不少内在因素的作用没有被显示出来是因为性能试验或统计时通过修正计算给掩盖了，还有不少设备性能的内在因素隐藏在能效评价的固有性能中，所以需要能耗分析相关工作人员一一找出。

内在因素的查找、界定及定量分析难度不小，往往需要电厂技术服务单位来完成相应工作，很多时候还需要借助机组热力试验方法，对机组运行指标进行诊断分析，摸清机组运行能耗底数，才能更好地查找出影响机组经济性的因素和可挖掘的节能潜力。

（三）所用指标体系

能耗诊断既要关注外部因素，又要关注内部因素。而内部因素非常多，为避免可能出现的遗漏项，可将 DL/T 904 能耗诊断指标（基本上满足能耗诊断的需求）按"一耗三率"的

影响建立指标影响的树型关系，分析时从整体能效影响因素开始，按由高到低、由整体向内部的顺序逐层逐项地深入分析。通常评价指标见表 4-1，根据实践经验可以分三层或四层分解，反映火力发电厂能耗状况的各个细节。

表 4-1   能耗诊断分析路径及指标

机组级指标	主设备级指标	过程级或辅机级指标
供电煤耗	机组前燃料系统	输煤单耗及耗电率、煤场混/配煤方案的评估、入炉煤和入厂煤热值差等
	锅炉效率	排烟温度、锅炉氧量、飞灰可燃物、炉渣可燃物、空气预热器热容比、干排渣漏风率、煤粉细度、制粉系统冷风掺入量等
	热耗率	高压缸效率、中压缸效率、低压缸效率、汽动给水泵效率、主蒸汽温度、再热蒸汽温度、主蒸汽压力、再热蒸汽压力、过热器减温水流量、再热器减温水流量、凝汽器真空、真空严密性、凝结水过冷度、给水温度、加热器端差、高加投入率、补水率、凝汽器性能、水塔性能循环泵的不同运行方式、回热系统及抽汽系统、厂用蒸汽系统的优化、热力系统的不明泄漏量等
	厂用电率	磨煤机耗电率、一次风机耗电率、引风机耗电率、送风机耗电率、循环水泵耗电率、凝结水泵耗电率、电动给水泵耗电率、除灰除尘耗电率、输煤耗电率、脱硫耗电率、烟风道阻力、泄漏、堵塞、辅机本身的效率、工作点、缺陷、表计的准确性、测点代表性、匹配性、选型大小、优化方案等

表 4-1 中的过程级指标即是能耗发生变化的标志性参数，也有可能是能耗发生变化的原因。它们的变化可以通过上一级的主设备级指标影响到机组的能效指标，因而能耗诊断工作中，过程级指标为最主要的关注因素。

根据其特点，又可分为显性因素和非显性指标两类：

（1）显性因素。就是通过计算能效式中可见的因素，是能耗分析工作中的直接抓手，如锅炉效率中的灰渣可燃物含量、汽轮机中的热耗率及各个设备的耗电率等。

（2）非显性因素。能效计算式中不可见，但是会对能效有影响的因素，如锅炉效率下的空气预热器热容比、干排渣漏风率、煤粉细度、制粉系统冷风掺入量，汽轮机热耗率下的凝汽器真空、真空严密性、凝汽器端差等。由于它们往往是某一显性因素变化的原因，因而更要重视，能耗诊断水平的高低往往表现为对这些非显性因素分析的准确程度。

（3）主动因素与被动指标。在上述因素中，有些因素是代表着人们可以操作的对象，如烟气氧量。而有些因素是被动显示出来的，如能耗水平。能耗诊断过程即为以被动指标的改变为目标，找出主动因素的变化方向与途径。

除了上述指标以外，还有一些看似与机组能效无关的指标（也许可以称之为隐性指标）需要在诊断中加以关注，它们在能效计算过程中往往以一种与本身无关的拟合式的形式出现，如散热损失通常以负荷率为拟合自变量，而实际上散热损失往往与热力设备、系统保温系统相关。国内标准的要求是当环境温度不高于 27℃ 时，设备和管道的保温结构外表面温度不应超过 50℃；当环境温度高于 27℃ 时，设备和管道的保温结构外表面温度可比环境温度高 25℃。

所有参数测量表计的准确性和代表性就非常重要。表计的准确性是指表计示数与被测物质真实特性之间的符合程度，可以通过提高仪表选用精度等级、定期校验、修正主控室的表计值与就地实际运行值的偏差等工作保证。表计的代表性是指在表计测量精度没有问题的条件下，在某些局部测量的少数点能否反映被测物质场的总特性，特别是大通道内存在场不均匀的位置，如锅炉氧量、负压、排烟温度，汽轮机侧的排汽温度等，这些参数往往与机组的整体性能密切相关，必须通过定期的标定试验的对比来保证。

（四）可靠性、环保特性与灵活性并重

2010年以来，我国发电机组从原来单纯的发电和少量的供热两项任务逐步发展为在节能、环保、灵活性等多种约束条件下的多任务并重的发展模式。节能诊断工作查找机组能效提升措施的过程中，需要充分考虑设备的环保特性和设备可靠性条件，保证安全、经济、环保、灵活性于一体的优化模式。

（1）超低排放。随着我国国民经济的快速发展，我国的能源消耗总量已经达到惊人的水平，所排放的废气给我国的环境造成了很大的威胁。因此，我国发电行业的大量机组不惜投入巨资进行超低NO_x燃烧技术改造、高阻力的袋式除尘设备升级改造，安装了庞大的脱硫、脱硝系统、超低排放的改造，有部分机组还安装有碳捕集系统（多数发电厂的碳捕集系统一年捕集的碳也比不上其一天的产生量，其减碳作用微乎其微，总体上是一种心理安慰），承担着巨大的环境保持责任。同时，政府要求日益加强，特别是在2014年以后，发电机组的环保性能已经成为一个约束性指标，如果机组的排放要求不达标，不仅会罚款，还有可能被限产或停产。因此，发电机组的节能工作要充分考虑环保效益，在环保性能的基础上进行，部门单位提倡节能提效工作要"吃尽环保裕量"的做法是明显不对的。

（2）灵活性考虑。随着新能源机组的快速发展，燃煤机组的利用小时数越来越低，电力供需环境发生较大变化，部分燃煤机组已经从带基本负荷电源的角色将转变为对区域内新能源、电网进行调节为主的调峰电源，机组需根据市场中的负荷波动需求灵活调节出力，电网鼓励的深度调峰为负荷率达到20%～40%、变负荷速度为2%～5%额定负荷/min爬坡能力、2～4h的快速启停能力。如果满足不了这些灵活性需求，机组也存在生存威胁，必须考虑灵活性的功能需求。

（3）对机组的可靠性要求大为增加。对电网来说，随着我国"三华电网"的建成，全国大部机组都在一张网内，任何一台机组的故障都有可能扩散到全网，对机组的可靠性要求大幅度升高以避免"蝴蝶效应"，且机组容量越大，故障时危险性也越来越大；对电厂来说，机组运行的约束性条件越来越多，机组设备越来越昂贵，精密度越来越高，设备的健康特性对机组的影响越来越大，所以要"吃尽安全裕量"的做法也是明显不对的。

（五）节能措施有利可图

对机组性能影响的因素进行分析整理后，可将影响因素分为可控因素和不可控因素。不可控因素是目前没有办法进行整改的因素，而可控因素是对机组经济性具有影响且可以进行相关改进的因素，要针对这些可控的机组因素提出可实现的技术改进工作。优先采用投入小回报大的技术，如优先考虑无成本而有收益明显的运行优化，其次考虑采用临时停机或小修可实施的措施（设备缺陷或小型技改），最后考虑采用只有利用大修方可实施的技术改造，针对设计、结构方彻底解决问题或较大改善。

所提的改进工作必须是技术可行且有利可图的。是否有利需要进行节能量的定量计算。定性分析的技术门槛比较低，很多单位都可进行机组的能耗诊断工作。定量计算的理论体系是成熟的，但可精确地应用于各种条件之上，需要细致而严谨的工作，有一定的要求。不少单位在进行能耗诊断的过程中，只是简单地根据机组能耗的实际情况与期望值的差别提出了很多措施，也非常全面，但这些技术措施往往没有充分考虑机组自身的特点，可实施性和与机组的适应性比较差，最后这些措施大部分都无法实现。

二、主要工作过程

（一）确定对象与资料收集

全面收集资料对于能耗诊断的水平非常重要。DL/T 1464—2015《燃烧机组节能诊断导则》对于各个设备所需要的资料给出了详细的范围，有一定的指导意义，读者可以参考。收资的范围包括机组的状态及机组的检修、运行与管理各方面技术。

机组状态包括机前的燃料系统（如燃料管理过程中是否存在问题，燃料与生产的衔接等）机组范围内的锅炉系统（包含其附属的除灰除渣系统、电除尘器、脱硫系统、脱硝系统等）、汽轮机系统（包括附属的热力系统、真空系统等系统）及主要机炉辅机、厂用电系统、主要设备及管道保温等的状态，包括设备的能耗水平、机组运行方式、机组运行参数（小指标）、机组启动、机组补水、机组的实际运行条件，如位置、调峰、低负荷运行、季节性运行等特点（如季节变化对能耗、冬季热网系统投运、防寒防冻、迎峰度夏）对机组能效的影响。

机组的管理如：煤场管理、主机优化（燃烧调整、滑压运行等）、汽炉间参数的协调、辅机运行方式优化、除灰、燃料、化学系统等外围系统的支撑优化、机组与环保设备的一体化等。

（二）机组能耗现状确定

确定机组的能耗现状整个能耗分析中定量计算的基础，因而它是能耗诊断的首要任务。机组当前条件下的能效确定得越准确越好，因此，机组能效确定最好采用性能试验实测的方法，试验过程中可以让能耗诊断工作者对研究对象和各个细节都有全面的了解。不少单位在进行能耗诊断工作时，依靠人的技术经验通过在线统计的方法来"估"当前能效水平的基准值，并且在此基础上进行定量计算、给出节能潜力，是不太科学的。同时，从业主单位的角度来看，也需要认真对待，给机组的能耗诊断工作足够的工作期限以得到正确的信息，防止所给出的节能措施具有误导性。

锅炉、汽轮机组的性能试验最好同时进行，性能试验可以考虑机组的负荷分布情况安排，如按照机组夜间负荷（如50%额定负荷）、日常负荷（如75%左右的额定负荷）和最大调度负荷（通常为100%额定负荷），向电网公司申请三个稳态负荷段。性能试验的同时，最好按DL/T 904进行统计，以对比在线统计能效的准确性，作为在线能效统计的校准工作，以验证电厂中能效统计工作的正确性。

能耗诊断过程中性能试验与能效评价的稍有所差异。能效评价时为了排除机组所处环境的影响，只修正机组外部条件，但在机组能耗诊断过程中，如计算锅炉效率、汽轮机热耗率时，应当单独地进行各种因素的修正，并对其影响大小进行分析。如假定锅炉的主蒸汽参数比设计值低10℃，在确定机组的能效水平时，其影响不应当被计及，但在在确定汽轮机组热耗率时，它应当被计及。换言之，尽管这些参数是机组的内部因素，但能耗诊断中就是要找出这些内部因素，对机组能效水平的影响及其产生影响的原因。

根据试验结果可确定的能耗现状通常包含信息有：统计的发、供电煤耗准不准，偏差有多大；机组的锅炉效率、汽轮机热耗率有多少，实际运行时有没有偏差，偏差有多大；机组的主要辅机配置有没有大的问题，有没有与主机的配置相匹配，达到设计值水平。机组主要的能耗影响因素是什么问题，偏差多少；整体能耗水平处于什么样的水平（高、中、低）。

要注意机组负荷与供热的影响。对于亚临界以上级别的机组，通常机组从满负荷降低到半负荷，机组煤耗会增加 20g/kWh 左右，供热量增加也可能使机组供电煤耗变化几十克，对机组整体能效影响非常大。但它是机组的外部因素，影响参见第三章。

还要注意能耗诊断过程中要充分考虑被诊断机组的特殊情况，如地理环境（包括海拔、气候条件等）、系统配置、燃料的特殊性等因素的影响。如针对褐煤机组，尽管近年来技术水平总体提升了很多，但问题仍然很多；某些机组处于我国极端寒冷地区，冬夏气温偏差可以达到 60~70℃左右，防冻、厂区供热、暖风器用汽量等多种复杂条件需要机组适应，难度远大于其他机组。

（三）能耗诊断工作逻辑

根据机组能耗现状进行能耗诊断工作，要针对机组能效有影响的各个因素，按如下逻辑进行考察：

（1）定性分析哪些参数对机组能效有影响？对机组能效的影响规律是什么？

（2）机组实际工作过程中这些参数应为什么样的值？实际上是什么样的值？

该过程仍然为定性分析，目标是确定每个参数的参比条件。参比条件分为能效指标和过程控制参数两类，前者是被动性的结果，也是控制的目标，后者是问题产生的根源，也是需要改进的手段。两种参比条件的确定也有所区别：

1）如果参数是能效指标，如锅炉效率，可以根据专业人员对机组的专业分析确定，也可以参考行业内的标杆值，选行业内的标杆值要尽可能选设备选型或系统配置相同的同类型同容量机组，比较要在同条件下进行，并考虑到各自运行的特点，判断选型或配置是否合理、是否有改善空间。

2）如果参数是过程控制参数，运行条件相同的机组很难找，因此更多时候的参比条件是自己的设计值（可由专业人员根据机组特性确定的值）。如果选用自己的设计条件为参比条件，应注意选择正确的设计值，如磨煤机的设计值，通常是磨煤机厂家给的，但锅炉厂心中有一个自己的磨煤机设计参数，要求的煤粉细度、给煤量等参数不一定与磨煤机厂家给出的完全符合。此时，要对照主设备的设计要求，对于机组内部设备组合偏差条件引起的差异进行分析，折算到满足主设备要求的运行条件下设计性能值，再进行判断分析，确定配置是否合理，运行水平是否有改进空间。

（3）该因素实际的变化对机组的影响有多大？某一因素的变化对机组的影响包括验证和预测两方面。验证时最为简单的方法是控制某一个参数（如投退某个设备）、通过试验的方法得到，但也可能按一定的变化路径或影响规律进行定量的预测计算，是能耗诊断的主要工作之一。定量的预测计算表明了针对该因素进行整改工作可以获得多大收益，作为衡量某一个节能措施是否有利、是否值得去做的重要依据，因此其正确性、准确性对于整个能耗诊断非常重要。机组的总体收益也需要进行评估，往往需要通过每一项改进工作加总后给出。

（4）引起该因素变化的原因是什么？即找导致性能下降的根源，然后根据该根源制定相应对策。

（5）如何消除该不利因素？

（四）整改落实

根据机组能耗诊断结果、制定相应措施，然后进行整改落实，才能完成整个节能工作，因而整改落实非常重要，不再赘述。

整改落实过程中需要充分考虑技术措施的可保持性，以取得长期收益。

三、能耗诊断的定量分析方法

能耗诊断定量分析有三个层次：机组级的"一耗三率"宏观分析方法，主设备级效率细分分析方法及局部单因素变化引起的定量分析。单因素影响评估有很多方法，本书推荐使用等效焓降法。

（一）机组级的"一耗三率"宏观分析方法

"一耗三率"建立了机组整体能效水平与主辅机能效水平（厂用电率）的综合联系。机组中任何一个因素的任何改变对机组能效产生影响，都必须通过其对锅炉效率、汽轮机组热耗或是厂用电率三条路径的共同作用来施加。机组能耗诊断时通过"一耗三率"的路径确定（各类技术的影响细节可参照第五章内容）对于锅炉效率、汽轮机组热耗率及厂用电率有影响的各因素，应用"一耗三率"微增关系比较高精度地定量计算其出对机组供电煤耗的影响，并进行汇总，因而它是能耗诊断中定性分析的总指导，也是定量分析中最根本、最顶层的方法。

（二）主设备级效率细分分析方法

主设备级效率细分分析法就是把锅炉效率和汽轮机组效率（热耗率）进行细分为相互基本上不影响的因素进行分析的方法。锅炉通常分解为各个损失，汽轮机组效率通常分解为三缸效率。

1. 锅炉效率

锅炉效率可进一步分解为燃烧损失（含固体未完全燃烧损失和气体未完全燃烧损失）、传热损失（含排烟损失和物理显热损失）和散热损失三个方面相对独立的内容，也可以按效率计算分解为 5 项。锅炉效率的各个损失是并列的关系，其变化量与锅炉效率的变化量是一致的。大多数工作者在实际中会找损失的下一层影响因素，如排烟温度与氧量和排烟损失的关系，理论上说是对的，但它们之间往往存在耦合的状态，如锅炉氧量变化时如果是运行氧量控制量发生变化时，它会引起锅炉传热的变化而影响到排烟温度。所以大家的经验是排烟温度变化 20℃左右锅炉效率变化 1%左右。但根据锅炉运行氧量的不同，这个"左右"的范围有可能 15℃的排烟温度变化就会使锅炉效率变化 1%，所以用在定性分析中是可以的，定量分析则往往需要更加精确的模型。本书把各个损失当作基本变化单元，除非各子因素对锅炉效率影响的独立性得到验证。

2. 汽轮机缸效率分析

汽轮机通常由调节级和几十个压力级组成，按高、中、低组成到三个压力等级的汽缸中，级或汽缸串联工作。因此，汽轮机组效率可以细分为各个缸的效率进行分析。

（1）缸效率的定义。根据蒸汽在汽缸中的膨胀过程（如图 4-2 所示），汽轮机各缸缸效率的定义见式（4-1），即

$$\eta_{ax} = \frac{\Delta H_i}{\Delta H_t} \times 100 = \frac{H_0 - H_2}{H_0 - H_1} \times 100 \tag{4-1}$$

式中　η_{ax}——缸效率，%；

　　　ΔH_i——有效焓降，kJ/kg；

　　　ΔH_t——调节阀前的等效焓降，kJ/kg；

　　　H_0——进口焓值，kJ/kg；

　　　H_2——出口焓值，kJ/kg；

　　　H_1——出口等效焓值，kJ/kg。

在缸效率的定义中包含了进汽调节阀造成的节流损失的影响。汽轮机在变工况下，不同的运行方式会对应不同的高压调节汽门开度，节流损失相差较大，会对调节级效率产生影响；同时末级的湿度变化也会影响到其效率，而中间部分大量的压力级效率变化很小。中压缸调节汽门始终处于全开状态，其节流损失几乎不变，也就是说，高压缸效率、低压缸存在变化，中压缸效率随负荷及运行方式变化很小。

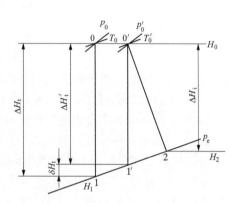

图 4-2　汽轮机缸效率计算示意图

（2）无再热缸效率定量分析。假定汽轮机三缸输入焓（理想焓降）分别 Q_h、Q_i、Q_1，其做功效率（相对内效率）分别为 η_h、η_i、η_1，且三缸间的功率互不影响，则有

$$W = W_h + W_i + W_1 = Q_h\eta_h + Q_i\eta_i + Q_1\eta_1 \tag{4-2}$$

$$\eta_q = \frac{W}{Q_1} = \frac{Q_h\eta_h + Q_i\eta_i + Q_1\eta_1}{Q_1} = \frac{3600}{Q_q} \tag{4-3}$$

热耗分别由式（4-4）计算，即

$$q_q = \frac{3600}{\eta_q} = \frac{3600Q_1}{Q_h\eta_h + Q_i\eta_i + Q_1\eta_1} \tag{4-4}$$

式中　　　W——发电机发电功率，kW；

　　　　　Q_1——锅炉输出给汽轮机的热量流量，kJ/s；

　　Q_h、η_h——高压缸折算理想焓降（kJ/kg）和高压缸效率（%）；

　　Q_i、η_i——中压缸折算理想焓降（kJ/kg）和中压缸效率（%）；

　　Q_1、η_1——低压缸折算理想焓降（kJ/kg）和低压缸效率（%）；

W_h、W_i、W_1——汽轮机高、中、低压缸的出力，kW。

由式（4-4）进行微分得

$$dq_q = -3600Q_1 \frac{Q_h d\eta_h + Q_i d\eta_i + Q_1 d\eta_1}{(Q_h\eta_h + Q_i\eta_i + Q_1\eta_1)^2} = -q_q \frac{Q_h d\eta_h + Q_i d\eta_i + Q_1 d\eta_1}{W_h} \tag{4-5}$$

化简并用差分代替微分式得到

$$\Delta q_q = -q_q\left(\frac{W_h}{W} \times \frac{\Delta\eta_h}{\eta_h} + \frac{W_i}{W} \times \frac{\Delta\eta_i}{\eta_i} + \frac{W_1}{W} \times \frac{\Delta\eta_1}{\eta_1}\right) \tag{4-6}$$

（3）有再热、且前缸对后缸有影响时定量分析。再热后的高压缸内效率变化对热耗的影响减少一些，这是因为高压缸部分内效率提高后，高压缸部分出力增加 ΔW_h 后，再热器的入口焓下降会下降 ΔW_h，为了不影响再热器出口的蒸汽参数，再热器的吸热量必须等量增加 ΔW_h，该热量在锅炉中吸收，经过汽轮机后会变为 $\Delta W_h \eta_q$ 的功。既高压缸部分效率提高 $\Delta \eta_q$ 后的实际收益仅为

$$\Delta W_h' = (1 - \eta_q) \Delta W_h = \left(1 - \frac{3600}{q_q}\right) \Delta W_h \tag{4-7}$$

此时高压缸内效率变化对热耗的影响为

$$\Delta q_q = -q_q \left(\frac{W_h}{W} \times \frac{\Delta \eta_h}{\eta_h}\right) - 3600 \left(\frac{W_h}{W} \times \frac{\Delta \eta_h}{\eta_h}\right) \tag{4-8}$$

Q_h 计算式为

$$Q_h = \sum D_j \Delta h_j \tag{4-9}$$

式中　j——高压缸内由于抽汽而划分的段数，通常由抽汽点划分，通常高压缸有两个抽汽点，把高压缸分成三段；

　　D_j——高压缸各个段内的蒸汽流量，kg/s；

　　Δh_j——高压缸各个段间蒸汽的等熵焓降，kJ/kg；

ASME 对于高压缸对于再热汽影响的考虑略加精细一些。高压缸内效率上升后，高压缸部分出力增加 ΔW_h 后，导致再热器的入口焓下降 ΔW_h 是没有问题的，但是高压缸整体的做功 W_h 是基于高压缸折算流量 D_{eq} 发生的，而再热汽入口焓下降只影响到再热汽部分，其流量 D_r 小于 D_{eq}，因而 ASEM 认为再热汽流量再回锅炉多吸收的热量比 ΔW_h 略少而应该是 $\frac{D_r}{D_{eq}} \Delta W_h$，此时高压缸内效率变化对热耗的影响变为

$$\Delta q_q = -q_q \left(\frac{W_h}{W} \times \frac{\Delta \eta_h}{\eta_h}\right) - 3600 \left(\frac{D_r}{D_{eq}} \frac{W_h}{W} \times \frac{\Delta \eta_h}{\eta_h}\right) \tag{4-10}$$

由于

$$D_{eq} = \frac{Q_h}{\Delta h_h} = \frac{\sum D_j \Delta h_j}{\sum \Delta h_j} \tag{4-11}$$

有

$$\Delta q_q = -q_q \left(\frac{W_h}{W} \times \frac{\Delta \eta_h}{\eta_h}\right) - 3600 \left(\frac{\Delta h_h D_r}{\sum D_j \Delta h_j} \frac{W_h}{W} \times \frac{\Delta \eta_h}{\eta_h}\right) \tag{4-12}$$

式中　D_{eq}——高压缸折算流量，kg/h；

　　W_h——设计发电端功率，kW；

　　q_q——机组设计热耗率，kJ/kWh。

（4）中压缸效率变化定量分析。中压缸效率提高后，会降低低压缸进汽温度，增加排汽湿度，从而使低压缸部分内效率降低；而且使低压缸部分的抽汽量有不同程度的增加，中压缸效率提高所带来的好处，不是全部转移到机组的热耗上去，因此中压缸内效率部分应乘以小于 1 的因子 β，对于再热凝汽式机组，可取 $\beta = 0.90 \sim 0.95$。

中压缸效率的偏差引起的热耗率的偏差为

$$\Delta q_q = -q_q \left(\frac{\beta W_i}{W} \times \frac{\Delta \eta_i}{\eta_i}\right) \tag{4-13}$$

低压缸效率的偏差引起的热耗率的偏差为

$$\Delta q_q = -q_q \left(\frac{\beta W_1}{W} \times \frac{\Delta \eta_1}{\eta_1} \right) \tag{4-14}$$

（5）缸效率的获取。在常规燃煤机组中，高、中压缸均运行于过热蒸汽区域。因此，仅通过测量汽缸进出口压力、温度即可方便确定相应焓值。与高、中压缸效率测试相关的测点分别见表 4-2。

表 4-2 高、中压缸效率测试相关的测点

序号	测点名称	用 途	测点位置
1	主蒸汽压力	用于确定高压缸进汽焓、熵值	自动主汽门前
2	主蒸汽温度		自动主汽门前
3	高压排汽压力	用于确定高压缸排汽有效焓值及等效、焓降	高压排汽止回门前
4	高压排汽温度		高压排汽止回门前
5	再热蒸汽压力	用于确定中压缸进汽熵值及焓值	中压主汽门前
6	再热蒸汽温度		中压主汽门前
7	中压缸排汽压力	用于确定中压缸排汽有效焓值及等熵、焓值	中低压连通管上
8	中压缸排汽温度		中低压连通管上

低压缸正常情况下统计数据准确性很差，所以式（4-14）在生产中常用不到。

（6）相对内效率与绝对内效率。缸效率向汽轮机组热耗率（效率）的过渡过程中需要考虑到相对内效率与绝对内效率的区别。相对内效率指汽轮机、缸及级的为实际比焓降与理想比焓降之比，反映了蒸汽汽轮机在工作过程中，扣除了进汽节流损失、排汽损失和内部的送风、摩擦、漏汽、湿汽、斥汽等各项损失以后，实际膨胀过程焓降小于理想膨胀焓降的情况，取决于汽轮机的设计、制造水平和检修质量，通常实际膨胀焓降为理想情况下的80%，汽缸的效率就是相对内效率。汽轮机理想焓降与输入热量之比称为循环热效率，其与汽轮机相对内效率之积，即为汽轮机的绝对内效率。汽轮机的输出轴功率，到发电机之间还差一个机械效率（轴之间的摩擦），到发电机的输出还包含了发电机的效率，汽轮机组的热耗表示的效率实际上就包含了绝对内效率、机械效率与发电机效率的信息。

（三）局部单参数变化的等效焓降分析方法

在第三章中我们用等效焓降计算汽轮机各个抽汽所处能级水平的抽汽效率时，学习了一部分等效率焓降的知识。但等效焓降的作用远不止计算抽汽效率这一简单的任务，它可以很好地估算整个循环过程中某一局部参数发生变化时机组整体性能的变化。这种局部单参数变化分析方法的本质也是"一耗三率"，但是在某一参数变化后，其影响不是逐层返回，而是通过等效焓降等理论体系，直接返回到对整个汽轮机组循环效率变化，不但可以节省大量的时间，而且思路清楚、操作方便。

1. 等效焓降的理论基础

汽轮机变工况过程中，除了第一级（调节级）和末级的效率会发生较大变化外，其他各压力级的效率可以认为是恒定的。等效焓降的理论基础是把汽轮机的整体做功输出看作各个缸、各个段、或各个级做功能力按通过的蒸汽量加权累积的总体效应。假定汽轮机各个缸、段或级的效率不变，各部位的蒸汽流量发生变化机组整体输出就会发生变化，导致机组整体

能效发生变化。所以等效焓降分析参数变化的影响本质和重点是计算某些参数变化后、汽轮机各部位的蒸汽能流量的变化。

基于上述思想,本书中等效焓降分析参数变化对机组的影响需要注意如下几点:

(1) 汽轮机入口的主蒸汽流量固定不变。主汽流量主要是为整体计算提供基准工况,各部分流量的变化就体现为抽汽份额的变化,即简化计算过程,又方便扩展应用。

(2) 小偏差范围内应用具有足够的精度。等效焓降基于各部分流量变化时效率不变的假定就是假定机组的膨胀线不变,体现为各段蒸汽的参数均保持不变,此时应用的精度很高。但如果负荷变化较大时,这个各参数变化了,就意味着各蒸汽点的等效焓降需要重新计算,否则就会出现偏差。生产实际中通常要对多个负荷条件的等效焓降进行计算。

生产实际中机组工况通常用电功率来衡量,与主汽流量衡量的功率会有一定偏差。

(3) 应用非常方便。等效焓降的物理意义是单位质量的抽汽从抽汽口返回汽轮机的真实做功能力,其与蒸汽所携带热量之比即为抽汽效率,标志着汽轮机各抽汽口蒸汽的能级。等效焓降越大,效率和能级就越高,蒸汽流的做功能力也就越大。在主蒸汽部位的效率最大,其抽汽效率就等于汽轮机组的效率。热力系统中任意单一参数的变化引起机组做功能力的变化就等于该热量与所处能级抽汽效率的乘积,该做功能力的变化,已经毫不遗漏地考虑了该能级以下所有设备,使得等效热降能使局部定量计算简便、准确。

(4) 主汽流量固定,蒸汽参数也固定。这并不说明锅炉的吸热量和汽轮机的输入热量是固定的,因为锅炉与汽轮机间的联系还有再热汽一路,其流量不永远随主汽流量固定,上述两个热量就不能确定。应用时应注意以下方面:

1) 再热冷段到新蒸汽之间的任何排挤抽汽,都将流经再热器而吸热。这时排挤抽汽返回汽轮机中的做功,既有加入热量的做功,也有再热器吸热的做功。因此,只有扣除再热器吸热的做功,才是排挤抽汽的真实等效热降用这个量的抽汽效率外,才真正反映加入热量,转变为功的程度。

2) 锅炉的产生的蒸汽也不一定全部输出到了汽轮机,也可能漏掉、吹灰用掉或排污排掉。这些汽水工质损失(泄漏,排污、吹灰、取样、雾化)必然伴随有热量的损失和补水的调整,以适应主蒸汽流量保持不变的假定,这些补水进入系统后到达汽水工质变化的地点,涉及额外的热平衡及做功变化。

这两个问题均使等效焓降的应用变得复杂,只固定主汽流量(与功率要求对应)而不固定输入热量的分析方法,在等效焓降中称变热量分析方法,是本书中采用的方法,对应的当然就是固定热量法,比较复杂,应用不常见;如果无汽水工质没有变化,在等效焓降理论中称为"纯热量",否则称为"带工质的热量",概念很不好理解,给等效焓降的应用带来的麻烦。

(5) 系统边界。如前文所言,本书在分单参数变化引起的系统做功能力变化时,只关心从锅炉进入系统的热量和从发电机出去的电能、汽轮机出去的供热能。在这一个输入、两个输出的中间部分,还有些能量进、出,均不计算到系统的输入热量和输出电量中,从能量图上看仿佛是系统边界上带有一些"毛刺"似的,如图 4-1 所示。

为了方便一线的工作人员应用,本书中主要是基于汽轮机出力为各缸/段/级出力按蒸汽流量加权累积的本质,而尽可能不使用等效焓降中比较难以理解的术语。

2. 无汽水工质变化的等效焓降

无汽水工质变化的等效焓降在等效焓降理论中称之为"纯热量",此时热量通过表面式换热器进入系统或者是泵、风机类的辅机做功回收进入系统,代替了一部分抽汽的功能,使抽汽回汽轮机做功,从而改变汽轮机做功能力。回顾第三章中等效焓降计算式的推导过程,其计算基础即为纯热量假定;该类问题比较简单,热量利用在能级 j 上,故新蒸汽等效焓降的增量为 $\Delta H = Q\eta_j$,包括以下方面:

(1) 循环内部热量,典型的如给水泵的焓升和热力设备或管道的散热损失。前者有热量进入汽水工质,使系统做功能力增加,即 ΔH 为正,称为内部热量利用;反之有热量流出系统时,则 ΔH 为负,称为热量损失。

(2) 循环外部热量。热力循环之外的任意热量,如排烟的余热通过表面式加热器进入循环系统,代替一部分抽汽,从而产生做功能力变化。此时,我们会把系统的边界扩展,让他们变成系统的内部热源。由于他们也产生于系统内部,所以这部分热量只有做功增加,而不会有从主蒸汽、再热蒸汽输入热量的增加,机组能效显然是提高的,这种处理方法在等效焓降理论中称为余热利用方法。

如果热量来源于其他系统,如炼钢炉的余热,只要这个余热是其他系统正常工艺无法使用的,我们统统把它们当作发电循环系统中的一个内部源。

3. 热量与汽水工质同时有变化的等效焓降

热量利用或损失时,不但有热量的变化还有汽水工质的变化,典型的如轴封汽体的回收等问题,等效焓降理论中称"带工质的热量"。处理该类问题时不但需要考虑热量利用或损失时对抽汽份额分布的影响,还要考虑汽水工质变化后、由补水量变化引起的各缸/段/级蒸汽流量的分配。

(1) 蒸汽携带热量流进系统。份额为 α_f 且具有 h_f 焓值的蒸汽从 j 级加热器流进系统。外部的蒸汽被用于加热器、轴封漏汽被回收并利用在加热器中都属于这种情况,为了确定工质携带着热量流入系统时引起装置经济性和做功的变动,一般把该热量分两方面来分别分析研究:一方面,是指纯热量 $\alpha_f(h_f - h_j)$;另一方面,则是工质带入的热量 $\alpha_f h_f$。因为纯热量利用在抽汽效率为 η_j 的能量级上,所以做功量为 $\alpha_f(h_f - h_j)\eta_j$。其余带工质带入的热量($\alpha_f h_f$)恰好和该级的抽汽比焓 h_j 相等,所以质量为 α_f 的来汽正好替代相同质量的抽汽,并且没有疏水的变化。为了使系统的工质始终保持平持平衡状态,必须随之减少同样质量的进入凝汽器的化学补充水,以来维持系统内工质的平衡。又因为主凝结水量和疏水的质量没有发生变化,所以,各级加热器的抽汽量将不会受到影响。那么被替换的抽汽重新返回到汽轮机中,直接流至凝汽器中,则做功为 $\alpha_f(h_f - h_c)$。综上可得,蒸汽携带的热量的全部做功等于两部分热量做功之和。即

$$\Delta H = \alpha_f[(h_f - h_j)\eta_j + (h_f - h_c)] \tag{4-15}$$

(2) 蒸汽流出系统。质量为 α_f 的蒸汽从汽轮机 j 处漏出系统后,需要从凝汽器补充进相同数量的补充水,而凝水/给水管中的水流量不变,故汽轮机各级抽汽量并不发生变化。相当于从 j 处流出系统的蒸汽是直接送达凝汽器的汽流,其所造成的损失为 $\alpha_f(h_f - h_c)$。

(3) 热水热量流入系统。热水流可从疏水的管路流入系统,也可从主凝结水的管路进入系统,不同地点进入时带来的效果也不完全相同。

(4) 热水从主凝结水的管路进入系统。焓值为 h_f、份额是 α_f 的热水从 j 级加热器入口

的主凝结水的管路流入，可将进入系统的热量分为两个部分：纯热量部分 $\alpha_f(h_f-h_j)$ 和工质代替部分 $\alpha_f h_f$。

1）纯热量部分作用在抽汽效率为 η_j 的能级上，所以做功增加量为 $\alpha_f(h_f-h_j)\eta_j$。

2）扣除纯热量的热水与混合点处的凝结水恰好能够替代相同质量的主凝结水，为了维持整个系统的工质平衡（主汽流量保持不变），需要相应减少相同质量的补充水。假定补水从凝汽器加入，则从凝汽器开始一直热水加入点范围内，主凝结水管路中都将减少相应份额的质量流量，将会减少这部分凝结水的加热抽汽，将获得做功能力 $\sum_{r=j}^{c}\tau_r\eta_r$。

热水通过主凝结水的管路进入系统的全部做功等于两部分的热量之和，即

$$\Delta H = \alpha_f\left[(h_f-h_{wj})\eta_j + \sum_{r=j+1}^{c}\tau_r\eta_r\right] \tag{4-16}$$

为了维持系统工质的平衡状态，必须从凝汽器补充进相同数量的化学补充水，那么将相应增加相同质量的流至 j 级加热器的水量，该过程将会增加吸热 $\alpha_f\sum_{r=j}^{c}\tau_r$，那么做功损失为

$$\Delta H = \alpha_f\sum_{r=j}^{c}\tau_r\eta_r \tag{4-17}$$

（5）当热水通过疏水管道进入系统。相同条件热水从 j 级加热器的疏水管道流入系统时，同样可将进入系统的热量分为两个部分来分析计算做功变化：纯热量 $\alpha_f(h_f-h_{sj})$ 和只带工质的热量 $\alpha_f h_{sj}$。

1）纯热量加入地点虽然在 j 级加热器，但其作用却在 $j+1$ 加热器上，做功量为 $\alpha_f(h_f-h_{sj})\eta_{j+1}$。

2）带工质热量部分为 $\alpha_f h_{sj}$，会沿着疏水管路逐级自流到下一个汇集式加热器 m 后才能并入主凝水管路。在 $j-1$ 级到 m 级加热器分别放出热量 $\alpha_f\gamma_r$。同样假定补水从凝汽器加入，从凝汽器开始到 m 级加热器的范围内，主凝结水管路中都将减少相应份额的质量流量，减少加热抽汽带来的做功收益为 $\sum_{r=m+1}^{c}\tau_r\eta_r$。从 m 级加热器到 j 级加热器这一段，主给水管路中的水流量与原来相同，但是疏水量却和每级都增加了 $\alpha_f\gamma_r$，所以也可以减少抽汽，做功增加量为 $\alpha_f\sum_{r=j+1}^{m}\gamma_r\eta_r$。即

$$\Delta H = \alpha_f\left[(h_f-h_{wj})\eta_{j+1} + \sum_{r=j+1}^{m}\gamma_r\eta_r + \sum_{r=m+1}^{c}\tau_r\eta_r\right] \tag{4-18}$$

疏水携带热量流出系统的做功损失为

$$\Delta H = \alpha_f\left(\sum_{r=j+1}^{m}\gamma_r\eta_r + \sum_{r=m+1}^{c}\tau_r\eta_r\right) \tag{4-19}$$

蒸汽在锅炉流出系统。按照汽轮机本体源头的各项参数流出系统用式（4-19）来计算做功损失，然后再减去由蒸汽沿系统而发生的热量变迁引起的做功变化（功量变化可使用等效热降计算），这才应该是该蒸汽的做功损失。

4. 再热系统的变热量分析方法

根据第三章，再热机组蒸汽等效焓降的计算分为两部分，高压缸的再热前和中、低压缸再热后部分。

（1）中、低压缸的抽汽做功的抽汽与返回汽轮机与无再热机组完全相同，计算通式为

$$H_j = (h_j - h_c) - \sum_{k=j+1}^{c} \frac{A_k}{q_k} H_k \tag{4-20}$$

值得注意的是，这是蒸汽返回汽轮机的实际做功，不仅包括排挤 1kg 蒸汽所需加入热量的做功，而且还包括排挤抽汽引起再热器吸热增量的做功。所以再热冷段以上出现任何排挤抽汽（包括增加抽汽），都将改变再热器中的蒸汽份额，也就是会改变再热器的吸热量。这就是所谓变热量的含义。让循环吸热量自然变动而求得的抽汽等效热降称之为变热量等效热降。

（2）高压缸中抽出的汽在再热器的前面，它返回汽轮机后会先做一段功后，到达高压缸排汽口（如果抽汽口后到排汽口之间还有抽汽口的话，它中间的一部分还要抽出来），进入再热器加热，然后从再热器出来后再返回中压缸完成剩下的做功过程。对于经过高排口再进入中、低压缸的蒸汽流来说，其做功能力还包括再热器的吸热量，即

$$H_j = (h_j - h_c) + \alpha_{rh} \Delta H_{rh} - \sum_{k=j+1}^{c} \frac{A_k}{q_k} H_k - \sum \Pi \tag{4-21}$$

对于汽轮机的做功增加，一部分归功于抽汽返回汽轮机本身的做功能力，还有一部分来源于这段蒸汽在再热器中绕行了一下多带来一部分热量所做的功。前者使汽轮机整体效率提升，但后者使机组效率降低的，因为这部分热量是锅炉中燃料中高温段能量，本来它可以对应于主蒸汽循环的能级进行做功，而现在它只能对应于中、低压缸的能级。

（3）当高压缸有抽汽返回汽轮机做功时，尽管主汽流量保持不变，但汽轮机从锅炉中吸热的总量也发生了变化，意味着汽轮机的输入和输出均发生变化，此时对其效率的核算有两种方法：

1）根据汽轮机输入、输出同时发生变化的情况，计算该蒸汽的做功能力（等效焓降）和机组效率，称之为再热机组的变热量等效焓降处理方法。

2）另外一种也就是继续维持循环吸热量 Q 的不变，也就是定热量的等效焓降。但我们真正处理相关问题时常采用变热量的等效焓降法。

实践证明两种分析方法计算结果完全相同，变热量思路理解上更加自然、直观，因而在等效焓降中更加流行。这样，用等效焓降变热量分析法的主要工作即为确定某一项工作变化后对锅炉吸热量的变化 ΔQ_g 和汽轮机做功能力变化 ΔH 两个方面的影响，然后综合两种影响计算某个参数变化后机组的效率变化。

5. 单参数变化的定量分析汇总

假定基准的主蒸汽等效焓降为 H_0，某种参数变化后其主蒸汽的等效焓降变为 $H_0 + \Delta H_0$，同时锅炉吸热量也变为 $Q_g + \Delta Q_g$，则很容易由上述关系求出参数变化前后机组效率的变化。

（1）基准工况效率为

$$\eta_q = 100 \frac{H_0}{Q_g} \tag{4-22}$$

（2）参数变化后机组效率为

$$\eta_0' = 100 \frac{H_0 + \Delta H_0}{Q_g + \Delta Q_g} \tag{4-23}$$

（3）参数变化后，以基准效率为基础的效率变化率为

$$\delta\eta_q = \frac{\eta_q' - \eta_q}{\eta_q} = \frac{\Delta H_0 - \Delta Q_g \eta_q}{Q_g \eta_q} = \frac{\Delta H_0 - \Delta Q_g \eta_q}{H_0} \tag{4-24}$$

（4）参数变化后，以变化后效率为基础的效率变化率为

$$\delta\eta_q = \frac{\eta_q' - \eta_q}{\eta_q'} = \frac{\Delta H_0 - \Delta Q_g \eta_q}{H_0 + \Delta H_0} \tag{4-25}$$

大多数情况下，考虑到某参数变化后的效率会实际测量，所以式（4-23）和式（4-25）用得更多。本书中推荐基于"设计值＋固有性能偏差"的方法考虑效率变化率，更适合应用式（4-22）和式（4-24）。

（四）基准状态的选择

基准工况的选择非常重要，在"一耗三率"中相当于是 b，在汽轮机缸效率分析中是基准三缸效率及流量，在等效焓降中基准状态是机组一个工况中某一个稳定状态下所有参数的集合。

为了使能耗诊断工作更加适合与实际工作对比，并且方便整改落实措施的可实行性，建议基准工作状态按如下方式选取：

（1）如果诊断主要用于性能优化操作、消缺、小技改等工作，基准工况选在排除固有性能偏差和外部条件影响下、某一个实际的工作负荷率条件下常见工况，如 75% 负荷等；基准工况作为比较基础，最好是经过优化调整的性能比较好的工况。

（2）如果诊断包含大型的技改工作，则建议基准工况选在设计条件。能耗诊断时宜首先排除外部条件影响下，最好是经过优化调整的性能比较好的工况。

（3）基准状态的参数应当非常明确。

（4）运行人员、检修人员和技术管理人员都应对于基准状态，包括参数的维持基础、维持难度、影响方式等全套数据，都非常熟悉。

（5）基准状态的选择尽可能与能耗统计、能效评价处于同一个平台、用同一套参数进行。

能耗诊断分析时还要明确所用基准工况，这决定了分析时所使用的偏差量是多少。以缸效率变化的分析为例，如果基准工况使用的是设计工况，则基准工况中汽轮机缸效表示在回热系统工作在设计参数、蒸汽参数工作在设计参数、减温水量工作在设计参数等诸多条件约束下的结果，实际核算过程中，使用的缸效率偏差基于其与设计值的偏差进行计算，并且要保证该缸效率的变化不包含这一段抽汽参数发生变化引起的差异；由于实际工作中，设计工况与实际工况偏差往往较大，很多工作者也喜欢用实际的统计工况作为基准参数，则此时的缸效率已经考虑了一部分参数变化的影响（如减温水流量发生变化），如果想把缸效率看作是通流部分叶片做功能力的表征，而想把他们与加热器端差、蒸汽参数变化、减温水流量变化等因素并列分析，则在使用统计的缸效率时，应当首先排除这些参数对它的影响，否则就会产生一个因素分析多遍的重叠度问题。

（五）三层分析方法的重叠度

三层分析关系中虽然最后都直接影响到了机组的整体效率，但是影响范围是有所不同的。"一耗三率"的颗粒度最大，也是最为基础。缸效率主要是影响汽轮机的效率，并通过影响汽轮机组的效率影响机组的效率；等效焓降局部变量分析法虽然从公式直接得到了某一

个变化对于汽轮机组的效率，但是它本也是通过改变各个汽缸中不同能级的汽流量组合来实现的，因而每个参数的变化首先影响到缸效率，然后再通过缸效率影响机组整体效率。同理，锅炉通过热损失的变化，由锅炉效率来影响整体效率。所有的因素，最后都以锅炉效率、汽轮机组热耗率及辅机的厂用电率三条路径通到供电煤耗这一最终目标，通过"一耗三率"的整体进行分析。

能耗诊断过程中要尽可能避免将同一因素进行了多次分析而出现重叠度，以锅炉排污带来的损失进行说明，通常有两种分析方法。其一为统计法，即分别统计锅炉侧吸热量的变化和汽轮机侧热耗率的变化，然后根据计算机组供电煤耗的差异，是现场人员常用的方法；另一种即为单参数法（参见第三节），分别计算锅炉侧吸热量的增加和汽轮机把排污水加热给水而需要多抽汽减少的做功能，也就是第一种统计方法中锅炉侧多吸热和汽轮机少做功的细节问题，是不少专家分析常用的方法；两者本质上完全一致，但很容易在某些计算或分析过程中都会使用，就产生了分析的重叠问题。再如加热器端差引起机组经济性变化的问题为例，它即可以用单参数分析法直接计算，也可以用缸效率的变化去分析（此时缸效率的变化相当于端差变化引起的结果），生产过程中也经常会把一个问题用两遍。

第二节　锅炉的能耗诊断分析与优化

锅炉的任务是把煤中的发热量传递给汽水工质，所以锅炉高效率是节能工作首先要考虑的，但同时锅炉生产蒸汽还要符合汽轮机高效发电、快速变负荷、NO_x 排放最小、自身辅机耗电率最小等多方面要求。设计者通过对燃烧的控制和受热面的布置配比来完成这些任务，运行人员通过跟踪锅炉工作的状态来寻找最为理想控制参数，把炉内火焰的分布、传热分布控制到恰到预想的设计位置，使锅炉各方面任务同时得到最好的满足（实际过程往往不能达到）。锅炉的能耗诊断就要找出实际工作过程中设备存在的缺陷、人为认识不到位等造成这些参数不在最佳位置的原因，并制定措施尽可能地把锅炉的运行状态向理想方向靠拢。

由于锅炉的任务多，燃烧、传热和污染物控制过程高度耦合，某一个因素产生的问题往往会波及锅炉的各个方面，所以锅炉的定量预测很困难，锅炉侧的能耗诊断更多的是定性分析，找清楚问题原因，根据原因进行调整，边调整边验证。

本节中从锅炉效率入手，兼顾其他需求，介绍锅炉能耗诊断的一般思路和注意要点。

一、提高锅炉效率

与锅炉效率直接相关的参数是排烟温度、灰渣含碳量、运行氧量，但与锅炉效率相关还包括煤种差异、炉内受热面清洁程度、空气预热器换热面积、空预器热容比改变、制粉系统冷风掺入量、干排渣漏风等多种因素。

（一）排烟温度

排烟温度指空预器出口的烟气温度，是锅炉能耗诊断主要的考察指标，它与排烟处的烟气量、空气进口温度等参数共同决定了排烟损失的大小。对排烟温度进行考察比较时需要同时考虑空气预热器入口风温，并由此计算其差值，用其差值和设计值进行比较，并计算其对排烟损失的影响。

锅炉设计时，排烟温度是基于燃料中的硫分和水分、由排烟中的硫酸蒸气浓度（分压）

和水蒸气浓度（分压）确定的，原则是排烟温度高于酸露点，以防止低温腐蚀。表 4-3 所示为不同硫酸蒸气分压和水蒸气分压下的烟气露点。一般地，燃料中硫分越高，烟气中硫酸蒸气的分压也越高，排烟温度的设计值也越高。实际的运行过程中，煤种、空气预热器的冷却条件时刻都在变化，所以需要进行高度关注，运行中可以用暖风器的投运来控制排烟温度。

表 4-3　　　　　　　　　烟气露点与硫酸蒸气分压和水蒸气分压的关系

碳酸蒸汽分压 $p_{H_2SO_4}$（p_a）	水蒸气分压 p_{H_2O}（p_a）		
	5000	8300	24 500
0	33	43	64
10	40	48	70
50	63	68	87
100	86	91	105
200	116	121	130

排烟温度测点的代表性很重要。由于空气预热器漏风的不均匀性，排烟温度沿烟道横截面的分层非常厉害，最高最低处可能会有 20～40℃ 的差别，因而在能耗诊断的性能确定试验中，最好通过网格法对锅炉在线计算所用的排烟温度测点的代替性进行校准。对于在线表计的评估，至少要对排烟温度左右两侧烟道的所有测点进行综合评判，也可以参考其后受热面（如低压省煤器）或环保设施（如电除尘）处的烟气温度测点，以尽可能找出相对有意义的排烟温度测点。

排烟温度升高的原因主要有空气预热器换热面发生粘污堵灰、炉内的清洁程度变差，也有可能是炉底漏风、制粉系统掺烧冷风等因素引起的空气预热器冷却能力变差等因素引起。排烟温度还与空预器的漏风率耦合在一起，如果漏风率（空气预热器进、出口氧量的偏差指示）增加的情况下，锅炉排烟温度会有明显的下降，因此判定排烟温度高低的影响有时需要把排烟温度折算到相同的排烟氧量条件下，再进行比较。

（二）锅炉氧量

在锅炉效率计算过程中，锅炉氧量实际上表达的是锅炉的烟气量。在生产过程中，氧量代表总送风量，其大小非常重要，用来控制排烟温度、燃料燃尽率和 NO_x 排放量等多个因素。

锅炉氧量大的锅炉通常排烟损失大一些，氧量小的锅炉排烟损失小一些；氧量大的条件下通常锅炉排烟中 NO_x 含量升高，氧量减小的情况下 NO_x 含量降低；运行人员趋向于低氧量运行，但氧量太小时锅炉入炉煤的燃尽率又会变差，排烟中的 CO 会明显增加，除了经济性问题也会带来炉膛爆炸的可能性，因而氧量的问题需要综合考虑，在满足排放要求的基础上寻找最佳的控制位置。

我国的现代化的电厂锅炉中，大多数都在空气预热器出、入口设有氧量测点（以便于测量空气预热器的漏风率），还有不少机组在省煤器出口、脱硝系统出入口等多个部位装有氧量表。用于控制进风总量的氧量测点是与炉膛出口最近的氧量测点处的氧量，如省煤器出口，但是影响到排烟损失的是空预器出口的排烟氧量，所以氧量的影响因素也需要综合考虑。

（三）煤种差异与灰渣可燃物含量

锅炉的核心部件都是基于入炉燃料设计的，所以实际使用的入炉燃烧是影响机组能效的重要因素。大部分机组很难燃用设计煤种，生产过程中通常对来源复杂的燃料进行掺配后应用，使其尽可能接近设计燃料并保持稳定。由于煤种是机组的外部条件，所以能效评价过程中也对煤种进行考察，但能效评价重点在于考察煤种差异对机组能效带来的影响，使能耗诊断过程还要考察其对锅炉运行性能带来的差异，并找出相应对策。

煤种差异最直接的表现为灰渣可燃物含量，影响到锅炉的机械不完全燃烧损失（或称固体不完全燃烧损失），主要有：锅炉入炉燃料是否与锅炉的燃烧能力匹配、锅炉的燃烧是否正常、煤粉是否偏粗、配风是否合理、燃烧设备是否具有局部故障等多重因素，需要专业的锅炉燃烧优化调整的队伍进行深入诊断。

与燃尽特性关系最大的指标是挥发分含量，入炉煤挥发分含量越高，其中可燃物能够快速气化的成分越多，固体燃料燃烧过程中的孔隙越高、比表面积越大，能够缩短其燃尽时间，灰渣中可燃物的含量也相应越低。此外，挥发分还影响到 NO_x 的生成量与控制方法。当前现场的掺配煤工作通常只考虑入炉燃料的低位发热量控制在一定范围内，该工作的本质上仅仅是对入炉煤中水分和灰分的总量做了限定，这样工作是不够的，应当综合考虑该煤种在炉内应有的性能，特别是挥发分对燃烧的重要影响。如假定锅炉原设计为普通燃烧性能的烟煤，后来燃烧性能优异的煤种或掺烧了燃烧性能更差的煤种，则需要专业的队伍确定当前煤种条件下该机组应有的性能水平。

（四）炉内受热面清洁程度

炉内的受热面清洁程度是对于锅炉的性能水平有重要的影响。受热面清洁程度可以由排烟温度、炉膛出口温度、炉内掉渣情况、减温水量等参数表征，清洁程度变差可能是煤种的结渣与粘污特性太强、炉内空气动力场不好等原因造成，整体的分析工作非常复杂，由专业的锅炉技术人员综合判断。

受热面清洁程度可以通过吹灰来验证。吹灰可以是整体吹灰，也可以是局部吹灰，吹灰前后机组的参数往往有很大的变化。运行人员可以根据吹灰的变化情况来确定最优的吹灰频次、位置等，以帮助机组运行在最佳性能上。

（五）制粉系统

制粉系统的配置多种多样，其调整工作是锅炉侧调整最主要的手段，因而需要根据实际的配置进行专门分析，典型的注意点如下：

（1）球磨机主要能量耗费在提升钢球的重量上，所以其耗电率主要与磨煤机的运行时间有关。球磨机制粉系统最好是配粉仓，磨煤机的运行总是在满负荷状态下运行，使磨煤机的运行与锅炉的运行完全解耦。中速磨煤机直吹式系统则需要把节电的重点放在磨煤机和一次风机的整体节能。

（2）无论是球磨机还是直吹式中速磨煤机，都有最佳的一次风量控制曲线，要平衡其中的磨煤功能、干燥功能及燃烧功能，都存在一个最佳通风量。最佳的通风量与一次风温度、煤水分等因素有关，控制的目标是保持制粉系统与锅炉效率综合起来后的收益达到最大。

（3）一次风量的测量必须是质量流量与标态体积流量，见表4-4。当地体积流量指而流量测点处的温度与压力下的体积流量。一次风流量测点位于磨煤机入口，此处的温度变化范围为200～300℃，温度不同，相同的体积流量下实际送风量相差很大，因而要保证一次风量的测量结果是有实际意义的标准状态下体积流量或质量流量。

表 4-4   **通过风速测量逻辑判断测量的正确性**

项目	单位	计算式	备 注
当地密度	kg/m³	$\rho = \rho_0 = \dfrac{273.15(p_{\text{alocal}} + p_{\text{st}})}{p_a(273 + t)}$	
速度	%	$v = k\sqrt{\dfrac{2\Delta p}{\rho}}$	
当地体积流量	km³/h	$\begin{aligned} Q &= 3.6vA \\ &= 3.6kA\sqrt{2\dfrac{p_a}{273.15\rho_0}}\sqrt{\Delta p\dfrac{(273+t)}{p_{\text{alocal}} + p_{\text{st}}}} \\ &= K_q\sqrt{\Delta p\dfrac{(273+t)}{p_{\text{alocal}} + p_{\text{st}}}} \end{aligned}$	t——测速元件附近的风温度; k——测速元件的系数; p_{alocal}——当地大气压力; p_{st}——当地静压;
质量流量	t/h	$\begin{aligned} G &= Q\rho \\ &= 3.6kA\sqrt{\dfrac{2\times273.15\rho_0}{p_a}}\sqrt{\Delta p\dfrac{p_{\text{alocal}} + p_{\text{st}}}{273+t}} \\ &= K_G\sqrt{\Delta p\dfrac{p_{\text{alocal}} + p_{\text{st}}}{273+t}} \end{aligned}$	p_a——标准大气压力; A——管道面积; ρ_0——标态下的空气密度, 取 1.293
标态体积流量	km³/h	$Q_N = G/1.293$	

一次风量可按如下方式计算, 即

$$G_{\text{PA}} = \begin{cases} kG_C & G_C \geqslant G_{\text{Cmin}} \\ G_{\text{PAMin}} & G_C < G_{\text{Cmin}} \end{cases} \tag{4-26}$$

式中　k——风煤比系数, 根据煤种确定, 最小一次风量由磨煤机的粉管数量及直径决定。

新建机组占地面积越来越小, 一次风管道越来越紧凑, 导致一次风量测量直管道越来越短, 一次风的测量准确度很差。运行人员根据磨煤机前后的参数综合判断一次风量的实际控制值, 导致一次风系统阻力加大、一次风机功耗增加。

(4) 磨石子煤问题。石子煤主要成分为煤矸石、黄铁矿、黄硫矿、铁块和其他不易研磨的矿物及一些原煤颗粒, 具有密度大、颗粒大、硬度高的特性。同时石子煤排出初期温度很高, 混有可燃物质, 如不及时处理, 不但容易使制粉系统生产车间脏、差、乱, 也容易在渣箱内闷烧, 使石子煤排渣口烧坏、结渣、堵磨, 造成磨煤机排渣不畅, 出力下降, 甚至堵磨等一系列其他问题。

目前电煤供应形式较为严峻, 大多数投产机组实际燃用煤种煤质远低于设计煤种, 石子煤量大为增加; 加之设计单位的经济不充分, 或没有充分重视石子煤排放和输送系统, 裕量少或具有先天缺陷, 使不少机组原设计的石子煤输送系统经常无法稳定运行, 为投产运行带来了一系列安全隐患。

图 4-3 所示为某电厂石子煤磨损的磨煤机筒体和防磨板。对于石子煤, 石子煤排出的如果是石子, 则最好在磨煤机处排走, 至少有如下几个好处: 减少了管道的磨损/减少了大渣与飞灰一带走的热量, 减少了沿程受热面的积灰情况, 使锅炉效率得以提高。

图 4-3　石子煤磨损的磨煤机筒体和防磨板

（5）磨煤机出入口一次风温度。出口一次风温度通常根据煤质来控制，对于烟煤，磨煤机出口温度通常在 75～80℃ 之间，但是对于部分褐煤、热力特性过分活泼的年青烟煤如神华煤，则需要进一步降低磨煤机出口温度到 70℃ 以下。

在出口温度、给煤量、煤质一定的条件下，磨煤机入口温度实际上某种程度上反映了一次风量与给煤量的比例关系，风煤比越高，磨煤机入口温度越低。所以磨煤机入口温度虽然在运行中不用作控制量，也不是被控量，但运行人员可以通过入口温度来了解磨煤机的风煤比情况或一次风量的测量准确性问题。通常磨煤机入口风量不宜小于 200℃。

（6）煤粉细度。煤粉越细，着火越迅速完全，锅炉不完全燃烧，损失越小，锅炉效率越高，但是制粉电耗则越高。运行中调节煤粉细度的方法是调节粗粉分离器的折向挡板。宜先根据煤种情况和实际的飞灰可燃物情况来确定煤粉细度，初值可为干燥无灰基挥发分的 1/2 以下。在低 NO_x 燃烧技术条件下，煤粉细度可能需要更低的水平，采用较小的风煤比。最佳的煤粉细度最好是由专业的燃烧调整公司根据锅炉实际情况寻优确定。

（六）空气预热器工作状态

回转式空气预热器是近年来问题比较严重的设备，主要原因如下：

（1）空气预热器运行时各部件均会因受热而发生膨胀，转子会变成蘑菇状，转子和扇形板、弧形板之间的间隙会变化，影响漏风率使风机的出力异常增加，空气预热器密封改造是重要工作之一。

（2）空气预热器流道狭小，通过的烟尘量大，如果存在黏性物质，很容易把灰尘粘在转子上面形成堵灰。没有安装 SCR 系统前，通常的黏性物质是烟气中凝结的水或酸，堵塞就时有发生；现在大部分机组都安装有 SCR 系统，把 NO_x 脱去的同时，也把 SO_2 催化成 SO_3，与 SCR 系统未反应完的 NH_3 反应生成黏性极强的 NH_4HSO_4，给机组带来严重问题。

随着锅炉运行时间的推移，锅炉空气预热器的漏风率会逐渐增大，导致锅炉三大风机耗电率的增加。锅炉漏风率通常可由在线的氧量表测量，氧量表最好定期地进行校验，并与定期的性能试验（如修前修后试验）时网格法测量的结果进行对比，以确定其测点的代表性，准确的反应空气预热器漏风率。漏风率的基准值可以为设计值（如果改造，则用改造后的性能试验值），用实测值和基准值做差进行比较。

空气预热器漏风率和机组的容量有一定关系，通常而言机组容量越大，漏风率水平越低，600MW 机组国内空预器漏风率的平均水平为 7% 左右，最好的能达到 5% 以下，

1000MW 等级的机组国内空气预热器漏风率的平均水平为 5%，最先进水平为 3% 以下。这些空气预热器漏风率均为满负荷工况下的结果，在部分负荷下空气预热器漏风率要增加（与负荷接近成反比例的关系），比较时在充分考虑这些因素，确认空气预热器的漏风率是否的确增加。

空气预热器漏风率增加的主要原因是密封片的磨损和冷端腐蚀，此外空气预热器运行时间增加后换热元件的堵塞、引起风压增加也是一个重要的原因。密封片的变化无法直接判断，冷端腐蚀可以结合空气预热器运行时段内的冷端综合温度、煤中含硫量、暖风器的投运情况等来综合考虑确定，换热元件的堵塞可以由空气预热器前后的差压来确定，变化最明显的值为烟气侧空气预热器差压。在当前环保要求越来越严的情况下，不少低 NO_x 燃烧技术应用不太好的锅炉，为了使烟气达标而不得不采用超量喷氨的手段进行降低 NO_x 的最终排放，过量的氨逃逸使空气预热器严重堵塞成为常态，有的机组空气预热器差压甚至达到设计值的 4~5 倍，风机长期运行在失速喘振的边缘，不但严重影响机组的经济性，甚至对机组的安全性构成了严重的威胁，是当前锅炉机组的一个重要研究课题。

空气预热器堵塞后，除了空气预热器阻力变化明显之外，因为空气预热器换热元件的减少，锅炉排烟温度的快速增加、热风温度下降也是一个重要体现，可以用此进行综合判断。在 DCS 画面中，空气预热器的阻力一般需要通过空气预热器出口负压和炉膛负压相差进行计算，这两个负压测点的量程差别较大，导致对阻力变化有时不是很显明，因此必要时可以对空气预热器的阻力进行实测以确认。

当锅炉的无效漏风比较多时会导致空气预热器 X 比有明显变化，此时也会导致排烟温度上升等现象。空气预热器 X 比的变化不是空气预热器本身的原因，空气预热器性能并不变化，此时的热风温度没有下降，可按此特征进行区别。

（七）低 NO_x 燃烧

我国 NO_x 的排放以燃煤电厂锅炉为主，降低电厂锅炉 NO_x 的排放意义重大。到 2018年底，我国所有电厂锅炉都实现了低 NO_x 燃烧技术，因而了解该技术对锅炉的能耗诊断和多目标综合优化有重要意义。

1. NO_x 的来源

燃煤锅炉主要生成热力型、燃料型两种 NO_x，以燃料型 NO_x 为主，热力型 NO_x 只能在局部超过 1500℃ 的时候生成。

燃料型 NO_x 是燃料中的含氮化合物在燃烧过程中热分解后氧化而成的。煤中含氮有机化合物的 C—N 较空气中 N≡N 的键能小得多，燃烧时有机氮首先被热分解成 HCN、NH_3 及 CN 等中间产物随挥发分一起析出，在挥发分燃烧时同时被氧化成 NO。在通常的燃烧温度 1200~1350℃，燃料中 70%~90% 的氮会成为挥发分 N，由此形成的 NO 占燃料型 NO 的 60%~80%。热力型 NO_x 是由空气中的氮气高温氧化而成，其反应速度随温度的升高而加速，当火焰温度升至 1600℃ 时，热力型 NO_x 可占到炉内 NO_x 总量的 25%~30%，这就是液态排渣炉的 NO_x 比固态排渣炉高的原因，也是 W 火焰炉 NO_x 排放普遍较高的原因。

燃料中并非所有的燃料氮都会生成 NO，如果燃烧时有还原性气氛，氮元素还会与烃基 CH 或氮类燃烧中间产物 NH_i、HCN 及 CN 反应成 N_2，即具有一定的有自我还原能力。煤中最主要的氮产物 HCN 和 NH_i 的燃烧还原过程如图 4-4 和图 4-5 所示，最后的排放结果如

图 4-6 所示。

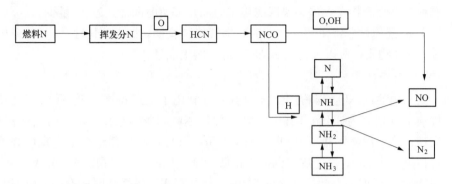

图 4-4　HCN 氧化的主要反应途径

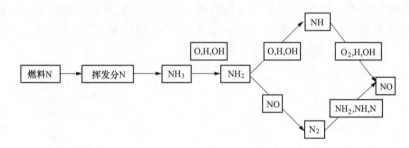

图 4-5　NH$_i$ 氧化的主要反应途径

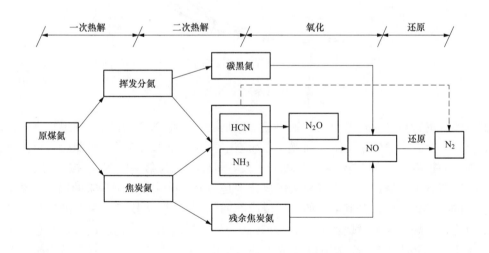

图 4-6　总体上燃料中氮的生成与走向

综上所述，燃烧过程中 NO 的生成量与燃烧方式、燃烧条件密切相关，主要影响因素如下：

（1）煤种的特性，如煤的含氮量、挥发分及固定碳与挥发分的比例，煤种含氮量、挥发分越高，含氮量越高 NO$_x$ 生成量越大，挥发分越高 NO$_x$ 越容易控制。

（2）燃烧温度。锅炉内温度越低，NO$_x$ 量越少。

（3）过量空气系数越大，氧量越充分，NO_x 生成量越大。

（4）燃料与燃烧产物在火焰高温区的停留时间，停留时间短，NO_x 量少。

（5）NO_x 自还原性非常重要，在反应区烟气控制氧量，加入或构建适当的 NH_i、CH_i、CO 及 C 等还原性物质，可以大为减少 NO_x 最终的生成量。

2. 低 NO_x 燃烧技术

目前广泛采用的低 NO_x 煤粉燃烧技术就充分利用了上述特性。低 NO_x 燃烧技术已经发展为三代（也有划分为四代）。其中，第一代低 NO_x 燃烧技术主要利用燃烧器低氧量、浓淡分离实现；第二代燃烧器利用 OFA（over fire air）在燃烧器组合上实现燃烧器区的低氧燃烧实现；第三代 NO_x 燃烧技术也称为超低 NO_x 燃烧技术、深度空气分级低 NO_x 燃烧技术等，其特征是 SOFA（seperated over fire air），利用了煤燃烧时所有的 NO_x 控制特性。

主要的技术特征如下：

（1）低氧燃烧技术。煤燃烧时无论是何煤种，其 NO_x 生成量都随过量空气系数的增加而增加，在不采取低 NO_x 燃烧措施时，NO_x 的生成量可以超过 $1000mg/m^3$（如图 4-7 所示）。低氧燃烧是最初也是最根本的 NO_x 控制技术。

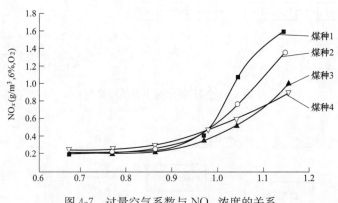

图 4-7 过量空气系数与 NO_x 浓度的关系

低氧燃烧的特点是方式简单，效果明显，但是还不能把 NO_x 控制到理想水平，同时会引起燃烧不完全、锅炉效率下降等问题。因而当空气分级技术兴起后，低氧燃烧已经不是最主流的 NO_x 控制技术，而是作为一种配合手段，可以称之为第一代 NO_x 控制技术。

（2）空气分级燃烧技术。空气分级燃烧技术是为解决单纯氧燃烧带来的锅炉效率下降问题而开发的技术，国内外普遍采用的、比较成熟的低 NO_x 燃烧技术。为在沿炉膛高度的方向上划分为主燃烧器和主燃烧器上方的 OFA 燃烧器，燃料由主燃烧器送入，其总过量空气系数小于 1，在局部构建一个欠氧燃烧的小环境降低 NO_x 生成速率。完全燃烧所需要的其余空气则通过布置在主燃烧器上方的空气喷口"OFA"送入炉膛，与主燃烧区所产生的烟气混合，最终富氧的条件下完成全部燃烧过程。空气分级燃烧之后都可使 NO_x 的排放浓度降低 30% 左右，且弥补了简单的低过量空气燃烧所导致的未完全燃烧损失和飞灰含碳量增加的缺点，称为第二代低 NO_x 燃烧技术。

（3）深度空气分级技术。空气分级燃烧技术取得了良好的降低 NO_x 的效果，但是该技术很难把 NO_x 含量降到 $400mg/m^3$ 以下时，而 $400mg/m^3$ 通常是 SCR 系统所要求的入口浓度上限。为满足 SCR 系统的要求，以 SOFA（分离燃尽风）为主要特征的第三代低 NO_x 燃烧技术诞生了。它通过进一步把主燃区过量空气系数降低到 0.8 来最大限度的降低 NO_x 的生成量，并把 OFA 和主燃区之间距离拉长到 4～6m 的距离，在主燃区和燃尽区之间构建了一个还原区，利用主燃区不完全燃烧产生的还原性气体，来还原主燃烧区已经通过不完全燃烧消减后的少量 NO_x，从而达到炉膛出口 NO_x 排放量的燃烧技术，如图 4-8 所示。目前国内绝大多数机组都采用了深度空气分析的第三代低 NO_x 燃烧技术，消减的 NO_x 总量约为 SCR 脱硝系统的 1～2 倍，为我国的大气污染物治理立下了汗马功劳。

（4）燃料分级燃烧技术。在比较富裕的发达国家通常采用的技术。由 NO_x 的还原机理可知，已生成的 NO 在遇到烃基 CH_i 和未完全燃烧产物 CO、H_2、C 及 C_nH_m 时，会还原成 N_2。燃料分级燃烧技术充分利用 NO_x 自还原特性。燃料分级燃烧技术把燃烧区分为三个区，主燃区送入 80％～85％ 的燃料，在富氧条件下充分燃烧并生成 NO_x，其余 15％～20％ 的燃料则在主燃烧器的上部送入二级燃烧区（再燃区），在欠氧条件下形成很强的还原性气氛，将一级燃烧区中生成的 NO_x 还原成 N_2。再燃区不仅使得已生成的 NO_x 得到还原，而且还抑制了新的 NO_x 的生成，可使 NO_x 的排放浓度进一步降低 50％ 左右。最后，在再燃区的上部还需布置"OFA"喷口，形成三级燃烧区（燃尽区），以保证再燃区未完全燃烧的产物燃尽，如图 4-9 所示。

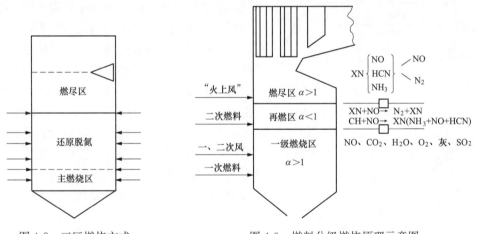

图 4-8　三区燃烧方式　　　　　图 4-9　燃料分级燃烧原理示意图

燃料分级技术控制 NO_x 的效果非常好，研究表明，当以甲烷作二次燃料时，尽管不同的煤种在富氧主燃烧区内所生成的 NO_x 量各不相同，但当再燃区的温度达 1300℃、停留时间可以达到 1s 时，最终的 NO_x 浓度值非常接近，见图 4-10。即采用合适的二次燃料（如烃类气体燃料），且再燃区内有足够高的温度和停留时间，就可基本完成 NO_x 的还原，而与主燃烧区的 NO_x 初始值无关。但是对二次燃料的选择非常苛刻，只能选择在燃烧时产生大量 CH_i 而又不含氮的燃料，如天然气、各种烷类等，这就大大限制了其应用。

国内的天然气太过于宝贵，因而也有发电公司探索用超细的煤粉作为二级燃料时，只能选择高挥发分的易燃煤种。但由于燃烧时间过短，燃烧不完全现象还是比较严重，因而并没有推广起来。

3. 低 NO_x 燃烧器

除了燃烧器组合之外，低 NO_x 燃烧器也得到了充分发展，主要特征是通常浓淡分离技

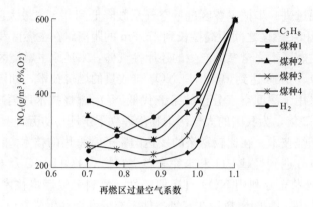

图 4-10　不同二次燃料对 NO_x 生成量的影响

术，在浓煤粉区建立更小尺度的欠氧燃烧区，控制挥发分着火时的 NO_x 生成量。直流燃烧器典型的技术路线有宽调节比（WR）燃烧器技术路线和三菱 PM 技术路线，旋流燃烧器基本上都发源于美国巴威公司的双调风燃烧器。

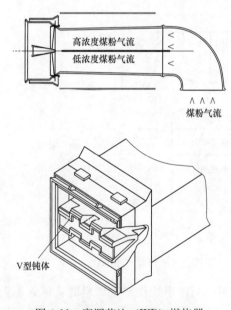

图 4-11　宽调节比（WR）燃烧器

（1）宽调节比（Wide Range）燃烧器。一次风燃烧器采用了成熟的宽调节比结构（见图 4-11）。它利用一次风气流通过燃烧器进口弯头时的离心力，使大部分煤粉颗粒趋向弯头外侧从而形成浓淡不同的二股气流，再通过弯头后直段部分的中间隔板，将这两股气流维持到煤粉喷嘴，在煤粉喷嘴内部也设置了一个水平的 V 型钝体，使煤粉气流在钝体尾部形成一个回流区，利用炉内的炽热气流将煤粉气流迅速加热，浓度高的部分首先着火，形成稳定火焰。宽调节比煤粉喷嘴不仅提高了单只喷嘴自身的稳燃能力，而且也是抑制氧化氮形成的有效措施之一。

根据浓淡分离的产生、中间隔板的大小及钝体的不同设置，该燃烧器在我国衍生出很多的新产品，典型的包括烟台龙源公司的"双尺度"系列浓淡煤粉燃烧器、百叶窗式水平浓淡煤粉燃烧器等改进燃烧器。

1）"双尺度"是烟台龙源公司的超低 NO_x 技术，在国内切圆燃烧锅炉技术改造中应用最为广泛，其燃烧器的结构如图 4-12 所示。一次风通过弯头和导流板后形成上下两股浓淡一次风，浓淡分离效果随着弯头和导流板的角度的变化而变化，两股一次风以不同的角度进入炉膛燃烧，一、二次风采用不同的切圆方向。由于是垂直浓淡分离技术，进入炉膛后还采用进一步通过燃烧器组合的方式，让燃烧器两两成为一组，布置方式为"上浓下淡"＋"下浓上淡"进一步构建浓煤粉欠氧燃烧区，并采用贴壁风构成防止局部区域结渣。龙源公司称之为节点功能区。

图 4-12 垂直浓淡煤粉燃烧器示意图

2）哈尔滨工业大学发明的"风包粉"浓淡煤粉燃烧技术与烟台龙源技术是类似的，只是相当于把垂直浓淡分离转了 90°后变成水平浓淡煤粉分离。一次风携带煤粉通过燃烧器内百叶窗式叶片后分为浓淡两股后，以不同的角度喷入炉膛。其中浓一次风位于向火侧，形成内切圆；淡一次风位于背火侧，形成外切圆。淡一次风在水冷壁区形成氧化气氛，可以防止结渣，避免高温腐蚀。浙江大学可调煤粉浓淡低 NO_x 燃烧及低负荷稳燃燃烧器则用利用扇形挡块代替了百叶窗，实现煤粉浓缩和风粉分流，从而达到浓淡分离的目的；调节调节风大小可以控制钝体后回流区的大小，从而改变着火距离，达到保护喷口的目的，对炉内燃烧影响也不大。

（2）PM（Pollution Minimum）燃烧器。PM 意即低污染燃烧器。典型的 PM 燃烧器布置如图 4-13 所示。一次风到炉前后，经过一个弯头（也称分离器）分为二股，弯头的惯性分离作用产生浓相和淡相煤粉气流，上层为浓相，下层为淡相，两者用独立的燃烧器送入炉内产生浓淡两相燃烧方式。采用 PM 燃烧器技术的锅炉往往也采用龙源公司构建的"上浓下淡"＋"下浓上淡"建燃烧器组的技术，通过高浓度欠氧燃烧区域的 NO_x 生成量。

PM 燃烧器后来发展为 APM 和 MPM 燃烧技术。其改进工作主要在燃烧器出口部分增加了"EI"强化燃烧燃烧器布置方式，技术理念基本相同。

（3）双调风燃烧器（Dual Ragulation Burner）。最早由美国巴威公司开发，将二

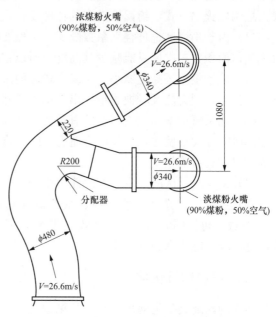

图 4-13 PM 型燃烧器的分配器分配器

次风分成内二次风和外二次风两股气流，通过调风器和旋流叶片分别控制各自的风量和旋流强度，以调节一、二次风的混合，实现空气分级，图 4-14 为双调风低 NO_x 煤粉燃烧器。国内外众多公司在此基础上发展了自己的燃烧器，如巴布克日立公司的 HT-NR 燃烧器、三井巴布克公司的 LNASB 燃烧器、烟台龙源公司的 LYYC 燃烧器、东方锅炉厂的 OPCC 燃烧器、哈尔滨锅炉厂的 UCCS 燃烧器及巴威公司自己的 XCL-DRB、DRB-4z 燃烧器等。这些燃烧器在是一次风管上是否有浓淡分离的钝体和是否设置中心风的问题上有较大区别。

4．深度空气分级低 NO_x 燃烧技术带来的影响

第三代低 NO_x 燃烧技术把锅炉传统的一个主燃烧器区分为三个区域，自下而上分别为

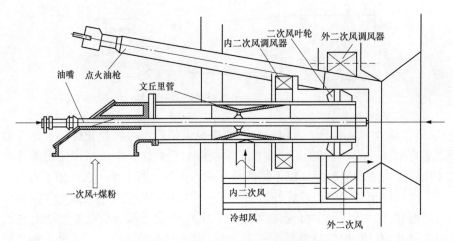

图 4-14　双调风低 NO_x 煤粉燃烧器

主燃烧区、还原区、燃尽区，锅炉的燃烧方式由一段火焰变成主燃烧区一段火焰、燃尽区一段火焰两段火焰方式，给锅炉带来的特性变化很大，主要源于：

（1）由于主燃区过量空气系数减少，必然要对二次风量重新分配，并调整主燃烧器区二次风喷口面积，二次风只能减少其高度，所以主燃区高度会缩小，火焰中心会下降。

（2）由于主燃区高度缩小，所以主燃区的过量空气系数一定不能加大，否则主燃区的燃烧会太过于强烈无法及时把热量传出，锅炉必然结渣，NO_x 也无法控制。

（3）如果氧量增加，主燃区的氧量势必增加，锅炉炉膛产汽能力增加，汽温会下降，但是结渣风险加大；反之，炉膛产汽能力下降，汽温上升，炉膛清洁程度可以维持。该特性与传统调温方式恰恰相反。

（4）由于主燃区的减少，产汽能力受到影响，锅炉变负荷速度比正常燃烧锅炉慢。

（5）过量空气系数、燃尽风、浓淡侧煤粉浓度比和一次风速对炉内煤粉燃烧过程和 NO_x 排放，可以同时满足锅炉高效、低 NO_x 运行方式的范围很小，需要专业的技术支撑单位通过试验才能找到最佳位置。

二、锅炉运行优化

锅炉的燃烧调整是锅炉中最为常见的工作，往往与解决锅炉结渣积灰、灰/渣中可燃物含量高燃烧不完全、蒸汽温度不足/超限或偏差大、壁温超限、NO_x 含量超标、高/低温腐蚀等诸多实际问题，几乎覆盖锅炉所有可能遇到的障碍。但燃烧优化调整虽然必须基于良好的设备条件下进行，因而应当设备改造、煤种变化、性能下降等关键时刻进行专业的燃烧调整工作，通常包括制粉系统调整、配风调整等多个方面。

1. 制粉系统调整

制粉系统的调整是锅炉燃烧优化工作的大部分，特别是直吹式制粉系统的锅炉，由于它基本上是与燃烧系统一体，所以制粉系统的工作非常重要。

制粉系统的调整以锅炉的燃烧与传热情况为目标导向，包括锅炉蒸汽参数、锅炉效率（排烟温度、飞灰可燃物与大渣可燃物）、NO_x 的控制、制粉系统的节电等多种目标，达到综合条件下最优，其主要工作包括：一次风管道内的流速调平、一次风流量的校准、煤粉细度的控制、磨煤机加载力的调整、一次风量的优化、一次风压的优化等等。总的目标是维持火焰在炉膛中心、燃烧器出口着火距离合适、受热面清洁不结渣、不烧损燃烧器、火焰有一定的刚度、烟气中不出现大量的 CO、NO_x 排放最小、磨煤机运行平稳不堵磨、锅炉蒸汽参数满足要求、左右烟温/汽温偏差小、动态响应负荷变化的能力强等。

一次风的使用制粉系统的中心，应保证同层各燃烧器所对应的煤粉管道内煤粉浓度和风粉混合物的流速的最大偏差在±5％范围内。应根据煤种特性完成一次风量的确定，原则上应满足燃料中挥发分着火的需要，要兼顾磨煤机的干燥出力和煤粉输运，在三者之间寻找最佳结合点确定适当的风煤比曲线，是保证制粉系统安全、经济运行的重要基础工作，强调在主燃烧区适当欠一点氧量，在燃尽阶段补充一定的氧量，实现完成燃烧的同时控制 NO_x 的浓度。

通过制粉系统调整，还需要对设备进行评估，如确定磨煤机入口一次风道布置直管段长度是否满足一次风风量测量装置准确测量的要求，煤粉细度分布的均匀性是否满足要求，中速磨煤机可否配置动态分离器等。

制粉系统是燃烧调整中最基础的工作之一，建议由专业的单位来完成，优化后煤种不变、设备没有老化的条件下，运行方式保持不变。

2. 配风调整

主要是配合制粉系统调整完成的一次风气流，通过二次风的分配与一次风气流组合完成预定目标的燃烧组织，如控制锅炉火焰中心位置，在过热汽温和再热汽温不低的情况下可调火焰中心下移（通过对上中下各层喷燃器的配风量进行调整）、调整燃烧区的总体欠氧程度、左右两侧烟气温度的偏差等工作，是锅炉调整中仅次于制粉系统的一部分工作。它与制粉系统的调整工作往往相互影响，想达到预想的水平很不容易。

3. 燃烧器调整

燃烧器调整包括切圆燃烧时的角度/高度核验与调整、外形检查与修复、小风门的定位、旋流燃烧器旋流强度、进风量、内/外二次风的开度调整等工作，其目标是按照预想的设想把一、二次风来的燃料、燃烧空气组织起来，达到预定的燃烧、传热与污染物控制，实现锅炉整体运行目标的全面完成。

4. 氧量优化

锅炉风量的使用，不仅影响锅炉效率的高低，而且，过量的空气量还会增加送、引风机的单耗，增加厂用电率，影响供电煤耗升高。要保持合适的风量可通过观察氧量值，一般在3％～4％，对于不同煤种在飞灰含碳量不增加的情况下可考虑低氧燃烧，实现降低排烟损失的目的。但要根据锅炉所烧煤种的结渣特性，注意尽量保持锅炉出口烟温低于灰渣的软化温度，以减轻结渣的程度，对于易结渣煤种，可以适当保持氧量高一些，避免出现还原性气氛，减少结渣。

5. 无效配风

无效配风是指从锅炉氧量测点以前、从燃烧器以外的地方进入炉膛的所有空气。由于无效配风扰乱了设计者对于燃烧过程的预想，因而它会降低锅炉的效率。典型的如降低干排渣系统的漏风可以明显降低排烟温度；通常，如风冷式机械除渣系统，冷却风进入炉膛的风量不宜超过锅炉燃烧总空气量的1％，风温不宜低于锅炉二次风温度。风冷式机械除渣系统输送设备正常工况下，储渣仓入口处的排渣温度不宜高于150℃，最大出力时的排渣温度不宜高于 200℃。

6. 吹灰优化

煤燃烧过程中，煤中的无机矿物质和金属有机物形成灰渣，超临界锅炉燃烧中心温度为 1400～1700℃，大部分灰渣呈现熔融或半熔融状态。随着烟气流动，煤中的灰分在靠近水冷壁管时如果仍然呈现熔融状态，则会黏附在水冷壁和高温区过热器、再热器的管壁上形成比较致密的灰渣层。常见的灰渣层厚度有 1～2mm，其导热系数仅为钢铁的约 0.4‰，降低管壁传热能力，使锅炉效率下降、NO_x 排放上升，并存在安全性问题，所以需要通过吹灰来保证受热面清洁，常见的有蒸汽吹灰、声波吹灰和激波吹灰三种技术。

（1）蒸汽吹灰作为一种传统的吹灰方式，采用一定压力和一定干度的蒸汽，从吹灰器喷口高速喷出，对积灰受热面进行吹扫，产生较大冲击力使沉积的渣块破碎、脱落，随烟气带走。蒸汽吹灰作用力强，对清除受热面的积灰、结渣都有较好的作用，但是吹灰的过程会消耗蒸汽或其他能量。由于耗费蒸汽，所以蒸汽吹灰往往是断续的，通常是一天或一个班吹一次按固定频率运行，吹灰前后受热面的清洁程度变化往往比较大，对于直流运行的超临界机组，还有可能改变水冷壁管内工质的流动特性，造成水冷壁温度的瞬间升高或波动，因而需要根据机组的情况来确定最优的吹灰频次与投运判定条件。

日常工作中要注意吹灰器的维护工作。蒸汽吹灰器是将喷管深入炉膛或者尾部烟道进行旋转吹灰，吹灰完毕要将喷管撤出，活动部件非常多，易出现故障，需要重点维护；吹灰过程中蒸汽参数最主要的是吹灰蒸汽要通过充分疏水保证有一定的过热度，保持合理的蒸汽压力（不能过高以防止金属管壁吹损），避免吹灰管线水击和腐蚀、增大省煤器冷端堵灰及腐蚀现象。

（2）声波吹灰是将 0.4～0.55MPa 的压缩空气做动力源，通过金属振动膜片在压缩空气的作用下产生具有一定声压和频率的声波，作用于锅炉受热面的积灰后使其松动和悬浮状态，由一定速度的烟气带走，达到清理受热面积灰的目的。声波对灰粉较为松散的积灰层的吹扫很有效，可以贯穿和清洁蒸汽吹灰难以达到的位置、死角，但它能量较小，对于黏湿类结垢的吹扫效果相对较差，高温区穿透力不够，因而主要用于中低温段。需要从干净的锅炉就开始高频度的投入，长时间运行，以在锅炉整个运行期间内，受热面整体都保持清洁。如果锅炉存在黏结性强的酸性积灰、严重堵灰无法清除时，还是改用蒸汽吹灰。吹灰器所使用的压纹空气需要有定期排水、防止冻凝等维护工作。

（3）激波吹灰主要是使用空气和可燃气体（例如氢气、乙炔气、煤气、液化气和天然气等）以适当的比例混合，在特制的、一端连接喷管的爆燃罐内经高频点火，产生爆燃，瞬间产生的巨大声能和大量高温高速气体，形成强烈的压缩冲击波（即爆燃波）并通过喷管导入烟道内，通过压缩冲击波对受热面上的灰垢垢产生强烈的"先冲压后吸拉"的交变冲击作用，使其表面积灰飞溅，随烟气带走。激波吹灰的冲击波能量大，既适合松散性积灰又适合黏结性积灰吹灰彻底、有效，吹灰时间短，速度快除灰效果明显，但是过于强烈的作用经常使烟道受损，需要有针对性方案，需要注意观察过大的冲击能量振裂附近的烟道、收缩节等薄弱位置。

炉膛吹灰器投运后，水冷壁表面的灰渣层脱落，吹灰时要采取一定的措施防止其对锅炉的运行产生扰动。吹灰要有一定的负荷，并通常在吹灰过程中适度增大吹灰器附近辅助风风门开度，增强吹灰器周边喷口的射流强度，以降低管壁温度对烟气场扰动的敏感性，也可以缓解水冷壁壁温突变。

对不同区域分别吹灰，如对单支吹灰器投运后可对壁温变化、汽温的变化进行记录、统计和分析可知判定各个位置的清洁程度；或者针对某些汽温偏高的区域减少吹灰，对于汽温偏低的区域加强吹灰等，可以有意识的控制气温的分布。

吹灰优化工作是最为复杂的工作之一，最好有专业人员指导下完成。

三、消缺与改造

（一）关键部位

设备的消缺非常重要，主要目的是恢复功能，为优化运行提供良好的设备条件。锅炉关键部位包括风门、燃烧器、空气预热器、电除尘、烟道、脱硫系统除雾器及烟道积灰等。

（二）锅炉受热面改造

锅炉受热面改造通常包含通过受热面积增减来保证主、再热蒸汽温度、调整主/再热汽吸热量改进喷水减温器或挡板的调节需求或降低排烟温度几个方面的目的。往往同时涉及更换管材、减小再热减温水量、减少氧化皮等问题。

锅炉受面改造是锅炉侧的大技术改造工程，需要结合煤种变化和燃烧优化调整工作，进行深入的诊断分析后进行。不少机组往往在汽轮机通流改造的同时也安排受热面改造。

（三）空气预热器治理

空气预热器治理通常分为漏风治理和防堵治理两个方面，漏风治理主要是密封方式改造，包括可调式密封、多密封技术、接触式柔性密封技术等技术；防堵治理主要是更改分段、更改波纹板板型、优化吹灰等技术手段。

1. 空气预热器漏风治理

空气预热器漏风治理通过密封改造方式实现，无运行优化方式。密封改造形式主要有以下几类：

（1）有间隙的密封。动态跟踪调整技术。密封用的扇形板和弧形板基于测量其与转子间的间隙距离进行自动调整的技术。理论上说是最佳的密封技术，但是在应用中由于测距传感器的精度较差、扇形板调整反应有延时、扇形板与转子变形方向相反（热态时转子蘑菇形变形是一条开口向下的抛物线、扇形板是开口向上的抛物线，两条曲线的变形不吻合）等问题使得其实际效果并不佳。近年来随着测距传感器和控制技术的发展，该系统又重新得到应用，且取得较好效果。

豪顿华公司VN密封技术类似于动调密封技术，它是根据空预器热态工作条件下的膨胀特性，预先计算出并热态下密封片和扇形板、弧形板之间的膨胀间隙冷态间隙设定值，空气预热器运行中，虽然不动态调节密封间隙，但间隙也能处在较好的位置，也有很好的效果。

（2）多密封。多密封技术是指在空气预热器的径向、轴向或轴向同时存在两道或两道以上密封片，包括双密封、三密封等技术，如图4-15所示。多密封可以增加密封板数量，也可以加倍格仓数量，或两者同时使用。由于密封的过程中气流经过一道密封后进入一个小室会形成静压，然后再经过第二道密封，压力会下降，就减少了最终的漏风量。

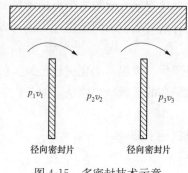

图 4-15　多密封技术示意

为了防止 NH_4HSO_4 堵灰，使用多密封技术时，通常辅以蓄热元件改造，采用传热效率高的新型防堵灰蓄热元件。

（3）无间隙的接触式密封。柔性密封技术是指密封装置具有一定的变形能力，根据空气预热器的运行情况调节自身的密封间隙，主要包括弹片式密封技术、合页弹簧式密封技术、弹性自适应密封技术、刷式密封技术等。

1）弹片式密封。是指空气预热器的密封片为具有一定变形能力的弹片，以保证间隙变化时仍能很好地紧贴扇形板，保证空气预热器的漏风，如图 4-16 所示。弹片式密封可以有 V 型和 U 型两种波型结构。弹片式密封冷态安装时热端采用过盈安装，冷端密封采用间隙安装的方式。这样，可以保证热态运行下满足零间隙密封，又能防止密封件由于过大的变形造成失效。由于空气预热器长期持续运转于恶劣的环境之下，弹性密封片长期处于反复受力与高温下，很容易造成弹性不足和疲劳断裂，造成更大漏风。此外，空预器转子运行时需要额外克服弹片阻力，增加了驱动装置耗电量。

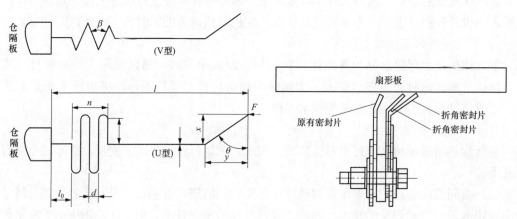

图 4-16　弹片式密封示意图

2）合页弹簧式密封技术。其基本思想与弹片式密封一样，都是一种接触式密封技术。合页弹簧密封装置安装在径向或轴向的转子格仓板上，未进入扇形板时，带有弹簧的密封滑块高出扇形板 5～10mm。当密封滑块旋转至扇形板下面时，弹簧变形，密封滑块与扇形板严密接触。当密封滑块离开扇形板后，密封滑块被弹簧弹起，整个过程循环进行。如图 4-17 所示。

密封滑块与扇形板之间没有气流通过，密封效果较高，能适应空气预热器转子在热态下径向与轴向的变形；密封滑块采用的自润滑合金在高温下的干摩擦系数小，对空气预热器电流影响较小；弹簧采用的镍基合金材料在 980℃以下具有良好的强度、抗腐蚀性和抗氧化性能，能适应各种焊接工艺。

3）弹性自适应密封该装置可同时用于空预器的径向和轴向密封，由密封板、密封滚轴、

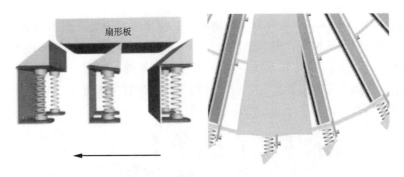

图 4-17 合页弹簧式密封技术示意图

弹性机构、卡环、限位调整装置和滑块几部分组成，其结构如图 4-18 所示。该技术利用下部可调滑道适当调整密封组件与扇形板的基础间隙，实现高低位置调整，顶部滚轴受弹性机构和扇形板的作用，在限位滑道中做 10～15mm 伸缩运动。密封装置具有良好的耐高温、耐腐蚀、耐磨损性能；密封滚轴的磨损量可通过弹性机构的变化自动补偿，理论上可始终实现零间隙密封；弹性密封件与扇形板的滚动和滑动接触，可有效减小密封件与转子之间的摩擦阻力；密封装置沿转子旋转的方向设计有一个倾斜角度，能极大减小磨损和振动。该装置安装时也需要精确预留空预器的热态变形间隙，否则当预留间隙过大时，弹性密封件无法与扇形板接触，漏风过大；预留间隙过小时，弹性密封件与扇形板磨损加剧，增加了系统运行的阻力。

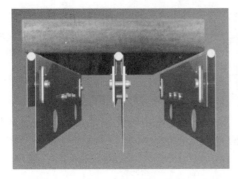
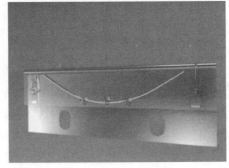

图 4-18 弹性自适应密封技术结构图

4）刷式密封是近年发展起来的一种高效柔性接触式密封。刷式密封一般用于动静件间的气体介质密封，目前已经在燃气轮机和汽轮机上得到了广泛应用。刷式密封介质泄漏主要发生在刷毛之间的微小缝隙中，由于刷毛破坏了气体流动的不均匀性使得流体产生了自密封效应。具有以下优点：转子、气流的振动和扰动可以使刷丝恢复原状态不会出现永久性的损伤；优化的刷毛高度、厚度和倾斜角度能保证将空气的泄漏量减至最小；改造时不必增加转子格仓数和加宽扇形板；刷毛良好的变形能力更容易适应由于空气预热器热态蘑菇变形、制造误差、转筒晃、摆动、振动等原因造成的密封间隙无规律变化。但刷式密封也存在加工精度和工艺要求高，且高温合金材料价格昂贵，改造及更换成本较大等缺点。

多密封技术可以和调整式密封技术组合使用。

2. 空气预热器防堵治理

在机组加装 SCR 系统后，空气预热器堵塞成为现场普遍现象，图 4-19 所示为某电厂典型的空气预热器严重堵塞情况，其主要原因是 SCR 系统在完成将 NO 还原成 N_2 的同时，将 SO_2 被氧化成 SO_3，SO_3 与 SCR 系统逃逸的 NH_3 反应生成 NH_4HSO_4，在 $146\sim207℃$ 温度范围内为液态，且具有非常强的黏性，极易捕捉飞灰，黏附在蓄热元件表面上，如不及时进行清理或清理不足，极易发生硬化板结形成堵塞。

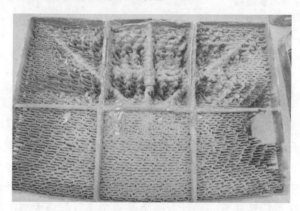

图 4-19　空气预热器严重堵塞情况示意图

空气预热器防堵问题需要从设计、制造、运行等各个方面综合考虑，主要技术手段如下：

（1）设计阶段的考虑包括设计新型封闭式波纹板（目的是让吹灰蒸汽在吹扫的过程不散乱）、取消中低温分段（避免两个分段间的大空间发生强力堵塞）和冷段采用搪瓷受热元件（目的是让堵塞的灰不容易粘在波纹板上）。

（2）采用蒸汽暖风器、烟气余热暖风器提高整个空气预热器的运行温度区间，减少硫酸氢铵凝结区，避免硫酸氢铵与低温腐蚀的重合等减轻空气预热器堵灰问题。

（3）运行手段包括：保持低 NO_x 燃烧的效果、SCR 流场均匀化、SCR 间流道分区控制/分区扰动/分区喷氨与 NO_x 匹配等工作，减少喷氨的需求和有效性。

（4）控制氨逃逸率。逃逸的氨可以生成粉状的 $(NH_4)_2SO_4$ 和液态的 NH_4HSO_4，关键在于逃逸的氨浓度的大小，氨充分（大于 60×10^{-6}）则生成硫酸铵，否则生成硫酸氢氨。通常只有在 SCR 区域氨的浓度才满足生成硫酸铵的，所以控制氨的逃逸是空预器防堵的最关键手段。通常认为如果氨逃逸浓度在 3×10^{-6} 时，一年对空预器清洗一次即可。

（5）其他手段。如在线水冲洗、风量引风技术、燃料中加钙剂、烟气中喷入碳酸钠等脱 SO_3、空气预热器交替不对称运行（使某一个空气预热器维持高温以蒸发硫酸氢铵）等手段，也可以在一定条件下减少或利于清除硫酸氢铵型堵灰等。

第三节　汽轮机组的能耗诊断分析与优化

汽轮机是机组整个能源转化的核心机组，其转化效率是机组能耗诊断的中心工作之一。与锅炉特性不同的是，虽然汽轮机的可调整性不如锅炉，但其非线性程度远远小于锅炉，通常一些参数的变化可以更加准确的预测出来，所以汽轮机的能耗诊断工作存在的问题和解决的方法都比锅炉明确，重点是定量预估其影响以确定评估相关工作是否值得去做。根据这一特性，本节在简单介绍定性诊断分析的基础上，对一些参数的变化影响评估方法进行详细的介绍。

一、定性分析的诊断思路

和整个机组的分析相同，汽轮机的分析也分外部因素和内部因素两个方面：

（1）外部因素分析是以汽轮机组整体为对象，外部输入参数变化时对机组性能的影响，包括：主蒸汽压力、主蒸汽温度、再热蒸汽温度、给水温度、过热器减温水量、再热器减温水量、环境温度变化引起的变化等。除环境温度外，所有这些参数均为机组内部因素，可以由人为可控，因而需要重点关注，把它们控制在最佳的位置。

外部因素又分机前因素（如蒸汽参数）、机后因素（如环境温度）、供热条件等特殊条件因素。

环境温度既是汽轮机的外部条件，也同时是机组的外部条件，第三章（能效评价）已给予了重点关注，目的是寻找环境温度改变后机组在理想上能够维持的最好水平（实际上达到这个维持目标的难度还是比较大）。环境温度的变化也影响冷端设备的运行方式，所以在汽轮机的诊断中还是要涉及的，但能耗诊断过程的目的有所不同，主要是分析冷端系统有无改善余地、如何如何才能达到并保持能效评价给出的目标（如分析汽轮机排汽压力变化、循环水运行优化方式温度、冷却塔优化等）。

（2）内部因素分析是汽轮机组作为热能转化为机械能核心机的性能表现，即包括主设备的性能变化对机组整体能效的影响，又包括其辅助设备性能下降对汽轮机能源转化效率的影响，还要分析蒸汽泄漏、短路少做功时（如轴封漏汽、门杆漏汽、系统疏放水阀门泄漏、旁路泄漏等）对汽轮机能源转化效率的影响三个方面。

汽轮机本体引起机组热耗率升高主要体现为高、中、低三缸的效率的变化，包括机组散热、配汽机构、调节级效率（喷嘴弧段间隙、动静间隙、叶片型式）、内外汽缸阻汽片、汽缸工艺孔、汽缸内外缸疏水孔、叶片积盐状态等，影响汽轮机蒸汽所含热能向机械能转化过程膨胀线的变化。由于制造水平和安装工艺水平，我国汽轮机的缸效率在很长一段时间内都达不到设计值，因此缸效率水平的高低是很重要的研究参数。三缸效率需要通过热力试验确定，能耗诊断时可以查阅最近一到两年内的性能试验报告，近期无性能试验则建议进行热耗试验来确定。

汽轮机辅助设备性能下降如高压加热器端差、低压加热器、管道抽汽压损、回热系统、给水泵汽轮机性能变化等，主要是导致汽轮机各级的流量分配发生变化，进而导致汽轮机总的做功能力发生变化，本质上并不影响各级或各缸的性能变化。

蒸汽泄漏、短路通过参与做功蒸汽的量而影响机组效率，是影响比较大的项目，与机组的轴封、旁路内漏、阀门内漏等因素有关，需要经常进行检查。部分位于汽缸内部的如叶顶汽封无法在正常工作时检查，可能通过一定的外部参数初步判断，但更重要的是汽机揭缸检查时需要做好记录，并和能耗诊断时的故障预想做对比，能耗诊断时也可以查阅相应的资料以验证。还有部分因素并非汽轮机自身问题，如主汽门临时滤网未拆除，但体现为汽轮机缸效下降的，也需要确认。

二、汽轮机侧能耗诊断项目与影响

（一）进汽轮机前的蒸汽参数

进汽轮机前的蒸汽参数包括主、再热蒸汽的温度；主再热汽压力四个直接参数和过热蒸汽减温水量、再热蒸汽减温水量两个间接的参数（会改变主汽流量和再热汽流量之间的分布关系）。它们都是汽轮机的外部参数，但是是整个发电机组的内部参数。这些参数的共同特点是：对锅炉效率的影响非常小，大部分操作都在锅炉，但影响却在汽机，特别是对汽轮机组带回热朗肯循环过程热效率的影响比较可观，所以把它们放在一起讨论。机组运行中，需要加强对锅炉主、再热蒸汽的参数的实时分析，并及时进行调整，保证机组经济运行。

1. 定性分析方法

汽轮机组变工况运行时主要通过影响调节级与末级的效率来影响机组的效率，这两级在整个机组中所占的比例较小，无论根据制造厂提供的数据或是试验的数据都显示主汽温度、再热汽温度的变化与机组的热耗接近成正比的关系。

（1）主汽温度。主汽温度越高，机组效率越高，但受制于材料和投资/回收比例的限制。通常亚临界以上机组，通常主汽温度变化 1℃，供电煤耗通常可以变化为 0.09~0.1g/(kWh) 左右。

（2）再热汽温。影响方式同过热汽温，但再热汽温变化时只影响到中、低压缸，因而其变化 1℃ 比主汽温度变化 1℃ 影响量少 1/3 左右（再热汽温变），亚临界以上机组，供电煤耗通常可以变化为 0.06~0.07g/kWh 左右。

（3）主汽压力。影响方式同主汽温度类似，压力越高，效率越高。

（4）再热压损。热耗的影响很大，与主汽相比，再热汽的压力已经很低了，但其做功能力仍占三分之二左右，因而再热系统通常都采用大管道、低蒸汽流速来降低再热汽压力损失。运行中再热汽的压损有轻微地超过设计压力时（如设计压损 10%，实际压损为 15%），通常就会有 0.3~0.5g/kWh 的煤耗增加。

（5）过热器减温水量。过热器减温水系统，按照来源分为给水泵出口和最后高压加热器出口两种情况：①如果减温水来源于高压加热器出口，则减温水量的大小只是在锅炉蒸发受热面与过热段受热面之间的吸热量平衡，并不影响汽轮机侧的热力循环，如果忽略锅炉内部的变化，则对经济性没有影响。②如果过热减温水来自给水泵出口，由于流经高压加热器的给水量减少，使得各级高压加热器抽汽量减少，降低了整体循环的回热程度，使经济性降低。

（6）再热器减温水量。再热器减温水量由于不过高压缸，对经济性影响很大，是汽机侧分析的主要方向。

2. 进汽参数变化的定量分析方法

主、再热蒸汽的温度与压力四个参数变化时对于机组整体能效的变化有多种分析方法，由易到难分别如下：

（1）曲线法。对机组热耗率的影响接近直线，通常由汽轮机厂家根据计算或是由试验单位根据测试来制作成修正曲线，蒸汽参数发生变化时，可以通过曲线或是曲线斜率来计算其对于机组热耗率的影响，再根据"一耗三率"式计算其对供电煤耗的变化。由于实际工况和设计、试验工况之间存在差异，所以这种方法看上去比较粗糙，但往往精度是最高的，因而在生产实践中得到了广泛的应用。

（2）应用等效焓降法分析。等效焓降的本质是根据某参数的变化重新对通过汽轮机各级的蒸汽流量进行排列组合，从而计算其做功的变化，在分析温度引起变化时非常明显，而分析压力变化或是级效率引起的变化时能力有所下降。汽轮机前主/再热蒸汽的温度和压力变化时，其进入汽轮机的焓值都有变化，导致其焓降下降，但同时由于机前参数的变化，蒸汽的熵也发生变化，导致机组理想焓降也发生变化，造成的机组做功能力损失为

$$\Delta H = K(\Delta h_{HP} - \Delta h'_{HP}) \tag{4-27}$$

式中　Δh_{HP}——汽轮机高压缸理想焓降实际值，高压缸进口焓减去高压缸排汽焓，kJ/kg；

$\Delta h'_{HP}$——汽轮机高压缸理想焓降基准值，kJ/kg；

K——等效焓降相对于理想焓降的比例。

由于设计涉及焓降的分析而不仅仅是入口参数变化，应用等效焓降法有一定难度。

（3）微分方法。以主蒸汽管道压损的变化为例。主蒸汽从过热器出口到进入汽轮机之间，要先经过主蒸汽管道自动主汽门、调节汽门和蒸汽室，从而将产生压降，称为主蒸汽管压损。若忽略蒸汽在主蒸汽管的散热，则蒸汽通过主蒸汽管时的热力过程为一绝热节流过程，压力虽然有所降，但比焓值不变。主蒸汽管压损没有使主蒸汽焓值发生变化，但熵值却增加了，使新蒸汽的能级下降，所以整机理想比焓降下降。主蒸汽管压损的变化影响可先折算到初压 p_0 变化，并进而求其影响。

汽轮机整机功率可通过对功率方程式计算，即

$$P_i = D\Delta h_t \eta_i \tag{4-28}$$

式中　D——各部分蒸汽流量，kg/s；

Δh_t——汽轮机理想焓降，kJ/kg；

η_i——汽轮机相对内效率，无量纲。

针对 p_0 求全微分而得

$$\Delta P_i = \Delta h_t \eta_i \frac{\partial D}{\partial p_0}\Delta p_0 + D\eta_i \frac{\partial \Delta h_t}{\partial p_0}\Delta p_0 + D\Delta h_t \frac{\partial \eta_i}{\partial p_0}\Delta p_0 \tag{4-29}$$

式（4-29）中第一项是 p_0 降低使流量减小而引起的功率减小量，在这里由于压损使初压改变，流量保持不变，所以该项为零。第二项是 p_0 降低使汽轮机理想焓降 Δh_t 减小而引起的功率减小量，不为零；第三项是 p_0 降低使全机相对内效率变化而引起的功率改变量。初压变化不大时，全机 η_i 可认为不变，故第三项也为零。

由此可见，主蒸汽管压损对热经济性的影响可以由下式确定，

$$\Delta P_i = D\eta_i \frac{\partial \Delta h_t}{\partial p_0}\Delta p_0 \tag{4-30}$$

采用这种计算方法，需要在 $h\text{-}s$ 图上显示出 Δh 减小而引起的功率变化，该工作本身很复杂，使得整个能耗诊断工作难度上升，所以生产过程中一般不使用。

再热蒸汽系统压损对热经济性的影响同主蒸汽管的影响相同，也是由于能级的降低使理想比焓降下降而使机组能效水平下降，同样可由式（4-30）计算而得。

由于 $h\text{-}s$ 图上定压线是一簇发散状的线群，所再热蒸汽的熵总是大于主蒸汽的熵，以主蒸汽和再热蒸汽的压损系统的影响不同，相同的压损，再热汽对机组的影响大于主蒸汽的影响，如某 600MW 机组，主、再热蒸汽管压损均为 0.27MPa，主蒸汽压损使功率减少

553.15kW，再热蒸汽压损使机组减少 2402.15kW，两者相差多达四倍，也可以解释再热器减温水流量变化影响大的现象。

3. 过热减温水流量局部变化定量分析

给水泵出口的过热器减温水量变化后的行为如下：

（1）从汽轮机高压缸的蒸汽流来看，主汽的焓值和主汽流量不变，所以由主蒸汽带入到汽轮机的热量不变。

（2）过热器减温水这部分流量不经过高压加热器，减少了高压加热器的回热抽汽，它们返回汽轮机做功，使汽轮机功率增加；现代化大型机组的通常设计三个为高压加热器，每一级加热器减少的抽汽量做功能力增加为其热量与抽汽效率之积，热量可以用减温水量在该级加热器中的焓升来计算，有

$$\Delta H = \Delta \alpha_{jw}(\Delta \tau_1 \eta_1 + \Delta \tau_2 \eta_2 + \Delta \tau_3 \eta_3 - \tau_{FWP} \eta_3) \tag{4-31}$$

（3）减温水原由汽轮机组抽汽加热的热量部分需要在锅炉中补足，也就是说汽轮机中由给水返回锅炉的热量比原来少了一部分，而使主汽在锅炉中的吸热量增加。这部分热量的大小为从数值上等于该减温水量从泵出口到最后一个高压加热器出口的温升，即

$$\Delta Q_{FW} = \Delta \alpha_{jw}(\Delta \tau_1 + \Delta \tau_2 + \Delta \tau_3 - \tau_{FWP}) \tag{4-32}$$

（4）高压加热器返回汽轮机做功的抽汽有一部分还要返回再热器，使再热器吸热量增加，也增加了锅炉的吸量。通常高压缸有两级蒸汽，其返回汽轮机后再进入再热器后的流量增加还有所不同：

1）对于 2 号高加返回的抽汽到高压缸排汽器之间没有其他抽汽口，因而该返回抽汽全部进行再热器。返回抽汽的热量等于减温水量在 2 号高压加热器的温升（增加而导致给水流量减少），根据热平衡可计算 2 号高压加热器抽汽量的变化为 $\Delta \alpha_{S2} = \Delta \alpha_{jw} \Delta \tau_2 / \Delta q_2$；

2）对于 1 号高压加热器，减温水量增加后给水流量减少、进而使减少抽汽量减少的部分为 $\Delta \alpha_1 = \Delta \alpha_{jw} \dfrac{\Delta \tau_1}{\Delta q_1}$，该抽汽量的减少也减少了其疏水进入 2 号高压加热器的疏水热量 $\Delta \alpha_1 \dfrac{\Delta \gamma_2}{\Delta q_2}$。也就是说 1 号高压加热器返回汽轮机的抽汽在流向高压缸排汽口的过程中，途经 2 号高压回热器抽汽口时，又有一部分"漏"到了 2 号高压加热器。其流量为 $\Delta \alpha_{S1} = \Delta \alpha_{jw} \left[\dfrac{\Delta \tau_1}{\Delta q_1} \left(1 - \dfrac{\Delta \gamma_2}{\Delta q_2}\right) \right]$。

（5）最终返回抽汽吸热增加量为三部分之和，即

$$\Delta Q = \Delta \alpha_{jw}(\Delta \tau_1 + \Delta \tau_2 + \Delta \tau_3 - \tau_{FWP}) + \Delta \alpha_{jw} \left[\frac{\Delta \tau_2}{\Delta q_2} + \frac{\Delta \tau_1}{\Delta q_1} \left(1 - \frac{\Delta \gamma_2}{\Delta q_2}\right) \right] Q_{RH} \tag{4-33}$$

将 ΔH 和 ΔQ 代入式（4-24）即可求出对热耗的影响。

4. 再热减温水流量

以再热器减温喷水引自高加出口时，在再热器进口喷入为例。

如果再热器不使用减温水，则该减温水会从抽出的地方开始，经过高压加热器、省煤器、水冷壁、过热器、高压缸、再热器喷水口、经过再热器加热后进入中压缸做功，完成循环过程。使用喷水后，从高压加热器开始，到再热减温喷水与再热汽汇合点的管路，汽水流量均减少 $\Delta \alpha_{jwz}$，到喷水点后流量得到恢复，引起主汽、再热汽及高压加热器系统工况的

工作变化。用等效焓降法求解做功变化 ΔH 和 ΔQ 的过程包括：

（1）过热器吸热量变化。自再减抽出点算起，包括高压加热器、省煤器、水冷壁和过热汽器中流量均减少 $\Delta \alpha_{jwz}$，锅炉省煤器、水冷壁和过热器系统减少吸热量 $\Delta \alpha_{jwz}(H_{SH} - H_{FW})$。

（2）再热器减温水直接引起再热器吸热量变化。

1）高压系统一样，再热器冷端的流量也减少 $\Delta \alpha_{jwz}$，但减温水喷入后进入再热器后被加热汽化，再热器的蒸汽流量恢复到与基准工况部分相同的水平，再热器出口时具有和其他再热蒸汽相同的焓值。

2）再热器喷水进入拉低了再热器入口蒸汽的温度水平，需要再热器多吸收热量补充。根据热平衡可知，再热器多吸的热量正好与再热器减温水从给水抽头到再热器进口的焓升，即 $\Delta \alpha_{jwz}(H_{RHc} - H_{FWP})$。为了与高压系统吸热量变化相差消去给水焓，实际中往往把它拆成两部分，写为 $\Delta \alpha_{jwz}(H_{RHc} - H_{FW}) + \Delta \alpha_{jw}(\Delta \tau_1 + \Delta \tau_2 + \Delta \tau_3 - \tau_{FWP})$。

（3）部分高压缸抽汽返回高压缸、再热器并间接地引起锅炉多吸热，与过热器减温水取自给水泵出口时影响相同，大小为 $\Delta \alpha_{jw}\left[\dfrac{\Delta \tau_2}{\Delta q_2} + \dfrac{\Delta \tau_1}{\Delta q_1}\left(1 - \dfrac{\Delta \gamma_2}{\Delta q_2}\right)\right]Q_{RH}$。

（4）再热器喷水变成的蒸汽不经过高压缸导致做功减少 $\Delta \alpha_{jwz}(H_{SH} - H_{RHc})$。

（5）高压加热器部分抽汽返回汽轮机做功增加功率为 $\Delta \alpha_{jwz}(\Delta \tau_1 \eta_1 + \Delta \tau_2 \eta_2 + \Delta \tau_3 \eta_3 - \Delta \tau_b \eta_3)$。由于前一部分远大于后一部分，所以做功能力总体上是降低的。

（6）总吸热量增加值为

$$\Delta Q = \Delta \alpha_{jwz}\left\{(H_{RHc} - H_{SH}) + (\Delta \tau_1 + \Delta \tau_2 + \Delta \tau_3 - \tau_{FWP}) + \left[\frac{\Delta \tau_2}{\Delta q_2} + \frac{\Delta \tau_1}{\Delta q_1}\left(1 - \frac{\Delta \gamma_2}{\Delta q_2}\right)\right]Q_{RH}\right\}$$

$$(4\text{-}34)$$

总做功增加值为

$$\Delta H = \Delta \alpha_{jwz}(H_{SH} - H_{RHc}) + \Delta \alpha_{jwz}(\Delta \tau_1 \eta_1 + \Delta \tau_2 \eta_2 + \Delta \tau_3 \eta_3 - \tau_{FWP}\eta_3) \qquad (4\text{-}35)$$

（二）汽轮机本体性能变化

汽轮机本体是引起机组热耗率升高的主要原因，主要影响因素有：

（1）级效率发生变化。级是汽轮机热能向机械能转化的最基本单元，如果它的效率发生变化，则必然引起整机效率的变化。级效率变化又包括变工况引起的调节级效率变化和末级效率变化这种有规律的变化，还有叶片积盐、结垢、叶型落后等因素造成的效率低下。

（2）汽轮机中的蒸汽短路，包括动静汽封、端部汽封、平衡盘汽封、各抽汽管道进汽、汽缸工艺孔、汽缸内外缸疏水孔等位置密封不严导致的蒸汽短路，造成一小部分汽轮机做功能力的丧失。

（3）通流部分的阻力和局部扰流。包括汽门、进汽室、内外汽缸阻力、临时滤网、凝汽器导管等。

（4）由于加热器工作不正常导致汽轮机沿抽汽口分解的各个段内蒸汽流量发生变化。

狭义的汽缸效率分为高、中、低三缸的效率，往往表征汽轮机通流部分的整体性能，通常包含上述（1）~（3）的因素。生产统计中的缸效率往往包含因素（4）造成的影响，由于因素（4）也会明显影响到缸效率，不能反映汽轮机各个级的设计、制造水平和安装的整体工艺水平，因此想要用缸效率来分析汽轮机性能的变化，最好通过热力试验确定，并修正到设计工况条件下再进行比较。运行统计中的缸效率建议只作为跟踪使用。

能耗诊断工作中，三缸效率需要可以查阅最近一到两年内的性能试验报告，如果近期无性能试验则建议进行热耗试验来确定。其变化影响的定量计算见上一节。

影响汽缸效率的因素中，有一部分是位于汽缸内部，如动静汽封、动静间隙、叶片型式等，这部分因素在正常工作时无法得到有效的检查，所以在汽机揭缸检查时需要做好记录，以和能耗诊断时的故障预想做对比，能耗诊断时也可以查阅相应的资料以验证。还有一部分因因素可能通过外部的参数进行表征，如汽封漏汽量，需要经常检查这些数据确认缸效下降的原因。还有部分因素并非汽轮机自身问题，如主汽门滤网未拆除造成的汽轮机缸效下降，也需要确认。

（三）热力系统

回热系统对提高热力循环效率有较大影响，更是对汽轮机内部工作状态进行管中窥豹的重要手段，因而各加热器监控参数齐会，需要在运行中重点监视，在能耗分析中从参数的变化发现问题，主要分析参数包括：给水温度、各加热器的投入率（尤其是高加的投入率）、各加热器端差和温升情况、高加三通阀后温度、抽汽管道压损的变化、加热器水位、除氧器的运行温度、压力等。

1. 加热器端差

加热器的端差为某一级加热器抽汽温度与加热器出口水温之间的差值，如图 4-20 所示。因为抽汽在加热器里面会发生凝结过程，是一个相变换热定温的过程，且结水的冷却能力大于蒸汽的加热能力，因此原则上加热器出口水温应当等于抽汽换热蒸汽的凝结温度。如果存在端差，则表现为加热器出水温度降低，实际上就意味着加热器的换热能力不足，无法把加热器的定压凝结过程及时与加热器中的给水或凝水及时升温到定压换热温度，也就无法在加热器中建立更低的压力环境，减少了加热器的抽汽能力，使给水或凝结水被加热过程不足。给水端差反映了加热器的换热效率和换热能力。给水端差增加一般伴随给水温升的降低。给水端差一般为 $-1\sim2℃$，最小不能低于 $-2℃$，大容量机组取下限值。

加热器热交换过程在 $T\text{-}S$ 图上表示如图 4-21 所示。

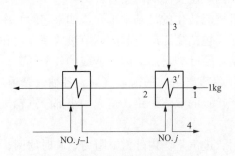

图 4-20　加热器 j 的端差
1—加热器水入口；2—加热器水出口；
3—加热器汽入口；4—疏水

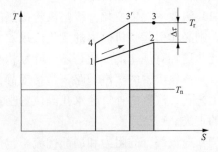

图 4-21　加热器热交换过程 $T\text{-}S$ 图表示

选型时通常要求：可不设置过热蒸汽冷却段上端温度差不宜大于 2.8℃；设置内置式疏水冷却段的加热器时，下端温度差不宜大于 5℃；至各级高压加热器的阻力宜低于相应抽汽接口处蒸汽压力的 3%；至设置外置式蒸汽冷却器的高压加热器的阻力宜低于抽汽接口处蒸汽压力的 5%；除布置在凝汽器喉部的低压加热器外，至除氧器及其他各级低压加热器抽汽管道的阻力宜低于相应抽汽接口处蒸汽压力的 5%。

运行中加热器端差增大的原因约有以下方面：

(1) 加热蒸汽压力不稳或蒸汽流量不足。

(2) 加热器汽侧排空气不畅，导致不凝结气体聚集，影响换热。

(3) 加热器管子表面结垢，影响换热。

(4) 加热器堵管超过 10%，传热面积较少。

(5) 加热器水位过高，淹没了部分冷凝管。

(6) 加热器水室分程隔板变形或损坏，造成部分给水短路等。

需要在诊断时弄清楚那一个是主要因素，以进一步做好整改工作。

端差加大对机组的性能影响表现比较复杂，通常表现为给水吸热在相邻加热器间的转移，即用高压级抽汽增加替代低压级抽汽放热，导致回热过程中逐级利用的程度下降而使机组整体性能下降。以常用的 8 级加热器系统（三级高压加热器＋除氧器＋四级低压加热器）为例，各加热器端差变化时对机组的影响路径与分析方法如下：

(1) 1 号高压加热器。1 号高压加热器端差增加意味着给水温度降低相同的幅度，是抽汽减少的原因。少抽汽的部分返回汽轮机中做功的过程中还会绕回再热器再吸一点热，因而汽轮机做功量与锅炉的吸热量均会有所增加。

1 号高压加热器是表面式加热器，抽汽返回汽轮机后通过的给水流量不变，所携带的总热量与给水温升降低吸热量 $\Delta\tau_1$ 相同，使得锅炉吸热量要增加 $\Delta\tau_1$，同时机组做功能力增加 $\Delta H = \Delta\tau_1\eta_1$。回到汽轮机做功的抽汽还需要在 2 号高压加热器"漏"掉一部分，其余部分返回再热器吸热，使锅炉吸热量增加 $\frac{\Delta\tau_1}{\Delta q_0}\left(1-\frac{\Delta\gamma_2}{\Delta q_2}\right)Q_{RH}$。锅炉总的吸热量增加为

$$\Delta Q = \Delta\tau_1 + \frac{\Delta\tau_1}{\Delta q_1}\left(1-\frac{\Delta\gamma_2}{\Delta q_2}\right)Q_{RH} \tag{4-36}$$

(2) 2 号高压加热器。2 号高压加热器端差增加也是由于本级抽汽量减少导致出口给水温度降低，其影响方式与 1 号高压加热器端差增加类似，只不过本级吸热量减少的部分 $\Delta\tau_2$ 不是由锅炉去补充，而是由其上一级高压加热器多抽汽来补充。

单位质量的 1 号高压加热器抽汽为给水带来的热量有两部分 Δq_1 和 $\Delta\gamma_2$：从 2 号高压加热器出来的给水先经过 1 号高压加热器多抽汽部分的疏水 $\Delta\gamma_2$ 加热、然后再经过多抽汽部分的放热 Δq_1 加热，使 2 号高压加热器加热不足 $\Delta\tau_2$ 得到完全补充，到 1 号高压加热器出口给水温度与流量均不发生变化，有

$$\Delta\alpha_1(\Delta q_1 + \Delta\gamma_2) = \Delta\tau_2 \cdot 1 \tag{4-37}$$

与基准工况对比，1 号高压加热器增加抽汽的部分为 $\Delta\alpha_1 = \frac{\Delta\tau_2}{\Delta q_1 + \Delta\gamma_2}$，2 号高压加热器抽汽减少为 $\Delta\alpha_2 = \frac{\Delta\tau_2}{\Delta q_2}$，最终 2 号高压加热器端差增加引起的汽轮机做功增加需要根据 2 抽与 3 抽的蒸汽流变化 $\Delta\alpha_2$ 和 $\Delta\alpha_2$ 进行计算，近似为 $\Delta H = \Delta\tau_2(\eta_2-\eta_1)$。抽汽变化引起再热器吸热量变化为

$$\Delta Q = \left(\frac{\Delta\tau_2}{\Delta q_2} - \frac{\Delta\tau_2}{\Delta q_1 + \Delta\gamma_2}\right)Q_{RH} \tag{4-38}$$

对比本过程与上文中 1 号高压加热器抽汽变化对 2 号抽汽变化的影响过程，即相似又有不同：变化源头对本级抽汽量的影响是相似的，1 号抽汽变化量为 $\dfrac{\Delta\tau_1}{\Delta q_1}$，本过程为 $\dfrac{\Delta\tau_2}{\Delta q_2}$，形式完全一样。不同的是影响方式有所不同，1 号抽汽影响 2 号抽汽的方式为"通过自己疏水的变化影响 2 号抽汽量的变化"，而 2 号抽汽影响 1 号抽汽的方式为"通过自己抽汽量的变化影响 1 号抽汽量的变化，同时影响 1 号疏水给自己热量的变化"，所以前者对下游加热器的影响量为 $\dfrac{\Delta\tau_1}{\Delta q_1}\times\dfrac{\Delta\gamma_2}{\Delta q_2}$，而本过程对上级抽汽的影响为 $\dfrac{\Delta\tau_2}{\Delta q_1+\Delta\gamma_2}$。表现在宏观理解上，上文过程中 1 号抽汽返回汽轮机后又"抽出"一部分用于 2 号加热器，相当于一个与主循环"相似"的循环"并列"运行。而本过程中 1 号高压加热器多抽的汽，并不像 1 号抽汽的行为，其由 2 号抽汽不足产生，不再对 2 号抽汽有类似的影响。

（3）3 号高压加热器。3 号高压加热器端差增加，给水出口给水温度减少出口焓发生变化，需要增加 2 段抽汽来补充。做功增加是为 $\Delta H=\Delta\tau_3(\eta_3-\eta_2)$。2 抽蒸汽增加部分会绕道再热器使吸热量增加，即

$$\Delta Q=\left(\frac{\Delta\tau_3}{\Delta q_2+\Delta\gamma_3}\right)Q_{\text{RH}} \tag{4-39}$$

（4）4 号低压加热器。4 号低压加热器通常为除氧器，加热器形式为汇集式。其上端差增加时，所有给水出口温度都降低，其焓值减少部分由 3 号高压加热器多抽汽补充完毕后进入 3 号高压加热器，3 号高压加热器多抽汽流量为 $\Delta\alpha_3=\dfrac{\Delta\tau_4}{\Delta q_3+\Delta\gamma_4}$，导致汽轮机多做功 $\Delta H=\Delta\tau_4(\eta_4-\eta_3)$。从 3 号加热器开始，没有返回汽轮机的抽汽再绕回再热器，也不影响给水温度，所以锅炉吸热量不变。

（5）5 号低压加热器。5 号低压加热器端差增加，出口焓发生变化，做功增加，与上文中四个个加热器端差变化时类似的，但不同的时 5 号低压加热器中流经的给水份额不再是 1，而是 $(1-\alpha_1-\alpha_2-\alpha_3)$，因而做功增加量为 $\Delta H=\Delta\tau_5(\eta_5-\eta_4)(1-\alpha_1-\alpha_2-\alpha_3)$，锅炉吸热量不变化。

6～8 号低压加热器影响形式完全相同。

（6）抽汽压损影响。抽汽压损是指抽汽在加热器中以及从汽轮机抽汽口到加热器入口沿途管道上产生的压力损失之总和。抽汽口固定不变的条件下，抽汽压损将使加热器内压力等级降低，导致加热器工作的饱和温度下降，出现了给水加热 $\Delta\tau$ 加热器疏水放热 $\Delta\gamma$ 均不足的现象，既要在上级补充抽汽 $\dfrac{\alpha_j\Delta\tau_j}{\Delta q_{j-1}+\Delta\gamma_1}$，又要在下级加热器补充抽汽 $\dfrac{\beta_j\Delta\gamma_{j+1}}{\Delta q_{j+1}}$（$\beta_j$ 为本级加热器的疏水份额，包括上级增加抽汽的疏水流量），对机组引起的变化由这两部分流量引起的做功蒸汽份额导致的变化计算。

2. 给水泵汽轮机用汽量变化

给水泵汽轮机也是常用的考虑之一，通常由给水泵汽轮机效率降低引起。给水泵汽轮机用汽量增加不影响各个高、低压加热器的给水流量与端差分布，因而其多抽汽为抽汽口到凝汽器的直达汽，导致汽轮机做功减少 $\Delta H=\alpha_{\text{FWPT}}(h_{\text{FWPT}}-q_c)$。给水泵汽轮机通常由四段抽汽供汽，因而有 $h_{\text{FWPT}}=h_4$。

3. 给水泵焓升对热耗的影响

给水泵焓升是内部热量再利用，其引起做功变化为

$$\Delta H = \Delta \tau_{FWP} \eta_{FWP} \tag{4-40}$$

式中 $\Delta \tau_{FWP}$——给水泵焓升变化量。

给水泵组对给水系统的经济运行影响很大。运行中要重点分析给水泵组的出入口温度、压力及中间抽头的参数，给水泵的入口滤网的压差，汽动给水泵的投入率，给水泵再循环系统的内漏等。

4. 蒸汽冷却器设备与疏水冷却器

汽轮机各级抽汽温度通常远高于本级加热器的给水温度，抽汽中所包含的热量有过热度中包含的显热和液化时放出的汽化潜热两部分。蒸汽冷却器就是根据抽汽温度的大小与给水温度进行匹配，先在合适的高温给水位置把抽汽中的显热利用，然后再把蒸汽引到本级加热器，通过给水温度冷却给出水，把汽化潜热传递到给水中，尽可能少抽汽或少抽高温高压的汽；疏水冷却器是指在疏水自流入下一级加热器之前，借用主凝结水管上孔板造成的压差，使部分主凝结水进入疏水冷却器吸收疏水的放热量，疏水温度降低后再流入下一级加热器中。图 4-22 和图 4-23 所示为疏水冷却器系统图及其系统热力过程。蒸汽冷却器和疏水冷却器均是在尽量少抽高压抽汽的基础上提高回热提升给水温度的功能，从而提高机组的效率。

蒸汽冷却器和疏水冷却器均有内置和外置两种。外置式可以更好地使机组抽汽温度与被加热给水的温度相匹配，效率更高，但是连接结构比较复杂，目前很少见。内置式即在加热器的实际上就是加每个加热器分三段，给水与抽汽逆流布置，先被疏水加热器加热、然后是主加热器加热、最后一段为蒸汽冷却器，给水温度与抽汽温度匹配性提高有限，但结构更加紧凑，布置方便，得到了广泛的应用。

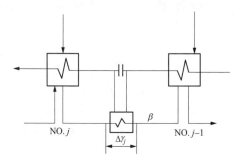

图 4-22 疏水冷却器系统图

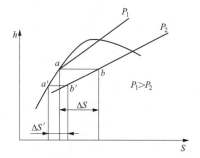

图 4-23 疏水冷却器系统热力过程

过热度高的抽汽管道上宜设置加热器外置式蒸汽冷却器。

疏水端差反映了疏水冷却段的换热能力和效率。疏水端差一般为 5.6～10℃，对于大型机组取下限值。内置式加热器可以把它们当作是加热器本身来对待。

5. 给水温度影响

给水温度降低后降低了平均吸热温度可以是由 1 号高压加热不足（少抽汽）形成的，此时该部分蒸汽做功能力增加为引起的吸热量变化，可以计算出机组效率的下降。

给水温度降低的可能原因有：给水旁路门泄漏、加热器温升小、最高一级加热器给水端差大。在机组运行中应保证高压加热器投入率，使其在 100% 负荷工况下给水温度达到设计值。

6. 抽汽温度偏高

抽汽温度偏高，特别是低压缸抽汽温度的情况，首先应考虑参数测量是否有问题，可以参照比同类机组同位置抽汽点参数相互印证；其次考虑是否由于其他外部汽流混合的影响；除此之外，大部分排汽温度高是由于汽轮机结构存在的问题。如隔板、叶顶等处的密封泄漏或汽缸夹层存在泄漏，使上一级高温蒸汽没有经过正常流道做功短路，从而升高后续抽汽温度增加。根据汽轮机膨胀过程中能量转换过程，蒸汽短路会导致其在级内做功不足，各级级内损失增加，缸效率、机组效率均低降。

（四）蒸汽离开汽轮机

蒸汽离开汽轮机时最理想的状态是正处于饱和状态，且所有的压力都用尽，余速只完成使蒸汽尽快流出汽轮机的功能，其关键参数是汽轮机的背压。由于此时为饱和蒸汽，背压为排汽温度一一对应，且温度更容易测量，所以通常大家通过排汽温度来分析机组的效率变化，涉及内容很多，诊断方法、原因分析与优化参见第六节冷端优化。

（五）机组汽水工质泄漏

1. 外漏

锅炉排污、吹灰、雾化等出循环系统蒸汽的等同于外漏。对机组能效的影响还是从对做功能力和锅炉吸热量两方面来诊断。

以排污为例：

（1）做功能力的影响。排污份额从补水处进入系统，沿凝结水和给水加热路线，经过加热器逐级升温，增加抽汽份额，减少了做功能力 $\Delta H = \alpha_{pw} \sum_{i=1}^{z} (\Delta \tau_i \eta_i)$。

（2）炉吸热的影响。该热水在锅炉中被加热到汽包压力下的饱和温度后以排出系统，吸热量增加包括三个部分，分别为排污水在锅炉中直接吸收的热量、两个再热器前的高压加热器多抽汽使再热汽减少的份额，共有

$$\Delta Q = \Delta \alpha_{pw} \left[h_{pw} - h_{fw} - \frac{\Delta \tau_2}{\Delta q_2} Q_{RH} - \frac{\Delta \tau_1}{\Delta q_1} \left(1 - \frac{\Delta \gamma_2}{\Delta q_2} \right) Q_{RH} \right] \tag{4-41}$$

雾化蒸汽和吹灰蒸汽对机组效率的影响完全一致，只是份额和蒸汽的焓值有所不同。

上述定量分析过程中的基础工况通常为设计值或性能试验值，此时往往排污、外漏为0。生产统计中汽水系统通常基准工况就有排污或雾化等外漏，即所统计的汽轮机热耗率已经包含了排污与雾化等外漏的影响。

2. 旁路内漏

（1）高压旁路。高压旁路泄漏，主蒸汽绕过高压缸进入再热器中，高压缸做功能力 $\Delta H = \alpha_{lq}(h_{ms} - q_{rhl})$；泄漏的蒸汽从除氧器中与主给水管路汇合进入高压加热器，并不改变各高压加热器的水流量，因而不改变这几级加热器的抽汽，对锅炉吸热量没有影响，即 $\Delta Q = 0$。

（2）低压旁路。低压旁路泄漏时，再热蒸汽直接进入凝汽器中，中、低压缸做功能力共下降 $\Delta H = \alpha_{lq}(h_{rhr} - q_c)$；泄漏的蒸汽回到凝汽器中，与主凝结水一同回到给水管路，所以并不改变给水管路中的流量，对锅炉吸热量也没有影响，即 $\Delta Q = 0$。

3. 疏水阀内漏

高压疏水阀、旁路蒸汽阀、给水泵再循环阀、等需要根据位置进行是因为核算，核算方法与各级端差发生变化时的方法基本相同。

4. 轴封漏气

轴封渗漏及利用系统是指门杆漏汽、轴封漏汽，由于这些蒸汽不仅损失了工质，而且具有较高的温度，因而具有回收利用价值，机组往往设计回收系统将门杆漏汽、轴封漏汽的余热回收到热主凝结水或给水，以减轻其对机组整体性能的影响、提高机组的经济性。

机组轴封系统是回收机组轴封漏汽的主要手段：调速汽门的门杆漏汽、轴封漏汽按压力、温度分级后，引入不同温度段的给水/凝结水加热器中，达到梯级利用的目的。从热平衡的角度，如果忽略轴封管道系统的散热损失，则各处渗漏的工质和热量将全部得到回收利用，代替一部分抽汽的加热作用。虽然热量又进行入了汽轮机或加热器，但漏汽的高做功能力被其代替的汽轮机抽汽代替，做功能力大为下降，机组效率明显下降。

轴封渗漏既有工质损失，必须有相应的补充水进入系统，不改变各级加热加热器的工作情况，因而其损失基本上等于泄漏位置到凝汽器差值，锅炉吸热量没有变化。总体上说效率是降低的，但轴封加热器用好可以避免一部分损失。

5. 内漏的标志

（1）截止功能的阀门。如上述分析的高、低压旁路阀、疏水阀等，一侧有热工质，另一侧无工质，由于阀体传导的原因，其阀后温度会比其后的管道温度或环境温度高一些，但是有限的。通过对于阀后温度的长期观察和分析，可以总结出其规律，如果阀后温度异常升高，应分析是否泄漏。

使用红外影像仪可以非常方便地对阀门内漏情况进行了测试，某机组阀门内漏情况检查，如图 4-24 所示为某阀门的红外影像结果，左为温度分布情况，右为其本体形状，两者1∶1对比，可以非常明显地看出问题所在。

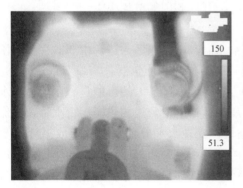

图 4-24　红外测温仪测量结果示意

（2）减温器内漏。减温器两侧都有工质，但一边是水一边是汽，如果关不严，可以通过前后的参数进行诊断。通常如果阀门开度为 0，但是过阀门有温降，则可以确定减温器有泄漏。

（3）补水率。所有的外漏或是抽汽都需要有补水。补水率是反映机组汽水损失大小的主要指标。影响补水率的主要有发电汽水损失率、锅炉排污率、发电自用蒸汽消耗量、对外供热（水）量、吹灰用汽量等。发电汽水损失主要是由于阀门、管道泄漏，以及疏水不回收等造成的。

如果补水率明显增加，则需要进行深入分析，找出漏点。

三、汽轮机侧调整

汽轮机侧的调整工作相对较少，主要有单阀运行改顺序阀运行和滑压优化和冷端优化工作。顺序阀运行和滑压优化通过减少主汽门、调节汽门的节流而提升机组效率，冷端优化通过降低 T2 来提升效率。这些工作需要高精度测量机组性能，优化过程中还有可能涉及机组安全问题，因而最好由专业人员来完成。

（一）单阀运行改顺序阀运行

单阀方式也称节流配汽方式，蒸汽由开度相同的调节阀进入汽轮机，优点进汽分布均匀，在启动期间或低负荷阶段，可保证汽轮机得到均衡的暖机，且无不对称应力，振动小；缺点是只有设计工况下调节阀全开，部分负荷下所有的汽流都有节能，进汽机构节流损失随负荷下降而逐渐增大，经济性不好。

顺序阀方式也称喷嘴配汽方式，汽轮机主汽门全开，根据负荷增长，调节阀依次打开，只有一个调节阀处于部分开启状态而具有节流作用，因而在部分负荷时喷嘴配汽方式比节流配汽方式效率高；缺点是调节阀打开数量较小时，调节级的工况比较恶劣。为了避免此时对汽轮机高压部分的金属温度发生较大变化和汽缸壁的热应力，通常第一次打开两个对称的喷嘴，在这两个调节阀全开后，再根据机组负荷需要依次开启其他调节阀。

采用喷嘴调节法的汽轮机，有多个依次开启的调节汽阀来控制流量，如果下一个阀门在上一个阀门全开以后再开启，那么阀门的总升程与流量的特性线将是一个曲折较大的线，因此，实际中通常在上一个阀门尚未完全开启时就提前开启下一个阀门，称为调节汽阀的重叠度。重叠度可用前一个阀门压力降的相对值（阀门压降除以阀门前蒸汽压力）表示，通常为10%左右，即保持进汽量均匀，又尽可能减少提前开启阀门的节流损失。

（二）加热器

通过监视、检修等工作保证加热器端差、给水温升得以保证。运行中要监视各级段抽汽压力，保持抽汽压力稳定，保证抽汽止回阀或闸阀不卡涩，加热器进汽口蒸汽通道不受阻，可正常排汽。如高压加热器的端差增大、同时温升降低，则最大的可能是高压加热器水室分程隔板变形或损坏，应立即进行修复或更换，所以运行中要监视加热器运行水位，并保持稳定在正常范围内。停机时需要检查水室分程隔板，发现水室分程隔板变形或损坏后及时修复。水室分程隔板变形或损坏后，高压加热器的端差和温升随着运行时间的变化表现规律十分明显，即随着运行时间的增加（含机组启、停次数增加），端差逐步增大、温升逐步减小，同时加热器给水阻力下降。堵管超过规定值且经确认堵管造成了端差增加的加热器可以考虑技术改造或更换。

降低加热器疏水端差的主要措施有：通过调整疏水水位，降低疏水端差。疏水端差对疏水水位变化不敏感的情况下，可能是加热器疏水冷却段进水口变形或损坏。要注意机组负荷和疏水调节阀开度的关系，机组负荷未变，如疏水调节阀开度变大，有可能管子发生了轻度泄漏。要定期冲洗水位计，防止出现假水位。

（三）滑压运行模式优化

参见本章第五节。

（四）冷端优化

参见本章第六节。

包括循环水泵、空冷风机优化（如投运尖峰喷淋装置、加强翅片管清洗、空冷岛清洗，通过空冷防冻措施）、抽真空系统优化等众多项目。

四、消缺与改造

汽轮机侧的消缺关键部位包括：汽封、临时滤网、系统内漏治理、热力系统等；工作内容包括轮机汽缸结构、间隙调整、阀门治理、喷嘴叶片改型等工作。

1. 汽轮机通流改造

参见本章第八节。

2. 增加余热利用系统。

主要技术方案是加以低压省煤器为中心的余热利用系统或以灵活性热电解耦系统，参见第二章和本章第九节。

3. 辅助蒸汽用户调整

机组的辅助用汽通常指汽轮机侧的抽汽到辅汽集箱，然后再供各处用汽的蒸汽。辅助蒸汽集箱（简称辅汽）主要用户是轴封用汽、暖通、空气预热器吹扫用汽、发电机内冷水箱加热用汽、化学用汽、脱硫用汽、厂用杂汽、启动工况、特殊工况、除氧器、给水泵汽轮机汽源、空气预热器连续吹灰、燃油雾化吹扫用汽、暖风器等。

大多数机组设计的辅汽使用汽轮机四段抽汽（简称四抽），也就是除氧器抽汽。但在某些时候，如锅炉吹灰、四抽辅汽参数不够时，通常使用再热蒸汽冷段（简称冷再）或前屏过热器出口的蒸汽作为辅助用汽；大多数时候即使是四抽的辅助蒸汽，也是参数相对比较高的，例如用于厂区采暖，用不着接近300℃以上的蒸汽，存在比较严重的浪费。因此，节能工作要全面了解和分析各辅汽用户的参数需求，对辅汽进行分析时应同时考虑锅炉侧抽汽的情况，在满足要求的前提下尽量减少辅汽的用量，或采用低品质的汽源，减少辅助用汽对汽机效率的影响。当各热用户用汽压力差别较大时，宜设置高压和低压两级辅助蒸汽系统。

辅汽用汽量和用汽参数的变化对机组效率的影响可以用等效焓降法定量分析出来。分析时采用等效焓降理论中带工质热量出系统的分析方法，其损失为辅汽自己的做功能力和辅汽从补水加热抽汽点多抽汽产生做功损失。

4. 疏水系统改造

疏水分为汽轮机本体疏水和系统疏水两大类，主要用于机组暖管和启动初期排除蒸汽设备及管道中的凝结水，以保证各该设备正常工作并减少热力系统中的工质损失。汽轮机本体疏水包括汽缸疏水及直接与汽缸相连的各管道疏水，如：高/中压主汽门后、各级抽汽管道门前、高压缸排汽止回阀前、轴封系统等均设置疏水，特点是与汽缸直接连通，存在疏水进入汽轮机本体的可能性，其余的疏水称为系统疏水。疏水通过阀门和外界隔绝，保持整个系统与外界的隔绝性。

疏水管道细，阀门只在低压时打开，一定压力后关闭，但其工作的压差往往很大，工况较为恶劣，又不容易被人重视，因此，不少厂的疏水系统存在问题。只要机组在各种不同工况下运行时，疏水系统应能防止汽轮机进水和汽轮机本体的不正常积水，并满足系统暖管和热备用的要求即可。根据机组的结构特点及运行方式，优化和改进热力及疏水系统的主要思考方向有：

（1）保证疏水系统的隔绝性。为防止阀门泄漏，造成阀芯吹损，各疏水气动或电动阀门后应加装一手动截止阀，正常工况下手动截止阀应处于全开状态。当气动或电动疏水阀出现内漏，而无条件处理时，可作为临时措施，关闭手动截止阀。机组启、停过程中，手动截止阀操作方式按照改进后修订的运行操作规程进行。

（2）减少疏水管道的数量：多数电力设计院均比较保守，疏水管道冗余量较多，可根据情况减少不必要的疏水管道布置，部分机组取消量 $1/3 \sim 1/2$ 到本体疏水扩容器的疏水管。如对主蒸汽、再热蒸汽等相同压力的疏水管道合并、再热蒸汽疏水和低压旁路前疏水合并等，并把疏水到凝汽器的接口改接到热井。大多数取消的疏水管道运行中与凝汽器压差大于1MPa，疏水管取消后凝汽器杂用热负荷减少 60% 左右，效益显著。

（3）运行中需要处于热备用的系统及设备，可将原连续疏水方式改为采用自动疏水器疏水，即消除外漏，尽可能减少内漏。

（4）运行中相同压力的疏水管路应尽量合并，减少疏水阀门和管道。阀门应采用质量可靠、性能有保证的产品。

第四节　辅机的能耗诊断分析与优化

辅机是依靠机组自身发出的电能或是给水泵汽轮机来驱动的，因而在满足生产的过程中节省辅机的电耗是机组节能主要手段。锅炉侧主要耗电设备为风机、磨煤机、除尘器、脱硫系统等，汽轮机侧主要耗电设备是给水泵、循环水泵、凝结泵和空冷风机等设备。其中泵与风机的工作机理、节能方向基本相同，风机比泵更复杂一些，故以风机为例说明节能方向。电除尘是另外一类，单独说明。

一、泵和风机

给水泵、凝结水泵、循环水泵为发电机组三大泵，一次风机、送风机、引风机（增压风机）为发电机组三大风机，为主要考察对象，通常都有自己的辅助设备，以泵组或风机组的型式出现。性能诊断要针对整个泵组或风机组，从泵和风机、传动机构、驱动机械本身及相关系统的性能变化着手，分析设备和系统性能下降的原因，进而提出相应的改进或改造建议，必要时还需要通过性能诊断试验。

存在问题主要为以下三类：

（1）泵与风机主设备的性能下降。

（2）泵与风机性能与相应系统的阻力特性不匹配。

（3）机组变负荷运行导致运行点效率下降、扬程升高等。

（一）运行效率

泵和风机的设计性能是最为基本的节能基础。大型机组中泵与风机通常都是与泵组方式出现的，因而其效率通常为工作组效率。以风机为例，有

$$\eta_e = \frac{P_u}{P_e} \tag{4-42}$$

式中　P_u——风机的有用功，表示风机或水泵的工质获得的能量增加值；

　　　P_e——电动机输入功。

空气功也称有用功，其组成为

$$P_{u} = \left(\frac{p_2 - p_1}{\bar{\rho}} + \frac{v_2^2}{2} - \frac{v_1^2}{2} + \bar{\rho}g\Delta H \right) \times Q \tag{4-43}$$

式中　p_1——进口绝对压力，Pa；

$\quad\quad p_2$——出口绝对压力，Pa；

$\quad\quad \bar{\rho}$——平均密度，kg/m³；

$\quad\quad v_1$——进口平均速度，m/s；

$\quad\quad v_2$——出口平均速度，m/s；

$\quad\quad Q$——质量流量，kg/s；

$\quad\quad \Delta H$——工质提升高度，m。

无论是水泵还是风机，通常进出口速度变化很小，因此可以忽略不计。风机中提升高度也可以忽略，但水泵中提升高度的影响不能忽略。最重要的功耗都是以静压升为主，用于克服烟气或空气流动阻力，在优化运行分析中，可以把有用功计算式简化为

$$P_{u} = \left(\frac{p_2 - p_1}{\bar{\rho}} + \bar{\rho}g\Delta H \right) \times Q \tag{4-44}$$

阻力由局部阻力、沿程阻力两部分和提升高度位能差组成，前两部分计算式为

$$\Delta P_{R} = \sum \frac{1}{2}\zeta_i \rho w^2 + \sum \frac{1}{2}L_i \zeta_i \rho w^2 \tag{4-45}$$

式中　ζ_i——局部阻力系数，无量纲；

$\quad\quad L_i$——子管路长度，m；

$\quad\quad \zeta_i$——沿程阻力系数，无量纲。

这三个数据都仅与管道的走向、粗糙度等有关，当系统定下来后基本为定值，因此阻力呈质量流量的平方递增关系。

工质的质量流量 ρw 与机组的负荷基本上成正比关系，所以系统阻力与机组的负荷相关。水泵中水的密度随温度的变化很小，而风机中的烟气/空气密度随温度变化很大，因而泵类的耗电主要与通过的流量相关。而风机还与工质的温度有关，如相同流量，夏天温度高则风机的功耗也就大。

很明显，工作中风机的效率越高，说明有电动机输入功率中有用功的部分越高，风机越节能。现在我国的泵与风机都能设计出高效产品，只有个别早期投产的机组泵与风机效率偏低。但是设计、制造水平高，风机组/泵组效率高也不见得能在运行中充分发挥出来，还与泵和风机的运行环境密切相关，如其与管网匹配、调节方式等多种因素都影响着其运行中的实际效率，因而影响其耗电率。

大中型燃煤机组的凝结水泵保证效率工况宜对应汽轮机热耗率验收功率工况（THA），且保证效率不宜小于82%。电动给水泵组应采用前置泵与给水泵同轴配置；大中型燃煤机组的给水泵和给水泵汽轮机保证效率工况宜对应汽轮机热耗考核工况；给水泵保证效率不宜低于83%，给水泵汽轮机保证效率不宜低于82%；当正常运行给水泵采用调速给水泵时，给水主管路不应设调节阀系统；应根据锅炉启动工况的要求和给水泵特性，在启动给水泵出口设置调节阀或锅炉侧给水主管设置旁路调节阀。

（二）低阻力管网设计

管网阻力包括沿程阻力、局部阻力和抬升高度差引起的重力三部分，低阻力设计主要是

针对如下几个方面的考虑：

（1）降低流速。无论是局部阻力还是沿程阻力，速度增加都会导致阻力增加，因此采用大管径、低流速设计是降低整体阻力的有效途径。对于风机，其烟风温度也对有重大影响，温度高则相同质量的工质流速大，阻力与风机功耗增加，所以选用冷一次风系统、冷送风机系统、降低排烟温度等均有重要意义。

（2）降低局部阻力。降低局部阻力的关键是尽可能使气流沿管道内均匀有序流动，避免回流、碰撞等，常用的技术手段包括采用导流板使汽流均匀、在适当位置采用扩压管回收动压、采用合适的管道外形等。如针对风机的规定：风机出口（包括扩散过渡段的直管段长度）与管路当量直径之比不宜小于 2.5。当风机出口的直管段内工质流速大于 12.5m/s 时，气流速度每增加 5m/s，风机出口的直管段长度宜增加 1 倍的管路当量直径。当风机出口的直管段直接连接弯管时，其布置方式应有利于气流均匀流动，弯管的曲率半径与管路当量直径之比不宜小于 1.5 等，均是希望保持小的局部阻力；再如针对烟风道，应采用空气动力特性良好，气流分布均匀的布置方式和异型件，圆形截面烟风道优于矩形，矩形截面短边与长边之比不应小于 0.5 等。

（3）低阻力滤网。滤网是管网中必要的阻力件，但其易在运行中随着脏污的增加而使管网阻力大为增加，因此要尽可能选用低压力的滤网。如给水前置泵粗滤网的报警阻力宜小于 30kPa，给水主泵入口精滤网的报警阻力宜小于 50kPa，并且最好可以在运行中有滤网清理手段，如反冲洗、旋转滤网等。

（4）减少短路，降低无效输出。典型的如空预器漏风，对于 300MW 及以上机组，宜选用四分仓回转式空气预热器；空气预热器的漏风率投运后第一年内不应大于 6%，第一年后不应大于 8%。

主要需要考虑空气预热器、烟气换热器 GGH 和脱硫系统除雾器是否存在结垢与堵塞情况，这是影响烟气系统阻力的量主要因素。其次是考虑排烟温度和氧量。氧量实际上就代表了锅炉烟气量的大小，同负荷下氧量越大，机组的烟气量越大，辅机电耗越高。排烟温度高时主要影响烟气体积，使得引风机耗电率增加。

机组的负荷率越高，降低管道阻力的效果越好。

（三）出力与管网的匹配

泵及相关设备的性能下降（主要是效率下降），导致相同有效功率的情况下，消耗的驱动功率增加，对应的辅机厂用电上升或汽轮机抽汽流量的增加。

给水泵汽轮机的性能（效率、汽耗）变化可以与设计值进行对照，效率的对照条件是：相同进汽流量、压力、温度和排汽压力；汽耗的对照条件是相同的给水泵汽轮机轴功率前提下，消耗的抽汽流量或折算成汽轮机的新蒸汽消耗量（见图 4-25）。

泵的性能与相应系统的阻力特性不匹配分两种情况：①系统阻力大于泵的设计扬程，造成泵实际运行扬程高于设计值、实际流量低于设计值，表现为水流量不足。②系统阻力小于泵的设计扬程，造成泵实际运行扬程低于设计值、实际流量高于设计值，表现为水流量偏大。

以风机为例，图 4-26 所示为某厂 Howden 公司产的双动叶可调的一次风机性能图，其中向上的抛物线部分为管路的阻力特性，它随流量以抛物线的关系发生变化。

确定风机的工作点（加上空气预热器漏风量作为 x 轴）查询效率、开度是否在设计值

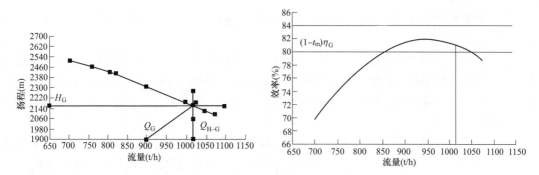

图 4-25　基于给水泵流量确定扬程和效率

H_G—泵扬程，m；Q_G—泵出口流量，m^3/s；η_G—泵效率，%

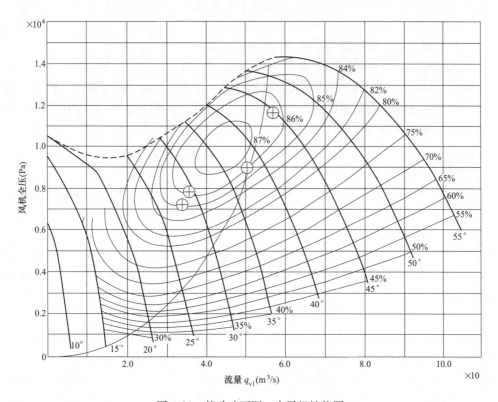

图 4-26　某动叶可调一次风机性能图

附近。

风机与管网匹配的方式为：机组负荷决定了风机的流量，流量又决定了阻力的大小，而阻力的大小又决定了风机的压升，就决定了风机的工作点。

如果风机的工作点处于风机的高效区，则风机的比较节能；反之，风机的浪费较大。风机不能工作在最佳工作点的原因如下：

（1）当负荷减少时，风机的流量减少时，阻力迅速减少，风机的工作点迅速由右上方向左下方移动，导致风机的动叶开度迅速减少，风机的效率迅速下降，反之，风机的动叶开度增加，效率也相应增加。

（2）如果风机的选型偏大，管网阻力不变时，风机的工作点右移，风机的动叶开度减少，效率降低。

（3）管网阻力增加时，阻力特性线向上移动，风机的动叶开度不得不增加，尽管风机的效率有所增加，但是输出的需求却增加更快，因而也是不经济的。反之如果阻力特性减少，风机效率尽管有一些下降，但是需求减少更快。

实际情况如下：

（1）为了保证机组出力，并考虑空气预热器堵灰等特殊情况下的出力裕度，电厂在初建期风机选型就偏大，同时设计院、风机厂家层层增加保险系数，往往使实际风机的选型偏大。

（2）电网的峰谷差越来越大，所有电厂机组都得参与调峰运行，大部分时间的负荷都不高，这样，即使风机选型不大，风机都无法运行在最佳条件下，很大部分功耗浪费了。

（3）除此以外，运行方式有问题还表现为：

1）氧量的漂移等使风量偏大，风机的实际出力偏大。

2）风机输出的压力往往远高于实际需求，然后再采用一定的调节方式如调节阀，使用户的压力与实际需求相符，特别是风机的调节方式不合适时，会消耗大量的风机输出功率。

3）空气预热器等设备漏风偏大，使风机的出力加大，特别是高压风机的出力明显加大。

（四）合适的调节方式

1. 出口节流调节

把挡板装在出口管路上，用出口挡板的开度来改变出口管路的阻力特性，从而改变泵与风机的工作点。出口节流调节是泵与风机先满载后，又在出口节流刹车，因此是效率最低的一种方式。

2. 入口节流调节

把挡板装在入口管路上进行调节。由于流体进行泵与风机前的压头已经降下来了，所以入口挡板调节不仅仅改变了管路特性，还改变了泵与风机特性，使节流损失下降，因此，入口节流调节经济性大于出口节流调节。

3. 入口导叶调节

多用于风机，其在入口安装与风机叶片角度相近的可变角度导流装置，使流体进入叶片前产生预旋而降低入口压力并适当节流的方式进行调节，通常也称为静叶可调风机，特别是轴流引风机上应用较多。这种调节方法节省的功耗比入口节流调节与出口节流调节的总和还多，但由于预旋角度与风机叶片角度不同，还要产生冲角损失，所以这种调节方式比动调风机和速度调节经济性差。

4. 轴流式动调风机

通过改变动叶的角度来改变风机的性能曲线。当动叶角度增加时，流量/压力/功率都增加，反之则减少。每个动叶角度下，其效率曲线有较大变化，动叶角度越小，由于动叶入口角度与来流流体的角度越大，效率最高点越低，效率曲线越陡，运行效率越低。

通俗地说，轴流动调风机的动叶换个角度，相当于换了一台新风机。动叶调节的风机可以很大程度上适应负荷变化造成的风机出力与管网间的不匹配。但是风机选型偏大时，动叶角度长期关得很小，风机工作点多处于低效区，同样有问题。

21世纪初，我国的轴流风机制造能力差，主要用于送风机上。但近年来随着我国的设计制造能力的提升，采用两级动叶的一次风和引风/脱硫增压/脱硝增压三合一引风机得到了广泛的应用。

5. 速度调节

速度调节通过改变泵与风机的转速来调节，它可以最大程度避免节流，并且减少动叶可调风机的小角度时的效率降低，在任何时候都保持与设计效率接近的效率，因此是一种最佳的调节方式。

速度调节有很多技术，最为常见的双速调节、变频器调节与液力耦合器、给水泵汽轮机驱动、永磁电动机驱动等。

（1）双速调节通常用在大型引风机、循环水泵上，虽不能实现无级变速，但结构简单，造价低，也能很好地起到一定的节能效果。

（2）变频器是依靠可控硅实现电动机驱动电流的频率，而实现驱动电机的无级变速，本身带来的铜损、铁损份额都很小，因而变频器在任何情况下都有很高的效率。但变频器价格相对较高，大型变频器的功率有限，维护较为困难，早期多用于凝结水泵、一次风机等中等功率的辅机，节能效果显著。对于小功率的泵，采用变频器实现变速调节，如生活及消防水系统昼夜流量变化大，对三台生活泵改造后，冬季保持一台生活泵即可供全厂生活及消防两个系统供水需求，节能效果显著、成本低，也可以取得非常好的效率。

（3）液力耦合器是一种柔性的传动装置，通过勺管改变用于在主动轮和从动轮传递机械能的液体油总量，来实现驱动电动机与被驱动泵与风机的无级变速。液力偶合器的特性是高负荷（传动液体油最多）时传动效率很高，可以达到98%以上，但是随着传动油量的下降，其传动效率也下降（基本上等于其负荷率）。因而在泵组或风机组的整个变速工作过程中，泵与风机的效率保持不变，但液力耦合器效率下降很快，与变频器相比，收益有显著差距。但是液力耦合器的功率可以很大，结实耐用，常用于电动给水泵或是压力特别高的风机（如循环流化床机组的一次风机）上。尽管耦合器负荷下降时效率也下降，但比节流调节还是有不少节能效果。

（4）用给水泵汽轮机驱动辅机也可以实现变速调节，但是由于给水泵汽轮机结构复杂，其做功效率低于主机的做功效率，因而只在大功率辅机使用，典型的如给水泵多用给水泵汽轮机驱动。即使是给水泵，通常也需要在亚临界级、300MW以上级机组汽动给水泵才有利，此时的给水泵功率约为6000kW。不少电厂把引风机也采用小机驱动，实际上大多是不能实现节能的，只是厂用电率减少了。

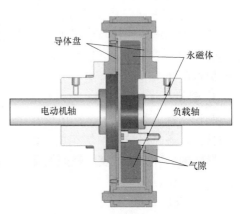

图 4-27 永磁调速电动机驱动

（5）永磁调速电动机驱动。永磁调速电动机主要由永磁转子、导体转子和调节机构三部分组成，如图 4-27 所示。永磁转子由添加稀土的磁铁制造构成，产生强磁场。电动机转轴与导体转子联结，其旋转时导磁盘在永磁转子产生的磁力线中做切割运行产生涡电流，该涡电流在导磁盘上产生反感磁场，从而产生拉动导磁盘与磁盘的相对运动，实现了电动机与负载之间的转矩传输。导磁转子和永磁转子之间存在间距可调的气隙传递扭矩，改变气隙，就可以实现的速度的无级调节，运行效率略高于变频器。且无机械连接大大减少了振动，通常是硬连接系统的 20% 以下，寿命长、安全稳定。不足之处是永磁体的容量有限，在中小电动机应用较为流行，但在锅炉的三大风机、汽轮机三大泵中应用的案例较少。

二、优化调整

1. 减少节流

无论哪一种泵与风机，隐性的调节方式都是存在的，甚至是非常普遍的。如磨煤机的入口挡板、二次风小风门、空气预热器堵灰等情况是典型的节流。因此减少节流非常重要。如对于一次风机来说，节流有三部分：风机出/入口挡板，磨煤机入口挡板（这一部分的节流作用目前还没有普遍被认识到，很多电厂为了制粉系统控制有裕量，入口挡板前后的风压差很大），以及空气预热器、暖风器等节距小受热面的阻力（容易因积灰堵塞而产生额外的阻力）。送风机主要表现为第三部分，引风机则主要表现为第一部分与第三部分。

2. 减少需求

低负荷下由于风量的减少，使得阻力相应减少很多，所需的风压要求也降低。因此，可以把风压也降下来，如果没有降下来，则必然存在节流较大的部分。因此，三大风机的风压与风量都应当与负荷率进行联动，以减少风机的输出。以一次风压的控制为例，一次风母管风压的控制主要通过改变母管入口挡板和磨煤机入口冷、热风挡板来实现调节，一次风压蓄多少能通过磨煤机的调峰情况来确定。如果一次风机装有调节变频器来改变风机转速来实现，可以减少挡板开度从而大幅度节电。有不少电厂出现过加了变频器而不采用变风压运行，结果变频器效果不明显。高负荷时，一次风机出力高，磨煤机阻力大，应当维持较高的一次风压，相反，低负荷应当维持低一次风压达到节电的目的。变风压运行时一定不能使风压低于磨煤机系统的阻力，例如 ZGM95 系列的磨煤机，最低风压不宜低于 7kPa。风压是否合适可以通过热风门的开度来判断，如果风门的开度小于 60%，则说明风压维持的偏高。

3. 串联泵与风机的负荷分配

典型的如增压风机与引风机、凝结泵给水泵等均为串联运行方式，共同克服系统阻力。要避免出现一个在高效区运行，而另一个在低效区运行的情况，应通过试验确定串联工作时泵与风机的最节能的联合运行方式。

4. 制粉系统耗电

制粉系统由磨煤机、一次风机及相应的管道组成，其中磨煤机、一次风机均为耗电比较大的辅机，还与锅炉的燃烧相关，因而制粉系统的优化非常关键，需要根据制粉系统的类型、燃烧的煤种、锅炉实际燃烧情况等综合诊断，做到在保证锅炉燃烧最佳基础上，制粉系统耗电最小化。

5. 电除尘节电

高压静电除尘原理是利用直流高压电源产生的强电场使气体电离，使悬浮尘粒荷电，并在电场力的作用下，将悬浮尘粒从气体中分离出来并加以捕集的除尘装置。其除尘主要过程包括下列三个过程：

（1）由于电除尘器相对于烟道而言是一个大空间，烟尘气体进入电除尘器内，速度会突然下降，在重力的作用下部分尘粒掉落在电室灰斗中，完成收尘第一步，如果排烟温度降低，如加装低压省煤器把进入电除尘的烟气温度降低到 90℃左右，会有很好的效果。

（2）粉尘在随烟气流通过高压电场的电室过程中，高压电场电离部分气体使粉尘荷电，电离的过程中会放出火花，但不能击穿所有的气体。电除尘完成电离气体、粉尘荷电的功能所需要的电厂称为基础电压，基础直流电压通常为 30～60kV，电压幅度可以调至刚起晕为宜，将电除尘控制在设定的火花率之下称定运行，称为火花控制模式。

（3）荷电后的灰粒在电场力的作用下流向极板、极线（带正电荷粉尘流向极线，带负电荷粉尘流向极板），最后通过除尘器振打设备将粉尘从极板、极线上打下、落入灰斗中。完成该功能需要的该电压值称为收尘电压，其数值比基础电压高，通过需要达到 80kV。也就是说，要同时满足粉尘荷电和收尘的需求，电除尘的实际电压需要在收尘电压。

除了这三个过程外，还需要注意如下设备的重要特性，包括：

（1）如果电除尘收尘后极板的导电性下降，需要及时清理上面的灰尘，否则工作时电压会升高，因而电除尘往往还有相应的电极板清理功能与设备，如振打装置、旋转电极等。一般要求粉尘易于沉降在极板，清理时尽可能减少二次扬尘，即保证粉尘沉落又不会发生变形。

（2）电晕电极装置是电除尘器使气体产生电晕放电的电极，主要包括电晕线及相应的辅助设备，有芒刺线、星形、绞合芒刺线等多种形式，其放电能力的好坏与电晕极放电整个尖度有关，但放电尖角多，制作及安装较为困难；电晕线之间的间隔要适当，间隔太远影响电晕的电流，间隔太近晕线间可能会产生屏蔽现象。

（3）电除尘是多个电场串联工作的，各个电场中浓度不同，所需的电压也不同，可以分别控制。

（4）需要抑制反电晕现象。煤灰中不易导电的高比电阻粉尘到达收尘电极，其所荷电不易释放，就会排斥后来的荷电粉尘，在粉尘间形成较大的电位梯度，当电场强度大于临界值后还会在粉尘层的孔隙间产生局部击穿，使电流增大、电压降低，粉尘二次飞扬严重，收尘效率恶化等后果。

电除尘工作影响因素主要包括粉尘的性质（成分、粒度、比电阻等）、需收尘的总量及烟气的特性（烟气流速、烟气温度）和电离荷电收尘的过程，主要能耗在高压电源。如果把电离电能和收尘电能两个部分分开分别控制，且考虑到粉尘的移动速度远远小于电除尘电源的频率，无论是电离过程还收尘过程，都可以间歇供电，则电除尘的耗电可以大为节省，否则电除尘施加的电场一直为收尘电压（完成荷电的基础电压包含在收尘电压中）、电除尘就一直在最大功率运行，电除尘的电耗就会很大，却未用到收尘上，从而造成浪费。

电除尘的节电工作通常集中在上述各个过程中，目标是如何提高收尘效率的同时，尽可能降低电能消耗。除根据煤种、机组功率等情况分别控制电除尘以外，通常还在电源改造、电晕极改造等方面做工作，其中最主要的改造技术方向是电源改造，经历了工频电源、高频电源和脉冲电源三个阶段。

高频高压整流电源是现阶段主要技术改造方向之一，其工作原理如图 4-28 所示。将三相工频交流电经整流和滤波（滤除交流成分，使输出的直流更平滑）后产生 580V 左右的直流电压，由 IGBT 全桥逆变，经谐振电容震荡产生最高 50kHz 的高频交变电流，再经高频高压硅整流变压器升压整流后形成高频高压脉动直流送入电除尘器。

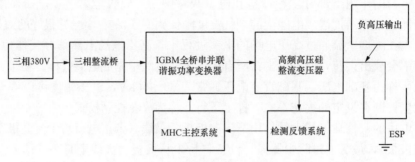

图 4-28　高频电源示意图

由于电场的变化速度远远高于粉尘的移动速度，且收尘场强大到一定时，收尘效果也会达到饱和，再提高场强只会浪费能量，而且也会带来火花放电，所以大部分电除尘的供电是"有电－停电－有电"间歇交替供电方式供电（带电时间与总时间的比例称为占空比 Duty Ratio)，这是电高频电源和脉冲电源节能的原理。

高频电源节能原理如图 4-29 所示：常规的工频电厂频度为 50Hz，其电压波动范围下限得保证火花率，上限不能发生击穿，显著地限制了加在电极上的平均电压；而高频电场的频率大于 10kHz 以上，间歇电压波形宽度为 10ms 以下，峰值与谷值相近故平均电压高，且由于电纹波系数小电压波动小，以次火花发生点电压/近击穿电压运行，可以提供更高的输出电压、更高的输出电流（提高了电晕封闭电流上限）、有效增大电晕功率，使电源所有工作时间都在同时完成粉尘荷电与收尘工作，大大提高了除尘效率。

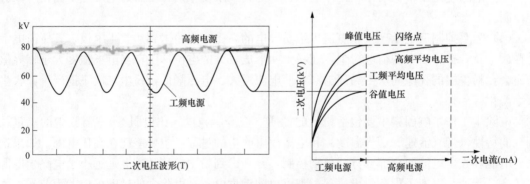

图 4-29　高频电源与工频电源波形对比

此外，高频电源还提供了直流输出和间歇脉冲输出两种工作模式。其中纯直流供电输出接近于直线的输出电压，通过高占空比提升了电除尘工作时的平均电压以及平均电流，尤其适合用在中等比电阻、高粉尘浓度的烟气工况。而高频电源间歇充电时间能够随意进行调动，最小单位可到 20μs，应用反电晕自动优化时，优化的精细程度和准确度大大提高，从而较工频系统可以提高除尘效率。

脉冲高压电源由两组独立叠加的高压电源，其中一组为定幅值的直流电压作为基础电压，另一组为基础电压上叠加一定的重复频率、宽度较窄而电压峰值又很高的脉冲电压（电晕电压），实现荷电和收尘两个电场分别控制，进一步降低了能耗量。典型的脉冲电源波形见图 4-30。

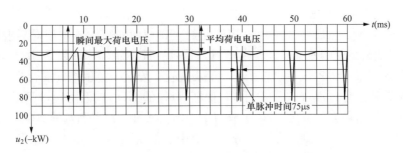

图 4-30 脉冲电源波形

除电源装置外，更加高效的电极装置和清灰装置也是除尘器节能改造的重要手段。前者使电离功能更加高效，降低了电源占空比的需求；后者是通过降低二次扬尘来达到提升效率的目的，均可以起到节能的作用。

6. 湿法脱硫系统

湿法脱硫系统是我国最主流的脱硫系统，其主要耗电是浆液循环泵和湿磨煤机。湿磨煤机的功率基本上不可能减少，因而节能主要工作集中在浆液循环泵的优化调度上。同时普遍存在的 GGH 和除雾器结垢堵塞却大大增加了其增压风机或三合一引风机的功率。近年来 GGH 装备已经很少，所以主要治理工作是除雾器。

浆液循环泵的优化调度基于脱硫任务完成情况按需完成，如部分负荷下宜适时停部分循环泵的运行。此外，最好是每台浆液循环泵应喷嘴可以灵活调度、分区调度，均匀烟气场中的 SO$_2$ 浓度等工作，保证脱硫塔的高效运行。

除雾器的清理工作更难进行。通常黏附着的结垢由两部分组成：一部分是烟气携带的浆液滴黏附在换热元件上；另一部分是烟灰黏附在换热元件的低温部。除雾器堵塞结垢最主要手段是维持吸收塔液位稳定减少浆液携带，其次是通过调节除雾器冲洗水来减少黏附的浆液滴。除雾器冲洗水量，主要用来冲洗除雾器，必须保证足够。

主要措施有：

（1）加强煤质管理，控制硫分在允许范围之内，从源头保证脱硫系统的能力。

（2）加强除尘器的运行管理，保证除尘器的除尘效率，降低脱硫系统的烟气粉尘浓度。

（3）加强 GGH 运行中的吹扫和定期在线高压水冲洗，保证 GGH 不堵塞。有条件可以 GGH 低温端加装高压清洗吹灰器、改用射流刚度更强的蒸汽吹灰以保证吹灰效果。当传热元件污垢板结无法通过吹扫降低阻力时，还可利用停运检修的机会，对 GGH 进行人工高压水清洗，彻底清理换热片之间的积灰，甚至抽出换热元件进行酸碱清洗，确保其在一个小修周期内，能在较低的阻力下运行。

（4）加强脱硫系统水平衡的管理，保证除雾器的正常冲洗，防止由于其他系统进入吸收塔的水量过大、除雾器冲洗水量减少引起其板片结垢和堵塞。

（5）当不设置 GGH 时，可以考虑设置低温省煤器降低脱硫塔入口原烟气温度，其降温幅度应结合脱硫装置运行水平衡确定。

7. 烟气脱硝系统

烟气脱硝系统工艺布置方案应满足系统阻力小、烟气分布均匀的要求。选择性催化还原（SCR）反应器整体结构设计、烟气导流板、烟气均布装置的布置的入口烟气流速偏差不宜大于 15％，入口烟气夹角不宜大于 10°，入口烟气温度偏差不宜大于 10℃，尽可能保证 SCR 入口 NO_x 均匀，然后在此基础上将催化剂入口截面氨氮摩尔比相对标准偏差控制在 5％左右，可保证最高脱硝效率长期稳定运行，且氨逃逸不超标。如果 SCR 入口 NO_x 浓度分布极不均匀，可采用将省煤器出口烟道导流板优化、安装大范围烟气混合器、对喷氨格栅喷嘴进行分区改造、分区混合、分区调节，保证 NH_3 的 NO_x 的匹配性，保证反应效果。

由于进出口烟道截面尺寸大、NO_x 分布不均匀，通过个别点测量的 NO_x 和逃逸氨的代表性非常重要。如果分区，则应在每个分区烟道中心都安装 NO_x 浓度测量点，以保证喷氨与 NO_x 可以对应，进而对喷氨精确控制。

每层催化剂上方应设置吹灰器，最好是配备有长期运行的声波吹灰器和定期清理的耙式蒸汽吹灰器以保证催化剂的清洁程度。

如果采用尿素作为还原剂，需要先进行热解变为 NH_3，尿素溶解水的温度宜为 40～80℃，配制的尿素溶液质量分数宜为 40％～55％。尿素绝热分解室的热源尽可能利用锅炉中低温热源，如锅炉一次热风或二次热风或抽取的锅炉高温炉烟预热空气。

三、选型与改造

泵和风机的选型工作非常重要，是辅机节能最重要的工作之一，最基本的要求是出力与管网的需求相匹配，选用高效风机、合式的调节方式等多个方面的考虑。改造过程基本与选型类似，只不过是需要更多考虑一些现实方案的对比，如选型偏大时，需要考虑叶轮改造降低出力还是改造调节方式来实现管网的匹配。

当前技术条件下，通常 300MW 以上的煤粉锅炉机组，一次风机、送风机、引风机和脱硫增压风机均宜采用动叶可调轴流式风机；当环境温度下的风机选型点（TB 点）全压不超过 12kPa，并经安全性评估满足要求时，宜将引风机和脱硫增压风机合并；对于大功率引风机，经技术经济比较可采用带有变频装置的静叶可调轴流式风机。循环流化床锅炉的风机压头很高，所需还需要特殊考虑：其一次风机、二次风机宜采用带变频装置的离心风机、其高压流化风机宜采用多级离心式风机。

GB/T 50660《大中型火力发电厂设计规范》明确规定了一次风机、送风机、引风机的风量裕量和压头裕量，但不应把设备制造厂已经计入的设备裕量重复累加。只是考虑到无论是设计院还是最终用户，都无法知道设备厂家的裕量是多少，实际远行的风机大多数选型偏大。改造时可基于实际燃用煤种时锅炉额定工况作为风机选型点，使风机的运行更加接近实际问题。

给水泵是全厂中耗能最高的辅机，为了提高机组电能输出同时提高经济性，在大容量机组一般设置为两台汽动给水泵＋备用电动给水泵模式。在机组低负荷阶段可以只保留一台给水泵运行。但实际工作中很多电厂为了保证机组的可靠性，通常在很低的负荷段还保留两台泵运行，使泵运行的效率大为降低。为保证一台泵跳闸后可以及时启动备用泵，应定期对泵的联启功能进行测试。容量大于 300MW 的机组，建议选配汽动给水泵，特别对于超临界机组，给水泵由于扬程要求高，若选用汽动给水泵，尽管汽轮机热耗率上升，总体对供电煤耗有略有改善。

通常汽动给水泵采用迷宫式密封，密封水取自凝结水精处理后，为保证给水泵密封效果，对凝结水母管压力有一定要求。为保证低负荷时凝结水泵变频装置的节能效果，可以通过增设给水泵密封水增压装置，如 600MW 超临界机组加装 50 米扬程的管道泵，或由凝结水泵出口（凝结水精处理前）引出密封水，进一步降低凝结水母管压力，充分发挥变频调节装置的节能效果。

新建机组通常设置 3 台凝结水泵，两用一备，凝结水泵扬程选择宜根据凝结水系统设计特点进行仔细核算，防止凝结水泵扬程选取过大。此外，凝结水泵电机应加装变频调节装置，以降低部分负荷下凝结水泵耗电率。

汽轮机最大连续功率工况条件下，汽轮机部分水侧压降宜小于 80kPa，凝结水泵进口滤网的报警阻力宜小于 8kPa。当机组启动补水量和运行补水量相差较大时，宜设置不同容量的补水泵，大容量补水泵宜用于启动注水和补水，小容量补水泵宜用于正常运行补水。

第五节 循环流化床锅炉的能耗诊断

现代大型电厂锅炉可以分为煤粉（PC）锅炉与循环流化床（CFB）锅炉两大类。循环流化床锅炉由于燃烧方式上与煤粉锅炉有非常大的差别，导致其设计思想、受热面布置、辅机设备等均与煤粉锅炉有明显的不同，因此其能耗诊断过程与思想也与煤粉锅炉有明显区别。本节中依据循环流化床锅炉不同于煤粉锅炉的特点，对其能耗诊断方法进行简要叙述。

一、循环流化床锅炉简介

循环流化床锅炉最早源自化学工程中的循环流化床反应器。我国的循环流化床锅炉发电从 20 世纪 80 年代开始，经过三十多年的发展，不断进步（如图 4-31 所示），到 2013 年已进入超临界时代。

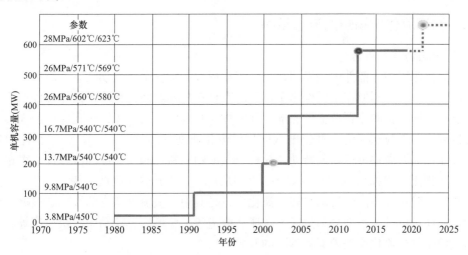

图 4-31 我国的循环流化床电站锅炉发展历程

循环流化床锅炉的优点是燃料适应性广泛、污染物综合控制成本低、负荷调节性能好、燃烧热强度大、炉内传热能力强、灰渣的综合利用性能好；缺点是热惯性大、自动化水平要求高、受热面磨损问题相对严重。循环流化床锅炉几乎可燃用各种品质的燃料，如泥煤、烟煤（包括高硫煤）、无烟煤、矸石、焦炭、工业废料、城市垃圾等。床内直接添加石灰石等

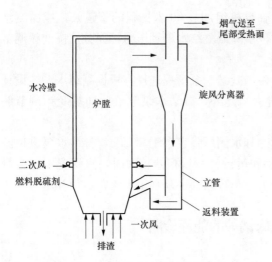

图 4-32 循环流化床锅炉结构示意

脱硫剂，设备投资小、脱硫效率高（当 Ca/S ＝1.5～2.0 时，脱硫效率可达 90％以上）。这种炉型是目前环保节能型电厂的发展方向。国际上循环流化床锅炉已进入大型化、商品化生产阶段，成为目前为止商业化程度最好的洁净煤发电技术；国内越来越多的厂家也投入了循环流化床锅炉的研制和生产，安装循环流化床锅炉的坑口电厂遍及全国各地。如图 4-32 所示，相比于煤粉锅炉，循环流化床锅炉在结构上最大的特点是在炉膛和尾部烟道之间布置有物料循环回路，包括分离器、后立管、回料器（和外置换热器）等部件。

分离器是利用重力、惯性力和离心力将固体物料从烟气中分离出来的装置，为保证炉膛物料浓度达到形成快速床的循环量要求，同时提高燃料和脱硫剂的利用效率，分离器应具有尽可能高的分离效率。大型循环流化床锅炉主要采用旋风分离器。后立管和回料器是将分离器分离下来的物料返送回炉膛的装置，回料器应具有密封作用，防止炉膛烟气短路进入分离器。随着锅炉运行工况变化，后立管中的物料存量（也称料位高度）和回料器中的物料流量应能自动与分离器分离下来的物料流量（称为循环量）相匹配。为了弥补炉膛内蒸汽受热面的不足，部分循环流化床锅炉将回料器中的一部分高温物料引入外置换热器（也称外置床），在鼓泡床流态下与其中埋设的受热面换热冷却后再送回炉膛。

二、循环流化床锅炉的流态重构

（一）流态的基本概念

循环流化床锅炉各部件中气固两相流的流动形式非常复杂，流动状态（简称流态）也各不相同；在炉膛中，不但在不同操作条件下流态存在差异，而且在同一操作条件下不同高度上流态也不相同。将固体颗粒盛于底部多孔的柱状容器内，当气体经多孔底部进入容器穿过床层并达到能将颗粒悬浮的流动速度（即临界流化速度 u_{mf}，m/s）时，颗粒彼此间发生分离，颗粒在任何方向都可运动或转动。这种充气的颗粒料柱和高黏度的液体性质很相似，此时的气固两相流状态称为流态化。如图 4-33 所示，广义上讲气固两相流可划分为固定床、流化床和气力输送等不同的流动状态，流化床只是其中一类流动状态的统称。根据流化床的流动特点，还可以进一步划分为散式流化床、鼓泡床、腾涌床、湍动床和快速床等。对流态的正确认识是循环流化床锅炉能耗诊断的基础。

由于燃煤循环流化床锅炉炉膛上部的颗粒浓度（10kg/m³ 量级）远小于化工反应器中形成快速床的颗粒浓度（10^2kg/m³ 量级），因此对于这一区域内的流动状态，往往被认为是具有环核结构的气力输送。粒径为 200μm 的煤灰颗粒在床温为 900℃ 条件下流化时，由鼓泡床达到快速流态化或湍动流态化的临界表观气速为 $u_c \approx 4$m/s，由快速床转变为气力输送的临界表观气速为 $u_{se} \approx 6$m/s。大多数循环流化床锅炉正常运行的表观气速都处在这两个临界速度之间，由此可以推测，在合适的循环量条件下，循环流化床炉膛中应该具备形成快速床

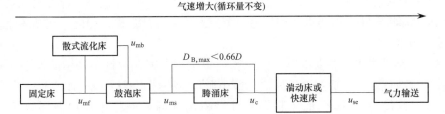

图 4-33　气固两相流的流动状态划分

的必要条件。快速床最显著的流动特征是提升段中形成大量的颗粒团，这将导致提升段轴向上强烈的颗粒返混。而在循环流化床锅炉中，尽管受到不同高度燃烧份额和吸热份额差异的影响，但炉膛内沿高度上的温度分布仍然较为均匀，这正是由于沿炉膛高度方向上存在强烈的物料返混，因而在一定程度上"拉平"了高度方向上的温差。据此判断，循环流化床锅炉炉膛上部流动状态应该是快速床，而不是环核结构的气力输送，并进一步发展出循环流化床锅炉的定态设计理论。

（二）定态设计理论

所谓循环流化床锅炉的"定态"是指为保证锅炉的连续稳定运行，而给循环流化床设定的流动状态。在给定的床料粒度分布条件下，循环流化床锅炉的流动状态可以由表观气速 u_0 和循环量 G_s 两个参数完全确定，其中 u_0 是设计和运行给定的参数，G_s 则与分离效率、排渣和给料等因素有关。对于商业锅炉中的燃烧过程而言，其运行工况应该控制在某一稳定状态。如果给料（如给煤、投石灰石或加沙等）中的颗粒发生变化，导致 G_s 的改变，循环流化床锅炉的运行状态将发生迁移。一方面，炉膛内物料浓度分布的改变会影响炉膛内气固两相流和水冷壁间的传热状况；另一方面，沿炉膛高度上的燃烧份额分配也会发生偏离。因此需要通过调整炉膛内存料量来对 G_s 加以控制。

对于密度和粒径确定的颗粒，其形成快速床存在一个临界表观气速 u_c。在循环流化床锅炉设计中，炉膛内的表观气速 u_0 应该大于该气速。虽然有设计人员偏向于取较大的 u_0 以获得较大的截面热负荷，但是 u_0 的取值还受到水冷壁磨损、细颗粒燃尽时间和炉内脱硝等条件的限制。

在确定的 u_0 下，形成快速床所需要的最小循环量 $G_{s,min}$ 可以用式（4-46）计算，即

$$G_{s,min} = \frac{u_0^{2.25} \rho_g^{1.627}}{0.164 \left[g d_p (\rho_p - \rho_g) \right]^{0.627}}$$

（4-46）

同样地，循环流化床锅炉的设计循环流率 G_s 也应该大于 $G_{s,min}$，否则炉膛内的流态就成了下部鼓泡床加上部气力输送。炉膛内的物料可以分为循环灰细颗粒和密相区粗颗粒两类。其中循环灰细颗粒的存量对于保证循环量 G_s 至关重要，而充足的密相区粗颗粒存量则可以保证粗颗粒煤在炉内有足够的停留时间。由于 G_s 主要通过调节炉膛内的细颗粒存量来控制，因此 G_s 的取值也相应受到风机能耗、水冷壁磨损和二次风穿透能力等条件的限制。

在工程实践中，设计人员都会自觉或不自觉地首先在快速床流动区域为循环流化床锅炉选定一个流态，即确定 u_0 和 G_s。之后才是搜集相关数据，如传热系数、沿炉膛高度的燃烧份额分配等。这些数据通常是从示范性锅炉上的测量并结合试验研究得到的经验参数，需要经过长期的积累和校正最终形成一套完整的设计准则。一方面，循环流化床锅炉的生产厂家

基于各自选定的流态形成了自己的设计准则和技术流派；另一方面，设计准则一旦形成便很难更改，因为那将意味着需要重新积累另一个流态下的设计数据。因此，在循环流化床设计中，"定态"至关重要。

图 4-34 总结了世界上主要的循环流化床锅炉生产厂家在设计中采用的流态，其中邻近 u_0 坐标轴的虚线代表了形成快速床所需的最小循环流率，此线以下的工况无法形成快速床。该曲线是基于粒径为 200 μm 的床料颗粒计算得出（循环流化床锅炉循环灰粒径主要在 150~250μm）。这条曲线往上的两条曲线分别是单级旋风筒和高效分离器所能实现的最大循环流率，采用 TH-EDF 物料平衡模型计算得出。与 G_s 坐标轴近似平行的两条曲线分别代表了褐煤和灰分硬度大的煤种的磨损极限。这两条曲线是由国内多台不同流派和燃用不同煤种的锅炉的实际运行经验总结得出的。

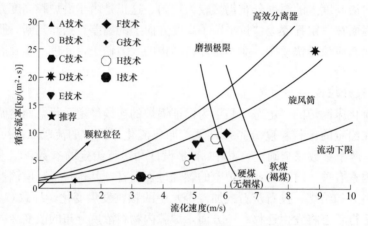

图 4-34　循环流化床锅炉定态设计图谱

从磨损的角度看，炉膛内的表观气速和燃料成灰硬度的影响要大于循环流率的影响。实际运行也证明，对于燃用贫煤、无烟煤或是烟煤的循环流化床锅炉，如果其"定态"采用的 u_0 接近或超过 6m/s，水冷壁就会在较短的运行时间内发生严重磨损。在图 4-34 中，这些锅炉的流态都选择在磨损极限附近。尽管采用同样技术的锅炉在燃用褐煤时并未出现类似的严重磨损情况，但是出于安全考虑，设计者在"定态"时应将 u_0 选在 5.5m/s 以下，以保证广泛的煤种适应性。综合以上，可供循环流化床锅炉选用的快速床状态就局限到了一个很小的范围内。据此清华大学提出了适合我国大多数煤种的循环流化床锅炉运行流态，即图 4-34 中五星标记所在区域，该选择为保证足够的循环流率留出了一定裕度。

定态设计为循环流化床锅炉中的快速床指明了适宜的流态，也为锅炉通过流态重构降低运行床压，为实现辅机节能和减轻受热面磨损提供了理论依据。

（三）流态重构

采用低床压运行（部分文献称为浅床运行）并非流态重构首创，早期的小型循环流化床锅炉运行人员就尝试过降低锅炉的运行床压以节约风机能耗。由于各台机组物料平衡系统特性的差异，低床压运行的尝试只在一部分机组上取得了成功。因此在很长一段时期内，工业界对低床压运行也一直持怀疑态度。

定态设计理论指出，由于循环流化床锅炉的床料粒径分布范围较广（一般小于或等于

30mm），炉膛内的床料总量（即床存量，也称料层厚度）由有效床料和无效床料两组成。有效床料是能够进入分离器参与锅炉外循环的细颗粒床料，有效床料的总量决定了炉膛上部的燃烧份额和传热能力，是锅炉带负荷能力的重要保证；无效床料是指无法被气流带出炉膛的大颗粒床料，这部分床料沉积于炉膛底部，它们对于炉膛内燃烧和传热的贡献很小，同时由于粒径过大，往往需要较大的一次风量才能保证其流化。可见有效床料在床存量中的比重决定了床料质量的高低。

流态重构就是通过提高床料质量（有效床料在床存量中的比重）来优化降低炉膛内床压（即床存量）。流态重构一方面应维持固体物料浓度和外循环流率在快速床界限以上，即炉膛上部仍旧处于快速床流态，以保证锅炉的带负荷能力；另一方面要降低二次风射入区域物料浓度，增强二次风穿透扰动效果，改进炉膛上部气固混合能力，以提高燃烧效率。总床存量降低后，锅炉的一、二次风机压头降低，同时随着无效床存量比重的降低，下部密相区流化所需的一次风率也可以进一步减小，从而有效节约辅机能耗和厂用电率。通过减小炉膛下部物料浓度，可以减轻炉膛下部特别是防磨层与膜式壁交界处的磨损，提高机组可用率。

大颗粒燃料所需的停留时间决定了燃烧室下部密相区内的大颗粒床料量。对循环流化床燃烧理论的研究证实，由于气固两相间的强烈作用，大颗粒煤燃烧过程属于动力控制燃烧，所需的燃尽时间十分有限，这就给降低无效床存量留下了较大的空间。

实现低床压运行的前提条件是根据给煤的成灰特性控制给煤粒度尽量减少大颗粒质量份额，与煤的灰分含量高低没有必然联系。一般地，床内大颗粒越少，床压就可以控制得越低，锅炉运行的效果就越好。可见，原煤的可磨性和成灰特性是流态重构中需要重点关注的煤质特性。由于标准的煤质化验中并没有针对给煤成灰特性的检测，通常情况下可以用煤质工业分析中的挥发分含量指标评价给煤的成灰特性，即在相同的入炉煤粒径分布条件下，挥发分含量越高的煤种，其成灰的平均粒径越细。

循环流化床锅炉对于气体和固体均属于开口体系，该体系对所有粒度的颗粒均应达到平衡，其物料保存效率是分离器效率、排渣粒度特性和流化风夹带能力的综合结果。无论进入循环流化床锅炉的物料粒度如何分散，系统均可对其进行"淘洗"，大颗粒由于夹带能力弱，很难被气流携带，主要集中在炉膛下部，由炉底排渣带出。极细颗粒尽管夹带能力强，但是由于分离效率低，极易从分离器排气口逃逸。只有一定粒度范围内的颗粒，其夹带能力强，分离效率亦很高，可以在床内累积，使床料分布形成一个很尖锐的峰，如图 4-35 所示。分离器分离效率越高，粒度分布峰越尖锐，并且峰值对应的粒度越小。冷热态实验的结果表明，物料回送装置直接决定整个系统物料平衡的优劣。

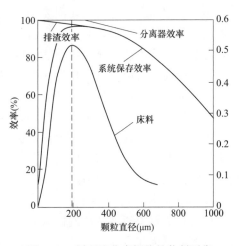

图 4-35　循环流化床锅炉的物料平衡

基于流态重构的原理，锅炉在采用低床压的节能运行方式前，应首先对现有的物料平衡系统特性进行以下几方面的评估：

（1）分离器分离性能是否适应流态重构的要求。

（2）物料回送装置是否满足高循环流率的要求。

（3）原煤破碎系统是否满足给煤粒度控制要求。

（4）传热系数和燃烧份额分配对锅炉性能的影响。

三、循环流化床机组的能耗诊断

与常规燃煤发电机组相比，循环流化床机组的汽轮机组没有特殊的要求或设计区别，主要的差别在于锅炉和相关辅机设备两个方面，可能影响到的机组流程级能效指标主要是锅炉效率和厂用电率。以最低的成本来保持整体的物料平衡和各部件内适宜的流态，是循环流化床锅炉（及辅机）节能设计和运行的核心思路。机组能耗诊断中也应主要从这两方面入手，评估各项技术（或设备性能）参数变化对于机组能效的影响。

1. 入炉燃料的影响评估

燃料中的挥发分和灰分与燃料的燃尽特性相关对循环流化床锅炉的影响与煤粉锅炉和差异，主要有：

（1）入炉燃料的粒径分布和成灰特性决定了床料质量。

（2）挥发分对锅炉 NO_x 的生成与控制与煤粉锅炉完全相反。

（3）硫分的影响也不同。循环流化床锅炉是要在炉内脱硫的，相同的燃料消耗量条件下，脱硫剂的消耗量取决于燃料中的硫分。一方面，硫分越高意味着参加脱硫反应的脱硫剂也越多；另一方面，过高的硫分通常会导致脱硫反应的效率下降，损失的脱硫剂也会增多，同时炉内脱硫导致的锅炉热损失相应增大。更需要特别注意的是，在炉内脱硫系统正常投运时，锅炉排烟中的 SO_2 远小于煤粉锅炉，烟气酸露点降低很多，为锅炉受热面改造和烟气余热利用等技术手段提供了较大的节能空间。

（4）入炉煤中的灰分对于固体颗粒燃尽也有重要影响。一般地入炉煤中灰分越高，氧气进入焦炭内部的阻力也越大，固体颗粒的燃尽特性也越差。同时循环流化床锅炉燃烧方式对入炉煤灰分有特殊要求，通常认为当灰分低于 8.25g/MJ 时，锅炉就很难维持基本的物料平衡，需要定期或连续补充床料才能维持正常运行。

某一粒径的入炉燃料颗粒，在锅炉中经历燃烧和磨耗等过程后形成的灰颗粒的粒径分布情况，称为燃料的成灰特性。把燃料在床内爆裂和燃尽引起的尺寸减损和颗粒的磨耗看成是相互独立的两个过程，利用先静态燃烧再冷态振筛的方法，可以得到燃料的成灰特性（即文献称为本征成灰数据）。根据燃料的成灰特性，通过调节入炉燃料的粒径分布，有利于获得合适的成灰颗粒粒径分布，提高床料质量和降低运行床压，从而降低风机耗电率、减轻炉膛受热面磨损和降低 NO_x 生成量。

2. 入炉石灰石的影响评估

炉内石灰石脱硫是循环流化床锅炉特有的污染物脱除方式，向炉膛内投入石灰石时，同时发生燃料燃烧和石灰石固硫两种耗氧的化学反应。入炉石灰石对机组能效的影响主要表现在两方面：一是石灰石的消耗量直接关系机组的脱硫剂采购成本；二是石灰石的利用效率还会影响锅炉的石灰石脱硫损失和炉膛内 NO_x 的生成量。

石灰石脱硫损失主要与石灰石分解和氧化钙脱硫反应有关。石灰石分解是吸热反应，氧化钙脱硫反应是放热反应，如果投入的石灰石能够获得较高的利用效率，那么脱硫反应还能够使锅炉获得一部分额外的热量；反之如果石灰石的利用效率较低，则会导致锅炉的脱硫热损失增大，同时也会使炉膛内 NO_x 生成量增加。石灰石的利用效率通常用钙硫（摩尔）比来衡量，钙硫比越大，石灰石的利用效率越低。石灰石利用效率低的原因可能来自以下三个方面：一是入炉石灰石颗粒的粒径过粗，导致石灰石颗粒的有效反应面积不足；二是入炉石灰石颗粒的粒径过细，导致在高温下爆裂后的石灰石颗粒难以被锅炉分离器捕获，在炉膛内的停留时间不足；三是运行习惯采用的配风方式不利于氧气与脱硫剂的充分接触，导致脱硫反应难以有效进行。

石灰石脱硫损失主要与石灰石分解和氧化钙脱硫反应有关。石灰石分解是吸热反应，氧化钙脱硫反应是放热反应，如果投入的石灰石能够获得较高的利用效率，那么脱硫反应还能够使锅炉获得一部分额外的热量。

锅炉脱硫效率低的原因主要有三个：①给入石灰石粉的粒度过细，停留时间不足导致脱硫反应效率低。②石灰石输送系统出力不足，在燃用高硫煤时无法满足高效脱硫所需的钙硫比。③运行人员习惯采用的配风方式不利于提高炉内脱硫效率。

因为石灰石入炉后灼烧反应后粒度会进一步变小，所以石灰石粉粒度是应当高度重视的问题。如图 4-36 所示为某机组入炉石灰石粉灼烧试验数据，灼烧前石灰石粉的中位粒径（d50）为 122μm，灼烧后固体颗粒的中位粒径减小为 44μm，颗粒细度明显变小。该锅炉入炉石灰石粒度设计值为 320～600μm，运行时入炉石灰石粒度只有 112μm，约有 70％的石灰石颗粒最终成为粒径小于 110μm 的飞灰颗粒，在炉膛中的停留时间较短，利用效率也较低。所以充分研究石灰石爆裂特性，采用合适的石灰石作为脱硫剂非常重要，以延长石灰石在炉膛中的停留时间，提高石灰石的利用效率。

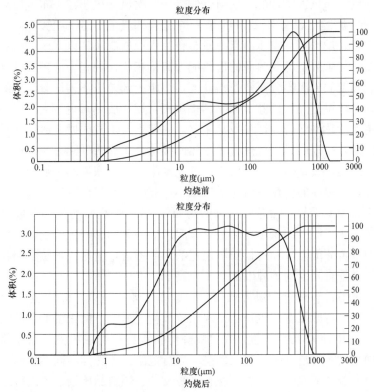

图 4-36　石灰石粉灼烧前后的粒度变化

3. 分离器的影响评估

旋风分离器是循环流化床锅炉物料平衡的关键部件。提高旋风分离器的分离效率有利于增加细颗粒在燃烧室内的停留时间、降低锅炉灰渣比、提高燃烧效率，更重要的是分离效率的提高有利于强化分离器对床料的"淘洗"作用，提高床料质量，有利于降低运行床压和减少炉膛内 NO_x 的生成。

分离效率是表征分离器性能的重要参数，气固分离理论中通常采用分级效率表征分离器的分离能力。分级效率的定义式为

$$\eta = \frac{m_i^c}{m_i} \times 100\% \tag{4-47}$$

式中　　m_i——分离器入口 i 类颗粒质量，kg；

　　　　m_i^c——分离器捕获的第 i 类颗粒质量，kg。

由于生产实际中分离器处于一个高温密封的工作环境，进出口物料量的测量非常困难，因此在工程实际中分级效率的测量不具备可操作性。为了实现循环流化床锅炉分离器分离效率的评价，可以通过测量分离器出口的飞灰（或循环灰）样品的粒径分布数据来间接反应分离器分离效率的高低。飞灰（或循环灰）样品的粒径越小，表明分离器的分离效率越高。研究表明，节能型循环流化床锅炉的飞灰样品，一半以上的颗粒粒径小于 $10\mu m$，超过 99% 的颗粒粒径均小于 $100\mu m$（即 $d_{50} < 10\mu m$，$d_{99} < 100\mu m$）。

4. 炉膛上部差压的影响评估

床压测点是炉膛内某一高度的烟（风）压力与当地大气压力之差，它代表了该测点以上的炉膛中的床料量。布风板附近的床压值近似等于一次风室风压减去布风板阻力，它代表着炉膛中的床存量。炉膛上部差压测量的是，炉膛上部具有一定高度差的垂直线上两点间烟（风）压力之差。炉膛上部差压测点一般布置在水冷壁浇注料以上区域，它代表的是炉膛上部的物料浓度，与炉膛上部受热面的传热能力直接相关，炉膛上部差压越高，受热面的吸热能力越强。在确定的分离器分离效率条件下，炉膛上部差压还表征着锅炉的循环量，炉膛上部差压越高，循环量越大，炉膛上部的燃烧份额（燃烧放热）也越大。

炉膛内燃烧和传热的综合表征参数是床温，它代表着炉膛内燃烧放热和受热面吸热的动态平衡情况。床温升高表明燃烧放热大于受热面吸热，床温降低则表明燃烧放热小于受热面吸热。对于确定的锅炉设备条件，降低床压首先受限于其对床温的影响程度。随之炉膛上部物料浓度的下降，受热面的传热系数先缓慢减小，此时炉膛上部差压（或床压）的变化对床温的影响也较小；当低于某一临界点（约 $4kg/m^3$）后，受热面的传热系数会快速减小，此时炉膛上部差压（或床压）的微小变化会对床温产生明显的影响。因此，从保证炉膛内传热能力（即锅炉的带负荷能力）和运行安全稳定的角度考虑，应避免炉膛上部物料浓度跌至临界点以下，即每米垂直高度的炉膛上部差压应高于 $40Pa$。

在相同的入炉燃料和运行配风方式下，炉膛上部差压越低，床压也越低，但床温会越高。一方面较低的运行床压有利于一、二次风机节能，另一方面床温的升高则会增加锅炉的排烟热损失和炉膛中 NO_x 的生成量，并可能降低石灰石的利用效率。综合考虑这两方面的影响，就可以确定出实际适宜的炉膛上部差压运行范围。考虑到不同燃料的成灰特性存在明显差异，对于分离器分离效率不够高和燃料来源复杂、燃料品质波动大的机组，应以炉膛上部差压作为优化运行的指导参数，不建议直接规定锅炉床压的优化运行范围。

5. 高压流化风的影响评估

进入回料器的空气通常由独立的高压流化风机提供，称为高压流化风。由于高压流化风的主要作用是保持回料器内特定部位物料的流化状态，因此高压流化风机应能在不同的出口压力（压头）条件下都能提供物料流化所需的最小流化风量。最小流化风量由回料器中的物料密度和粒径决定，基本不随其他运行条件变化。能够进入回料器的物料颗粒都是有效床料，其粒径比炉膛内的床料要细（$10^2 \mu m$ 量级）。虽然高压流化风机的压头很高（一般为 10^4 Pa 的量级），但需要提供的风量却不必太大。根据文献的报道，高压流化风只需保持 u_{mf} 的表观流速，就足以满足回料器内物料充分流化的需求。对于高压流化风机耗电率高于 0.15％的机组，应注意考察运行中是否存在高压流化风量过大的问题。

6. 布风板的影响评估

布风板作为流化床中的一种布风装置，其作用是支撑物料并使布风板下方的风室起到匀压作用，让通过布风板的气流速度趋向均匀一致，以维持流化床层的稳定。布风板对流化床的直接作用范围仅在 0.2～0.3m 以内，然而它对整个床层的流化状态有着决定性的影响。

布风板应当具有良好的开孔率和风帽类型，使流化风在截面上均匀分布，消除漏渣，实现理想的均匀流化效果。提供适当的空板阻力，确保料层获得足够的流化风压，一般以 350～500Pa 为宜，满足均匀布风特性要求。确保机械结构具有足够的强度，用以支撑床料，避免热态变形，保障其停炉检修和运行准备时的承重能力。良好的流化导向作用，有利于顺畅排渣、维持料层稳定，避免出现沟流。排渣口数量、位置适度，能够保证及时、顺畅地排出积聚在布风板上的粗大颗粒，实现连续排渣和合适的料层颗粒分布状态。保证布风板边角密封和中心位置正确，良好隔离料层与风室，安装质量满足无偏差、错位的基本误差要求，消除机械偏差形成的流化不均匀性。

第六节　汽轮机滑压运行优化

汽轮发电机组不可能一直工作在额定工况下，而是要经常发生变负荷运行。当汽轮机组的负荷下降时，如果采取滑压运行，可以明显降低机组节流损失、提高机组运行效率。当前机组通常采取"定-滑-定"的滑压运行方式获取最大收益，如何合理确定滑压曲线的转折点和调节阀的最佳阀位，是实现目标的关键，最好可能通过试验比较后确定。

一、滑压运行节能原理

1. 定压运行

定压指主蒸汽压力保持不变，机组功率由汽轮机高压调节阀变化来调节。高负荷条件下，调节阀开度大，节流小，对机组效率影响不大；但在部分负荷下，调节阀开度小，调节阀后的压力远比主汽压力低，节流损失较大，机组效率较差。定压运行方式下，锅炉蓄能量大，所以机组变负荷响应速度较快。

定压运行方式可适用于节流调节汽轮机，也适用于喷嘴调节的汽轮机。对节流调节的汽轮机而言，所有的高压调节阀都参与节流调节，来实现对汽轮机进汽流量、负荷的调节；对喷嘴调节的汽轮机而言，主要是通过其中一个或几个高压调节阀开度的调节来改变负荷。

2. 滑压运行

滑压运行高压调节阀开度保持在相对较大的固定位置，主要依靠锅炉产汽量的改变引起汽轮机进汽压力的变化来调节机组负荷。

机组效率包含两部分信息，其一为调节阀的效率，即通过调节阀后，蒸汽参数做功能力的下降程度；其二为汽轮机本身的效率，也就是从调节阀后开始算起的汽轮机的热功转化效率，特点是进口参数变化后，压力级相对内效率基本不变，但调节级效率有变化。两部分相乘，即为机组整体的循环效率，也就是汽轮机相对内效率。

整个变负荷滑压运行阶段，汽轮机高压调节阀全开，可以保持较小的节流损失，但随着机组流量的增加，锅炉主汽参数下降，又导致机组调节级前蒸汽压力随之而下降（同负荷定压运行后调节阀节流后压力一定要高于滑压运行调节阀后压力），降低了汽轮机组热功转化部分效率；同时，滑压运行时降低的蒸汽初压也大大降低了给水泵耗功（占机组功率大于2%）。机组的整体效率取决于调节阀节流损失减少、机组热功转化效率下降和给水泵省功三部分的变化总体效果。

3. "定-滑-定"滑压运行

"定-滑-定"滑压是取两种压力控制的优势，在高负荷区保持高蒸汽参数的定压运行模式、中间负荷区采取低节流损失的滑压运行模式、在低负荷区又改回定压运行（维持较低水平的主汽压力），在全负荷区保持较高的热效率，还能缓解锅炉的热应力，为大多数机组所广泛采用。"定-滑-定"滑压运行控制曲线通常由汽轮机制造厂提供，从高负荷起算，低负荷结束，高负荷时蒸汽参数较高，所以滑压曲线中参数较高的通常称为开始滑压点，参数较低的通常称为结束滑压点。如某超临界机组滑压曲线，90%额定负荷以上采取主汽压力为额定值24.2MPa的高参数定压运行方式，30%额定负荷以下时采取主汽压力为8.73MPa的定压运行方式，中间在30%～90%额定负荷区段内采用滑压运行方式。可知该机组参数开始滑压点为90%负荷或低于24.2MPa，结束滑压点为30%负荷点或8.73MPa。滑压开始点可以认为是因流量降低而使节流作用显著增加的点，滑压结束点是蒸汽参数降低到汽轮机本体效率下降显著增加的点。

图4-37所示为某超临界600MW机组的厂家推荐"定-滑-定"滑压控制曲线，它是依据汽轮机设计资料给出的滑压运行控制曲线还处于理想水平。机组实际运行时，其运行效

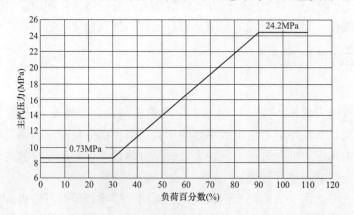

图 4-37　某超临界 600MW 机组的厂家推荐"定-滑-定"滑压控制曲线

率、高压调节阀工作特性以及机组运行参数、热力系统运行条件等均会发生变化而会对机组滑压控制曲线产生相应的影响，所以要通过试验来确定适用于实际运行机组的最优滑压控制曲线，作为机组协调控制系统（CCS）中机、炉参数匹配的依据。

机组滑压曲线所反映的主汽压力、调节阀开度与负荷的对应关系都是对稳态运行工况。机组升、降负荷时，无论机组处于何种运行方式，都是先通过汽轮机高压调节阀开度迅速改变来快速响应 AGC 负荷调度要求。此过程中主蒸汽压力会暂时偏离滑压控制曲线，但动态过程完成后逐步再恢复至机组滑压控制曲线上。为了加快负荷响应速度，不少电厂把滑压曲线向上平移，在使用功能和整体能效方面寻求平衡。

二、滑压曲线优化的确定方式

机组滑压优化的关键是寻找和确定汽轮机滑压曲线中的两个控制转折点和此处的阀位开度，也就是确定汽轮机高压调节阀开度的合理控制方式。

生产实践中通常在厂家滑压曲线的基础上，通过试验来对比滑压运行曲线的机组效率，从而完成这一任务。但是由于机组的效率在运行中还要受到各个子系统运行状态的影响，不容易分清那些是由于滑压带来的好处，那些是由其他因素带来的好处，所以在滑压运行参数寻优的过程中，综合考虑这些因素的并行影响，最终找到机组总体效率最优作为评价依据。在机组滑压优化控制曲线下，也要消除机组日常运行过程中出现运行参数调整、热力系统运行状态改变等因素对机组滑压运行性能的影响，根据汽轮机的外在因素适时作出调整，保证机组运行在最佳位置。

（一）影响因素

1. 汽轮机本身效率（热功转化效率）

厂家滑压曲线是根据机组设计时的理想性能确定的，因而汽轮机本身的效率是影响真实滑压曲线的第一个因素。如果汽轮机效率达不到设计值，同一负荷下其他因素不变的条件下，机组必须增加主汽流量，因而高压调节阀开度也会随之而增加，最终导致汽轮机实际的调节阀开度大于原先设计的开度。也就是说在这个条件下机组的节流损失比设计的条件会略有减少，调节阀开大后机组的参数进一步降低使得机组的效率进一步有下降趋势。为了避免这一趋势，让机组在滑压运行阶段能够保持原先设计的调节阀开度，可以把则机组开始滑压的负荷降低一些，开始滑压点相应向地左移。同时，由于机组整体效率降低，蒸汽参数需要维持略高一些来平衡，机组结束滑压点的压力也往往需要适当提升一点，向右移一点。最终滑压的范围往往变小。具体变动多少，可以先按效率的变化相应的调整设计试验工况，然后再通过热耗率试验来确定。

我国很多机组投产后的试验热耗率都高于设计值，生产中的热耗率会更加偏高，因而按照制造厂提供的设计滑压控制曲线运行时通常不是最优的。

汽轮机效率升高的影响规律与其恰恰相反。汽轮机中、低压缸通流改造后效率提升，相应的开始滑压点和结束滑压点都应当按此原则，通过试验进行相应的调整增加滑压区间（开始滑压点右移、结束滑压点左移），使机组整体运行在高效点。

如果汽轮机改造时进行了增容改造的，则其高压调节阀"两阀点""三阀点"和"四阀全开"位置有通流面积通常也有所增大，机组的滑压曲线往往需要进一步调整。如机组效率增加后，机组运行到原开始滑压点（在小于原额定负荷的某一部分负荷条件下）时，汽轮机所需的流量已经小于原来该处的流量，则此时新条件下阀门的开度明显会小于原来的开度，开大阀会有效减少该阀门的节流（从蒸汽的角度来看，相同负荷下新阀节流整体上小于旧阀），所以应当进一步两个滑压转折点应当右移。对于结束滑压点而言，虽然机组可承受低压参数更强，但些时由于阀门开度过小，节流太强，也可能需要进通过试验来在微小区间内找出最优点，而不是简单的左移或右移。

2. 汽轮机调节阀工作特性

调节阀特性包括两个方面的内容，即：

（1）汽轮机调节阀开度与流量的关系。

（2）汽轮机调节阀阻力与流量的关系。

任何一个因素与设想的不同，都会引起滑压曲线偏离最佳位置。调节阀特性直接关系到调节阀的节流效应，大部分调节阀在开度大于 80％以上节流效应不明显，但小于 30％的开度节流效应显著增加。

实际生产中由于制造安装等种种因素，每个阀门的配汽特性曲线都会有所不同。如图 4-38 所示为某 300MW 汽轮机顺序阀方式下设计与试验配汽特性曲线的对比图，图中带（D）标记的一组为设计的高压调节阀特性曲线，图中带（T）标记的另一组则为试验的高压调节阀特性曲线。由此可见，四个调节阀只有最后一个基本上与设计值完全一致，其三个的试验特性曲线明显高于设计特性曲线，也就是说在其 40％～90％的开度范围之内，高压调节阀实际通过的流量比设计值偏小。此时开始滑压点宜适当提前，以保证在调节阀上的阻力不致于过大。

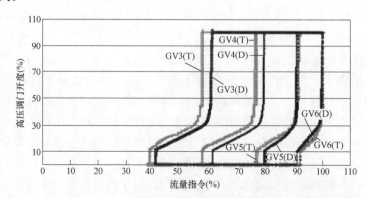

图 4-38　某 300MW 汽轮机顺序阀方式下设计与试验配汽特性曲线比较图

第二个因素也有相类似的现象，由于各个调节阀的配汽特性会有所差别，就会在相同开度条件下通过相同流量时，调节阀有不同的阻力，表现为进汽压损偏大。滑压曲线的根本目的就是要降低这个压损的，所以压损偏大时应当对曲线进行调整。图 4-39 所示为某 600MW 汽轮机按照不同的滑压运行方式变负荷运行过程中的高压进汽压损变化曲线。A 方式负荷降至 540MW 左右时转入滑压运行，1～3 号调节阀开度平均值约为 54％，平均压损约为 17％；若采用较为优化的"滑压 B"方式，机组滑压运行阶段调节阀平均开度约为 65％，平均压损可以降低至 11％左右；采用试验比较的"滑压 C"方式，调节阀开度已接近"三阀点"状态，机组从 600MW 额定负荷就开始转入滑压运行了，调节阀压损则可以降低至 9％左右。可见调节阀开度（开始滑压点）与进汽压损基本上对应，由 A 到 B 的转化过程中降压损收益比较明显，B 方式到 C 方式的降压损收益比较小。

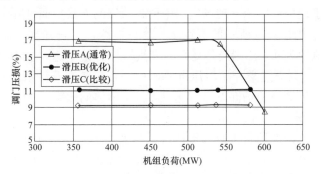

图 4-39 某 600MW 机组不同调节阀开度进汽压损变化情况

机组设计阶段根据调节阀特性的理想数据设定，当高压调节阀实际流量特性、压损特性与设计预期之间发生较大偏差时，就会使汽轮机开始滑压点和结束滑压点（隐含的参数际上是调节阀开度和压损）偏离设计意图，因而需要通过热耗试验来适当调整。事先测得调节阀配汽特性与压损特性，可以根据汽压损特性进行试验工况的优化设计，并与试验结果进行对比分析，保证结果的有效性。

3. 汽轮机运行参数的偏差影响

汽轮机运行参数主要包括主汽温度、再热蒸汽温度以及凝汽器压力等，这些参数的变化会影响到汽轮机的效率，当然也就影响到滑压曲线的实际应用效果。

所有参数中凝汽器压力影响最大。图 4-40 所示为某 300MW 机组凝汽器的设计特性曲线图，在循环水流量不变的情况下，随着机组负荷、循环冷却水温度的变化，凝汽器压力也作相应地改变。当循环水温度从 5℃升高至 35℃，凝汽器 100％运行负荷所对应的凝汽器压力会从 3kPa 上升至 11kPa，大幅度影响机组的效率，必须要对滑压点进行调整才能兑现滑压运行的预想。

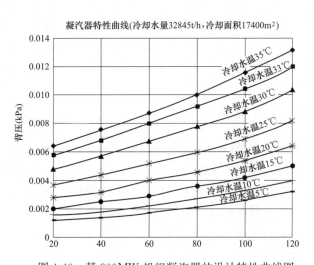

图 4-40 某 300MW 机组凝汽器的设计特性曲线图

虽然凝汽器压力的变化对于滑压曲线的影响是通过汽轮机效率的变化来影响，但那样过程非常复杂，不利于现场的应用。现场应用中更为简便的方法是通过凝汽器压力的变化直接调整滑压曲线，如针对图 4-29 所示的真空变化修正曲线，可查知凝汽器压力每变化 1kPa，对汽轮机出力的影响约为 1%。则当冬夏季的凝汽器压力偏差达到 8kPa 时，同负荷所需要主汽流量偏差约也为 8%。夏季开始滑压点要延后一点，冬季开始滑压点则可以提前一点，以保证机组在节能损失最小的条件下尽可能提高机组整体的效率。

4. 热力系统运行状态

机组热力系统运行条件的变化通常包括机组对外供热、锅炉吹灰、排污，以及过热器、再热器减温水的大量投运等汽水工质进出热力系统的状况，以及加热器运行状态的变化、给水泵等重要辅机的投切等，均会改变汽轮机的热耗而改变滑压点位置。

纯凝机组改对外供热影响最大。最常见的供热接出方式为冷再热管道抽汽，这部分供热抽汽在高压缸内完成做功后就被抽出，而没有在中、低压缸内继续做功，减少了蒸汽做功量。由于滑压曲线控制过程中通常以电功率为自变量，实际控制的是汽轮机入口的热功率，供热时两者的偏差增加，如果沿用原先纯发电状态的滑压控制曲线，则汽轮机在供热状态调节阀开度会幅度偏离设计预想。供热抽汽的能级越高、流量越大，机组滑压运行方式造成的偏差因素也就越显著，应当根据前文所述原理进行调整。

5. 机组增容

机组增容后需要看阀门特性和通流部分是否进行技术改造。如果单纯利用裕量改铭牌的增容工作，可以不改变滑压控制曲线，还采用原来的负荷点，但需要把增容部分外延。如果进行了技术革新，则需要按前文中的原理进行适当调整。

6. 机组灵活性考虑

为增加机组对负荷的响应速度，通过生产实践中采取较高的滑压曲线以加强蓄能。这个过程会过早的进行低负荷段的定压运行，使机组整体性能下降。灵活性考虑时可以通过系统的性能变化和电网安全稳定性的需求来统一考虑滑压曲线的调整幅度。

（二）对锅炉的影响

采用滑压运行的机组，锅炉通常也用滑压运行设计。如果滑压曲线升高后，部分负荷过早的进入低压段定压运行的阶段，锅炉的主汽压力和再热汽压力均比设计值有明显提升，其在锅炉中的吸热量就会比设计值升高。通常过热器部分设计裕量较大，减温水量会减少，但过热汽温变化较少，但再热器部分受热面裕量很小，影响就会很大，很多电厂的运行实践表明，此时再热汽温可能有最大 10～15℃ 的降低。

（三）顺序阀运行方式滑压运行

1. 阀点位

机组最优滑压曲线本质上是确定调节阀节流效应最小的"最佳滑压阀位"。当汽轮机按照"顺序阀方式"运行时，高压调节阀逐个顺序地开启或关闭的，于是就会出现前面一个或几个调节阀已接近全开、而后续调节阀处于"将开未开"的特殊阀位，这被称为"阀点"位置。此时机组在局部负荷变化范围的节流效应最小，机组负荷下降过程中，通常会从调节阀开度接近"阀点"位置开始转入滑压运行，所以对于大部分机组而言，滑压曲线的优化过程中还需要注意滑压点的阀点位置。

调节阀"阀点"位置的确定方法有以下三种：

（1）调节阀阀杆升程测量法，即通过就地观察各调节阀阀杆升程确定该调节阀是否处于即将开启的"阀点"。对于有预启阀功能的调节阀，还必须事先知道预启阀升程，并以主阀开启作为"阀点"位置的确定标志。

（2）实际试验法。机组"阀点"也可以通过试验来确定，在顺序阀控制方式下，缓慢地降低机组负荷，测试各调节阀后压力与调节级后压力的变化关系。当调节阀后压力与调节级后压力基本一致时，表明这只调节阀通过的蒸汽量非常小，已接近全关，该开度即为"阀点"位置。这种方法还可能通过调节阀前后压力获得调节阀实际压损。

（3）查图确定法。通过查询调节阀的配汽特性图也可以获得阀点位置，如图 4-41 所示。随着流量指令的增加，汽轮机 1、2 号高压调节汽门首先同时开启；当流量指令为 68％时，1、2 号高压调节汽门开度也为 68％；此时 3 号高压调节阀处于"将开未开"状态，这一调节阀开度称为"两阀点"位置。继续增加流量指令，汽轮机 3 号高压调节汽门开度增加，当流量指令为 89％时，3 号高压调节汽门开度为 40％～50％。此时 4 号高压调节阀处于"将开未开"状态，这一调节阀开度称为"三阀点"位置。当流量指令增加至 100％时，4 号高压调节汽门也已完全开启，此时的调节阀开度称为"四阀全开"位置。

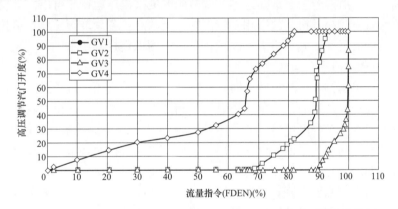

图 4-41　某亚临界 600MW 汽轮机在顺序阀方式下的配汽特性曲线图

机组工作在热耗保证工况（THA）时效率量高，也就是机组功率（已扣除励磁系统所消耗的功率）为额定工况，进汽参数、背压、回热系统按设计预想运行且补水率为 0％时的机组工况。通常工作在比总阀数少一个阀的位置，如四阀机组通常为三阀点最佳，最后一个阀用于夏季高背压或最大出力时使用，承担 5％左右的出力。因此，机组通常在总阀数减二的从阀点位开始滑压运行经济性最好，如图 4-42 所示典型的四调阀机组，"两阀滑压"通常优于"三阀滑压"。如某 600MW 机组 300～600MW 负荷范围内，"两阀滑压"和"三阀滑压"方式运行时所对应的主汽压力变化曲线，"三阀滑压"开始滑压负荷约为 590MW，"两阀滑压"开始滑压点负荷约为 460MW。滑压运行时调节阀开度越大、主汽压力越低，调节阀节能收益越少，导致整体效率越低。

2. 阀门重叠度

汽轮机"最佳滑压阀位"可以在"阀点"附近选取，但又不等同于"阀点"位置，必须考虑汽轮机调节阀开启方式不同以及各调节阀之间存在"重叠度"等实际影响因素。如果汽轮机调节阀开启顺序为前、后各一个调节阀相继开启的型式，则滑压控制的调节阀开度应选

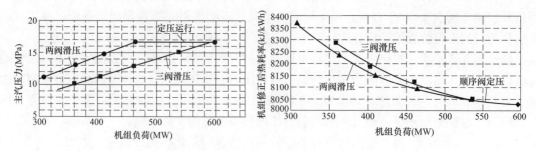

图 4-42　某汽轮机"三阀滑压"与"两阀滑压"蒸汽参数与热耗率比较

取在前一个调节阀处于半开状态的"阀点"之前的开度位置；如果汽轮机调节阀开启顺序为前面两只调节阀同时开启、后一个调节阀接着开启的型式，则滑压控制的调节阀开度应选取在后一个调节阀未开启的"阀点"位置；如果汽轮机调节阀开启顺序为前面三只调节阀同时开启、后一个调节阀接着开启的型式，则滑压控制的调节阀开度应选取在后一个调节阀已部分开启的"阀点"之后的位置。选择这样的调节阀开度来滑压运行，可以使汽轮机处于高压调节阀总体节流效应较小、机组效率相对较高的运行状态，各调节阀开度在负荷波动时不至于出现大幅度晃动的情况，满足机组实际运行过程中的稳定控制要求。

（四）单阀运行时的滑压曲线

汽轮机处于"单阀方式"运行状态时，所有调节阀同时启闭，进行滑压运行也有一定的益处，其滑压曲线获取过程非常简单，通过调节阀开度变化试验，得出汽轮机调节阀开度变化对蒸汽节流效应的影响程度即可。如图 4-43 所示某机组高压缸效率（中低压缸效率不变）与高压调节阀开度之间的关系曲线可以看出，该机组单阀运行时调节阀开度在 45％以上时，高压缸效率就"四阀全开"时高压缸效率已十分接近；而在 20％～40％开度范围内节流效应明显，高压缸效率大幅度下降；调节阀开度逐步关小至 20％，高压缸效率会急剧下降至70％以下，反映出高压调节阀处于较小开度时显著的节流效应。因此，单阀运行时开始滑压点可设置为高压调节阀开度 45％左右的负荷，而结束滑压点的负荷选择在 20％左右的负荷，然后再通过试验进行验证。

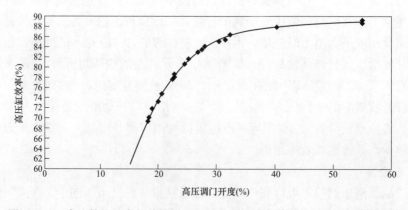

图 4-43　一台汽轮机"常规单阀"运行的高压缸效率随调节阀开度变化曲线图

（五）节省泵功

对电动机驱动给水泵的汽轮发电机组而言，由于给水泵电动机消耗的电功率可以实测得到，所以该项耗差可以用给泵耗功节省数值来表示；对给水泵汽轮机驱动给水泵的机组而言，则必须对给水泵汽轮机的进汽流量进行测量，依据制造厂提供的修正曲线或采用"等效热降法"计算得出的给水泵汽轮机进汽流量耗差影响系数，计算得出不同滑压运行方式所对应的给水泵汽轮机进汽流量变化耗差数值。如图 4-44 所示两种不同滑压运行方式下的给水泵汽轮机进汽量变化，节省的蒸汽可回到汽轮机内继续做功，从而增加机组的输出电功率。

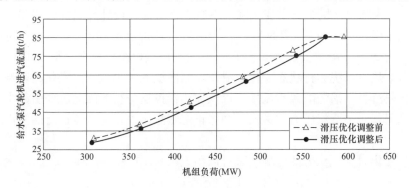

图 4-44　某 600MW 汽轮机滑压优化时给水泵汽轮机进汽流量比较

（六）滑压试验

滑压试验就是在预设的滑压曲线转折点，选取典型负荷工况进行整体效率测试，以确定最佳位置的工作，以机组整体热耗率最小为原则选取机组最佳的滑压优化曲线。通过理论分析得到的滑压曲线要通过滑压试验验证才可以得到最优结果。

三、滑压优化结果的应用

机组滑压优化试验结果的计算和分析是在某些固定的条件下获得的，曲线的因变量为主汽压力、自变量为机组功率，隐含的控制对象是调节阀的开度。而实际运行过程中众多参数调整、热力系统均要发生状态改变而与滑压试验条件不同，从而影响功率与主汽压力，滑压曲线就会偏离最佳工况，因而把相对固定的条件下得到的滑压优化曲线用好，真正发挥作用，还需要在使用环节做出一定的努力。

主要思路有：

（1）要考虑运行参数对滑压控制曲线的自变量（负荷）的影响，如根据汽轮机实际运行时的凝汽器压力、主汽温度、再热温度等因素与滑压曲线确定工况时的偏差情况，可根据偏差计算运行参数变化引起机组负荷的变化，并对机组实际运行负荷进行修正，用修正后的机组负荷作为机组滑压控制曲线中的横坐标。

凝汽器压力变化对机组滑压功率的影响可简单表示为

$$P_c = P(1 + \Delta p_c k_c) \tag{4-48}$$

式中　Δp_c——凝汽器运行压力与滑压试验时凝汽器压力之差值；

　　　k_c——凝汽器压力每变化 1kPa 对机组出力的修正系数，可根据制造厂提供的设计资料选取，也可通过实际试验获得；

P_c、P——修正前后的机组功率。

凝汽器压力的测量要求很高，实际工作机组的凝汽器压力主要用于监视真空，凝汽器内压力测点的数量、位置、取压探头型式、传压管路等通常无法满足精确测量排汽压力的要求。相比较而言，排汽温度测点和测量元件所测得排汽温度的代表性和精度都更为可靠，因而采用汽轮机排汽温度获得饱和压力的方法更为准确。

如某机组通过滑压优化试验机组滑压控制曲线，确定机组开始滑压点机组负荷为570MW，试验时凝汽器压力为设计压力 5.5kPa。机组夏季工况低压缸排汽温度高达 46℃，凝汽器压力为 10kPa，该机组真空变化修正系数 k_c 为 1%，可计算出此时机组在 544MW 的主汽流量相当于滑压试验时的 570MW，即开始滑压转折点下移至 544MW；同理，冬季低压缸排汽温度为 27℃，凝汽器压力 3.5kPa，开始滑压点机组负荷上移至 581MW。

（2）要考虑热力系统运行状态变化对滑压控制曲线的主蒸汽压力变化的影响，如根据实际机组对外供热流量、锅炉减温水流量，以及加热器投运与否等因互改变引起主蒸汽流量的变化幅度，求得其对主蒸汽压力的影响，并修正主蒸汽压力作为滑压运行的主汽压力控制目标值。

供热流量变化对主汽压力的影响关系可以用式（4-49）表示，即

$$C_{pl} = 1 + (F_{gr}/F_{ms}) C_h \tag{4-49}$$

式中 F_{gr}/F_{ms}——供热流量占主蒸汽流量的百分比；

C_h——供热流量对汽轮机进汽压力的修正系数，即占主蒸汽流量的百分比每增加 1%，引起汽轮机进汽流量增加的比例系数。

C_h 可以通过"等效热降法"等计算的手段获得。如果进行机组供热与不供热状态的实际比较试验，则可以直接获得较为确切的主汽压力修正系数 C_{pl}。如某机组采用冷再热蒸汽对外供热，供热后带同样的机组运行电负荷时，机组供热状态的主汽压力可高于不供热状态 4%。

（3）滑压运行时较小的汽轮机高压进汽损失可以使高压缸效率有所提高，运行可根据在线数据在线计算高压缸效率，还可以通过跟踪高压缸的效率及其对机组热耗率的影响来确定开始滑压点的变化。

（4）具体应用时可根据机组实际运行状况进行适当地简化以考虑主要因素。例如在整个变负荷滑压运行阶段，大幅变化的是凝汽器压力随着冬季、夏季的环境温度改变而产生的变化，可取凝汽器压力作为主要的变化影响因素对机组负荷进行修正。机组对外供热对汽轮机主蒸汽压力的影响量大，可将供热流量变化作为主蒸汽压力的主要影响因素进行修正。这样通过机组滑压控制曲线的适当平移，确保汽轮机调节阀开度与机组负荷之间的对应关系能够复现试验时的最佳状态。

第七节　冷端优化技术

汽轮机冷端系统指凝汽式汽轮机以凝汽器为中心的系列设备机构成的辅助系统，负责把汽轮机排汽中的余热散发到环境中去，在汽轮机的排汽口建立并保持高度真空，使进入汽轮机的蒸汽能膨胀到尽可能低的压力，从而增大机组的理想比焓降。因而它是蒸汽循环中的"冷源"，降低冷源温度 T_2 就能提高循环的热效率，具有重要地位。冷端系统的组成非常复杂，可调整设备较多，因而是汽轮机冷端系统优化的最主要手段，对提高机组整体性能具有

十分重要的意义。本节从汽轮机冷端系统组成、功能出发，对冷端优化的一般技术思路进行简述，以帮助节能工作人员针对汽轮机冷端系统做好能耗诊断和优化问题，选择适当的技术，维持最佳参数，提高整个机组的能效水平。

一、冷端系统组成

（一）湿冷机组冷端系统

湿冷冷端系统利用循环水作为冷却介质，包括汽轮机低压缸的末级组、凝汽器、抽气设备（真空泵或抽汽器）、冷却塔、循环水泵等设备，如图 4-45 所示。按换热过程不同，冷端系统可分为内外两个子系统，内部为凝结水系统，外部为循环水系统。

凝结水系统由凝汽器外壳、蒸汽冷却管束、低压加热器、凝结水泵、热井等设备组成，其中核心设备是凝汽器。

凝汽器由外壳体和冷却管束等设备组成，结构示意如图 4-46 所示。壳体通过扩压管与汽轮机排汽器口相连接，蒸汽从汽

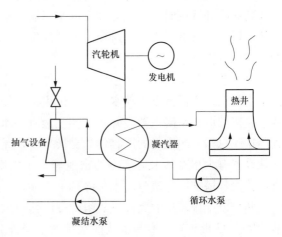

图 4-45　汽轮机凝汽系统示意图

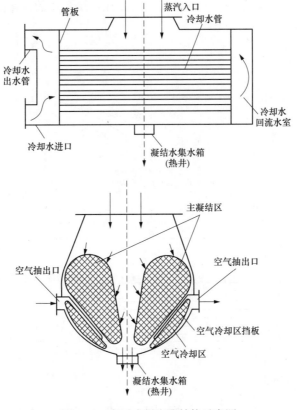

图 4-46　表面式凝汽器结构示意图

轮机排汽口沿扩压管进行凝汽器壳体，进入到冷却管束区域被凝结成水，体积骤然缩小，从而在原来被蒸汽充满的凝汽器封闭空间中形成真空，建立并维持汽轮机的冷端压力。排汽冷凝结成水后集中在凝汽器底部进入下部热井，各种疏水也送入热井混合，由凝结水泵升压后送往低压加热器、除氧器、高压加热器，最终进入锅炉作为锅炉给水。

因为凝汽器在负压条件下运行，难免会有空气漏入。这些空气的比例很小，但它随蒸汽一同到达冷却管束时，蒸汽冷却变成水以后，空气积聚后比例就很大了，会影响冷却管束的传热，提升凝汽器压力。为避免这种情况发生，凝汽器还需要设置抽气设备，不断地将漏入凝汽器内的空气抽出。

凝汽器冷却水由循环水系统维持。循环水系统由循环水泵、冷却塔等设备和管路组成，作用为凝汽器提供低温冷却水。如果机组位于江、河、湖、海等天然水源旁边，冷却水通常从中直接抽取供给凝汽器，并将冷却完蒸汽的水排回其中，称为一次冷却供水或开式供水，利用这些自然水源庞大的库容作为交换介质，无冷却水塔。如果机组远离这些天然水源，则往往设置有大型冷却水塔或冷却水池等人工水源，冷却水从凝汽器排出后再送回到冷却水塔，让冷却塔把冷却蒸汽的水再冷却下来循环使用，称为二次冷却供水或闭式供水。

两个以上排汽口的大容量机组的凝汽器可以制成多压式凝汽器。单压凝汽器的冷却水管通常为横 U 形布置，冷却水从前水室的下半部分进来，通过冷却水管（换热管）进入后水室，向上折转，再经上半部分冷却水管流向前水室，最后排出。低温蒸汽则由进汽口进来，经过冷却水管之间的缝隙往下流动的过程中，先高后低逐步向管壁放热后凝结为水。多压凝汽器通常为直进直出布置方式，如图 4-47 所示为双压式凝汽器的示意图。冷却水由左倒进

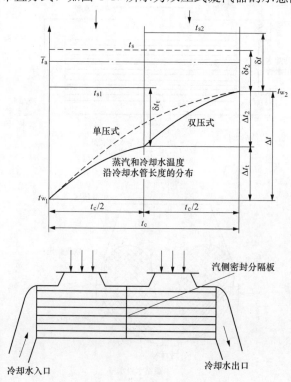

图 4-47　双压式凝汽器的示意图

入，右侧排出，但凝汽器汽侧用密封的分隔板隔成两个腔室。进水侧的冷却水温较低，汽侧压力 p_{c1} 也较低；出水侧冷却水温较高，汽侧压力 p_{c2} 也较高，两个腔室中的压力不同，就构成了双压式凝汽器。

相比单压凝汽器，多压式凝汽器有下列优点：单压式凝汽器内汽轮机排汽的较大部分是在冷却水进口段冷凝的，冷却水出口段热负荷较小，多压凝汽器各个压力部分的负荷分配比单压凝汽器更加均匀，会使其得到的最终凝汽器压力比单压式的低一些（见图4-47）。图中虚线表示单压式凝汽器的蒸汽和冷却水温沿冷却水管长度的分布；实线表示双压式凝汽器中蒸汽和冷却水温的分布。双压式凝汽器两侧的传热面积和热负荷各为单压式的一半，两侧冷却水量相同，所以两侧冷却水温升也各接近一半，但总体冷却效果更好，导致该类开凝汽器的汽轮机背压比单压凝汽器背压低一些。多压式凝汽器还可将低压侧的凝结水引入高压侧加热，以提高凝结水温，相当于增加疏水加热器，减少低压加热气的抽汽量，减小发电热耗率。

冷却塔是实现低温放热的最终设备，通常由塔体、配水装置、填料、收水器、集水池等设备组成。塔体通常为双曲线型，相当于一个竖立的缩放喷嘴，用以构造向上的抽吸力引入周边的冷空气进入塔内向上流动。配水装置一般采用竖井将热水送到配水高度后，再用槽式或管式配水系统将热水均匀分布到整个塔断面上，再用喷头将水洒向填料。填料位于冷却塔的上部、喷头下方，有点滴式、薄膜式、点滴薄膜式等多种类型，目的是降低喷头洒水下落的时间，以加强上升气流的热交换。整个塔温降的 $60\% \sim 70\%$ 在填料阶段完成，所以其对气流阻力小、使水流减慢的填料性能更好。收水器装在淋水装置的排汽下方，为将气流所带的水滴尽量拦截下来，流回到循环水中去，不被气流带出塔外，以减少水的损失。集水池的作用是把冷却完的水收集起来，准备送回到凝汽器区。这样，上升的冷空气流与下降的热水在塔中完成逆流换热，及时将循环水吸收的热量释放到大气中去，保证排汽压力稳定在某一数值。

冷却塔出塔水温（即循环水入口水温）影响凝汽器压力的重要因素，与大气的温度、湿度、大气压力、循环水流量、冷却塔填料特性、塔内部件的阻力系数、配水系统的工作状况等都能影响冷却塔的出塔水温。

（二）空冷冷端系统

在北方地区富煤缺水地区多采用空冷冷端系统。利用空气直接冷却汽轮机的排汽，又分为直接空冷系统和间接空冷两种类型，而间接空冷却又分为海勒式空冷系统和哈蒙式空冷系统两种设置方案，所以实际上共三种形式。

1. 直接空冷系统

世界上第一台1500kW直接空冷机组诞生于1938年，在德国一个坑口电站投运，已有60多年的历史，到今天已经发展得非常成熟。尽管机组的稳定性经济性比不上间接空冷却机组，但由于其造价相对便宜，直接空冷机组的装机容量占比远大于间接空冷机组。

直接空冷系统工艺流程见图4-48，直接空冷系统自汽轮机低压缸排汽口至凝结水泵入口范围内的设备和管道，主要包括：汽轮机低压缸排汽管道、空冷凝汽器管束、凝结水系统、抽气系统、疏水系统、通风系统、直接空冷支撑结构、自控系统和清洗装置。汽轮机低压缸排汽进入大直径的主排汽管道、并通过空冷凝汽器的配汽集箱进入空冷散热器翅片管束（凝汽器），采用机械强制通风方式（很多台并列运行的轴流风机带动大量冷却空气冲刷空冷凝汽器的翅片管）对其冷却，将管中的汽轮机排汽冷却为凝结水。翅片管换热器是核心元件，多采用单排管（大口径扁管翅片管）、两排矩形翅片（大口径椭圆管套矩形翅片）和多排管（圆管外绕翅片，如福哥式冷却元件）等各种类型的带扩展受热面来强化换热。其中双排管结构最为常见，每8片或10片管束构成一个散热单元，两排管束约成60°角构成"A"字形结构。换热管下端配有收集凝结水的集水箱、凝结水箱和翅片管清洗系统等附属设备。

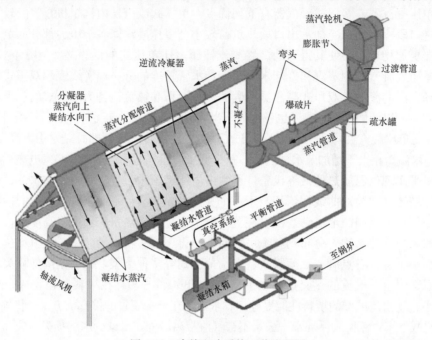

图 4-48　直接空冷系统工艺流程图

　　散热单元通常顺流布置，蒸汽自上而下，凝结水也是自上而下。但考虑到方便漏入空气的处理和寒冷地区的防冻，也就部分设置为逆流单元，蒸汽自下而上，凝结水是自上而下。在寒冷地区，顺、逆流单元面积比约5∶1，单元数相比约2.5∶1。

　　与湿冷机组类似，空冷机组也需要布置抽气设备排除漏入空气，抽气泵通常布置在逆流单元管束的上端。

　　冷却单元下端集水箱，从翅片管束收集的凝结水自流至平台地面或以下的热井，通过凝结泵再将凝结水送往凝结水箱并送回热力系统。

　　直接空冷系统散热目前均采用强制通风，大型空冷机组宜采用大直径轴流风机，风可为单速、双速、变频调速三种。国内北方地区寒冷且昼夜温差变化较大，因而多采用变频调速使风机有利于变工况和降低厂用电耗。风机多采用大直径轴流风机，直径达9m以上；散热器单元的清洗泵，用以翅片管上的污垢，如大风产生的杂物、平时积累的灰尘等。

　　直接空冷系统运行中问题较多，通常包括：夏季高温难以保证满出力，冬季低温条件下能否有效防冻，对不同风向和不同风速影响非常敏感（风速超过3.0m/s开始显现，风速度超出8m/s散热器后的热风会被吹回到风机入口而出现热风再循环），需要足够的换热面积裕量，可以逆转的风机控制等技术。

　　2. 间接空冷系统

　　建有空冷塔，塔中安装大量的散热管束翅片，管束中为封闭的循环水，循环水先在凝汽器中冷却汽轮机排汽温度升高，然后再在冷却塔中被冷却。

（1）如果循环水与汽轮机排汽通过表面式换热器与冷却后的循环水交换热量，则称为哈蒙式空冷系统（或表面式空冷系统）。

（2）如果汽轮机排汽在凝汽器中与从空冷塔来的循环水直接混合（混合式换热器），则称为海勒式空冷系统（匈牙利人海勒发明）。

哈蒙式空冷系统工作过程中需要进行两次热交换（空气冷却循环水、循环水冷却汽轮机排汽）。所以从热交换的效率来看，海勒式空冷系统的混合式换热器明显优于表面式换热器，体积均明显小于哈蒙式空冷系统（只需 1/3 左右），只是对循环水的水质要求和机组凝结水的水质要求相同，远高于哈蒙式空冷系统对循环水的水质要求。

带混合式凝汽器间接空冷系统为了保持循环水系统处于微正压状态，便于发现泄漏点，避免空气渗入封闭系统，循环水泵功耗较大。同时须用水轮发电机或旁路节流阀在系统内回收剩余压头并调节系统总压力及凝汽器内喷水压力。而带表面式凝汽器间接空冷系统使用常规循环水泵，其水头设计仅需克服管路摩擦损失，功耗较低。

带混合式凝汽器间接空冷系统喷射式凝汽器、空冷塔和福哥型铝制散热器构成，采用混合式换热的蒸汽冷凝与表面式换热气水完成火电厂的蒸汽动力循环。而带表面式凝汽器间接空冷系统由表面式凝汽器、空冷塔和小管径钢制椭圆翅片管散热器构成。采用表面式换热的蒸汽冷凝与表面式换热气水冷却两次相同的换热方式完成火电厂的蒸汽动力循环。混合式换热的蒸汽冷凝是由喷射式凝汽器来实现的。由于传热端差较小且凝汽器体积仅为表面式凝汽器体积，造价低，运行维护方便。因凝结水和循环水混合在一起，对水质的处理要求既不腐蚀机组的热力设备，又不腐蚀空冷塔散热器铝管。

空冷机组水的消耗量要小得多，仅相当于同容量湿冷机组的 20%～30%。空气的换热系数要远小于水，因此空气冷凝器所需要的换热面积和冷却管道很大，体积庞大。如 12MW 机组空气冷凝器换热面积约 15 000m²，而水冷凝器换热面积约 1200m²。空冷汽轮机排汽压力为 15～30kPa，高于排汽压力 8kPa 左右的水冷式汽轮机，故在相同的主蒸汽流量下，空冷机组的热效率低于水冷机组。由于空冷机组的运行背压高，且随

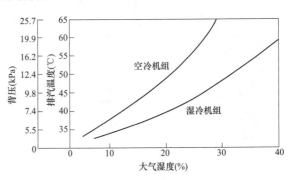

图 4-49　某 200MW 空冷/湿冷机组排汽温度、背压与大气湿度的关系

大气温度变化而有较大幅度变化，正常运行背压为 6～40kPa，安全背压为 50kPa 以上，如图 4-49 所示。而水冷机组正常运行背压范围为 4.5～11.8kPa，安全背压为 18～19kPa。由于空冷机组运行背压高，绝热膨胀、焓降较小，电厂综合运行效率降低 5～8%。

经试验和实际运行证明，环境大气温度是影响空冷机组以及空冷塔经济运行的一个主要因素。环境温度升高会使空冷塔换热温差减小，冷却效率下降，空冷塔出水温度升高，凝汽器背压升高，机组热耗增加，出力下降，经济性降低。按空冷、湿冷机组排汽温度、背压与大气温度关系曲线，见图 4-49，可以方便地查出某一温度区间空冷、湿冷机组背压差值。

（三）抽气系统

凝汽器内背压很低，比较容易漏入空气，空气阻碍蒸汽放热，使传热系数减少，影响传

热效果，因此用抽气器不断将空气抽走，以免不凝结空气杂质在凝汽器内逐渐积累，导致凝汽器内压力升高。现代大型电厂汽轮机真空抽气系统配置的抽气器主要为水环式真空泵，早期投产机组也有配备射水式抽气器，小型机组通常配备射汽式抽气器。

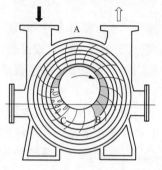

图 4-50 水环式真空泵工作原理

1. 水环式真空泵

水环式真空泵的壳体内部为圆柱体空间，壳体两端适当位置上并排设置吸气口和排汽口，若干前弯叶片的叶轮偏心地装在这个空间内，位于吸气口和排汽口的中间，如图 4-50 所示。真空泵工作时，壳体内先充有适量工作水或称密封水，叶轮在泵体内旋转，叶轮内的水受离心力的作用甩向壳体圆柱表面而形成一个运动着的圆形水环用于密封和泵的冷却，因而称为水环式真空泵。由于叶轮与壳体是偏心的，叶轮转动时，叶轮上叶片与水环间所形成的空间会形成由小到大、然后又由大到小的周期性变化，从而产生真空吸入气体、又给气体加压排出的作用，形成连续、不间断的过程。这个过程中，密封水也会和被抽气体一起不断地被排出一部分，因此需要连续不断地加以补充，以保持稳定的水环厚度。

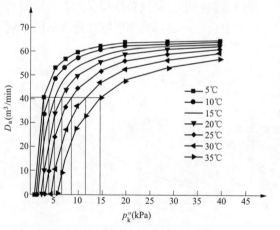

图 4-51 不同水温度下真空泵抽吸能力

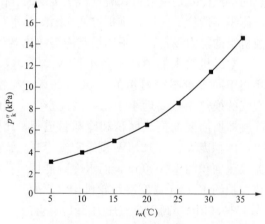

图 4-52 不同水温下真空泵入口压力

在热力系统中，空气的漏入量总体上说是比较小的，因而真空泵抽吸出来的气体主要是水蒸气。图 4-51 所示为不同水温度下真空泵抽吸能力，为了提高真实泵的抽吸能力，正常运行时还需要在其进口处喷入低温的冷却水，使汽气混合物中水蒸气凝结，这样可以减少抽吸气体的体积以降低真空泵叶片的做功需求。这样，真空泵的抽吸能力由两部分叠加而成：入口蒸汽凝结而产生的动态可变负压＋叶轮产生的恒定抽吸力。常见的水环式真空泵的特性曲线常为表示为如图 4-52 所示真空泵入口吸力随温度变化的对应关系。由于入口蒸汽凝结与喷入冷却水的温度密切相关，真空泵的极限抽吸能力就是该温度对应的饱和压力。工作过程中，进口喷入的工作水必须保持一定的过冷度以防止密封水汽化。通常工作水温在 20℃以下对抽气口压力的影响相对较为平缓，但工作水温升高后其温度变化对抽气口压力的影响越大。我国许多电厂由于夏季循环水温偏高，致使抽气设备工作水温度在 40℃左右，如果此时采取措施降低抽气设备工作水温度，对改善机组真空具有明显效果。

水环式真空泵单级、多级和串联气体喷射器的串接式三种结构形式。单级水环泵只能在机组启动时使用。多级泵通常由外径相同的叶轮串联在同一根轴上组成，具有比单级泵高的极限真空或排出压力。而且吸气量变化平缓，适用于较高真空度或较高排气压力下仍需较大吸气量的场合，启动或要求凝汽器真空系统压力较高时单级运行，正常工况下要凝汽器的压力较低时多级串联运行。串接式真空泵是将一台喷射器接在液环泵的进口，以提高抽吸真空能力，在凝汽器冷却水长期偏低或要求电厂处于调峰状态运行时有一定的优势，因为可能通过加喷射器来建立更低的背压，且喷射器可以根据实际情况灵活地投入和撤出。

图 4-53 所示为真空泵组，真空泵抽吸出的工质为汽、水混合物，其中的水为凝结水，因此为了把汽气混合物中的水分离出来、冷却后再循环利用，把空气排向大气，还必须配备一套相应的附属设备，包括热交换器、气水分离器及相应的阀门管道等组成真空泵组。汽水分离器负责把真空泵分离出来的水和补充水一起送入冷凝器，经冷凝器冷却后变成工作水喷入真空泵进口，用来冷却汽气混合物，使其中的水先凝结以减少抽真压力，其余部分进入泵体成为密封水环。冷却器冷却水一般可直接取自凝汽器冷却水进水，冷却器出水接入凝汽器冷却水出水。

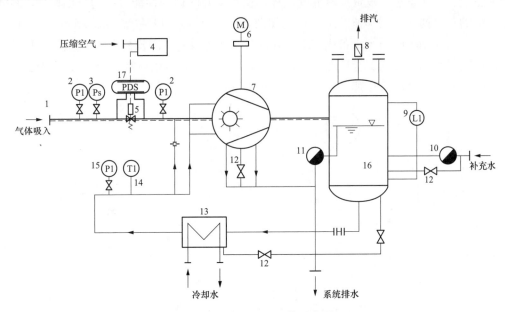

图 4-53 真空泵组工作示意图

1—气体吸入口；2—真空表；3—压力开关；4—电气控制箱；5—气动蝶阀；6—电动机；
7—水环真空泵；8—止回阀；9—液位计；10—最低水位计；11—最高水位计；12—球阀（常闭）；
13—热交换器；14—温度计；15—压力计；16—气水分离器；17—压力差开关

2. 射水式抽气器

射水抽气器结构如图 4-54 所示，它利用高速射流对周边产生的抽吸力工作。先期加压的工作水通过喷嘴加速，形成高速水流，通过喉管时造成高度真空，从凝汽器抽来的汽、气混合物被吸入混合室和水一起进入缩放喷管扩压，在后续的扩压管中减速升压排入循环水箱，从而产生连续工作过程。

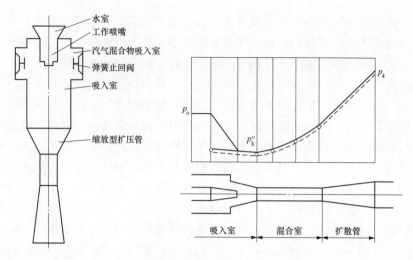

图 4-54 射水抽汽器工作原理及其压力分布

射水式抽气器结构简单、无动/静体的磨损，维修量小，寿命长，抽吸内效率不受运行时间的影响、工作可靠、投资成本低等优势，且有良好的启动性能，成为早期国产 300MW 汽轮机组的首选抽气器。其辅助工作系统如图 4-55 所示，还包括为射水器产生高压工作水的射水泵、闭式循环的循环水箱或开式循环的排水沟等设备。闭式循环中，为防止工作水温升高而影响射水抽气器的工作性能，通常设有补水管 5。为防止射水泵突然停用引起工作水倒灌入凝汽器，通常还要在抽气管道上设逆止阀等设备。

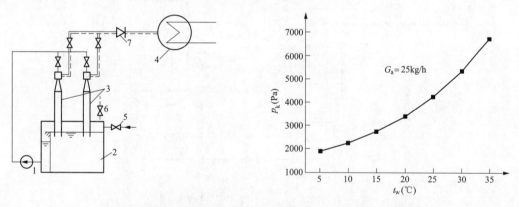

图 4-55 射水抽气器工作系统及其抽吸能力（用入口压力表示）
1—工作水泵；2—循环水箱；3—射水抽气器；4—凝汽器；5—补水管；6—排汽管；7—止回阀

射水抽气器的高速射水在和抽吸汽、气混合物混合的过程中，也会产生使其中的蒸汽凝结的作用，从而增加混合处的真空值，提升抽吸能力，通常抽吸纯蒸汽时能力比抽吸干空气能力大 10 倍。因此，射水器的抽吸能力与工作水温度也密切相关，但其对影响方式与水环泵类似，也是工作水温低越高，其温升对吸入压力的影响越大。

射水抽气器抽吸能力的影响因素主要有：工作水压力、工作水温度、排水管路阻力、扩散管出口到排水箱水面高度和喉部长度。

（1）增加工作水压力可获得更低的吸入压力，但当压力升高到一定数值、工作水量过大时，扩压管出口处会发生阻塞，使排水管水压升高，吸入室压力反而增加。因而射水抽气器的工作水压力存在一个最佳值，该值可以通过试验确定。

（2）当射水池停止补水和溢水时，工作水温度不断升高，在抽气器高速水流形成的相同负压下，不但起不到使抽吸气体液化的功能，还会使更多的工作水汽化，使混合室内的压力升高，抽吸能力下降。使工作水温度升高的热量来源主要有射水泵耗功的温升热量、工作水高速运动摩擦产生的热量，必须对工作水温度实时监控，及时补充冷水，置换出高温水，防止工作水温度过度升高。

（3）射水抽气器排水管路阻力影响抽气器的工作性能。当射水抽气器出水口在射水池水面以下时，如果出水口浸入水面太深，由于水池中的水温比射水管中的水温低，密度大，排水管外的压力过大阻碍抽气器工作水的排出，导致抽气能力下降。

（4）当射水抽气器的排水口在射水池水面以上时，增大扩散管出口截面到排水箱水面高度，使扩散管出口截面的压力降低，所需的有效压缩功减小，可以降低吸入压力。但应注意断水事故的发生。

（5）喉部长度。短喉部射水抽气器（喉管长度为喉管直径的 $6\sim8$ 倍）的引射效率只有 20% 左右，长喉部（喉管长度为喉管直径的 $15\sim40$ 倍）射水抽气器的引射效率能达到 40% 以上。原因是长喉管可以为引射流的分解提供更长的空间，射流的流核在混合区能完全消失，高速的水滴能流到更远的距离，从而增强了抽吸能力。另外，长喉部射水器的振动也小，射水泵的耗功几乎减少一半，只是尺寸比较大。

3. 射水抽气器与水环泵的性能比较

射水抽气器或真空泵的性能通常指的是启动性能和持续运行性能。

凝汽式汽轮机在冲转前，必须在凝汽器内建立一定的真空，抽气设备在启动工况下抽吸能力的大小，直接影响凝汽器建立汽轮机启动真空所需花费的时间。如果抽气器设备在启动工况下，具有比额定工况大得多的抽吸能力，则汽轮机启动时间将大为缩短。如图 4-56 所示，水环泵和射水抽气器在 5kPa 吸入压力下，均具有 100% 容量的抽吸能力，真空泵在低真空下的抽吸能力远大于射水抽气器在同样吸入压力下的抽吸能力。因此，水环泵在建立汽轮机启动真空所需的时间远小于射水抽气器所花费的时间。

持续运行性能直接反映额定工况下的运行性能，是评价抽气设备的关键指标。关于各种抽气器和真空泵性能指标，水环式真空泵的经济性能明显优于射水抽气器（见图 4-57）。目

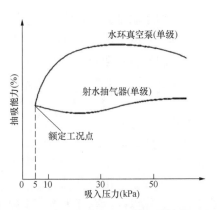

图 4-56 水环式真空泵和抽汽器性能对比

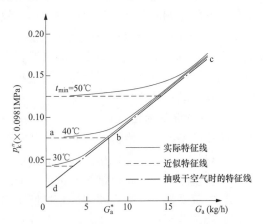

图 4-57 水环式真空泵与抽汽器性能对比

前，随着机组容量的增大，凝汽器尺寸随之增大，需要大容量的抽气设备。液环式真空泵由于具有抽气能力强、集成化强、噪声小、占地小、故障少、维修方便、节水节电等特点，逐步取代射水抽气器而在大型机组中广泛采用，其运行效果和经济性明显优于射水抽气器。

4. 入口压力的维持

抽汽设备入口压力 p_a 的变化与工作水温度、漏汽量等因素有关，下面以抽汽设备为真空泵为例说明这个问题。

定速旋转且出口压力恒定值，则由其叶轮产生并传递给抽吸空气的能量也恒定，数值上等于其抽吸气体体积 G_a 和压升 Δp 的乘积（$E_p = G_a \times \Delta p / \eta_p$），可知真空泵入口压力值还与要抽吸的气体量密切相关。入口水温度越低、压升越大，抽空气也是如此。如果抽吸气体为空气时，入口压力与流量的关系为图 4-57 中的 dc 直线，即流量越大，入口压力越高（压升越小）。但当其抽吸蒸汽/空气混合气体时，真空泵入口压力与流量的关系变为 ab 工作段和 bc 过载段两部分组成，其间的区分点为临界抽汽量 G_a^*。在 ab 段，进入真空泵的蒸汽/空气混合中空气含量较小，工作水温度较低，大量的蒸汽被凝结后，剩卜的蒸汽/空气混合气体被真空泵抽吸出去（保证了漏入凝汽器的空气能被抽气器及时、近乎全部地抽出），真空泵入口压力主要由汽轮机排汽凝结产生的饱和压力产生（即真空泵工作的背景压力），所以凝汽器压力与真空泵的抽汽量基本无关。如图 4-58 所示，随着蒸汽/空气混合气体中空气含量增加或工作水温升高，需要真空泵抽吸 G_a 越来越高，渐渐地接近并超过在工作水温条件下抽吸干空气时的抽吸流量 G_a^* 时，真空泵入口的空气就无法被及时的抽出而产生聚集，使得凝汽器换热特性变差，凝汽器压力升高，真空泵的压升降低，抽吸气体能力增加，直到达到新平衡（此时真空泵入口有一定的气体聚集，但新来的空气会被全部抽走）。此时虽然真空泵可以正常工作，但是它本质上已经满足不了把漏入空气全部抽走的功能，因而

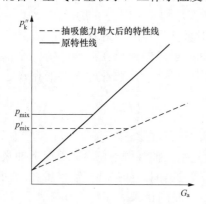

图 4-58 抽吸能力变化对
入口压力的影响

称为过载段。如果漏空气量进一步增加或工作水温度进一步增加，真空泵过载的就越多，在凝汽器内积聚空气也越多，尽管新的平衡态下仍然能满足抽气量等于漏气量，凝汽器内压力受空气积聚的影响而升高，从而影响机组的效率。

如在某一确定的机组负荷和漏气量条件下，如真空泵工作水温度升高，将使真空泵的抽吸能力下降，真空泵抽气量减小，凝汽器真空降低，又使真空泵的抽吸能力升高，真空泵抽气量增加，最终真空泵抽空气量与漏气量相等，系统达到新的平衡，但是凝汽器内的空气积聚量随着这种动态平衡过程而增加。

（四）冷端系统的运行

整个冷端系统以凝汽器为核心，且随时都必须维持下列三个平衡：

（1）热量平衡，汽轮机排汽放出的热量等于循环水带走的热量。

（2）质量平衡，汽轮机排汽流量等于抽出的凝结水流量。

（3）空气平衡，在凝汽器和汽轮机低压部分漏入的空气量等于抽出的空气量。

因而凝汽器须在冷却系统、抽汽系统的辅助下完成工作，先以湿冷系统为例，主要工作流程为：

（1）汽轮机末级排汽进入凝汽器，在循环水的冷却之下凝结成凝结水，放出汽化潜热。蒸汽凝结成水的过程中，体积骤然下降（在 0.0049MPa 的压力下，水的体积约为干蒸汽体积的 1/28 000 倍），这样就在凝汽器容积内形成了高度真空（对应于该温度下的蒸汽饱和压力，且温度越低，汽轮机背压越低，真空越高），凝汽器压力与主汽压力构成压差是驱动整个循环进行的动力。

（2）汽轮机排汽口与凝汽器入口之间的扩压管用于回收排汽余速、克服期间的流动阻力，通过优化设计可以使排汽压力小于或等于凝汽器压力，忽略排汽涡壳和凝汽器喉部压力变化，认为凝汽器压力等于机组背压，因而凝汽器压力是整个冷端系统运行的核心。

（3）整个循环系统运行过程在各个负压点漏入的空气随蒸汽一同到达凝结器冷却管束，当蒸汽凝结后会聚集在此处，恶化凝汽器的传热，从而提高凝汽器压力。

为了保持所形成的真空，冷端系统需要有良好的严密性，且设置抽气设备把漏入凝汽器内的不凝结气体及时抽出。

空气抽气口处的压力 p_a 与凝汽器蒸汽入口处压力 p_c 的差称为凝汽器的汽阻，即

$$p_c = p_a + \Delta p_c \tag{4-50}$$

式中 Δp_c——凝汽器汽阻，Pa。

通常，凝汽器汽阻的值可用半经验式求得，即

$$\Delta p_c = 133.32 C \left(\frac{D_s \sqrt{v_s}}{L d_n \sqrt{n}} \right)^{2.5} \tag{4-51}$$

式中 C——和冷却水管排列有关的系数，通常取为 $1.2 \times 10^{-4} \sim 1.8 \times 10^{-4}$；

  D_s——凝汽器的蒸汽负荷，t/h；

  v_s——凝汽器入口处蒸汽比体积，m^3/kg；

  L——凝汽器中冷却水管的长度，m；

  d_n——冷却水管外径，m；

  n——管子根数。

凝汽器汽阻 Δp_c 主要取决于蒸汽负荷，在 133～400Pa 之间，最大不宜大于 0.6kPa。如果忽略凝汽器压力变化引起的蒸汽比体积的微小变化，汽阻的变化很小。某确定的机组负荷和漏气量条件下，可以近似认为凝汽器压力 p_c 的变化取决于抽汽设备入口压力 p_a 的变化。

（4）凝结水过冷度。图 4-59 所示曲线 1 表示凝汽器内汽轮机排汽、凝结水和循环水温度的变化情况。理想的工况是凝结水的温度应该是凝汽器压力下的饱和温度。但是凝汽器蒸汽冷凝过程经常出现蒸汽凝结成水以后会继续被冷却，使得其温度低于凝汽器压力下的饱和温

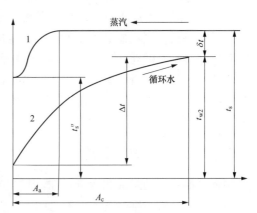

图 4-59　凝汽中蒸汽和水的温度沿
冷却表面的分布

度时，即为凝结水过冷，所低的度数称为过冷度。从系统上看是冷源损失增大，从细节上看是凝结水过冷后必须增加末级低压加热器抽汽把过冷的部分再加热回去，因而降低了汽轮机组的热经济性。

(5) 凝汽器的端差。图 4-59 所示曲线 2 表示冷却水由进口处的温度 t_{w1} 逐渐吸热上升到出口处的温度 t_{w2}，冷却水温升 $\Delta t = t_{w2} - t_{w1}$。$t_s$ 与 t_{w2} 之差称为凝汽器的端差。对于湿冷机组，双流程凝汽器端温度差不宜大于 5℃，单流程凝汽器端温度差不宜大于 2℃对于表面式间接空冷机组，凝汽器端温度差不宜大于 3.5℃。

(6) 为及时把凝汽器中余热带走，需要冷却水工作。循环水泵的耗电量是比较大的，一般占机组发电量的 1.2%～2%，因此，凝汽器的经济运行对节省厂用电也是有意义的。对凝汽器运行的主要要求是保证达到最有利的真空，减小凝结水的过冷度和保证凝结水品质合格。

(7) 凝汽器的水阻。冷却水在凝汽器内的循环通道中所受到的阻力称为水阻，凝汽器中的水阻主要包括冷却水在冷却水管内的流动阻力，冷却水进入和离开冷却水管时产生的局部阻力，以及冷却水在水室中和进出水室时的阻力三部分。大小对循环水泵的选择、管道布置均有影响，水阻越大，循环水泵的功耗也越大，一般应通过技术经济比较来合理确定，大多数双流程凝汽器的水阻在 50kPa 以下，单流程凝汽器的水阻一般不超过 40kPa，最大不宜超过 75kPa。

(8) 在运行时凝汽器面积已定，因此传热系数 K 是影响端差的主要因素。K 越大，端差越小，排汽凝结温度就越低，机组经济性越好。凡影响 K 的因素，都影响端差，从而影响真空的好坏。端差的大小主要取决于 K，即凝汽器冷却表面的清洁程度。凝汽器冷却表面结垢或变污会妨碍传热，引起端差升高，使凝汽器压力升高，机组效率下降。

凝汽器水侧冷凝管壁运行清洁系数是指凝汽器实际总平均传热系数与理想总平均传热系数之比，即

$$C_f = \frac{K_n}{K_0} \tag{4-52}$$

式中　C_f——水侧冷凝管壁运行清洁系数，无量纲；

　　　K_n——凝汽器实际总平均传热系数，$kJ/(℃ \cdot m^2)$；

　　　K_0——凝汽器理想总平均传热系数，$kJ/(℃ \cdot m^2)$。

(9) 热负荷。凝汽器最主要的功能是冷却汽轮机的排汽，但由于它在整个系统中还有是汇集和储存凝结水的功能，所以循环系统中的各种疏水、排汽和化学补给水等通常也统统放入凝汽器，这就使得凝汽承担了很多的热负荷。

空冷机组的运行与湿冷机组基本类似，只不过空冷机组的条件更为恶劣，需要更多投入。

二、冷端优化总体思路

根据冷端系统的组成和运行可知，其主要任务是将汽轮机排汽口排汽凝结成水，并建立与维持一定的真空，维持其于主汽之间的压力差。为维持凝汽器的冷却能力，需要用大型的循环泵输运循环水，为防止不凝结空气在凝汽器内逐渐积累对凝汽器换热产生影响，保持真空，需要用抽气设备将漏入凝汽器内的空气不断抽出。凝汽器压力与机组做功能力直接相关，而凝汽器结构、凝汽器热负荷、凝汽器真空系统的严密性、冷却水管的清洁度、循环水入口水温、冷却水温升、凝汽器端差、循环水流量、抽气器的工作状态等，都能影响凝汽器压力，这样通过凝汽器压力把机组做功与外部循环水系统联系成一个整体。冷却塔的冷却能

力、循环水泵耗功、循环水泵的工作性能、循环水管路的阻力特性都能影响循环水泵耗功、循环水流量和换热性能等参数，进而影响冷端系统的经济性。如图 4-60 所示为某电厂 300MW 机组间隔 6 个月后凝汽器性能变差对换热性能的影响。

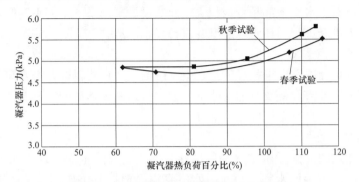

图 4-60　凝汽器换热性能变差后的影响

需要对影响凝汽器真空诸多因素进行研究并找到合理的解决方案，在给定的限制条件下努力做到机组做功最大化且消耗的泵功（循环水泵、空冷风机、射水泵/真空泵、凝结水泵）最小化。

主要包括下列几个方面：

（1）强化凝汽器的换热能力。

（2）保证真空严密性、强化抽真空能力，保持凝汽器的换热能力。

（3）削减凝汽器不必要的额外负荷。

（4）强化冷却塔对外界散热的能力。

（5）减少泵功功耗。

（一）强化凝汽器换热能力

对于湿冷机组而言，凝汽器冷却管外侧与清洁的蒸汽及其凝结水接触，而内侧则是通循环冷却水。循环冷却水的水质明显通常较差，因引循环水侧的脏污、腐蚀是降低凝汽器清洁度的主要原因。对于空冷凝汽器，则空气侧的杂物附着是引起凝汽器清洁度变差的主要原因。除此之外，还有换热工质、均匀度等多种因素相关。

1. 冷却水进口温度

就凝汽器而言，冷却水温长对于凝汽器有非常重要的影响，但是不同的系数，凝汽器冷却水有不同的含义，分别为：

（1）对于开式循环方式系统，取水口水温度受水源地环境温度的影响，它是外部因素，但是能耗诊断时最好还是考察一下，论证取水口温度能不能通过其他途径降低一些，如改变取水口位置，避开热水回流造成取水口水温度升高等措施。

（2）对于循环冷却系统（闭式循环方式），有可能是外部因素环境温度升高所致，也可能是冷却塔性能变差所至，要对冷却塔冷却能力诊断试验，找出冷却塔性能变差的主要原因，并进行治理或改造。

2. 冷却水流量

冷却水流量不足直接导致冷却水温升的增加，最终使机组真空降低。冷却水流量不足的主要原因有可能是循环水泵本身出力不足或循环水系统阻力异常增大，需要确认循环水泵出力是否不足，循环水泵是否存在缺陷，循环水泵与循环水系统阻力是否匹配。

循环水泵存在问题可通过维修或改造处理。如泵与系统阻力不匹配，则分为：①运行过程中系统阻力增加，可排查循环水系统所有阀门是否开足，或冷却水中杂质堵塞进水室管口、特别注意凝汽器出水室顶部是否聚积空气。②设计泵与系统阻力不匹配，需要结合实际的循环水系统阻力重新进行循环水泵选型并进行技术改造。

3. 凝汽器汽侧空气聚集

凝汽器换热管束处的空气聚积程度是真空系统治理的重要目标，需要在真空系统有足够的严密性的基础上，抽汽设备及时把这些空气抽走，以避免其影响凝汽器压力。真空系统本身复杂，可参见下文"真空系统优化"部分。

4. 凝汽器水侧空气聚集

对具有虹吸作用的凝汽器水室（一般以江、河、湖或海水为冷却水的开式冷却系统），在设计时水室最高点应装设水室真空泵，水室真空泵根据其进口阀前、后压差开启或者关闭，保证运行中及时抽出水室中聚集的气体。未设计凝汽器水室真空泵的机组，应考虑加装。

对无虹吸作用的凝汽器水室（一般以冷却塔冷却的循环冷却系统），设计时水室最高点应设排气管，起动时水室应充分排气，运行中定期排气，特别是循环水泵运行方式发生变化时应进行排气。没有凝汽器水室最高点排气管的机组，应考虑加装。

5. 凝汽器水侧脏污

冷凝管脏污包括汽侧和水侧脏污。汽侧的汽水非常干净，正常情况下其引进脏污是较长过程且程度较轻。但循环水的水质清洁程度远远比不上汽侧，因而实际运行中引起凝汽受热面脏污、传热性能下降的一般是水侧脏污。预防水侧脏污、保证凝汽器性能的主要措施有：

（1）加强对凝汽器管清洁程度的监视和诊断工作，可以安装腐蚀在线监测装置来及时发现、判断凝汽器的清洁度。

（2）在冷却水进凝汽器前除去杂物。循环水泵进口装设有拦污栅、回转式滤网等设备，但仍有许多杂物会漏入。为避免冷却水这些脏物堵塞管板、铜管和收球网，通常需要在循环水进凝汽器的入口设置滤网，称为凝汽器二次滤网。一、二次滤网最好具有反冲洗功能以去除的藻类、膜类、细沙、碎贝壳等杂质，如常见的电动旋转反冲洗二次滤网，采用网芯旋转、刮污板刮污、反向水流从网芯内侧向网芯外侧反冲洗等清污手段，以保证过滤功能长期正常投运。

（3）控制循环水水质。循环水水质中富含杂质、盐类。杂质是凝汽器管脏污的主要原因，由滤网处理；盐类（主要是水中的 Ca^{2+}、Mg^{2+}）是结垢的主要原因，需要通过适当的水质控制手段从根本上控制。水质控制主要有杀灭微生物、超滤、软化、加阻垢剂等技术手段，具体要求可参照 DL/T 932《凝汽器与真空系统运行维护导则》。

软化的目的是除去水中成垢的钙、镁离子（Ca^{2+} 和 Mg^{2+}）以减少结垢风险，主要方法有离子交换法或熟石灰软化法。离子交换软化法如图 4-61 所示，以钠型阳离子交换树脂 RNa 为例，当原水通过时，离子 Ca^{2+} 和 Mg^{2+} 与交换树脂 RNa 上的 Na^+ 进行交换，Ca^{2+}、Mg^{2+} 被吸附到树脂上生成 R_2Ca 和 R_2Mg，而树脂 RNa 上的 Na^+ 则进入水中使水软化。离子交换树脂使用一段时间后，树脂中的 Na^+ 用完后可用 8%～10% 食盐溶液浸泡，使树脂再生循环使用。

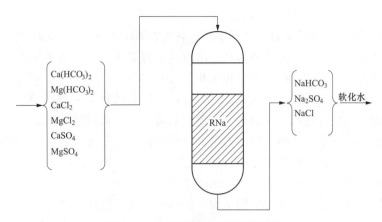

图 4-61 钠离子交换软化法示意图

石灰软化法是通过向水中加入 Ca（HO）$_2$（氢氧化钙），让其与水中的 CO$_2$、Ca（HCO$_3$）$_2$ 和 Mg（HCO$_3$）$_2$ 反应生成难溶的 CaCO$_3$ 和 MgCO$_2$ 从水中析出，从而降低原水中的 Ca^{2+}、Mg^{2+} 浓度。此外，Ca（OH）$_2$ 还可以把水中 MgSO$_4$ 和 MgCl$_2$ 置换为溶解度比较大的硫酸钙和氯化钙而减轻结垢风险。药剂 Ca（HO）$_2$ 由生石灰加水制成，价格便宜易得，因而它通常作为离子交换的预处理工艺，与离子交换法配合使用。

阻垢剂分为阻垢缓蚀剂和阻垢分散剂两大类，前者主要是一些无机磷酸或有机磷酸及其化合物，如聚磷酸盐类（三聚磷酸钠、六偏磷酸钠等）、磷酸酯类（多元醇磷酸酯等）和有机磷酸（氨基三亚甲基膦酸 ATMP、羟基亚乙基二膦酸 HEDP 等）；后者主要是一些羧酸的均聚物或其共聚物，如丙烯酸类、马来酸类。新型阻垢剂用远低于与成垢离子（例如 Ca^{2+}）相当的化学计量，如在冷却水中加入几 mg/L（氨基三亚甲基膦酸 ATMP）就能使几十到几百个 mg/L CaCO$_3$ 保持在水中并不析出结垢。此类阻垢剂称为非化学计量阻垢剂，该作用称为阈值作用（threshold effect），此类阻垢剂因用量小、经济效益明显而广泛采用。

水质控制与循环水水源有密切关系，往往需要根据具体对象制定有针对性的措施。开式循环水系统可以认为进入凝汽器的循环水水质是新鲜的；闭式循环水系统的循环水在使用的过程中会因为大量的水被蒸发而使盐类的浓度逐渐升高，需要根据水质情况通过排污等手段采取控制浓缩倍数；采用中水作为循环水水源的，情况更差，因为城市中水富含氨氮、磷酸盐及微生物污泥等污染物质，容易导致冷却水系统化学与生物结垢、设备腐蚀，需要更为复杂的处理，如加石灰软化、加超滤，甚至反渗透工艺。如针对采用城市地表水和中水为主要水源的某 316L 不锈钢管凝汽器，水质控制手段主要有：高效阻垢缓蚀剂、控制有机磷含量、加酸降低碱度、石灰处理或弱酸阳离子交换处理降低补充水的硬度和碱度、合理控制浓缩倍率、添加杀菌剂和黏泥剥离剂等，同时注重胶球系统的运行维护、在供热期循环水流速较低时采用适当措施防止凝汽器管结垢严重等问题，使凝汽器管束的清洁程度得以较好的保持。

因为 Ca^{2+}、Mg^{2+} 带有电荷，所以人们还研究用外加电场来处理水的技术，如静电阻垢技术、磁场软化技术、高频电磁场水处理技术等，总体技术原理是在电（磁）场的持续作用下，让水中的钙镁离子不断析出来抑制凝汽器管内壁结垢的目的。采用电子水处理技术需要另外安装清洗设备，效果易受外界限制，大型机组上应用尚不广泛。

（4）充分发挥在线连续清洗装置的作用。

1）胶球连续清洗。胶球是清洗冷却管的直接作用物，最常见的是软质海绵橡胶球。干态的海绵球球径基本上等于冷凝管的内径，泡湿后的海绵橡胶球直径胀 0.5～1.0mm，比冷却管的内孔直径大 1～2mm；且其密度和水相近（1.00～1.15g/cm³），可在水中可以悬浮，均匀地随水流流动。胶球清洗系统如图 4-62 所示，设有胶球泵、装球室、收球网等部件。胶球由装球室内加入后，在胶球泵输送下从凝汽器进水管加入在凝汽器前、后水室压差作用下，胶球流随水流经冷却管，擦洗管子内壁，同时胶球前面形成喷射水流，清除泥沙、藻类和杂物等污垢，将管内表面的积垢、附着物、沉积物、有机物、淤泥等杂质带出管外，温和地清洗管壁而不磨蚀管子。胶球通过循环水排水管的收球网时被再次收集并返回胶球泵入口循环，实现反复擦洗冷却管。清洗周期结束，胶球被收集在装球室内。

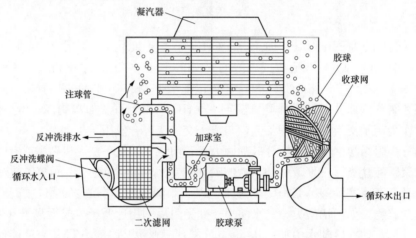

图 4-62　胶球自动清洗系统

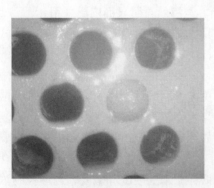

图 4-63　胶球堵塞示意

软质的海绵胶球对于清理管束内的新垢、软垢、浮垢非常有效。新安装或大修彻底清理的凝汽器管非常干净，这时就应当持续投入，不仅可以保持凝汽器管束内表面清洁，还可以防止凝汽器管结垢腐蚀、延长设备使用周期。机组运行时间长了、长时间未投胶球清洗装置或胶球直径磨损失效等情况导致凝汽器冷凝管内壁脏污（垢）严重，可以特制硬质塑料球或涂有碳化硅（金刚砂）的摩擦球清洗，塑料硬球靠撞击除硬垢。通常球径应比冷凝管内径小 0.5～1mm，否则会造成胶球堵塞，见图 4-63；碳化硅球本质上是一个软质球，但其外表面硬度大于管束硬度，因而其湿态球径比常规海绵球小一些。为防止过多磨损管束，特别是铜管应慎用，硬质塑料球或碳化硅球只能短时间使用，当硬垢基本除净后，应立即停用。

胶球清洗系统使用的胶球数量一般为单程被清洗管子数的 10％左右，如单程冷却管数为 600 根左右凝汽器一次装球量可为 500～700 个，脏污严重时可以多一些，反之少一些。不同水位高度均分布有球，密度较小的球能达到顶部的管子，密度较大的球清洗中下的管子。理论上说至少 10 个循环才有可能全部清洗一次，因此为保证每根管子都能被洗到并且清洗干净，投入的球能够及时收回并循环使用。

收球网是胶球清洗装置中回收胶球的关键部件，它能够确保不失球、不积球的同时，用较短的时间和小的水量将胶球送入出球管、并具有反冲洗功能。网板的材料应选用抗腐蚀和抗磨蚀能力强的不锈钢，格栅距的大小和格栅迎水角度必须适应不同的水流、水速，有足够的可靠性。收球网进、出水侧应装设压力表计，以便于及时判断网板的洁净程度，并及时进行反冲洗收球网，以减少循环水的流动阻力，减轻振动，确保整个设备的正常使用寿命。凝汽器采用开式冷却虹吸布置的胶球清洗装置，应通过缩短胶球入口管道长度、减少弯头等措施降低管道阻力，胶球收球室应布置在靠近循环水回水管道收球网的位置。

收球率是胶球清洗装置运行中的重要指标，通常要求收球率应不小于 90%。收不回来的球可能是已经损坏、被收球网漏掉、积存在系统中某个地方或堵在某根管内，这时就失到了作用。胶球堵管还会加剧凝汽器性能下滑，所以如果收球率下降，可通过提高投球时的循环水流速、延长收球时间等方式提高收球率，必要时要利用检修机会对凝汽器进行彻底清洗、对胶球清洗装置要定期维护，保证其清洁功能正常。胶球质量是影响收球率最主要的因素，要定期检查回收的胶球确保损坏率是符合预期的，否则需要更换质量更好的胶球。凝汽器水室要消除涡流区、隔板窜通缝隙及可能积球的窄缝。水室内壁通往外部的管道及盲孔要在入口管口加装小孔径网罩阻挡胶球外漏。

胶球泵是输送胶球的专用设备，可保证胶球通过泵后不受到损坏，不能用普通的化学泵替代。泵的扬程应适中，不宜过大，也不能太小，应与循环水的参数相匹配。输球管路设计中应尽量减少 90°弯转，以减少胶球行进路程和阻力。阀门的设置应合理可靠，尤其是装球室入口处应装有球阀或单向阀片，用其防止胶球泵停转时水倒流而失球。为减少循环水阻力，凝汽器前、后水室通常设计为弧形的球、柱状腔体，也有利用于胶球的均匀分布。

要避免凝汽器长期在低真空、低循环水流量（流速）工况下运行，以免加速传热管内结垢。冬季循环水流量低时，要结合循环水泵和胶球清洗装置投停定期工作，启动备用循环水泵对系统进行大流量冲洗。还可以尝试凝汽器半侧隔离，对凝汽器分批清洗，以提高收球率。

2）除传统的清洗技术外，近年来超声波除垢技术得到了较为广泛的应用。通过在凝汽器安装专门的超声波发生器，可在流水中产生大量真空气泡，对污垢进行连续不断地瞬间高压强烈冲击，冲击力最高可达 100MW，从而破坏水垢的生成和沉积条件；超声波还可以使水分子裂解为 H^+ 和 HO^-，使水中的成垢物质离子形成诸如 $Ca(OH)_2$、$Mg(OH)_2$ 等可溶解物质，随冷却水流一起流出凝汽器。与胶球清洗技术不同，超声波防垢在防止盐类积垢方面有先导作用，能连续投运，在部分采用低真空供热机组、凝结器在流速较低时不满足胶球投运条件下应用，尤其具有特殊作用。

部分开放式循环电厂设置了凝汽器循环水反冲洗管路系统，定期开展循环水反冲洗，起到较好的效果。

（5）凝汽器离线清洗。如果凝汽器发生严重脏污，必要时对凝汽器冷凝管进行酸洗。

凝汽器换热管（含二次滤网）脏污、结垢的首先体现为凝汽器水阻的增加，通常认为当循环泵出口压力增加 5kPa 以上时，说明凝汽器的脏污已经到了需要清洗的程度。通常可以先考虑凝汽器半侧退出清洗，如果有停机机会，可考虑彻底清洗。清洗技术包括高压水射流冲洗、机械除垢、化学清洗等多种方式。

1) 高压水射流清洗最为常用，它通过高压泵将清水加压到 20～50MPa，在孔径为 1～2mm 的喷嘴内，水流以极高的速度形成高能量射流喷入凝汽器铜管内进行冲洗。高速的水射流以正向或切向速度冲击清洗表面，在清洗表面产生很大的瞬时碰撞动量，对清洗面上的积垢产生挤压、剪切力，致使积垢剥落并被冲洗掉，除垢率可达 80% 以上。

2) 化学清洗就是在流体中加入除垢剂、酸、酶等，让污垢溶解剥落，对凝汽器管进行彻底地功能恢复，通常认为凝汽器运行清洁系数小于 0.6，且抽样检查确认清洁系数降低主要起因于冷却管内的盐类水垢的，就要进行化学清洗了。常用的清洗方法有循环法、浸渍法和浪涌法，酸清洗为主，具体操作需要专业公司，可参照 DL/T 957《火力发电厂凝汽器化学清洗及成膜导则》。

(6) 不能清除顽垢或管壁已经减薄超标的凝汽器，可考虑换管技术改造。凝汽器长期工作危险的条件下，被污染是必然要产生的，因而措施（2）～（4）意在运行中维持凝汽器清洁水平，实时污染、实时清除，对于延缓凝汽器性能下降具有非常重要的意义；措施（5）为离线的补救措施，可以较彻底地去除受热面上的污垢、恢复凝汽器的性能。因此，在线、离线措施相互配合，可以较好保持凝汽器的清洁程度。其中，胶球清洗对于凝汽器具有核心地位，进凝结器前的一、二次滤网作为辅助设施配合使用，循环水质控制也非常重要，离线手段是不得已的办法或定期工作。

6. 凝汽器面积

冷却面积是凝汽器的最本质的指标，确定凝汽器适当的面积是设计阶段重要的事务。在冷却水进口温度、冷却水流量、真空严密性、冷却管清洁程度相同的情况下，凝汽器面积越大，凝汽器压力越容易保证，凝汽器端差越小，但面积增大也会带来的投资增加，在当前业主强烈的降低造价要求下，凝汽器面积设计不足也是常见的事，特别是高造价的空冷凝汽器。此外，还有如下两个技术方面需要考虑：

(1) 未充分考虑凝汽器实际运行中水质对设备清洁度降低等不利因素发生的可能性，导致凝汽器冷却面积不足（如设计时按清洁系数 0.75～0.8 来选取面积，实际可能只能保持在 0.5～0.6）。

(2) 对于环境温度的考虑不足，例如平均温度可能为 20℃ 的情况，但有个别时段温度远超过 20℃，造成夏季的机组出力不足。

如果进行凝汽器改造，则需要充分考虑这两个因素和要达到的目标（如是否保证最热时机组仍能满出力）来核算凝汽器面积。

(二) 真空系统优化

凝汽器换热管束处的空气聚积程度是真空系统治理的重要目标，需要在真空系统有足够的严密性的基础上，抽汽设备及时地把这些空气抽走。只要抽气器满足在出力范围之内工作，保证及时抽出凝汽器内的空气，就可避免其影响凝汽器管束的换热而提高凝汽器压力，维持凝汽器内的压力稳定。

1. 真空严密性要求

真空系统虽然有抽气设备，但它们的容量和功率总体上来说是很小的，因而整个系统的严密性是保证机组冷端系统正常工作的基础。若机组真空严密性差，则会有大量空气漏入空冷机组真空系统中，很快就会超出抽气泵的出力，从而降低机组真空、影响机组性能，因此真空系统严密性一个重要指标。可用真空严密性试验来检验机组冷端真空严密程度。试验可以机组高负荷（80％额定负荷以上）稳定条件下进行，先关停抽汽设备，然后记录凝汽器真空的变化，进而通过做此试验得到的真空下降速度来进行评判真空严密性的好坏，真空下降值越大则说明严密性越差，相反则说明严密性越好。

凝汽器汽侧空气聚积的主要原因有：

（1）机组真空严密性变差。

（2）抽气装置抽吸能力下降。

（3）抽空气管路流动不畅。

2. 空气泄漏量增加原因及措施

机组真空严密性变差主要原因是空气泄漏量增加，通过各种技术手段进行真空系统检漏，及时发现真空系统泄漏点，并进行彻底处理。

空气漏入包括正常漏入和非正常漏入两个部分：

（1）正常漏入包括处于真空状态下的低压各级与相应的回热系统、排汽缸、凝汽设备等的不严密处随汽轮机排汽进入的空气，随各种疏水进入凝汽的空气。补给水也会带入一部分空气。

（2）非正常漏入主要是指失去调节的低压轴封、低压缸尾部中分面不严密处、排汽缸与凝汽器接口及其他真空管道、容器裂口处等，通常与真空系统中的设备尺寸、结构，如凝汽器的壳体数、汽轮机排汽口数及尺寸，凝汽器与排汽口的连接型式等相关，设备的安装、检修质量（如各法兰和焊缝的严密性）和真空阀门的密封程度也有密切的关系。

（3）如果出现真空严密性问题，应当重点在这些非正常漏入处检查。包括以下部分：

1）低压缸部分。低压缸前、后低压缸轴封、低压缸水平中分面、低压缸安全门/人孔门/真空破坏门及其管路、低压缸防爆门；中低压连通管与外缸结合面，汽缸法兰面；后缸喷水系统管道阀门；低压内缸推拉杆处波形补偿器；低压缸膨胀测量装置波形补偿器、轴封及汽封套结合面等位置。

2）凝汽器部分。凝汽器喉部焊缝；凝汽器汽侧和热井人孔门；凝汽器真空破坏门；凝汽器汽侧和热井空气门、放水门；各真空泵进、出口管路及阀门；凝汽器热井至凝泵进口管路，凝泵抽空气管，凝泵轴端密封；凝汽器水幕喷水系统管路及阀门；凝结水再循环系统阀门；人孔门/预留管口堵板/汽侧放水门/本体焊缝、轴封加热器及给水泵密封水回水水封、低压缸与凝汽器喉部连接处、汽动给水泵汽轮机轴封、汽动给水泵汽轮机排汽蝶阀前/后法兰、负压段抽汽管连接法兰、低压加热器疏水管路、抽气器至凝汽器管路、凝结水泵盘根、低压加热器疏水泵盘根、热井放水阀门、冷却管损伤或端口泄漏、低压旁路隔离阀及法兰、抽汽管道穿凝汽器结合面、负压区加热器排气/疏水管道法兰、汽动给水泵汽轮机缸体疏水管法兰、汽动给水泵汽轮机缸体平衡管法兰、汽动给水泵汽轮机缸体与排气罩法兰、其他接至负压区的管路系统。

（4）多种方法可以检漏，如灌水找漏、氦质谱检漏、超声波检漏等。

1）灌水找漏。将水灌至凝汽器汽侧，水位到达低压缸气封洼窝处，用肉眼直观找出泄漏点，优点是简单、方便，但缺点一些细小的裂纹只有在热态设备膨胀或有压力的情况下才发生泄漏，水位到不了的低压外缸部分以上的漏点无法查出，找出漏点不完全。

2）"氦质谱检漏法"是以氦气作为示踪气体，用喷头在真空系统可能泄漏的部位喷入氦气，在凝汽器的真空泵口处布置氦检仪检测。如有泄漏，则氦气会从泄漏处进入凝汽器，被真空泵抽出，最后被氦检仪检测到。由于氦气是除氢气外最轻的气体，可检测极其微小漏孔，可用于在线检漏。氦气在真空中传输速度快且难溶于水的特点，使其具备灵敏快速的检漏优势。

总体上来说，成功检漏还是一个比较专业的工作，特别是换热面庞大的空冷却系统更是如此，可以找专业的公司进行这项工作。

（5）常见的非正常泄漏点原因及处理经验。

1）低压缸本体各结合面、给水泵汽轮机本体结合面、与真空泵连接处各法兰及各系统阀门阀杆密封处等中、小漏点，泄漏原因大多是因为其密封面处的垫片老化、开裂等原因，可使用"硅酮平面密封胶"进行临时封堵处理，并在检修时更换密封件。

2）低压缸轴封、给水泵汽轮机低压轴封（后轴封）是常见的真空泄漏原因，往往可以达到中等以上漏点，原因往往与动静碰磨、汽封片被磨损有关。此类漏点可采取将轴封压力提高的临时措施消除漏点，最终需要在检修中更换汽封、改为接触式汽封或调节汽封间隙，并消除动静碰磨原因。

3）低压内缸推拉杆处及中心导向销处的汽缸补偿器（见图4-64）泄漏，是引进型西门子机组所具有的特殊漏点。因该类型汽轮机低压外缸与低压内缸无刚性连接，低压内缸并非支撑在低压外缸上，而是通过内缸猫爪穿过低压外缸上面的四个孔支撑在落地式轴承座上，所以需要在低压内缸猫爪支撑位置和中心导向销的位置采用12个波纹管进行补偿和密封，以避免运行时转子与内缸的径向间隙像传统机组那样受到支撑点温度高低膨胀不均而发生变化。但由于补偿器与内外缸两个密封面的"O"型密封圈在使用一段时间后老化变硬，容易产生密封不好的现象。解决办法为在停机时将其更换为氟橡胶材质的密封圈，使用寿命更加持久。

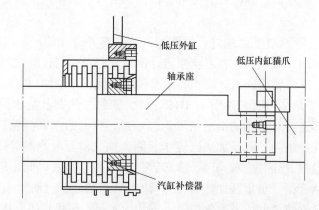

图 4-64　汽缸补偿器示意图

4）真空泵入口阀门内漏。在该泵备用时，空气从真空泵出口处被倒吸入运行真空泵入口，漏点性质为大漏点，泄漏原因为阀门的密封面损坏，需进行研磨处理。由于此类型漏点比较隐蔽，查找时不易发现，需重点关注。

左侧中压调阀与汽缸连接处U型密封（见图4-65）漏气法兰与排汽管连接处泄漏，漏点性质为特大漏点。该漏点也是引进型西门子机组所具有的特殊漏点，有别于其他类型机组，因此查找漏点时容易忽视。传统机组进汽阀采用平板型环状密封圈，依靠螺栓压紧密封圈获得密封性能。平板密封圈长期处于高温高压之下，蠕变的积累导致松弛，密封性能随之下降。U 型密封作为一种新型密封代替过去的平板密封，此密封工作机组负荷越高，进入其 U 型腔室的压力越高，越能压紧密封面，所以具有更好的高温密封性能。机组在正常运行状态下，U 型密封是没有蒸汽泄漏到排汽管道中，但由于排汽管道与凝汽器连接，所以当连接法兰位置的石墨垫片损坏时，空气就从该处进入到凝汽器。针对此漏点的处理办法是在停机时更换 U 型密封漏气法兰与排汽管连接处法兰垫片。

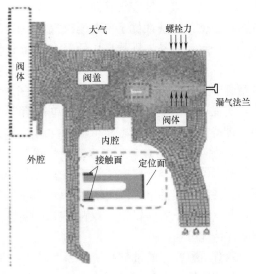

图 4-65 U 型密封在汽门中安装位置

5）负压系统的放空气门或放水门几乎无放气、放水功能，存在漏真空风险，日本不少电厂采用反装止回门的方法，具有较好的密封作用，或者也可以考虑取消。

（6）检修后要对严密性进行试验以检查效果，试验宜在机组 80% 额定负荷以上进行，应确保湿冷机组真空严密性小于或等于 200Pa/min；在机组 50%~80% 额定负荷，应确保湿冷机组真空严密性小于或等于 270Pa/min。

3. 抽气装置抽吸能力下降原因及措施

抽气设备的裕量不足。设计过程中抽气装置容量确定时应采用美国冷却协会标准 HEI《表面式蒸汽冷凝器标准》推荐的计算方法，一定要结合同类机组现场气密性试验结果和机组的大小，给予考虑具有相应裕量（如应配置 3×50% 容量的双级水环式真空泵），以保证其可在汽轮机组各种可预见的运行工况下都能与凝汽器相互匹配。

相对于抽气器而言，水环式真空泵具有耗水量小、工作水密闭循环（水质好，不易结垢）并便于加装制冷装置、不需设置启动抽气器、运行可靠、能耗低等优点，因而新机组大多采用水环式真空泵。对于 300MW 及以下机组，可考虑将射水式真空泵改造为水环式真空泵，不但可简化系统，而且在维持真空度方面有明显优势。

运行中出现抽吸能力下降要进行诊断，确定抽吸能力下降的主要原因，通常包括：抽气系统故障、堵塞或设计不合理、工作水温度偏高等方面原因。水环真空泵的工作水温度对其性能有重要影响，是真空泵抽吸能力的最常见和最主要的因素。解决工作水温度高的问题，可以从降低工作水的冷却水温度、提高工作水冷却器换热能力（面积）和效率、增加冷却水流量等方面着手。首先要考虑的是清理和清洗真空泵工作水冷却器，恢复受热面的清洁性；其次是最安全可靠、简单易行的措施，即用寻找低温的冷却水源替代现有的循环水来冷却，如低温的工业水、地下水或中央集中空调冷冻水等，特别是空调冷却水在针对机组迎峰度夏有非常好的效果。在没有低温水源的情况下，可以增设强制制冷设备对真空泵工作液进行强制冷却，或增加冷却器的冷却面积，也是一种不得已的方法。

对于双背压凝汽器来说，高、低压抽空气管路空气存在相互干扰、抽不出凝汽器性也是常见的问题，进行抽空气管路完善和改进。双背压凝汽器内蒸汽平均温度小于单背压凝汽器内蒸汽温度，经济性优于单背压凝汽器，因而在大机组中得到广泛应用。但由于两个凝汽器压力不一致，容易出现从高压侧凝汽器抽出水蒸气挤占从低压侧凝汽器汽室抽出的空气，而低压凝汽器汽室压力升高，凝汽器传热性能恶化的现象。这种情况下可以在高低压凝汽器抽真空管上加装单独的调节阀门，也就是把传统的抽真空管道串联布置方式改为并联布置方式，实现对两侧凝汽器抽出空气量单独调节的目的，可以将两个凝汽器中的聚积空气全部抽出，维持机组最佳背压。

4. 抽空气管路流动不畅原因及措施

凝汽器内部空冷区空气管不畅或双背压凝汽器高、低压侧空气流动相互影响，导致流动不畅。凝汽器内部空冷区空气管不畅的问题只有在停机检修时按照设计图纸对空气管进行检查，并及时更正安装错误。双背压凝汽器高、低压侧空气流动相互影响导致流动不畅需要根据具体情况分析。

双背压凝汽器的抽气系统分为串联和并联两种布置方式。串联布置方式是高压凝汽器中的不凝结气体连通到低压凝汽器抽气通道，与低压凝汽器中的不凝结气体混合后经真空泵抽出。该方式的优点是系统简单，缺点是高、低压凝汽器相互干扰，易造成抽气量不匀，影响凝汽器换热。并联布置方式是高、低压凝汽器中不凝结气体各自由单独的真空泵抽出，该方式的优缺点正好和串联布置方式相反。

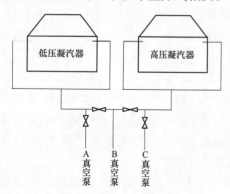

图 4-66 真空系统连接方式

造成串联布置方式下高、低压凝汽器抽气不均匀现象的主要原因是设计阶段空气管路流动阻力计算不符合实际情况。解决的方法只有把抽空气系统改为并联布置方式，即高、低压凝汽器中不凝结气体各自由单独的真空泵抽出。具体参考系统连接方式见图 4-66，该连接方式三台真空泵运行方式灵活，可以互为备用。

5. 真空泵节电

对于真空泵有裕量的机组，可考虑邻机真空泵互连互备的运行方式。通过对相邻机组的抽真空系统进行互连，在机组真空严密性良好的情况下，两台机组只运行一台真空泵，达到节电效果。

（三）凝汽器热负荷控制

凝汽器的设计初衷是负责冷却汽轮机排汽，但由于其还承担接受机组启停和正常运行中的疏水、汇集和储存凝结水、热力系统中的各种疏水、排汽，缓冲运行中机组流量的急剧变化、增加调节系统稳定性等功能，所以管理不善的机组运行中会出现很多额外的热量进入凝汽器使凝汽器热负荷升高，汽轮机效率下降也会使凝汽器热量升高的现象。

凝汽器热负荷增加的影响见图 4-67，凝汽器热负荷的增加最终被循环水带出系统，因此如果凝汽器热负荷的增加在冷却水的冷却能力裕量的范围之内，则其对机组的影响主要体现为循环水耗电率的增加，对机组整体性能比较小；但如果其增加量超出了冷却水的裕量范围，则凝汽器热负荷升高，会使凝汽器真空下降，汽轮机排汽做功能力整体下降，就会明显影响机组性能，使热耗率增加。因此，对于额外热量进入凝汽器往往呈杠杆效应，得不偿失，要采取措施防止多余热量进入凝汽器，防止凝汽器热负荷升高影响机组背压。

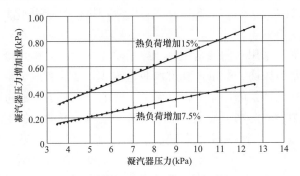

图 4-67 凝汽器热负荷增加的影响

额外热量主要来源是阀门内漏，包括低压旁路泄漏、汽缸疏水，管道疏水、高压加热器危急放水、低压加热器至凝汽器疏水等，所以降低凝汽器热负荷的主要措施是加强阀门内漏治理，通过阀门前后温度对比找出漏点，通过手动隔离，或检修时彻底处理。具体包括：

（1）优化疏水系统，减少疏水量或其带热量进入系统。对汽轮机疏水系统（特别是本体和高压管道疏水）进行优化改造，简化疏水管道和阀门的数量，减少水（汽）泄漏的机会。可通过提高疏水扩容器的工作能力，使得疏水在扩容器内完全扩容卸能，达到单纯回收工质时的目的。

（2）减少阀门内漏。定期检查和维护疏水系统阀门（主要是自动疏水器）的严密性，必要时更换质量较好的疏水阀门。

（3）加强运行管理，合理调整加热器的运行水位保护和疏水调节阀开启阈值，保证加热器正常疏水畅通，杜绝加热器危急疏水阀门动作或泄漏。

（4）提高汽动给水泵汽轮机的运行效率，减少排入凝汽器的热量。

（5）提高汽轮机通流效率，降低低压缸排汽流量。选用合理且高效的汽封结构型式；严格控制机组升、降负荷率，严格控制机组轴系振动在合格水平；机组大修时及时合理调整汽封间隙、或更换损坏的汽封，提高机组通流效率。

大型机组给水泵通常都是给水泵汽轮机驱动，其排汽也进入凝汽器，所以背压变化还会引起给水泵汽轮机排汽压力随之改变。为了保证给水泵流量和压头的稳定，给水泵汽轮机的输出功需要保持恒定，因此需要调整给水泵汽轮机的进汽量以补偿背压变化对其做功的影响。

（四）冷却塔

1. 冷却塔工作过程简述

循环水从凝结器中吸收排汽热量、温度升高后由循环水泵送入冷水塔冷却，温度下降后的循环水则再返回凝结汽器中去冷却汽轮机排汽。显然冷却塔是机组冷端与外部环境进行热交换的最终一环节，其冷却能力决定了凝汽器冷却水的进水温度，进而会直接影响机组运行真空和循环热效率，冷却能力不足是影响电厂性能的主要原因之一。

实际工作中，冷水塔经常在偏离设计条件的环境下工作。因为冷却塔过于庞大，大多数冷却水塔缺少性能检测，或因热负荷增加、或因检修维护不当，出现如循环水淤泥浑浊，淋水填料严重结垢等问题，导致冷却塔出力不足、出口温度偏高是普遍现象。只是由于冷却塔参与换热循环水量大，出塔水温变化往往不太明显，因而容易被忽略。据国外研究结果，85％以上的冷却塔仅具有 80％的冷却能力，所以冷却塔的性能优化具有非常重要的意义，能耗诊断时需要引起足够的重视。

电厂大型冷却塔通常采用双曲线塔型，布置紧凑，水量损失小，冷却效果稳定不受风力影响。冷却塔内部通常由风筒、配水槽和淋水装置组成，塔底有一个蓄水池，但需根据蒸发量连续补水。冷却水在循环泵的作用下提升到塔上部的压力管道，通过配水槽喷溅装置散成细小均匀的水珠后，洒落到淋水填料上。淋水装置是使水蒸发散热的主要设备，其填料多用PE 或 PVC 材料制成，可以缓解热水下落速度，增加与冷空气进行热交换的时间；空气从塔底侧面进入，与水充分接触后吸收热量和水分，空气温度和湿度逐渐上升，到塔顶时以接近饱和的状态带着热量向上逸出，就完成了把排汽热量交换到大气中的过程。

2. 冷却塔性能影响因素及相应节能措施

整个冷却过程以蒸发散热为主，一小部分为对流散热。根据其工作过程可见，决定冷却塔在热力性能方面主要因素包括进塔负荷（循环水量与温度）、空气量和传热性能三个因素。为使冷却塔的性能良好，应保持塔的清洁及配水的均匀性和风量分布的均匀，与制造安装、运行维护和检修质量等多种因素有关。

（1）配水设备。配水系统的作用是将热循环水均匀地溅散到整个淋水填料上，配水不均会降低塔内水-气的接触而降低冷却效果。工作实践中通常出现配水槽阻塞高程不一，水槽溢流，喷嘴堵塞脱落，溅水碟不对中等引起配水不均，需要定期查看，及时修复，包括：

1）对于槽式配水的冷却塔，每年夏季前宜清理水槽中的沉积物及杂物，保持每个喷溅装置水流畅通，必要时修补破损的配水槽。

2）对于槽-管配水的冷却塔，夏季前宜开启内区配水系统，实现全塔配水，以检查每个喷溅装置的完好性，及时修补破损的配水管及喷溅装置。

3）对于采用虹吸配水的冷却塔，应使虹吸装置处于正常工作状态，特别是机组单循泵运行或在春夏秋季节采用低速运行时，要经常检查配水情况，防止虹吸破坏；从设备维护、改造等方面采取水塔虹吸优化措施，实现全塔淋水，防止出现内圈不淋水的情况。

如果冷却塔内配水存在均匀性问题，可更换为喷溅效果良好的喷溅装置。

（2）淋水填料。淋水装置是使水蒸发散热的主要设备，所以其完好性对于冷却塔性能更为关键。但淋水装置的工作环境特别容易出现问题，常会因维护不及时造成喷嘴堵塞、破损脱落、堆积垃圾或结垢，甚至生长藻类，使得换热面积减小，淋水密度增大。淋水密度是指单位面积淋水填料所通过的冷却水量，是衡量冷却塔换热的核心参数，下降后意味着换热过程的缩短，必然造成出塔水温下降。重视淋水填料运行维护，减少冷却塔结冰和填料损坏，及时更换填料，是保持冷却塔热力性能的重要手段。

性能优良的淋水填料具有较小通风阻力，使更多空气进入参与换热，因时可根据淋水填料的破损、结垢程度及散热效果，优化填料的型式及组装高度。

（3）空气流通。

1）除水器变形或破损。对策为及时更换破损及变形的除水器。

2）局部空隙过大造成空气短路或阻力太大造成空气阻塞等问题，典型如通风筒梁柱附近填料空隙过大、部分填料堵死等，造成正常换热填料处空气流量减少，换热强度减弱。对应的措施与淋水装置处理基本相同。

3）循环水浓缩倍率升高，其中的碳酸氢钙、碳酸氢镁、硫酸钙的沉淀物凝聚在换热设备的内表面，有时沉积在淋水板上，阻塞换热热设备的管道。对应的措施包含在冷却水防结垢措施中，在冷却塔部位还要注意：补水管路应直接接至水池，排污管路应从凝汽器循环水出口管路接出，冷却塔底部存在淤泥时，要及时进行底部排污等。

4）优化气流场。有研究表明双曲线冷却塔在空气和循环水热水交换的过程中，存在较大的涡流区间，通过在水塔入风口处安装导向板，能使空气进入冷却塔时、与塔筒内圆成切线方向进入，并在冷却塔内部形成稳定的旋转上升气流，使空气更加均匀地穿透集水池至填料的水滴空间、淋水填料区、喷溅装置和除水器，增加了空气与循环水接触的面积和时间，减少了塔内的涡流区间，提高了冷却塔效率。

3. 冷却塔的冬季防冻

我国大部分地方冬季气温会低于零度而产生冰冻，影响冷却塔的运行。如淋水填料冰冻后会变形、破坏而造成事故，严重冰冻会使塔体结构产生危险振动；冷却塔进空气处热水量较少接触的地方沿塔体内壁流下水结成一根根冰柱，然后冻结成密实的冰帘子，把整个进风口封住，阻止空气进冷却塔而使塔内水温急剧升高。因此在冬季，必须要采取一定措施防止冷却塔发生冷冻，包括：

（1）事先对配水、淋水装置充分检修，保证均匀布水，不允许在个别地段降低淋水密度。对有内、外圈供水方式的冷却塔，可根据温度变化调整内外圈布水比例，环境温度回升后，要及时投运内圈喷水。

（2）要采取措施防止进风口和淋水填料结冰，最好是通过加装挡风板主动控制进入冷却塔的冷空气量而不是利用进口结冰来控制进风量，要注意根据环境温度合理调整挡风板挂板数量，保持循环水温度不高于 10℃，但更不能低于 0℃。

4. 冷却塔运行方式的优化

夏季高温缺雨季节，冷却塔冷却能力不足；冬季寒冷干燥，冷却塔能力过剩。因此，如能创造条件进行循环水母管制改造，根据不同的季节和机组运行方式，实行冬季"两机一塔"或夏季"一机两塔"等运行方式，可有效解决冬季防冻问题和夏季幅高太大的问题。

循环水流量对局部湿度的影响。通常增加循环水量有益于凝汽器侧热交换，但是对冷却塔存在最佳循环水量。当出塔空气的相对湿度未达到饱和，增加循环水量，可使出塔空气逐渐趋于饱和。若继续增加循环水量，出塔水温反而很快升高，因为空气吸收热量已达饱和，过量热水放出的热量已无法被空气再吸收。此外多消耗的泵功对汽轮机效率提高甚微。实际上是以循环水泵耗功补偿冷却塔出口水温升。

冷却塔的运行中，监视冷却塔热力性能是否正常很重要，宜定期对冷却塔进行热力性能诊断试验，确定冷却塔存在的问题。如冷却塔的实测冷却能力小于 95%，或夏季 100% 负荷下冷却塔出水温度与当地的湿球温度差大于 8℃，表明冷却塔存在问题，宜对冷却塔进行全面检查，必要时实施冷却塔技术改造。

冷却塔的性能与功能保持并不完全相同。从机组运行的角度来看，更关注冷却塔的功能而非冷却塔自身的性能（性能的提升是在相同条件下保证功能），如夏季高温高湿时，冷却塔的性能会得到充分应用，幅高可能会下降，但冷却水温度却会升高，并不是机组最需要的；相反冬季时为了防冻，很多冷却塔的功能是关闭的，幅高控制的很高，但机组的冷却需求是可以满足的。因此，理想冷却温度（也就是回水温度）并非当时的气温，也非湿球温度，而是高于湿球温度若干℃，根据汽轮机和环境条件确定。

5. 冷却塔节水

冷却塔主要用水包括：蒸发散热用水、飘逸出塔外的飘滴损失用水、排污用水。

冷却塔蒸发散热用水是不可回收的。蒸发水量与环境气象条件、循环冷却水量、散热量等因素有关。冷却塔夏季运行时，蒸发散热损失水量占循环冷却水量1.7%左右；冬季运行时，占1.2%左右。

冷却塔飘滴损失用水量是指湿热空气上升携带出塔外的飘滴损失水量。飘滴损失水量与塔内气流速度、循环冷却水量有关。塔内无除水器时，机力通风冷却塔飘滴损失水量约占循环冷却水量1%，自然通风冷却塔约占0.5%，这部分损失水量可采用不同型式的除水器回收80%以上。

排污损失水量是指循环冷却水经蒸发后水中的各种化合物及杂质达到一定浓度后需要排出一部分循环水，通过补充新水以降低循环水浓度。排污水与循环冷却水的浓缩倍率有关，浓缩倍率越大，排放量越小，反之亦然。

冷却塔经蒸发、飘滴、排污损失用水后，需要给冷却塔补充新水。

因此，冷却塔节水措施可归纳为：

(1) 冷却塔补水时，应注意塔内水池水位变化，以免溢流造成不必要的水量损失。

(2) 选用高效除水器，减少冷却塔飘滴损失水量。

(3) 提高循环水浓缩倍率，减少排污损失水量。

(4) 对循环水水质进行分析，降低水质的结垢速率。

(五) 循环水系统

1. 循环水系统优化内容

循环水系统是凝汽器与冷却塔之间的联系纽带，承担着把凝汽器中换出的废热运到冷却塔的工作，因而满足凝汽器的循环水流量需求是循环水系统的最重要任务，任何对循环水系统的优化工作必须把这一要求放在首位。鉴于该问题涉及机组的重要性，所以往往一般循环泵容量不足的问题基本不存在，所以循环水系统的优化工作往往简化为循环水泵的节电工作。

输运循环水由循环冷却水、循环水泵及相应管路共同完成，核心设备是循环水泵，同时与管道、滤网、局部阻力等多种因素有关。由于需要的循环水量特别大，因而循环水泵往往设计裕量特别大，其耗电量占机组发电量的1%～4%，是耗电量最大的辅机之一，图4-68所示为循环水泵流量、扬程和效率的诊断，在运行过程中如何在保证满足汽轮机排汽冷却的条件下，尽可以使循环水泵与循环水系统相匹配，降低循环水泵电耗是循环水系统节能工作的重要考虑。

2. 循环水泵耗电量大的主要原因

(1) 循环泵自身效率低。如果对循环水泵运行效率低于76%，说明泵体的选型不合适，建议进行循环水泵增效改造，重点在于提高循环水泵叶轮的线形。

(2) 循环水泵裕量偏大。循环水泵的流量扬程特性最好能与循环水系统阻力特性相匹配，这样循环水系统即能满足机组冷却的要求，又可以满足泵运行在高效区、功耗最小的要求，是节能运行的关键。但在工作中，常出现泵扬程与阻力不匹配现象，其特征为：

1) 系统阻力大于循环水泵的设计扬程，造成循环水泵实际运行扬程高于设计值、实际

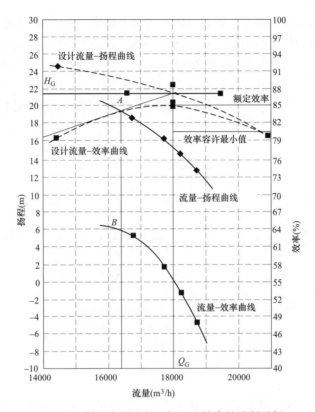

图 4-68　循环水泵流量、扬程和效率的诊断示例

流量低于设计值，表现为冷却水流量不足、机组真空偏低。

2）系统阻力小于循环水泵的设计扬程，造成循环水泵实际运行扬程低于设计值、实际流量高于设计值，表现为冷却水流量偏大、循环泵效率低耗功过大、机组真空过高等。

两种情况中，泵出力偏大是更为普遍的现象。机组调峰运行（变负荷），负荷降低，相应的凝结水泵等的出力下降，问题更加突出，如何保证泵在出力下降时的高效运行是辅机节能的重要问题。

运行中可通过进行循环水泵性能与循环水系统阻力特性诊断试验，根据泵的性能曲线图找出其工作点，进而寻找循环水系统阻力增大的原因，或对循环水泵进行增容改造，或降低扬程改造。

（3）高效调节范围偏小。循环水泵的流量调节范围越大且能保持相对较高效率，如假定泵的选型高效点应当在机组最常见某一中间负荷运行点，则在向上扩展到最大负荷的和向下扩展到最小负荷的区间内，效率损失均相对较小，其运行方式就相对灵活，机组的运行经济性就越好。但在机组的整个服役期间，很难找到常见负荷点，所以通常以最大负荷点为最高效点，则此时可以通过循环水泵电动机变速调节（如变频），在保持泵的高效、保证循环水量可以连续调节的基础上，通过运行方式优化试验，结合机组负荷、冷却水温度，可以得到机组最佳运行真空对应的最佳变频控制运行方式。如考虑成本不设置变速调节装置，则配套两台循环水泵的机组，应考虑至少一台循环水泵具备双速功能。

3. 节电优化运行措施

燃煤机组典型的双泵高裕量配置为循环泵的节电优化提供了坚实的物质基础。在生产实践中，往往把相邻两台机组的循环水系统连接起来，更是为循环水泵运行方式和运行流量的多样化提供了可行性。通过运行方式优化试验，结合机组负荷、冷却水温度，可以得到机组最佳运行真空对应的最佳循环水泵运行方式。

（1）两台定速泵优化方式。循环水泵定速情况下的最佳运行方式见图 4-69。

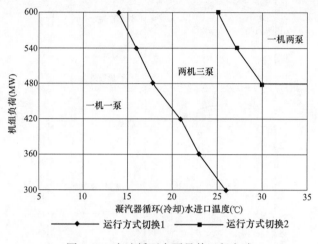

图 4-69　定速循环水泵最佳运行方式

（2）双速泵优化方式。单台循环水泵双速情况下的最佳运行方式见图 4-70。

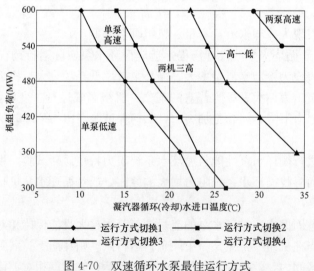

图 4-70　双速循环水泵最佳运行方式

（3）两台变速泵优化方式。两台循环水泵变频运行情况下的最佳运行方式见图 4-71。

进行运行方式优化试验，确定不同冷却水进口温度及不同机组负荷下的最佳循环水泵运行方式，以获得机组整体经济性的最优化。一机一泵、两机三泵和一机两泵三种方式。

（4）边界的确定。考虑冷端系统的节能，每台机组选择一台循环水泵进行了双速改造。

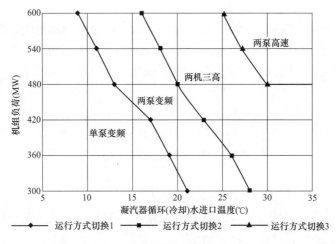

图 4-71　变速循环水泵最佳运行方式

双速改造后，根据冷却水进口温度及机组负荷的变化，循环水泵运行方式有：一机一泵（低速）、一机一泵（高速）、两机三泵（高速）、一机两泵（一高速一低速）和一机两泵（高速）五种方式。

通过冷端系统运行方式优化试验，在保证机组最佳运行真空的前提下，得到不同冷却水进口温度及不同机组负荷下的最佳循环水泵运行方式；为了进一步挖掘冷端系统的节能潜力，对循环水泵电动机变频情况下的最佳运行方式进行计算。

（5）特殊工况下的循环泵节能。特殊工况指汽轮机循环水量需求大幅度减少的情况，如机组启停阶段及低真空等供热改造后的工况。

1）启停阶段。循环泵只需要完成上水的功能，基本上不需要带压，可以在循环水排水泵出口母管增加一路去机组循环水泵出口母管，在循环水系统充水、机组启动冷却和停机冷却这三个泵负荷需求很低的阶段，利用小容量的循环水排水泵代替大容量循环泵以节省泵功，相当于给水泵前置泵上水。

2）低真空等供热技术应用后，大量的冷源损失得到利用，需要的循环泵功率大幅度下降，原来的循环泵必然全运行在极低出力、极低效率的工况下，满足不了高效运行的要求，也可在循环水系统增加并列运行的小功率循环水泵，来实现机组冷端运行的优化和改造。如图 4-72 所示为小功率循环水泵改造。

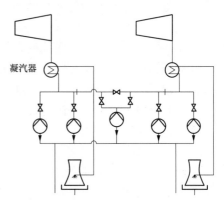

图 4-72　小功率循环水泵改造示意图

（六）凝汽器综合优化

冷端综合优化工作是以凝汽器为中心的设备治理，因而凝汽器设备的控制非常关键。在优先保证其换热功能保持正常、换热位置正确、抽汽系统满足要求、无额外热负荷的条件下，再通过凝结水量的优化调度，实现凝汽器工作在最佳压力下，且辅机耗电功率最小，从而达到机组整体效率最高的目的。

1. 关键参数精确测量与精确控制

冷端系统的关键参数精确测量对于机组整体能效有非常重要的意义，要定期对低压缸排汽压力和温度测点代表性进行校对，低压缸排汽压力测点要采用网笼探头、绝压变送器。定期分析凝汽器出口循环水温分层对测点的影响，确保真空、凝汽器端差、凝结水过冷度指标的真实性。

2. 凝汽器端差的控制

凝汽器端差代表机组对凝汽器冷却的要求是否得到充分满足。如果在循环水流量正常的条件下，如果凝汽器端差控制得很好，则说明凝汽器工作正常，否则在排除表计误差的前提下，可以说明：

(1) 汽轮机的效率下降了（排汽温度高）。

(2) 凝结器多余热负荷增加，如低压加热器的疏水通过危机疏水门直接进入凝汽器，旁路系统发生内漏进入凝汽器等。

(3) 凝汽器工作存在问题，如凝器铜管水侧或汽侧发生结垢/堵塞/脏污影响换热效果，凝汽器真空系统泄露等原因造成的真空度低，冷却水管堵塞严重或凝汽器集水井水位高淹没铜管，凝汽器水侧上部积空气未排出，凝汽器循环水流量显示偏大实际不足等。

循环水流量增大后，凝结器端差减小，循环水流量减小后，凝结器端差增大，所以当端差增加时，在循环泵电流增加不太明显时，可适当加大循环水流量。

3. 凝汽器过冷度的控制

机组的冷端系统主要目的是冷却汽轮机的排汽，所以正常情况下凝汽器应当工作在饱和工况下，凝结水温度等于饱和温度。但如果汽轮机排汽无法过来充分与冷却水管接触、冷却水温过低/水量过大、凝汽器内积存空气等原因，导致凝汽器工作时冷却水没有很好的冷却蒸汽，而是把冷却下来的凝结水继续冷却，使得凝结水温度低于凝汽器压力所对应的饱和温度，造成冷源损失增大，降低机组效率。为了把过度冷却的凝水温度提升到饱和温度，最后一级低压加热器需要增加该段抽汽，使得该机组做功能力下降量 $\Delta H = \alpha_H (\tau_{c0} - \tau_{c1}) \eta_8$。

降低凝结水过冷度要控制好热井水水位，保证就地水位与 DCS 监测水位保持一致；冷却水温度较低时，通过减少循环水泵的运行台数，减少冷却水流量，此时还可以节省循环水泵功耗。如果调整水位无法改变过冷度增大的趋势，则有可能是汽侧回热通道受阻，宜在检修时解体检查并及时解决。

4. 凝汽器最佳压力的控制

在抽汽系统工作正常，且凝汽器端差、过冷度均控制良好，可以满足汽轮机排汽的冷却要求条件下，凝汽器压力基本上与循环水量相关。冷却水量增加，凝汽器压力降低，机组效率增加但循环泵功耗增加；冷却水量减少，凝汽器压力增加，机组效率下降但同时循环泵功耗也下降，最佳循环水量值、冷却水流量和最佳真空的关系如图 4-73 所示。在某一个冷却水流量时，则有了一个初始凝汽器压力后，增加冷却水量。①系统阻力大于循环水泵的设计扬程，造成循环水泵实际运行扬程高于设计值、实际流量低于设计值，表现为冷却水流量不足，夏季机组真空偏低。②系统阻力小于循环水泵的设计扬程，造成循环水泵实际运行扬程低于设计值、实际流量高于设计值，表现为冷却水流量偏大，循环泵耗功增加，机组冬季真空过好。增加冷却水量则凝汽器真空升高，压力降低，汽轮机功率增加 ΔP_t；同时由于增加冷却水量使得循环水泵功耗增加了 ΔP_p，则整个发电机组功率净增加值为曲线类似于一个抛物线，先升高后降低，当到达顶点 a 点时其值达到最大，由前面分析可知此点对应的冷却水流量是最佳冷却水量 D_{wop}。与 x 轴做垂线相交于 p_k 曲线于 b 点，由分析可知 b 点即是最佳真空 P_{cop}。当循环水量增加至 c 点往后时，汽轮机组功率线几乎与 x 轴平行线向右延伸，发电功率值几乎不再变动，c 点对应的凝汽器真空即为凝汽器极限真空。

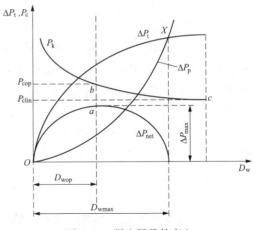

图 4-73　凝汽器最佳真空

该规律与汽轮机本体工作情况、凝汽器换热情况均无关，但不同条件下曲线的位置可能不同。设计为理想的工作状态，凝汽器干净无额外热负荷、汽轮机效率高，所以最佳真空最低，根据凝汽器特性曲线与汽轮机组排汽效率随背压的变化可以得到，但机组投运后汽轮机、凝汽器性能逐渐变差，且环境温度随四季变化明显，因而最佳真空值（最佳循环水流量）随时都在变化，需要定期进行分析确定。最为精确的方法是进行适当的性能优化试验确定，并根据主因外在条件（例如环境温度的变化）来得到一定的偏移量指导平时的正常运行，如上文中多台循环水泵联合优化的方法，可以保证机组运行在整体效率较高的水平。

（七）空冷机组

空冷机组的优化与湿冷机组的优化本质上是相同的，但由于空冷机组没有了循环水系统，其优化过程相对湿冷却机组而言更为简单，但凝汽器换热面积更加庞大，换热能力差，其优化的难度是增加的。原因如下：

（1）更容易出现真空系统严密性问题。空冷系统体积庞大，排汽管道直径粗，焊口多，换热管子数量多，结构复杂，空冷系统的排汽也相对困难，因而更容易出现真空泄漏问题。且机组一旦投运后再出现真空系统严密性问题，由于真空系统中运行着大量的风机等辅机，很难再进行查漏工作。

（2）管束积灰难以避免。空冷机组比较集中的我国北方，气候比较恶劣，空气质量差，沙尘、柳絮等杂物很容易积在空冷岛为管束翅片上，使空气流动阻力增加，传热恶化，空冷冷却效果急剧变差，严重影响机组运行。

（3）环境气温、风速、风向的影响。环境气温，环境风速、风向会显著影响直接空冷系统的运行特性。空冷系统位于锅炉的下游，或者一个空冷岛位于另一个空冷岛的下游时，吹向下游空冷岛的空气温度也会升高，导致下游的空冷岛进口空气温度升高，还出现相互干扰现象。夏季气温较高时，多重不利因素共同作用，凝汽器真空度会大幅下降。不少空冷机组在散热面附近喷雾降温，消耗的水量也很大，失去了空冷机组的优势。喷雾时除盐水太贵，使用一般的水往往又造成管外结垢，使凝汽器陷入长期性能下降的窘境。

由于空冷却机组换热能力差，对机组影响大，所以还是要尽可能提高环境空气和汽轮机排汽之间的传热能力，设法提高传热系数，最有效的方法是定期对散热器表面进行水清洗保持换热面的清洁，使散热翅片管具有良好的传热效果。对于直接空冷机组而言，大多数的风机可变速运行，可根据气象条件的变化，合理地调整风机转速、投运风机运行台数。另外，根据自己的设备布置特点，在空冷三角形散热器加装导流板，在进风器加装挡风墙等技术措施也有良好的效果。

在水源并不太缺乏的地区，如中大城市附近有足够的中水，或是大型坑口电厂具有输矸水等条件下，可以采用蒸发式凝汽器作为尖峰冷却装置对直接空冷系统进行改造。如某660MW机组设计工况为环境温度31℃时空冷系统运行背压32kPa，但投运后当环境温度超过30℃（实际夏季气温曾高达41.4℃）时，汽轮机背压就会升高35～40kPa，使机组出力在80%～90%之间，汽轮机背压变幅较大，安全性降低。因该机组为矿区富有输矸水无法处理，该机组加装了蒸发式凝汽器作为尖峰冷却装置，从原直接空冷凝汽系统主排汽管道分流320t/h的蒸汽，实际运行排汽背压在原基础上降低8～14kPa，每年在最热时投运200h左右，取得良好效果。

空冷凝汽器加大裕量是另外一条技术路线。很多电厂建设期为了降低造价都选择面积偏小的空冷凝汽器，运行一段时间后就会发生背压高、影响机组夏季带负荷能力，要么加以改造，实施难度很大，要么长期忍受机组性能低下的问题。过分地强调"降造价"是我国基建与生产两条线特有制度下的畸形产物，给我国发电行业带来了很严重的后果，保证空冷凝汽器的裕量非常重要，应当作为例外处理。

在有空冷机组和湿冷机组并列运行的电厂，利用空冷机组可以高背压运行的特点，将湿冷机组的凝结水全部引入到空冷机组的排汽处，然后通过混合式换热器实现湿冷机组的凝结水对空冷机组乏汽的冷却，从而实现两种冷却方式的优势互补，提高全厂经济效益，达到节能减排的目的。

（八）凝结水泵节电

凝结水泵见图4-74，它把凝汽水箱的凝结水经低压加热器加热后送入除氧器内维持除氧器水位平衡，是汽轮机热力系统中的主要辅机设备之一，其耗能仅次于给水泵和循环水泵。实际工作过程上，凝结泵耗能过大的原因除了凝结泵本身效率低、额外负荷大（杂用凝结水流量多）外，主要表现为凝结水泵设计流量点的扬程相对于凝结水系统阻力偏大，与凝结水泵的调节方式有直接的关系。如果凝结水泵是定速运行的，凝结水压力常常超出机组实际需要、运行时不得不依靠关小凝结水调节阀门（除氧器水位调节阀），通过节流来调节凝结水的流量，成电能浪费和凝结水精处理设备工作压力升高，既不节能也不安全，不少机组中白白耗费阀门上的能量高达实际需求的30%～50%，既不经济节能，也造成除氧器水位不容易控制。

实际工作中通常对凝结水泵变频改造实现凝结水泵节能目标。通过调节电动机转速，可使轴流加热器出口的除氧器水位调节阀完全打开，凝结泵始终运行在高效区，根据负荷通过调整凝结泵的出力来凝结水流量、进而调节除氧器水位，除氧器水位调节阀基本不再承压节流。通过除盐水补水调节阀凝汽器内为调整凝汽器水位，使热水井水位保持在相对低位的运行状态，对系统的安全稳定运行具有良好的效果。

在凝结水泵电动机加装变频调节装置后，宜根据机组实际状况，在保证凝结水母管压力的条件下，修改除氧器进水控制逻辑，机组在运行中保持除氧器进水门全开，采用变频装置调节除氧器水位。此外，及时调整低旁减温水压力低保护定值、给水泵密封水差压低保护定值、凝结水压力低开启备用泵定值。

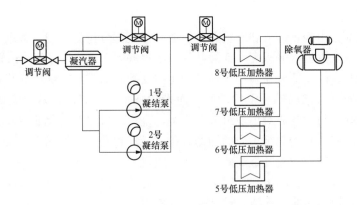

图 4-74　循环水泵流量、扬程

第八节　通流及汽封技术简述

汽轮机的通流部分指汽轮机中蒸汽从高压向低压流动所途径部件的总称，主要用于把蒸汽携带能量转化为机械能，完成朗肯蒸汽循环中做功过程的核心部分，包括汽轮机喷嘴、动叶及相应的蒸汽密封装置。汽轮机通流改造指采用当代先进成熟的气动热力设计技术、结构强度设计技术和制造技术，对早期采用相对落后技术设计制造的在役汽轮机的通流部分进行改造，以提高汽轮机运行的经济性、可靠性、灵活性，并延长其服役寿命的工作，提高机组的整体经济性能。在目前节能要求越来越严的条件下，对节能减排目标的实现和企业的可持续发展有重要意义。

一、需要改造的机组及问题

（一）需要改造机组

我国目前电力行业中 200MW 级以下容量超高压机组主要是自主设计，大多已经关停，还在服役的机组也接近寿命晚期；我国 300、600MW 亚临界机组有自行设计的，更多的是 20 世纪七八十年代引进技术生产的，这部分机组均为改造主要对象；我国超临界以上级别机组有两种大类型：一类是由苏联、东欧进口的仅压力超临界、温度为 540℃的超临界机组；另一类为 90 年代开始引进超临界 600MW 机组。前者的经济性并不高，但容量较大，基本都已完成改造；后者受当时设计水平、设计手段和制造加工工艺的限制，总体上济性较差，多数机组缸效率及热耗率达不到设计值，不少机组还存在诸多影响机组安全性的问题，也是改造对象。所以通流改造主要针对 300～600MW 亚临界机组及部分还未退役的 500MW 超临界机组。

经过多年来逐步消化吸收，我国亚临界、超临界及超/超临界机组的设计、制造、运行、检修技术均已经处于世界领先水平，通流部分改造技术已经成熟可靠，东汽、哈汽、上汽、全四维、北重、阿尔斯通等厂家均有显赫的改造业绩。大量改造案例机组改造后热耗率可低于 8000kJ/kWh，机组主要部件使用寿命延长、可靠性得以提高，热耗率大为降低，节能减排效果显著。

（二）通流部分组成

汽轮机通流部分由静止部分和旋转部分组成。静止部分包括阀门、蒸汽室、导汽管、汽缸、喷嘴、喷嘴室、隔板（隔板套）或静叶环（静叶持环）、汽封等部分；转动部分主要由叶轮或转毂、动叶。静止部分与转动部件之间是活动的，通常由喷嘴或静叶先把蒸汽中的热能转变为蒸汽的速度再推动转子上的动叶，而带动整个转子转动，从而完成热功转化的目的。喷嘴（或静叶）与动叶成对出现组成一个级，是汽轮机热功转化的最核心部件。前后的流通管道及动静之间密封均为级工作的辅助设备，最理想的工作模式为：

（1）喷嘴（或静叶）与动叶最高效地完成汽轮机的热功转化。

（2）汽轮机动静部分转动灵活，密封良好，所有的蒸汽都通过喷嘴（或静叶）与动叶。

（3）前后的管道阀门非常光滑，没有任何摩擦损失。

实际上这三个理想均很难实现，从而产生了各种各样的损失。传统的损失根据发生的位置划分为级内损失与级外损失两种类型，为了与上述理想工作方式匹配，可把各种损失重新重合为：

（1）热功能量转化相关损失。包括余速损失、湿汽损失、叶轮摩擦损耗、扇形损耗、端部损耗（叶高损耗）、叶型损耗等，主要由叶片的改造来减少。

（2）与漏汽相关的损失。有叶顶漏汽损失，根部漏汽损失、轴封汽漏损失、排汽管损失、汽缸漏汽损失等。

（3）与摩擦阻力相关的损失。有管道（连通管、导汽管等）压力损耗与阀口节流损耗等。

因此，通流部分与节能相关、且可与通流改造相关的设备主要有：

（1）汽缸。汽缸的作用是将通流部分和外界分离开来，同时也构建出蒸汽流通、实现能量转换的封闭空间，并支撑汽轮机。汽缸的形状、表面光洁度与密封作用的好坏与漏汽相关损失、摩擦阻力相关损失有密切联系。

（2）叶栅。叶栅包括成组的喷嘴（或静叶）与动叶。冲动式汽轮机大多采用隔板结构，其喷嘴（或静叶）通常安装在隔板，然后通过隔板套固定在汽轮机内缸上（也有隔板直接固定的），完成蒸汽中热能向蒸汽速度的转化；反动式汽轮机一般采用转鼓型结构，其静叶通常安装在静叶环上，再通过静叶持环固定在汽轮机内缸上。与喷嘴或静叶不同的是，动叶片安装在汽轮机转子上，把喷嘴或静叶出口的高速蒸汽转化为对动叶片的反向作用力，借助动叶对转子的力臂作用推动转子的高速动转。动、静叶的气动外形设计与蒸汽热功转化的效率高度相关，制造工艺非常苛刻，抗冲蚀能力也很重要，是动力工程中主要研究方向。

（3）转子。转子上安装着动叶，负责把动叶受到的扭矩传递给转轴，因而其与通流形式相关：如果动叶片直接安装在转子上称为毂式转子，反动式汽轮机通常使用；动叶片通过叶轮安装在转子上，则称为轮式转子，常为冲动式汽轮机采用。根据转子的制造方式还包括整锻式、组拼式、焊接式和套嵌式四种形式。

（三）主要问题及原因

早期投产机组主要问题是热耗率普遍比设计值偏高 200～300kJ/kWh 以上，除了制造厂为更大程度争取项目中标，不断压低热耗率设计值的原因外，还有受设计和制造工艺方面存在的主要问题：

（1）汽轮机叶片型线设计落后，叶型损失大，级效率低。

（2）通流级数偏少，各级焓降分配不合理，通流部分优化不充分，汽轮机缸效率低。

（3）高、中、低压缸进、排汽部分结构局部阻力偏大，进排汽损失大。

（4）高中压内部套结构设计落后，内部套数量较多，接合面较多，发生变形后内漏严重。

（5）低压内缸产生变形，5～7 号抽汽温度高于设计值。

（6）汽封间隙偏大，汽封系统漏汽量大。

因此，通流改造主要改造方向包含非做功蒸汽流道、喷嘴/叶片（含叶顶汽封）和轴封三大部分内容。可采用高、中、低压缸整体进行改造，也可根据各缸效率情况采用局部改造，简单的改造仅对通流部分的通流间隙和密封进行调整或改造，而深度通流改造，包括新型高效叶型调节级、采用新型高效弯扭叶片压力级等，通常还包括对汽封进行改造，对中、低压缸排汽蜗壳进行优化。

二、通流改造要考虑的问题

（一）调节级优化

调节级运行工况复杂，约占整个高压缸做功比例的 20%，调节级效率对机组经济性有显著影响。目前在役运行的超临界机组普遍存在通流面积偏大、通流级数少、调节级单级焓降大、效率低的特点。汽轮机运行中配汽阀组和调节级效率远低于高压缸通流效率，在机组通流改造中，利用新型三维优化技术优化喷嘴配汽、降低喷嘴室压损、提高调节级入口流场均匀度、优化调节级型线、喷嘴通流面积、减小调节级焓降，并对其他热力部分进行宏观调整，增加通流级数，合理选取调节级，可使调节级级段效率提升 5% 左右，综合提升高压缸效率。

（二）汽缸结构优化

现代大型汽轮机的高、中压缸往往采用双层汽缸结构，双层汽缸的夹层一般和内缸中通入一定参数的蒸汽以减小每层汽缸内外的压差和温度差，进而减薄内、外缸缸壁及法兰的厚度，外缸可以采用较低级的钢材以节省高级钢材，降低汽缸造价，且机组启动、停机时，汽缸的加热和冷却过程都可加快。这种结构机组蒸汽室、高压内缸、高压持环、中压内缸和中压1号静叶持环都存在接合面，汽轮机高压内缸变形、高压内缸与喷嘴室等静止部件配合面泄漏、高压进汽插管泄漏等问题较为普遍，且高压内、外缸夹层冷却蒸汽在上、下缸流动不均匀导致的上、下缸膨胀不均产生热应力，高、中压缸夹层间蒸汽短路而损失的蒸汽做功能力大，最严重的使高压缸效率比设计值偏低 3%（绝对值）、中压缸效率较设计值偏低 2%。本体结构的优化主要整体内缸技术，将蒸汽室、持环等部件和内缸合并为一体，来解决这泄漏的问题。

（1）针对高压内缸与喷嘴室间的漏汽问题，往往通过将进汽插管焊接在高压内缸上（或优化高压内缸与进汽插管之间密封体），使原来独立的喷嘴室与高、中压缸与成为一个整体式的内缸，来彻底解决蒸汽室与汽缸结合面间的漏汽问题。

蒸汽室是整机蒸汽参数最高的位置，其结构型线的差异直接影响进汽流场及前几级通流的均匀性，对汽轮机性能影响很大，喷嘴室与内缸融为一体后，再采用蜗壳进汽、三段渐缩进汽等技术优化进汽机构及蒸汽室内部型线，使进排汽部分流场分布更加均匀、蒸汽流动更加顺畅、流动损失减小，通过减少蒸汽进汽部位的压损来提高缸效率。

（2）针对各级的持环与内缸结合面的漏汽问题，主流的技术是通过高压桶型内缸和红套密封技术将高中压内缸、喷嘴室、高压静叶持环整合为一体，来有效减少接合面漏汽。红套环技术采用规则的圆筒形静叶持套环形成内缸，套环加热的状态下完成安装工作，冷却时产生的收缩力紧紧地把内缸和隔板密封在一起而起到良好的密封作用，高压内缸可在长期稳态及瞬时变工况下运行期间无任何泄漏。这种技术还有隔板整圈受力、结构更紧凑、热应力小、应力集中小、寿命长的特点。上汽-西门子的超超临界 1000MW 机组采用了桶形内缸，哈汽和东汽在其二次再热机组等新机组中也采用了类似技术。

（3）优化低压内缸。传统的汽轮机低压缸刚度不足，且机组中低压分缸参数高，低压缸从入口到排汽口温度梯度大，运行一段时间后，多存在缸体变形导致中分面和级间漏汽现象严重，表现为五段、六段抽汽超温严重。各制造商针对上述问题都提出了各自的低压缸整体优化技术，主要包括低压缸结构优化、增加级数降低原压降大梯度大的问题、优化低压排汽导流环型线和扩压管型线降低排汽阻力三个方向。上海汽轮机制造厂通常通过采用新型整体式单层斜撑低压内缸，抽汽室采用新型平行四边形封闭腔室，使温度梯度分布更均匀；东方汽轮机厂采用将进汽部分结构整体焊接到低压缸上，让原来独立的低压进汽室与低压缸避免因装配而带来的蒸汽泄漏，并取消中分面整体法兰结构，避免因法兰为整板而产生的热应力及变形的情况。也有制造厂在中分面抽汽口处增加螺栓，加大螺栓的尺寸、提高刚性来防止漏汽的技术。

（三）高效叶型

叶型是决定汽轮机效率的关键因素，其发展过程可以简要地概括为四个阶段，如图 4-75 所示。传统叶型基于一维、二维设计技术，是半理论半经验的方法，20 世纪 90 年代以来，随着热力叶轮机械技术、计算机技术和计算流体动力学（CFD）技术的发展，基于全三维黏性 N-S 方程数值解来分析级内全三维流场在汽轮机机械设计中得到了广泛的应用。这种技术是通过数值计算的技术对优化后的叶型进行验证，可以事先获得优化效果的充分评估，并通过先进的制造技术实现先进叶型的实现，使汽轮机热效率有了显著提高，汽轮机热耗比 60 年代前设计的汽轮机下降 3％～4％，成为世界范围内汽轮机技术进步的主流技术。

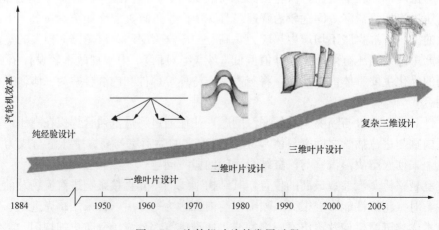

图 4-75　汽轮机叶片的发展过程

上海汽轮机厂的叶片技术称为"先进的整体通流叶片设计技术（AIBT）"，该技术包含了通流的整体布置、叶片选型、差胀间隙设计、叶顶围带和叶根设计等功能，已成功应用于亚临界 300MW 以上级汽轮机通流改造和新开发机组设计。从气动力学角度，提出了变反动度的设计原则，即每一叶片级的反动度是不相等的，以最佳的气流特性决定各级的反动度，使各个全三维叶片级均处在最佳的气动状态，提高整个缸的通流效率。

新一代后加载反动式扭叶片。典型冲动式汽轮机组中，动、静叶片的型损失约占流道总损失的 1/3，二次流损失约占 1/3，最大气动负荷往往在叶型前部。20 世纪 90 年代开发的新一代汽轮机叶型把气动负荷的最大值设置在叶型的后部，在将吸力面/压力面优化为高阶连续光滑样条曲线构成以减少叶型损失的同时，可通过最大气动负荷点的变化使叶栅总损失下降 20%～25%，称为后加载叶型。该型叶片前缘小圆半径较小且具有更好的流线形状，叶片尾缘小圆半径较小，可在来流方向（攻角）大范围变化时，仍保持叶栅低损失特性，叶型最大厚度较大，刚性较强。

低压末级长叶片技术。我国大容量机组长期调峰运行，在低负荷工况下，低压段蒸汽容积流量显著减小，容易造成低压末级叶片根部倒吸，引起叶片出汽边水蚀及叶片颤振，影响机组安全可靠性。为了保证机组在较宽的工况变化范围内保持较高的末级效率，末级叶片需要具有较好的工况适应性。在汽轮机通流改造中，结合机组冷端现状和负荷率优化选取低压末级叶片长度，满足机组经济性、安全可靠性以及参与调峰灵活性要求，是考虑灵活性要求的通流改造的主要研究内容。

（四）汽封方案

汽轮机动、静两部分之间必须留有一定的间隙，以防相互摩擦。汽封的作用就是在避免动静接触的前提下，尽可能地缩小动静间隙，减少蒸汽泄漏，提高蒸汽利用率，其性能的优劣对机组运行经济性和安全性均有影响。

在汽轮机通流改造中，通过采用新型汽封以减少漏汽损失，提高机组安全性和经济性，是通流改造技术方案的重要考虑内容。汽封按位置分类可分为轴端汽封，隔板汽封，叶顶汽封，过桥汽封；按型式可分为 DAS 汽封、布莱登汽封、刷式汽封、蜂窝汽封、侧齿汽封、接触式汽封、小间隙汽封等，多种不同型式的汽封，特点各不相同，适用的条件和范围也不尽相同，均得到很好的应用。各种在目前的汽轮机改造过程中，大多根据汽轮机不同部位选择相适宜的不同型式汽封，这种组合型式汽封方案较单一型式汽封方案，能获得更好的改造效果。

（五）通流形式

深度改造通常仅保留汽缸，而把内部部件全部换掉，这样就考虑到流通形式的选择，即冲动式级还是反动式级。冲动级蒸汽主要在静叶栅中膨胀，反动级中蒸汽在静叶栅和动叶栅中较为均匀的膨胀。相比冲动式汽轮机，反动式汽轮机具有以下技术优势：

（1）反动式动、静叶型线基本相同，叶型损失小；冲动式动叶栅的气流转折角大，叶型损失大。

（2）反动式叶型进汽侧小圆直径大，攻角适应范围广，部分负荷的效率高。

（3）反动式隔板厚度小，级数多，不用平衡孔，可提高机组效率。冲动式隔板结构厚度较厚，漏汽量大，级数小通流长度却相差不多，是降低效率的因素。

（4）反动式叶型的叶栅损失比冲动式的小，但隔板汽封直径大，平衡鼓汽封直径大，这两处的泄漏损失比冲动式大。但在大机组中汽封漏汽损失占的比重小，所以大机组宜采用反动式设计。

通流改造时600MW以上机组优先采用反动式技术设计，300MW级汽轮机宜采用反动式设计，也可以采用冲动式设计。

（六）各制造厂通流改造技术典型特点

1. S公司

（1）新的小直径、多级数设计理念，适当增加高、中、低压通流级数。

（2）动、静叶片采用弯扭马刀型叶片，变反动度，根据气动特性优化各级的反动度。

（3）调节级动叶采用自带围带的三叉三销三联体叶片。

（4）整体围带叶片，全切削加工。

（5）全部采用T型叶根，无轴向漏汽。

（6）高中压整体内缸，原高压内缸、中压内缸、高压静叶持环等部件合并形成新的整体内缸。

（7）优化高、中压蒸汽室型线，采用滑入式喷嘴结构。

（8）新型整体式单层斜撑低压内缸，低压内缸抽汽室采用新型平行四边形封闭腔室。

（9）径向隔板斜向布置。

（10）三段渐缩低压进汽结构，优化进汽腔室型线。

（11）弱化水平中分面螺栓作用以减小缸体变形，在水平中分面处增加弹性密封键。

（12）优化低压缸排汽导流环，提高静压恢复系数。

（13）低压末级采用1050、915mm长叶片系列，根据电厂的实际负荷及背压选择适当的末级叶片。

（14）通流部分隔板和叶顶汽封采用镶片式汽封替换弹簧退让式汽封，增加叶顶汽封齿数，平衡活塞处多采用布莱登汽封或刷式汽封，高中压及低压端部汽封采用蜂窝式汽封或刷式汽封，高、中压进汽插管密封形式由活塞环式结构改为叠片结构。

（15）配合机组改造增容需求，对阀门口径进行放大，优化阀门结构。

2. D公司

（1）采用小焓降、多级数、低根径的设计理念，合理地增加通流级数，优化通流级焓降分配。

（2）动、静叶片采用弯扭全马刀型叶片，后加载层流叶型，整体围带。

（3）调节级动叶采用四叉三销三联体叶片，双层铆接围带。

（4）使用更高强度的叶片，优化相对叶高，减小动静叶表面二次流损失。

（5）采用边界层抽吸技术，降低动叶根部通道涡。

（6）高压缸动叶采用菌型叶根，中压缸动叶采用纵树型叶根，低压缸前几级采用菌型叶根，低压末几级采用叉形叶根。

（7）高中压整体内缸，高压缸取消独立的喷嘴室，进汽室与内缸铸为一体，进汽插管焊接在高压内缸上。

（8）优化高压、中压进汽腔室型线及进汽部分结构。

（9）中压第一级隔板采用双支点设计，去掉原来的加强筋，取消中压冷却系统。

（10）取消原来单独的低压进汽室，将进汽部分结构整体焊接到低压缸上，优化低压进汽腔室型线。

（11）取消低压缸中分面整体法兰结构。

（12）优化高、中压排汽缸结构，优化低压排汽导流环型线和扩压管型线。

（13）自带冠动叶，动叶叶顶采用高低城墙齿密封系统，高、中、低压端部汽封、隔板汽封处多使用 DAS 汽封，高中压缸间过桥汽封采用 DAS＋刷式汽封，并增加高中压缸间过桥汽封齿数。

3. A 制造厂方案

（1）高、中压动叶为冲动式叶型，低压动叶为反动式叶型，除低压末级外均采用整体围带。

（2）高、中压动叶叶根为叉型，低压末两级动叶叶根为纵树型，其他低压动叶叶根为双 T 型。

（3）采用高强度型线设计，优化叶片的节圆直径，减小叶片宽度和增大叶片高度。

（4）采用大叶栅喷嘴叶片。喷嘴组通常用 40～70 个静叶，大约是其他机组喷嘴组静叶数量的 1/2。

（5）低压末两级为倾斜加弯扭叶片，质量沿叶片径向分布更均匀。末级动叶为自支撑，不需拉筋等增加刚性的部件。

（6）对低压末级动叶进汽侧外缘局部感应硬化处理，对整个动叶表面喷丸处理。

（7）高中压整体内缸，高压缸取消独立的喷嘴室，进汽室与内缸铸为一体，进汽管与高压内缸之间采用热弹性蒸汽活塞环密封。

（8）使用叶轮隔板结构，减小动叶根部直径处反动度。

（9）低压内缸中分面抽汽口处增加螺栓，在静叶持环与内缸间增加密封环。

（10）低压转子为焊接转子鼓型结构。

（11）优化低压缸排汽导流环。

（12）隔板和叶顶采用迷宫式汽封系统，高、中、低压端部汽封和高中压缸间过桥汽封采用压簧式汽封环结构，并增加高中压缸间过桥汽封环数量。隔板汽封采用防汽流激振设计。

（13）高、中压静叶材料采用 12Cr 合金钢，低压末两级静叶材料为球墨铸铁。

（七）通流改造的节能效果

大部分机组通流改造后，都可以解决汽缸变形、隔板套/持叶环变形或是轴封/汽封间隙变大导致的漏汽量增大问题；叶型落后导致的热功转化效率低的问题及流通部分阻力损失偏大的问题。还可以解决阀卡涩、阀杆脱落、断裂等安全问题。常见的汽轮机 5～7 号抽汽温度偏高的问题也可以明显改善，汽轮机热耗率通常可降降低 200～300kJ/kWh，机组整体的供电煤耗可以降低 7～10g/kWh。300MW 级机组基本上可以达到设计值，600MW 以上机组可以进入先进行列，机组运行的安全可靠性得到明显提升。这表明国内通流改造的相关厂家在通流部分设计、新型缸体结构设计等方面已经与国外汽轮机制造厂家相差无几，只是在调节级动叶叶型设计、低压缸末级叶片叶型设计、内缸结构设计、各缸体进、排汽结构优化等方面还有进一步节能提升空间。

汽轮机通流改造是技术工程中较大的项目，改造时最好对机组各个部分的节能改造工作通盘考虑，充分考虑通流改造与其他节能措施的耦合效应，一次性完成挖掘机组节能潜力的全部工作。同时随着可再生能源装机容量的迅速增长，电源侧负荷随机快速扰动增强，需要燃煤机组快速响应以匹配可再生能源发电负荷的快速扰动。在制定汽轮机通流改造方案时，应综合考虑未来机组参与电网深度调峰和进行灵活性改造的需求。

确定节能效果需要通过正式的性能试验，并注意性能试验的测点要符合要求。通流改造将夹层蒸汽通过管道连接至高压排汽管道，并安装阀门调整上、下缸温差。接入口在高压排汽温度测点下游或基本处在同一断面，由于高压排汽蒸汽流速快，此部分漏汽对高压排汽温度的影响无法迅速扩散，高压排汽温度测点无法反映其影响，需注意。如某机改造后性能试验显示其高压缸效率高达 87.5%，远高于同类型机组的高压缸水平。根据该机组现场测点，可估算出漏汽量大小约为 3%，据此推算出其实际缸效率约为 85%。此种情况发生在多台同类型机组上。

三、汽封改造技术

漏汽损失是制约汽轮机效率的主要因素之一，漏汽中除了阀门内漏外，主要是通过汽封产生的。有资料表明漏汽损失占级总损失的 29%，动叶顶部漏汽损失又占总漏汽损失的80%，比静叶或动叶的型面损失或二次流损失还大，后者仅占级总损失 15%。轴封蒸汽泄漏除了浪费大量高品质蒸汽外，外漏蒸汽进入轴承箱还会使油中带水、油质乳化、润滑油膜质量变差、破坏动态润滑，最终引起油膜振荡，造成机组振动甚至烧轴瓦停机。汽封性能的优劣，不仅影响机组的经济性，而且影响机组的可靠性。减少汽封的漏汽损失是提高汽轮机通流部分效率的主要措施，为防止汽轮机漏汽，主要通过叶顶围带汽封、轴封等实现高温、高压蒸汽的密封。为了减少漏汽损失，提高机组安全性和经济性，国内外各机构对传统汽封进行了各种现代化改造，已陆续出现了许多新型汽封，汽封改造成为通流改造的重要组成部分。

1. 传统曲径式汽封（又称迷宫密封、篦齿汽封、梳齿汽封）

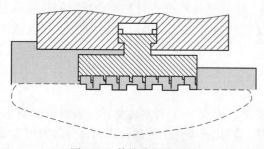

图 4-76 所示为传统曲径式汽封。曲径式汽封由并列的汽封齿和凹凸肩式汽封套筒组合而成，汽封套筒（通常是转子大轴）外圆为凹凸台阶构成的密封环，对应的汽封环内圆设置高、低密封齿两种，两者配合组成一系列串联相间的微小环形间隙（称汽封间隙）蒸汽膨胀小室，泄漏高速汽流通依次通过多组汽封间隙和膨胀小室，达到逐级节流降速

图 4-76 传统曲径式汽封

的方式，可以有效阻止蒸汽的泄漏。曲径式汽封条是基于蒸汽泄漏的路径命名，迷宫汽封基于串联的膨胀小室命名，梳齿、篦齿汽封是基于并列小汽封齿的整体外形命名。

由于曲径汽封齿与轴端的距离很小，在开、停机过程过临界转速时，转子的振动很容易导致汽封齿与转子发生擦碰、摩擦。当擦碰严重时，还会使汽封齿变形、变脆甚至破裂，产生热变形导致转子弯曲，使轴温升高胀差变大，轴上凸台和汽封块的高、低齿发生相对位移而倒伏，从而损坏汽封齿使汽封失效。为了防止这种情况，曲径汽封的把整个汽封环分成 6~8 块，每个汽封块的背部装有平板弹簧片，在正常运行时弹簧片将汽封块压向汽轮机转子，使得汽封齿与转子轴向间隙保持 0.5~0.935mm 得以保持，在运行中汽封间隙不可调整。当汽封块与转子发生摩擦时，该弹簧片能使汽封块小范围向外退让来减少摩擦。实际工作中，曲径汽封的背部退让幅度很小，汽封块的弹簧片长期处于高温、高压的蒸汽中，工作环境恶劣，汽轮机检修中常常发现因弹簧片弹性不良、汽封块被结垢卡死而失效。其完好性和密封效果基于取决于转子的振动，汽轮机在启停过程中，由于汽缸内外受热不均匀而产生变形，或者过临界转速时转子振幅较大，导致转子与汽封齿发生局部摩擦，增大汽封间隙。

曲径汽封的主要缺点如下：

（1）汽轮机在启停机过程中过临界转速时，转子振幅较大，若汽封径向安装间隙较小，则汽封齿很容易磨损。

（2）由于轴封漏汽量较大（尤其在汽封齿被磨损后），蒸汽对轴的加热区段长度有所增加，并且温度也有所升高，使胀差变大，轴上凸台和汽封块的高、低齿发生相对位移而倒伏，造成漏汽量增加，密封效果得不到保证。

（3）汽封齿与轴发生碰磨时，瞬间产生大量热量，造成轴局部过热，甚至可能导致大轴弯曲。为避免摩擦的产生，保证汽轮机启停的安全性，不少电厂在机组检修时把基础汽封径向间隙调大，实际上是以长期牺牲经济性为代价来确保机组的可靠性，导致该型汽封的效果不理想。

（4）曲径汽封环形腔室的不均匀性是产生汽流激振的重要原因，而汽轮机高压转子产生的汽流激振一旦发生就很难解决，会危及机组的安全运行。

2. 侧齿汽封

图 4-77 所示为侧齿汽封。侧齿汽封的结构与曲径式汽封基本一样，只是在曲径式汽封齿的侧面增加一些更加细小的齿来增加泄漏蒸汽的流动阻力，进一步提高汽封的密封性，通常期望其比曲径式汽封进一步减少 25% 的漏气量。显然其制造和安装精度要求比曲径式汽封的要求高，但两者的易碰磨、基本无调整的缺点是一样的，检修人员对待其安装的态度也基本上一致（基础间隙会预留偏大），因此其效果不会与曲径式汽封有本质的区别。

图 4-77　侧齿汽封

3. 蜂窝汽封

图 4-78 所示为蜂窝汽封。蜂窝汽封也是在曲径式汽封基础上改进而来的，主要技术特征是用蜂窝带代替低齿与凸肩配合。蜂窝带为正六面体镍基耐高温合金组成，通过真空钎焊技术焊接在母体密封环上，将原来一个较大的膨胀腔室分隔出更多的小蜂窝腔室，泄漏汽进入每个小室都会膨胀先形成涡流然后再反向流出，对后续泄漏来的蒸汽发生碰撞而产生更加明显的阻滞作用，因而其密封效果更强。此外，蜂窝汽封带材质质地较软，与转子碰磨时，对转子伤害较轻，因此安装间隙可取原标准间隙的下限，更易使设计思想在实践中落实，取得实际效果。每个蜂窝带的背部还设有环形水槽，应用在湿度较大的部位如凝汽器端，可以将泄漏产生的疏水收集起来并导出，可以提高湿蒸汽区叶片通道上的去湿能力，减少末几级动叶的水蚀，避免蒸汽带水。美国西屋公司最早把该型汽封用在汽轮机的末级及次末级上，20 世纪末开始在国内应用。

相对于曲径式汽封而言，存在的主要问题主要是其镍基耐高温合金汽封带的膨胀系数和转子差异较大，在机组启停时脱落的风险更大一些。另外其工艺要求高，产品质量差别大，部分厂家的汽封带脱落现象比较普遍。

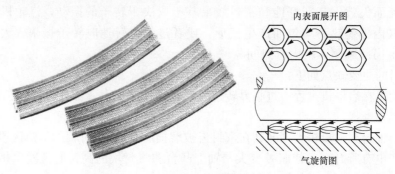

图 4-78　蜂窝汽封

4. 自调整式汽封

1987 年由美国 GE 公司雇员 Ron Brandon 提出并完成设计制造的专利产品，后成立布莱登工程公司，因而又称布莱登汽封。不过目前该汽封的专利期已过，有很多公司提供相关产品。布莱登汽封也是基于传统的曲径式汽封改进而来的，所以密封作用的部件并没有区别，但布莱登汽封通过特殊设计的机组实现了基于汽轮机的负荷来动态调整汽封间隙的目标，使汽轮机低负荷时有较大的间隙（1.75～2.00mm，远大于传统汽封 0.75mm），解决了启停机过程中过临界转速时振动大、动静部分容易碰磨的问题；而有一定负荷后自动把间隙调整为最小径向间隙（0.25～0.50mm），最大程度保证了汽密性，有非常良好的实用价值。其工作原理是：改进了曲径汽封块背部采用板弹簧的退让结构，在两个相邻汽封块之间沿圆周方向加装弹簧，在自由状态和空负荷工况时，汽封块在螺旋弹簧的弹力作用下张开，使径向间隙达 1.75～2.00mm，远大于传统汽封 0.75mm 的间隙值，保证启停机及低负荷段、过临界转速、汽轮机振动偏大时，动静部分仍然能保持有足够的距离，完全振动及变形而导致的汽封齿与轴碰磨，比传统汽封很小退让性能有了本质的提升（传统汽封退让时已经发生了动静摩擦）。各个汽封块设置导蒸汽槽，负荷增加时，高压的蒸汽从导汽槽进入汽封背部，汽封块受到的蒸汽压力逐渐增大产生向大轴扩展的压力，使汽封块逐渐靠近大轴，并克服弹簧张力并合拢，一般设计在 20％额定负荷时，各级汽封块完全合拢，径向间隙逐步减小最小汽封间隙，相当于安装精密的传统汽封。整个机构为纯机械结构，因而性能稳定，无控制相关问题，如图 4-79 所示为自调整式汽封。

图 4-79　自调整式汽封

自调整汽封技术中，弹簧的性能是核心关键，如果弹簧失效，汽封可能在最小汽封间隙下工作，启停时动、静碰磨、转子损伤的可能性极大；同时各汽封弧段的加工精度、安装工艺等均需要精细化工作，以保证高负荷后各汽封弧段可以完全合拢；此外，由于汽封各部件均长年工作在蒸汽通过的环境下，对机组汽水品质有较高的要求，否则各弧度间、各活动部件间经长时间运行后有可能产生较为严重的结垢而卡涩，停机过程汽封不能打开而出现严重的动静碰磨。

布莱登汽封需要汽流给汽封背面施加压力来保证密封效果，因此通常用于高压部位，如高、中压的轴封外侧。由于启动和初始负荷阶段，汽封在弹簧作用下处于全开位置，间隙最大，汽封漏汽量最大，转子加热快，容易造成胀差偏大，汽封错位问题，需要注意。

5. 接触式汽封

图 4-80 所示为接触式汽封。接触式汽封是在迷宫汽封或者蜂窝密封块中间开槽，加装一道可以与转子直接接触的复合材料的汽封环。复合材料通常为石墨，耐磨性好，具有自润滑性，环背后有弹簧，通过弹簧产生预压紧力，使汽封齿始终与轴接触，并且在振动发生时石墨环自动退让。由于复合材料的强度问题，所以汽轮机低压部分，如排汽缸轴端汽封有一定应用。

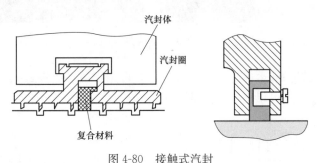

图 4-80 接触式汽封

显然，复合材料的性能是关键。由于复合材料汽封齿的安装间隙较小，磨损量比一般汽封要大，动态间隙很快变大，在运行一段时间后，复合材料汽封齿可能磨完，或在高温、高压或碰撞时候发生断裂，大轴有可能会与复合材料汽封齿背后的弹簧发生摩擦造成严重问题。泄漏量增加会比较明显，因而其密封效果的持久性需要提高。

6. 刷式汽封

图 4-81 所示为刷式汽封。刷式汽封原则上也可以看作一种接触式汽封，只是其接触齿变为钴基合金（或镍基合金）刷丝制成的刷条。刷条通常在高齿贴合安装，比齿高出一定的高度，以保证比汽封齿的更小的间隙。刷丝的小间隙在机组启动和运行的时候容易与轴发生摩擦，但因为其柔性，可跟随转子旋转方向产生一定变形，并在平稳运行后恢复较小的间隙，因而其始终具有更好的密封效果。与接触式汽封相类似，其刷丝的性能是关键技术。

7. 铁素体与铜汽封

传统曲径汽封齿的汽封体材料为 15CrMo，在 550℃ 以下温度范围内适用，温度超过 550℃时，材料组织的不稳定性加剧，高温氧化速度增加，持久强度显著下降，可能会使汽封体发生变形、摩擦，甚至造成汽封圈抱轴或发生弯轴事故。为解决这一问题，国内已有制造厂、部分单位开始研究用铁素体汽封代替合金钢制造高、中压缸汽封，用铜合金汽封代替

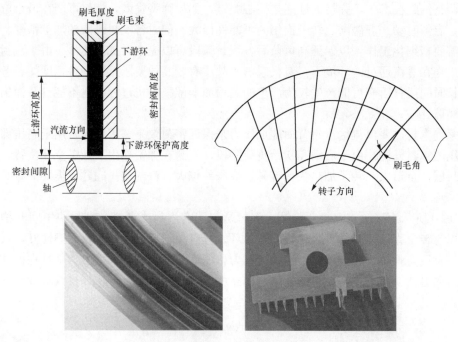

图 4-81　刷式汽封

合金钢制造低压缸汽封。铁素体材料稳定性更好，可用于更小的汽封间隙，铜汽封材料比较软，对转子伤害性小，也可以使安装间隙减小。

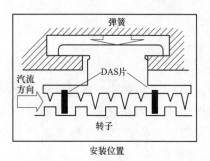

图 4-82　大齿汽封

8. 其他小间隙汽封

典型的是哈尔滨汽轮机厂的"小间隙汽封"和东方汽轮机厂的"DAS汽封"，都是采用专用材料加工的汽封片，用于进一步降低汽封间隙，减少漏汽。以"DAS汽封"为例，也叫"大齿汽封"，见图 4-82。其结构形式与梳齿类似，但汽封块两侧的高齿部分齿宽加厚，它与轴的径向间隙略小于其他齿，并采用铁素体类材料将其嵌入汽封块中。开机过临界时如产生碰磨就会先与大齿摩擦。由于大齿厚不易磨掉，不会磨到其他的齿，产生的热量小，故能保护其他齿形不遭破坏，且不会对转子轴、围带造成损伤，可以保证机组正常运行时的汽封间隙。缺点当与轴摩擦是仍会造成机组振动。

9. 汽封改造原则

汽封改造是通流改造的重点工作之一，花费小收益大。改造时需要通过对汽轮机结构进行全面分析，综合做出决定，通常汽轮机高、中压部分可采用弹性可调汽封，包括平衡盘汽封和隔板汽封，低压缸轴端汽封可采用接触式汽封或常规汽封，低压缸隔板汽封可采用蜂窝式汽封或铁素体浮动齿汽封或常规汽封。

四、汽封间隙测量与调整

由于转子与汽封间很容易发生碰磨而导致汽封间隙变大、漏汽量增加的问题（部分接触式汽封与服役时间直接相关），因而合理的时间内，如果机组的能耗水平上升，首先需要考虑是汽封间隙是否会增加的问题。如果通过能耗诊断工作确认没有其他上升因素，可考虑对汽轮机的汽封间隙进行测量与调整。此项工作不改造设备，但需要把汽缸揭开，是难得的对缸内设备进行全面检查的机会。打开汽缸的工作也称为揭缸处理，一般机组在两个大修周期内必然会有一次揭缸处理的工作。

国内超/超超临界机组的发展时间短，多数采用最新的通流设计技术，因而除个别机组的特殊原因外，是不需要作通流改造，但揭缸进行汽封检查的工作需要正常进行。特别是国产 350MW 超临界汽轮机问题可能会多一些。因为超临界机组参数高，需要的给水泵功耗和材料费用都比亚临界明显攀升，必有较大的机组容量才能在机组服役期间补偿超临界参数带来的不足，所以传统上认为超临界机组与亚临界机组的分界点是 300MW，即 300MW 机组原则上不采用超临界参数，采用超临界参数的机组必须超过 300MW。不少北方城市需要建立 300MW 等级的供暖机组，为规避这个默认的规定就产生了 350MW 机组，所以它并不像 600MW 以上级机组进行了深入优化，因而不少机组存在热耗率高、缸效率低、平衡盘漏汽量大、低压段抽汽温度高等问题，大部分是汽轮机通流设计和通流间隙调整偏大所致。国产 600MW 超（超）临界机组也存在汽缸变形导致 5～7 段抽汽温度高的现象，如果 600MW 超临界汽轮机热耗率超过 7600kJ/kWh，且 5～7 段抽汽温度明显升高时，常常是通流间隙变大、漏汽量增大所导致。

发电公司通常认为，在不考虑老化修正，超临界机组的汽轮机组在 THA 工况下汽轮机热耗率高于 7700kJ/kWh 时，超超临界汽轮机热耗率超过 7550kJ/kWh，需要安排对汽轮机进行揭缸检查与汽封调整工作。

（1）汽轮机通流部分间隙的准确测量是汽封调整的基础。借鉴齿轮间隙测量方法，汽封问题的主要方法有：

1）塞尺测量。塞尺就是可以把自己塞进微小间隙、通过用千分卡尺测量其接触面厚度来间接测量微小间隙厚度的工具。用它来测量汽封间隙是一种最直接而又准确的方法。先把转子放在工作位置，推力盘靠死推力轴承工作面，然后根据汽封块的大小和宽窄选择合适规格的塞尺，塞往深处对间隙进行测量。在汽封块背弧处需要特制工具将其固定，以防止塞尺测量时汽封块发生退让，产生假间隙。测量过程中塞尺与汽封块均应光滑无毛刺、卷边以保证测量精度。不足之处是只适合测量可以看见的部位，如下半结合面两侧和轴端汽封最外一圈。

2）用压铅丝法。如图 4-83 所示，压铅丝的方法测量可更全面、真实的反映汽封间隙情况。根据不同的汽封间隙要求选择合适的铅

图 4-83　压铅丝法

丝（铅丝直径通常比汽封间隙最大值粗 0.5mm 左右，太粗会造成阻力大压出来不准确，而铅丝太细会发生间隙过大时压不着不知调整量），用胶布粘放在汽封齿（整圈）上，然后将转子平稳吊入，压在铅丝，利用转子的重量测量铅丝的变形情况，从而得到间隙分布情况。转子吊入落入轴瓦时要避免发生转子左右晃动和前后窜动、汽封块背应固定以防止汽封块退让，以保证压出的痕迹准确。

3）贴胶布法。无论是用塞尺测量还是用压铅丝测量，都不能100％的测量出整圈汽封各个部位的动静间隙，因而工作过程上通常采用贴胶布的方法测量出整圈汽封的最小间隙。把厚度合适的医用胶布（1层厚度为 0.25mm）贴在每块汽封上并分别测出不同层次胶布的厚度，在转子汽封凸凹台涂红丹粉，然后把转子吊回到工作位置，让转子盘动 2 圈以上与胶布充分摩擦，最后再吊出转子检查胶布摩擦痕迹，根据胶布红丹粉接触程度，就可以全面地判断汽封间隙大小。以三层胶布为例：如果三层胶布都没有接触时，汽封间隙大于 0.75mm；如果第三层有轻微红色痕迹则为 0.75mm，如第三层有红色痕迹较深时为 0.65～0.75mm；第三层表面颜色变紫为 0.55～0.60mm；第三层表面磨透则为 0.45～0.50mm。测量时每块汽封可以贴两种厚度，即设计要求的上限及下限各一种，就可以测量出在这两种间隙下的分布情况。

（2）汽封的调整。如果汽封隙不合适，需要采用相应的措施恢复通流间隙，确保调整后漏汽量恢复到合理水平，保证汽轮机的安全经济运行。调整时需要考虑汽缸变形的问题，并针对汽缸变形进行额外的偏差修正和调整工作。

如果汽封齿损坏或整个汽封块变形，而引起局部间隙过大则应更换新的汽封块，否则可通过修刮汽封背弧台肩的方法调整汽封间隙。基于汽封间隙测量的数值计算好汽封的调整量，如果汽封间隙过大，则可修刮汽封台肩（台肩的内侧）的弧背，让汽封片在弹簧的作用下外放；如果汽封间隙过小，则通过修刮汽封的背弧（台肩的外侧）的方法让汽封片往隔板侧回收，让汽封块在装入槽时向外移动而形成比原来大的汽封间隙。这样，通过修刮汽封背弧台肩，在汽封弹簧的配合下把汽封间隙调整到合适位置。

第九节　火电灵活性技术及其节能考虑

随着我国火电装机容量过剩越来越严重，我国风电和光伏等可再生能源的装机容量又持续增大，燃煤机组逐渐成由电量生产主体逐渐演变成电网容量保证单位与新能源消纳的支撑基础，不得不根据可再生能源具备的发电能力及时出让或补充发电份额，保证电力生产和供应任何时候都处于平稳状态，在电网需要时又及时补上，称为燃煤机组的灵活性。

我国在役燃煤机组在设计阶段时基本都没有考虑深度调峰工况，只能通过技术改造提高机组灵活性。我国从 2016 年开始试点灵活性改造，在北方大部分地方的燃煤机组参与国家"提升火电灵活性改造试点项目"。灵活性是在传统机组运行的基础上新增加出来的一个全新的课题，往往也机组的高效运行原则相违背，但又不得不做，因此在此条件下关注能耗水平是非常有意义的事情。

一、灵活性的含义

火电灵活性体现为根据电网要求及时出让或补充发电份额，如图 4-84 所示。包括如下几个方面：

（1）深度调峰灵活性。调峰灵活性包括最大电网负荷和最低电网负荷的都得以保证。随着电力装机的整体过剩，电网最大负荷早已不是问题，电网最低负荷越来越难以保证。传统纯凝燃煤机组的调峰能力范围通常为 50％额定功率左右，典型抽凝供热机组供热运行时调峰能力只有通常 20％额定功率，在冬季大量的供热机组运行时，几乎没有调峰能力。冬季又是风电等新能源比较充分的时节，新能源大功率发电能力与用户低需求高度重合（如夜间），使得电网对统调燃煤机组调峰能力要求大幅度提高。燃煤机组现有的调峰能力很难满足电网需求，因此，传统燃煤机组从普通调峰运行模式转换为深度调峰运行模式就成为一种必然的发展趋势，甚至需要大量的热电联产机组采取一定的热电解耦技术措施调停部分纯凝机组。

（2）负荷调节灵活性。由于新能源的不稳定性，同时随着我国生产能力的快速发展，大型电力用户、大型电气设备的功率越来越大，它们的启停与用电需求快速变化对电网的扰动越来越大。为了既能及时满足用户的用电需求，又能维持电网频率的稳定，要求入网的发电机组具有较快的负荷响应速率，既包括快速升负荷的速率，也包括快速降负荷的速度（在灵活性专题中更多把机组对电网的负荷响应速率称为机组的爬坡速率是不太全面的）。

（3）快速启停。如果机组降低到最低负荷时还无法满足电网调峰的需求，则机组不得不在深夜的时候把机组停下来，在第二天负荷高的时候再把机组开启起来，以日启夜停的方式参与深度调峰和负荷的快速响应。由于启停阶段的运行很不经济，且对设备的安全性有一定的风险，在当前的条件下，通常停下来的机组不启动也不会影响电网的运行，但是对于电厂来说，如果不启动，则自己将失去运行的时机，因而不少机组，特别是对于启动速度快的燃机，还是以这种方式勉强维持生产活动。

（4）燃料的灵活性。火电厂燃料的可变性。随着灵活性要求的提升，电力生产的能源效率会越来越低，有时不得已还需要投入油、燃气等多种高品位燃料。为充分成本，电厂不得不掺烧一些高炉煤气、生物质燃料、垃圾等多种可再生能源或原来抛弃掉的能源以提高经济性，做到综合能效高佳，称为燃料灵活性。

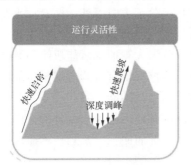

图 4-84　燃煤机组灵活性主要内容

综上所述，火电灵活的技术路线也可以总结为五个方面：纯凝机组超低负荷运行的深度调峰、改善机组爬坡率提高机组负荷响应速度、机组快速启停两班制运行、热电联产机组热电解耦参与深度调峰及锅炉燃料灵活可变。

当前谈火电灵活性时，必然会谈到欧洲一些国家在风能、太阳能、生物能源等新能源领域技术的研究及应用经验，特别是丹麦。丹麦是世界上风电占比最高的国家，弃风率极低，风电发电量占全国用电量的 42.1%～50%，是灵活性的标杆。但通过具体的数据分析可以发现，丹麦风电装机容量约为 500 万 kW（占比刚超过三分之一），整个欧洲大陆有大量的燃煤机组，与丹麦接壤的瑞典和挪威具有丰富的水电资源且调节性能良好，丹麦通过跨国电网可将周围国家 570 万 kW 电力容量调进国内，完全可保证风电出力较低时国内的电力供应。因此，客观地说，丹麦风电的高比例消纳，是在欧洲大陆的强大支持下得到的，其灵活性水平实际上是夸大的。2016 年，欧洲可再生能源发电量占比已达到 30.2%，但风电和光电合计占比只有 13.2%（其余生物质能本质上也是火电），同期我国全国风电光伏发电量的总占比已经超过 5%，在北方风电光伏发达的地方，例如为北京供电的冀北电网内，风电、光伏的装机容量超过 50%，在全国大量其他燃煤机组的支持下，北京的供电依然稳定，可以说在我国，特别是在局部地区，灵活性技术水平并不比国外的差。

二、深度调峰

（一）调峰要求

在我国装机过剩的条件下，调峰主要体现为机组如何适应用电需求低谷的问题，也就是如何降低机组的最小出力。通常我国纯凝机组设计最小容量为 30%～35% MCR，由于BMCR 比额定容量往往大 5%～10%，且机组实际运行时受多种客观因素的影响，通常运行在 50%～100% 额定容量区间，通过机组优化调整后如果能够达到设计值，纯凝机组的调峰能力可以达到 30%～40% 额定容量区间，机组增加 15%～20% 额定容量的调峰能力；同理，抽凝热电机组通过为了保证供热参数，通常设计为 40%～70% 额定容量，但实际机组通常运行在 70%～100% 额定容量区间，通过机组优化调整后如果能够达到设计值，抽凝机组40%～50% 额定容量，调峰能力可增加 20% 额定容量的调峰能力。如果机组的负荷率需要进一步降低，则往往需要进行针对性的设备改造。因此，目前行业内的一般认为机组运行负荷率低于 40% 后进行深度调峰区间，深度调峰的目标通常为 20%～25% 额定负荷左右。

调峰容量指机组深度调峰时负荷可以调节的容量占机组额定负荷（或最大出力，各地用词的含义不同，对比时需要确认）的比例。在我国除了火电以外，还有抽水蓄能电厂可以大幅度进行负荷调整，但更多是依靠燃煤机组来完成深度调峰任务。原因主要是抽水蓄能电厂用于调峰时经济性较差，且燃煤机组的调峰容量远远大于抽水蓄能机组的调峰容量。在不对燃煤机组进行大规模技改投资的情况下，通过深度挖掘现有统调燃煤机组的调峰潜力，即可大幅提高机组的灵活性和适应性，增强对清洁能源的消纳能力。

我国传统绝大部分燃煤机组并不是按长期深度调峰运行模式设计的，因此当燃煤机组进行深度调峰运行时，必然将因为大幅度偏离设计工况而面临一系列技术瓶颈，大量设备运行在非正常工况，对机组安全性、环保性及经济性的影响不可忽视。

（二）深度调峰带来的问题

1. 锅炉问题

锅炉问题是最先显现的，包括有稳燃能力、SCR 系统的投入，主锅炉各个受热面的金属壁温、主蒸汽和再热蒸汽的参数。具体如下：

（1）锅炉稳燃。随着机组负荷的降低，锅炉总煤量逐步降低，炉膛温度逐步下降，燃烧稳定性逐渐恶化，先是锅炉火检存在波动频繁且波动幅度较大的现象，然后就是真的燃烧显著变差。当燃烧的稳定性超过一定的临界点，锅炉的燃烧会变得不稳定或无法维持时，则锅炉的稳燃问题就出现了。

（2）低负荷脱硝系统投入。我国燃煤机组的脱硝系统主要采用 SCR（选择性催化还原）脱硝技术，该类型催化剂通常要求 SCR 反应器入口的温度范围在 300～400℃ 之间。烟温过高催化剂有烧毁的危险；烟温过低则会因催化剂活性会大幅降低而可能导致氨逃逸，降低机组的环保特性并严重影响机组安全经济运行。深度调峰时炉膛氧量一般偏高，SCR 入口 NO_x 浓度会显著升高，但入口烟气温度却会显著降低，使 SCR 工作困难，导致低负荷时脱硝系统无法投入，成为环保问题。

（3）超临界机组锅炉干湿态转换。超临界锅炉均采用直流锅炉类型，传统设计的干湿态转化负荷通常在 30%～35% 额定功率。当负荷降低到这一负荷区段以下，汽水分离器出口工质过热度消失，分离器出现水位，锅炉进入湿态运行状态。配备炉水循环泵的锅炉必须启动炉水循环泵，以保证锅炉水冷壁的水动力安全；无炉水循环泵的锅炉，进入湿态运行后只能通过炉水回收或放水的方式进行分离器水位控制，即大量浪费水又大量浪费能源，对于缺水的国家是无法承受的。同时锅炉频繁的干湿态来回转化，也容易给机组的安全运行带来隐患。

（4）锅炉水动力安全性。当机组发电负荷降低至 30%～35% 额定功率时，炉内烟气温度分布极不均匀会导致水冷壁管间受热的不均匀。直流锅炉直流工况下，由于给水压力和温度的降低使得水冷壁入口欠焓增大，同时给水流量已接近其水冷壁最低流量保护定值，炉内水动力循环可能会明显恶化。汽包锅炉循环倍率随压力的降低而增加，安全性明显好于直流锅炉，但是在受热极度不均匀的条件下，也可能会出现循环停滞等风险。

（5）汽动辅机控制灵敏性。机组负荷降低后，汽轮机各段抽汽压力和抽汽量明显下降，汽动辅机如给水泵或汽动引风机的平稳运行就会遇到一定困难，设备控制的灵敏性明显变差，死区明显变大，难以做到平滑控制，对机组的平稳运行带来困难。当汽源压力不够时，还要进行汽源切换。

（6）旋转辅机的安全性。旋转辅机包含锅炉给水泵、凝结水泵及锅炉三大风机，这些设备的工质流量过小时，就会工作在高压头、小流量的危险工况边缘，从而带来一系列问题。泵类设备通常设置再循环管路以满足最小流量的要求，但再循环管理的频繁开启与关闭会对设备与控制系统的稳定性产生考验。锅炉的风机通常都是双列布置，低流量工况下两台并列运行的风机，特别是一次风机，非常容易发生振动加大、失速、喘振等工况，对设备安全的威胁性很大。

（7）低温腐蚀与水平烟道积灰等问题。与 SCR 入口烟温降低同理，深度高峰时锅炉尾部受热面整体烟温水平降低，空预器出口的综合温度易低于酸露点产生严重的低温腐蚀问题。同时烟气量、烟温水平的降低又导致烟气流速的降低明显，携带灰粒的能力减弱，使得长期低负荷运行的锅炉在尾部烟道、水平烟道积灰严重，对烟道的安全性产生严重风险。

（8）制粉系统。低负荷时锅炉总的给煤量大幅度减少，原则上低负荷时还要保留两台磨煤机，使得每台磨煤机的给煤量非常小，磨煤机非常容易出现动静部件直接接触而发生剧烈振动的问题，原煤仓也会出现煤流太小而堵煤的现象，给煤机、一次风量等参数的控制都会因为运行在最小值而难以精细化控制，难以满足运行要求。

（9）锅炉局部受热面超温报警现象。

2.汽轮机安全性问题

与进汽参数、汽缸温度、TSI（汽轮机监视仪表）系统中各项重要参数（轴承温度、振动、轴向位移、排汽缸温度、润滑油回油温度），以及抽汽回热系统、汽机轴封系统、辅助蒸汽系统等运行状况有关，重点是给水系统的控制调节和稳定运行。

3.热工控制的问题

当机组负荷率低于40%负荷时，其动态特性相较于高负荷区会发生比较大的变化，规律性变差，自动控制的调整难度明显增加，因而机组在高负荷区的控制逻辑与控制参数应用到低负荷区段以后需要进行大的改动或调整。传统上大部分机组的运行范围是40%～50%负荷以上，40%以下通常只有启动和停运阶段，因而对40%的自动控制需求在传统上不强，大部分机组在这一区段运行时通常采用启动自动控制投运，整体上还处于手动控制的这样一个状态。因而，当机组深度调峰工作来临时，如果不做相应的调整，则存在下列明显的问题：

（1）低负荷时多数自动控制中的保护程序和自动控制逻辑都显得不再合理，机组整体的控制品质变差，调节参数的波动范围加大，机组自身运行的稳定特性变差，需要针对该区段的特性设计新的控制、保护逻辑或参数优化。

（2）机组 AGC（自动发电控制）会产生明显问题。在燃煤机组进行深度调峰之前，其 AGC 运行主要在50%～100%额定功率范围内。深度调峰后随着机组负荷的下降，机组即使在相同的负荷变化率，其可调度的负荷变化绝对量也会明显变小；同时各个子系统（风、烟、煤、水等）的调节余量逐渐减少，给机组实现 AGC 调节带来更大困难，容易给电网带来较大的风险，如 2015 年华东电网某特高压线路出现故障时，就由于机组负荷无法及时升上来，对电网产生了非常严重的影响，如 4-85 所示某特高压线路故障对电网频率的影响。

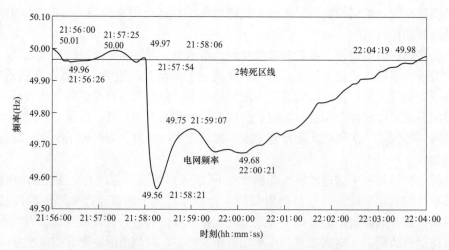

图 4-85　某特高压线路故障对电网频率的影响

（三）深度调峰对策

主要针对锅炉的燃烧稳定性、厚壁元件寿命、水动力安全性、脱硝装置的投运、风机的喘振、AGC 投入率的瓶颈等问题进行措施。

1. 针对低负荷进行燃烧优化

低负荷稳燃指机组锅炉通常指在不投油助燃的条件下锅炉可以安全稳定运行的工况。为保留一定的可靠性，原则上低负荷稳燃时至少宜保留两台磨煤机，且要有两种不同磨煤机组和能够保证稳燃。

高水平的燃烧优化对于低负荷稳燃工作非常重要。通常燃烧优化工作包含锅炉制粉系统调整试验、一/二次风量标定试验、配风优化调整试验、磨煤机运行组合优化试验、超临界锅炉壁温监测、锅炉氮氧化物排放控制优化试验、锅炉主/再热汽温控制优化试验、助燃系统投用特性试验、不同煤种组合锅炉最佳运行优化试验等工作。通过对低负荷工况各种机组性能进行全面系统的测试和总结，可以更好地确保深度调峰工况下锅炉运行的安全稳定性和环保性，必要时候还可以适当地兼顾一些经济性。

2. 低负荷助燃

传统的低负荷助燃技术主要是投油助燃，但随着全世界石油储量越来越低，价格越来越高，电厂锅炉应用投油助燃成本上越来越不可接受，且投油助燃时电除尘无法投入，因此在我国基本上不用，低负荷稳燃通常称为不投油低最负荷稳燃负荷。传统上的不投油最低负荷稳燃负荷还是比当前的灵活性技术要求高，因而还需要采用一些低负荷助燃技术。国内外广泛应用低负荷助燃烧技术主要有等离子燃烧器和小油枪燃烧器，它们同时也是点火器。化工厂附近的电厂还比较喜欢采用富氧燃烧器，也有不少国外的公司如 BW 公司研制多燃料低 NO_x 燃烧器，用更加易燃的重油、燃气、泥炭或生物质颗粒（木质或秸秆）来助燃。

（1）等离子体燃烧器助燃技术。最早实用的等离子燃烧技术由烟台龙源公司在华北电力科学研究院的支持下研制成功并广泛推广，它采用直流空气等离子体作为点火源，在优质烟煤条件下可以实现锅炉无油的点火冷态启动，所以以它作为低负荷稳燃是非常有效的手段。等离子燃烧器利用直流电流（280～350A），把 0.01～0.03MPa 的空气电离后拉弧，在强磁场下获得稳定功率的直流空气等离子体，燃烧器的一次燃烧筒中形成一个局部高温区，把通过该等离子"火核"的煤粉颗粒在迅速点燃，并借助煤粉的燃烧在燃烧器中点燃其他的煤粉颗粒，最后在燃烧器的出口形成较为稳定燃烧的火焰。由于等离子燃烧器在燃烧器内逐级燃烧，所以其电功率远远小于燃烧器出口的燃烧能量，耗电量并不大，且耗用的电极由碳棒制成，成本低廉。等离子燃烧器当作点火器使用时，其煤粉燃烧率较低，给锅炉以很大的尾部再燃烧的隐患，通常需要连续吹灰；但是作为低负荷稳燃燃烧器来用，燃烧器出口的未燃尽煤粉会在高温环境中继续燃烧干净，不存在其作为点火器时的缺点，因而其具有非常良好的助燃效果。

（2）气化小油枪点火和稳燃技术。与等离子体燃烧器类似，气化小油枪也是一种预燃式点火燃烧器，只不其点火源是利用压缩空气的高速射流将燃料油直接击碎、雾化成超细的油滴后、在极短的时间内完成油滴的蒸发气化和燃烧而产生的高温火焰，然后在燃烧器内逐极点然并放大其他煤粉，通过分级燃烧、燃烧能量逐级放大，达到点火并加速煤粉燃烧的目的，大大减少煤粉燃烧所需引燃能量。小油枪油滴燃烧效率高，可避免由于油煤混烧、油燃烧不尽所造成的除尘、脱硫、脱硝等环保装置被污染、催化剂中毒等现象，保证环保装置点火即可投运，既提高了环保装置的安全，又确保烟气排放达标。每只气化小油枪的油耗量通常在 20～100kg/h，可大幅降低锅炉的点火启动、锅炉停运及稳燃的用油量（节油 90％～95％），且比等离子体燃烧器提供的能量更大更稳定，满足锅炉启、停及低负荷稳燃的需求，从而也受到广泛的应用，也是一种良好的低负荷助燃技术。唯一不足之处是它还需要有油系统，且还得用油。

(3) 富氧微油点火稳燃技术。给压缩空气加氧后，然后再用作微油点火小油枪的雾化剂，通过提升微油点火燃烧器内特定的区域的氧气浓度以强化煤粉气流的燃烧，因而既具有微油点火技术节油、效率高的特点，又可以进一步拓展微油点火技术的煤种适应性或降低燃烧器的运行负荷。不足之处是氧气的来源必须要有保证（通常采用化工厂的副产品），且大规模运输、存储氧气具有一定的风险，且系统也比较复杂，因而应用的范围受到限制。

3. 宽负荷脱硝

第二章已经介绍过宽负荷脱硝技术的要求和各种方案，主要用于性能核算，本节主要简要讨论各种手段的优缺点和适用范围。

(1) 分级省煤器，也称分割布置省煤器。将部分省煤器管排移至 SCR 之后，减少了前部省煤器吸热量从而提高 SCR 入口烟温。移到 SCR 后面的省煤器受热面继续降低 SCR 排出的烟气温度，不抬高空预器出口烟温，理想状态下不降低锅炉效率，但要受限于 SCR 后烟道空间与荷载能力，在提高低负荷温度后，又要受限于满负荷下烟温（不能太高），运行范围很小，不适用于超低负荷要求。

(2) 0 号高压加热器方案。在高压缸增加合适的抽汽点（如补气阀位置），在现有高压加热器出口再增加抽汽可调式给水加热器。高负荷时切除，在低负荷时开启，通过提高调节加热器提高给水温度，减少省煤器的吸热来提高省煤器出口烟温。低负荷时加大了系统回热（所以也有叫弹性回热），可轻微提高热力系统循环效率，但是同时也较为显著地降低了锅炉效率，因而需要统筹考虑。该方案要有合适的抽汽点，改造量大，应用并不多。

(3) 省煤器烟气旁路。改造成本低、调温幅度大，早期采用比较多，但是旁路烟气挡板在高温下很容易变形而无法关严，造成全负荷下锅炉效率均会降低，易发生积灰堵塞烟道。

(4) 省煤器水侧旁路。省煤器给水旁路可减少省煤器吸热量，提高出口烟气温度，烟温调节灵活，改造费用低，施工周期短，亚临界、超临界机组都适用，不足之处是为防止省煤器局部受热不均，往往旁路量较小，造成提温幅度不足。

(5) 亚临界机组省煤器热水再循环。亚临界汽包锅炉通常设计再循环管路，在汽包与省煤器进口联之间安装带截止阀（称为再循环门）的再循环管，当锅炉在启动或停炉过程中，由于锅炉不需要上水或不需要连续上水，为防止省煤器中不流动的水汽化或对省煤器管子的冷却不足，把再循环门打开，利用汽包与省煤器中工质的密度差，在汽包→再循环管→省煤器→省煤器引出管→汽包之间，形成自然循环，强化对省煤器的冷却以保护省煤器。给锅炉上水时，再循环门要关闭以防止给水旁路省煤器后直接送入汽包。如果在再循环管上增加一个再循环泵，就可以在给水泵运行时还能把汽包中热水打到省煤器入口，起到提高进口水温、降低省煤器吸热量、从而提高 SCR 入口烟温的目的。这种方法烟气温度调节灵敏，范围大，运行简单、调节精确，不足之处是循环泵的选型与安装有一定的难度，投资高。

(6) 超、超超临界机组省煤器流量置换方案在旁路基础上加装一套再循环系统，进一步降低省煤器吸热量，从而提高 SCR 入口烟温。优点是烟气提温幅度大、调节灵敏、运行简单，不足之处同样是需要增加有循环泵，投资高。

4. 辅机节能优化

(1) 单侧风机运行。大部分锅炉的一次风机、送风机和引风机都为双列并联运行，单风机的负荷率一般可超过额定负荷的 70％以上，因而低负荷时如果停掉一半的风机，保持对侧运行。大部分机组的风机可以满足风量、风压的要求且在更经济的范围内运行。不足之处是燃烧器的配风需要精细调整以防止偏斜，且抗风险能力有所下降。

（2）制粉系统的设备改造。我国普遍采用中速磨煤机冷一次风制粉系统，深度调峰工作中制粉系统的能力非常关键。随着机组负荷率的降低，中速磨煤机需要相应的减少出力，其通过油压的改变动态地降低加载力以保证磨煤机不振动、使用动态分离器使煤粉分布更加均匀，随着燃料量动态的调整一次风风量使其与燃烧的需求相匹配等工作，可以使中速磨煤机的风、粉输出得到更精确的控制，是维持深度调峰工况下锅炉稳定燃烧的前提条件。

（3）降低磨煤机台数。对于中速磨煤机直吹式锅炉而言，通常额定负荷需要 5 台以上的磨煤机运行，在传统的 40％最低负荷条件下，通常要保留 3 台磨煤机，以应对意外情况或是快速升负荷的要求。长期以来，保留 3 台磨煤机成为大部分运行人员根深蒂固的思想，但实际上此工况下磨煤机台数已经偏多了 50％，磨煤机往往运行在最小风量下，燃烧器出口的煤粉浓度很低，不利于稳定燃烧。进一步降低锅炉负荷时，磨煤机运行台数就必须要降低以保证燃烧器出口煤粉浓度。世界上锅炉负荷率最低的丹麦部分燃煤机组可达 15％，此时必须单台磨煤机运行，作为参照对比，国内最低负荷以 20％～30％额定负荷为目标，可并列运行 2 台磨煤机。据公开资料，国内不少实施多种降低最小出力综合技术改造的机组，如陕西秦岭发电公司、安徽凤台发电分公司、内蒙古临河热电厂、辽宁丹东发电厂最等机组等可以最低稳燃烧负荷可达到 20％BMCR 左右的机组，均采用 2 台磨煤机运行的策略。

（4）加装吹灰器。随着负荷率的降低，烟气温度和烟气量迅速减少，携带飞灰的能力大为降低，使得锅炉水平烟道、折焰角、尾部烟道积灰问题成为普遍性难题，严重时可能导致高温过热器的下部弯头埋没在灰堆中，高负荷时烟气流速加快推进磨损，且换热不均会导致管壁局部超温。如果折焰角斜坡上大量积灰突然下泻入炉膛，还会迅速干扰燃烧，引起灭火故障。不少电厂参照循环流化床锅炉技术，在这些积灰严重的部位加装风帽式蒸汽吹灰器，取得了较好的效果。

5. 变燃料运行

变燃料运行指机组对燃料有良好的适应性，如燃煤机组可以掺烧一定量的生物质、垃圾、生活污泥、天然气、高炉煤气等燃料，主要源于西方天然气比较便宜、运行方式灵活、机组又较小的机组，且在设计时就充分地考虑了多燃料切换或并行运行的问题。在我国，发电机组总体上容量比较大，变燃料运行实际上困难很大，以前 600MW 机组为例，有下列问题：

（1）无论上掺那一种生物质、垃圾、生活污泥等可再生能源中的那一种都需要有量比较大、稳定的供应，相比于通常几十兆瓦的生物质机组而言，600MW 机组需要的量实际中往往难以满足条件。在某些大型城市附近的电厂，掺烧生活污泥应用的较为成功。

（2）天然气对我国太过于宝贵，基本上用于燃气蒸汽联合循环机组。

（3）高炉煤气、石油气等工业副产品在相应行业的自备电厂很普遍，在发电行业中没有这些副产品的供应，所以应用基本上很少。

因而，在我国发电行业中，变燃料运行更主要的是掺煤运行，通过更精细化煤质管理，在完成处理一些劣质煤（如煤泥）的过程中，尽可能地满足锅炉对于入炉煤稳定性、燃烧特性、环保特性等要求，以减少安全的风险与隐患。

（四）深度调峰时机组的性能诊断

深度调峰时锅炉效率、汽轮机热耗率均会下降，厂用电率会上升，因而机组发电煤耗和供电煤耗会显著下降。据我国某省统计，该省机组从 50％额定功率降至 40％额定功率时，超超临界 1 000MW 等级机组的供电煤耗增加约为 13.05g/kWh，超超临界 660MW 等级机组的供电煤耗增加约为 14.03g/kWh，超临界 600MW 等级机组的供电煤耗增加约为 14.67g/kWh，亚临界 600MW 等级机组的供电煤耗增加约为 16.13g/kWh，亚临界 300MW 等级机组的供电煤耗增加约为 21.51g/kWh。在深度调峰时，机组需要在保证机组稳定运行的前提下，尽可能选择在利于机组性能的技术，如降低磨煤机台数、采用更均匀的燃烧器出力分布等工作，尽可能提升深度调峰时的经济性。

三、提高负荷响应速度

燃煤机组能量产生和转换过程较为复杂，系统换热设备具有很强的热惰性，特别是当低负荷时，机组的蓄热减小，锅炉的燃烧不太稳定，机组实际负荷对电网负荷指令的响应存在较大的时间延迟。目前电网对自动发电控制（AGC）机组调节速度要求最低为 1.0％～2.0％额定容量/min，期望的调节速度为 2.5％～3.0％额定容量/分钟，并能建立了区域内的发电公司共同竞争的奖勤罚懒机制，如果机组无法满足电网的负荷响应速度，或在同兄弟单位的竞争中处于劣势地位，则机组可以生存的机会就很小，因而提高机组负荷响应速度以满足电网快速调峰的要求是发电机组必不可少的要求。

与调峰要求一样，提高响应负荷速度也分快速加负荷和快速减负荷两个方面：快速减负荷的操作只要关汽门即可，困难的是关汽门后机组由恢复到稳定工况的这一段操作，相对时间较长且能够被操作员的精细化操作克服，所以在专业上关注程度不够；快速加负荷则不然，当需求来临时，第一步操作也是开汽门，如果机组的蓄热不够，汽门打开后机组的负荷根本无法上升，既满足不了电网的需求，而且扰动后的工况恢复到正常稳态工况的操作难度丝毫不亚于减负荷时恢复到稳态的难度。因此，提高负荷响应速度的主要关注点也是如何快速的增加负荷。

考虑到机组的特点，行业内快速增加负荷的主要技术思路为以下三个方面：

（1）强化机组的蓄能（或额外的补能）来快速提高机组的发电出力。

（2）瞬间减少抽汽量等技术来提高机组的发电出力。

（3）通过优化控制或运行方式提高机组发电出力的能力。

（一）强化机组的蓄能

1. 主汽调阀节流

主汽调阀节流调节就是在机组在运行中提升主汽阀的节流程度，主汽节流调节可以通过提高机组滑压运行时的压力定值而实现，通过提高中低负荷下主蒸汽的压力参数，增加锅炉侧的蓄能。主汽节流是所有发电的蒸汽都参与蓄能的方式，所以需要负荷增加时汽门一打开时，机组蓄能量相对很大，可以快速释放，可实现机组灵活性应用，是最直接、快速且有效的蓄能方法，是不少发电机组粗放式营运时提高调节速度的主要手段之一。这种方式虽然简单有效，但却是以大幅度地牺牲机组经济性为代价，与机组节能运行的设计理念完全违背。如西门子-上汽系全周进汽高效汽轮机超超临界汽轮机为例，其设计理念是主汽调阀全开，尽量减少节流损失，在 30％～100％额定负荷范围内采用滑压运行方式。据西门子资料研究可知，如果为了快速提升升负荷能力而使用节流调节，5％的全周节流会使机组热耗率增加12～20kJ/kW，5％的节流增加对于灵活性增加并没有多少改善，机组的供电煤会显著的增加。

主汽阀节流调的这种经济性牺牲是长期的，滑压压力的提高同时也提高了再热汽压力等后续工质的参数，有可能更进一步带来再热汽温度低等问题，因而如非没有其他手段而必须采用，应尽可能避免。

2. 锅炉高风压运行

锅炉高风压运行的原理与汽轮机侧主汽调阀节流调节的原理一样，在锅炉的运行中提升一次风、二次风风机出口的压力，靠磨煤机入口挡板和燃烧器小风门来提升燃烧空气的节流程度。当机组需要增加负荷时，可以通过快速打开挡板增加一次风量将磨煤机的部分粗粉瞬时吹入锅炉炉膛燃烧，并快速增加二次风门开度匹配以二次风强化燃烧，实现锅炉负荷的快速增加，接续汽轮机主汽门快速打开的负荷需求，是锅炉侧最直接、快速且有效提高调节速度的主要手段之一。同样，为了满足瞬时调节要求，长时间、大幅度地牺牲送风机、一次风机的耗电率为代价，与机组节能运行的理念完全违背的。高风压也容易带来大风量，需要精细化测试、精细化调整。

（二）瞬间提升出力技术

1. 凝结水节流调节

为了减少汽化潜热的影响，现代大容量发电机组通常通过多级回热系统提高经济性。在负荷需求来临时，可以通过迅速减少或关闭低压加热器（简称低加）的凝结水流量，利用凝结水流量来瞬时改变低压加热器中抽汽的冷凝程度，改变抽汽点与低加间的压力差，从而改变汽轮机组低压加热器的抽汽量，让原本在低加实现回热的抽汽瞬态回机组发电，可以增加瞬时电网负荷。

在凝结水节流调节技术中，本质是减少抽汽回热，凝结水节流是直接的控制手段。减少抽汽后，汽轮机的经济性是下降的，但该下降过程是短暂的，当机组回到稳态运行，不需要减少抽汽量后，还能很快恢复到有抽汽回热的经济运行方式中去。该技术较好地解决变负荷初期响应滞后，还可以对负荷可双向调节、响应快速，不需要汽门节流，因而在国内、外均有广泛的应用和实例。

该技术的不足之外有：

（1）由于抽汽量改变的提升程度有限，增加的负荷响应速度有限。

（2）凝结水节流后对除氧器水位和凝汽器热井水位会产生一定的影响，控制难度增加。

为减少凝结水流量的大幅变化对热井、除氧器水位的影响，通常可通过在低加水侧增设1路旁路调阀，入口设在轴封加热器出口后第1级低压加热器的进口，出口设在除氧器前最末级低压加热器的出口位置，可部分消解凝结水节流调节对除氧器水位、凝汽器热井水位的影响。

2. 高压加热部分切除

与凝结水节流调节器相同的原理，当升负荷需求来临时，可以开启高压加热器给水旁路，让部分给水经旁路直接进入锅炉以减少进入高压加热器的给水量，从而减少高压加热器抽汽量，增大汽轮机做功能力，如图4-86所示。

与凝结水节流调节相比，高压加热器调节方法增加的变负荷速度会更快一些（有学者认

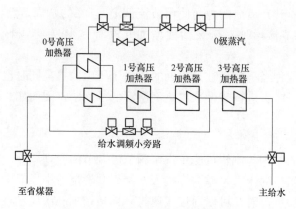

图 4-86　高压加热器调节热力系统

为该技术相当于主汽压力增加 0.5～1MPa 的效果接近），也不用采用设备改造，对机组经济性影响也是瞬时的。但是不足之处是高加调节时，特别是高加切除后，给水温度会发生明显的变化，给锅炉的平稳运行产生显著的影响，因此现实中应用这种调节技术的并不多。

3. 瞬间减少抽汽供热蒸汽

与凝结水节流调节相同的原理，供热机组的抽汽调节策略就是当电网侧有调峰需求时，供热机组在短时间内将部分供热负荷转为发电负荷，实现机组负荷的灵活性运行。在不影响热用户的前提下，充分利用供热热网蓄热，大幅度提高机组负荷响应速率，运用得当可以有效地补偿风电等随机性扰动，实现了机组供热工况和非供热工况的无扰切换。

4. 补汽调节阀的应用

新型超超临界机组普遍配置补汽阀，把部分主蒸汽引入外置的补气阀，该阀门结构类似于主汽调阀，相当于一个额外的主蒸汽调节阀。采用补汽阀主要有两个目的：

（1）考虑到大部分时间机组运行在滑压条件下，减少调节阀的通流裕量，提高正常运行时的蒸汽压力，从而提升机组的经济性。

（2）在机组实际运行时，不必通过主汽调阀的节流就具备调频功能，可避免 12～20kJ/kWh 的节流损失，而且调频速度快（3s 以内），具有足够的能量储备，在迅速增加负荷的同时，主蒸汽压力变化小（不到 1%），可减少锅炉的压力波动。为提高大电网的稳定性和调频能力，欧盟电网将补汽阀作为推荐采用的技术之一。

目前国内绝大多数机组的补汽阀是处于强制关状态，主要原因有：

（1）由于机组设计通流裕量普遍偏大，在主汽调阀全开的情况下，机组负荷一般都超过额定负荷，而且现在电网侧对机组没有超发负荷的要求。

（2）补汽阀补充的蒸汽是从第 5 级后混入，补汽阀开启后，混入蒸汽会带来机组振动、轴瓦温度高等额外问题。

随着各家汽轮机制造厂对补汽阀开启后机组振动问题的深入研究，补汽阀投入后的振动得到有效控制，可以考虑投用补汽阀，作为机组快速调频，快速增加负荷的有效手段。

5. 加装仓储式制粉小系统

加装仓储式制粉小系统的地位相当于汽轮机侧的补汽阀，但不存在效率低的问题。

仓储式制粉系统（见图 4-87）能提前把合格的煤粉存储起来，因而在锅炉负荷响应速率上有明显的提高，部分电厂在中速磨煤机和燃烧器之间安装煤粉分离装置、小粉仓及配套的管路，形成中速磨煤机直吹式系统附加的小规模仓储式制粉系统的特殊技术，使锅炉瞬时燃烧与磨煤机出力解耦，减少了煤粉磨制与分离环节导致的燃烧延迟惯性，从而提升锅炉的灵活性。仓储式制粉系统还可以在发电需求降低时，提前磨制煤粉消耗厂用电，磨煤机也可以持续在最优工况下运行，燃烧器最小风量也不受磨煤机最小风量限制，因而有很多益处（见表 4-5）。

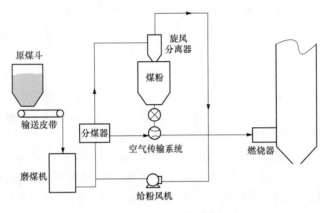

图 4-87　仓储式制粉系统构成

表 4-5 制粉系统限制

项目	直吹式制粉系统	仓储式制粉系统
最低负荷	25%～30%	≤10%
点火燃料需求	100%	5%
过量空气	15%	≤12%
磨煤过程	磨煤机在低负荷运行	磨煤机在最优工况下运行

不足之处是中速磨煤机制粉系统一般选用易燃的烟煤，储煤仓把易燃的烟煤粉气流集中储存，给电厂的安全风险带来防控难度，特别是燃用大同煤、神华煤等优质烟煤的机组应高度重视。此外，系统相对复杂，受厂地影响较大，也是该技术应用受限的原因之一。

（三）提升机组控制技术

机组灵活性需求对机组的精细化控制有了本质的提升，表现为：

（1）原来的控制系统设计者不涉足的某些运行区间成为必须的控制对象。例如机组深度调峰的极低负荷区间，以前只有启停过程中短时间内过一下，只需要人工控制就可以了；而如今，长周期内都运行，如没有自动控制，则是不现实的。就区间的控制难度来看比原来机组运行区间的难度稍大一些，要求自动控制设计者必须加以深入研究。

（2）很多新的技术应用后，如机组汽轮机侧凝结水变负荷调节控制改造、高压加热器旁路变负荷调节控制改造、增设附加高压加热器改造、凝结泵变频改造、磨煤机高效动态分离器和风环改造、风机单双侧运行切换等，机组的运行方式与特性发生了很大的变化，需要配套以相应的控制。

（3）控制所需要的精度大为增加。由于灵活性调节要求增加后，机组的波动范围加大加快，调节时必然需要更大的动作范围，使得机组运行的趋于更加不稳定方向，因而要求机组在控制时进行更加精细、根据具体对象的变化特性进行有针对性的控制参数设定。

（4）代价巨大。为了满足灵活性的要求，机组大多数设备需要事先进行一定的蓄能操作，如运行中提高风压，以满足灵活性调整中瞬时的变化需求，这就使机组的能效整体上下降。据行业内普遍认识，该性能下降总体上在 2g/kWh 的水平上。

尽管控制需求提升，但是控制技术没有本质的变化，绝大多数机组还是需要基于传统的 PID 调节方式组合而成，这样就需要控制系统的设计者与调试者更加清楚地知道对象的特性。根据电力行业的分工现状，最佳的方式是由热工控制人员和相应的锅炉、汽轮机专业共同研究机组的调节优化参数，协调并充分利用各技术特点，最大可能地在实现机组运行特性满足灵活性要求的条件下，付出最小的能耗代价。

不少单位或者学者采用人工智能等先进预测算法后，可以使机组在一些控制局部，如汽温控制、喷氨控制等环节取得非常好的效果，灵活性投运项目最好予以配套，以在满足灵活性要求的前提下，取得好的节能效果。

（四）快速负荷变化率的热应力影响

机组快速负荷响应时，锅炉中汽水压力变化很快，使得汽水温度也相应发生快速变化，对机组中的厚壁元件，如锅炉内的汽包、集箱及汽轮机的汽缸、喷嘴及叶片等金属部件，产生快速变化的热应力，从而影响机组的寿命与安全性。

考虑到金属应力的影响，目前在电网一般要求在役机组具有 2% 额定负荷/min 的负荷变化率，但由于各厂间的变负荷竞争模式，负荷变化率为 3%～4% 额定负荷/min 的机组屡见不鲜，已经接近传统设计中金属部件设计理论中能承受热应力的最大限值。但是行业内专门灵活性的研究人员对这个变负荷速率远不满足，已经提出最大负荷变化率为 10% 额定负荷/min 的目标，需要采取一系列的技术手段提升金属材料抗热应力。具体包括：

（1）小管径比大管径具有更大的承压能力，因而在受热面、集箱等承压部件中尽可能降低金属部件的厚度、尺寸并增加集箱管子的数量，从而提升管子的抗热应力的能力。但是大量运行经验表明，这种方法虽然在承受变负荷过程中的能力是增加的，但是在正常运行中增加了堵塞、工质不均等因素风险。

（2）降低设计寿命预期。对于以高温过热器为代表的炉内承压部件，其寿命损耗的主要方式主要是长期高温蠕变，即在高温的条件下，金属材料会在压力的条件下先发生应变，然后慢慢演化蠕变，最后导致管材失效。传统意义上设计的思想为机组运行 30 年 20 万 h 左右，为了保证高温蠕变后期安全性，需要在管径增加应对蠕变后期的安全裕量，导致管材的加厚，寿命越长，则管子越厚。如果降低设计寿命期望，如把寿命降低到 10 万 h 的标准，则在相同的管径下，管子所加的应对后期蠕变的裕量就可以大大减少，管厚就可以大大降低，抗热应力能力就会大大增加，金属材料快速变负荷能力相应增加。

（3）采用更为精细化的计算手段。无论是采用减少管径手段减少壁厚还是从降低寿命的角度减少壁厚，机组在正常运行条件下的安全风险是增加的，因而需要更加精确的计算方法以确保减少部分足够精确。现代计算机辅助计算方法发展非常迅速成熟，例如用有限元法（Finite Elements Method，FEM）可非常接近真实地模拟复杂结构中的应力变化，对承压部件的壁厚设计有很大的帮助。

（4）提高材料抗热应力的等级，降低管道壁厚增加锅炉给水受热均匀性（增加分流/集箱、增加连接管），该思路主要缺点是提高了设备的造价。

四、热电解耦

（一）基本原理

1. 大机组热电特性

在我国广大的北方地区，冬季供暖成为必须保证的国计民生问题，但传统的烧散煤供暖对北方比较严重的大气污染有很大贡献，因而当 2016 年燃煤机组基本完成超低排放后，燃煤发电的清洁化生产水平达到天然气的水平，成为烧散煤供暖的最好代替方案。在用电负荷的峰谷差加大北方地区热电联产机组比重加大，热电厂"以热定电"，供热期间供电与供热矛盾突出，对于灵活性的要求更加严格。

如图 4-88 所示，$EFGHDE$ 所围的区域为热电机组的工作范围，其中：

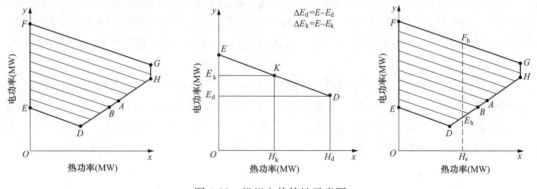

图 4-88　机组电热特性示意图

（1）EF 为热电机组纯凝发电工作范围，通常也就是锅炉所能产出热量的范围。F 点是发电机组的 MCR 工况，E 点是锅炉低负荷稳燃、脱硝投入等满足要求的最小工作范围。

（2）EF 右侧是机组热电联产的工作区间，由一系列单调递减的平行线构成，每一条线代表一个固定的锅炉输出。

1）在任何一条线上，如图 4-88 右边所示从 E 点到 D 点的 ED 线，有供热（假定为抽汽供热，其他形式供热同理）时，输入汽轮机用于发电的蒸汽减少，机组热功率会增加到 H，发电量会下降 ΔE。但由于 H 被利用效率接近 100%，远大于 $40\%\sim50\%$ 的发电效率（对于供热用的抽汽通常为主蒸汽的一半左右），因而 H 比 ΔE 大几倍。

2）供热需要的能级比发电需要的能级低很多，因此可尽可能采用较低的蒸汽参数供热。对于单位供热蒸汽而言，参数越低，供热前蒸汽发电功率越大，整体收益越好。如 ED 线上机组工作在 K 点和 D 点整体收益有 $H_k-\Delta E_k < H_d-\Delta E_d$。所以热电联产机组供热蒸汽抽汽孔处的参数往往只以比供热回水温度略高一点，该温度也是供热蒸汽参数的最低限。对于某一台具体的设备，其供热抽汽孔的位置是固定，蒸汽参数相对固定。

3）抽汽流量受汽轮机叶片、轴系、管道阻力等物质基础的限制。在固定的输入条件下，抽汽对外供热的总量是有最小限定的。例如 ED 主蒸汽流量最小条件下的机组热电工况特性线，此时能提供的最大对外供热点即 D 点；FG 为主蒸汽流量最大条件下的机组热电工况特性线，此时能提供的最大对外供热点为 G 点。

4) DHG 是机组能提供的最大供热量范围。从 D 到 G 受负荷率的提高而逐渐增加，体现为蒸汽参数的提升和可供热蒸汽量的加大两个方面，HG 是最大抽汽量线的供热量增加范围，接近与 x 轴垂直。

2. 以热定电

从图 4-88 可以看出，热电联产机组的发电出力和供热出力是高度耦合的。机组工作供热工况时往往社会上是不缺电但是是缺热的，因而虽然从输出产品产量的比例来看，发电依然是主营业务，但起决定作用的却是供热量。仍以锅炉最小出线 DE 为例，此时如果供热量最大工作点为 D 点，则机组电负荷就不能低于 E_d（比 E 点略低一些）如果 D 点无法满足供热要求，想进一步提高把供热量提高到 H_s，则必须提高供热蒸汽的量和参数，顺便就把机组的电负荷提到 E_s，机组最大发电负荷为 F_s。此时 E_sF_s 区间即为机组的发电负荷变化范围，明显降低了机组的调峰范围，这就称为以热定电。实际工作中，大部分机组不是工作在 E_sF_s 线上，而往往是工作在最大流量 GH 线，机组的发电负荷变化范围很小，且最低发电负荷往往要接近机组纯凝工况最大负荷的 70% 以上。大量供热时电必须多发，导致机组新能源不但无法消纳，甚至还需要把这一地区的电输往别处，因而热电解耦是非常需要的。

3. 热电解耦

为保证连续、稳定供暖，热电联产机组基本采取"以热定电"方式运行，2006～2016 年全国单机 6MW 及以上供热机组及占比发展逐年提高，如图 4-89 所示，导致机组调峰能力十分有限。为提高供热机组调峰能力，可采取储热、电锅炉、旁路供热、低压缸零出力、高背压供热等技术措施解除或弱化机组"热-电"强耦合关系，即为热电解耦技术。

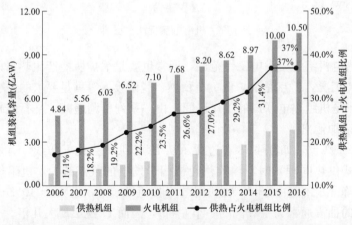

图 4-89　2006～2016 年全国单机 6MW 及以上供热机组及占比发展趋势

丹麦最大的燃气锅炉 388MW 机组最大供热工况下可实现全背压运行，该机组还配置了 25 000m³ 的大型蓄热水罐和 40MW 的电极热水锅炉。通过中压缸排汽到低压缸的联络管道上的截止阀的关闭作用，中压缸排汽直接连接到热网换热器，可以实现 300MW 以上机组的背压供热运行方式，为了避免低压缸送风和超温，低压缸引入小股蒸汽进行冷却（在 1998 年 Vattenfall 公司兴建的纯凝 407MW 的热电机组在当时是创造了世界范围最高效的纯凝运行机组效率 47%，此机组在兴建时就考虑了高度的机组灵活性，可实现双低压缸不进汽的背压供热运行方式，此时每个低压缸仅引入 2kg/s 左右的冷却蒸汽），可以实现发电负荷和供热负荷的热电解耦。因此，在丹麦并不存在热电联产机组的电力调峰受供热负荷限制的问题，通过这些旁路系统及外部设备，如电锅炉和大型蓄热水罐的引入，丹麦所有的热电厂均可进行灵活的负荷深度调峰，是各种热电解耦技术应用的先行者。

（二）大幅度提升供热能力

1. 主、再热汽直接供热

主、再热蒸汽直接供热就是使用减温水喷入主再热蒸汽后，直接把高温蒸汽降低到供热蒸汽的温度水平后进入热网加热器，换热后加热热网循环水，以满足供热需求并减少电负荷不变的方法。主汽供热的方式根本就不是热电联产机组，只是能完成任务锅炉不停、电负荷减少的任务，并不节能；再热汽直接供热的能效水平只比主汽供热稍高一些，也是非常不节能的供热方式。同时由于减温水压力非常高，如果频繁使用喷水减温，很容易造成、加剧减温水调节阀内漏问题，严重影响机组运行的安全性、经济性。如果不是特殊需求，最好不采用这种方式。

这种技术也可以用来快速升负荷。可利用供热系统的大热惯性，快速减少供热蒸汽的量而让其回到机组做功，可以快速增加负荷。

2. 旁路系统供热

单元制再热机组通常都配备旁路系统，当锅炉产汽量和汽轮机用汽量不平衡时，可以通过旁路把一部分蒸汽接入凝汽器，以保证锅炉和汽轮机的安全运行，通常用于加快启停过程的速度，或在某种特殊工况下对机组进行保护。由于主蒸汽的压力太高，直接放掉对设备的要求太高，因而目前大机组通常采用高、低压两级串联旁路，运行时先通过高压旁路把主汽的参数降到一定程度后再通过低压旁路接入凝汽器，容量多为 25%～40%BMCR，也有按50%BMCR 或 100%BMCR 容量配置的。与安全门或对空排汽相比，旁路系统可控性强、可以回收工质且对设备损伤较少，因而对机组的保护方面优于安全门之类的安全部件。

虽然旁路系统主要是保证安全部件，也可以进一步改造成为供热部件，通常有汽轮机高/低压旁路抽汽、高压旁路联合抽汽供热和低压旁路抽汽供热三种技术方案。高压旁路抽汽就是主蒸汽抽汽供热，只不过是抽汽器设备了高压旁路的管上，并且利用高压旁路的减温水装置；高压旁路联合抽汽是指利用高压旁路将部分主蒸汽减温减压后送至高压缸排汽，经锅炉再热器加热后，从低压旁路（中压缸进口）抽汽对外供热，本质上等同于高、中压蒸汽联合供热；低压旁路抽汽是利用低压旁路管道，直接引出部分再热蒸汽对外供热，此时蒸汽做功能力大为下降，供热后能效水平最高。

旁路供热方式对于机组的快速负荷变化也有好处。如果需要快速大辐度地降负荷，可通过高低压旁路来泄压的方式达到目的；同时，在旁路开启的工况下，如果需要快速大幅度地升负荷，也可以通过及时关闭旁路达到目的。高低压旁路调阀动作速度快，快速减负荷效果明显，能够满足机组灵活性运行对负荷的要求；但是对系统的扰动和冲击很大，旁路的频繁启停也显著增加旁路内漏的概率，从而加剧高低压旁路内漏，严重影响机组运行的安全性、经济性。低压旁路开启后，大量高温高压蒸汽进入凝汽器，影响凝汽器的安全运行。所以旁路参与灵活性运行调节，只是在不得已的条件下才可操作。

3. 高背压供热技术

高背压供热技术指通过提高汽轮机凝汽器背压的方法来减少汽轮机发电份额、提高低压缸排汽温度，让城市热网循环水回水来承担原来由汽轮机冷端冷却设备（循环水、冷水塔或空冷凝汽器）承担的汽轮机排汽冷却功能，从而把汽轮机原来冷端散失到大气中的热量完全回收回来，用于供热的技术。

城市供热系统需要的热水温度往往需要在 100℃ 以上，回水温度在 50～60℃，即使把汽轮机背压提高到极限的 50kPa，汽轮机排汽温度也仅为 80℃ 左右，难以直接满足供热需求。高背压供热技术一般采用串联式两级加热系统，热网循环水首先经过凝汽器进行第一次加热，吸收低压缸排汽余热，然后再经过其他热源换热完成第二次加热，生产高温热水，送至热水管网对外供热，因此常规的机组往往需要进行一些技术改造；另外，循环水回水温度偏高、冷却能力较差，改造后的供热换热量是否满足汽轮机最大工况排汽冷却需要，也需要充分考虑。如果供热量小于汽轮机满负荷时的冷却需要，就会限制机组的发电出力，这也是决定能否采用高背压循环水供热技术方案的先决条件。

提高机组运行背压的技术方式通常有如下几种方式：

（1）低压转子光轴方式。把低压转子更换成光轴，低压转子仅仅起到与发电机转子连接的作用，中压缸排汽全部用于加热热网循环水供热用户使用。该技术本质上把原来三压机组变成了中压缸为出口背压机组。供热量为整个低压缸做功能力及原由凝汽器排出的余热，供热量大，但往往存在如下问题供热参数偏高、低压转子冷却、蒸汽通过量较小、改造工作量大等。同时光轴供热只能在冬天使用，夏季无供热时必须把原来的纯凝低压缸转子换回来，排汽背压完全恢复至原纯凝工况运行，一年两次揭缸操作，非常麻烦。

（2）拆掉部分末级叶片方式或使用某些折中方案。为了避免更换转子的复杂操作，不少电厂期望通过对低压缸及转子进行一次性改造，即能实现冬季高背压循环水供热，又能保证非供热期仍具有良好的运行经济性，可以拆掉或截短部分末级叶片，或更换为部分供热用的短叶片。这种方式在供热季的经济性是可以保证的，但是在非供热季必须承受低压缸通流效率降低的问题，因此需要根据供热量、发电量、具体的技术措施等进行全面对比后再做出决定。

（3）双转子方式。对新低压转子的通流部分进行重新设计，有较为合理的焓降分配，以及动静叶片运行工况和效率设计，最后一级叶片也按照高背压运行的末级叶片设计，并进行防汽蚀处理，保证机组安全运行。这样虽然也是要更换两次转子，但是在供热季和纯凝季机组都有很高的安全性和高效性。

（4）3S 联轴器动态器技术。3S 联轴器（Synchro-Self-Shifting 自同步自换挡）最早应用于海军军舰上正常航行和战斗时对航速的不同需要。平时一台发动机承担负荷，一旦情况紧急，就启动第二台发动机，SSS 离合器啮合，两台发动机共同带动推进装置，达到在很短的时间内突然增加航速的目的。电力行业中在燃气蒸汽联合循环机组中广泛应用，可以使发电机在启动时承担电动机的功能。部分新设计热电联产机组也开如采用这种技术，发电机前置，低压汽轮机后置，供热期将其与高压汽轮机断开，中压缸排汽全部用于供热，低压缸不进汽盘车转速下备用，供热结束时可与高压汽轮机自动连接进入纯凝方式，从而代替双转子的两次揭缸换轴工作。

我国亚临界以上的汽轮机中压缸排汽压力通常大于 0.4MPa 左右，用它直接供热还是有些浪费。因而不少电厂在它去热网之前串接一个小型的背压式汽轮机如中船重工 703 所生产的 B12-0.85/0.25 型背压式汽轮机组，可以更好地提高供热机组的整体效率。

汽轮机高背压循环水供热，消除了冷源损失，能够大幅提高供热能力，降低煤耗，具有良好的热经济性。但由于大容量机组排汽流量大，必须有足够大供热需求才适合能将纯凝或抽凝机组改成高背压供热机组，因此，合理确定供热面积对汽轮机的经济运行影响很大；而且电厂必须有备用热源，防高背压机组事故停机对供热能力的影响。图 4-90 所示为高背压改造技术图，高背压改造后的机组，电负荷受热负荷大幅度降低，对于降低区域内深度调峰的需求非常有益处，但同时电负荷可调范围大幅度减小，对于电网负荷响应能力大为降低。如果每年更换 2 次低压缸转子需要两个多月的工作时间，投资成本较高。

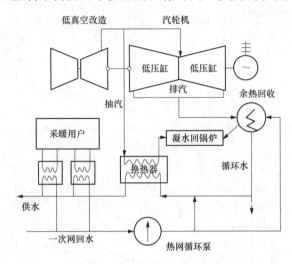

图 4-90　高背压改造技术示意

低真空循环水供热是将凝汽器循环冷却水的入口及出口管路接入供热系统，将冷凝器作为一级加热器，利用排汽的汽化潜热加热循环水，用循环水代替热网水供暖，从而将排汽汽化潜热加以利用。这种方式汽轮机组无需大规模改造，从汽轮机运行角度考虑，是一种变工况运行，热网中的热用户就相当于循环冷却系统中的凉水塔，循环水在凝汽器中吸收热量送至热用户散热后，在回到凝汽器重新吸热循环，只是供热水回水温度在 50～60℃，提高排汽压力，相当于汽轮机的真空恶化工况，而汽轮机乏气在凝汽器中的冷凝过程和未改造前普通冷凝过程完全一样。为保证凝汽器低真空安全运行，正常情况下水侧压力不能超过 0.196MPa，因此必须加固凝汽器使其承压达到 0.4MPa。

由于低真空运行只是汽轮机的特殊变工况对汽轮机本体没有改动，但凝汽器在低真空运行期间，汽轮机组的发电量受供热量直接影响。某 300MW 抽凝式空冷供热机组，从汽轮机排汽管上增设一旁路排汽加热热网循环水。冬季供热时，控制运行背压在 30kPa 左右，排汽温约 70℃，在供热初末期，利用该加热器加热循环水供热；在高峰期，利用原抽汽系统继续加热循环水到一定的供水温度。此方式进行改造和运行后，以 DCS 数据初步估算，全厂供电煤耗下降约 13g/kWh。

4. 切除低压缸进汽供热技术

切除低压缸进汽供热技术又称低压缸零出力供热技术，是指在调峰期间，切除低压缸全部进汽用于供热，仅通入少量的冷却蒸汽，使低压缸在高真空条件下"空转"，实现低压缸"零出力"运行，从而降低汽轮发电能力。排汽全部用于供热的技术，本质上也是一种高背压供热技术，所以它也没有冷源损失，经济性非常好，且在不同的供热量工况下切换灵活，汽轮机本体改造范围小，改造费用低，运行维护成本低的特点，如图 4-91 和图 4-92 所示分别为切除低压缸技术和切除后的热点负荷。

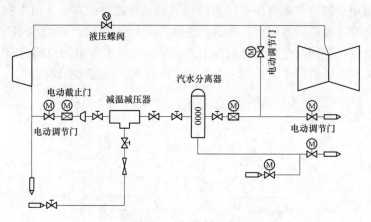

图 4-91　切除低压缸

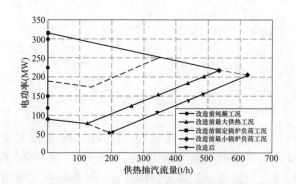

图 4-92　切除低压缸技术的热电负荷

　　切除低压缸进汽的技术在三菱同轴蒸汽燃机联合循环机组有非常广泛的应用。在该型机组上，燃气轮机和汽轮机同轴布置可以提高效率。但是在启动时初期，燃气轮机还没有足够的产汽量时，整个机组需要先定速到 3000r/min 运行，此时低压缸就会有大量的送风热量，必须在低压缸中通入少量的蒸汽带走送风热，等机组产汽量逐渐上升以后，先期通入的冷却蒸汽逐步退出并切换到余热锅炉产汽上。与国内汽轮机组不同的是，该类型机组是针对小流量冷却空转转子有设计上的考虑，在安全设计方面留有一定的裕量，针对国内没有进行过任何该方案考虑的转子直接应用还是需要有一定的研发工作。国内最早由西安热工研究院组织技术力量针对该项技术在国内大机组的适用性作研发工作，并于 2017 年在临河热电厂 1 号机组进行了工程实施，取得了成功。此后在国内数十台机组进行了实施，多家电科院进行类似工作，成为当前灵活性改造热电解耦的主流技术。

　　切除低压缸进汽技术的关键是连通管上加装 LCV 液控蝶阀和低压缸连通管旁路的进汽流量控制系统，通过低压蝶阀的开关实现低压缸"零出力"与"满出力"在线切换，在电网波谷阶段低压缸"零出力"实现机组深度调峰，在电网波峰阶段低压缸"满出力"运行；同时，循环水系统有更加灵活地调节真空、从而调节蒸汽排汽比体积的作用。这样，通过灵活地调整低压缸的进汽量，可以灵活地满足电网用电、调峰的需求。300MW 等级机组，改造后相同主蒸汽量条件下，采暖抽汽流量每增加 100t/h，供热负荷增大约 71MW，电调峰能力增大约 50MW，发电煤耗降低约 36g/kWh，同时实现余热回收提升供热能力，又满足电网峰谷需求，实现热电解耦。

国内大容量供热机组末级叶片较长，在小容积流量下，如果送风热量没有充分带走或不均匀，则存在叶片发热、热变形的风险；此外，低压缸较长的叶片可能与某种流量的汽流中耦合产生颤振，因而需要对末级、次末级叶片进行充分的安全性校核，寻找避开叶片断裂风险的工况。还有需要注意的问题是设计灵活可靠的控制策略，以保证各种目的的实现也非常重要。

与光轴高背压技术和双转子高背压技术相比，切除低压缸进汽技术中因为冷却蒸汽带走的热量无法用于供热，所以供热能力略有下降，但冷却蒸汽的量很小，该供热能力的下降是可以承受的。汽轮机本体改造范围很小，无揭缸工期，用电负荷可以降低同样低的水平，也可以利用供热的中间缓冲能力，在短时间增加到比较高的水平，因而总体效果更令人满意。

与 3S 联轴器的高背压技术相比，切除低压缸进汽技术同样具有电负荷调节灵活的优点，同时系统简单，投资小，适用于在役机组的改造，因而也具有优势。

5. 热泵

热泵（Heat pumps）按照逆卡诺循环工作，如图4-93 所示。在正卡诺循环中，热量从高温热源向低温热源流动并放出功，实现热能向机械能的转化；而逆卡诺循环中，需要有外在的驱动，才能把热量从低温环境吸取出来并传递给温度较高的被加热对象，如同把热能"泵送"一样，所以称为热泵。热泵循环中，虽然本身消耗一部分能量，但它把低温环境中由于温度太低而无法利用的热量提高温度后，连同本身消耗

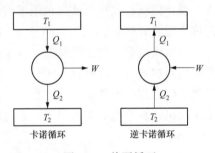

图 4-93 热泵循环

的热量一同利用，且输出热量大于自身耗能，所以热电联产机组中当供热不够时，也可以通过热泵系统来放大机组的供热能力而完成供热任务。

根据循环驱动原理，热泵可分为吸收式热泵、压缩式热泵等几种类型。通常家用的空调在制热时采用压缩式工作模式，利用循环工质在不同压力下不同沸点的特性，先让工质在低温条件下气化吸热，然后通过压缩机（如果低温环境低于常温，则压缩机为真空机）对工质蒸气加压，让其在高温的环境中凝结放热，从而实现逆循环的运行。这类热泵适用于无其他动力的地区分散使用，缺点是由于压缩机（或真空机）功率大、运行成本高。吸收式热泵以热能为动力，且驱动热能的温度要求不高（原则上比其输出温度高即可），如热水、地热、太阳能等均可以，因而运转费用低，节能效果好。吸收式热泵的运动部件少、压头低、温度提升要求也不高（高于供热所需即可），所以很适合做成大功率的设备，通常可实现负荷的无级大范围调节，且低负荷调节时，其运行效率几乎不下降，性能稳定，因而是热电联产机组中常用的供热补充装置。

常见的吸收式热泵通常用溴化锂水溶液作为工质。溴化锂由碱金属元素锂（Li）和卤族元素（Br）两种元素组成，其一般性质和食盐（氯化钠）大体类似，是一种稳定的物质，熔点 560℃，沸点 1265℃，常温下是无色粒状晶体，无毒、无臭、有咸苦味，性质稳定，不挥

发、不分解。溴化锂极易溶解于水，饱和浓度高达 60％以上，20℃时在水中的溶解度约为食盐的溶解度的 3 倍左右。溶液为无色、透明、无毒，但对钢铁有很强的腐蚀作用，所以经常加入缓蚀剂（铬酸锂等物质）变为淡黄色。在溶液表面，溶液中的水分子会挥发到大气中，大气中的水分子也会进入到溶液中，当两者的速率相等时达到平衡状态，溶液就进入饱和状态，此时溶液表面的水蒸气压力称为饱和压力。由于溴化锂溶液液面中不只有水分子，还有大量的溴离子和锂离子，所以同温度下（水分子分子热运行活跃度相等），水蒸气挥发出来的速度会明显慢于纯水液面水分子挥发速度，宏观体现为：溴化锂溶液液面附近水蒸气的分压力（溶液的饱和压力）会明显小于同温下纯水液面处水蒸气压力（饱和蒸汽压力）。换言之，此时对于纯水环境而言饱和蒸汽是饱和的，如果移置溴化锂溶液液面，饱和蒸汽进入溴化锂溶液的速度就会远大于其挥发出速度，体现为强烈的吸湿性，且溴化锂溶液浓度越大、温度越低，吸湿能力越强。如温度为 25℃时，纯水的饱和压力为 3.167kPa，而浓度为 50％溴化锂溶液的饱和分压力仅为 0.85kPa，与 4.6℃时饱和蒸汽的压力相等。只要蒸汽的温度高于 4.6℃（压力高于 0.85kPa）时遇到 25℃的溴化锂溶液，水蒸气就迅速凝结而被溴化锂溶液快速吸收掉（成为稀释浓溶液的溶剂），并产生真空，成为工质循环的动力。同理，溴化锂溶液的饱和温度大于水的饱和温度，其中的水分需要在更高的温度下才能蒸发分离出来。溴化锂吸收式热泵就是利用了溴化锂溶液对水蒸气低温吸收、高温分离的特点工作，因而称为吸收式热泵。

吸收式热泵通常由吸收器、发生器、冷凝器、蒸发器、节流阀、溶液泵、溶液阀、溶液热交换器这 8 大部件组成封闭环路。其中冷凝器、蒸发器构成逆卡诺循环的高温放热和低温吸热主要过程，吸收器和发生器、溶液泵、溶液阀和溶液热交换器利用溴化锂溶液构成类似于压缩机或真空机的动力装置，成为维持逆卡诺循环的主要动力，见图 4-94。

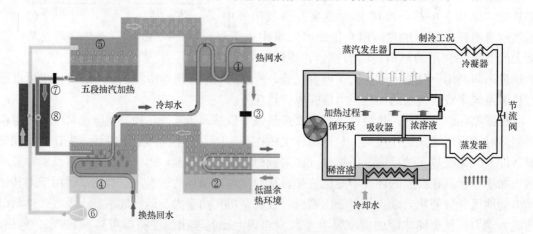

图 4-94　吸收式热泵工作原理

各部分的功能及工作方式如下：

①冷凝器。逆卡诺循环的高温放热环境。由前端发生器送来的高温蒸汽（通常大于 100℃），在此冷凝为液体，同时放出热量，加热热网水。如热网水的温度还不够要求，则还需要抽汽进一步加热。

②蒸发器。逆卡诺循环的低温吸热环境，通常工作在 1kPa、4～9℃以下的真空环境中，

真空环境由冷凝器与蒸发器之间的节流阀③和后端的吸收器④共同产生。蒸发器的外围环境通常是循环水、空冷岛或直接的汽轮机排汽环境，这些低温环境湿蒸汽在蒸发器中吸收低温热源的热量，温度通常大于25℃，相对于蒸发器内部的低温环境，还可以强烈传热，把热量变为蒸发器的饱和蒸汽。

③节流阀。用于隔离冷凝器和蒸发器的高低压环境，使冷凝器中高温工质经节流阀后变为低压低温循环工质。

④吸收器。利用溴化锂溶液对低温蒸汽的吸收能力，把蒸发器生产的低温蒸汽抽吸到吸收器里迅速吸收，产生真空，与节流阀共同维持蒸发器的真空环境。溴化锂溶液吸收水分后变稀，送入蒸发器加热分离水分。

⑤发生器。即蒸汽发生器，对吸收了低温水蒸气变稀的溴化锂溶液进行加热，让其中的水蒸再蒸发出来，让溴化锂溶液再度变成浓溶液再去吸收低温水蒸气，因而也许可以称为分离器更为合式。用来加热溴化锂溶液让其蒸发浓缩的外来热量，只要比溴化锂溶液的沸点高即可，供热中典型采用五段抽汽，五段抽汽的做功能力大部分已经释放，因而整体的经济性很高。

⑥溶液泵。它不断地将吸收器中的工质的稀溶液送入发生器，保持吸收器、发生器中的溶液量。

⑦溶液阀。它的作用是调节由发生器中流入吸收器的溶液量。

⑧溶液热交换器。流出吸收器的稀溶液与流出发生器的浓溶液进行热交换的部件，使进入吸收器中的稀溶液温度降低，提高吸收器中溶液的吸收能力；使进入发生器的稀溶液温度升高，节省发生器中的高温热能消耗。

从吸收式热泵的工作过程可以看出，整个逆卡诺循环的循环工质是水，但帮助其实现循环的是溴化锂溶液通过先吸收水、然后再分离水构造的高、低压两个蒸发点完成的。在吸收式热泵中，通常称溴化锂溶液和水为二元非共沸工质对，两种工质的沸点差值越大，吸收剂对循环工质的吸收能力越强，吸收式热泵工作越容易。这样的吸收剂并不多，除了溴化锂外，另外一种常见的吸收剂为氨水。吸收式热泵机组的能效系数COP不应小于1.7。

热泵造价高，溴化锂水溶液对钢铁的腐蚀性很强，尽管添加缓蚀剂，还是需要定期维护，维修费用较高。另外，热泵对外供热的性能受到环境温度的影响较大，随着服役时间的增长，性能衰减明显，近距离、大流量、低温度供热方式对吸收式热泵机组回收电厂排汽冷凝热方案较为有利，因而热泵的适用范围有限，多用于对于供热不足时的补充。

与高背压技术（含切除低压缸进汽技术）相比，热泵技术也可以回收电厂冷源损失。但是与高背压的直接梯级利用相比，热泵技术在梯级利用时多了一次折返，因而在总体效率上必然要低于直接梯级利用的效率（抽汽能源品位高于排汽的能源品位、且做到全部的冷源回收相对困难），见图4-95。它的好处是可以通过调节吸收剂的分离浓度来控制加热的温度，同时如果把循环水换成冷用户，也可以用吸收剂的吸收浓度和蒸发器的真空来控制冷源温度，从而提供制冷服务，因而也有其特定的优点。

6. 灵活性改造技术能效比较

汽轮机旁路供热、低压缸零出力技术和高背压改造技术都是将汽轮机内部高温高压蒸汽的做功份额减小，将其转化为对外供暖的热能的技术，本质上是相同的，只是实现方法有所不

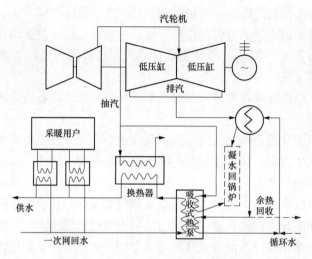

图 4-95　吸收式热泵附加供热技术

同，调峰的深度也有所不同。以低压缸零出力技术与旁路调峰技术为例，两者比较如图 4-96
所示。

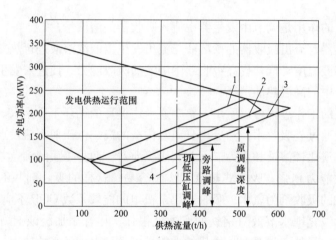

图 4-96　汽轮机旁路供热和低压缸零出力调峰深度

　　图 4-96 中实线 1 范围是热电厂原来的发电供热运行范围，经过汽轮机旁路和低压缸零出
力改造后的运行范围如图中实线 2 和实线 3 所示，虚线 4 是热负荷线。汽轮机调峰能力和
供热能力增加，在供热负荷不变的条件下，汽轮机旁路供热将做功能力较强的高温高压蒸汽
抽出供热，能够大幅降低汽轮机组的发电出力，具有较强的调峰能力。但同时，考虑到汽轮
机旁路容量，再热器超温，汽轮机轴系推力匹配、抽汽回热等问题，汽轮机旁路难以实现全
容量抽汽，因此调峰幅度具有一定限制。运行成本来看，将高品位热能的高温高压蒸汽用于
供暖，存在较大的热经济损失，运行成本较高。低压缸零出力技改将中压缸排汽全部用于供
热，低压缸做功为零，降低了发电机组出力水平，具有较强的调峰能力，而且由于排汽全部
用于供热，消除了冷源损失，具有很好的热经济性，运行费用较低。
　　低压缸高背压循环水供热技术是将低压缸的排汽压力升高，利用较高的排汽温度加热循环水供热，使低压缸既保留了做功能力，又能够供热且消除冷源损失，具有最佳的热经济性和运行成本优势。如果冬、夏季采用不同的转子，节能效果好，但每年需要两次揭缸工程量比较大，改造费用较高。如果采用兼顾的转子，没有上述问题，但是机组长年运行在效率不高的基础上；低压缸零出力技术可使发电机组运行在可切换的高背压运行状态，机组的整体效率较高，但是用于冷却的蒸汽有一定的能量损失、末级叶片背面的冲蚀风险需要重点关注。

（三）建立储能系统

1. 基本原理

燃煤机组按照"以热定电"的运行模式，本质上基于总体上供热能力不足、发电能力富余的特点产生。考虑到供暖热负荷相对稳定、但电网负荷却存在明显的波峰波谷，必然会造成部分时段为保证供暖而发电能力过剩，或部分时段为了保证发电而供热能力相对过剩的问题。如果机组配备储能系统，用电高峰时先将相对过剩的热能存储起来，在需要调峰降低电负荷出力（供热力力相对不足）时，可以将储能系统事先储存的热能释放出来补充供热需求，可以更好地平衡供热和供电之间波谷的平衡，增加热电厂深度调峰的运行能力。从提升变负荷速率的角度来看，储能系统巨大的中间缓冲能力可使热电厂具备更快的双向调峰能力，即快速增加负荷时将多余热能存储起来，快速减负荷时也因为存储系统巨大的中间缓冲，可以无任何限制。从热电厂供热特性图来看，热水储能相当于将相对固定的供热需求转化为可变的供热需求，因而拓展了热电厂调峰运行范围，储能系统热电曲线见图4-97。

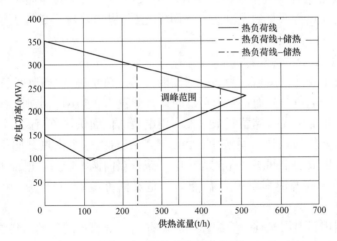

图 4-97 储能系统热电曲线

储能系统大体上分为消耗电能的储能技术和消耗抽汽的储能技术两大类，根据储能方式不同，每类又有若干种实现技术。

2. 消耗电能储热建立的储能系统

该类技术把电能转化为热能然后存储在储能系统中完成储能的功能，包括电锅炉固体储热、熔盐储热及电锅炉三大类技术：

（1）电锅炉固体储热以储热式电锅炉为核心，通过开启电加热器减少上网负荷，将机组发出电能储存在固体金属氧化物等耐高温材料中，具有储热温度高（如 MgO 储热温度可达到800℃)、储能密度高、效率高、体积小、操作安全简便的优势。当机组抽汽量不足时电锅炉产生的蒸汽参数与机组抽汽供热参数相同,通过换热器接入热网水循环系统,与机组抽汽共同对外提供供热服务。长春热电厂、伊春热电厂、丹东电厂、白城发电厂等发电厂有投运。

(2)熔盐储能系统就是将热量存储在熔融为液体的盐中的储能系统。熔盐通常为单一盐种,使用温度在300~1000℃之间,新型由不同熔盐按照一定的配方混合形成的混合共晶熔融盐,使用温度可达60~1000℃之间,且热容量大、导热性好、原料易获得、价格低廉。因而熔融盐系统被广泛应用于储热系统中,特别是在太阳能热发电系统中,熔融盐得到了广泛的应用。

(3)电极锅炉是直接将高压三相电极接在锅内的导电盐水中放电发热、使电能快速转换为热能(如果忽略炉体散热损失)装置,是一种大功率直供发热方案,具有结构简单、耐用、功率大的特点。单台锅炉的最大功率可达80MW,可快速平滑调节发电出力,是一种性能优异的电能消耗设备。电极锅炉自己不能储热,可以通过板式换热器将锅内的热量传递给热网供热热水。

三种方案中均不涉及热电厂设备本体改造,对热电厂正常运行影响较小,且通过储能系统直接减少热电厂对外供电能力,调峰深度较大,受到一部分电厂的喜爱。但是消耗电能建立储能系统用于供热,大量被冷源热量没有任何回收作用,在经济性上说是非常差的,远远比不上高背压、切除低压缸进汽技术和热泵技术。原则上说此类系统只适应于风能光伏等直接生产电力的新能源发电项目中,特别是在光热发电中,由于固体储热和熔盐储热的温度高、可以把其中的储热再恢复到发电能力(而不光是供热),对于燃煤机组,本书不建议将其作为热电解耦的中间储能设备。

3. 消耗汽轮机抽汽建立的储能系统

该类储能系统主要是以热水罐为核心的储能技术。热水罐就是利用汽轮机抽汽加热的1个大型热水箱,在用电负荷高而供暖负荷低时,加热蒸汽将热网回水加热至供热温度,存储在热水罐,相当于把能量先行储蓄起来,夜间用电负荷低而供热负荷高、需要机组灵活调节时,热水罐中的蓄能传递回热力系统中,由储能系统与汽轮机供热共同供热,满足热电解耦。此外,热水罐巨大的中间缓冲还能为热电厂获得双向调峰能力,既能够增加热电厂的调峰深度,也能够增加高峰时段的升负荷能力,是灵活性改造项目中应用最多的技改路线之一。

热水罐通常利用斜温层实现一个罐体同时储存高、低温水的目的。斜温层是不同温度的水具有的不同密度形成的自然分隔层,将热水罐分成为热水区和冷水区两个部分,热水存储在储罐的上部,冷水在储罐的下部,热水和冷水之间有一层厚度较小的温度梯度水层就是斜温层,厚度从1m左右到2m不等。蓄热时,汽轮机组通过热水泵旁路把多余的热量换成热水,从储热罐上部区域蓄入罐内,相同质量的冷水从储热罐底部排出;放热时,通过冷水泵将冷水进入底部泵入蓄热罐,热水通过热水泵从储热罐上部流出,进入热用户。通过冷热水同储一个罐中,系统配置和运行维护都相对简单。

热水罐分为常压罐和承压罐,常压罐内压力1bar,供热温度在95℃左右,设备简单,造价相对较低,但储能密度小,体积较大;承压罐压力一般为2~3bar,热水温度为115~120℃,储能密度相对较高,但设备较复杂,罐壁较厚,造价较高。目前常压储热水罐的工程应用较多，运行经验丰富，技术成熟可靠，应用最为广泛。

热水储能适用于供热量大的地区，仅对应于采暖供热，也可以和高背压等技术联合使用，在实现热电解耦、调峰灵活性的同时，还有很好的经济性。不足之处是需要足够的地方来建设巨大的蓄热水罐，世界上最大蓄热水罐项目总体积达 70 000m³；我国东北地区不少电厂建设有国内最大的热水罐，容积达 22 000～30 000m³，在城市区域的热电厂应用有一定的困难。

五、快速启停

机组启停次数对热耗和发电煤耗影响很大。统计资料表明，每次启停消耗的燃料约为本机组在满负荷下 2～3h 消耗的燃料，而且每一次的启停过程都是对机组和设备可靠性的重要考验，很多故障都是在启停过程中出现的，频繁的启停还会影响到机组的寿命。所以当前的情况是：大量的机组宁可同时在极低的深度调峰工况下工作，也不愿意停机，而是希望别人停机给自己一线希望。由于新能源系统的运行是不消耗资源的，所以必须保证新能源的运行，传统火电已经到了不得不停机的边界。以目前的备用容量来看，部分机组按照正常的速度启动（这是对机组寿命影响最小的运行模式）电网的安全稳定性完全可以保证，但是必须考虑极端的情况。同时从电厂自身利益看，快速启动具有更好的可调性，可以争取到更多的生产权，已经关系到自己的生存问题，因此考虑机组的快速启停已经是非常必要的。

快速启停的主要工作是快速启动。限制启动速度的主要制约性因素是机组厚壁元件应力的限制和锅炉中巨大的炉水储量而导致的热惯性，需要很长的暖机时间和升温升压时间。提升启动速度最有效的方式是采用邻炉加热或邻机加热，即启动前让邻炉或邻机的蒸汽通入给水，通过给水对炉水进行加热，可以均匀、快速地提高整个锅炉的温度水平，提前建立"热炉和热风"环境，使机组接近温态启动的状态，从而大大减少升温升压速度。目前加热炉水的汽源和方式随灵活性技术的广泛应用而逐渐多样化，如可用储能系统返回的蒸汽加热炉水。

邻机加热中抽汽已经完成部分做功任务，且回热到锅炉后可以减少抽汽的冷源损失，因而从能效的角度来看，邻炉加热系统具有良好的经济性。只是作为启动装置，传统机组的邻炉加热系统使用次数小，需要长年维护，因而不少电厂把它们去除。在灵活性要求越来越高的情况下，如果启动次数较多，恢复邻炉加热系统是非常有效的手段。

除了邻机加热技术外，还有很多的运行优化技术可以在保证设备安全的情况下提高机组的启动速度，例如早接真空、早暖机、强化各操作阶段的衔接等，需要针对不同的机组具体的试验探索。

六、燃料灵活性

就我国的国情而言，机组正常运行过程的燃料灵活性可包括掺烧劣质煤、煤泥、污泥、垃圾或钢铁厂的高炉煤气、化工厂的石油焦、石油气等多种难应用燃料，还包括掺烧生物质燃料，需要根据机组的实际情况来确定，如是否具有大量的此类物质等条件。如果掺烧的燃料特性与煤差异很大，如气体燃料、生物质燃烧需要专门设计燃烧系统。

启动过程或深度调峰工况的燃料灵活性需要考虑掺烧燃烧的活性。如欧洲不少大型燃煤机组均实现了掺烧生物质的功能，不但可以减少净 CO_2 排放量（这些燃料不烧在自然界腐烂分解的过程会释放出同样多的 CO_2），还可以提升机组灵活性水平。在低负荷时可运行 1 台磨煤机并掺烧 10％（热量基）生物质燃料，可以大为改善炉内燃烧稳定性，也可提前将磨煤机投入运行提升启动速度。

为了燃烧水分含量较高或热值较低的煤种，增加磨煤机前置预热干燥能力是必然的选择。若对电厂进行全面的升级改造，可采取大型的配置动态粒度分级器磨煤机、具有大出力的一次风机等方案。随后在低负荷运行时，在一次风系统中配置额外的燃烧器能节省更多的能量，这部分节能若用于干燥燃料，将使磨煤机的出力更大。在启炉阶段，通过快速转换到最低负荷（煤与生物质掺烧），将节省高达 90％的启炉所需重油。

七、灵活性条件下的节能考虑

单单针对机组自身而言，所有的灵活性活动、无论是深度调峰还是快速变负荷都是不节能的，部分把灵活性做到极限的欧洲国家，机组的最小负荷接近 10％，煤耗高达 500g/kWh 左右。但是从整个电力系统来看，由于接入的新能源煤耗可以认为是 0，因而只要火电企业提供灵活性服务是让新能源接入，虽从整体上而言还是节能的，但收益越来越小。对于火电企业而言，如此高的煤耗，燃料成本已经超过其售电成本，即使有其他服务的收入，想做到盈利也很难。所以在参与灵活性活动时，必须充分考虑机组的能效状态，量力而行，才能保证机组在实现安全、高效、清洁、经济的调峰能力的同时，最大程度上体现出灵活性改造的真正价值。

在这个过程中需要特别考虑以下方面：

（1）选用能效水平高的技术。在实施灵活性项目时，无论是深度调峰、提高变负荷速率还是热电解耦，均要优先考虑能效水平高的技术。如热电解耦中，在充分考虑叶片安全性的基础上宜优先选用低压缸零出力而不是费用高、效果差的热泵技术；储能中则优先选用抽汽加热的水锅炉而不是低效率的电极锅炉等，不能仅仅考虑特殊服务的收益，而忽视机组的能效水平。随着参与灵活性特殊服务的机组越来越多，灵活性特殊服务的收益会越来越少，如果选择的灵活性机组能效水平很低的话，虽然在一两年之内可能有优势，但长期来看、特别是在后期的竞争中会处于明显的劣势。

（2）中低负荷最优为考虑。在我国可见的一定时期内，机组的产能过剩都会存在，所以在实施灵活性项目时，均要以常见的中、低负荷为主要优化对象，以尽可能在常见的负荷中提高效率。不少机组在实施灵活性项目时，特别是在实施通流改造时，还往往同时增大汽轮机的容量，以获取更多的电网调度机会。如果仅仅是从安全裕量中通过试验获得电网公司的增容认可，则这种方法是有益的；但如果在设备改造过程中获得增容，则往往是无益的。因为增加机组的真实容量，往往意味着最佳负荷点的提升，也就是实际运行负荷点能效的下降。

（3）探索新的技术思路。灵活性工作是一个新事物，也是电力系统安全的必要手段，但是对于发电企业来讲是增加了很大的负担，因此需要尽可能多地创新探索新的思路，例如高温条件下的母管制机组。母管制以往是高参数（10MPa）机组广泛应用的布局方式，后随着参数的提高，四大管道成本的提升及管道效率的下降等因素，大部分机组转向单元制。但是从灵活性的角度、特别是深度调峰的角度，主要限制在锅炉的低负荷稳燃，可以重新考虑母管制，让高负荷时多锅炉联合给单台汽轮机提供高压高温蒸汽或机组低负荷时一台锅炉供多台汽轮机的模式运行方式逐步提上日程。德国正在研发一种 $1 \times 1100MW$ 蒸汽轮机配置 $2 \times 550MW$ 褐煤锅炉的新型发电机组的模式，它的最低负荷可以轻松降至175MW（对应单台锅炉的负荷率实际为32%）。一炉多机模式也可以考虑，四大管道增加并不多，且低负荷时汽轮机单台运行，可以以更高的参数运行，经济性会显著高于目前的一炉一机单元制。

第十节　能耗诊断的组织与落实

能耗诊断工作水平直接影响到机组节能工作的成效，除技术路线外，还宜从组织和落实方面强化工作，保证整个节能工作的闭环和真正发挥效能。

一、组织

能耗诊断是一个比较高水平的工作，最好由具有一定的全局观、既要清楚能效统计、能效分析的各个环节，又要对局部的优化技术如燃烧优化调整工作、汽轮机组滑压优化、汽轮机组冷端优化等有足够经验，整体分析能力较高的工作者完成。而且需要一定的时间、一定的试验进行原因分析与验证，这样才能得到比较全面、客观的结果，对进一步的节能工作有意义。

全面深入的能耗诊断工作最好由发电公司和专业技术服务单位合作完成。发电公司可确定诊断机组，编制诊断计划，收集、整理相关技术资料（对制造厂家的原始数据、设计院的设计数据、历史试验数据、大小修记录、日常运行记录数据以及对机组实际运行情况），进行诊断前期技术资料的准备工作。技术服务单位负责组织进行机组热力性能核实试验，获得不同机组负荷下的运行参数及主要附属设备的能耗技术数据，对机组运行参数及能耗技术数据进行分析，撰写机组能耗诊断报告，对机组能耗分析结果进行宣贯，提出设备改造建议和治理方案，并协助发电公司制定整改措施，开展机组典型节能方案的固化和推广，对重点技术难题进行技术攻关，对重大节能技术改造项目的方案进行审核等工作，以确保节能项目落实。

现在不少集团公司更加喜欢的模式是从基层召集一部分经验较丰富的人员组成能耗分析工作组，快速地对下属机组进行集中拉网式检查，两三天检查一个厂（还包括途中交通时间）。这种量贩式的工作模式在各个集团公司非常流行，而且不少集团公司每隔一两年都要进行一次。但是这样从基层电厂召集来的工作人员往往难以达到定量分析的技术水平（整个计算过程还是比较繁杂的），同时时间也难以保证，往往只能是粗略地询问一下现场工作人员存在什么问题，然后写到分析报告里，把严肃系统的能耗诊断工作变成答疑分析工作，且给现场工作人员增加无谓的接待任务。

机组全面的能耗诊断最好安排在机组新投产、机组大修前、后等时刻进行。新投产机组可结合机组性能考核试验同时进行，主要是为了对机组的建设性能进行全面评估与诊断，找出日后优化运行的方案和准备技改的方向。大修前、后则可以针对机组的运行状态进行回顾，确定检修项目或评价检修工作状态。大修周期内如果机组实施了影响能耗的重大技术改造等，应及时组织进行全面的能耗诊断。

二、机组能耗诊断报告

能耗诊断报告是能耗诊断工作的阶段性成果，对节能工作有指导意义，因而要对机组的能耗状态作出全面、细致、有效的分析，找准技术原因、管理原因及与计划指标偏差较大或有重要代表性的问题。要对重点问题、典型问题进行专题分析，帮助发电公司提高运行管理水平，制定改进方案和措施，因而需要引起足够的重视。

1. 锅炉设备整体评估

锅炉侧应包括但不限于：

（1）锅炉设备规范情况。

（2）不同负荷工况下的锅炉效率，必要时可以进行试验（包含排烟温度、飞灰可燃物、大渣的含碳量等锅炉运行指标的定量评估），应注明试验标准、试验仪器、试验方法，试验数据统计、计算式 、试验结果，诊断结果。

（3）空气预热器及锅炉尾部烟道漏风情况。

（4）引风机、送风机、一次风机等辅机的耗电率情况和工作模式分析。

（5）制粉系统运行与性能诊断分析。

（6）锅炉燃烧的调整与优化分析情况。

（7）锅炉泄漏量情况分析。

（8）锅炉环保设计的运行状态分析结果。

（9）整体情况诊断结果，包括可靠性、参数控制正确性、NO_x 排放特性等。

（10）节能潜力定量分析及改进方案、改进措施等。

2. 汽机设备整体评估

（1）不同负荷工况下的热耗率情况分析，必要时安排试验（试验要写明试验标准、试验仪器、试验方法、试验数据统计、计算式、试验结果、诊断结果）。

（2）高、中压缸的效率分析。

（3）回热系统加热器及抽汽系统工作情况分析。

（4）汽轮机冷端工作的情况分析，包括凝汽器性能、真空严密性、水塔性能等设备的状态分析诊断。

（5）厂用蒸汽系统优化分析。

（6）热力系统泄漏量（系统内、外漏）分析。

（7）给水泵、循环泵等重要辅机的运行方式验分析。

3. 辅机评估报告

针对机组的主要辅机（锅炉的三大风机、磨煤机、汽轮机给水泵、凝结水泵、循环水泵、其他辅机）的选型配置情况，管网阻力、自身效率等方面的调查研究与诊断分析情况。

适用的节能改进方向、方案措施及节能潜力。

4. 机组整体能耗诊断报告

锅炉、汽轮机及辅助设备的匹配控制情况，机组整体不同负荷工况下的煤耗、热耗运行曲线、与机组设计值的差距、各种机组运行参数变化引起煤耗、热耗变化的定量分析等，机组最佳运行方式建议，整体改进方向与方案等。

能耗诊断可与行业中同容量先进值对标找出差距，但更要针对自身特有的条件开展工作，保证提出的运行优化、检修维护、技术改造的措施具有可操作性。建议要从发电厂可操作性考虑，方便更好落实到运行优化、检修维护、技术改造中去。

三、落实

发电企业应当根据能耗诊断报告中的建议逐项核实，根据自身条件分解为设计、安装、运行、检修等方面的相应工作。对机组典型节能优化方案进行推广和固化，对能耗诊断提出的重点技术难题组织进行技术攻关，发电公司提出的重大节能技术改造项目技术方案审核，确保节能项目落实。

如果是集团公司内多台机组批量化的能耗诊断工作，还应当对发现的一些普遍性的问题从设计合理性、设备裕量、设备变工况性能、设备制造特性等多个方面进行总结。如超临界空冷机组给水泵配置问题、锅炉高温受热面选材、引风机设计选型基准点、凝结水泵调节方式、双压凝汽器抽真空管连接方式等；对一些具有前瞻性的课题，如超临界机组在中低负荷下压力、温度参数定值优化，百万机组二次循环冷却，冷却塔设计冷却面积核定，汽轮机阀门管理优化、基于高精度给水流量测量的机组日常性能在线监测等，建议进行专题研究。

第五章

燃煤发电机组技改项目节能量计算

本书第二章解决了如何在线统计火电厂和机组的能效指标；第三章解决了如何对该能效指标进行评价，解决了外部因素影响的问题；第四章解决了如何根据能效评价进一步查找内部分影响因素，以解决机组能效低下的问题。在此基础上，机组往往还需要进行进一步的技术改进工作来提升能效，这就需要针对每个项目的影响方式，影响量进行核算，最后确定机组的技改工作是否具有经济性。本章针对机组常见的项目，对电力行业标准 DL/T 1755—2017 中的思想进行进一步的解析，以帮助大家更好地从项目的角度来全面做好节能工作。

第一节　技改项目节能量计算的原则和基本方法

一、节能量计算的意义

以节约能源为目的，采用先进工艺、技术、设备、材料等对燃煤电厂进行节能改造以及运行优化，降低燃煤机组供电煤耗（发电煤耗或厂用电率）的方案及其实施办法，称为节能技术措施。在现有的能效状况基础上，燃煤发电机组采取节能技术措施往往需要增加一定的人、财、物投入。节能技术措施能取得多大的收益，取决于产生的节能效果有多大，即采用节能技术措施前、后的机组能效变化量有多大，机组能效变化量称为节能量。燃煤是电厂正常运行时的唯一能量来源。燃煤成本是电厂的主要运营成本，通常占总运营成本的70%以上。计算出节煤量，就可以根据标煤的市场价格计算节约的燃煤成本，进而核算节能技术措施的经济收益。

节能技术措施实施前应当进行必要的项目可行性研究，不仅要论证技术可行性，更重要的是预测成本和收益。特别是对于投资较大的节能技术措施，成本和收益是决定措施是否可行的最主要因素。节能技术措施实施后还应开展节能效果核算，这是项目周期中一个不可或缺的重要环节，是项目决策管理必要的手段，它对改进和完善项目的决策水平、提高投资效益具有重要意义。不论是节能技术措施实施前的可行性预测，还是实施后的效果核算，都需要我们从机组整体（或全厂）的视角出发，排除边界条件的干扰，正确计算各项节能技术措施的节能量。

由于燃燃煤机组的生产流程很复杂，机组性能受环境因素影响较大，锅炉、汽轮机等主要流程级的能效测试彼此独立，多项节能技术措施可能存在较强的相互关联等原因，节能量的计算预期和实际效果可能会出现明显的偏差。例如若机组在不同季节的节能量存在明显差异，就不能用某一个季节工况下的运行数据来估算全年的实际节能量；如果机组在不同负荷的节能量有明显差异，就不能用某一个负荷工况下的运行数据来估算其他负荷运行时段的节能量；如果回收的能量没有全部转化为电厂的最终产品（供电或供热），就不能用回收的能量直接换算成节煤量或发电量。针对这些以往实践中容易出现的错误，亟需总结一套科学方法来规范节能量计算的流程。这也是编制 DL/T 1755—2017《燃煤电厂节能量计算方法》

的初衷。

二、节能量计算的原则

1. 节能量计算的周期

节能技术措施的节能量与燃煤发电机组的发电量密切相关。机组的发电量通常用利用小时数来表示。利用小时数的定义为

$$利用小时数 = \frac{统计期内机组总发电量}{机组额定发电功率} \tag{5-1}$$

实际上它表征的是机组的运行负荷率。机组的运行负荷率越高，利用小时数也越高。如果统计期内机组都以额定功率发电，那么利用小时数就等于实际的运行小时数。

一年中不同季节的机组利用小时数差异往往较大。机组发电负荷由调度根据电网需求分配，主要的影响因素来自两个方面：一是电网用电负荷的变化，二是其他类型发电机组（水电、光伏发电、风电等）负荷的变化。受夏季制冷需求和冬季制热需求的影响，这两个季节的电网用电负荷往往比较高（见图5-1），燃煤发电机组的利用小时数也相应较高。由于燃煤发电机组大多承担着所在区域电网的调峰任务，其他类型发电机组随季节因素的变化同样会影响燃煤发电机组的利用小时数。

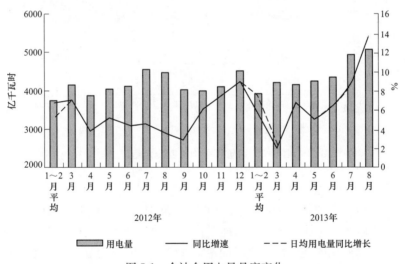

图 5-1　全社会用电量月度变化

环境温度同样是影响机组能效的重要因素之一。环境温度越高，意味着锅炉进口空气温度和汽轮机排汽温度越高，会导致锅炉热效率、汽轮机组热耗率和厂用电率也越高。这三个主设备级指标的变化最终反映为机组能效随环境温度的升高而降低。环境温度受季节性因素影响很大。以某省为例，一方面，一年之中不同季节的平均气温差异很大；另一方面，不同年份同一季节的平均气温波动也很大（见图5-2）。

相同时期内，不同年份的年平均气温波动就小得多（见图5-3）。为了排除上述影响因素对机组能效的干扰，节能量计算的周期应至少为一年。同时由于经济效益核算通常也以年为周期，这样做也为进一步计算经济效益指标等提供了便利。

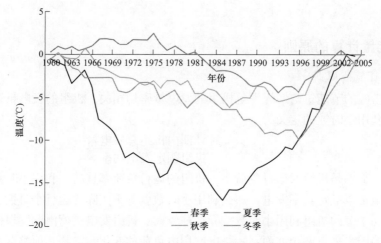

图 5-2　某省各季节气温与常年平均值的差异

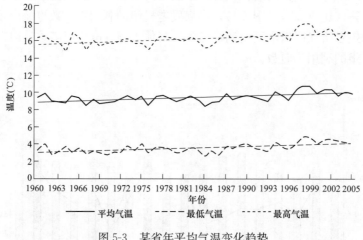

图 5-3　某省年平均气温变化趋势

2. 节能技术措施的影响范围

节能量计算前应首先评估节能技术措施的影响范围。节能技术措施的实施范围大小不一，通常会直接影响到一个或几个设备级能效指标。设备级能效指标对机组能效的影响必须通过主设备级指标的变化体现出来，所以确定节能量计算的影响范围，就是要确定受影响的主设备级指标有哪些，并且这些主设备级指标的变化量大小应当可以通过统计、估算或测试得到。在节能技术措施影响的设备级能效指标已经明确的条件下，可以参考表 5-1 分析受影响的主设备级指标。

表 5-1　　　　　　　　典型节能技术措施的节能量计算的影响范围

序号	节能技术措施	锅炉热效率	管道效率	汽轮机组热耗率	厂用电率
1	锅炉受热面节能改造	√	—	√	√
2	空气预热器改造	√	—	—	√
3	制粉系统热一次风余热利用改造	√	—	√	√
4	锅炉烟气余热利用改造	√	—	√	√

序号	节能技术措施	锅炉热效率	管道效率	汽轮机组热耗率	厂用电率
5	风机改造 *	—	—	—	√
6	汽轮机本体改造	—	—	√	—
7	热力系统优化改造	—	√	√	—
8	汽轮机配汽优化改造	—	—	√	—
9	电动给水泵组改造 *	—	—	—	√
10	汽动给水泵组改造	—	—	√	—
11	循环水泵提效、调速改造 *	—	—	—	√
12	循环水泵增容改造、运行方式优化	—	—	√	√
13	凝结水泵改造 *	—	—	—	√
14	凝汽器改造	—	—	√	—
15	加热器改造	—	—	√	—
16	空冷系统改造	—	—	√	—
17	冷却塔改造	—	—	√	—

供电煤耗是发电煤耗和厂用电率的综合体现，反映了机组的总体能源转化效率。当节能技术措施既对发电煤耗有影响，又对厂用电率有影响时，应最终计算出对供电煤耗的影响，再计算节能量。在评估节能技术措施的社会和环境效益时，计算一次能源消耗、污染物和二氧化碳等的减排量都与节煤量密切相关。此时也应利用供电煤耗将所有的节能量都统一为节煤量。

当节能技术措施不影响厂用电率时，整个热力系统（锅炉和汽轮机组）的节能量，都可以通过发电煤耗的变化最终折算为节煤量。发电煤耗只受锅炉效率、管道效率和汽轮机组热耗率影响，从节约燃料成本的角度计算起来更加方便。

电能是电厂最主要的产品产出。一部分辅机相关的节能技术措施，可能只影响到辅机的耗电率，反映为主设备级指标中只有厂用电率发生变化，此时确定了厂用电率的变化就可以直接计算节电量。相比于按照供电煤耗计算节煤量的方法，从增加售电收益的角度出发更为方便快捷。需要注意的是，直接用节电量代替节能量的前提条件如下：

（1）主设备级指标中只有厂用电率发生变化。

（2）机组的发电负荷不受厂用电率影响。

对于电力行业标准 DL/T 1755—2017 中涉及的十五类节能技术措施，可以参照表 5-1 确定其节能量计算的影响范围，本书中细化了给水泵和循环水泵的改造分类。对于只影响厂用电率的节能技术措施，已统一用"*"标出，可以直接用节电量作为其节能量。

对于不存在关联因素的多项节能技术措施，其节能量可通过求和获得；对于存在关联因素的多项节能技术措施，应扩大统计、估算或测试的范围，将机组作为整体建模计算节能量。节能技术措施间是否存在关联因素，可以先从如下两个方面来分析：

（1）每项措施节能量计算的影响范围是否没有重叠。

（2）每项措施的节能量大小能否单独统计、估算或测试。

如果以上两方面分析的结果均为否，那么就应判定为节能技术措施间存在关联因素。

3. 节能量计算的边界条件

在节能技术措施实施前后，节能量计算的边界条件应具有可比性。节能量计算的边界条件至少有如下三层意义：

（1）机组的年利用小时数。

（2）机组在每个负荷率工况的运行小时数。

（3）机组的供热比。

电能和热能是燃煤发电机组最主要的两类产品，因此在节能技术措施实施前后，这两类产品的产量（发电量和供热量）应大致相同。如果发电量或供热量中的任何一项出现较大差异，节能量计算的边界条件都不具有可比性。

对于节能量随机组负荷有明显变化的节能技术措施，理论上应先获得每个运行负荷率工况下的发电煤耗或厂用电率的变化量，再按照发电量进行累积得到年节煤量或年节电量。计算式为

$$B_{nj} = \int_J - \frac{\Delta b_{fJ}}{10^6} \times W_{fJ} \tag{5-2}$$

$$W_{nj} = \int_J - \frac{\Delta L_{cyJ}}{100} \times W_{fJ} \tag{5-3}$$

式中　B_{nj}——年节煤量，t；

W_{nj}——年节电量，kWh；

Δb_{fJ}——实施节能技术措施后机组在运行负荷率为 J 工况下发电煤耗变化值，g/kWh；

ΔL_{cyJ}——实施节能技术措施后机组在运行负荷率为 J 工况下厂用电率变化值，%；

W_{fJ}——机组全年在运行负荷率为 J 工况下的发电量，kWh。

或者先计算出每个运行负荷率工况下的供电煤耗的变化量，再按照发电量进行积分，得到年节煤量，即

$$B_{nj} = \int_J - \Delta b_{gJ} W_{fJ} \left(1 - \frac{L_{cyJ}}{100}\right) \tag{5-4}$$

上述三个积分式在具体计算时，需要先进行差分离散的处理。所谓差分离散就是把连续的运行负荷点划分为一定数量的运行负荷段，认为机组在同一运行负荷段内运行时具有相同的 Δb_{gJ}（或 Δb_{fJ} 和 ΔL_{cyJ}）。这样做的好处是，不必关心 Δb_{gJ}（或 Δb_{fJ} 和 ΔL_{cyJ}）与运行负荷率间的函数关系，只需要在少数几个运行负荷率工况下统计、估算或测试出 Δb_{gJ}（或 Δb_{fJ} 和 ΔL_{cyJ}）的具体数值，就能据此估算出机组的年节能量。

从提高计算结果精确度出发，划分的运行负荷段数量越多越好。尽管如此，考虑到统计、估算或测试 Δb_{fJ}（或 Δb_{fJ} 和 ΔL_{cyJ}）的实际工作量，DL/T 1755—2017 规定应至少划分三个运行负荷段。即应至少计算额定负荷 100%、75%、50% 三个工况下的节能量，并根据机组年运行小时数中三个运行负荷段所占比例计算加权平均节能量。在计算过程中，85% 额定负荷以上（含 85%）的可划归 100% 负荷段；60%～85% 额定负荷（含 60%）可划归 75% 负荷段；小于 60% 负荷可划归 50% 负荷段。

三、机组能效的耗差分析方法

1. 基本原理

正如第二章所述，机组的供电效率反平衡计算式为

$$\eta_0 = \frac{\eta_g}{100} \times \frac{\eta_{gd}}{100} \times \frac{\eta_q}{100} \times \left(1 - \frac{L_{cy}}{100}\right) \times 100 \qquad (5\text{-}5)$$

其中，汽轮发电机组效率按照式（5-6）计算，即

$$\eta_q = \frac{3600}{q_{TB}} \qquad (5\text{-}6)$$

式中　q_{TB}——汽轮机组热耗率，kJ/kWh。

根据供电煤耗（b_g）与供电效率（η_0）的换算关系可知

$$b_g = \frac{123}{\eta_0} = \frac{123}{\dfrac{\eta_g}{100} \times \dfrac{\eta_{gd}}{100} \times \dfrac{\eta_q}{100} \times \left(1 - \dfrac{L_{cy}}{100}\right)} \qquad (5\text{-}7)$$

对式（5-7）求微，则有

$$\Delta b_g = b_g \times \left(-\frac{\Delta \eta_g}{\eta_g} - \frac{\Delta \eta_{gd}}{\eta_{gd}} + \frac{\Delta q_{TB}}{q_{TB}} + \frac{\Delta L_{cy}}{L_{cy}}\right) \qquad (5\text{-}8)$$

式（5-8）就是从主设备级指标变化量推算煤耗变化量的理论式。它的物理意义在于，以某一运行工况的供电煤耗、锅炉热效率、管道效率、汽轮机热耗率和厂用电率为基准，可以根据这个式便捷地估算出各种影响因素对机组供电煤耗的影响大小。特别是在一个技术方案（或因素）同时影响多个主设备级指标时，这一分析方法可以辅助生产管理人员快速选择有利于提高机组运行经济性的技术方案。基于这一原理开发的机组运行经济性分析系统，称为燃煤发电机组的耗差分析（或管理）系统。

这种运行操作方式虽然节省了厂用电，但从供电煤耗的综合效果来看，却并没有达到提高运行经济性的预期。这也表明，运行小指标设置中要特别注意综合考虑对多个主设备级指标的影响，最终应以对机组供电煤耗的影响作为指标权重设置的重要依据。

如果厂用电率不发生变化，则可以简化成发电煤耗的耗差分析式为

$$\Delta b_f = b_f \times \left(-\frac{\Delta \eta_g}{\eta_g} - \frac{\Delta \eta_{gd}}{\eta_{gd}} + \frac{\Delta q_{TB}}{q_{TB}}\right) \qquad (5\text{-}9)$$

2. 节能量计算的基本方法

在计算节煤量的过程中，首先将计算周期内机组的总发电量划分为三个及以上的运行负荷段（参见本节第二部分"节能量计算的原则"中的"节能量计算的边界条件"）；其次，将各项节能技术措施的改造效果量化为发电厂用电率、汽轮机热耗率、锅炉热效率和管道效率等主设备级指标的变化量；再次，根据各主设备级指标的变化量计算供电煤耗的变化值；最后，将供电煤耗的变化值与统计期供电量相乘得节煤量。

其中，确定主设备级指标变化量的常用方法有统计、估算和测试等。计算供电煤耗的变化量可以采用式（5-8）。计算节煤量时，通常采用供电煤耗变化值与对应的供电量相乘；当厂用电率不受节能技术措施影响时，可简化为按发电煤耗变化值直接计算节煤量；当发电煤耗不受节能技术措施影响时，可简化为按厂用电率变化值直接计算节电量。

（1）对于供电煤耗随负荷变化的节能技术措施，其年节煤量可用式（5-10）计算，即

$$B_{nj} = h_{ly} \times \frac{P_e}{1000} \times \sum_J \left[-\Delta b_{gJ} \times \lambda_J \times \left(1 - \frac{L_{cyJ}}{100} \right) \right] \tag{5-10}$$

式中　h_{ly}——年利用小时数，h；

$\quad\quad P_e$——机组额定功率，MW；

$\quad L_{cyJ}$——年平均厂用电率，%；

$\quad \Delta b_{gJ}$——实施节能技术措施后机组在运行负荷段 J 工况下供电煤耗变化值，g/kWh；

$\quad\quad \lambda_J$——计算周期内在运行负荷段 J 工况下累积发电量与总发电量之比。

当厂用电率不受节能技术措施影响时，可简化为按发电煤耗变化值直接计算节煤量，即

$$B_{nj} = h_{ly} \times \frac{P_e}{1000} \times \sum_J \left(-\Delta b_{fJ} \times \lambda_J \right) \tag{5-11}$$

式中　Δb_{fJ}——当厂用电率不受节能技术措施影响时，实施节能技术措施后机组在运行负荷段 J 工况下发电煤耗变化值，g/kWh。

当发电煤耗不受节能技术措施影响时，可简化为按厂用电率变化值直接计算节电量，即

$$W_{nj} = h_{ly} \times P_e \times 10 \times \sum_J \left(-\Delta L_{cyJ} \times \lambda_J \right) \tag{5-12}$$

式中　ΔL_{cyJ}——实施节能技术措施后机组在运行负荷段 J 工况下厂用电率变化值，%。

（2）对于供电煤耗受机组负荷变化影响较小的节能技术措施，其年节煤量可用式（5-13）计算，即

$$B_{nj} = -\Delta b_g \times h_{ly} \times \frac{P_e}{1000} \times \left(1 - \frac{L_{cyJ}}{100} \right) \tag{5-13}$$

式中　Δb_g——实施节能技术措施后机组供电煤耗变化值，g/kWh。

当厂用电率不受节能技术措施影响时，可简化为按发电煤耗变化值直接计算节煤量，即

$$B_{nj} = -\Delta b_f \times h_{ly} \times \frac{P_e}{1000} \tag{5-14}$$

式中　Δb_f——当厂用电率不受节能技术措施影响时，实施节能技术措施后机组发电煤耗变化值，g/kWh。

当发电煤耗不受节能技术措施影响时，可简化为按厂用电率变化值直接计算节电量，即

$$W_{nj} = -\Delta L_{cy} \times h_{ly} \times P_e \times 10 \tag{5-15}$$

式中　ΔL_{cy}——实施节能技术措施后机组厂用电率变化值，%。

下面将列举一些常见的燃煤发电厂节能技术措施，从实施前的节能量预测和实施后的节能量核算两个方面，逐一介绍节能量计算的详细流程和具体方法。

第二节　锅炉侧技改项目节能量计算的案例和方法

一、锅炉受热面节能改造

1. 节能技术措施

典型的锅炉的受热面布置如图 5-4 所示。锅炉受热面节能改造的目的是为解决锅炉各级热量分配与设计偏离的问题，可能的改造方式包括：受热面布置方式调整，受热面面积或结构调整，受热面材料更换等；主要技术措施包括：水冷壁改造、过热器改造、再热器改造、

省煤器改造及卫燃带改造等。虽然在能效测试中，空气预热器也归属锅炉受热面，但这里将空气预热器的受热面改造单独划归到本节中第二部分"空气预热器改造"中。锅炉受热面改造的节能效果主要表现为：降低排烟温度，反映为锅炉热效率的提高；提高主/再热蒸汽温度或减少主/再热蒸汽减温水量等，反映为汽轮机组热耗率的降低。同时还要注意，锅炉受热面节能改造很可能会导致风烟系统阻力的变化，因此还要考虑厂用电率的变化。

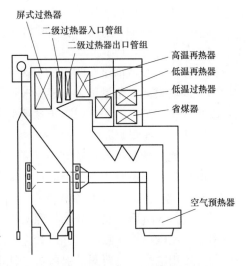

屏式过热器
二级过热器入口管组
二级过热器出口管组
高温再热器
低温再热器
低温过热器
省煤器

空气预热器

图 5-4　锅炉受热面布置示意

2. 技术措施实施前节能量预测

（1）进行改造前试验。分别按照 GB/T 10184（或 ASME PTC 4）、GB/T 8117（或 ASME PTC6）和 DL/T 469 测试锅炉效率、汽轮机组热耗率和厂用电率。注意两点：试验需至少在 100%、75%、50%额定负荷下进行；不但要测试综合厂用电率，还要测试引风机的耗电率和全压升。

（2）锅炉热效率变化值预测。根据改造后锅炉整体热力计算结果得到预期排烟温度，据此确定锅炉热效率的预期值。再计算出改造前、后锅炉热效率的变化值 $\Delta\eta_g$。若不具备锅炉整体热力计算条件，可按经验系数法预测锅炉热效率的变化值。即在其他边界条件差异不大的情况下，修正到相同的环境温度后，按照式（5-16）估算锅炉受热面改造前后锅炉热效率的变化值，即

$$\Delta\eta_g = \frac{t_{fg,AH,lv} - t'_{fg,AH,lv}}{20} \tag{5-16}$$

式中　$\Delta\eta_g$——锅炉热效率变化值，%；

$t_{fg,AH,lv}$——改造前试验测得的锅炉排烟温度，℃；

$t'_{fg,AH,lv}$——预期改造后的锅炉排烟温度，℃；

20——经验系数，℃。

即认为排烟温度每下降 20℃，锅炉效率提高 1%。采用经验系数法估算锅炉热效率变化值时，可不考虑机组负荷对锅炉热效率变化值的影响。

（3）汽轮机组热耗率变化值预测。锅炉受热面节能改造提高主/再热蒸汽温度或减少主/再热器减温水量时，首先根据改造后锅炉整体热力计算结果预测改造后的主/再热蒸汽温度或主/再热器减温水量，再依据汽轮机制造厂提供的修正曲线计算汽轮机热耗率的变化值 Δq_{TB}。也可以采用等效焓降法、循环函数法、常规热平衡法、矩阵法等方法计算汽轮机热耗率的变化值 Δq_{TB}。

（4）厂用电率变化值预测。当锅炉受热面改造导致烟道阻力变化时，可按照烟道阻力的变化情况估算厂用电率的变化值，即

$$\Delta L_{cy} = L_{cy,IDF} \times \left(\frac{\Delta p'_{IDF}}{\Delta p_{IDF}} \times \frac{273 + t'_{fg,AH,lv}}{273 + t_{fg,AH,lv}} - 1 \right) \tag{5-17}$$

式中　ΔL_{cy}——厂用电率变化值，%；

$L_{cy, IDF}$——改造前试验测得的引风机耗电率，%；

$\Delta p'_{IDF}$——预期改造后的引风机全压升，至少在改造前试验对应的各个负荷下估算，Pa；

Δp_{IDF}——改造前试验测得的引风机全压升，Pa。

（5）供电煤耗变化量预测。根据改造前试验测试的锅炉效率、汽轮机组热耗率和厂用电率，以及本小节第（2）～（4）步预测的主设备级指标变化值，按照式（5-8）计算改造前、后供电煤耗的变化量 Δb_g。

（6）节能量预测。分别统计改造前一个统计周期内 100%、75% 和 50% 负荷段的供电量，供电煤耗变化量对应节煤量的计算参见式（5-10）。

3. 技术措施实施后节能量核算

（1）进行改造后试验。分别按照 GB/T 10184（或 ASME PTC 4）和 DL/T 469 测试锅炉效率和厂用电率。注意两点：试验需至少在 100%、75%、50% 额定负荷下进行；不但要测试综合厂用电率，还要测试引风机的耗电率和全压升。

（2）锅炉热效率变化值核算。对比改造前、后试验测试的锅炉热效率，注意对比工况应具有相同的边界条件和相同的基准温度，获得改造前、后锅炉热效率变化值。

（3）汽轮机组热耗率变化值核算。锅炉受热面节能改造提高主/再热蒸汽温度或减少主/再热器减温水量时，首先确定改造后的主/再热蒸汽温度或主/再热器减温水量，再依据汽轮机制造厂提供的修正曲线计算汽轮机热耗率的变化值 Δq_{TB}。也可以采用等效焓降法、循环函数法、常规热平衡法、矩阵法等方法计算汽轮机热耗率的变化值 Δq_{TB}。

（4）厂用电率变化值核算。对比改造前、后试验测试的引风机耗电率，注意对比工况应具有相同的边界条件和相同的基准温度，获得改造前、后引风机耗电率变化值，即厂用电率变化值 ΔL_{cy}。

（5）供电煤耗变化量核算。根据改造前试验测试的锅炉效率、汽轮机组热耗率和厂用电率，以及本小节第（2）～（4）步核算的主设备级指标变化值，按照式（5-8）计算改造前、后供电煤耗的变化量 Δb_g。

（6）节能量核算。分别统计改造后一个统计周期内 100%、75% 和 50% 负荷段的供电量，供电煤耗变化量对应节煤量的计算参见式（5-10）。

二、空气预热器改造

1. 节能技术措施

典型的三分仓回转式空气预热器结构如图 5-5 所示。空气预热器改造的目的有：提高换热效率、降低漏风率、降低阻力等。空气预热器改造的技术措施主要包括：密封方式改造、传热元件更换、分仓结构改造和整体更换改造等。其中密封方式改造主要是改进旋转部件与固定部件间密封方式，传热元件更换主要是通过改进传热元件结构，分仓结构改造主要是改变各个分仓通风面积的比例；整体更换则是更换新的空气预热器。空气预热器改造的节能效果主要表现为：降低锅炉排烟温度，反映为锅炉效率的提高；降低引风机、一次风机和送风机等辅机的耗电率，反映为厂用电率的下降。

2. 技术措施实施前节能量预测

（1）进行改造前试验。按照 GB/T 10184（或 ASME PTC 4）测试锅炉效率，按照

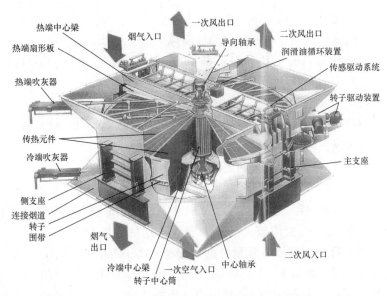

各标注：热端中心梁、热端扇形板、热端吹灰器、传热元件、冷端吹灰器、侧支座、连接烟道、转子围带、烟气入口、一次风出口、导向轴承、二次风出口、润滑油循环装置、传感驱动系统、转子驱动装置、主支座、烟气出口、冷端中心梁、一次空气入口、转子中心筒、中心轴承、二次风入口

图 5-5　三分仓回转式空气预热器结构示意

ASME PTC 4.3 测试空气预热器性能，按照 DL/T 469 测试送风机、引风机和一次风机的功率和性能。注意两点：试验需至少在 100%、75%、50% 额定负荷下进行；不但要测试综合厂用电率，还要分别测试引风机、一次风机和送风机的耗电率和全压升等数据。

（2）锅炉热效率变化值预测。根据改造后空气预热器热力计算结果得到预期排烟温度，据此确定锅炉热效率的预期值。再计算出改造前、后锅炉热效率的变化值 $\Delta\eta_g$。若不具备锅炉整体热力计算条件，可按经验系数法预测锅炉热效率的变化值，经验系数法计算详见式（5-16）。

（3）厂用电率变化值预测。当空气预热器改造导致烟风系统阻力变化时，可按照烟风系统阻力的变化情况估算厂用电率的变化值，即

$$\Delta L_{cy} = L_{cy,IDF}\left(\frac{\Delta p'_{IDF}}{\Delta p_{IDF}}\times\frac{273+t'_{fg,AH,lv}}{273+t_{fg,AH,lv}}-1\right)+L_{cy,PF}\left(\frac{\Delta p'_{PF}-\Delta p_{PF}}{\Delta p_{PF}}\right)+L_{cy,SF}\left(\frac{\Delta p'_{SF}-\Delta p_{SF}}{\Delta p_{SF}}\right)$$
(5-18)

式中　ΔL_{cy}——厂用电率变化值，%；

$L_{cy,PF}$、$L_{cy,SF}$——改造前试验测得的一次风机和送风机耗电率，%；

$\Delta p'_{PF}$、$\Delta p'_{SF}$——预期改造后一次风机和送风机全压升，至少在改造前试验对应的各个负荷下估算，Pa；

Δp_{PF}、Δp_{SF}——改造前试验测得的一次风机和送风机全压升，Pa。

当空气预热器改造导致空气预热器漏风率变化时，可按照漏风率的变化情况估算厂用电率的变化值，即

$$\Delta L_{cy}=L_{cy,IDF}\left[\left(\frac{100+A'_L}{100+A_L}\right)^3\times\left(\frac{273+t'_{fg,AH,lv}}{273+t_{fg,AH,lv}}\right)^3-1\right]$$
$$+L_{cy,PF}\left[\left(\frac{\gamma_{pa}q_{m,a}+\gamma_{lp}q_{py}A'_L}{\gamma_{pa}q_{m,a}+\gamma_{lp}q_{py}A_L}\right)^3-1\right]+L_{cy,SF}\left[\left(\frac{\gamma_{sa}q_{m,a}+\gamma_{ls}q_{py}A'_L}{\gamma_{sa}q_{m,a}+\gamma_{ls}q_{py}A_L}\right)^3-1\right]$$
(5-19)

式中 ΔL_{cy}——厂用电率变化值,%;

　　　A_L——改造前试验测得的空气预热器漏风率,%;

　　　A_L'——预期改造后的空气预热器漏风率,至少在改造前试验对应的各个负荷下估算,%;

　　　$q_{m,a}$——入炉空气量,kg/kg 或 t/h;

　　　q_{py}——炉膛出口烟气量,注意应与 $q_{m,a}$ 的单位一致,kg/kg 或 t/h;

　　　γ_{pa}——一次风占入炉总风量的比例,无量纲;

　　　γ_{sa}——一次风占入炉总风量的比例,无量纲;

　　　γ_{lp}——从空气预热器一次风侧漏入烟气中的空气占总漏风的比例,无量纲;

　　　γ_{ls}——从空气预热器二次风侧漏入烟气中的空气占总漏风的比例,无量纲。

$q_{m,a}$、q_{py}、γ_{pa} 和 γ_{sa} 可以采用理论计算和实测数据估算两种方法来确定。理论计算是根据入炉燃料元素分析和炉膛出口氧量数据,按照 GB/T 10184—2015 第 6 部分的规定计算出 $q_{m,a}$ 和 q_{py}(单位为 kg/kg),采用锅炉或空气预热器设计数据中的一、二次风量占总风量的比例作为 γ_{pa} 和 γ_{sa},采用空气预热器设计数据中的一、二次风侧漏风量占总漏风量的比例作为 γ_{lp} 和 γ_{sa}。实测数据估算则是采用改造前试验中获得的入炉一次风量测点数据作为 $\gamma_{pa}q_{m,a}$,入炉二次风量测点数据作为 $\gamma_{sa}q_{m,a}$,再结合入炉燃料数据按式(5-20)估算 q_{py},即

$$q_{py} = q_a + \left(1 - \frac{A_{ar}}{100}\right) \times B \tag{5-20}$$

式中 B——入炉燃料总量,采用标定后的入炉燃料总量测点数据,t/h;

　　　A_{ar}——入炉燃料收到基灰分,由日常工业分析数据提供,%。

对于四分仓空气预热器:$\gamma_{lp}=0$,$\gamma_{ls}=1$。对于三分仓空气预热器,可采用改造前试验中获得的空气预热器附近静压测点数据计算 γ_{lp} 和 γ_{ls},即

$$\gamma_{lp} = \frac{\sqrt{p_{pa,i} - p_{fg,o}}}{\sqrt{p_{pa,i} - p_{fg,o}} + \sqrt{p_{sa,i} - p_{fg,o}}} \tag{5-21}$$

$$\gamma_{ls} = \frac{\sqrt{p_{sa,i} - p_{fg,o}}}{\sqrt{p_{pa,i} - p_{fg,o}} + \sqrt{p_{sa,i} - p_{fg,o}}} \tag{5-22}$$

式中 $p_{pa,i}$——空气预热器进口一次风压力,Pa;

　　　$p_{sa,i}$——空气预热器进口二次风压力,Pa;

　　　$p_{fg,o}$——空气预热器出口烟气压力,Pa。

(4)供电煤耗变化量预测。根据改造前试验测试的锅炉效率和厂用电率、统计或试验测试的供电煤耗、以及本小节(2)和(3)预测的主设备级指标变化值,按照式(5-8)计算改造前、后供电煤耗的变化量 Δb_g。

(5)节能量预测。分别统计改造前一个统计周期内 100%、75% 和 50% 负荷段的供电量,供电煤耗变化量对应节煤量的计算参见式(5-10)。

3. 技术措施实施后节能量核算

(1)进行改造后试验。按照 GB/T 10184(或 ASME PTC 4)测试锅炉效率,按照 ASME PTC 4.3 测试空气预热器性能,按照 DL/T 469 测试送风机、引风机和一次风机的功

率和性能。注意两点：试验需至少在 100%、75%、50% 额定负荷下进行；不但要测试综合厂用电率，还要分别测试引风机、一次风机和送风机的耗电率和全压升等数据。

（2）锅炉热效率变化值核算。对比改造前、后试验测试的锅炉热效率，注意对比工况应具有相同的边界条件和相同的基准温度，获得改造前、后锅炉热效率变化值。

（3）厂用电率变化值核算。对比改造前、后试验测试的引风机、一次风机和送风机耗电率，注意对比工况应具有相同的边界条件、相同的流体温度和压力，获得改造前、后厂用电率变化值。若对比工况的流体流量、温度或压力差异较大，也可以采用式（5-18）和式（5-19）估算，并注意用改造后试验实测的数据替代其中需要预测的参数。

（4）供电煤耗变化量核算。根据改造前试验测试的锅炉效率和厂用电率、统计或试验测试的供电煤耗、以及本小节 b）和 c）核算的主设备级指标变化值，按照式（5-8）计算改造前、后供电煤耗的变化量 Δb_g。

（5）节能量核算。分别统计改造后一个统计周期内 100%、75% 和 50% 负荷段的供电量，供电煤耗变化量对应节煤量的计算参见式（5-10）。

三、制粉系统热一次风余热利用改造

本部分内容对应 DL/T 1755—2017 标准中第 5.3 部分。

1. 节能技术措施

制粉系统热一次风余热利用改造（见图 5-6）是在空气预热器出口热一次风道增设一个热风冷却器，用一部分除氧器出口的低压凝结水冷却热一次风。制粉系统热一次风余热利用改造的主要目的是，高效利用制粉系统热一次风多余的热量，减少汽轮机组抽汽量和提高空气预热器换热效率。制粉系统热一次风余热利用改造的技术措施主要是在磨煤机进口热一次风管道加装冷却器，用凝结水或其他低温工质回收部分一次风热量。制粉系统热一次风余热利用改造的节能效果主要表现为：降低锅炉排烟温度，反映为锅炉效率的提高；减少汽轮机组抽汽量，反映为汽轮机组热耗率降低；由于一次风道增加了阻力部件，一次风机耗电率会受影响，反映为厂用电率的变化。

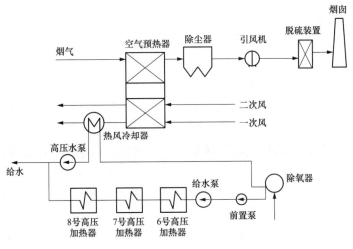

图 5-6 制粉系统热一次风余热利用原理示意

2. 技术措施实施前节能量预测

(1) 进行改造前试验。分别按 GB/T 10184 或 ASME PTC 4 进行锅炉性能试验，按照 GB/T 8117（或 ASME PTC6）测试汽轮机组性能，按照 DL/T 469 测试一次风机的功率，按 DL/T 467 测试制粉系统总风量和冷风掺入量。注意两点：第一，试验需至少在 100%、75%、50%额定负荷下进行；第二，不但要测试综合厂用电率，还要测试一次风机的耗电率和全压升。

(2) 锅炉热效率变化值预测。根据改造后锅炉和空气预热器整体热力计算结果得到预期排烟温度，并将预期的热一次风冷却器吸热量 Q_{pa} 作为一项新的锅炉热损失，计算出改造前、后锅炉热效率的变化值 $\Delta\eta_g$。若不具备锅炉整体热力计算条件，可按经验系数法预测锅炉热效率变化值，即

$$\Delta\eta_g = \frac{t'_{fg,AH,lv} - t_{fg,AH,lv}}{20} - \frac{Q_{pa}}{3.6BQ_{ar,net}} \tag{5-23}$$

式中　20——经验系数，即认为排烟温度每下降 20℃，锅炉效率提高 1%，采用经验系数法估算锅炉热效率变化值时，可不考虑机组负荷对锅炉热效率变化值的影响，℃；

　　　Q_{pa}——预期热一次风冷却器吸热量，kW；

　　　$Q_{ar,net}$——入炉燃料低位发热量，kJ/kg。

(3) 汽轮机组热耗率变化值预测。根据预期的热一次风冷却器吸热量，采用等效焓降法、循环函数法、常规热平衡法、矩阵法等方法计算汽轮机组热耗率的变化值 Δq_{TB}。计算时注意两点：一次风冷却器吸热量不计入汽轮机组热耗量，由一次风冷却器吸热量增加的发电功率应计入汽轮机组发电机出线端电功率。

(4) 厂用电率变化值预测。制粉系统热一次风余热利用改造中，可根据预期的一次风阻力变化情况按式（5-24）估算厂用电率的变化值，即

$$\Delta L_{cy} = L_{cy,IDF}\left(\frac{\Delta p'_{PF} - \Delta p_{PF}}{\Delta p_{PF}}\right) \tag{5-24}$$

(5) 供电煤耗变化量预测。根据改造前试验测试的锅炉效率、汽轮机组热耗率和厂用电率，以及本小节（2）～（4）预测的主设备级指标变化值，按照式（5-8）计算改造前、后供电煤耗的变化量 Δb_g。

(6) 节能量预测。分别统计改造前一个统计周期内 100%、75% 和 50% 负荷段的供电量，供电煤耗变化量对应节煤量的计算参见式（5-10）。

3. 技术措施实施后节能量核算

(1) 进行改造后试验。分别按 GB/T 10184 或 ASME PTC 4 进行锅炉性能试验，按照 GB/T 8117（或 ASME PTC6）测试汽轮机组性能，按照 DL/T 469 测试一次风机的功率，按 DL/T 467 测试制粉系统总风量和冷风掺入量。注意三点：第一，试验需至少在 100%、75%、50%额定负荷下进行；第二，不但要测试综合厂用电率，还要测试一次风机的耗电率和全压升；第三，试验中应同步测试一次风道内冷却器吸热量 Q_{pa}，Q_{pa} 计入锅炉热损失，但不计入汽轮机组热耗量。计算式为

$$Q_{pa} = q_{m,yx}(h_{in} - h_{out}) \tag{5-25}$$

式中　Q_{pa}——热一次风冷却器吸热量，kW；

　　　$q_{m,yx}$——热一次风冷却器内工质流量，kg/s；

h_{in}——热一次风冷却器出口工质焓值，kJ/kg；

h_{out}——热一次风冷却器进口工质焓值，kJ/kg。

（2）锅炉热效率变化值核算。对比改造前、后试验测试的锅炉热效率，注意对比工况应具有相同的边界条件和相同的基准温度，获得改造前、后锅炉热效率变化值 $\Delta\eta_g$。

（3）汽轮机组热耗率变化值核算。对比改造前、后试验测试的汽轮机组热耗率，注意对比工况应具有相同的边界条件和相同的基准温度，获得改造前、后汽轮机组热耗率变化值 Δq_{TB}。或者根据改造后试验测试的热一次风冷却器吸热量 Q_{pa}，采用等效焓降法、循环函数法、常规热平衡法、矩阵法等方法计算汽轮机组热耗率的变化值 Δq_{TB}。计算时注意两点：一次风冷却器吸热量不计入汽轮机组热耗量，由一次风冷却器吸热量增加的发电功率应计入汽轮机组发电机出线端电功率。

（4）厂用电率变化值核算。对比改造前、后试验测试的一次风机耗电率，注意对比工况应具有相同的边界条件、相同的流体温度和压力，获得改造前、后厂用电率变化值。若对比工况的流体流量、温度或压力差异较大，也可以采用式（5-24）估算，并注意用改造后试验实测的数据替代其中需要预测的参数。

（5）供电煤耗变化量核算。根据改造前试验测试的锅炉热效率、汽轮机组热耗率、厂用电率、统计或试验测试的供电煤耗、以及本小节（2）～（4）核算的主设备级指标变化值，按照式（5-8）计算改造前、后供电煤耗的变化量 Δb_g。

（6）节能量核算。分别统计改造后一个统计周期内 100%、75% 和 50% 负荷段的供电量，供电煤耗变化量对应节煤量的计算参见式（5-10）。

四、锅炉烟气余热利用改造

1. 节能技术措施

锅炉烟气余热利用改造的主要目的是进一步回收锅炉排烟中的余热，用于热力系统的发电或供热。锅炉烟气余热利用改造的技术措施主要包括：低压省煤器技术［见图 5-7（a）］，即通过烟气换热器（简称低省）回收锅炉尾部烟气余热至汽轮机低压回热系统；低压省煤器联合暖风器技术［见图 5-7（b）］，即通过烟气换热器将一部分烟气余量回收至低压回热系统，另一部分烟气余热作为暖风器热源加热入炉空气；以及烟气余热供热技术［见图 5-7（c）］，即通过烟气换热器将烟气余热用于市政供暖。锅炉烟气余热利用改造的节能效果主要表现为：提高空气预热器进口风温，反映为锅炉效率的提高；减少汽轮机组抽汽量，反映为汽轮机组热耗率降低；由于烟风道增加或更换阻力部件，相应的引风机、送风机和一次风机的耗电率会受影响，反映为厂用电率的变化。

2. 技术措施实施前节能量预测

（1）进行改造前试验。分别按 GB/T 10184（或 ASME PTC 4）进行锅炉性能试验，按照 GB/T 8117（或 ASME PTC6）测试汽轮机组性能，按照 DL/T 469 测试引风机、一次风机和送风机性能。注意三点：第一，试验需至少在 100%、75%、50% 额定负荷下进行；第二，不但要测试综合厂用电率，还要测试引风机、一次风机和送风机的耗电率和全压升。第三，试验中应同步测试低压省煤器吸热量 Q_{le}，Q_{le} 计入锅炉热损失，但不计入汽轮机组热耗量。

（2）锅炉热效率变化值预测。由于不影响锅炉热效率计算的基准温度（空气预热器进口

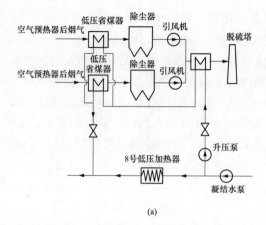

(a)

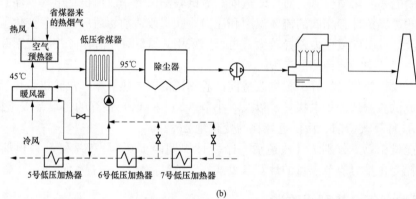

(b)

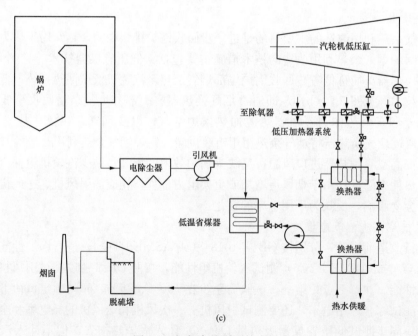

(c)

图 5-7　烟气余热利用技术示意

（a）低压省煤器技术示意；（b）低压省煤器联合暖风器技术；（c）烟气余热供热技术

空气温度）和排烟温度（空气预热器出口烟气温度），低压省煤器技术和烟气余热供热技术不改变锅炉热效率。低压省煤器联合暖风器技术对锅炉热效率的影响表现为空气预热器进口空气温度的变化。若空气预热器进口空气温度发生变化，根据预期的空气预热器进口空气温度，可按照式（5-26）估算排烟温度 $t'_{\mathrm{fg,AH,lv}}$，即

$$t'_{\mathrm{fg,AH,lv}} = \frac{t'_{\mathrm{a,AH,en}}(t_{\mathrm{fg,AH,en}} - t_{\mathrm{fg,AH,lv}}) + t_{\mathrm{fg,AH,en}}(t_{\mathrm{fg,AH,lv}} - t_{\mathrm{a,AH,en}})}{t_{\mathrm{fg,AH,en}} - t_{\mathrm{a,AH,en}}} \tag{5-26}$$

式中　$t'_{\mathrm{a,AH,en}}$——预期改造后的空气预热器进口空气温度，℃；

　　　$t_{\mathrm{a,AH,en}}$——改造前试验测得的空气预热器进口空气温度，℃；

　　　$t_{\mathrm{fg,AH,en}}$——改造前试验测得的空气预热器进口烟气温度，℃。

锅炉热效率的变化值 $\Delta\eta_{\mathrm{g}}$ 可按式（5-27）估算，即

$$\Delta\eta_{\mathrm{g}} = q_2\left(1 - \frac{t'_{\mathrm{fg,AH,lv}} - t'_{\mathrm{a,AH,en}}}{t_{\mathrm{fg,AH,lv}} - t_{\mathrm{a,AH,en}}}\right)$$
$$+ q_6\left[1 - \frac{\dfrac{\alpha_{\mathrm{lz}}c_{\mathrm{lz}}(t_{\mathrm{lz}} - t'_{\mathrm{a,AH,en}})}{100 - c_{\mathrm{lz}}} + \dfrac{\alpha_{\mathrm{fh}}c_{\mathrm{fh}}(t'_{\mathrm{fg,AH,lv}} - t'_{\mathrm{a,AH,en}})}{100 - c_{\mathrm{fh}}}}{\dfrac{\alpha_{\mathrm{lz}}c_{\mathrm{lz}}(t_{\mathrm{lz}} - t_{\mathrm{a,AH,en}})}{100 - c_{\mathrm{lz}}} + \dfrac{\alpha_{\mathrm{fh}}c_{\mathrm{fh}}(t_{\mathrm{fg,AH,lv}} - t_{\mathrm{a,AH,en}})}{100 - c_{\mathrm{fh}}}}\right] \tag{5-27}$$

式中　q_2——改造前试验测得的锅炉排烟热损失，％；

　　　q_6——改造前试验测得的锅炉灰渣物理热损失，％；

　　　α_{lz}——炉渣占燃煤总灰量的质量百分比，可通过改造前试验测得，也可以取设计值，％；

　　　α_{fh}——飞灰占燃煤总灰量的质量百分比，可通过改造前试验测得，也可以取设计值，％；

　　　c_{lz}——炉渣的比热，可取 $0.96\mathrm{kJ/(kg \cdot K)}$；

　　　c_{fh}——飞灰的比热，可取 $0.82\mathrm{kJ/(kg \cdot K)}$。

（3）汽轮机组热耗率变化值预测。对于低压省煤器技术和低压省煤器联合暖风器技术，根据预期的低压省煤器回收至汽轮机侧的热量，采用等效焓降法、循环函数法、常规热平衡法、矩阵法等方法计算汽轮机组热耗率的变化值 Δq_{TB}。计算时注意两点：低压省煤器的吸热量不计入汽轮机组热耗量；由低压省煤器吸热量增加的发电功率应计入汽轮机组发电机出线端电功率。对于烟气余热供热技术，汽轮机组热耗率不发生变化。

（4）厂用电率变化值预测。锅炉烟气余热利用改造中，可根据预期的烟气、一次风和二次风阻力变化情况按式（5-18）估算厂用电率的变化值。

（5）供电煤耗变化量预测。根据改造前试验测试的锅炉效率、汽轮机组热耗率和厂用电率，以及本小节（2）～（4）预测的主设备级指标变化值，按照式（5-8）计算改造前、后供电煤耗的变化量 Δb_{g}。

（6）节能量预测。分别统计改造前一个统计周期内 100％、75％和 50％负荷段的供电量，供电煤耗变化量对应节煤量的计算参见式（5-10）。对于烟气余热供热技术，还应根据预期增加的供热量，可按式（5-28）计算节煤量 B_{nj}，即

$$B_{\mathrm{nj}} = h_{\mathrm{ly}} \times \frac{P_{\mathrm{e}}}{1000} \times \sum_{J}\left[-\Delta b_{\mathrm{gJ}} \times \lambda_{J} \times \left(1 - \frac{L_{\mathrm{cyJ}}}{100}\right)\right] = \frac{100}{\eta_{\mathrm{gr}}} \times \sum_{J}\frac{Q_{\mathrm{grJ}}}{29.308} \tag{5-28}$$

式中　Q_{grJ}——计算周期内在运行负荷段 J 工况下累积供热量，GJ；

η_{gr}——市政供热锅炉平均热效率，也可取 80%～90% 范围内的定值，%；

29.308——每吨标准煤的发热量，GJ/t。

3. 技术措施实施后节能量核算

（1）进行改造后试验。分别按照 GB/T 10184（或 ASME PTC 4）测试锅炉性能，按照 GB/T 8117（或 ASME PTC6）汽轮机组性能和按照 DL/T 469 测试引风机、一次风机和送风机性能。注意三点：第一，试验需至少在 100%、75%、50% 额定负荷下进行；第二，不但要测试综合厂用电率，还要测试引风机、一次风机和送风机的耗电率和全压升。第三，试验中应同步测试低压省煤器吸热量 Q_{le}，Q_{le} 计入锅炉热损失，但不计入汽轮机组热耗量。

（2）锅炉热效率变化值核算。低压省煤器技术和烟气余热供热技术不改变锅炉热效率。对于低压省煤器联合暖风器技术，若空气预热器进口空气温度发生变化，对比改造前、后试验测试的锅炉热效率，注意对比工况应具有相同的边界条件和相同的环境温度，获得改造前、后锅炉热效率变化值 $\Delta\eta_g$。

（3）汽轮机组热耗率变化值核算。烟气余热供热技术不改变汽轮机组热耗率。对于低压省煤器技术和低压省煤器联合暖风器技术，宜根据改造后试验实测的低压省煤器投运时回收至汽轮机侧的热量，采用等效焓降法、循环函数法、常规热平衡法、矩阵法等方法计算汽轮机组热耗率的变化值 Δq_{TB}。也可以对比低压省煤器投、退工况下的汽轮机组热耗率，获得汽轮机组热耗率的变化值 Δq_{TB}。计算时注意两点：低压省煤器的吸热量不计入汽轮机组热耗量，由低压省煤器吸热量增加的发电功率应计入汽轮机组发电机出线端电功率。

（4）厂用电率变化值核算。对比改造前、后试验测试的一次风机耗电率，注意对比工况应具有相同的边界条件、相同的流体温度和压力，获得改造前、后厂用电率变化值。若对比工况的流体流量、温度或压力差异较大，也可以采用式（5-18）估算厂用电率的变化值，并注意用改造后试验实测的数据替代其中需要预测的参数。

（5）根据改造前试验测试的锅炉热效率、汽轮机组热耗率、厂用电率、统计或试验测试的供电煤耗、以及本小节（2）～（4）核算的主设备级指标变化值，按照式（5-8）计算改造前、后供电煤耗的变化量 Δb_g。

（6）节能量核算。分别统计改造后一个统计周期内 100%、75% 和 50% 负荷段的供电量，供电煤耗变化量对应节煤量的计算参见式（5-10）。对于烟气余热供热技术，还应分别统计改造后一个统计周期内 100%、75% 和 50% 负荷段增加的供热量，再按照式 5-28 计算节煤量 B_{nj}。

五、风机改造

1. 节能技术措施

典型的风机本体结构如图 5-8 所示。风机节能改造的目的是使风机性能与管网系统更加匹配，从而减小烟风系统阻力和提高风机运行效率等。风机节能改造的技术措施主要包括：本体改造、调速改造、引增合并改造以及烟风道优化改造等。其中本体改造包括叶片局部改造，更换叶片，减少叶片数量和风机整体更换等；调速改造是通过改变风机转速使其运行效率保持在较高的水平；引增合并改造是将增压风机与引风机合并为高压头的引风机；烟风道优化改造是改善烟风系统管网布置或者增减烟风道内的阻力部件。风机节能改造的效果最终体现为风机耗电率的降低，影响的主设备级指标是厂用电率。

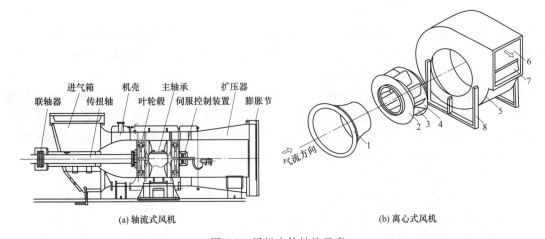

图 5-8　风机本体结构示意

1—吸入口；2—叶轮前盘；3—叶片；4—后盘；5—机壳；6—出口；7—节流板，即风舌；8—支架

2. 技术措施实施前节能量预测

（1）进行改造前试验。根据改造的内容，按照 DL/T 469 对相应的风机进行性能试验，试验须至少在 100％、75％ 和 50％ 机组额定负荷下进行。根据试验结果确定管网阻力特性、烟风流量、风机效率、风机功率和风机耗电率等。

（2）厂用电率变化值预测。本体改造、调速改造和引增合并改造需预测改造后的风机性能曲线，其中调速改造还需预测改造后的传动效率；烟风道优化改造方案需预测改造后的风机全压升。按照式（5-29）预测改造后的风机电功率，即

$$P'_f = \frac{V_L \times p'_f}{\frac{\eta'_f}{100} \times \frac{\eta'_t}{100} \times \frac{\eta_e}{100}}$$（5-29）

式中　P'_f——预测的改造后风机电功率，kW；

V_L——改造前试验实测的烟风体积流量，m^3/s；

p'_f——预测的改造后风机全压升，对于烟风道阻力不变的改造，取改造前试验实测的全压升，kPa；

η'_f——预测的改造后风机效率，对于风机本体不变的改造，取改造前试验实测的风机效率，％；

η'_t——预测的改造后风机调速系统传动效率，对于风机调速系统不变的改造，取改造前试验实测的调速系统效率，％；

η_e——风机电动机的电功转换效率，可取制造厂设计值，％。

根据改造前、后的风机电功率计算厂用电率变化值为

$$\Delta L_{cy} = \sum_i \left(\frac{P'_{f,i} - P_{f,i}}{P_{f,i}} \times L_{f,i} \right)$$（5-30）

式中　$L_{f,i}$——改造前试验实测的单台风机耗电率，％。

（3）节能量预测。分别统计改造前一个统计周期内 100％、75％ 和 50％ 负荷段的发电量，厂用电率变化值对应节电量的计算参见式（5-12）。

3. 技术措施实施后节能量核算

（1）进行改造后试验。根据改造的内容，按照 DL/T 469 对相应的风机进行性能试验，试验须至少在 100%、75% 和 50% 机组额定负荷下进行。根据试验结果确定管网阻力特性、烟风流量、风机效率、风机功率和风机耗电率等。

（2）厂用电率变化值核算。相同机组负荷工况下，对比改造前、后的风机电功率。若改造前、后，风机运行的流体温度和压力差异较大，应先将改造后试验实测的烟风流量和全压升修正到改造前的流体温度和压力下，再按修正后的烟风流量和全压升确定改造后的风机效率和调速系统传动效率。按照式（5-30）计算厂用电率变化值，并注意用修正后的改造后试验实测值替代原来需要预测的参数。

（3）节能量核算。分别统计改造后一个统计周期内 100%、75% 和 50% 负荷段的发电量，厂用电率变化值对应节电量的计算参见式（5-12）。

4. 试验确定烟风流量的方法

改造前、后试验中，烟风流量可以采用流量测量装置直接测量，也可以在试验中通过入炉煤质采样分析和计量入炉燃料量进行估算。估算方法如下。

（1）空气流量估算。标准状态下，锅炉所需总风量（一、次风机和送风机流量之和）按式（5-31）计算，即

$$V_{La} = B_c \times (\alpha_{f,lv} - \Delta\alpha_f - \Delta\alpha_m + \Delta\alpha_{AH}) \times V^0 \qquad (5\text{-}31)$$

式中　V_{La}——锅炉所需总风量，m^3/h；

　　　B_c——锅炉燃料消耗量，kg/h；

　　　$\alpha_{f,lv}$——炉膛出口烟气的过量空气系数，无量纲；

　　　$\Delta\alpha_f$——炉膛漏风系数，无量纲；

　　　$\Delta\alpha_m$——负压煤粉制备系统漏风系数，无量纲，对于正压制粉系统和无制粉系统时取值为 0；

　　　$\Delta\alpha_{AH}$——空气预热器漏风系数，无量纲；

　　　V^0——理论湿空气量（标准状态下），m^3/kg。

V^0 按式（5-32）计算，即

$$V^0 = (1 + 0.001\,6d)V_{gy}^0 \qquad (5\text{-}32)$$

式中　d——空气的绝对湿度，g/kg；

　　　V_{gy}^0——理论干空气量（标准状态下），m^3/kg。

按式（5-33）计算，即

$$V_{gy}^0 = 0.008\,9(C_{ar} + 0.375S_{ar}) + 0.265H_{ar} - 0.033\,3O_{ar} \qquad (5\text{-}33)$$

式中　C_{ar}——煤收到基碳含量百分数，%；

　　　S_{ar}——煤收到基可燃硫含量百分数，%；

　　　H_{ar}——煤收到基氢含量百分数，%；

　　　O_{ar}——煤收到基氧含量百分数，%。

（2）烟气流量估算。标准状态下，总烟气量（引风机流量之和）按式（5-34）计算，即

$$V_{Lg} = B_c V_g \qquad (5\text{-}34)$$

式中　V_{Lg}——引风机进口总烟气量，m^3/h；

　　　V_g——按引风机进口烟气分析得出的过量空气系数计算出的理论湿烟气量（标准状

态下），m^3/kg。

式（5-35）计算，即

$$V_{gy}^0 = 0.018\,66(C_{ar} + 0.375S_{ar}) + 0.79\alpha V_{gy}^0 + 0.008N_{ar}$$
$$+ 0.21(\alpha - 1)V_{gy}^0 + 1.24\left(\frac{9H_{ar} + M_{ar}}{100} + \frac{1.293\alpha V_{gy}^0 d}{1000}\right) \tag{5-35}$$

式中 N_{ar}——煤收到基氮含量百分数，%；

     M_{ar}——煤收到基水分含量百分数，%；

     α——过量空气系数，根据引风机进口测量的烟气成分确定。

第三节 汽轮机侧技改项目节能量计算的案例和方法

一、汽轮机本体改造

1. 节能技术措施

汽轮机本体结构如图 5-9 所示。汽轮机本体改造的主要目的是，提高汽轮机缸效率或增加单位质量新蒸汽的做功。汽轮机本体改造的技术措施主要包括：整机通流改造、单缸或两缸通流改造、调节级喷嘴组改造、汽封改造和气缸局部结构改进等。汽轮机本体改造的节能效果主要表现为：单位新蒸汽量对应的汽轮机组输出电功率增加，反映为汽轮机组热耗率降低。

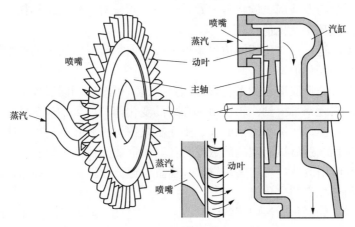

图 5-9 汽轮机本体结构示意

2. 技术措施实施前节能量预测

（1）进行改造前试验。分别按照 GB/T 10184（或 ASME PTC 4）进行锅炉性能试验，按照 GB/T 8117（或 ASME PTC6）测试汽轮机组性能。注意两点：第一，试验需至少在100%、75%、50% 额定负荷下进行；第二，试验中应同时记录汽轮机进汽阀门开度。

（2）汽轮机组热耗率变化值预测。汽轮机组热耗率的变化通过式（5-36）计算，即

$$\Delta q_{TB} = q_{TB}' - q_{TB} \tag{5-36}$$

式中 q_{TB}——改造前热耗率实际值，kJ/kWh；

     q_{TB}'——改造后热耗率预期值，kJ/kWh。

由汽轮机缸效率变化计算汽轮机组热耗率变化值，即

$$\Delta q_{\text{TB}} = (\eta_{\text{h}}' - \eta_{\text{h}})\frac{\mathrm{d}q_{\text{TB}}}{\mathrm{d}\eta_{\text{h}}} + (\eta_{\text{m}}' - \eta_{\text{m}})\frac{\mathrm{d}q_{\text{TB}}}{\mathrm{d}\eta_{\text{m}}} + (\eta_{\text{l}}' - \eta_{\text{l}})\frac{\mathrm{d}q_{\text{TB}}}{\mathrm{d}\eta_{\text{l}}} + \Delta q_{\text{TB,other}} \tag{5-37}$$

式中 η_{h}、η_{m}、η_{l}——节能技术措施实施前，高、中、低压缸效率，%；

η_{h}'、η_{m}'、η_{l}'——节能技术措施实施后，高、中、低压缸效率，%；

$\dfrac{\mathrm{d}q_{\text{TB}}}{\mathrm{d}\eta_{\text{h}}}$、$\dfrac{\mathrm{d}q_{\text{TB}}}{\mathrm{d}\eta_{\text{m}}}$、$\dfrac{\mathrm{d}q_{\text{TB}}}{\mathrm{d}\eta_{\text{l}}}$——高、中、低缸效率每变化一个百分点对汽轮机热耗率的影响量，可由汽轮机制造厂提供的汽轮机性能曲线获得，也可通过汽轮机热平衡计算获得，kJ/kWh；

$\Delta q_{\text{TB,other}}$——缸效率未完全反映的其他热耗率变化量，如合缸漏汽量变化引起的汽轮机组热耗率变化等，kJ/kWh。

（3）发电煤耗变化量预测。根据改造前试验测试的锅炉效率和汽轮机组热耗率，以及本小节第（2）步预测的汽轮机组热耗率变化值，按照式（5-9）计算改造前、后发电煤耗的变化量 Δb_{f}。

（4）节能量预测。分别统计改造前一个统计周期内 100%、75% 和 50% 负荷段的发电量，发电煤耗变化量对应节煤量的计算参见式（5-12）。

3. 技术措施实施后节能量核算

（1）进行改造后试验。按照 GB/T 8117（或 ASME PTC6）测试汽轮机组性能。注意两点：第一，试验需至少在 100%、75%、50% 额定负荷下进行；第二，相同工况下的汽轮机进汽阀门开度应尽量与改造前试验保持一致，以减少阀位对汽轮机组热耗率的影响。

（2）汽轮机组热耗率变化值核算。

对于整机通流改造，可对比相同边界条件下改造前、后试验测试的汽轮机组热耗率，得到汽轮机组热耗率的变化值。

对于单缸或两缸通流改造，如果包含低压缸改造，可对比相同边界条件下改造前、后试验测试的汽轮机组热耗率，得到汽轮机组热耗率的变化值。如果不包含低压缸改造，宜根据相同边界条件下改造前、后试验测试的高、中压缸效率，按照式（5-37）计算汽轮机组热耗率变化值，并注意用改造后试验实测的数据替代其中需要预测的参数。

对于调节级喷嘴组改造，可视为单缸（高压缸）通流改造，按照高压缸通流改造的计算方法核算汽轮机组热耗率的变化值。

对于汽封改造，如果是通流内部的汽封改造，可对比 100% 负荷工况下改造前、后试验测试的汽轮机组热耗率，得到汽轮机组热耗率的变化值。如果是高中压合缸机组过桥汽封改造，宜根据 100% 负荷工况下的改造前、后变汽温测试结果，按照式（5-38）计算汽轮机组热耗率的变化值，即

$$\Delta q_{\text{TB}} = (s_{\text{hm}}' - s_{\text{hm}})\frac{\mathrm{d}q_{\text{TB}}}{\mathrm{d}s_{\text{hm}}} \tag{5-38}$$

式中 s_{hm}——节能技术措施实施前，高中压缸间过桥汽封漏汽率，%；

s_{hm}'——节能技术措施实施后，高中压缸间过桥汽封漏汽率，%；

$\dfrac{\mathrm{d}q_{\text{TB}}}{\mathrm{d}s_{\text{hm}}}$——高中压缸间过桥汽封漏汽率每变化一个百分点对汽轮机组热耗率的影响量，kJ/kWh。

可按照汽轮机制造厂提供的汽轮机热力特性计算说明书确认的设计边界条件和技术参数，采用等效焓降法、循环函数法、常规热平衡法和矩阵法等方法，在100%额定负荷下计算。

对于其他改造范围较小或预测节能量较少的节能技术措施，考虑到试验的不确定度等因素，不建议直接对比相同边界条件下改造前、后试验测试的汽轮机组热耗率，宜尽量考虑通过局部或独立的参数测试，通过理论计算获得汽轮机组热耗率的变化值。

（3）供电煤耗变化量核算。根据改造前试验测试的锅炉效率和汽轮机组热耗率，以及本小节第（2）步核算的汽轮机组热耗率变化值，按照式（5-9）计算改造前、后发电煤耗的变化量 Δb_f。

（4）节能量核算。分别统计改造后一个统计周期内100%、75%和50%负荷段的发电量，发电煤耗变化量对应节煤量的计算参见式（5-12）。

二、热力系统优化改造

1. 节能技术措施

典型的汽轮机热力系统如图 5-10 所示。热力系统优化改造的主要目的是减少工质能量浪费，减轻阀体冲蚀泄漏，降低系统阻力或减轻系统工质互窜引起的汽水品质恶化。热力系统优化改造的技术措施主要包括：调整抽汽位置或用途，优选阀门型式及搭配方案，优化阀门控制逻辑、消除冗余优化管道布置及系统设备、采用热备用或暖管方式回收工质能量等。热力系统优化改造的节能效果主要表现为：主管道运行中的节流或散热损失减少，反映为管道效率提高；单位新蒸汽量对应的汽轮机组输出电功率增加，反映为汽轮机组热耗率降低。

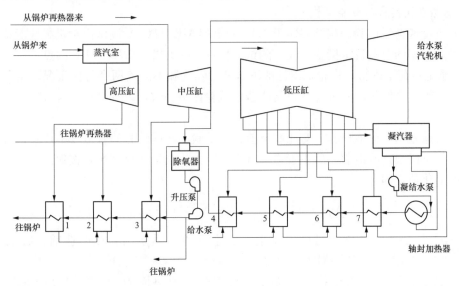

图 5-10　汽轮机热力系统示意
1~7—加热器

2. 技术措施实施前节能量预测

（1）进行改造前试验。分别按照 GB/T 10184 或 ASME PTC 4 进行锅炉性能试验，按照 GB/T 8117（或 ASME PTC6）测试汽轮机组性能，对于影响机组管道效率的节能技术措施，还应测试或估算实际的管道效率。注意两点：第一，试验在 100% 额定负荷下进行，汽轮机组性能测试分为隔离和不隔离两个对比工况；第二，试验中应同时记录汽轮机进汽阀门开度。

(2) 管道效率变化值预测。根据节能技术措施实施后预期的管道效率 η'_{gd}，计算节能技术措施实施前、后管道效率变化值，即

$$\Delta\eta_{gd} = \eta'_{gd} - \eta_{gd} \tag{5-39}$$

式中　$\Delta\eta_{gd}$——节能技术措施实施前、后机组管道效率变化值，%；

　　　η_{gd}——节能技术措施实施前机组管道效率，%；

　　　η'_{gd}——节能技术措施实施后预期的机组管道效率，%。

(3) 汽轮机组热耗率变化值预测。根据改造前试验隔离和不隔离两个对比工况的汽轮机组热耗率测试值，按式 (5-40) 预测汽轮机组热耗率变化值，即

$$\Delta q_{TB} = \Delta q^*_{TB,gl} - (q_{TB,bgl} - q_{TB,gl}) \tag{5-40}$$

式中　$\Delta q^*_{TB,gl}$——由隔离操作导致的汽轮机组热耗率变化值上限预测值，kJ/kWh；

　　　$q_{TB,bgl}$——改造前试验中不隔离工况二类修正后汽轮机组热耗率，kJ/kWh；

　　　$q_{TB,gl}$——改造前试验中隔离工况二类修正后汽轮机组热耗率，kJ/kWh。

(4) 发电煤耗变化量预测。根据预测的管道效率变化值和汽轮机组热耗率变化值，按照式 (5-9) 计算改造前、后发电煤耗的变化量 Δb_f。

(5) 节能量预测。根据改造前一个统计周期内的发电量，发电煤耗变化量对应节煤量的计算参见式 (5-15)。由于系统泄露和工质的做功能力与工质压力成正比，同时工质压力又与机组负荷大致成正比，因此节能量预测时认为热力系统优化的节煤量不随负荷变化。

3. 技术措施实施后节能量校核

(1) 进行改造后试验。按照 GB/T 8117（或 ASME PTC6）测试汽轮机组性能，对于影响机组管道效率的节能技术措施，还应测试或估算实际的管道效率。注意两点：第一，试验在 100% 额定负荷下进行，汽轮机组性能测试分为隔离和不隔离两个对比工况；第二，相同工况下的汽轮机进汽阀门开度应尽量与改造前试验保持一致，以减少阀位对汽轮机组热耗率的影响。

(2) 管道效率变化值核算。对比改造前、后试验测试或估算的管道效率，获得管道效率变化值。也可以根据改造前、后主管道运行中的阻力或结构变化情况，按照式 (5-41) 估算管道效率变化值，即

$$\Delta\eta_{gd} = \left(1 - \frac{\Delta p'_{mp}}{\Delta p_{mp}} \times \frac{A'_{mp}}{A_{mp}}\right) \times (1 - \eta_{gd}) \tag{5-41}$$

式中　Δp_{mp}、$\Delta p'_{mp}$——节能措施实施前、后主管道工质阻力，在改造前、后试验中实测，MPa；

　　　A_{mp}、A'_{mp}——节能措施实施前、后主管道散热面积，可根据改造安装图纸估算，m²。

(3) 汽轮机组热耗率变化值核算。根据改造后试验隔离和不隔离两个对比工况的汽轮机组热耗率测试值，按式 (5-42) 核算汽轮机组热耗率变化值，即

$$\Delta q_{TB} = (q'_{TB,bgl} - q'_{TB,gl}) - (q_{TB,bgl} - q_{TB,gl}) \tag{5-42}$$

式中　$q'_{TB,bgl}$——改造后试验中不隔离工况二类修正后汽轮机组热耗率，J/kWh；

$q'_{\text{TB,gl}}$——改造后试验中隔离工况二类修正后汽轮机组热耗率，kJ/kWh。

（4）发电煤耗变化量核算。根据核算的管道效率变化值和汽轮机组热耗率变化值，按照式（5-9）计算改造前、后发电煤耗的变化量 Δb_{f}。

（5）节能量核算。根据改造后一个统计周期内的发电量，发电煤耗变化量对应节煤量的计算参见式（5-15）。由于系统泄露和工质的做功能力与工质压力成正比，同时工质压力又与机组负荷大致成正比，因此节能量核算时认为热力系统优化的节煤量不随负荷变化。

三、汽轮机配汽优化改造

1. 节能技术措施

典型的汽轮机调节阀布置形式如图 5-11 所示。汽轮机配汽优化改造的主要目的是减少汽轮机高压调节阀的节流损失。汽轮机配汽优化改造的技术措施主要包括：高压调节阀流量特性优化，高压调节阀开启顺序优化，高压调节阀开启重叠度优化，汽轮机配汽曲线优化和汽轮机主汽压力优化等。汽轮机配汽优化改造的节能效果主要表现为：单位新蒸汽量对应的汽轮机组输出电功率增加，反映为汽轮机组热耗率降低。

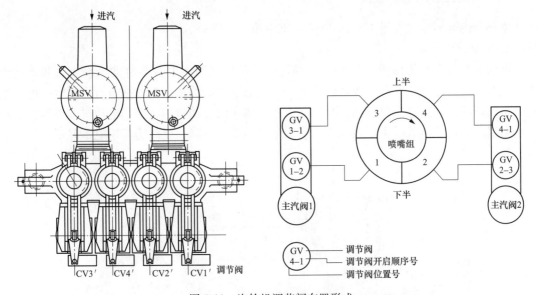

图 5-11　汽轮机调节阀布置形式

2. 技术措施实施前节能量预测

（1）进行改造前试验。分别按照 GB/T 10184 或 ASME PTC 4 进行锅炉性能试验，按照 GB/T 8117（或 ASME PTC6）测试汽轮机组性能，试验需至少在 100％、75％、50％额定负荷下进行。

（2）汽轮机组热耗率变化值预测。分析汽轮机配汽曲线，结合机组实际情况设计优化后调节阀开启顺序、调节阀重叠度和配汽曲线。参考同型机组改造的效果，并根据本机组的计算结果，预估节能技术措施实施后 100％、75％、50％额定负荷工况下汽轮机组热耗率变化值 Δq_{TB}。

（3）发电煤耗变化量预测。根据预测的汽轮机组热耗率变化值和改造前试验实测的发电煤耗、汽轮机组热耗率,按照式(5-9)计算改造前、后发电煤耗的变化量 Δb_f。

(4)节能量预测。分别统计改造前一个统计周期内 100%、75% 和 50% 负荷段的发电量,发电煤耗变化量对应节煤量的计算参见式(5-12)。

3. 技术措施实施后节能量核算

(1)进行改造后试验。按照 GB/T 8117(或 ASME PTC6)测试汽轮机组性能。注意两点:第一,试验需至少在 100%、75%、50% 额定负荷下进行;第二,实际的调节阀开启顺序、调节阀重叠度和配汽曲线应与优化设计一致。

(2)汽轮机组热耗率变化值核算。对比相同工况下改造前、后试验实测的汽轮机组热耗率,获得汽轮机组热耗率变化值。

(3)发电煤耗变化量核算。根据核算的汽轮机组热耗率变化值和改造前试验实测的发电煤耗、汽轮机组热耗率,按照式(5-9)计算改造前、后发电煤耗的变化量 Δb_f。

(4)节能量核算。分别统计改造后一个统计周期内 100%、75% 和 50% 负荷段的发电量,发电煤耗变化量对应节煤量的计算参见式(5-12)。

四、电动给水泵组改造

本部分内容对应 DL/T 1755—2017 标准中第 5.9 部分。

1. 节能技术措施

典型的给水泵结构如图 5-12 所示。燃煤电厂给水泵组主要分为电动给水泵组和汽动给水泵组两大类。电动给水泵组改造的主要目的是通过提高给水泵组效率节省厂用电。电动给水泵组改造的技术措施主要包括:泵本体改造,调速或传动机构改造,电动机改造等。电动给水泵组改造的节能效果主要表现为:给水泵组耗电率下降,反映为厂用电率降低。

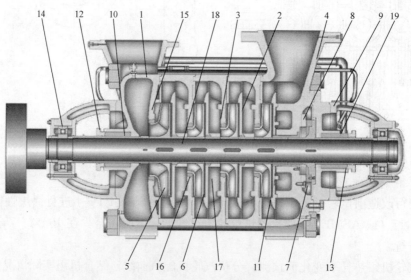

图 5-12 给水泵结构示意

1—进水段;2—导叶;3—中段;4—出水段;5—首级叶轮;6—叶轮;7—平衡盘;

8—平衡板;9—尾盖;10—填料;11—平衡套;12—填料压盖;13—O 型圈;14—轴承;

15—首级密封环;16—密封环;17—导叶套;18—轴;19—轴套

2. 技术措施实施前节能量预测

(1) 进行改造前试验。根据改造的内容，按照 DL/T 839 对拟改造的给水泵组进行性能试验，试验须至少在 100%、75% 和 50% 机组额定负荷下进行。根据试验结果确定管网阻力特性、给水泵有效功率、给水泵组效率、给水泵组总耗功和给水泵组耗电率等。

(2) 厂用电率变化值预测。在 100%、75% 和 50% 机组额定负荷下，假设给水泵有效功率不变，根据预期的改造后给水泵组运行效率，预测电动给水泵组改造后总耗功 P'_{db}，详细计算方法参见式（5-49）。根据预测电动给水泵组改造后总耗功、改造前试验实测电动给水泵组总耗功和给水泵组耗电率，按照式（5-43）计算厂用电率变化值，即

$$\Delta L_{cy} = \sum_i \frac{P'_{db,i} - P_{db,i}}{P_{db,i}} L_{db,i} \tag{5-43}$$

式中　$L_{db,i}$——改造前试验实测的单台电动给水泵组耗电率，%；

$\quad\quad P'_{db,i}$——预测的单台电动给水泵组改造后总耗功，kW；

$\quad\quad P_{db,i}$——改造前试验实测的单台电动给水泵组总耗功，kW。

(3) 节能量预测。分别统计改造前一个统计周期内 100%、75% 和 50% 负荷段的发电量，厂用电率变化值对应节电量的计算参见式（5-11）。

3. 技术措施实施后节能量核算

(1) 进行改造后试验。根据改造的内容，按照 DL/T 839 对改造后的给水泵组进行性能试验，试验须至少在 100%、75% 和 50% 机组额定负荷下进行。根据试验结果确定管网阻力特性、给水泵有效功率、给水泵组效率、给水泵组总功率和给水泵组耗电率等。

(2) 厂用电率变化值核算。

1) 方法一：在给水泵流量、出口压力相同的条件下，根据相同工况下改造前、后试验实测的给水泵组电动机输入功率 $P_{db,i}$ 和 $P'_{db,i}$，按照式（5-43）计算厂用电率变化值 ΔL_{cy}。

2) 方法二：根据节能技术措施的影响范围，确定改造后发生变化的设备效率，例如电动机效率 η_{dj}、调速或传动机构效率 η_{tc}、给水泵效率 η_{gb} 等。根据改造前、后实测的设备效率，在给水泵有效功率不变的条件下，按式（5-44）计算厂用电率变化值，即

$$\Delta L_{cy} = \sum_i \left(\frac{\eta'_{dj,i} \eta'_{tc,i} \eta'_{gb,i} - \eta_{dj,i} \eta_{tc,i} \eta_{gb,i}}{\eta_{dj,i} \eta_{tc,i} \eta_{gb,i}} \times L_{db,i} \right) \tag{5-44}$$

式中　$\eta_{dj,i}$、$\eta'_{dj,i}$——实测的改造前、后单台电动给水泵组的电动机效率，%；

$\quad\quad \eta_{tc,i}$、$\eta'_{tc,i}$——实测的改造前、后单台电动给水泵组的调速或传动机构效率，%；

$\quad\quad \eta_{gb,i}$、$\eta'_{gb,i}$——实测的改造前、后单台电动给水泵组的给水泵效率，%。

3) 方法三：根据改造前、后实测的给水泵组总效率，在给水泵有效功率不变的条件下，按式（5-45）计算厂用电率变化值，即

$$\Delta L_{cy} = \sum_i \left(\frac{\eta'_{dbz,i} - \eta'_{dbz,i}}{\eta_{dbz,i}} \times L_{db,i} \right) \tag{5-45}$$

式中　$\eta_{dbz,i}$、$\eta'_{dbz,i}$——实测的改造前、后单台电动给水泵组总效率，%。

(3) 节能量核算。分别统计改造后一个统计周期内 100%、75% 和 50% 负荷段的发电量，厂用电率变化值对应节电量的计算参见式（5-11）。

4. 所涉主要技术参数的计算方法

(1) 给水泵扬程。计算式为

$$H = \frac{p_2 - p_1}{\rho \cdot g} + z_2 - z_1 + \frac{v_2^2 - v_1^2}{2g} \tag{5-46}$$

式中　H——给水泵扬程，m；

　　　p_2——给水泵出口工质压力，Pa；

　　　p_1——给水泵进口工质压力，Pa；

　　　ρ——给水泵进、出口工质的平均密度，kg/m³；

　　　g——重力加速度，取 9.806，m/s²；

　　　z_2——给水泵出口测量截面标高，m；

　　　z_1——给水泵进口测量截面标高，m；

　　　v_2^2——给水泵出口管道流速，m/s；

　　　v_1^2——给水泵进口管道流速，m/s。

（2）给水泵有效功率。计算式为

$$P_u = \rho g H D_w \tag{5-47}$$

式中　P_u——给水泵有效功率，kW；

　　　D_w——给水泵出口工质流量，m³/s。

（3）给水泵效率。计算式为

$$\eta = \frac{vs \times (p_2 - p_1) + g \times (z_2 - z_1)}{h_2 - h_1 + g \times (z_2 - z_1) + \Delta E_m + \Delta E_x} \tag{5-48}$$

式中　vs——给水泵进、出口工质平均比体积，m³/kg；

　　　h_2——给水泵出口工质焓，J/kg；

　　　h_1——给水泵进口工质焓，J/kg；

　　　ΔE_m——平衡装置和轴密封装置泄漏流量损失、泵体散热损失的能量，J/kg；

　　　E_x——单位质量流体机械损失的能量，J/kg。

$\Delta E_m + E_x$ 与泵的比转速有关，可以取用泵制造厂提供的系数；若无法取得系数，可取 0.02～0.03 倍的 $[h_2 - h_1 + g(z_2 - z_1)]$ 计算。

（4）电动给水泵组总耗功。计算式为

$$P_{db} = \frac{P_u}{\eta_{dbz}} \tag{5-49}$$

式中　P_{db}——电动机输入功率，kW；

　　　P_u——给水泵有效功率，kW；

　　　η_{dbz}——电动给水泵组总效率，%。

（5）电动给水泵组总效率。计算式为

$$\eta_{dbz} = \eta_{dj} \eta_{tc} \eta_{gb} \tag{5-50}$$

式中　η_{dj}——电动机效率，%；

　　　η_{tc}——调速或传动机构效率，%；

　　　η_{gb}——给水泵效率，%。

五、汽动给水泵组改造

本部分内容对应 DL/T 1755—2017 标准中第 5.9 部分。

1. 节能技术措施

典型的给水泵结构如图 5-12 所示。燃煤电厂给水泵组主要分为电动给水泵组和汽动给水泵组两大类。汽动给水泵组改造的主要目的是通过提高给水泵组效率减少给水泵的蒸汽消耗。汽动给水泵组改造的技术措施主要包括：泵本体改造和驱动汽轮机改造等。汽动给水泵组改造的节能效果主要表现为：给水泵组用汽量减少或给水焓升增加，反映为汽轮机组热耗率降低。

2. 技术措施实施前节能量预测

（1）进行改造前试验。根据改造的内容，按照 DL/T 839 测试拟改造的给水泵性能，按照 GB/T 8117 测试汽轮机组热耗率和拟改造的驱动小汽轮机性能，按照 GB/T 10184 测试锅炉热效率。试验须至少在 100％、75％和 50％机组额定负荷下进行。根据试验结果确定管网阻力特性、给水泵有效功率、给水泵效率、汽给水泵组总耗功和驱动小汽轮机组效率等。

（2）汽轮机组热耗率变化值预测。在 100％、75％和 50％机组额定负荷下，假设给水泵有效功率不变，根据预期的改造后给水泵效率和驱动给水泵汽轮机组效率，预测汽动给水泵组改造后总耗功 P'_{qb}，详细计算方法参见式（5-54）。根据预测的汽动给水泵组改造后总耗功、改造前试验实测汽动给水泵组总耗功和进汽流量，按照式（5-51）计算汽动给水泵组进汽流量变化值，即

$$\Delta D_{qb} = \sum_i \frac{P'_{qb,i} - P_{qb,i}}{P_{qb,i}} \Delta D_{qb,i} \tag{5-51}$$

式中　ΔD_{qb}——汽动给水泵组进汽流量变化值，kg/s；

$\quad\quad D_{qb,i}$——改造前试验实测的单台汽动给水泵组进汽流量，kg/s；

$\quad\quad P'_{qb,i}$——预测的单台汽动给水泵组改造后总耗功，kW；

$\quad\quad P_{qb,i}$——改造前试验实测的单台汽动给水泵组总耗功，kW。

根据预测的汽动给水泵组进汽流量变化值，按照汽轮机制造厂提供的修正曲线，或采用等效焓降法、热平衡法、循环函数法或矩阵法等方法计算汽轮机组热耗率的变化值。

（3）发电煤耗变化值预测。根据改造前试验测试的锅炉效率和汽轮机组热耗率，以及本小节第（2）步预测的汽轮机组热耗率变化值，按照式（5-9）计算改造前、后发电煤耗的变化量 Δb_f。

（4）节能量预测。分别统计改造前一个统计周期内 100％、75％和 50％负荷段的发电量，发电煤耗变化量对应节煤量的计算参见式（5-12）。

3. 技术措施实施后节能量核算

（1）进行改造后试验。根据改造的内容，按照 DL/T 839 测试拟改造的给水泵性能，按照 GB/T 8117 测试拟改造的驱动小汽轮机性能。试验须至少在 100％、75％和 50％机组额定负荷下进行。根据试验结果确定管网阻力特性、给水泵有效功率、给水泵效率、给水泵组总耗功和驱动给水泵汽轮机组效率等。

（2）汽轮机组热耗率变化值核算。

1）方法一：在给水泵流量、出口压力相同的条件下，对比相同工况下改造前、后试验实测的给水泵组进汽流量，获得给水泵组进汽流量变化值。根据给水泵组进汽流量变化值，按照汽轮机制造厂提供的修正曲线，或采用等效焓降法、热平衡法、循环函数法或矩阵法等方法计算汽轮机组热耗率的变化值。

2）方法二：根据节能技术措施的影响范围，确定改造后发生变化的设备效率，例如驱动小汽轮机组效率 η_{qj}、给水泵效率 η_{gb} 等。根据改造前、后实测的设备效率，在给水泵有效功率不变的条件下，按式（5-52）给水泵组进汽流量变化值，即

$$\Delta D_{qb} = \sum_i \left(\frac{\eta'_{qj,i} \eta'_{gb,i} - \eta_{qj,i} \eta_{gb,i}}{\eta_{qj,i} \eta_{gb,i}} \times D_{qb,i} \right) \tag{5-52}$$

式中　$\eta_{qj,i}$、$\eta'_{qj,i}$——实测的改造前、后单台汽动给水泵组的驱动给水泵汽轮机组效率，%；

　　　$\eta_{gb,i}$、$\eta'_{gb,i}$——实测的改造前、后单台汽动给水泵组的给水泵效率，%。

根据给水泵组进汽流量变化值，按照汽轮机制造厂提供的修正曲线，或采用等效焓降法、热平衡法、循环函数法或矩阵法等方法计算汽轮机组热耗率的变化值。

3）方法三：根据改造前、后实测的给水泵组总效率，在给水泵有效功率不变的条件下，按式（5-53）计算给水泵组进汽流量变化值，即

$$\Delta D_{qb} = \sum_i \left(\frac{\eta'_{qbz,i} - \eta_{qbz,i}}{\eta_{qbz,i}} \times D_{qb,i} \right) \tag{5-53}$$

式中　$\eta_{qbz,i}$、$\eta'_{qbz,i}$——实测的改造前、后单台汽动给水泵组总效率，%。

根据给水泵组进汽流量变化值，按照汽轮机制造厂提供的修正曲线，或采用等效焓降法、热平衡法、循环函数法或矩阵法等方法计算汽轮机组热耗率的变化值。

（3）发电煤耗变化值核算。根据改造前试验测试的锅炉效率和汽轮机组热耗率，以及本小节第（2）步预测的汽轮机组热耗率变化值，按照式（5-9）计算改造前、后发电煤耗的变化量 Δb_f。

（4）节能量核算。分别统计改造前一个统计周期内 100%、75% 和 50% 负荷段的发电量，发电煤耗变化量对应节煤量的计算参见式（5-12）。

4．所涉主要技术参数的计算方法

（1）给水泵扬程。计算方法见式（5-46）。

（2）给水泵有效功率。计算方法见式（5-47）。

（3）给水泵效率。计算方法见式（5-48）。

（4）汽动给水泵组总耗功。计算式为

$$P_{qb} = D_{qb}(h_{sl} - h_{ss}) = \frac{P_u}{\eta_{qbz}} \tag{5-54}$$

式中　h_{sl}——汽动给水泵组驱动给水泵汽轮机进汽焓，kJ/kg；

　　　h_{ss}——汽动给水泵组驱动给水泵汽轮机理想排汽焓，kJ/kg；

　　　η_{qbz}——汽动给水泵组总效率，%。

（5）汽动给水泵组总效率。计算式为

$$\eta_{qbz} = \eta_{qj} \eta_{gb} \tag{5-55}$$

式中　η_{qbz}——给水泵组总效率，%；

　　　η_{qj}——驱动给水泵汽轮机组效率，%；

　　　η_{gb}——给水泵效率，%。

六、循环水泵提效和调速改造

1．节能技术措施

典型的循环水泵结构如图 5-13 所示。循环水泵提效和调速改造的主要目的是通过提高

循环水泵组效率减少循环水泵的电耗。循环水泵组提效和调速改造的技术措施主要包括：泵本体改造、高低速电机改造和电机变频改造等。循环水泵提效和调速改造的节能效果主要表现为：循环水泵电耗下降，反映为厂用电率降低。

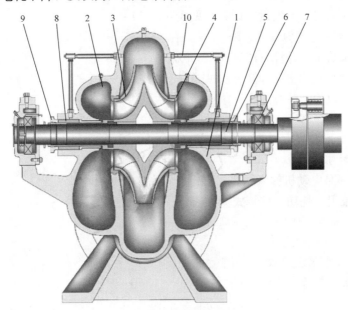

图 5-13　循环水泵结构示意

1—泵体；2—泵盖；3—叶轮；4—密封环；5—轴；6—轴套；7—轴承；8—填料；9—填料压盖；10—水封管件

2. 技术措施实施前节能量预测

(1) 进行改造前试验。根据改造的内容，按照 GB/T 3216 对拟改造的循环水泵组进行性能试验，试验须至少在 100%、75% 和 50% 机组额定负荷下进行。根据试验结果确定管网阻力特性、循环水泵有效功率、循环水泵组效率、循环水泵组总耗功和循环水泵耗电率等。

(2) 厂用电率变化值预测。在 100%、75% 和 50% 机组额定负荷下，假设循环水泵有效功率不变，根据预期的改造后循环水泵组总效率、改造前试验实测循环水泵组总效率和循环水泵组耗电率，按照式（5-56）计算厂用电率变化值，即

$$\Delta L_{cy} = \sum_i \left(\frac{\eta'_{xbz,i} - \eta_{xbz,i}}{\eta_{xbz,i}} \times L_{xb,i} \right) \tag{5-56}$$

式中　$L_{xb,i}$——改造前试验实测的单台循环水泵耗电率，%；

　　　$\eta_{xbz,i}$——实测的改造前单台循环水泵组总效率，%

　　　$\eta'_{xbz,i}$——预测的改造后单台循环水泵组总效率，%。

(3) 节能量预测。分别统计改造前一个统计周期内 100%、75% 和 50% 负荷段的发电量，厂用电率变化值对应节电量的计算参见式（5-11）。

3. 技术措施实施后节能量核算

(1) 进行改造后试验。根据改造的内容，按照 GB/T 3216 对改造后的循环水泵组进行性能试验，试验须至少在 100%、75% 和 50% 机组额定负荷下进行。根据试验结果确定管网阻力特性、循环水泵有效功率、循环水泵组效率、循环水泵组总功率和循环水泵组耗电率等。

（2）厂用电率变化值核算。可采用本节第四部分"电动给水泵组改造"中"技术措施实施后节能量核算"第（2）步所列三种方法中的一种计算。

（3）节能量核算。分别统计改造后一个统计周期内100％、75％和50％负荷段的发电量，厂用电率变化值对应节电量的计算参见式（5-11）。

4. 所涉主要技术参数的计算方法

（1）循环水泵扬程。计算方法见式（5-46）。

（2）循环水泵有效功率。计算方法见式（5-47）。

（3）循环水泵效率。计算式为

$$\eta_{xb} = \frac{P_u}{P_{xb}\eta_{xb}} \times 100\% \tag{5-57}$$

式中　η_{xb}——循环水泵效率，％；

　　　P_{xb}——循环泵电动机输入功率，kW。

（4）循环水泵组总耗功。计算式为

$$P_{xb} = \frac{P_u}{\eta_{xbz}} \tag{5-58}$$

式中　η_{xbz}——循环水泵组总效率，％。

（5）循环水泵组总效率。计算式为

$$\eta_{xbz} = \eta_{dj}\eta_{xb} \tag{5-59}$$

七、循环水泵增容改造、运行方式优化

1. 节能技术措施

循环水系统的主要功能是为凝汽器提供冷却水，如图5-14所示。循环水泵增容改造、运行方式优化的主要目的是，通过循环水泵有效功率与机组负荷的匹配，综合汽轮机组热耗率和厂用电率的变化，降低供电煤耗。循环水泵增容改造即增大循环水泵的有效功率；循环水泵运行方式优化即在机组不同负荷和不同冷却水温度下确定循环水泵的最优运行方式（对应机组的最佳真空）。循环水泵增容改造、运行方式优化的节能效果主要表现为：循环水温度下降，反映为汽轮机组热耗率降低；或循环水泵耗电率下降，反映为厂用电率下降。

2. 技术措施实施前节能量预测

（1）进行节能技术措施实施前试验。根据节能技术措施的内容，按照GB/T 3216对拟改造的循环水泵组进行性能试验，按照GB/T 8117测试汽轮机组热耗率，按照GB/T 10184测试锅炉热效率，并同时测试厂用电率。试验须至少在100％、75％和50％机组额定负荷下进行。根据试验结果确定管网阻力特性、循环水泵有效功率、循环水泵组效率、循环水泵组总耗功和循环水泵耗电率等。同时开展凝汽器变工况特性试验，得出不同机组负荷和凝汽器进口循环水温度条件下凝汽器压力与循环水流量的关系，即凝汽器变工况特性。计算式为

$$p_{CD} = f_1(r, t_{CD,en}, D_{CD,en}) \tag{5-60}$$

式中　p_{CD}——凝汽器压力（真空），kPa；

　　　r——机组运行负荷率，％；

　　$t_{CD,en}$——凝汽器进口循环水温度，％；

　　$D_{CD,en}$——凝汽器进口循环水流量，kg/s。

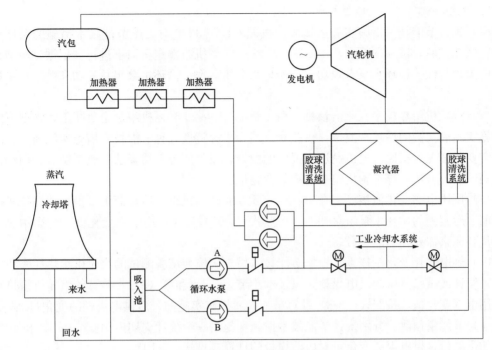

图 5-14 循环水泵功能示意

开展循环水泵运行方式优化，还应通过试验确定机组微增出力与凝汽器压力的关系、循环水泵组总耗功与凝汽器冷却水流量的关系和最佳凝汽器运行压力，详见本部分第五小节"循环水泵运行方式优化的相关试验内容"。

（2）汽轮机组热耗率变化值预测。在 100%、75% 和 50% 机组额定负荷下，预测节能技术措施实施后循环水流量，按照凝汽器变工况特性计算节能技术措施实施前、后凝汽器真空变化情况。按照汽轮机制造厂提供的曲线，或采用等效焓降法、热平衡法、循环函数法或矩阵法等方法计算汽轮机组热耗率的变化值。

（3）厂用电率变化值预测。在 100%、75% 和 50% 机组额定负荷下，预测节能技术措施实施后循环水泵组总耗功，根据节能技术措施实施前试验测试的循环水泵组总耗功，按照式（5-61）计算循环水泵厂用电率变化值，即

$$\Delta L_{cy} = \sum_{i} \left(\frac{P'_{xb,i} - P_{xb,i}}{P_{xb,i}} L_{xb,i} \right) \tag{5-61}$$

式中　ΔL_{cy}——厂用电率变化值，%；

　　　$L_{xb,i}$——节能技术措施实施前试验实测的单台循环水泵耗电率，%；

　　　$P'_{xb,i}$——预测的节能技术措施实施后单台电动给水泵组总耗功，kW；

　　　$P_{xb,i}$——节能技术措施实施前试验实测的单台电动给水泵组总耗功，kW。

（4）供电煤耗变化量预测。根据节能技术措施实施前试验测试的汽轮机组热耗率和厂用电率、统计或试验测试的供电煤耗、以及本小节第（2）和第（3）步预测的汽轮机组热耗率和厂用电率变化值，按照式（5-8）计算节能技术措施实施前、后供电煤耗的变化量 Δb_g。

（5）节能量预测。分别统计节能技术措施实施前一个统计周期内 100%、75% 和 50% 负荷段的供电量，供电煤耗变化量对应节煤量的计算参见式（5-10）。

3. 技术措施实施后节能量核算

(1) 进行节能技术措施实施后试验。按照 GB/T 3216 对实施节能技术措施的循环水泵组进行性能试验。试验须至少在 100％、75％和 50％机组额定负荷下进行。根据试验结果确定管网阻力特性、循环水泵有效功率、循环水泵组效率、循环水泵组总耗功和循环水泵耗电率等。

(2) 汽轮机组热耗率变化值核算。在 100％、75％和 50％机组额定负荷下，根据节能技术措施实施后实测的循环水流量，按照凝汽器变工况特性计算节能技术措施实施前、后凝汽器真空变化情况。按照汽轮机制造厂提供的曲线，或采用等效焓降法、热平衡法、循环函数法或矩阵法等方法计算汽轮机组热耗率的变化值。

(3) 厂用电率变化值核算。在 100％、75％和 50％机组额定负荷下，根据节能技术措施实施前、后实测的循环水泵组总耗功，按照式 (5-61) 计算厂用电率变化值，注意用实测的数据代替原来需要预测的参数。

(4) 供电煤耗变化量核算。根据节能技术措施实施前试验测试的汽轮机组热耗率和厂用电率、统计或试验测试的供电煤耗，以及本小节第 (2) 和第 (3) 步核算的汽轮机组热耗率和厂用电率变化值，按照式 (5-8) 计算节能技术措施实施前、后供电煤耗的变化量 Δb_g。

(5) 节能量预测。分别统计节能技术措施实施后一个统计周期内 100％、75％和 50％负荷段的供电量，供电煤耗变化量对应节煤量的计算参见式 (5-10)。

4. 所涉主要技术参数的计算方法

见本节第六部分"循环水泵提效和调速改造"中"所涉主要技术参数的计算方法"。

5. 循环水泵运行方式优化的相关试验内容

(1) 确定机组微增出力与凝汽器压力的关系。计算式为

$$\Delta P_r = f_2(r, p_{CD}) \tag{5-62}$$

式中 ΔP_r——机组负荷微增量，kW。

(2) 确定循环水泵组总耗功与凝汽器冷却水流量的关系。计算式为

$$P_{xb} = f_3(D_{CD,en}) \tag{5-63}$$

式中 P_{xb}——循环水泵组总耗功，kW。

(3) 确定最佳凝汽器运行压力。记函数为

$$F(r, t_{CD,en}, D_{CD,en}) = f_2[r, f_1(r, t_{CD,en}, D_{CD,en})] - f_3'(D_{CD,en})D_{CD,en}$$

最佳凝汽器运行压力对应机组负荷微增量与循环水泵总耗功微增量之差为最大，此时有

$$\frac{\partial F(r, t_{CD,en}, D_{CD,en})}{\partial D_{CD,en}} = 0$$

即当 $\dfrac{\partial f_2(r, p_{CD})}{\partial p_{CD}} \times \dfrac{\partial f_1(r, t_{CD,en}, D_{CD,en})}{\partial D_{CD,en}} = \dfrac{\partial f_3(D_{CD,en})}{\partial D_{CD,en}}$ 时，循环水流量对应的凝汽器运行压力为最佳值。

八、凝结水泵改造

1. 节能技术措施

凝结水泵在汽轮机系统中的功能如图 5-15 所示。凝结水泵改造的主要目的是通过提高凝结水泵组效率、降低凝结水泵出口压力、减少出口阀门节流损失等减少循环水泵的电耗。

凝结水泵组改造的技术措施主要包括：泵本体提效改造、电机变频改造和永磁调速改造等。凝结水泵改造的节能效果主要表现为：凝结水泵电耗下降，反映为厂用电率降低。

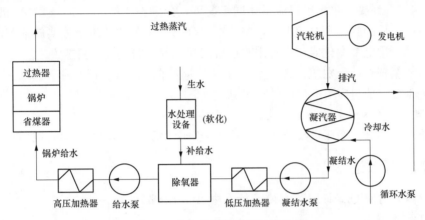

图 5-15　典型的凝结水泵设置示意

2. 技术措施实施前节能量预测

（1）进行改造前试验。按照 GB/T 3216 对拟改造的凝结水泵组进行性能试验。试验须至少在 100％、75％和 50％机组额定负荷下进行。根据试验结果确定管网阻力特性、凝结水泵有效功率、凝结水泵组效率、凝结水泵组总耗功和凝结水泵耗电率等。

（2）厂用电率变化值预测。

1）方法一：在 100％、75％和 50％机组额定负荷下，假设凝结水泵出口流量不变，根据预期的改造后凝结水泵组总耗功、改造前试验实测凝结水泵组总耗功和凝结水泵组耗电率，按照式（5-64）计算厂用电率变化值，即

$$\Delta L_{cy} = \sum_i \left(\frac{P'_{nb,i} - P_{nb,i}}{P_{nb,i}} L_{nb,i} \right) \tag{5-64}$$

式中　$L_{nb,i}$——改造前试验实测的单台凝结水泵组耗电率，％；

$\quad\quad P'_{nb,i}$——预期的单台凝结水泵组改造后总耗功，kW；

$\quad\quad P_{nb,i}$——改造前试验实测的凝结水泵组总耗功，kW。

2）方法二：根据同型机组改造后凝结水泵耗电率 $L'_{nb,i}$，和改造前试验实测的凝结水泵耗电率 $L_{nb,i}$，按照式（5-65）估算厂用电率变化值，即

$$\Delta L_{cy} = L'_{nb,i} - L_{nb,i} \tag{5-65}$$

式中　$L'_{nb,i}$——预期的凝结水泵改造后耗电率（同型机组改造后凝结水泵耗电率），％。

3）节能量预测。分别统计改造前一个统计周期内 100％、75％和 50％负荷段的发电量，厂用电率变化值对应节电量的计算参见式（5-11）。

3. 技术措施实施后节能量核算

（1）进行改造后试验。按照 GB/T 3216 对改造后的凝水泵组进行性能试验。试验须至少在 100％、75％和 50％机组额定负荷下进行。根据试验结果确定管网阻力特性、凝结水泵有效功率、凝结水泵组效率、凝结水泵组总耗功和凝结水泵耗电率等。

（2）厂用电率变化值核算。

1）方法一：在凝结水泵出口流量相同工况下，分别在 100％、75％和 50％机组额定负

荷对比改造前、后的凝结水泵功率，按照本部分第二小节"技术措施实施前节能量预测"中方法一计算厂用电率变化值，注意用改造后试验实测数据替代预测参数。

2）方法二：在凝结水泵出口流量相同工况下，分别在100％、75％和50％机组额定负荷对比改造前、后的凝结水泵耗电率，按照本部分第二小节"技术措施实施前节能量预测"中方法二计算厂用电率变化值，注意用改造后试验实测数据替代预测参数。

（3）节能量核算。分别统计改造后一个统计周期内100％、75％和50％负荷段的发电量，厂用电率变化值对应节电量的计算参见式（5-11）。

4. 所涉主要技术参数的计算方法

见本节第六部分"循环水泵提效和调速改造"中"所涉主要技术参数的计算方法"。

九、凝汽器改造

本部分内容对应 DL/T 1755—2017 标准中第 5.12 部分。

1. 节能技术措施

凝汽器的作用是将汽轮机排汽冷却，如图 5-15 所示。凝汽器的本质是一台相变换热器，采用循环水冷却的表面式凝汽器典型结构如图 5-16 所示。凝汽器改造的主要目的是通过提高凝汽器传热和密封性能，降低凝汽器运行压力。凝汽器改造的技术措施主要包括：凝汽器换管改造、凝汽器整体改造、凝汽器抽空气系统改造和胶球清洗系统改造等。凝汽器改造的节能效果主要表现为：凝汽器运行压力下降，反映为汽轮机组热耗率降低。

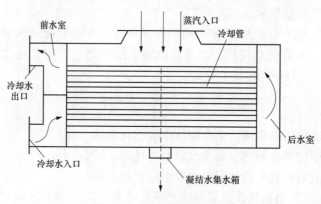

图 5-16　凝汽器结构示意

2. 技术措施实施前节能量预测

（1）进行改造前试验。按照 DL/T 1078 对拟改造的凝汽器进行性能试验，按照 GB/T 8117 测试汽轮机组热耗率，按照 GB/T 10184 测试锅炉热效率。试验须至少在 100％、75％和 50％机组额定负荷下进行。根据试验结果确定凝汽器进口循环水温度和流量、凝汽器总体传热系数、凝汽器运行压力等。

（2）汽轮机组热耗率变化值预测。根据预期的改造后凝汽器总体传热系数，按照本部分"凝汽器性能计算方法"计算改造后凝汽器运行压力。在相同的凝汽器进口循环水温度和流量条件下，对比改造前实测的凝汽器运行压力和预测的改造后凝汽器运行压力，按照汽轮机制造厂提供的曲线，或采用等效焓降法、热平衡法、循环函数法或矩阵法等方法计算汽轮机组热耗率的变化值。

（3）发电煤耗变化值预测。根据改造前试验测试的锅炉效率和汽轮机组热耗率，以及本小节第（2）步预测的汽轮机组热耗率变化值，按照式（5-9）计算改造前、后发电煤耗的变化量。

（4）节能量预测。分别统计改造前一个统计周期内 100％、75％和 50％负荷段的发电量，发电煤耗变化量对应节煤量的计算参见式（5-12）。

3. 技术措施实施后节能量核算

（1）进行改造后试验。按照 DL/T 1078 对改造后的凝汽器进行性能试验。试验须至少在 100％、75％和 50％机组额定负荷下进行。根据试验结果确定凝汽器进口循环水温度和流量、凝汽器总体传热系数、凝汽器运行压力等。

（2）汽轮机组热耗率变化值核算。改造前、后试验的凝汽器进口循环水温度和流量相同，可直接对比改造前、后相同机组负荷工况实测的凝汽器运行压力，获得凝汽器运行压力变化情况。改造前、后凝汽器进口循环水温度或流量不同时，先根据改造后试验数据计算出凝汽器总体传热系数，按照式（5-69）修正到改造前的凝汽器进口循环水温度和流量条件下。再根据改造后试验实测的传热总量和循环水比热容，以及改造前试验实测的凝汽器进口循环水温度和流量，按照式（5-79）计算出修正的凝汽器运行压力。然后对比改造前实测的凝汽器运行压力和改造后修正的凝汽器运行压力，获得凝汽器运行压力变化情况。最后按照汽轮机制造厂提供的曲线，或采用等效焓降法、热平衡法、循环函数法或矩阵法等方法计算汽轮机组热耗率的变化值。

（3）发电煤耗变化值核算。根据改造前试验测试的锅炉效率和汽轮机组热耗率，以及本小节第（2）步核算的汽轮机组热耗率变化值，按照式（5-9）计算改造前、后发电煤耗的变化量。

（4）节能量核算。分别统计改造后一个统计周期内 100％、75％和 50％负荷段的发电量，发电煤耗变化量对应节煤量的计算参见式（5-12）。

4. 凝汽器性能计算方法

（1）凝汽器对数平均温差见第三章式（3-51）。

（2）凝汽器传热总量见第三章式（3-50）。

（3）根据式（3-50）总体传热系数为

$$K = \frac{Q}{A \times \Delta T_{\mathrm{m}}} \tag{5-66}$$

在美国传热学会编制的 HEI 118 标准中［式（3-58）为全苏热工研究院所在此基础上根据试验和理论分析得到］，总体传热系数计算式为

$$K = K_0 \beta_{\mathrm{c}} \beta_{\mathrm{t}} \beta_{\mathrm{m}} \tag{5-67}$$

式中　K_0——凝汽器基本传热系数，按式（5-68）计算，$\mathrm{W/(m^2 \cdot ℃)}$；

β_{t}——考虑冷却水温的修正系数（凝汽器进口循环水温度修正系数），无量纲，HEI 118 标准中规定按式（5-69）计算；

β_{m}——凝汽器换热管修正系数，无量纲，根据换热管管材和壁厚，按式（5-70）～式（5-76）计算。

$$K_0 = C_1 \sqrt{v_{\mathrm{cw}}} \tag{5-68}$$

式中　v_{cw}——凝汽器换热管内循环水平均流速，$\mathrm{m/s}$；

C_1——凝汽器换热管外径系数，根据换热管外径 φ 的值查表 5-2 获得。

表 5-2　　　　　　　　　　　　　　冷却管外径系数 C_1

φ(mm)	16～19	22～25	28～32	35～38	41～45	48～51
C_1	2747	2705	2664	2623	2582	2541

$$\beta_t = -0.000\ 4t_{CD.en}^2 + 0.029\ 2t_{CD.en} + 0.568\ 3 \tag{5-69}$$

HEI 118 标准中规定对于不同材质的换热管，凝汽器换热管修正系数 β_m 按照不同计算式计算，对于换热管管材为海军铜为

$$\beta_m = -0.008\ 4\delta^6 + 0.029\ 7\delta^5 + 0.110\ 4\delta^4 - 0.706\ 1\delta^3 + 1.281\delta^2 - 1.0397\delta + 1.3473 \tag{5-70}$$

对于换热管管材为铅黄铜为

$$\beta_m = 0.018\ 4\delta^4 - 0.117\ 1\delta^3 + 0.251\ 9\delta^2 - 0.300\ 6\delta + 1.137\ 1 \tag{5-71}$$

对于换热管管材为低碳钢为

$$\beta_m = 0.027\ 9\delta^4 - 0.1944\delta^3 + 0.444\ 7\delta^2 - 0.527\delta + 1.1846 \tag{5-72}$$

对于换热管管材为 B10 为

$$\beta_m = -0.027\ 9\delta^5 + 0.236\ 8\delta^4 - 0.768\ 1\delta^3 + 1.176\ 1\delta^2 - 0.963\ 2\delta + 1.272\ 2 \tag{5-73}$$

对于换热管管材为 B30 为

$$\beta_m = 0.021\ 7\delta^4 - 0.134\ 6\delta^3 + 0.295\ 5\delta^2 - 0.411\ 3\delta + 1.080\ 6 \tag{5-74}$$

对于换热管管材为钛为

$$\beta_m = -0.029\ 5\delta^4 - 0.142\ 5\delta^3 + 0.641\ 5\delta^2 - 0.888\ 6\delta + 1.159\ 8 \tag{5-75}$$

对于换热管管材为 3L 不锈钢为

$$\beta_m = -0.035\ 3\delta^6 + 0.297\ 3\delta^5 - 0.938\ 6\delta^4 +$$
$$1.336\ 2\delta^3 - 0.739\delta^2 - 0.206\ 8\delta + 1.007\ 4 \tag{5-76}$$

式中　δ——凝汽器换热管壁厚，mm。

在确定的凝汽器进口循环水温度和流量条件下，根据试验测试数据按照式（5-66）得到总体传热系数后。假设凝汽器结构、管材和清洁状况不变，按照式（5-67）可以方便地将总体传热系数修正到其他的凝汽器进口循环水温度和流量条件下。

（4）凝汽器运行压力对应的饱和温度为

$$t_{TB,c} = t_{CD,en} + \frac{Q}{D_{CD}c_w(1 - e^{-X})} \tag{5-77}$$

$$X = \frac{KA}{D_{CD}c_w} \tag{5-78}$$

式中　X——总体传热系数对应的对数平均温差系数，无量纲，按式（5-78）计算。

计算出凝汽器运行压力对应的饱和温度 $t_{TB,c}$ 后，即可从水蒸气热力性质表中查得凝汽器的运行压力。

十、加热器改造

1. 节能技术措施

加热器的作用是将抽汽冷凝的热能传递给凝结水（或给水），其本质是一台相变换热器。

典型的加热器结构如图 5-17 所示。加热器主要分为表面式加热器和混合式加热器两类。加热器改造的主要目的是，通过降低加热器传热端差，提高热力系统循环效率。加热器改造的技术措施主要包括：增设附加高压加热器、增设外置式蒸汽冷却器等。加热器改造的节能效果主要表现为：加热器运行端差降低，反映为汽轮机组热耗率降低。

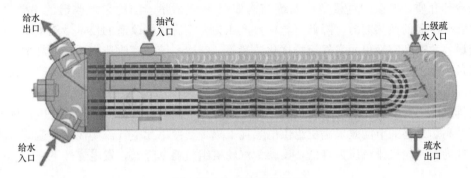

图 5-17　加热器结构示意

2. 技术措施实施前节能量预测

（1）进行改造前试验。根据改造的影响范围，按照 JB/T 5862 测试拟改造的表面式加热器性能，或按照 DL/T 1141 测试拟改造的除氧器性能。并同时按照 GB/T 10184 或 ASME PTC 4 进行锅炉性能试验，按照 GB/T 8117（或 ASME PTC6）测试汽轮机组性能，试验需至少在 100％、75％、50％额定负荷下进行。

（2）汽轮机组热耗率变化值预测。根据改造前试验结果，在 100％、75％、50％额定负荷工况下预估改造后的加热器性能指标，按照制造厂提供的加热器修正曲线，或采用等效焓降法、热平衡法、循环函数法或矩阵法等方法计算汽轮机组热耗率的变化值 Δq_{TB}。

（3）发电煤耗变化量预测。根据预测的汽轮机组热耗率变化值和改造前试验实测的发电煤耗、汽轮机组热耗率，按照式（5-9）计算改造前、后发电煤耗的变化量 Δb_f。

（4）节能量预测。分别统计改造前一个统计周期内 100％、75％和 50％负荷段的发电量，发电煤耗变化量对应节煤量的计算参见式（5-12）。

3. 技术措施实施前节能量核算

（1）进行改造后试验。根据改造的影响范围，按照 JB/T 5862 测试改造后表面式加热器性能，或按照 DL/T 1141 测试改造后的除氧器性能。试验需至少在 100％、75％、50％额定负荷下进行。

（2）汽轮机组热耗率变化值核算。根据改造前试验结果，和相同机组负荷工况下实测的改造后加热器性能指标，按照制造厂提供的加热器修正曲线，或采用等效焓降法、热平衡法、循环函数法或矩阵法等方法计算汽轮机组热耗率的变化值 Δq_{TB}。

（3）发电煤耗变化量核算。根据核算的汽轮机组热耗率变化值和改造前试验实测的发电煤耗、汽轮机组热耗率，按照式（5-9）计算改造前、后发电煤耗的变化量 Δb_f。

（4）节能量核算。分别统计改造后一个统计周期内 100％、75％和 50％负荷段的发电量，发电煤耗变化量对应节煤量的计算参见式（5-12）。

十一、空冷系统改造

1. 节能技术措施

空冷系统改造特指直接空冷系统的改造。直接空冷系统实际上是另一类凝汽器，它以空气作为冷却介质，典型的直接空冷系统结构如图 5-18 所示。空冷系统改造的主要目的是，通过增强空冷岛的换热能力，降低汽轮机排汽压力。空冷系统改造的技术措施主要包括：空冷系统增容改造和空冷单元空气流场优化改造等，空冷系统增容改造主要是依靠增加空冷单元的数量来增加空冷岛的传热总量，空冷单元空气流场优化主要是在现有的空冷单元内部加装空气导流装置，提高每个空冷单元的传热量。空冷系统增容改造的节能效果主要表现为：汽轮机排汽压力降低，反映为汽轮机组热耗率降低；但同时会增加空冷风机耗电，反映为厂用电率升高，最终的节能效果是机组供电煤耗下降。空冷单元空气流场优化改造的节能效果主要表现为：汽轮机排汽压力降低，反映为汽轮机组热耗率降低，发电煤耗下降。

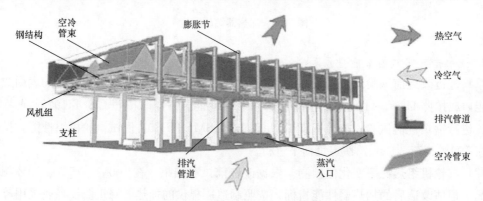

图 5-18　直接空冷系统结构示意

2. 技术措施实施前节能量预测

（1）进行改造前试验。按照《VGB Guideline：Acceptance Test Measurements and Operation Monitoring of Air-cooled Condensers under Vacuum》（VGB-R131Me）测试拟改造的空冷系统性能，按照式（5-66）确定空冷系统总体传热系数 K，按照式（5-79）确定传热单元数 N_{TU}，即

$$N_{TU} = \frac{t_{ACC,lv} - t_{ACC,en}}{\Delta T_{m,ACC}} \tag{5-79}$$

式中　N_{TU}——空冷系统传热单元数，无量纲；

　　　$t_{ACC,lv}$——空冷系统出口空气温度，℃；

　　　$t_{ACC,en}$——空冷系统进口空气温度，℃；

　　$\Delta T_{m,ACC}$——空冷系统对数平均温差，根据第三章式（3-53）按照空冷对数温差进行计算，℃。

按照 GB/T 10184 或 ASME PTC 4 测试锅炉热效率，按照 GB/T 8117（或 ASME PTC6）测试汽轮机组热耗率。试验需至少在 100%、75%、50% 额定负荷下进行。对于空冷系统增容改造，还应同时测试厂用电率、空冷风机耗功和空冷风机耗电率等。

（2）汽轮机组热耗率变化值预测。根据改造前试验结果，在 100%、75%、50% 额定负

荷工况下，按照式（5-80）预估改造后的空冷系统蒸汽冷凝温度（代表空冷机组排汽压力），即

$$t_{ACC} = \frac{D_{ACC}(h_{c,ACC,en} - h_{c,ACC,out})}{A_{ACC}\nu_{ACC}\rho_{ACC}c_{ACC}} \times \frac{1}{1 - e^{-N_{TU,ACC}}} + t_{ACC,en} + \Delta t_{ACC} \quad (5-80)$$

式中　　　　t_{ACC}——空冷系统蒸汽冷凝温度，℃；

D_{ACC}——进入空冷系统的乏汽质量流量，与机组负荷近似成正比，kg/s；

$h_{c,ACC,en}$，$h_{c,ACC,out}$——进入空冷系统的乏汽焓值和乏汽冷凝后的凝结水焓值，kJ/kg；

A_{ACC}——空冷凝汽器的迎风面积，m²；

ν_{ACC}——空冷凝汽器的迎面风速，代表空冷风机运行方式，m/s；

ρ_{ACC}——空冷系统进口空气密度，kg/m³；

c_{ACC}——空冷系统进口空气比热容，kJ/(kg·K)；

$N_{TU,ACC}$——空冷系统传热单元数，无量纲，计算方法见式（5-79）；

Δt_{ACC}——由排汽管道阻力影响而产生的温降，通常取 1～3℃，认为改造前、后不变化。

对于空冷系统增容改造，应预估改造后传热单元数 $N'_{TU,ACC}$ 和迎风面积 A_{ACC}，认为其他参数与改造前试验相同。按照式（5-80）计算改造前、后空冷系统蒸汽冷凝温度 t_{ACC} 和 t'_{ACC}，查水蒸气热力性质表获得空冷机组排汽压力变化情况。

按照制造厂提供的排汽压力修正曲线，或采用等效焓降法、热平衡法、循环函数法或矩阵法等方法计算汽轮机组热耗率的变化值 Δq_{TB}。

（3）厂用电率变化值预测。对于空冷系统增容改造，在 100%、75%、50% 额定负荷工况下，根据实测的改造前空冷风机耗功 P_{kl} 和预测的改造后空冷风机耗功 P'_{kl}，按照式（5-81）计算厂用电率变化值，即

$$\Delta L_{cy} = \frac{P'_{kl} - P_{kl}}{P_{kl}} L_{kl} \quad (5-81)$$

式中　P'_{kl}——预测的改造后空冷风机耗功，kW；

P_{kl}——改造前试验实测的空冷风机耗功，kW；

L_{kl}——改造前试验实测的空冷风机耗电率，%。

（4）供电煤耗或发电煤耗变化量预测。对于空冷系统增容改造，根据改造前试验测试的锅炉效率、汽轮机组热耗率和厂用电率，以及本小节第（2）和第（3）步预测的汽轮机组热耗率和厂用电率变化值，按照式（5-8）计算改造前、后供电煤耗的变化量 Δb_g。

对于空冷单元空气流场优化改造，根据预测的汽轮机组热耗率变化值和改造前试验实测的发电煤耗、汽轮机组热耗率，按照式（5-9）计算改造前、后发电煤耗的变化量 Δb_f。

（5）节能量预测。对于空冷系统增容改造，分别统计改造前一个统计周期内 100%、75% 和 50% 负荷段的供电量，供电煤耗变化量对应节煤量的计算参见式（5-10）。对于空冷单元空气流场优化改造，分别统计改造前一个统计周期内 100%、75% 和 50% 负荷段的发电量，发电煤耗变化量对应节煤量的计算参见式（5-12）。

3. 技术措施实施后节能量核算

（1）进行改造后试验。按照 VGB R131Me 测试拟改造的空冷系统性能，试验需至少在

100％、75％、50％额定负荷下进行，空冷风机运行方式应与改造前试验一致。对于空冷系统增容改造，还应同时测试厂用电率、空冷风机耗功和空冷风机耗电率等。

（2）汽轮机组热耗率变化值核算。若改造前、后试验时环境温度、大气压力、风机驱动功率、进汽压力、排汽干度等条件不一致，须先按式（5-89）将改造后试验实测的排汽压力修正到改造前试验条件下。再在相同机组负荷工况下，对比改造前试验实测和改造后试验修正后的空冷机组排汽压力，获得排汽压力的变化值。然后按照制造厂提供的排汽压力修正曲线，或采用等效焓降法、热平衡法、循环函数法或矩阵法等方法计算汽轮机组热耗率的变化值 Δq_{TB}。

（3）厂用电率变化值核算。对于空冷系统增容改造，若改造前、后试验时环境温度和大气压力不一致，须先按照下式将改造后试验实测的空冷风机耗功修正到改造前试验条件下：

$$P_{kl,C}=P_{kl,T}\times\left[\left(\frac{t_{ACC,en,T}+273}{t_{ACC,en,C}+273}\right)^2\times\frac{p_{a,C}}{p_{a,T}}\right]^{0.67} \tag{5-82}$$

式中　$P_{kl,C}$、$P_{kl,T}$——修正后和试验工况的空冷风机耗功，kW；

$t_{ACC,en,C}$、$t_{ACC,en,T}$——修正工况和试验工况的空冷系统进口空气温度，℃；

$p_{a,C}$、$p_{a,T}$——修正工况和试验实测的大气压力，Pa。

在100％、75％、50％额定负荷工况下，根据改造前试验实测的空冷风机耗功 P_{kl} 和空冷风机耗电率 L_{kl}，以及改造后试验修正后的空冷风机耗功 P'_{kl}，按照式（5-81）计算厂用电率变化值 ΔL_{cy}。

（4）供电煤耗或发电煤耗变化量核算。对于空冷系统增容改造，根据改造前试验测试的锅炉效率、汽轮机组热耗率和厂用电率，以及本小节第（2）和第（3）步核算的汽轮机组热耗率和厂用电率变化值，按照式（5-8）计算改造前、后供电煤耗的变化量 Δb_g。

对于空冷单元空气流场优化改造，根据核算的汽轮机组热耗率变化值和改造前试验实测的发电煤耗、汽轮机组热耗率，按照式（5-9）计算改造前、后发电煤耗的变化量 Δb_f。

（5）节能量核算。对于空冷系统增容改造，分别统计改造后一个统计周期内100％、75％和50％负荷段的供电量，供电煤耗变化量对应节煤量的计算参见式（5-10）。对于空冷单元空气流场优化改造，分别统计改造后一个统计周期内100％、75％和50％负荷段的发电量，发电煤耗变化量对应节煤量的计算参见式（5-12）。

4. 空冷机组排汽压力的修正计算方法

（1）排汽质量流量修正。计算式为

$$D_{A,C}=D_{A,T}\xi_1\xi_2\xi_3\xi_4 \tag{5-83}$$

式中　$D_{A,C}$——修正后排汽质量流量，kg/s；

$D_{A,T}$——试验实测排汽质量流量，kg/s；

ξ_1——排汽干度修正系数，无量纲；

ξ_2——大气压力修正系数，无量纲；

ξ_3——风机耗功修正系数，无量纲；

ξ_4——进汽压力和进口空气温度修正系数，无量纲。

（2）排汽干度修正系数。计算式为

$$\xi_1 = \frac{X_{A,T}}{X_{A,C}} \tag{5-84}$$

式中 $X_{A,T}$——试验实测排汽中蒸汽含量（干度），%；

$X_{A,C}$——修正工况排汽中蒸汽含量（干度），%。

（3）大气压力修正系数。计算式为

$$\xi_2 = \left[\left(\frac{p_{a,T}}{p_{a,C}} \right)(1-\varGamma) + \left(\frac{p_{a,T}}{p_{a,C}} \right)^{0.45} \times \varGamma \right] \tag{5-85}$$

$$\varGamma = \frac{N_{TU,ACC}}{e^{N_{TU,ACC}} - 1} \tag{5-86}$$

式中 $\varGamma$——修正计算辅助值，无量纲。

（4）风机耗功修正系数。计算式为

$$\xi_3 = \left(\frac{P_{kl,C}}{P_{kl}} \right)^{\frac{-1}{2.67}} \times \left[(1-\varGamma) + \varGamma \times \left(\frac{P_{kl,C}}{P_{kl}} \right)^{\frac{-0.55}{2.67}} \right]^{-1} \tag{5-87}$$

（5）进汽压力和进口空气温度修正系数。计算式为

$$\xi_4 = \frac{D_A}{D_{A,S}} \tag{5-88}$$

式中 D_A——修正工况实际进汽质量流量，改造前试验实测，kg/s；

$D_{A,S}$——试验工况设定进汽质量流量，根据试验实测进汽压力及进口空气温度查空冷系统性能曲线获得，kg/s。

（6）排汽质量流量转化为排汽压力。计算式为

$$\frac{p_{s,C}}{p_{a,C}} = \frac{\bar{\omega}}{\bar{\omega} + 2\bar{\omega} - 1} \cdot \frac{\frac{D_A}{D_{A,C}} - 1 + x}{x}$$
$$+ \sqrt{ \left[\frac{\bar{\omega}}{\bar{\omega} + 2\bar{\omega} - 1} \times \frac{\frac{D_A}{D_{A,C}} - 1 + x}{x} \right]^2 - \frac{\left(\frac{D_A}{D_{A,C}} \right)^2 (1 - \bar{\omega}^2)}{\bar{\omega} + 2\bar{\omega} - 1} } \tag{5-89}$$

式中 $p_{s,C}$——修正后排汽压力，Pa；

$\bar{\omega}$、x——计算辅助值，无量纲，计算方法见式（5-90）和式（5-91）。

$$\bar{\omega} = \frac{p_{a,C}}{p_{DG}} \tag{5-90}$$

式中 p_{DG}——计算辅助值，计算方法见式（5-92），Pa。

$$X = \frac{(\vartheta_{DG} + 229.95)^2}{3888.11 \times (\vartheta_{DG} - t_{ACC,en,T})} \tag{5-91}$$

式中 ϑ_{DG}——计算辅助值，计算方法见式（5-93），℃，

$$p_{DG} = e^{23.308\,417 - \frac{3888.11}{\vartheta_{DG} + 229.95}} \tag{5-92}$$

$$\vartheta_{DG} = t_{ACC,en,T} + \frac{t_{ACC,lv,C} - t_{ACC,en,T}}{1 - e^{-N_{TU,ACC}}} \tag{5-93}$$

式中 $t_{ACC,lv,C}$——修正工况的空冷系统出口空气温度，℃。

十二、冷却塔改造

1. 节能技术措施

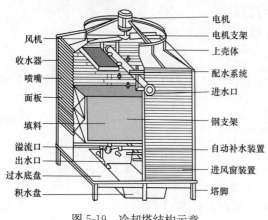

图 5-19　冷却塔结构示意

冷却塔是一种接触式换热器，它将温度较低的空气引入塔内与温度较高的循环水充分接触，从而将循环水冷却。典型的冷却塔结构如图 5-19 所示。冷却塔改造的主要目的是通过增强冷却塔的换热能力，降低出塔水温。冷却塔改造的技术措施主要包括：塔芯部件优化、配水优化、淋水填料散热面积增容以及综合升级改造等。塔芯部件优化包括淋水填料、除水器、喷溅装置等冷却塔的主要塔芯部件的优化选型，目的是提高冷却塔的传热系数；配水优化主要是通过重新设计分区水量实现风水最佳配比，提高冷却塔总传热量；淋水填料散热面积增容主要是通过改变淋水填料片之间的距离及组装高度，达到增加冷却塔传热面积的目的；综合升级改造则包含上述一项或多项改造措施。冷却塔改造的节能效果主要表现为：汽轮机排汽压力降低，反映为汽轮机组热耗率降低。

2. 技术措施实施前节能量预测

（1）改变循环水泵运行台数，在不同的气水比 λ_1、λ_2、…、λ_n 条件下，按照 DL/T 1027 进行改造前试验。按照 GB/T 10184 或 ASME PTC 4 测试锅炉热效率，按照 GB/T 8117（或 ASME PTC 6）测试汽轮机组热耗率。试验需至少在 100%、75%、50% 额定负荷下进行。

（2）汽轮机组热耗率变化值预测。预测假定三组冷却塔出口水温 $t_{t,lv}$，根据改造前试验测定的冷却塔进口水温 $t_{t,en}$ 和空气湿度，确定每组 $t_{t,lv}$ 对应的冷却数 Ω。计算式为

$$\Omega = \int_{t_{t,lv}}^{t_{t,en}} \frac{c_w}{h'' - h} \mathrm{d}t \tag{5-94}$$

式中　$t_{t,en}$——冷却塔进口水温，℃；

　　　$t_{t,lv}$——冷却塔出口水温，℃；

　　　h''——对应水温下的饱和空气比焓，kJ/kg；

　　　h——对应水温下的湿空气比焓，kJ/kg。

采用最小二乘法拟合三组 $t_{t,lv}$ 和对应的 Ω，得到 $t_{t,lv} - \Omega$ 关系曲线，即

$$t_{t,lv} = a\Omega^2 + b\Omega + c \tag{5-95}$$

式中　a、b、c——拟合常数。

预测改造后冷却塔热力特性曲线为

$$\Omega' = A_0' \lambda^{m'} \tag{5-96}$$

式中　Ω'——冷却数，无量纲；

　　　λ——气水比，即冷却塔进口干空气和循环水的质量比，无量纲；

　　A_0'、m'——拟合常数。

根据改造前试验实测的气水比 λ_1、λ_2、$\cdots$、λ_n，按照改造后冷却塔热力特性曲线分别预测改造后的冷却数 Ω_1'、Ω_2'、$\cdots$、Ω_n'，代入 $t_{t,lv}-\Omega$ 关系曲线，求出改造后的冷却塔出口水温，据此获得改造后的排汽压力，对比改造前试验实测的排汽压力。按照制造厂提供的加热器修正曲线，或采用等效焓降法、热平衡法、循环函数法或矩阵法等方法计算汽轮机组热耗率的变化值 Δq_{TB}。

（3）发电煤耗变化量预测。根据预测的汽轮机组热耗率变化值和改造前试验实测的发电煤耗、汽轮机组热耗率，按照式（5-9）计算改造前、后发电煤耗的变化量 Δb_f。

（4）节能量预测。分别统计改造前一个统计周期内 100%、75% 和 50% 负荷段的发电量，发电煤耗变化量对应节煤量的计算参见式（5-12）。

3. 技术措施实施前节能量核算

（1）改变循环水泵运行台数，在不同的气水比条件下，按照 DL/T 1027 进行改造后试验，按照式（5-98）拟合改造后冷却塔热力特性曲线。试验需至少在 100%、75%、50% 额定负荷下进行。改造前、后试验工况的主要参数应控制在表 5-3 所示的范围内。

表 5-3　　　　　　　　　冷却塔热力性能试验主要参数允许偏离范围

参数名称	允许偏离范围
进塔干球温度	$\pm 14.0℃$
进塔湿球温度	$\pm 8.5℃$
进口循环水流量	$\pm 10\%$
进、出口水温差	$\pm 20\%$

（2）汽轮机组热耗率变化值核算。根据改造前试验实测的气水比 λ_1、λ_2、$\cdots$、λ_n，按照改造后冷却塔热力特性曲线分别核算改造后的冷却数 Ω_1'、Ω_2'、$\cdots$、Ω_n'。改造前、后试验中，冷却塔进口水温偏离大于 2℃ 时，应按式（5-97）修正改造后的冷却数，即

$$\Omega_c' = \Omega'\left(\frac{t_{t,en}}{t_{t,en}'}\right)^Y \tag{5-97}$$

式中　Ω_c'——修正后的冷却数，无量纲；

　　　$t_{t,en}$——改造前试验实测冷却塔进口水温，℃；

　　　$t_{t,en}'$——改造后试验实测冷却塔进口水温，℃；

　　　Y——常数，根据淋水填料实际情况选用，无推荐值时可取 0.4~0.45。

将修正后的冷却数带入 $t_{t,lv}-\Omega$ 关系曲线，求出改造后的冷却塔出口水温，据此获得改造后的排汽压力，对比改造前试验实测的排汽压力。按照制造厂提供的加热器修正曲线，或采用等效焓降法、热平衡法、循环函数法或矩阵法等方法计算汽轮机组热耗率的变化值 Δq_{TB}。

（3）发电煤耗变化量核算。根据核算的汽轮机组热耗率变化值和改造前试验实测的发电煤耗、汽轮机组热耗率，按照式（5-9）计算改造前、后发电煤耗的变化量 Δb_f。

（4）节能量核算。分别统计改造后一个统计周期内 100%、75% 和 50% 负荷段的发电量，发电煤耗变化量对应节煤量的计算参见式（5-12）。

参 考 文 献

[1] 林万超. 火电厂热力系统节能理论 [M]. 西安：西安交通大学出版社，1994.

[2] 郑体宽. 热力发电厂 [M]. 北京：中国电力出版社，1999.

[3] 赵振宁，张清峰，李战国. 电站锅炉及其辅机性能试验原理、方法及应用 [M]. 北京：中国电力出版社，2019.

[4] 西安热工研究. 燃煤发电机组能耗分析与节能诊断技术 [M]. 北京：中国电力出版社，2019.

[5] 黄伟，李文军，熊蔚立. GB 10184—1988 和 ASME PTC4.1 标准锅炉热效率计算方法分析 [J]. 湖南电力. 2006，25（1）.

[6] 崔秀丽. JNP2010 顺磁式在线氧量分析系统在火电厂中的应用前景 [J]. 安徽电力职工大学学报，2001，7（1）.

[7] 汪永祥，王德彬. 采用煤低位发热量计算烟气量方法的探讨 [J]. 吉林电力，2003，36（5）.

[8] 孙伟，魏铁铮，陈华桂. 电站锅炉效率计算方法研究 [J]. 电力情报，2002.2.

[9] 李智，蔡九菊，曹福毅，等. 电站锅炉效率在线计算方法 [J]. 节能，2008，22（88）.

[10] 杨志勇，刘引. 运行条件变化对锅炉效率的修正 [J]. 电站系统工程，2003，20（1）.

[11] Kumar Rayaprolu. BOILERS for POWER and PROCESS [M]. New York：CRC Press，2009.

[12] 闫顺林，李永华，武庆源. 汽轮机主汽温变化对煤耗率影响的强度系数计算模型 [J]. 中国电机工程学报，2011，31（26）：38-43.

[13] 闫顺林，兰红颖. 主汽压变化对汽轮机热耗率影响的修正分析 [J]. 华北电力大学学报，2013，40（1）：81-83.

[14] 薛云灿，沙伟，蔡昌春. 主蒸汽参数对煤耗率影响的计算模型比较. 热力发电 [J]. 2015，44（3）：76-79.

[15] 韩敦伟. 600MW 亚临界机组节能降耗改造研究 [D]. 河北：华北电力大学，2017.

[16] 赵亮. 武安电厂新建 300MW 机组热力系统节能降耗研究 [D]. 河北：华北电力大学，2015.

[17] 李金晶，赵振宁，张清峰，等. 喷水减温对锅炉蒸汽温度影响的分析方法及装置：中国，201710621948.2 [P]. 2019-05-21.

[18] 王振铭. 热电联产的现状及未来前景 [N]. 中国能源报，2011（6）.

[19] 胡玉清，马先才. 我国热电联产领域现状及发展方向 [J]. 黑龙江电力，2008，30（1）：79-80.

[20] 徐大懋，邓德兵，王世勇，等. 汽轮机的特征通流面积及弗留格尔公式改进 [J]. 动力工程学报，2010，30（7）：473-477.

[21] 杨勇平，林振娴，何坚忍. 热电联产系统中最佳冷源热网加热器的选择方法 [J]. 中国电机工程学报，2010，30（26）：1-6.

[22] 闫顺林，刘帅，李玉辉. 汽轮机变工况优化运行模型的研究 [J]. 陕西电力，2009（7）：24-27.

[23] 李勇，张斯文，李慧. 基于改进等效热降法的汽轮机热力系统热经济性诊断方法研究 [J]. 汽轮机技术，2009，51（5）：333-337.

[24] 张雄，胥建群. 等效焓降法局部定量法的误差分析 [J]. 能源研究与利用，2002，2.

[25] 张才稳，王声远. "等效焓降法"与常规热平衡法一致性分析 [J]. 湖北电力，1999，3.

[26] 刘江. 基于熵权与 TOPSIS 法的发电企业火电机组可靠性评价 [J]. 电子世界，2013，11：63-64.

[27] 齐敏芳，付忠广，景源，等. 基于信息熵与主成分分析的火电机组综合评价方法 [J]. 中国电机工程学报，2013，02：58-64＋12.

［28］岳超源. 决策理论与方法［M］. 北京：科学出版社，2003.

［29］World Energy Council，WEC statement 2006：energy efficiency：pipe-dream or reality?［R］. London：World Energy Council（WEC），2006.

［30］Bosseboeuf D.，Chateau B.，Lapillonne B.. Cross-country comparison on energy efficiency indicators：the on-going European effort towards a common methodology［J］. Energy Policy，1997，25（7-9）：673-682.

［31］Eichhammer W.，Wilhelm M.. Industrial energy efficiency：Indicators for a European cross-country comparison of energy efficiency in the manufacturing industry［J］. Energy Policy，1997，25（7-9）：759-772.

［32］Bosseboeuf D.，Chateau B.，Lapillonne B.. Cross-country comparison on energy efficiency indicators：the on-going European effort towards a common methodology［J］. Energy Policy，1997，25：673-682.

［33］Patterson M. G.. What is energy efficiency?：Concepts，indicators and methodological issues［J］. Energy Policy，1996，24：377-390.

［34］Gielen D.，Taylor M.. Modelling industrial energy use：the IEAs energy technology perspectives［J］. Energy Economics，2007，29：889-912.

［35］Boyd G.，Dutrow E.. The evolution of the ENERGY STAR：energy performance indicator for benchmarking industrial plant manufacturing energy use［J］. Journal of Cleaner Production，2008，16（6）：709-715.

［36］Geller H.，Harrington P.，Rosenfeld A. H.，etc. Polices for increasing energy efficiency：Thirty years of experience in OECD countries［J］. Energy Policy，2006，34：556-573.

［37］Jun A.. Top Runner Program［C］. Copenhagen：Workshop on the Best practices in Policies and Measures，April 11-13，2000.

［38］International Energy Agency，Development of Energy Efficiency Indicators in Russia［R］，in：Nathalie Trudeau，I. M.（Ed.），Paris，2011.

［39］Wu L. M.，Chen B. S.，Bor Y. C.，et al. Structure model of energy efficiency indicators and applications［J］. Energy Policy，2007，35：3768-3777.

［40］Robert Yie-Zu Hu，Current status of energy efficiency policies and measures in Taiwan［PPT］. In 2011 U. S.-Taiwan Clean Energy Forum，2011.

［41］Zhou P.，Ang B. W.，Poh K. L.. A mathematical programming approach to constructing composite indicators［J］. Ecological Economics，2007，62：291-297.

［42］魏全龄. 数据包络分析［M］. 北京：科学技术出版社，2004.

［43］Liu C. H.，Lin S. J.，Lewis C.. Evaluation of thermal power plant operational performance in Taiwan by data envelopment analysis［J］. Energy Policy，2010，38：1049-1058.

［44］陈雷，王延章. 基于熵权系数与 TOPSIS 集成评价决策方法的研究［J］. 控制与决策，2003，4：456-459.

［45］毕玉森. 低氮氧化物燃烧技术的发展状况［J］. 热力发电，2000（2）：2-9.

［46］张惠娟，宋洪鹏，惠世恩. 四角切圆空气分级燃烧技术及应用［J］. 热能动力工程，2003，18（3）：224-228.

［47］张晓辉. 挥发分反应特性和立体分级燃烧对 NO_x 排放的影响［D］. 哈尔滨工业大学，2008.

［48］钱琛林. 空气分段低 NO_x 燃烧技术的研究与应用［D］. 上海交通大学，2010.

［49］毕玉森. 低 NO_x 同轴燃烧系统在我国的应用［J］. 中国电力，1994（10）：30-34.

［50］朱懿灏，夏杰. 1025t/h 亚临界一次中间再热锅炉低 NO_x 燃烧技术改造［J］. 上海电力，2010，（2）：146-150.

[51] 伍昌鸿，李德暖，刘业雄，等.300MW 机组锅炉低氮燃烧的改造 [J].广东电力，2008，21 (3)：68-71.

[52] 刘忠楼，邵国桢，薛林德.600MW 亚临界控制循环锅炉冷态模化试验研究 [J].锅炉技术，1996，6：1-6，29.

[53] 肖琨，陈飞，陈楠，等.配风方式对锅炉氮氧化物排放影响的研究 [J].动力工程学报，2010，30 (6)：405-414.

[54] 邱世平.定洲发电厂燃煤特性分析及锅炉选型探讨 [J].河北电力技术.2001，20 (4)：1-3，14.

[55] 钟勇.华能井冈山电厂 300MW 锅炉低氮燃烧改造研究 [D].华北电力大学，2012.

[56] 高亮明，谭卫东.双尺度低 NO_x 燃烧器技术应用分析 [J].广东电力，2010，23 (4)：51-55.

[57] 王热，郭春源，王伍泉.利用"双尺度"燃烧技术进行燃烧器改造 [J].华北电力技术，2011 (1)：41-44.

[58] 林琦.大型电站冷端系统优化研究 [D].河北：华北电力大学，2011.

[59] 付文峰.大型火电机组冷端优化研究 [D].河北：华北电力大学，2007.

[60] 靳江波.大型燃气联合循环汽轮机凝汽器及冷端节能优化评价与分析 [D].北京：华北电力大学，2017.

[61] 马帅.火电机组冷端系统优化运行研究 [D].河北：华北电力大学，2011.

[62] 曾上将.火力发电机组冷端优化 [D].河北：华北电力大学，2011.

[63] 刘登涛.基于数据挖掘的电厂机组特性识别及优化运行 [D].杭州：杭州电子科技大学，2010.

[64] 李伟.龙山 ZKN600MW 机组冷端优化与实践 [D].河北：华北电力大学，2016.

[65] 王攀，王泳涛，王宝玉.汽轮机冷端优化运行和最佳背压的研究与应用 [J].汽轮机技术，2016，58 (1)：55-58.

[66] 王攀.现役火力发电机组汽机侧节能优化研究 [D].河北：华北电力大学，2016.

[67] 王琦.宣化热电 330MW 机组 1 号 2 号机冷端优化运行研究 [D].河北：华北电力大学，2017.

[68] 冯澎湃.直接空冷高背压供热机组冷端优化与系统节能研究 [D].北京：华北电力大学，2017.

[69] 孟林辉.1000MW 超超临界机组冷端优化技术研究与实施 [D].北京：华北电力大学，2012.

[70] 赵杰，朱立彤，付昶，等.300MW 等级汽轮机通流部分改造综述 [J].热力透平，2011，40 (1)：39-42.

[71] 谭锐，徐星，邵峰，等.300MW 等级亚临界汽轮机通流改造综述 [J].汽轮机技术，2017，59 (4)：291-294.

[72] 张明.300MW 火电机组增容增效改造技术研究 [D].河北：华北电力大学，2018.

[73] 宋继宏.300MW 机组通流改造后给水泵节能提效研究 [D].河北：华北电力大学，2016.

[74] 徐立镎.300MW 级锅炉再热汽温低及再热器增容改造的研究 [D].北京：华北电力大学，2011.

[75] 金超.300MW 汽轮机通流改造的分析与研究 [D].河北：华北电力大学，2016.

[76] 程源.300MW 汽轮机通流改造及性能试验研究 [D].江苏：苏州大学，2014.

[77] 张鹏.600MW 超临界汽轮机通流改造效果及适应性分析 [J].云南电力技术，2019，47 (3)：88-91.

[78] 张继红，杜文斌，赵杰，等.600MW 等级超临界汽轮机通流改造综述 [J].热力发电，2019，48 (2)：1-8.

[79] 丁阳俊，印旭洋，顾正皓，等.600MW 汽轮机通流改造后的顺序阀投运方式研究 [J].浙江电力，2019，38 (1)：30-34.

[80] 李丹.600MW 亚临界机组协调控制系统的优化设计 [D].河北：华北电力大学，2018.

[81] 包伟伟，任伟，徐国林，等.600MW 亚临界汽轮机通流改造的热力设计 [J].汽轮机技术，2016，58 (3)：161-183.

[82] 徐星，谭锐.600MW 亚临界汽轮机通流改造综述 [J].电站系统工程，2018，34 (6)：45-48.

[83] 乔瑾. 600MW 直接空冷机组风机优化运行研究 [D]. 河北：华北电力大学，2010.

[84] 王柏. 800MW 汽轮机组通流改造设计及应用 [D]. 沈阳：哈尔滨工业大学，2015.

[85] 裴东升，刘晓宏，王伟锋，等. GE 公司 350MW 汽轮机通流改造及优化研究 [J]. 汽轮机技术，2015，57（5）：396-398.

[86] 熊星. 超超临界机组协调控制系统先进控制方法研究 [D]. 北京：华北电力大学，2011.

[87] 朱中杰，闫森，周惠莲. 超临界 600MW 等级汽轮机整体通流改造结构特点 [J]. 热力透平，2015，44（2）：83-93.

[88] 赵伟光，刘少杰，王久崇，等. 大型汽轮机通流部分改造效果综述及新技术应用 [J]. 东北电力技术，2014（2）：31-47.

[89] 丁铭. 国产 300MW 汽轮机通流改造及电厂试验研究 [D]. 上海：上海交通大学，2007.

[90] 陈建华. 国产引进型 300MW 汽轮机通流改造的分析研究 [D]. 广州：华南理工大学，2012.

[91] 刘琦. 国华准电汽轮机组通流改造项目方案优选研究 [D]. 河北：华北电力大学，2017.

[92] 刘登涛. 基于数据挖掘的电厂机组特性识别及优化运行 [D]. 江苏：杭州电子科技大学，2010.

[93] 史啸曦，顾敏. 两种 300MW 机组整体通流部分改造技术异同分析 [J]. 东北电力技术，2014，35（6）：752-756.

[94] 刘晓宏，裴东升，王理博，等. 汽轮机通流改造效果分析、存在问题研究及对策 [J]. 中国电力，2016，49（4）：112-118.

[95] 杨双华. 三河电厂 300MW 汽轮机通流改造 [D]. 河北：华北电力大学，2017.

[96] 张余波. 上都电厂 600MW 汽轮机通流部分改造方案及性能分析 [D]. 河北：华北电力大学，2017.

[97] 张泉. 韶电 300MW 汽轮机组通流部分改造研究 [D]. 广州：华南理工大学，2012.

[98] 张磊，张俊杰，冯立国，等. 亚临界 600MW 汽轮机通流改造技术方案研究与应用 [J]. 中国电力，2018，51（4）：89-95.

[99] 张春，刘兴华，王志锋，等. 亚临界 600MW 双缸双排汽直接空冷汽轮机综述 [J]. 宁夏电力，2010（3）：58-64.

[100] 杨小海，李永华，黄钢英. 300MW 机组锅炉吹灰优化的经济性研究 [J]. 锅炉技术，2013，44（1）：15-18.

[101] 缪国钧，葛晓霞. 汽轮机轴封系统漏汽对机组经济性的影响 [J]. 汽轮机技术，2007，49（4）：305-320.

[102] 金生祥，李前宇，何奇善，等. 330MWCFB 机组一、二次风机单列布置的设计和应用 [J]. 中国电力，2013，46（2）：31-35.

[103] Q/HN-1- 0000.08.025—2015　火力发电厂燃煤机组节能监督标准 [S]. 中国华能集团公司，2015.

[104] 李静，陈海平，石维柱，等. 抽汽压损对机组热经济性影响计算方法研究 [J]. 汽轮机技术，2008，50（3）：173-175.

[105] 王松龄，张学镭，等. 抽汽压损对机组热经济性影响的通用计算模型 [J]. 动力工程，200 6，（6）：888-893.

[106] 刘强，郭民臣，等. 抽汽压损对机组经济性的影响 [J]. 中国电机工程学报，2007，（3）.59-63.

[107] 金生祥. 火电厂燃煤掺烧经济性边界分析研究 [J]. 发电设备，2018，32（3）：188-193.

[108] 陈海平，李平，王璩. 火电厂热力系统节能理论发展综述 [J]. 节能，2011（7，8）：33-36.

[109] 周怀春. 热力系统节能 [M]. 北京：中国电力出版社，2008.

[110] 戈志华，贺茂石. 基于等效焓降法热电联产机组变工况计算 [J]. 节能技术，2012，30（1）：62-65.

[111] 金生祥，王清. 空冷机组混合冷却的综合应用及发展前景 [J]. 中国电力，2013，46（4）：5-9.

[112] 国家能源局. 国家能源局综合司关于下达火电灵活性改造试点项目的通知 [EB/OL]. Http：//www.nea.gov.cn/，[7] 2016-6-28/2017-1-3.

[113] 李岩岩. 带蓄热的太阳能有机朗肯循环热电联产系统研究 [D]. 北京：北京石油化工学院，2019.

[114] 许丹，丁强，黄国栋，等. 考虑电网调峰的热电联产热负荷动态调度模型 [J]. 电力系统保护与控制，2017，45（11）：59-64.

[115] 彭加成. 燃气-蒸汽联合循环电站背压供热方式下热电特性研究 [D]. 北京：华北电力大学，2017.

[116] 李涛，王战波. 谈电厂汽轮机组的最优负荷分配 [J]. 科技风，2009（上）：234-235.

[117] 刘春雨. 天津大港电厂 4 号机组 DCS 改进与协调控制研究 [D]. 河北：华北电力大学，2011.

[118] 苏鹏，王文君，杨光，等. 提升火电机组灵活性改造技术方案研究 [J]. 中国电力，2018，51（5）：87-94.

[119] 杨沛豪，刘向辰，蔺健，等. 燃煤火电机组灵活性改造技术路线综述 [C]. 全国火电机组灵活性改造技术研讨会论文集，2018.1.

[120] 彭强，魏小兰，丁静，等. 多元混合熔融盐的制备及其性能研究 [J]. 太阳能学报，2009，30（12）：1621-1626.

[121] 胡宝华，丁静，魏小兰，等. 高温熔盐的热物性测试及热稳定性分析 [J]. 无机盐工业，2010，42（1）：22-24.

[122] 鹿院卫，杜文彬，吴玉庭，等. 熔融盐单罐显热储热基本原理及自然对流传热规律 [J]. 储能科学与技术，2015，4（2）：189-193.

[123] 张丽娜. 太阳能高温熔盐蓄热的实验研究 [D]. 北京：北京工业大学，2007.

[124] 汪琦，俞红啸，张慧芬. 太阳能光热发电中熔盐蓄热储能循环系统的设计开发 [J]. 化工装备技术，2014，35（1）：11-14.